.学嵌入式系统丛书

STM32F7 原理与应用

——HAL 库版(上)

张 洋　左忠凯　刘 军　编著

北京航空航天大学出版社

内容简介

本套书籍以 ST 公司的 STM32F767 为目标芯片，详细介绍了 STM32F7 的特点、片内外资源的使用，并辅以 64(寄存器版本是 65 个)例程，由浅入深地介绍了 STM32F7 的使用。所有例程都经过精心编写，从原理开始介绍，到代码编写、下载验证，一步步教读者如何实现。所有源码都配有详细注释，且经过严格测试。另外，源码有生成好的 hex 文件，读者只需要通过仿真器下载到开发板即可看到实验现象，亲自体验实验过程。

套书总共分为 4 册：《STM32F7 原理与应用——寄存器版(上)》、《STM32F7 原理与应用——寄存器版(下)》、《STM32F7 原理与应用——HAL 库版(上)》和《STM32F7 原理与应用——HAL 库版(下)》。

本书是《STM32F7 原理与应用——HAL 库版(上)》，分为 3 个篇：① 硬件篇，主要介绍本书的硬件平台；② 软件篇，主要介绍 STM32F7 常用开发软件的使用以及一些下载调试的技巧，并详细介绍几个常用的系统文件(程序)；③ 实战篇，通过 30 个实例(后 34 个见下册)带领读者一步步深入了解 STM32F7。

本书适合 STM32F7 初学者和自学者学习参考，对有一定经验的电子工程技术人员也具有参考价值。本书也可以作为高校电子、通信、计算机、信息等相关专业的教学参考用书。

图书在版编目(CIP)数据

STM32F7 原理与应用 ：HAL 库版. 上 / 张洋，左忠凯，刘军编著. -- 北京 ：北京航空航天大学出版社，2017.6

ISBN 978-7-5124-2392-3

Ⅰ. ①S… Ⅱ. ①张… ②左… ③刘… Ⅲ. ①微控制器 Ⅳ. ①TP332.3

中国版本图书馆 CIP 数据核字(2017)第 079271 号

STM32F7 原理与应用——HAL 库版(上)

张 洋　左忠凯　刘 军　编著

责任编辑　董立娟

*

北京航空航天大学出版社出版发行

北京市海淀区学院路 37 号(邮编 100191)　http://www.buaapress.com.cn

发行部电话：(010)82317024　传真：(010)82328026

读者信箱：emsbook@buaacm.com.cn　邮购电话：(010)82316936

北京九州迅驰传媒文化有限公司印装　各地书店经销

*

开本：710×1 000　1/16　印张：35.5　字数：799 千字

2017 年 6 月第 1 版　2023 年 2 月第 5 次印刷　印数：3 501～4 000册

ISBN 978-7-5124-2392-3　定价：86.00 元

若本书有倒页、脱页、缺页等印装质量问题，请与本社发行部联系调换。联系电话：(010)82317024

套书序言

2014年底，意法半导体(ST)发布了STM32F7系列芯片。该芯片采用ARM公司最近发布的最新、最强的ARM Cortex-M7内核，其性能约为意法半导体原有最强处理器STM32F4(采用ARM Cortex-M4内核)的两倍。STM32F7系列微控制器的工作频率高达216 MHz，采用6级超标量流水线和硬件浮点单元(Floating Point Unit，FPU)，测试分数高达1 000 CoreMark。

在ST MCU高级市场部经理曹锦东先生的帮助下，作者有幸于2015年拿到了STM32F7的样片和评估板。STM32F7强大的处理能力以及丰富的外设资源足以应付各种需求，在工业控制、音频处理、智能家居、物联网和汽车电子等领域，有着广泛的应用前景。其强大的DSP处理性能足以替代一部分DSP处理器，在中高端通用处理器市场有很强的竞争力。

由于STM32F7和ARM Cortex-M7公布都不久，除了ST官方的STM32F7文档和源码，网络上很少有相关的教程和代码，遇到问题时也很少有人可以讨论。作为STM32F7在国内较早的使用者，作者经过近两年的学习和研究，将STM32F7的所有资源摸索了一遍，在此过程中，发现并解决了不少bug。为了让没接触过STM32F7的朋友更快、更好地掌握STM32F7，作者设计了一款STM32F7开发板(阿波罗STM32F767开发板)，并对STM32F7的绝大部分资源编写了例程和详细教程。这些教程浅显易懂，使用的描述语言很自然，而且图文并茂，每一个知识点都设计了一个可以运行的示例程序，非常适合初学者学习。

时至今日，书已成型，两年的时间包含了太多的心酸与喜悦，最终呈现给读者的是包括：《STM32F7原理与应用——寄存器版(上)》、《STM32F7原理与应用——寄存器版(下)》、《STM32F7原理与应用——HAL库版(上)》和《STM32F7原理与应用——HAL库版(下)》共4本书的一套书籍。这主要有以下几点考虑：

① STM32F7的代码编写有两种方式：寄存器和HAL库。寄存器方式编写的代码具有精简、高效的特点，但是需要程序员对相关寄存器比较熟悉；HAL库方式编写的代码具有简单、易用的特点，但是效率低，代码量较大。一般想深入学习了解的话，建议选择寄存器方式；想快速上手的话，建议选择HAL库方式。实际应用中，这两种方式都有很多朋友选择，所以分为寄存器和库函数两个版本出版。

② STM32F7的功能十分强大，外设资源也非常丰富，因此教程篇幅也相对较大，而一本书的厚度是有限的，无法将所有内容都编到一本书上，于是分成上下两册。

由于 STM32F7 的知识点非常多,即便分成上下两册,对很多方面也没有深入探讨,需要后续继续研究,而一旦有新的内容,我们将尽快更新到开源电子网(www.openedv.com)。

STM32F7 简介

STM32F7 是 ST 公司推出的第一款基于 ARM Cortex - M7 内核的微处理器,具有 6 级流水线、硬件单/双精度浮点计算单元、L1 I/D Cache、支持 Flash 零等待运行代码、支持 DSP 指令、主频高达 216 MHz,实际性能是 STM32F4 的两倍;另外,还有 QSPI、FMC、TFTLCD 控制器、SAI、SPDIF、硬件 JPEG 编解码器等外设,资源十分丰富。

套书特色

本套书籍作为学习 STM32F7 的入门级教材,也是市面上第一套系统地介绍 STM32F7 原理和应用的教材,具有如下特色:

- 最新。新芯片,使用最新的 STM32F767 芯片;新编译器,使用最新的 MDK5.21 编译器;新库,基于 ST 主推的 HAL 库编写(HAL 库版)代码,不再使用标准库。
- 最全。书中包含了大量例程,基本上 STM32F7 的所有资源都有对应的实例,每个实例都从原理开始讲解→硬件设计→软件设计→结果测试,详细介绍了每个步骤,力求全面掌握各个知识点。
- 循序渐进。书本从实验平台开始→硬件资源介绍→软件使用介绍→基础知识讲解→例程讲解,一步一步地学习 STM32F7,力求做到心中有数,循序渐进。
- 由简入难。书本例程从最基础的跑马灯开始→最复杂的综合实验,由简入难,一步步深入,完成对 STM32F7 各个知识点的学习。
- 无限更新。由于书本的特殊性,无法随时更新,一旦有新知识点的教程和代码,作者都会发布在开源电子网(www.openedv.com),读者多关注即可。

套书结构

本套书籍一共分为 2 个版本,共 4 本:《STM32F7 原理与应用——寄存器版(上)》、《STM32F7 原理与应用——寄存器版(下)》、《STM32F7 原理与应用——HAL 库版(上)》和《STM32F7 原理与应用——HAL 库版(下)》。其中,寄存器版本全部基于寄存器操作,精简高效,适合深入学习和研究;HAL 库版本全部采用 HAL 库操作,简单易用,适合快速掌握和使用。上册详细介绍了实验平台的硬件、开发软件的入门和使用、新建工程、下载调试和 30 个基础例程,并且这 30 个基础例程绝大部分都是针对 STM32F7 内部一些基本外设的使用,比较容易掌握,也是灵活使用 STM32F7 的基础。对于想入门,或者刚接触 STM32F7 的朋友,上册版本是您的理想之选。下册则详细介绍了 34/35(寄存器版多了综合实验)个高级例程,针对 STM32F7 内部的一些高级外设和第三方代码(FATFS、Lwip、μC/OS 和音频解码库等)的使用等做了详细介绍,对学习者要求比较高，适合对 STM32F7 有一定了解、基础比较扎实的朋友学习。

本套书籍的结构如下所示：

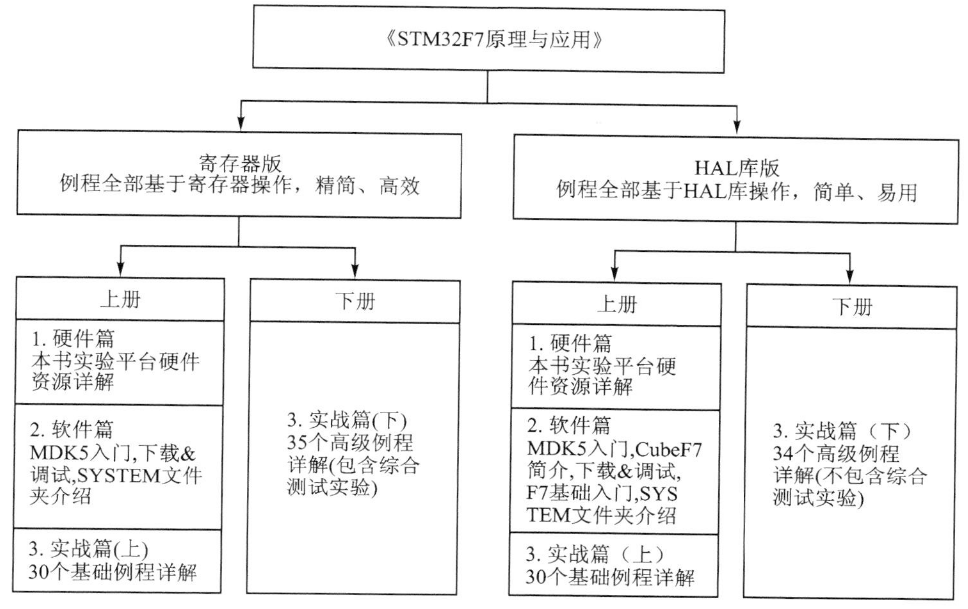

使用本套书籍

对于时间充足、有过单片机使用经验、对底层驱动感兴趣的朋友，建议选择寄存器版本学习。因为它全部是基于最底层的寄存器操作，对学习者要求比较高，需要较多的时间来掌握，但是学会之后，编写代码思路会清晰很多，而且代码精简，效率极高。

对于想快速入门、对底层接口兴趣不大，专注应用层软件的朋友，建议选择 HAL 库版本学习。因为它的底层驱动，全部由 ST 官方写好了，读者只须学会函数和参数的使用，就能实现对相关外设的驱动，有利于快速编写驱动代码，无须繁琐地查看寄存器，容易入门，能有更多的时间来实现应用层的功能。

对于没有学习过 STM32F7 的初学者，建议先学习上册的内容，它对 STM32F7 的软硬件开发环境进行了详细的介绍，从新建工程教起，包括 30 个 STM32F7 内部资源使用的基础例程，每个例程都有详细的解说和示例程序，非常适合初学者入门。

对于有一定单片机编程基础、对 STM32F7 有一定了解(最好学过本套书籍上册内容)、想进一步提高的朋友，推荐学习下册内容，它对 STM32F7 的一些高级外设有详细介绍和参考代码，并且对第三方代码组件也有比较详细的介绍，非常适合较大工程的应用。

致　谢

感谢北京航空航天大学出版社，它的支持才让本套书籍得以和大家见面。

感谢开源电子网的网友，是他们的支持和帮助才让我一步一步走了下来，其中有一些朋友(包括周莉、刘勇财、刘海涛、李振勇、罗建、黄树乾、吴振阳、彭立峰等)还参与了本套书籍的审校和代码审核工作，特别感谢：八度空间、春风、jerymy_z、yyx112358 等网友，他们参与了本书的审校工作。是众多朋友的认真工作，才使得本套书籍可以较早地出版。

由于作者技术水平有限，精力有限，书中难免出现错误和代码设计缺陷，恳请读者批评指正(邮箱：liujun6037@foxmail.com)。读者可以在开源电子网(www.openedv.com)免费下载到本套书籍的全部源码，并查看与本套书籍对应的不断更新的系列教程。

刘　军

2017 年 2 月于广州

前 言

作为 Cortex－M 系列通用处理器市场的最大占有者，STM32 以其优异的性能、超高的性价比、丰富的本地化教程，迅速占领了市场。ST 公司自 2007 年推出第一款 STM32 以来，先后推出了 STM32F0/F1/F2/F3/F4/F7 等系列产品，涵盖了 Cortex－M0/M3/M4/M7 等内核，总出货量超过 18 亿颗，是 ARM 公司 Cortex－M 系列内核的霸主。

STM32F7 系列是 ST 推出的基于 ARM Cortex－M7 内核的处理器，采用 6 级流水线，性能高达 5 CoreMark/MHz，在 200 MHz 工作频率下测试数据高达 1 000 CoreMark，远超此前性能最高的 STM32F4（Cortex－M4 内核）系列（DSP 性能超过 STM32F4 的两倍）。

STM32F76x 系列（包括 STM32F765/767/768/769 等），主要有如下优势：

➢ 更先进的内核，采用 Cortex－M7 内核，具有 16 KB 指令/数据 Cache，采用 ST 独有的自适应实时加速技术（ART Accelerator），性能高达 5 CoreMark/MHz。

➢ 更丰富的外设，拥有高达 512 KB 的片内 SRAM，并且支持 SDRAM、带 TFTLCD 控制器、带图形加速器（Chorme ART）、带摄像头接口（DCMI）、带硬件 JPEG 编解码器、带 QSPI 接口、带 SAI&I^2S 音频接口、带 SPDIF RX 接口、USB 高速 OTG、真随机数发生器、OTP 存储器等。

➢ 更高的性能，STM32F767 最高运行频率可达 216 MHz，具有 6 级流水线，带有指令和数据 Cache，大大提高了性能，性能大概是 STM32F4 的两倍。而且 STM32F76x 自带了双精度硬件浮点单元（DFFPU），在做 DSP 处理的时候具有更好的性能。

STM32F76x 系列自带了 LCD 控制器和 SDRAM 接口，对于想要驱动大屏或需要大内存的朋友来说，是个非常不错的选择；更重要的是集成了硬件 JPEG 编解码器，可以秒解 JPEG 图片，做界面的时候可以大大提高加载速度，并且可以实现视频播放。本书将以 STM32F767 为例，向大家讲解 STM32F7 的学习。

内容特点

学习 STM32F767 有几份资料经常用到：《STM32F7 中文参考手册》、《STM32F7xx 参考手册》英文版、《STM32F7 编程手册》。

其中，最常用的是《STM32F7 中文参考手册》。该文档是 ST 官方针对 STM32F74x/75x 的一份中文参考资料，里面有绝大部分寄存器的详细描述，内容翔实，但是没有实例,也没有对 Cortex-M7 构架进行大多介绍,读者只能根据自己对书本的理解来编写相关代码。另外,对 STM32F767 特有的部分外设(比如硬件 JPEG 编解码器、DFSDM 等),则必须参考《STM32F7xx 参考手册》英文版来学习。

《STM32F7 编程手册》文档则重点介绍了 Cortex-M7 内核的汇编指令及其使用、内核相关寄存器(比如 SCB、NVIC、SYSTICK 等寄存器)是《STM32F7 中文参考手册》的重要补充。很多在《STM32F7 中文参考手册》无法找到的内容,都可以在这里找到答案,不过目前该文档没有中文版本,只有英文版。

本书将结合以上 3 份资料,从寄存器级别出发,深入浅出地向读者展示 STM32F767 的各种功能。总共配有 65 个实例,基本上每个实例均配有软硬件设计,在介绍完软硬件之后马上附上实例代码,并带有详细注释及说明,让读者快速理解代码。

这些实例涵盖了 STM32F7 的绝大部分内部资源,并且提供了很多实用级别的程序,如内存管理、NAND Flash FTL、拼音输入法、手写识别、图片解码、IAP 等。所有实例均在 MDK5.21A 编译器下编译通过,读者只须下载程序到 ALIENTEK 阿波罗 STM32 开发板即可验证实验。

读者对象

不管你是一个 STM32 初学者,还是一个老手,本书都非常适合。尤其对于初学者,本书将手把手地教你如何使用 MDK,包括新建工程、编译、仿真、下载调试等一系列步骤,让你轻松上手。本书不适用于想通过 HAL 库学习 STM32F7 的读者,因为本书的绝大部分内容都是直接操作寄存器的;如果想通过 HAL 库学习 STM32F7,可看本套书的 HAL 库版本。

配套资料

本书的实验平台是 ALIENTEK 阿波罗 STM32F7 开发板,有这款开发板的朋友可以直接拿本书配套资料上的例程在开发板上运行、验证。而没有这款开发板而又想要的朋友,可以上淘宝购买。当然,如果已有了一款自己的开发板,而又不想再买,也是可以的,只要你的板子上有和 ALIENTEK 阿波罗 STM32F7 开发板上的相同资源(需要实验用到的),代码一般都是可以通用的,你需要做的就只是把底层的驱动函数(比如 I/O 口修改)稍做修改,使之适合你的开发板即可。

本书配套资料包括 ALIENTEK 阿波罗 STM32F7 开发板相关模块原理图(pdf 格式)、视频教程、文档教程、配套软件、各例程程序源码和相关参考资料等,所有这些资料读者都可以在 http://www.openedv.com/thread-13912-1-1.html 免费下载。

刘 军

2017 年 2 月于广州

目 录

第1篇 硬件篇

第2篇 软件篇

第 3 篇 实战篇

第1篇　硬件篇

实践出真知，要想学好 STM32F7，实验平台必不可少！本篇将详细介绍用来学习 STM32F7 的硬件平台——ALIENTEK 阿波罗 STM32F7 开发板，使读者了解其功能及特点。

为了让读者更好地使用 ALIENTEK 阿波罗 STM32F7 开发板，本篇还介绍了开发板一些使用时的注意事项，读者在使用开发板的时候一定要注意。

本篇将分为如下两章：

1. 实验平台简介；
2. 实验平台硬件资源详解。

第 1 章 实验平台简介

本章简要介绍我们的实验平台——ALIENTEK 阿波罗 STM32F4/F7 开发板。通过本章的学习，读者对实验平台有个大概了解，为后面的学习做铺垫。

1.1 ALIENTEK 阿波罗 STM32F4/F7 开发板资源初探

ALIENTEK 之前总共推出过 4 款开发板：mini 板、精英板、战舰板和探索板，前 3 款均为 STM32F1 系列开发板，探索板为 STM32F407 开发板。这几款开发板常年稳居淘宝销量前茅，累计出货超过 8 万套。这款阿波罗开发板是 ALIENTEK 推出的第二款 Cortex - M4(F429)开发板和第一款 Cortex - M7(F767)开发板，采用核心板+底板的形式。当使用 STM32F767 的核心板时，它就是一款 STM32F767 开发板。当使用 STM32F429 核心板时，它就是一款 STM32F429 开发板。接下来分别介绍阿波罗 STM32 开发板的底板和核心板。

1.1.1 阿波罗 STM32 开发板底板资源

首先来看阿波罗 STM32 开发板的底板资源图，如图 1.1.1 所示。可以看出，阿波罗 STM32 开发板底板资源十分丰富，把 STM32F429/F767 的内部资源发挥到了极致，基本所有 STM32F429/F767 的内部资源都可以在此开发板上验证；同时，扩充了丰富的接口和功能模块，整个开发板显得十分大气。

开发板的外形尺寸为 121 mm×160 mm 大小，板子的设计充分考虑了人性化设计，并结合 ALIENTEK 多年的 STM32 开发板设计经验，经过多次改进，最终确定了这样的设计。

ALIENTEK 阿波罗 STM32 开发板底板板载资源如下：

- 一个核心板接口，支持 STM32F429/F767 等核心板；
- 一个电源指示灯（蓝色）；
- 二个状态指示灯（DS0：红色，DS1：绿色）；
- 一个红外接收头，并配备一款小巧的红外遥控器；
- 一个 9 轴（陀螺仪+加速度+磁力计）传感器芯片 MPU9250；
- 一个高性能音频编解码芯片 WM8978；
- 一个无线模块接口，支持 NRF24L01 无线模块；

图 1.1.1 阿波罗 STM32 开发板底板资源图

- 一路光纤输入接口(音频,仅 F7 支持);
- 一路 CAN 接口,采用 TJA1050 芯片;
- 一路 485 接口,采用 SP3485 芯片;
- 2 路 RS232 串口(一公一母)接口,采用 SP3232 芯片;
- 一路单总线接口,支持 DS18B20、DHT11 等单总线传感器;
- 一个 ATK 模块接口,支持 ALIENTEK 蓝牙、GPS、MPU6050、RGB 灯模块;
- 一个光环境传感器(光照、距离、红外三合一);
- 一个标准的 2.4、2.8、3.5、4.3、7 寸 LCD 接口,支持电阻、电容触摸屏;
- 一个摄像头模块接口;
- 一个 OLED 模块接口;
- 一个 USB 串口,可用于程序下载和代码调试(USMART 调试);
- 一个 USB SLAVE 接口,用于 USB 从机通信;
- 一个 USB HOST(OTG)接口,用于 USB 主机通信;
- 一个有源蜂鸣器;
- 一个 RS232/RS485 选择接口;
- 一个 RS232/模块选择接口;
- 一个 CAN/USB 选择接口;
- 一个串口选择接口;

- 一个 SD 卡接口(在板子背面);
- 一个百兆以太网接口(RJ45);
- 一个标准的 JTAG/SWD 调试下载口;
- 一个录音头(MIC/咪头);
- 一路立体声音频输出接口;
- 一路立体声录音输入接口;
- 一个小扬声器(在板子背面);
- 一组多功能端口(DAC、ADC、PWM DAC、AUDIO IN、TPAD);
- 一组 5 V 电源供应/接入口;
- 一组 3.3 V 电源供应/接入口;
- 一个参考电压设置接口;
- 一个直流电源输入接口(输入电压范围:DC6～24 V);
- 一个启动模式选择配置接口;
- 一个 RTC 后备电池座,并带电池;
- 一个复位按钮,可用于复位 MCU 和 LCD;
- 4 个功能按钮,其中 KEY_UP(即 WK_UP)兼具唤醒功能;
- 一个电容触摸按键;
- 一个电源开关,控制整个板的电源;
- 独创的一键下载功能;
- 引出 110 个 I/O 口。

ALIENTEK 阿波罗 STM32 开发板底板的特点包括:

① 接口丰富。板子提供十来种标准接口,可以方便地进行各种外设的实验和开发。

② 设计灵活。采用核心板＋底板形式,一款底板可以学习多款 MCU,减少重复投资;板上很多资源都可以灵活配置,以满足不同条件下的使用;引出了 110 个 I/O 口,方便读者扩展及使用。板载一键下载功能可避免频繁设置 B0、B1 的麻烦,仅通过一根 USB 线即可实现 STM32 的开发。

③ 资源丰富。板载高性能音频编解码芯片、9 轴传感器、百兆网卡、光环境传感器以及各种接口芯片,满足各种应用需求。

④ 人性化设计。各个接口都有丝印标注,且用方框框出,使用起来一目了然;部分常用外设用大丝印标出,方便查找;接口位置设计合理,方便顺手,资源搭配合理,物尽其用。

1.1.2 STM32F767 核心板资源

接下来看 STM32F767 核心板资源图,如图 1.1.2 所示。可以看出,STM32F767 核心板的板载资源十分丰富,可以满足各种应用的需求,完全可以独立使用。整个核心板的外形尺寸为 65 mm×45 mm 大小,非常小巧,并且,采用了贴片板对板连接器,使得其可以很方便地应用在各种项目上。

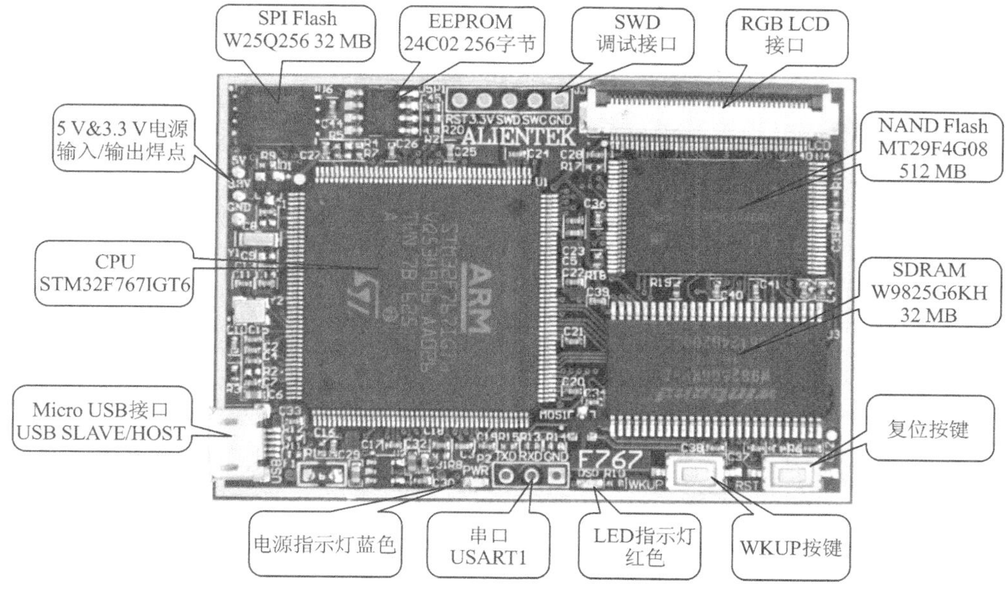

图 1.1.2 STM32F767 核心板资源图

ALIENTEK STM32F767 核心板板载资源如下：

- CPU：STM32F767IGT6，LQFP176，Flash：1 024 KB，SRAM：512 KB；
- 外扩 SDRAM：W9825G6KH，32 MB；
- 外扩 NAND Flash：MT29F4G08，512 MB；
- 外扩 SPI Flash：W25Q256，32 MB；
- 外扩 EEPROM：24C02，256 字节；
- 2 个板对板接口（在底部），引出 110 个 I/O，方便接入各种底板；
- 一个 5 V&3.3 V 焊点，支持外接电源或输出电源给外部；
- 一个 Micro USB 接口，可作 USB SLAVE/HOST(OTG)使用；
- 一个电源指示灯（蓝色）；
- 一个状态指示灯（红色）；
- 一个 TTL 串口（USART1）；
- 一个复位按钮，可用于复位 MCU 和 LCD；
- 一个功能按钮，WKUP，可以用作 MCU 唤醒；
- 一个 RGB LCD 接口，支持 RGB 接口的 LCD 屏（RGB565 格式）；
- 一个 SWD 调试接口。

ALIENTEK STM32F767 核心板的特点包括：

① 体积小巧。核心板仅 65 mm×45 mm 大小，方便使用到各种项目里面。

② 接口丰富。核心板自带了串口、SWD 调试接口、RGB LCD 屏接口、USB 接口

和 3.3 V&5 V 电源接口等,并通过板对板接口,引出了 110 个 I/O 口,满足各种应用需求。

③ 资源丰富。核心板板载 32 MB SDRAM、32 MB SPI Flash、512 MB NAND Flash 和 EEPROM 等存储器,可以满足各种应用需求。

④ 性能稳定。核心板采用 4 层板设计,单独地层、电源层,且关键信号采用等长线走线,保证运行稳定、可靠。

⑤ 人性化设计。各个接口都有丝印标注,使用起来一目了然;接口位置设计合理,方便顺手。

1.2 ALIENTEK 阿波罗 STM32F767 开发板资源说明

这里分两个部分说明:硬件资源说明和软件资源说明。

1.2.1 硬件资源说明

首先详细介绍阿波罗 STM32F767 开发板的各个部分,包括底板和核心板两部分(图 1.1.1 和图 1.1.2 中的标注部分)的硬件资源,这里将按逆时针的顺序依次介绍。

(1) WIRELESS 模块接口

这是开发板板载的无线模块接口(U4),可以插入 NRF24L01 模块、WIFI 模块等无线模块,从而实现无线通信功能。注意,接 NRF24L01 模块进行无线通信的时候,必须同时有 2 个模块和 2 个板子才可以测试,单个模块/板子例程是不能测试的。

(2) SD 卡接口

这是开发板板载的一个标准 SD 卡接口(SD_CARD),该接口在开发板的背面,采用大 SD 卡接口(即相机卡,TF 卡是不能直接插的,TF 卡须卡套才行),SDIO 方式驱动。有了这个 SD 卡接口,就可以满足海量数据存储的需求。

(3) STM32F429/F767 核心板接口

这是开发板底板上面的核心板接口,由 2 个 2×30 的贴片板对板接线端子(3710F 母座)组成,可以用来插 ALIENTEK 的 STM32F429 核心板/STM32F767 核心板等,从而学习 STM32F429/STM32F767 等芯片,达到一个开发板学习多款 MCU 的目的,减少重复投资。

(4) CAN/USB 选择口

这是一个 CAN/USB 的选择接口(P10),因为 STM32 的 USB 和 CAN 共用一组I/O(PA11 和 PA12),所以通过跳线帽来选择不同的功能,以实现 USB 或 CAN 的实验。

(5) JTAG/SWD 接口

这是开发板板载的 20 针标准 JTAG 调试口(JTAG),直接可以和 ULINK、JLINK(V9 或者以上版本)或者 STLINK 等调试器(仿真器)连接;同时,由于 STM32 支持 SWD 调试。这个 JTAG 口也可以用 SWD 模式来连接。

用标准的 JTAG 调试需要占用 5 个 I/O 口,有些时候可能造成 I/O 口不够用,而

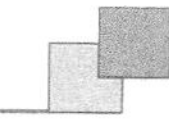

用SWD则只需要2个I/O口，大大节约了I/O数量，但它们达到的效果是一样的，所以强烈建议仿真器使用SWD模式。

(6) USB串口/串口1

这是USB串口同STM32的串口1进行连接的接口(P4)。标号RXD和TXD是USB转串口的2个数据口(对CH340G来说)，PA9(TXD)和PA10(RXD)是STM32串口1的两个数据口(复用功能下)。它们通过跳线帽对接就可以连接在一起了，从而实现STM32的串口通信。

设计成USB串口是考虑到现在计算机上串口正在消失，尤其是笔记本，几乎清一色的没有串口，所以板载了USB串口可以方便调试。而板子上并没有直接连接在一起，则是出于使用方便的考虑。这样设计就可以把阿波罗STM32开发板当成一个USB转TTL串口，从而和其他板子通信，而其他板子的串口也可以方便地接到开发板上。

(7) 参考电压选择端口(核心板指示灯控制口)

这是STM32的参考电压选择端口(P5)，默认接开发板的3.3 V(VDDA)。如果想设置其他参考电压，则只需要把参考电压源接到Vref+和GND即可。注意，P5还有控制核心板指示灯亮灭的功能，当P5的Vref+接3.3 V的时候(默认)，核心板的所有指示灯都停止工作。当Vref+悬空的时候，核心板的指示灯才正常工作。

(8) USB HOST(OTG)

这是开发板板载的一个侧插式的USB-A座(USB_HOST)，由于STM32F4/F7的USB是支持HOST的，所以可以通过这个USB-A座连接U盘、USB鼠标、USB键盘等其他USB从设备，从而实现USB主机功能。注意，由于USB HOST和USB SLAVE共用PA11和PA12，所以两者不可以同时使用。

(9) USB SLAVE

这是开发板板载的一个MiniUSB头(USB_SLAVE)，用于USB从机(SLAVE)通信，一般用于STM32与计算机的USB通信。通过此MiniUSB头，开发板就可以和计算机进行USB通信了。注意，该接口不能和USB HOST同时使用。

开发板总共板载了两个MiniUSB头，一个(USB_232)用于USB转串口，连接CH340G芯片；另外一个(USB_SLAVE)用于STM32内带的USB。同时，开发板可以通过此MiniUSB头供电，板载两个MiniUSB头(不共用)主要是考虑了使用的方便性以及可以给板子提供更大的电流(两个USB都接上)这两个因素。

(10) 后备电池接口

这是STM32后备区域的供电接口，可以用来给STM32的后备区域提供能量；在外部电源断电的时候，用于维持后备区域数据的存储以及RTC的运行。

(11) USB转串口

这是开发板板载的另外一个MiniUSB头(USB_232)，用于USB连接CH340G芯片，从而实现USB转串口。同时，此MiniUSB接头也是开发板的电源提供口。

(12) 小喇叭

这是开发板自带的一个8 Ω 2 W的小喇叭,安装在开发板的背面,并带了一个小音箱,可以用来播放音频。该喇叭由WM8978直接驱动,最大输出功率可达0.9 W。

(13) OLED/摄像头模块接口

这是开发板板载的一个OLED/摄像头模块接口(P7)。如果是OLED模块,靠左插即可(右边两个孔位悬空)。如果是摄像头模块(ALIENTEK提供),则刚好插满。通过这个接口可以分别连接多个外部模块,从而实现相关实验。

(14) 光环境传感器

这是开发板板载的一个光环境三合一传感器(U12),可以作为环境光传感器、近距离(接近)传感器和红外传感器。通过该传感器,开发板可以感知周围环境光线的变化、接近距离等,从而可以实现类似手机的自动背光控制。

(15) 有源蜂鸣器

这是开发板的板载蜂鸣器(BEEP),可以实现简单的报警/闹铃,从而让开发板可以听得见。

(16) 红外接收头

这是开发板的红外接收头(U11),可以实现红外遥控功能。通过这个接收头,可以接收市面常见的各种遥控器的红外信号,甚至可以自己实现万能红外解码。当然,如果应用得当,该接收头也可以用来传输数据。

阿波罗STM32开发板配备了一个小巧的红外遥控器,该遥控器外观如图1.2.1所示。

(17) 单总线接口

这是开发板的一个单总线接口(U10),由4个镀金排孔组成,可以用来接DS18B20、DS1820等单总线数字温度传感器,也可以用来接DHT11这样的单总线数字温湿度传感器,实现一个接口,多个功能。不用的时候可以拆下传感器,放到其他地方去用,使用上十分方便灵活。

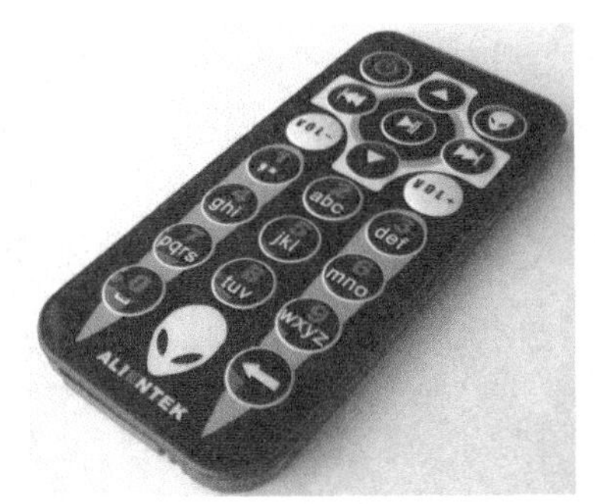

图 1.2.1 红外遥控器

(18) 两个LED

这是开发板板载的两个LED灯(DS0和DS1),DS0是红色的,DS1是绿色的,主要是方便识别。两个LED对于一般的应用足够了,调试代码的时候使用LED来指示程序状态是非常不错的辅助调试方法。阿波罗STM32开发板几乎每个实例都使用了LED来指示程序的运行状态。

(19) 复位按钮

这是开发板板载的复位按键(RESET),用于复位STM32;还具有复位液晶的功能,因为液晶模块的复位引脚和STM32的复位引脚是连接在一起的,按下该键时STM32和液晶一并被复位。

(20) 启动选择端口

这是开发板板载的启动模式选择端口(BOOT)。STM32 有 BOOT0(B0)和 BOOT1(B1)两个启动选择引脚,用于选择复位后 STM32 的启动模式,作为开发板,这两个是必须的。开发板上通过跳线帽选择 STM32 的启动模式。关于启动模式的说明参见 2.1.8 小节。

(21) 4 个按键

这是开发板板载的 4 个机械式输入按键(KEY0、KEY1、KEY2 和 KEY_UP)。其中,KEY_UP 具有唤醒功能,该按键连接到 STM32 的 WAKE_UP(PA0)引脚,可用于待机模式下的唤醒;在不使用唤醒功能的时候,也可以作为普通按键输入使用。

其他 3 个是普通按键,可以用于人机交互的输入,这 3 个按键是直接连接在 STM32 的 I/O 口上的。注意,KEY_UP 是高电平有效,而 KEY0、KEY1 和 KEY2 是低电平有效,使用的时候留意一下。

(22) 触摸按钮

这是开发板板载的一个电容触摸输入按键(TPAD),利用电容充放电原理实现触摸按键检测。

(23) 电源指示灯

这是开发板板载的一颗蓝色的 LED 灯(PWR),用于指示电源状态。在电源开启的时候(通过板上的电源开关控制),该灯会亮;否则,不亮。通过这个 LED 可以判断开发板的上电情况。

(24) 多功能端口

这是一个由 6 个排针组成的接口(P1&P11)。可别小看这 6 个排针,这可是本开发板设计得很巧妙的一个端口(由 P1 和 P11 组成)。这组端口通过组合可以实现的功能有 ADC 采集、DAC 输出、PWM DAC 输出、外部音频输入、电容触摸按键、DAC 音频、PWM DAC 音频、DAC ADC 自测等。所有这些只需要一个跳线帽的设置,就可以逐一实现。

(25) 耳机输出接口

这是开发板板载的音频输出接口(PHONE),该接口可以插 3.5 mm 的耳机。当 WM8978 放音的时候,就可以通过在该接口插入耳机,欣赏音乐。

(26) 录音输入接口

这是开发板板载的外部录音输入接口(LINE_IN),通过咪头只能实现单声道的录音,而通过这个 LINE_IN 可以实现立体声录音。

(27) MIC(咪头)

这是开发板的板载录音输入口(MIC),直接接到 WM8978 的输入上,可以用来实现录音功能。

(28) ATK 模块接口

这是开发板板载的一个 ALIENTEK 通用模块接口(U5),目前可以支持 ALIENTEK 开发的 GPS 模块、蓝牙模块、MPU6050 模块和全彩 RGB 灯模块等;直接插上对应的模块,就可以进行开发。后续将开发更多兼容该接口的其他模块,从而实现更强大的扩展性能。

(29) 9 轴传感器 MPU9250

这是开发板板载的一个 9 轴传感器(U6)。MPU9250 是一个高性能的 9 轴传感器,内部集成一个三轴加速度传感器、一个三轴陀螺仪和一个三轴磁力传感器,并且带 MPL 功能,在四轴飞控方面应用非常广泛,所以喜欢玩四轴的朋友也可通过本开发板进行学习。

(30) 3.3 V 电源输入/输出

这是开发板板载的一组 3.3 V 电源输入/输出排针(2×3)(VOUT1),用于给外部提供 3.3 V 的电源,也可以用于从外部接 3.3 V 的电源给板子供电。

实验的时候可能经常会为没有 3.3 V 电源而苦恼不已,有了阿波罗 STM32 开发板,就可以很方便地拥有一个简单的 3.3 V 电源(最大电流不能超过 500 mA)。

(31) 5 V 电源输入/输出

这是开发板板载的一组 5 V 电源输入/输出排针(2×3)(VOUT2),用于给外部提供 5 V 的电源,也可以用于从外部接 5 V 的电源给板子供电。

同样,实验的时候可能经常会为没有 5 V 电源而苦恼不已,ALIENTEK 充分考虑到了读者的需求,有了这组 5 V 排针,就可以很方便地拥有一个简单的 5 V 电源(USB 供电的时候最大电流不能超过 500 mA,外部供电的时候最大可达 1 000 mA)。

(32) 电源开关

这是开发板板载的电源开关(K1),用于控制整个开发板的供电;如果切断,则整个开发板都将断电,电源指示灯(PWR)会随着此开关的状态而亮灭。

(33) DC6～16 V 电源输入

这是开发板板载的一个外部电源输入口(DC_IN),采用标准的直流电源插座。开发板板载了 DC-DC 芯片(MP2359),用于给开发板提供高效、稳定的 5 V 电源。由于采用了 DC-DC 芯片,所以开发板的供电范围十分宽,读者可以很方便地找到合适的电源(只要输出范围在 DC6～16 V 的基本都可以)来给开发板供电。在耗电比较大的情况下,比如用到 4.3 寸屏、7 寸屏、网口的时候,建议使用外部电源供电,可以提供足够的电流给开发板使用。

(34) 光纤输入接口

这是开发板板载的音频光纤输入接口(OPTICAL),可以接收光纤传递过来的数字音频信号。注意,此接口仅在使用 STM32F7 核心板的时候才有用,STM32F429 核心板无法使用。

(35) RS485 接口

这是开发板板载的 RS485 总线接口(RS485),通过 2 个端口和外部 RS485 设备连接。注意,RS485 通信的时候必须 A 接 A、B 接 B,否则可能通信不正常。

(36) 以太网接口(RJ45)

这是开发板板载的网口(EARTHNET),可以用来连接网线、实现网络通信功能。

该接口使用 STM32 内部的 MAC 控制器外加 PHY 芯片，从而实现 10/100M 网络的支持。

(37) RS232/485 选择接口

这是开发板板载的 RS232(COM2)/485 选择接口(P8)，因为 RS485 基本上就是一个半双工的串口，为了节约 I/O，我们把 RS232(COM2)和 RS485 共用一个串口，通过 P9 来设置当前是使用 RS232(COM2)还是 RS485。这样的设计还有一个好处，就是我们的开发板既可以充当 RS232 到 TTL 串口的转换，又可以充当 RS485 到 TTL485 的转换。(注意，这里的 TTL 高电平是 3.3 V。)

(38) RS232/模块选择接口

这是开发板板载的一个 RS232(COM3)/ATK 模块接口(U5)选择接口(P9)，通过该选择接口，就可以选择 STM32 的串口 3 连接在 COM3 还是连接在 ATK 模块接口上面，从而实现不同的应用需求。该接口同样也可以充当 RS232 到 TTL 串口的转换。

(39) RS232 接口(公)

这是开发板板载的一个 RS232 接口(COM3)，通过一个标准的 DB9 公头和外部的串口连接。通过这个接口可以连接带有串口的计算机或者其他设备，从而实现串口通信。

(40) 引出 I/O 口(总共有 3 处)

这是开发板 I/O 引出端口，总共有 3 组主 I/O 引出口 P2、P3 和 P6。其中，P2 和 P3 分别采用 2×22 排针引出，总共引出 86 个 I/O 口；P6 采用 1×16 排针，按顺序引出 FSMC_D0～D15 这 16 个 I/O 口。另外，还通过 P4、P8、P9 和 P10 引出 8 个 I/O，总共引出 110 个 I/O 口。

(41) LCD 接口

这是开发板板载的 LCD 模块接口(16 位 80 并口)，兼容 ALIENTEK 全系列 LCD 模块，包括 2.4 寸、2.8 寸、3.5 寸、4.3 寸和 7 寸等 TFTLCD 模块，并且支持电阻/电容触摸功能。

(42) RS232 接口(母)

这是开发板板载的另外一个 RS232 接口(COM2)，通过一个标准的 DB9 母头和外部的串口连接。通过这个接口可以连接带有串口的计算机或者其他设备，从而实现串口通信。

(43) CAN 接口

这是开发板板载的 CAN 总线接口(CAN)，通过 2 个端口和外部 CAN 总线连接，即 CANH 和 CANL。注意，CAN 通信的时候，必须 CANH 接 CANH、CANL 接 CANL，否则可能通信不正常。

接下来看 STM32F767 核心板的资源说明：

(1) 5 V&3.3 V 电源

这里实际上由 3 个焊点组成：5 V、3.3 V、GND。通过这 3 个焊点可以给核心板提供电源，也可以由核心板给外部提供电源(3.3 V 对外供电时，电流不要超过 300 mA)，方便应用到各种场景中去。

(2) CPU

这是核心板的 CPU(U1),型号为 STM32F767IGT6。该芯片采用 6 级流水线,自带指令和数据 Cache、集成 JPEG 编解码器、集成双精度硬件浮点计算单元(DPFPU)和 DSP 指令,并具有 512 KB SRAM、1 024 KB Flash、13 个 16 位定时器、2 个 32 位定时器、2 个 DMA 控制器(共 16 个通道)、6 个 SPI、一个 QSPI 接口、3 个全双工 I^2S、2 个 SAI、4 个 I^2C、8 个串口、2 个 USB(支持 HOST /SLAVE)、3 个 CAN、3 个 12 位 ADC、2 个 12 位 DAC、一个 SPDIF RX 接口、一个 RTC(带日历功能)、2 个 SDMMC 接口、一个 FMC 接口、一个 TFTLCD 控制器(LTDC)、一个 10/100M 以太网 MAC 控制器、一个摄像头接口、一个硬件随机数生成器以及 140 个通用 I/O 口等。

(3) Micro USB 接口

这是核心板的 USB 接口(USB),采用 Micro USB 接口和手机数据线通用。此接口既可以作为 USB SLAVE 使用,也可以作为 USB HOST(OTG)使用;当作为 HOST 使用的时候,需要外接一根 USB OTG 线。同时,这个接口也是核心板电源的主要提供口(单独使用核心板时)。

(4) 电源指示灯

这是核心板自带的液晶电源指示灯(PWR),为蓝色。当核心板正常供电时,此 LED 会亮。不过,该 LED 默认受 VREF+控制,当 VREF+悬空时,才正常工作;当 VREF+接 3.3 V 时,则一直关闭。想要 LED 不受 VREF+控制,把核心板的 R13 拆了即可。注意,当核心板插在底板上时,可以通过拔掉底板上 P5 的跳线帽即可实现 VREF+悬空,从而指示灯亮。

(5) 串　口

这是核心板引出的串口 1(USART1),可用于串口通信。注意,排针默认没有焊接,需要自行焊接。

(6) LED 指示灯

这是核心板自带的一个状态指示灯(DS0),红色,可以表示程序运行状态,该指示灯与底板上的 DS0 共用一个 I/O。同样,当 VREF+悬空时才正常工作,受限条件同电源指示灯。

(7) WKUP 按键

这是核心板板载的一个功能按键(WKUP),并且具有唤醒功能;该按键和底板上的 KEY_UP 共用一个 I/O 口(PA0),也是高电平有效。

(8) 复位按键

这是核心板板载的复位按键(RST),用于复位 STM32;另外,还具有复位液晶的功能,因为液晶模块的复位引脚和 STM32 的复位引脚是连接在一起的,当按下该键的时候,STM32 和液晶一并被复位。此按键和底板上的复位按键功能完全一样。

(9) SDRAM

这是核心板外扩的 SDRAM 芯(U3)片,型号为 W9825G6KH,容量为 32 MB,轻松

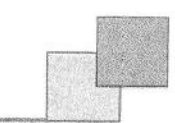

应对各种大内存需求场景，比如GUI设计、算法设计、大数据处理等。

(10) NAND Flash

这是核心板外扩的NAND Flash芯(U4)片，型号为MT29F4G08，容量为512 MB，可以实现大数据存储，满足各种应用需求。另外，可以自行更换更大容量的NAND Flash，从而满足项目需要。

(11) RGB LCD接口

这是核心板自带的RGB LCD接口(LCD)，可以连接各种ALIENTEK的RGB LCD屏模块，并且支持触摸屏(电阻/电容屏都可以)。为了节省I/O口，采用的是RGB565格式，虽然降低了颜色深度，但是节省了I/O，且RGB565格式在程序上更通用一些。

(12) SWD接口

这是核心板自带的调试接口(SWD)，可以用于代码下载和仿真调试。采用SWD接口时只需最少3根线(SWD、SWC和GND)即可实现代码下载和仿真调试。注意，排针默认没有焊接，需要自行焊接。

(13) EEPROM

这是核心板板载的EEPROM芯片(U5)，型号为24C02，容量为2 kbit，也就是256字节，用于存储一些掉电不能丢失的重要数据，比如系统设置的一些参数、触摸屏校准数据等。有了这个就可以方便地实现掉电数据保存。

(14) SPI Flash

这是核心板外扩的SPI Flash芯片(U6)，型号为W25Q256，容量为256 Mbit，即32 MB，可用于存储字库和其他用户数据，从而满足大容量数据存储要求。

最后，STM32F767核心板的接口是在底部，通过两个2×30的板对板端子(3710M公座)组成；总共引出了110个I/O，通过这个接口可以实现与阿波罗STM32开发板的对接。

1.2.2　软件资源说明

上面详细介绍了ALIENTEK阿波罗STM32F767开发板的硬件资源。接下来简要介绍一下阿波罗STM32F767开发板的软件资源。

阿波罗STM32F767开发板提供的标准例程多达64个，一般的STM32开发板仅提供库函数代码，而我们则提供寄存器和库函数两个版本的代码(本书介绍库函数版本)。我们提供的这些例程基本都是原创，拥有非常详细的注释，代码风格统一、循序渐进，非常适合初学者入门。而其他开发板的例程大都是来自ST库函数的直接修改，注释也比较少，对初学者来说不那么容易入门。

阿波罗STM32F767开发板的例程如表1.2.1所列(本书介绍前30个例程，后34个例程见下册)。

表 1.2.1　ALIENTEK 阿波罗 STM32F767 开发板例程表

编　号	实验名字	编　号	实验名字
1	跑马灯实验	33	数字温度传感器 DS18B20 实验
2	按键输入实验	34	数字温湿度传感器 DHT11 实验
3	串口通信实验	35	9 轴传感器 MPU9250 实验
4	外部中断实验	36	无线通信实验
5	独立看门狗实验	37	Flash 模拟 EEPROM 实验
6	窗口看门狗实验	38	摄像头实验
7	定时器中断实验	39	内存管理实验
8	PWM 输出实验	40	SD 卡实验
9	输入捕获实验	41	NAND Flash 实验
10	电容触摸按键实验	42	FATFS 实验
11	OLED 实验	43	汉字显示实验
12	内存保护(MPU)实验	44	图片显示实验
13	TFTLCD(MCU 屏)实验	45	硬件 JPEG 解码实验
14	SDRAM 实验	46	照相机实验
15	LTDC LCD(RGB 屏)实验	47	音乐播放器实验
16	USMART 调试实验	48	录音机实验
17	RTC 实验	49	SPDIF(光纤音频)实验
18	硬件随机数实验	50	视频播放器实验
19	待机唤醒实验	51	FPU 测试(Julia 分形)实验
20	ADC 实验	52	DSP 测试实验
21	内部温度传感器实验	53	手写识别实验
22	DAC 实验	54	T9 拼音输入法实验
23	PWM DAC 实验	55	串口 IAP 实验
24	DMA 实验	56	USB 读卡器(Slave)实验
25	I^2C 实验	57	USB 声卡(Slave)实验
26	I/O 扩展实验	58	USB 虚拟串口(Slave)实验
27	光环境传感器实验	59	USB U 盘(Host)实验
28	QSPI 实验	60	USB 鼠标键盘(Host)实验
29	RS485 实验	61	网络通信实验
30	CAN 实验	62	μ/OS-II 实验 1——任务调度
31	触摸屏实验	63	μ/OS-II 实验 2——信号量和邮箱
32	红外遥控实验	64	μ/OS-II 实验 3——消息队列、信号量集和软件定时器

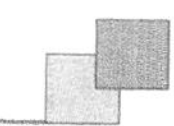

可以看出，ALIENTEK 阿波罗 STM32F767 开发板的例程基本上涵盖了 STM32F767IGT6 的所有内部资源，并且外扩展了很多有价值的例程，比如 Flash 模拟 EEPROM 实验、USMART 调试实验、μC/OS－II 实验、内存管理实验、IAP 实验、拼音输入法实验、手写识别实验等。

从表 1.2.1 可以看出，例程安排是循序渐进的，首先从最基础的跑马灯开始，然后一步步深入，从简单到复杂，有利于学习和掌握。所以，ALIENTEK 阿波罗 STM32F767 开发板是非常适合初学者的。当然，对于想深入了解 STM32 内部资源的朋友，ALIENTEK 阿波罗 STM32F767 开发板也绝对是一个不错的选择。

1.2.3 阿波罗 I/O 引脚分配

为了让读者更快更好地使用阿波罗 STM32F767 开发板，这里特地将阿波罗开发板主芯片 TM32F767IGT6 的 I/O 资源分配做了一个总表，以便查阅，路径为本书配套资料→3，ALIENTEK 阿波罗 STM32F767 开发板原理图（阿波罗 STM32F429 开发板 IO 引脚分配表.xlsx，该表注有详细说明和使用建议，读者可以打开查看。

第 2 章

实验平台硬件资源详解

本章将详细介绍 ALIENTEK 阿波罗 STM32F7 开发板各部分(包括底板和核心板)的硬件原理图,使读者对该开发板的各部分硬件原理有个深入理解,同时,介绍了开发板的使用注意事项,为后面的学习做好准备。

2.1 开发板底板原理图详解

1. 核心板接口

阿波罗 STM32F767 开发板采用底板＋核心板的形式,使得一块底板可以学习多款 MCU,提高资源利用率,从而降低学习成本。阿波罗 STM32 开发板底板采用 2 个 2×30 的 3710F(母座)板对板连接器来同核心板连接,接插非常方便。底板上面的核心板接口原理图如图 2.1.1 所示。

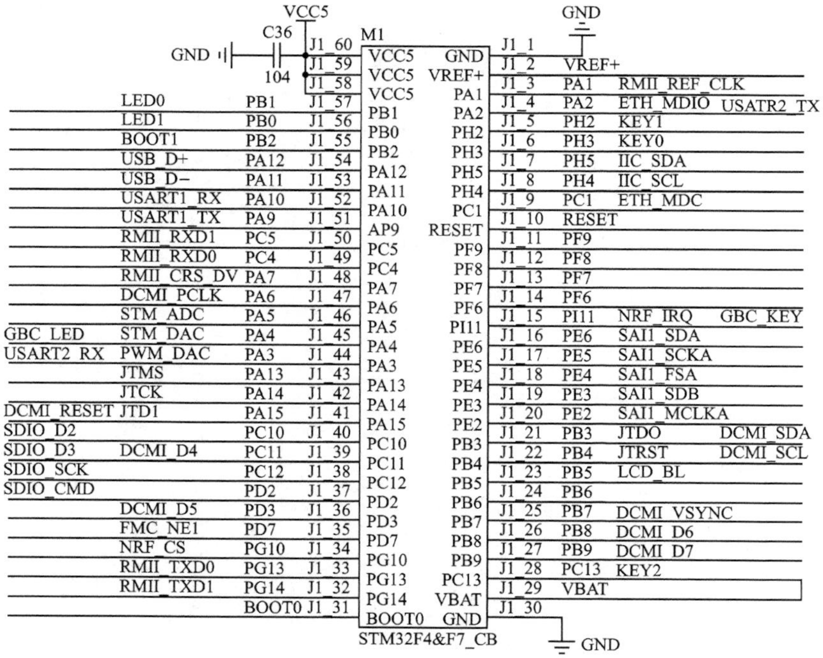

图 2.1.1　底板核心板接口部分原理图

FMC_D15	PD10	J2_60	PD10	PB11	J2_1	PB11	RMII_TX_EN	USART3_RX
FMC_D14	PD9	J2_59	PD9	PB10	J2_2	PB10		USART3_TX
FMC_D13	DP8	J2_58	DP8	PH8	J2_3	PH8	DCMI_HREF	
FMC_D12	PE15	J2_57	PE15	PB12	J2_4	PB12	IIC_INT	1WIRE_DQ
FMC_D11	PE14	J2_56	PE14	PB13	J2_5	PB13	SPI2_SCK	
FMC_D10	PE13	J2_55	PE13	PB14	J2_6	PB14	SPI2_MISO	
FMC_D9	PE12	J2_54	PE12	PB15	J2_7	PB15	SPI2_MOSI	
FMC_D8	PE11	J2_53	PE11	PH6	J2_8	PH6	T_SCK	
FMC_D7	PE10	J2_52	PE10	PH7	J2_9	PH7	T_PEN	
FMC_D6	PE9	J2_51	PE9	PH9	J2_10	PH9	LCD_R3	
FMC_D5	PE8	J2_50	PE8	PH10	J2_11	PH10	LCD_R4	
FMC_D4	PE7	J2_49	PE7	PH11	J2_12	PH11	LCD_R5	
FMC_D3	PD1	J2_48	PD1	PG3	J2_13	PG3	T_MISO	
FMC_D2	PD0	J2_47	PD0	PD13	J2_14	PD13	FMC_A18	
FMC_D1	PD15	J2_46	PD15	PG6	J2_15	PG6	LCD_R7	
FMC_D0	PD14	J2_45	PD14	PC6	J2_16	PC6	DCMI_D0	
FMC_NBL1	PE1	J2_44	PE1	PC7	J2_17	PC7	DCMI_D1	
FMC_NBL0	PE0	J2_43	PE0	PC8	J2_18	PC8	DCMI_D2	SDIO_D0
WK_UP	PA0	J2_42	PA0	PC9	J2_19	PC9	DCMI_D3	SDIO_D1
T_MOSI	PI3	J2_41	PI3	PA8	J2_20	PA8	DCMI_XCLK	REMOTE_IN
T_CS	PI8	J2_40	PI8	PD12	J2_21	PD12	FMC_A17_ALE	
LCD_B7	PI7	J2_39	PI7	PD5	J2_22	PD5	FMC_NWE	
LCD_B6	PI6	J2_38	PI6	PD11	J2_23	PD11	FMC_A16_CLE	
LCD_B5	PI5	J2_37	PI5	PH12	J2_24	PH12	LCD_R6	
LCD_B4	PI4	J2_36	PI4	PG12	J2_25	PG12	NRF_CE	SPDIF_RX
LCD_B3	PG11	J2_35	PG11	PD4	J2_26	PD4	FMC_NOE	
LCD_G5	PI0	J2_34	PI0	PD6	J2_27	PD6	FMC_NWAIT	
LCD_G6	PI1	J2_33	PI1	PH15	J2_28	PH15	LCD_G4	
LCD_G7	PI2	J2_32	PI2	PH14	J2_29	PH14	LCD_G3	
	GND	J2_31	GND	PH13	J2_30	PH13	LCD_G2	

图 2.1.1　底板核心板接口部分原理图(续)

图中的 M1 就是底板上的核心板接口，由 2 个 2×30PIN 的 3710F 板对板母座组成，总共引出了核心板上面 110 个 I/O 口，另外，还有 6 根电源线(VCC/GND 各占 3 根)、BOOT1、VBAT、RESET 和 VREF＋。

2. 引出 I/O 口

阿波罗 STM32F767 开发板底板上面总共引出了 STM32F767IGT6 的 110 个/IO 口，如图 2.1.2 所示。图中 P2、P3 和 P6 为 MCU 主 I/O 引出口，这 3 组排针共引出了 102 个 I/O 口；另外，通过 P4(PA9&PA10)、P8(PA2&PA3)、P9(PB10&PB11)和 P10(PA11&PA12)这 4 组排针引出 8 个 I/O 口，这样底板上总共引出了 110 个 I/O。STM32F767IGT6 总共有 140 个 I/O，剩下的 30 个 I/O 主要用在了晶振、SDRAM、RGBLCD 等常用外设上面，不太适合再引出来做其他用，所以这里就没有引出来了。

3. USB 串口/串口 1 选择接口

阿波罗 STM32F767 开发板板载的 USB 串口和 STM32F767IGT6 的串口是通过 P4 连接起来的，如图 2.1.3 所示。

图中 TXD/RXD 是相对 CH340G 来说的，也就是 USB 串口的发送和接收脚。而 USART1_RX 和 USART1_TX 则是相对于 STM32F767IGT6 来说的。这样，通过对接就可以实现 USB 串口和 STM32F767IGT6 的串口通信了。同时，P4 是 PA9 和 PA10 的引出口。

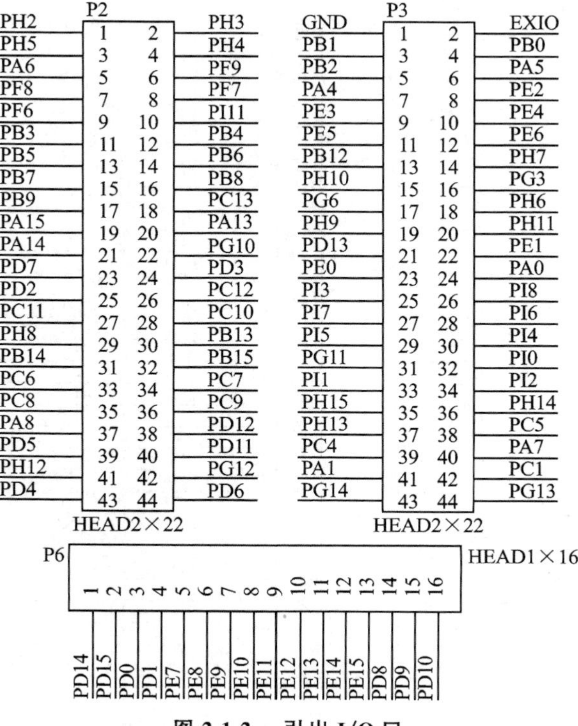

图 2.1.2 引出 I/O 口

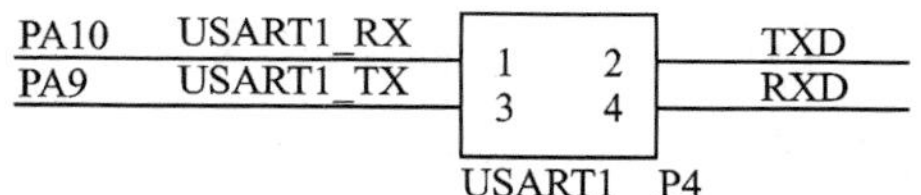

图 2.1.3 USB 串口/串口 1 选择接口

这样设计的好处就是使用上非常灵活,比如需要用到外部 TTL 串口和 STM32 通信的时候,则只需要拔了跳线帽,通过杜邦线连接外部 TTL 串口,就可以实现和外部设备的串口通信了;又比如有个板子需要和计算机通信,但是计算机没有串口,那么就可以使用开发板的 RXD 和 TXD 来连接你的设备,把我们的开发板当成 USB 转串口用了。

4. JTAG/SWD

阿波罗 STM32F767 开发板板载的标准 20 针 JTAG/SWD,接口电路如图 2.1.4 所示。

这里采用的是标准的 JTAG 接法(支持 SWD),但是 STM32 还有 SWD 接口,SWD 只需要最少 2 根线(SWCLK 和 SWDIO)就可以下载并调试代码了,这同使用串口下载代码差不多,而且速度非常快,也能调试。所以建议在设计产品的时候可以留出 SWD 来下载调试代码,而摒弃 JTAG。STM32 的 SWD 接口与 JTAG 是共用的,只要接上 JTAG,就可以使用 SWD 模式了(其实并不需要 JTAG 这么多线);当然,调试器必须支持 SWD 模式,JLINK(必须是 V9 或者以上版本)、ULINK2 和 ST LINK 等都支持 SWD 调试。

特别提醒，JTAG 有几个信号线用来接其他外设了，但是 SWD 是完全没有接任何其他外设的，所以在使用的时候，推荐读者一律使用 SWD 模式。

5. 参考电压选择端口

阿波罗 STM32F767 开发板板载了一个参考电压选择口，如图 2.1.5 所示。图中 VREF_SEL 默认用跳线帽连接 1&2 脚，于是 VREF+＝3.3 V，即 STM32 芯片的 ADC/DAC 参考电压默认是 3.3 V。如果想用自己的参考电压，则把参考电压接入 VREF+即可(注意，还要共地)。

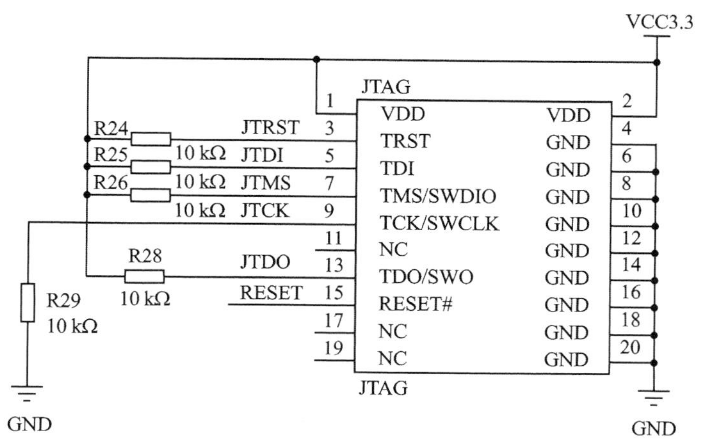

图 2.1.4　JTAG/SWD 接口

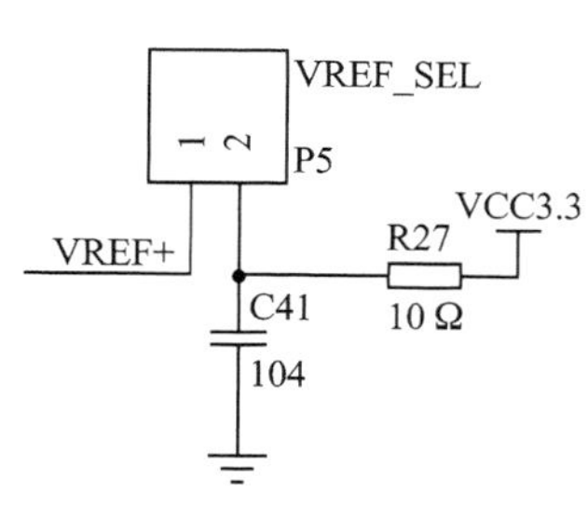

图 2.1.5　参考电压选择端口

注意，该接口还是控制核心板 LED 的总开关，当 VREF+接 3.3 V 时(插跳线帽)，核心板所有 LED(PWR&DS0)都不工作；当 VREF+悬空时(拔掉跳线帽)，核心板所有 LED 都正常工作。如不想让此接口控制核心板的 LED，那么拆除核心板的 R14 电阻即可。

6. LCD 模块接口

阿波罗 STM32F767 开发板板载的 LCD 模块接口电路如图 2.1.6 所示。

图中 TFT_LCD 是一个通用的液晶模块接口，采用 16 位 80 并口，也称作 MCU 屏接口，仅支持 MCU 接口的液晶(不支持 RGB 接口的液晶)。ALIENTEK 的 MCU 接口 TFTLCD 模块有 2.4 寸、2.8 寸、3.5 寸、4.3 寸和 7 寸等尺寸。LCD 接口连接在 STM32F767IGT6 的 FSMC 总线上面，可以显著提高 LCD 的刷屏速度。

图中的 T_MISO、T_MOSI、T_PEN、T_CS、T_SCK 连接在 MCU 的 PG3、PI3、PH7、PI8、PH6 上，用于实现对液晶触摸屏的控制(支持电阻屏和电容屏)。LCD_BL 连接在 MCU 的 PB5 上，用于控制 LCD 的背光。液晶复位信号 RESET 直接连接在开发板的复位按钮上，和 MCU 共用一个复位电路。注意，该接口核心板上的 RGBLCD (RGB 屏)接口共用触摸屏和背光信号线，所以不能同时都使用触摸屏。

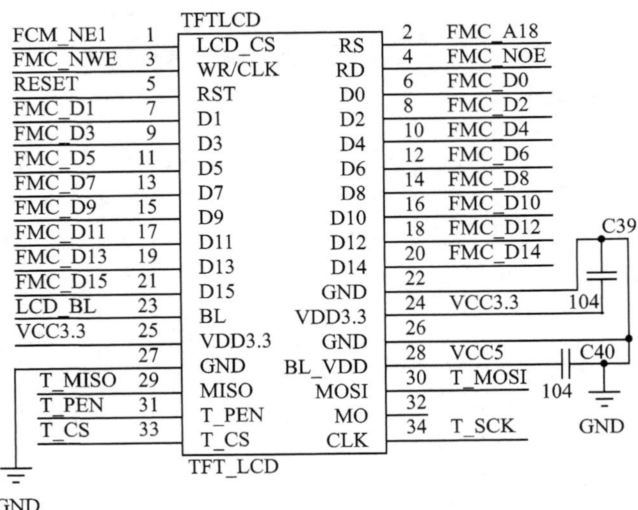

图 2.1.6 LCD 模块接口

7. 复位电路

阿波罗 STM32F767 开发板的复位电路如图 2.1.7 所示。

因为 STM32 是低电平复位的,所以我们设计的电路也是低电平复位的,这里的 R21 和 C37 构成了上电复位电路。同时,开发板把 LCD 接口的复位引脚也接在 RESET 上,这样这个复位按钮不仅可以用来复位 MCU,还可以复位 LCD。

8. 启动模式设置接口

阿波罗 STM32F767 开发板的启动模式设置端口电路如图 2.1.8 所示。

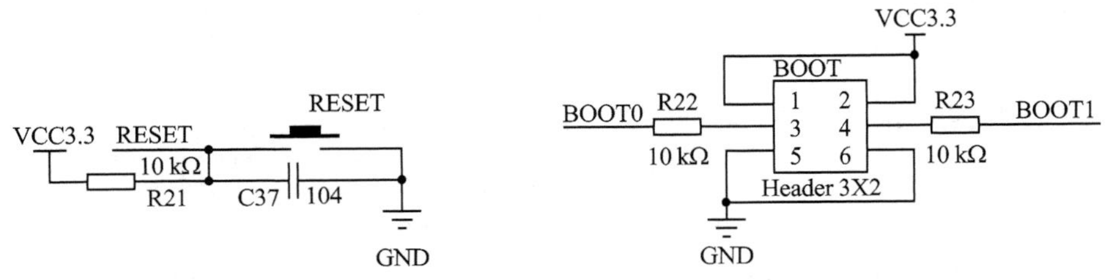

图 2.1.7 复位电路

图 2.1.8 启动模式设置接口

在 STM32F7 系列的芯片上,图中的 BOOT0 和 BOOT1 只有 BOOT0 有效,对应 STM32F7 芯片的 B0OT 引脚。STM32F7 的启动模式(也称自举模式)如表 2.1.1 所列。按照该表,一般情况下设置 B0OT0 为低电平即可,默认情况下系统通过 ITCM 总线接口访问 Flash(地址从 0X0020 0000 开始)。

表 2.1.1　启动模式选择表

启动模式选择		启动地址
BOOT0	启动地址选项字节	
0	BOOT_ADD0[15:0]	由用户选项字节 BOOT_ADD0[15:0]决定启动地址，ST 出厂默认的启动地址为 0X0020 0000 的 ITCM 上的 Flash
1	BOOT_ADD1[15:0]	由用户选项字节 BOOT_ADD1[15:0]决定启动地址，ST 出厂默认的启动地址为 0X0010 0000 的 ITCM 上的 Flash
BOOT_ADDx=0x0000:从 ITCM RAM(0x0000 0000)启动 BOOT_ADDx=0x0040:从系统存储器(0x0010 0000)启动 BOOT_ADDx=0x0080:从 ITCM 接口上的 Flash(0x0020 0000)启动 BOOT_ADDx=0x2000:从 AXIM 接口上的 Flash(0x0800 0000)启动 BOOT_ADDx=0x8000:从 DTCM RAM(0x2000 0000)启动 BOOT_ADDx=0x8004:从 SRAM1(0x2001 0000)启动 BOOT_ADDx=0x8013:从 SRAM2(0x2004 C000)启动 x=0/1,出厂时:BOOT_ADD0=0X0080;BOOT_ADD1=0X0040		

这里需要注意两点：

① STM32F7 虽然也支持串口下载(B00T0=1,从系统存储器启动)，但目前没有比较好的支持 STM32F7 的串口下载软件，所以，必须自备 ST LINK V2 仿真器一个，用来下载和调试代码。

② STM32F7 实际上只有一个 Flash 存储器，但是有两条访问路径：ITCM 和 AXIM，它们访问 Flash 的地址映射是不一样的，ITCM 是从 0X0020 0000 开始的 1 MB 访问空间，AXIM 则是从 0X0800 0000 开始的 1 MB 访问空间。通过 MDK 将代码下载到 0X0020 0000 还是 0X0800 0000 都是可以正常运行的，因为实际上只有一个 Flash，只是地址映射不一样而已。MDK 里面一般设置 Flash 地址为 0X0800 0000。

9. VBAT 供电接口

阿波罗 STM32F767 开发板的 VBAT 供电电路如图 2.1.9 所示。图中的 VBAT 接 MCU 的 VBAT 脚，从而给核心板的后备区域供电。采用 CR1220 纽扣电池和 VCC3.3 混合供电的方式，在有外部电源(VCC3.3)的时候，CR1220 不给 VBAT 供电；而在外部电源断开的时候，则由 CR1220 给其供电。这样，VBAT 总是有电的，从而保证 RTC 的走时以及后备寄存器的内容不丢失。

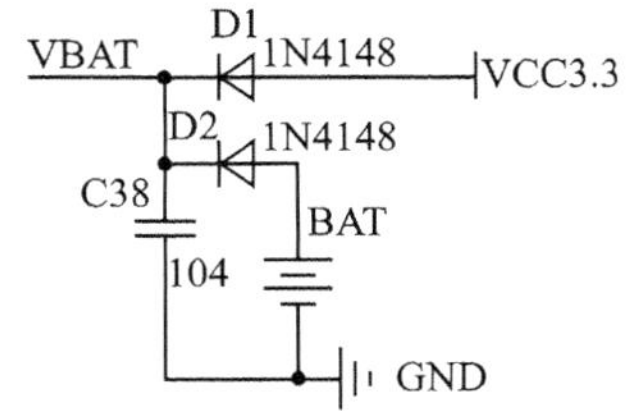

图 2.1.9　启动模式设置接口

10. RS232 串口

阿波罗 STM32F767 开发板板载了一公一母两个 RS232 接口，电路原理图如图 2.1.10 所示。

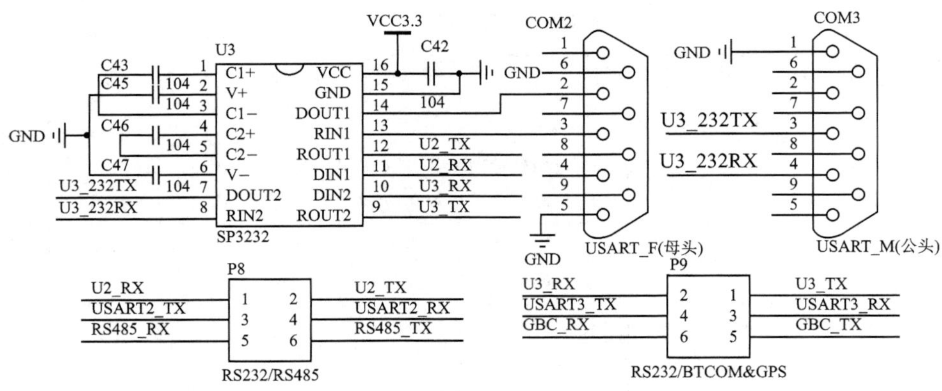

图 2.1.10 RS232 串口

因为 RS232 电平不能直接连接到 STM32,所以需要一个电平转换芯片。这里选择 SP3232(也可以用 MAX3232)来做电平转接。同时,图中的 P8 用来实现 RS232(COM2)/RS485 的选择,P9 用来实现 RS232(COM3)、ATK 模块接口的选择,以满足不同实验的需要。

图中 USART2_TX、USART2_RX 连接在 MCU 的串口 2 上(PA2、PA3),所以这里的 RS232(COM2)、RS485 都是通过串口 2 来实现的。图中 RS485_TX 和 RS485_RX 信号接在 SP3485 的 DI 和 RO 信号上。

图中的 USART3_TX、USART3_RX 连接在 MCU 的串口 3 上(PB10、PB11),所以 RS232(COM3)、ATK 模块接口都是通过串口 3 来实现的。图中的 GBC_RX 和 GBC_TX 连接在 ATK 模块接口 U5 上面。

P8/P9 的存在其实还带来另外一个好处,就是我们可以把开发板变成一个 RS232 电平转换器或者 RS485 电平转换器。比如自己买的核心板可能没有板载 RS485/RS232 接口,通过连接开发板的 P8/P9 端口就可以让自己的核心板拥有 RS232/RS485 的功能。

11. RS485 接口

阿波罗 STM32F767 开发板板载的 RS485 接口电路如图 2.1.11 所示。

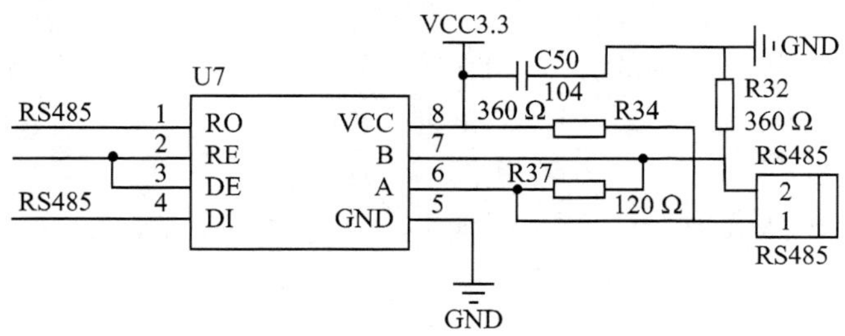

图 2.1.11 RS485 接口

RS485 电平也不能直接连接到 STM32，同样需要电平转换芯片。这里使用 SP3485 来做 RS485 电平转换，其中，R37 为终端匹配电阻，而 R34 和 R32 则是两个偏置电阻，用来保证静默状态时 RS485 总线维持逻辑 1。

RS485_RX、RS485_TX 连接在 P8 上面，通过 P8 跳线来选择是否连接在 MCU 上面。RS485_RE 则连接在 PCF8574（I^2C I/O 扩展芯片）的 P6 引脚上的，该信号用来控制 SP3485 的工作模式（高电平为发送模式，低电平为接收模式）。

12. CAN/USB 接口

ALIENTEK 阿波罗 STM32F767 开发板板载的 CAN 接口电路以及 STM32 USB 接口电路如图 2.1.12 所示。

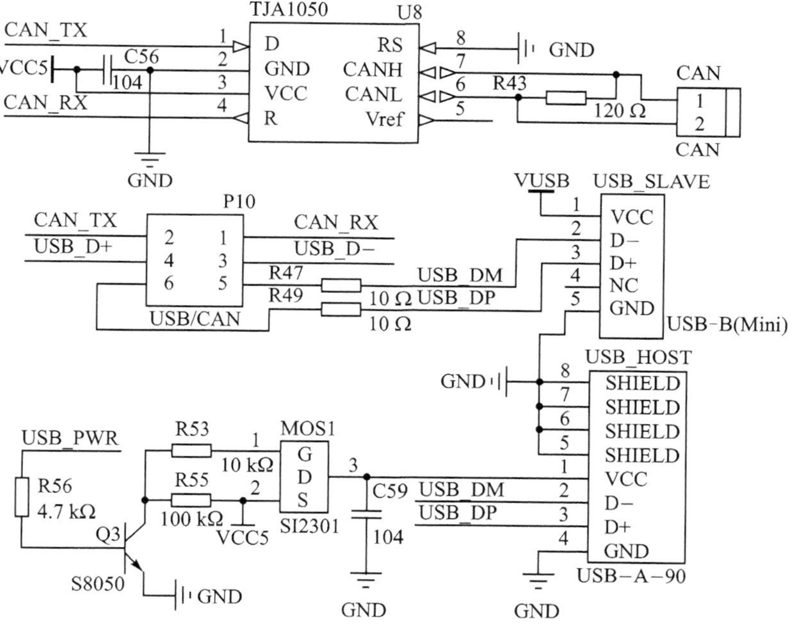

图 2.1.12　CAN/USB 接口

CAN 总线电平也不能直接连接到 STM32，同样需要电平转换芯片。这里使用 TJA1050 来做 CAN 电平转换，其中，R43 为终端匹配电阻。

USB_D+、USB_D−连接在 MCU 的 USB 口（PA12、PA11）上，同时，因为 STM32 的 USB 和 CAN 共用这组信号，所以通过 P10 来选择使用 USB 还是 CAN。

图中共有 2 个 USB 口：USB_SLAVE 和 USB_HOST，前者是用来做 USB 从机通信，后者则是用来做 USB 主机通信。

USB_SLAVE 可以用来连接计算机，从而实现 USB 读卡器、虚拟串口和声卡等 USB 从机实验。另外，该接口还具有供电功能，VUSB 为开发板的 USB 供电电压，通过这个 USB 口就可以给整个开发板供电了。

USB HOST 可以用来接比如 U 盘、USB 鼠标、USB 键盘和 USB 手柄等设备，从而实现 USB 主机功能。该接口可以对从设备供电,供电受 USB_PWR 控制。USB_PWR 信号连接在 PCF8574(I^2C I/O 扩展芯片)的 P3 引脚上。

13. 光环境传感器

阿波罗 STM32F767 开发板板载了一个光环境传感器,可以用来感应周围光线强度、接近距离和红外线强度等,该部分电路如图 2.1.13 所示。

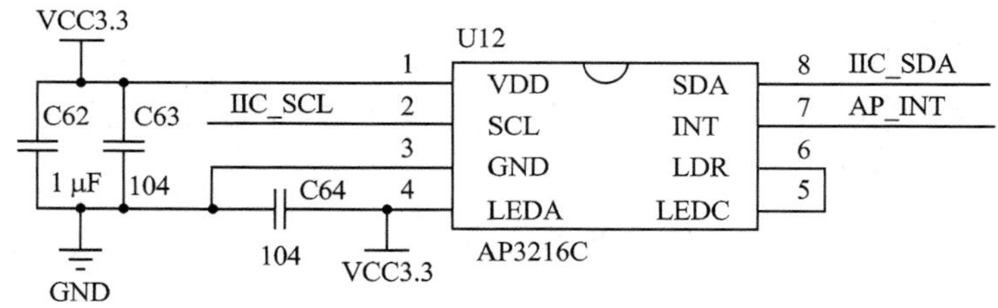

图 2.1.13　光环境传感器电路

图中的 U12 就是光环境传感器 AP3216C,它集成了光照强度、近距离、红外 3 个传感器功能于一身,广泛应用于各种智能手机。该芯片采用 I^2C 接口,IIC_SCL 和 IIC_SDA 分别连接 PH4 和 PH5 上,AP_INT 是其中断输出脚,连接在 PCF8574(I^2C I/O 扩展芯片)的 P1 引脚上。

14. I^2C I/O 扩展

阿波罗 STM32F767 开发板板载了一个 I^2C I/O 扩展芯片,电路如图 2.1.14 所示。

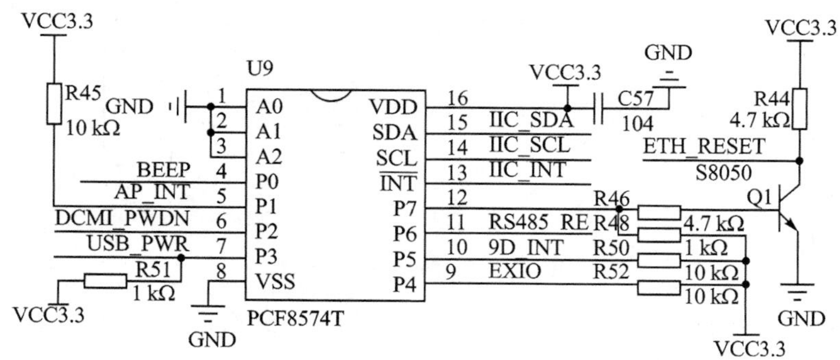

图 2.1.14　I^2C I/O 扩展芯片

I^2C I/O 扩展芯片型号为 PCF8574/AT8574(这两个芯片完全互相兼容,可互相替换),该芯片通过 I^2C 接口,可以扩展出 8 个 I/O。这里利用扩展的 I/O 连接了蜂鸣器(BEEP)、光环境传感器(AP_INT)、OLED/CAMERA 接口(DCMI_PWDN)、USB HOST 接口(USB_PWR)、9 轴传感器(9D_INT)、RS485 接口(RS485_RE)和网络接口(ETH_RESET)等。多余的一个扩展 I/O(EXIO),通过 P3 排针引出。

同 AP3216C 一样,该芯片的 IIC_SCL 和 IIC_SDA 同样是挂在 PH4 和 PH5 上,它们共享一个 I^2C 总线。IIC_INT 连接在 PB12 上,注意,PB12 还连接了单总线接口的

1WIRE_DQ 信号，所以，单总线接口和 IIC_INT 不能同时使用。

15. 9 轴传感器

阿波罗 STM32F767 开发板板载了一个 9 轴传感器，电路如图 2.1.15 所示。

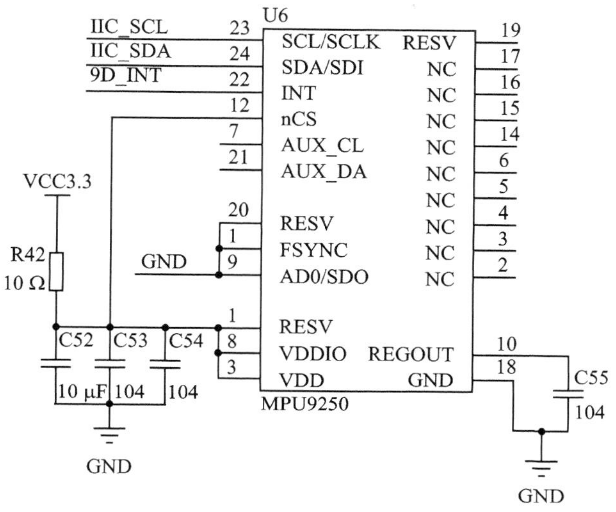

图 2.1.15　9 轴传感器

9 轴传感器芯片型号为 MPU9250，内部集成了三轴加速度传感器、三轴陀螺仪和三轴磁力计；并且自带 DMP(Digital Motion Processor)，支持 MPL，可以用于四轴飞行器的姿态控制和解算。这里使用 I^2C 接口来访问。

同 AP3216C 一样，该芯片的 IIC_SCL 和 IIC_SDA 同样是挂在 PH4 和 PH5 上，它们共享一个 I^2C 总线。9D_INT 是其中断输出脚，连接在 PCF8574(I^2C I/O 扩展芯片)的 P5 引脚上。

16. 温湿度传感器接口

阿波罗 STM32F767 开发板板载了一个温湿度传感器接口，电路如图 2.1.16 所示。

该接口支持 DS18B20、DS1820、DHT11 等单总线数字温湿度传感器。1WIRE_DQ 是传感器的数据线，该信号连接在 MCU 的 PB12 上。注意，该引脚同时还接了 IIC_INT 信号，所以，单总线接口和 IIC_INT 不能同时使用，但可以分时复用。

17. 红外接收头

阿波罗 STM32F767 开发板板载了一个红外接收头，电路如图 2.1.17 所示。

HS0038 是一个通用的红外接收头，几乎可以接收市面上所有红外遥控器的信号，有了它，就可以用红外遥控器来控制开发板了。REMOTE_IN 为红外接收头的输出信号，该信号连接在 MCU 的 PA8 上。注意，PA8 同时连接了 DCMI_XCLK，要用到 DCMI_XCLK 的时候，HS0038 就不能同时使用了，但可以分时复用。

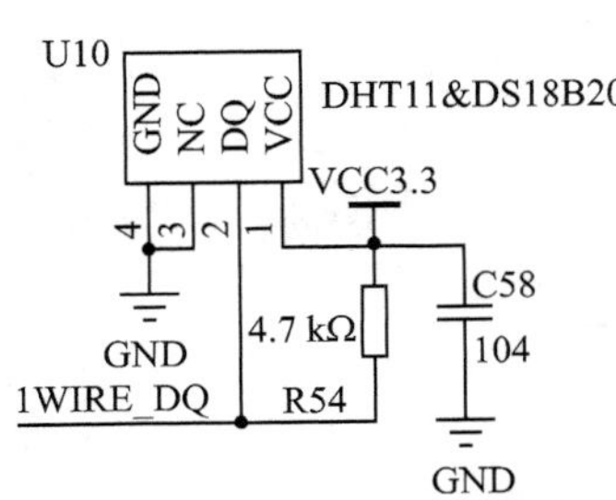

图 2.1.16　温湿度传感器接口

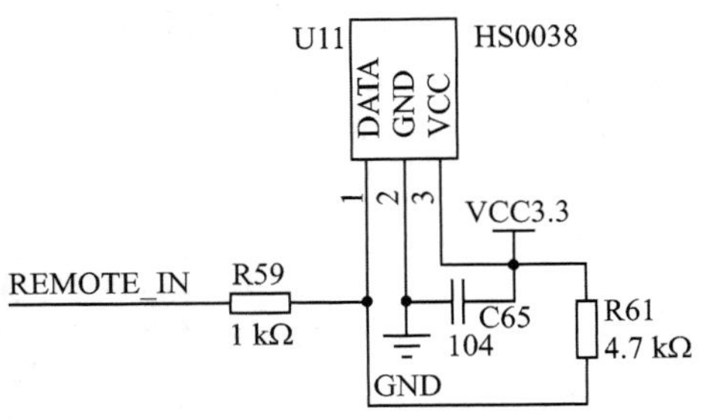

图 2.1.17　红外接收头

18. WIRELESS 模块接口

阿波罗 STM32F767 开发板板载了一个 WIRELESS 模块接口，电路如图 2.1.18 所示。

该接口用来连接 NRF24L01、SPI WIFI 模块等无线模块，从而实现开发板与其他设备的无线数据传输(注意，NRF24L01 不能和蓝牙、WIFI 连接)。

NRF_CE、NRF_CS、NRF_IRQ 连接在 MCU 的 PG12、PG10、PI11 上，另外 3 个 SPI 信号则接 MCU 的 SPI2(PB13、PB14、PB15)。注意，PI11 还接了 ATK - MODULE 接口的 KEY 信号(GBC_KEY)，所以在使用 WIRELESS 中断引脚的时候，不能和 ATK - MODULE 接口同时使用；不过，如果没用到 WIRELESS 的中断引脚，那么 ATK - MODULE 接口和 WIRELESS 模块就可以同时使用了。另外，PG12 同时还连接了光纤输入信号(SPDIF_RX)，所以，光纤输入和 WIRELESS 接口也不能同时使用。

19. LED

阿波罗 STM32F767 开发板板载总共有 3 个 LED，其原理图如图 2.1.19 所示。其中，PWR 是系统电源指示灯，为蓝色。LED0(DS0)和 LED1(DS1)分别接在 PB1 和 PB0。为了方便判断，这里选择了 DS0 为红色的 LED，DS1 为绿色的 LED。

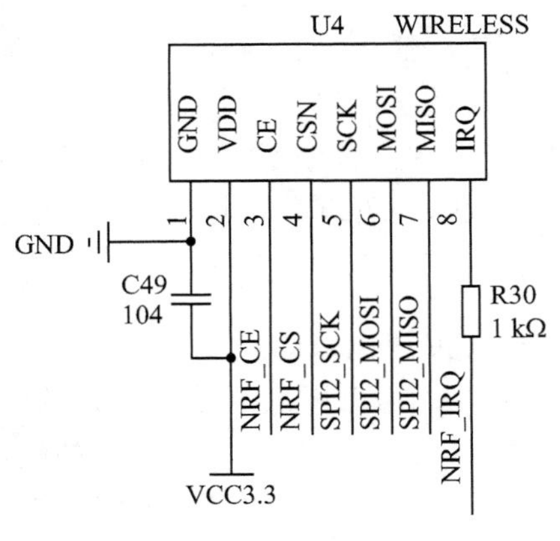

图 2.1.18　无线模块接口

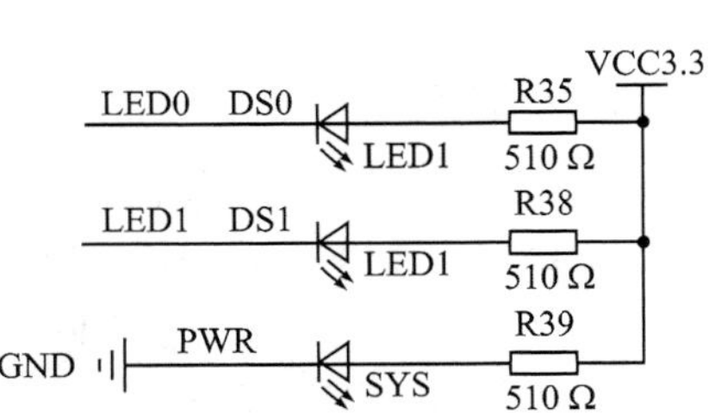

图 2.1.19　LED

20 按 键

阿波罗 STM32F767 开发板板载总共有 4 个输入按键，其原理图如图 2.1.20 所示。

KEY0、KEY1 和 KEY2 用作普通按键输入，分别连接在 PH3、PH2 和 PC13 上。这里并没有使用外部上拉电阻，但是 STM32 的 I/O 作为输入的时候可以设置上下拉电阻，所以使用 STM32 的内部上拉电阻来为按键提供上拉。

KEY_UP 按键连接到 PA0(STM32 的 WKUP 引脚)，除了可以用作普通输入按键外，还可以用作 STM32 的唤醒输入。注意，这个按键是高电平触发的。

21. TPAD 电容触摸按键

阿波罗 STM32F767 开发板板载了一个电容触摸按键，其原理图如图 2.1.21 所示。图中 100 kΩ 电阻是电容充电电阻；TPAD 并没有直接连接在 MCU 上，而是连接在多功能端口(P11)上面，通过跳线帽来选择是否连接到 STM32。多功能端口将在 2.1.26 小节介绍。

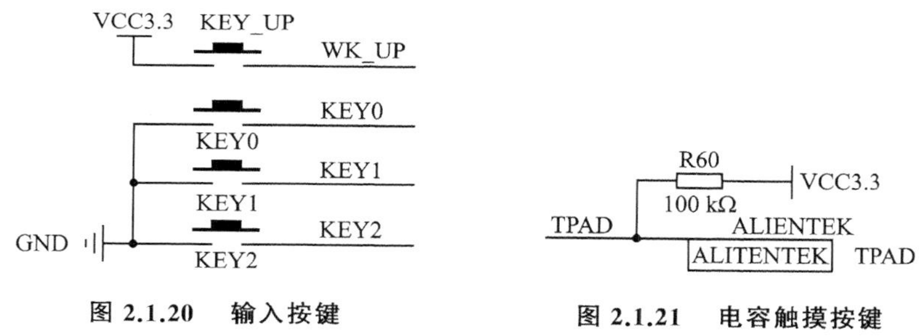

图 2.1.20 输入按键　　　　图 2.1.21 电容触摸按键

电容触摸按键的原理将在后续的实战篇里面介绍。

22. OLED/摄像头模块接口

阿波罗 STM32F767 开发板板载了一个 OLED/摄像头模块接口，连接在 MCU 的硬件摄像头接口(DCMI)上面，其原理图如图 2.1.22 所示。

图中 P7 是接口，可以用来连接 ALIENTEK OLED 模块或者 ALIENTEK 摄像头模块。如果是 OLED 模块，则 DCMI_PWDN 和 DCMI_XCLK 不需要接(在板上靠左插即可)；如果是摄像头模块，则需要用到全部引脚。

其中，DCMI_SCL、DCMI_SDA、DCMI_RESET、DCMI_XCLK、DCMI_PWDN 这 5 个信号是不属于 STM32F767 硬件摄像头接口的信号，通过普通 I/O 控制即可，前 4 根线分别接在 MCU 的 PB4、PB3、PA15、PA8 上面，DCMI_PWDN 则连接在 PCF8574 (I^2C I/O 扩展芯片)的 P2 引脚上。

注意，DCMI_SCL、DCMI_SDA 和 DCMI_RESET 和 JTAG 接口共用 I/O，所以，使用摄像头的时候，不能用 JTAG 调试/下载代码，但是 SWD 模式调试不受影响，这也是我们极力推荐使用 SWD 模式的原因。另外，DCMI_XCLK 和 REMOTE_IN 共用

I/O,它们不可以同时使用,不过可以分时复用。

此外,DCMI_VSYNC、DCMI_HREF、DCMI_D0、DCMI_D1、DCMI_D2、DCMI_D3、DCMI_D4、DCMI_D5、DCMI_D6、DCMI_D7、DCMI_PCLK 等信号接 MCU 的硬件摄像头接口,即接在 PB7、PH8、PC6、PC7、PC8、PC9、PC11、PD3、PB8、PB9、PA6 上。注意,这些信号和 SD 卡有 I/O 共用,所以在使用 OLED 模块或摄像头模块的时候不能和 SD 卡同时使用,只能分时复用。

23. 有源蜂鸣器

阿波罗 STM32F767 开发板板载了一个有源蜂鸣器,其原理图如图 2.1.23 所示。

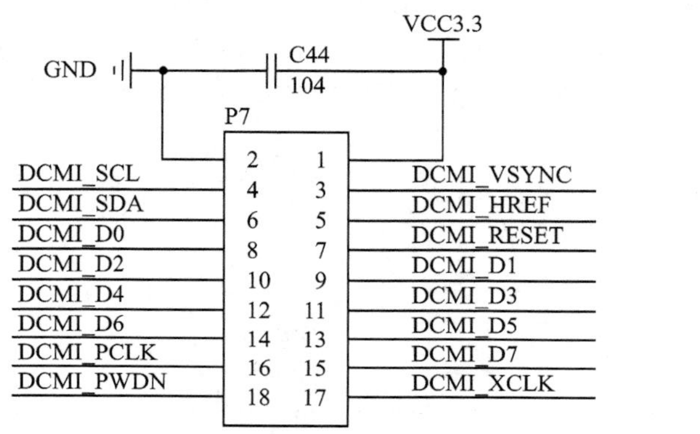

图 2.1.22 OLED/摄像头模块接口

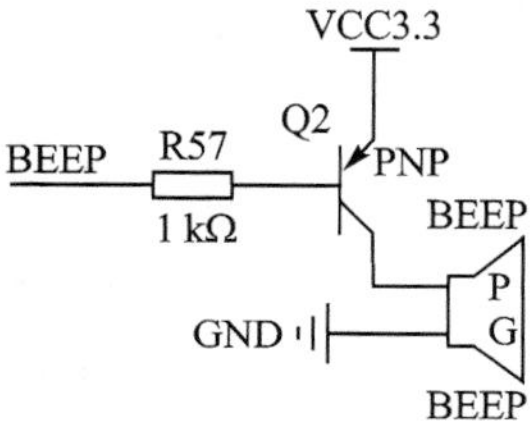

图 2.1.23 有源蜂鸣器

有源蜂鸣器是指自带了振荡电路的蜂鸣器,这种蜂鸣器一接上电就会自己振荡发声。如果是无源蜂鸣器,则需要外加一定频率(2～5 kHz)的驱动信号才会发声。这里选择使用有源蜂鸣器,方便使用。

BEEP 信号直接连接在 PCF8574(I^2C I/O 扩展芯片)的 P0 引脚上,需要通过 I^2C 控制 PCF8574,间接控制蜂鸣器开关。

24. SD 卡接口

阿波罗 STM32F767 开发板板载了一个 SD 卡(大卡)接口,其原理图如图 2.1.24 所示。图中 SD_CARD 为 SD 卡接口,该接口在开发板的底面,这也是阿波罗 STM32F767 开发板底面唯一的元器件。

SD 卡采用 4 位 SDIO 方式驱动,理论上最大速度可以达到 24 Mbps,非常适合需要高速存储的情况。图中的 SDIO_D0、SDIO_D1、SDIO_D2、SDIO_D3、SDIO_SCK、SDIO_CMD 分别连接在 MCU 的 PC8、PC9、PC10、PC11、PC12、PD2 上面。注意,SDIO 和 OLED/摄像头的部分 I/O 有共用,所以在使用 OLED 模块或摄像头模块的时候只能和 SDIO 分时复用,不能同时使用。

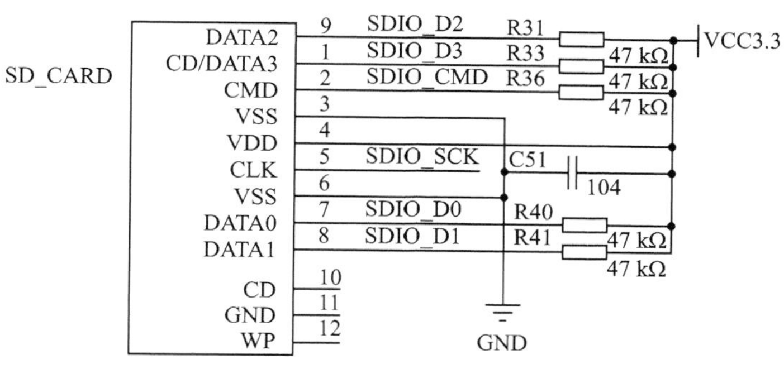

图 2.1.24 SD卡/以太网接口

25. ATK 模块接口

阿波罗 STM32F767 开发板板载了 ATK 模块接口，其原理图如图 2.1.25 所示。图中，U5 是一个 1×6 的排座，可以用来连接 ALIENTEK 推出的一些模块，比如蓝牙串口模块、GPS 模块、MPU6050 模块、WIFI 模块和 RGB 彩灯模块等。有了这个接口，我们连接模块就非常简单，插上即可工作。

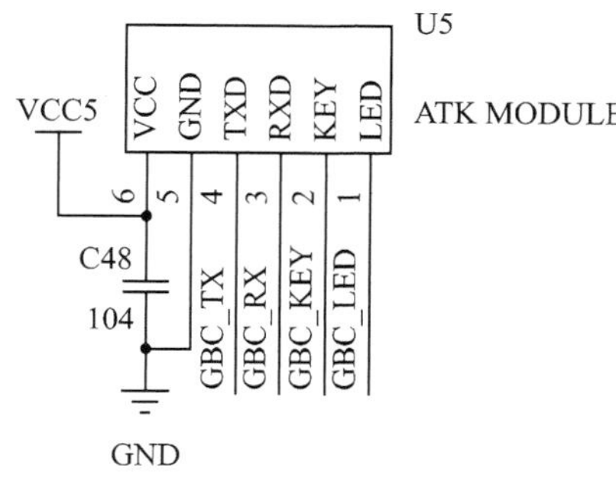

图 2.1.25 ATK 模块接口

图中的 GBC_TX、GBC_RX 可通过 P9 排针选择接入 PB11、PB10(即串口 3)，详见前面介绍小节。GBC_KEY 和 GBC_LED 则分别连接在 MCU 的 PI11 和 PA4 上面。注意，GBC_LED 和 STM_DAC 共用 PA4，GBC_KEY 和 NRF_IRQ 共用 PI11，使用的时候注意分时复用。

26. 多功能端口

阿波罗 STM32F767 开发板板载的多功能端口是由 P1 和 P11 构成的一个 6PIN 端口，其原理图如图 2.1.26 所示。从这个图可能还看不出这个多功能端口的全部功能，下面会详细介绍。

首先介绍图 2.1.26(a)的 P11，其中 TPAD 为电容触摸按键信号，连接在电容触摸

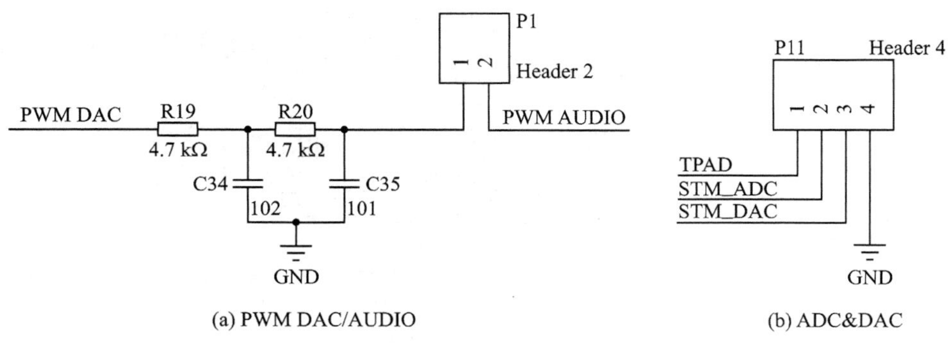

(a) PWM DAC/AUDIO　　(b) ADC&DAC

图 2.1.26　多功能端口

按键上。STM_ADC 和 STM_DAC 则分别连接在 PA5 和 PA4 上，用于 ADC 采集或 DAC 输出。当需要电容触摸按键的时候，通过跳线帽短接 TPAD 和 STM_ADC 就可以实现电容触摸按键(利用定时器的输入捕获)。STM_DAC 信号既可以用作 DAC 输出，也可以用作 ADC 输入，因为 STM32 的该引脚同时具有这两个复用功能。注意，STM_DAC 与 ATK-MODULE 接口的 GBC_LED 共用 PA4，所以它们不可以同时使用，但是可以分时复用。

再来看看 P1，PWM_DAC 连接在 MCU 的 PA3，是定时器 2/5 的通道 4 输出，后面跟一个二阶 RC 滤波电路，其截止频率为 33.8 kHz。经过这个滤波电路，MCU 输出的方波就变为直流信号了。PWM_AUDIO 是一个音频输入通道，它连接到 WM8978 的 AUX 输入，可通过配置 WM8978 输出到耳机、扬声器。注意，PWM_DAC 和 USART2_RX 共用 PA3，所以 PWM_DAC 和串口 2 的接收不可以同时使用，不过可以分时复用。

单独介绍完了 P11、P1，再来看看它们组合在一起的多功能端口，如图 2.1.27 所示。图中 AIN 是 PWM_AUDIO，PDC 是滤波后的 PWM_DAC 信号。下面来看看通过一个跳线帽，这个多功能接口可以实现哪些功能。

当不用跳线帽的时候：①AIN 和 GND 组成一个音频输入通道；②PDC 和 GND 组成一个 PWM_DAC 输出；③DAC 和 GND 组成一个 DAC 输出/ADC 输入(因为 DAC 脚也刚好也可以做 ADC 输入)；④ADC 和 GND 组成一组 ADC 输入；⑤TPAD 和 GND 组成一个触摸按键接口，可以连接其他板子来实现触摸按键。

当使用一个跳线帽的时候：①AIN 和 PDC 组成一个 MCU 的音频输出通道，从而实现 PWM DAC 播放音乐。②AIN 和 DAC 同样可以组成一个 MCU 的音频输出通道，也可以用来播放音乐。③DAC 和 ADC 组成一个自输出测试，用 MCU 的 ADC 来测试 MCU 的 DAC 输出。④PDC 和 ADC 组成另外一个子输出测试，用 MCU 的 ADC 来测试 MCU 的 PWM DAC 输出。⑤ADC 和 TPAD 组成一个触摸按键输入通道，实现 MCU 的触摸按键功能。

从上面的分析可以看出，这个多功能端口可以实现 10 个功能，所以，只要设计合理，1+1 是大于 2 的。

27. 光纤输入接口

阿波罗 STM32F767 开发板底板板载了一个光纤输入接口，其原理图如图 2.1.28 所示。图中，光纤输入采用的是 DLR1150，输出信号经过 SPIDIF_RX 传输给 MCU，SPIDIF_RX 连接在 MCU 的 PG12 上面。注意，SPIDIF_RX 和 NRF_CE 共用 PG12，所以光纤接口和 WIRELESS 接口不可以同时使用，不过，可以分时复用。

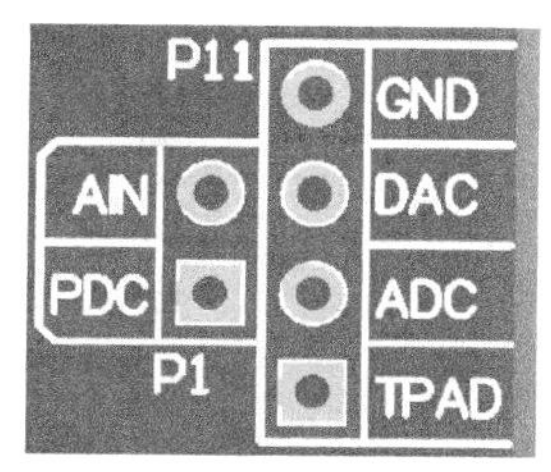

图 2.1.27　组合后的多功能端口

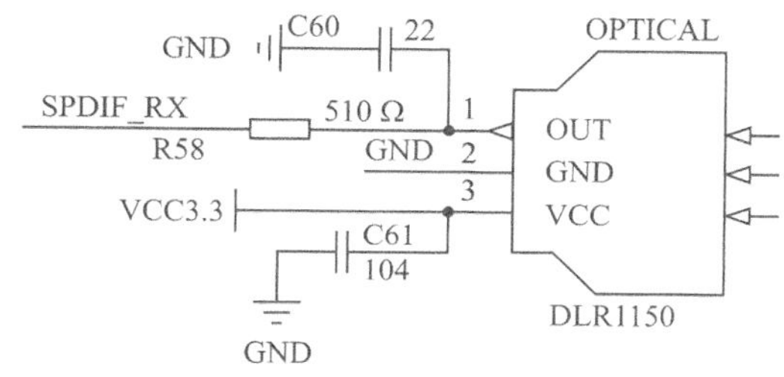

图 2.1.28　光纤输入接口

28. 以太网接口(RJ45)

阿波罗 STM32F767 开发板板载了一个以太网接口(RJ45)，其原理图如图 2.1.29 所示。

STM32F767 内部自带网络 MAC 控制器，所以只需要外加一个 PHY 芯片即可实现网络通信功能。这里选择的是 LAN8720A 芯片作为 STM32F767 的 PHY 芯片，该芯片采用 RMII 接口与 STM32F767 通信，占用 I/O 较少，且支持 auto mdix(即可自动识别交叉/直连网线)功能。板载一个自带网络变压器的 RJ45 头(HR91105A)，一起组成一个 10M/100M 自适应网卡。

图中的 ETH_MDIO、ETH_MDC、RMII_TXD0、RMII_TXD1、RMII_TX_EN、RMII_RXD0、RMII_RXD1、RMII_CRS_DV、RMII_REF_CLK 分别接在 MCU 的 PA2、PC1、PG13、PG14、PB11、PC4、PC5、PA7、PA1 上，ETH_RESET 则连接在 PCF8574(I^2C I/O 扩展芯片)的 P7 引脚上(有三极管反向)。注意，网络部分 ETH_MDIO 与 USART2_TX 共用 PA2，ETH_TX_EN 和 USART3_RX 共用 PB11，所以网络、串口 2 的发送以及串口 3 的接收不可以同时使用，但是可以分时复用。

29. I^2S 音频编解码器

阿波罗 STM32F767 开发板板载 WM8978 高性能音频编解码芯片，其原理图如图 2.1.30 所示。

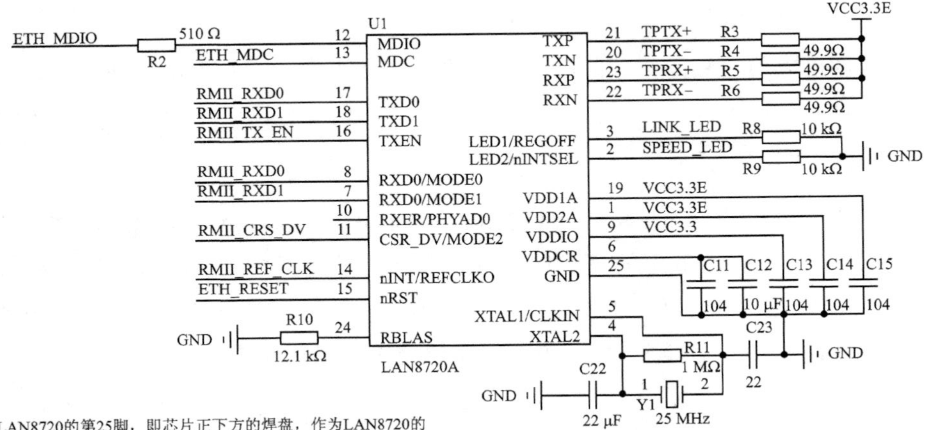

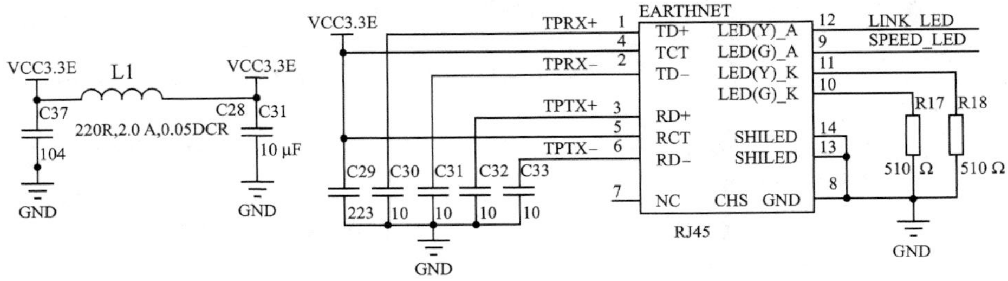

图 2.1.29　以太网接口电路

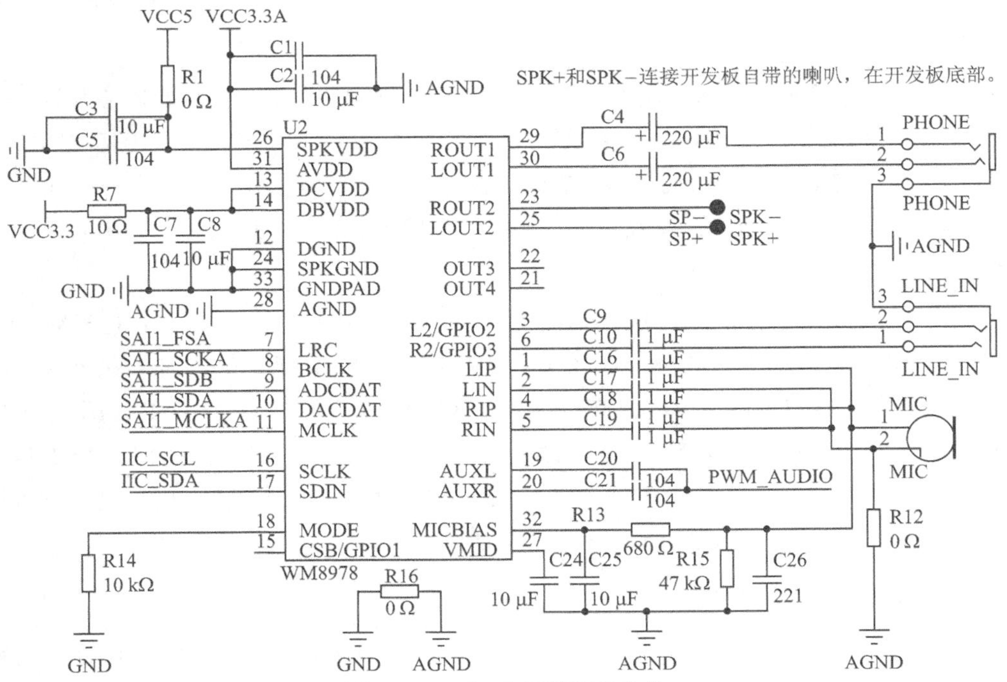

图 2.1.30　I²S 音频编解码芯片

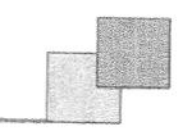

WM8978 是一颗低功耗、高性能的立体声多媒体数字信号编解码器，内部集成了 24 位高性能 DAC&ADC，可以播放最高 192 kHz@24 bit 的音频信号，并且自带段 EQ 调节，支持 3D 音效等功能。不仅如此，该芯片还结合了立体声差分麦克风的前置放大与扬声器、耳机和差分、立体声线输出的驱动，减少了应用时必需的外部组件，直接可以驱动耳机(16 Ω@40 mW)和喇叭(8 Ω/0.9 W)，无须外加功放电路。

图中，SPK－和 SPK＋连接了一个板载的 8 Ω　2 W 小喇叭(在开发板背面)。MIC 是板载的喇叭，可用于实现录音。PHONE 是 3.5 mm 耳机输出接口，可以用来插耳机。LINE_IN 是线路输入接口，可以用来外接线路输入，实现立体声录音。

该芯片采用 I^2S 与 MCU 的 SAI 接口连接(SAI 支持 I^2S)，图中 SAI1_FSA、SAI1_SCKASAI1_SDB、SAI1_SDA、SAI1_MCLKA 分别接在 MCU 的 PE4、PE5、PE3、PE6、PE2 上。IIC_SCL 和 IIC_SDA 是与 AP3216C 等共用一个 I^2C 接口。

30.电　源

阿波罗 STM32F767 开发板板载的电源供电部分，其原理图如图 2.1.31 所示。图中，总共有 3 个稳压芯片：U13、U14、U16。DC_IN 用于外部直流电源输入，经过 U13 DC－DC 芯片转换为 5 V 电源输出。其中，D4 是防反接二极管，避免外部直流电源极性搞错的时候烧坏开发板。K1 为开发板的总电源开关，F1 为 1000 mA 自恢复保险丝，用于保护 USB。U14 和 U16 均为 3.3 V 稳压芯片，给开发板提供 3.3 V 电源。其中，U14 输出的 3.3 V 给数字部分用，U16 输出的 3.3 V 给模拟部分(WM8978)使用，分开供电，以得到最佳音质。

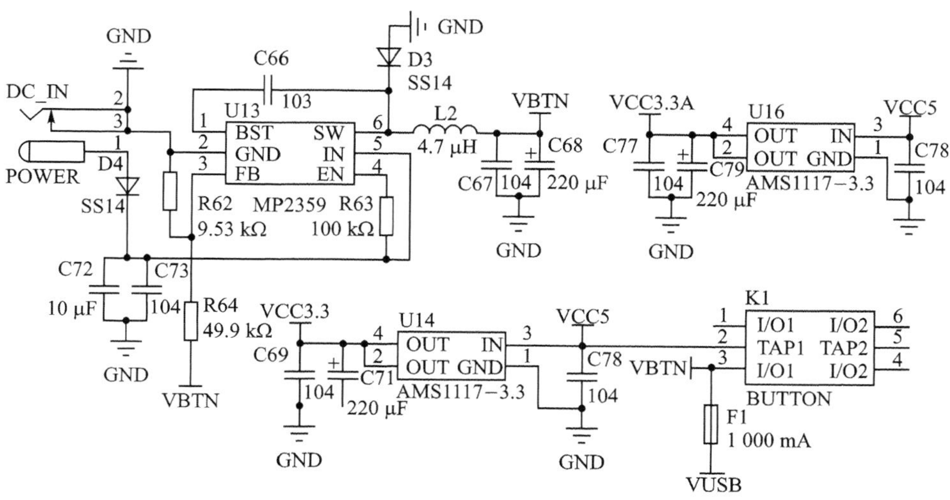

图 2.1.31　电　源

这里还有 USB 供电部分没有列出来,其中,VUSB 来自 USB 供电部分,我们将在相应章节进行介绍。

31. 电源输入/输出接口

阿波罗 STM32F767 开发板板载了两组简单电源输入/输出接口,其原理图如图 2.1.32 所示。图中,VOUT1 和 VOUT2 分别是 3.3 V 和 5 V 的电源输入/输出接口。有了这 2 组接口,我们可以通过开发板给外部提供 3.3 V 和 5 V 电源了;虽然功率不大(最大 1000 mA),但是一般情况都够用了,在调试自己的小电路板的时候,有这两组电源还是比较方便的。同时,这两组端口也可以用来由外部给开发板供电。

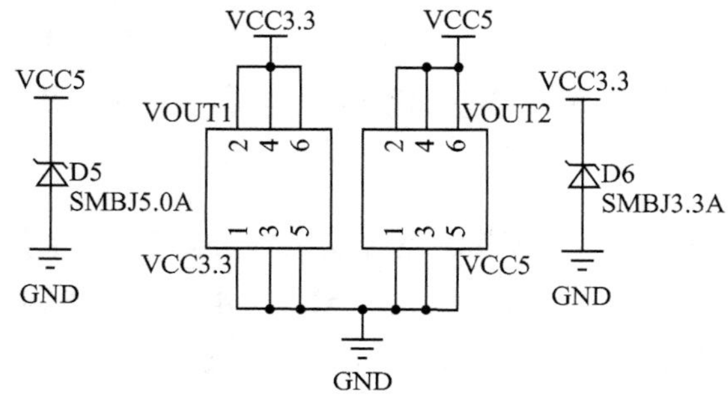

图 2.1.32 电 源

图中 D5 和 D6 为 TVS 管,可以有效避免 VOUT 外接电源、负载不稳的时候(尤其是开发板外接电机、继电器、电磁阀等感性负载的时候),对开发板造成的损坏。同时,还能一定程度上防止外接电源接反对开发板造成的损坏。

32. USB 串口

阿波罗 STM32F767 开发板板载了一个 USB 串口,其原理图如图 2.1.33 所示。

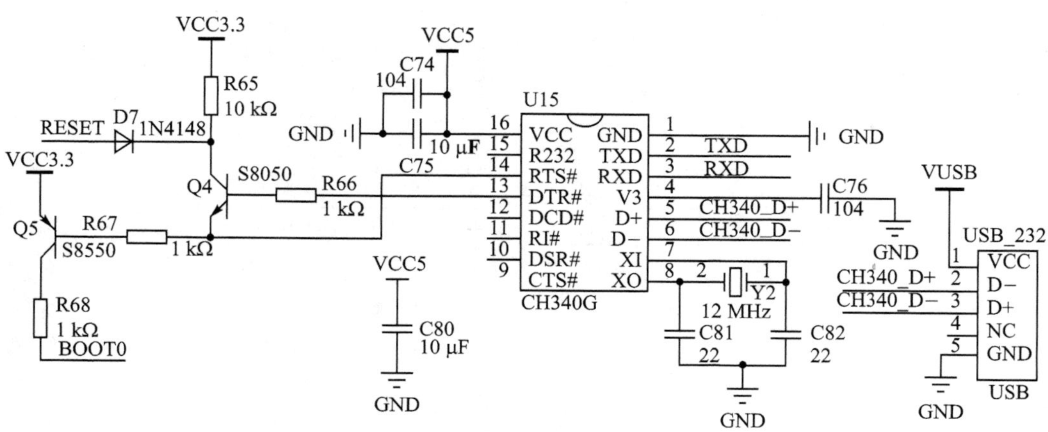

图 2.1.33 USB 串口

USB 转串口，我们选择的是 CH340G，图中 Q4 和 Q5 的组合构成了开发板的一键下载电路，仅对 STM32F429 开发板适用，对 STM32F767 开发板暂时不适用。

USB_232 是一个 MiniUSB 座，提供 CH340G 和计算机通信的接口，同时可以给开发板供电。VUSB 就是来自计算机 USB 的电源，USB_232 是本开发板的主要供电口。

2.2　STM32F767 核心板原理图详解

1. MCU

阿波罗 STM32 开发板配套的 STM32F767 核心板采用 STM32F767IGT6 作为 MCU，该芯片采用 6 级流水线，自带指令和数据 Cache、集成 JPEG 编解码器、集成双精度硬件浮点计算单元(DPFPU)和 DSP 指令，并具有 512 KB SRAM、1 024 KB Flash、13 个 16 位定时器、2 个 32 位定时器、2 个 DMA 控制器(共 16 个通道)、6 个 SPI、一个 QSPI 接口、3 个全双工 I^2S、2 个 SAI、4 个 I^2C、8 个串口、2 个 USB(支持 HOST / SLAVE)、3 个 CAN、3 个 12 位 ADC、2 个 12 位 DAC、一个 SPDIF RX 接口、一个 RTC(带日历功能)、2 个 SDMMC 接口、一个 FMC 接口、一个 TFTLCD 控制器(LTDC)、一个 10/100M 以太网 MAC 控制器、一个摄像头接口、一个硬件随机数生成器以及 140 个通用 I/O 口等，芯片主频高达 216 MHz，轻松应对各种应用。

MCU 部分的原理图如图 2.2.1(因为原理图比较大，缩小下来可能有点看不清，读者可打开开发板配套资料的原理图进行查看)所示。

图 2.2.1 中 U1 为主芯片 STM32F767IGT6。这里主要讲解以下 4 个地方(有部分原理图未贴出，可参考完整原理图查看)：

① 后备区域供电脚 VBAT 采用 CR1220 纽扣电池(在底板上)和 VCC3.3 混合供电的方式，在有外部电源(VCC3.3)的时候，CR1220 不给 VBAT 供电；在外部电源断开的时候，则由 CR1220 给其供电。这样，VBAT 总是有电的，从而保证 RTC 的走时以及后备寄存器的内容不丢失。

② 原理图中的 R8 和 R9 用来隔离 MCU 部分和外部的电源，这样的设计主要是考虑了后期维护。如果 3.3 V 电源短路，则可以断开这两个电阻，从而确定是 MCU 部分短路，还是外部短路，有助于生产和维修。当然，在自己的设计上，这两个电阻是完全可以去掉的。

③ 图中 VREF＋是 MCU AD/DA 的参考电压，引出到底板。R2 默认不焊接，这样 VREF＋由底板提供(底板的 P5 排针)。另外，VREF＋还具有控制核心板 LED 总开关的功能，我们将在后续介绍。

④ PDR_ON 引脚用于复位控制等，一般接 VCC 即可。在我们核心板上，默认通

(a) MCU部分原理图-A

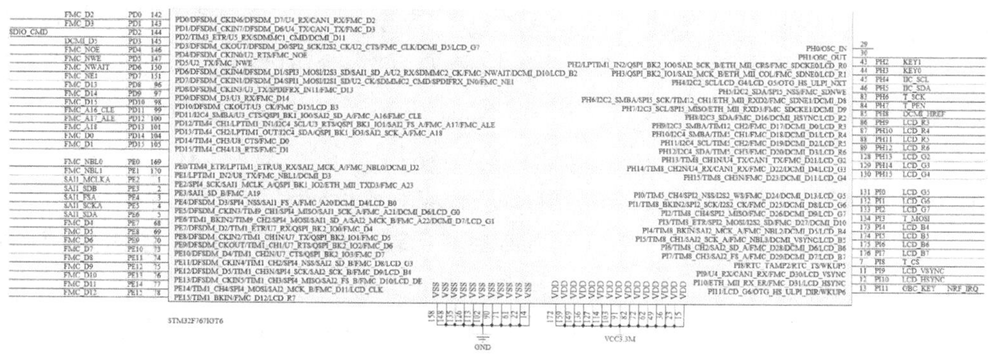

(b) MCU部分原理图-B

图 2.2.1　MCU 部分原理图

过 R5 电阻连接到 VCC3.3 V。

2. 底板接口

STM32F767 核心板采用 2 个 2×30 的 3710M(公座)板对板连接器来同底板连接(在核心板底面),接插非常方便。核心板上面的底板接口原理图如图 2.2.2 所示。图中,J1 和 J2 是 2 个 2×30 的板对板公座(3710M),和底板的接插非常方便,方便读者嵌入自己的项目中去。该接口总共引出 110 个 I/O 口,另外,还有 3 根电源线、3 根地线、VBAT、RESET、BOOT0 和 VREF+。

3. SWD 调试接口

STM32F767 核心板板载了一个 SWD 调试接口,只需要最少 3 根线(GND、SWD-

J2

信号	引脚	引脚	信号
GND	30	31	BOOT0
VBAT	29	32	PG14
PC13	28	33	PG13
PB9	27	34	PG10
PB8	26	35	PD7
PB7	25	36	PD3
PB6	24	37	PD2
PB5	23	38	PC12
PB4	22	39	PC11
PB3	21	40	PC10
PE2	20	41	PA15
PE3	19	42	PA14
PE4	18	43	PA13
PE5	17	44	PA3
PE6	16	45	PA4
PI11	15	46	PA5
PF6	14	47	PA6
PF7	13	48	PA7
PF8	12	49	PC4
PF9	11	50	PC5
RESET	10	51	PA9
PC1	9	52	PA10
PH4	8	53	PA11
PH5	7	54	PA12
PH3	6	55	PB2
PH2	5	56	PB0
PA2	4	57	PB1
PA1	3	58	VCC5
VREF+	2	59	VCC5
GND	1	60	VCC5

3710M060046G3FT01

J2

信号	引脚	引脚	信号
PH13	30	31	PND
PH14	29	32	PI2
PH15	28	33	PI1
PD6	27	34	PI0
PD4	26	35	PG11
PG12	25	36	PI4
PH12	24	37	PI5
PD11	23	38	PI6
PD5	22	39	PI7
PD12	21	40	PI8
PA8	20	41	PI3
PC9	19	42	PA0
PC8	18	43	PE0
PC7	17	44	PE1
PC6	16	45	PD14
PG6	15	46	PD15
PD13	14	47	PD0
PG3	13	48	PD1
PH11	12	49	PE7
PH10	11	50	PE8
PH9	10	51	PE9
PH7	9	52	PE10
PH6	8	53	PE11
PB15	7	54	PE12
PB14	6	55	PE13
PB13	5	56	PE14
PB12	4	57	PE15
PH8	3	58	PD8
PB10	2	59	PD9
PB11	1	60	PD10

3710M060046G3FT01

图 2.2.2　底板接口

CLK 和 SWDIO）即可实现代码调试和下载。SWD 接口原理图如图 2.2.3 所示。

图中 P1 就是一个 6P 的排针（默认没有焊接，须自行焊接），引出了 SWD 的信号线（JTMS＝SWDIO，JTCK＝SWDCLK）、RESET、电源和地。将这几个引脚正确连接 ST LINK、JLINK（V9 或者以上版本）或 ULINK 等仿真器对应的引脚，就可以对核心板进行仿真调试了。

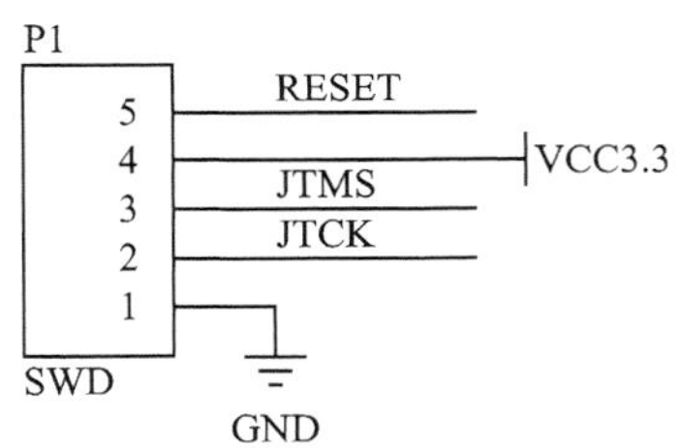

图 2.2.3　SWD 调试接口

4. SDRAM

STM32F767 核心板板载了 SDRAM，此部分电路如图 2.2.4 所示。图中，U3 就是 SDRAM 芯片，型号为 W9825G6KH，容量为 32 MB。该芯片挂在 STM32F767 的 FMC 接口上，有了这颗芯片，大大扩展了 STM32 的内存（本身只有 512 KB），在各种大内存需求场合，ALIENTEK 这款 STM32F767 核心板都可以从容面对。

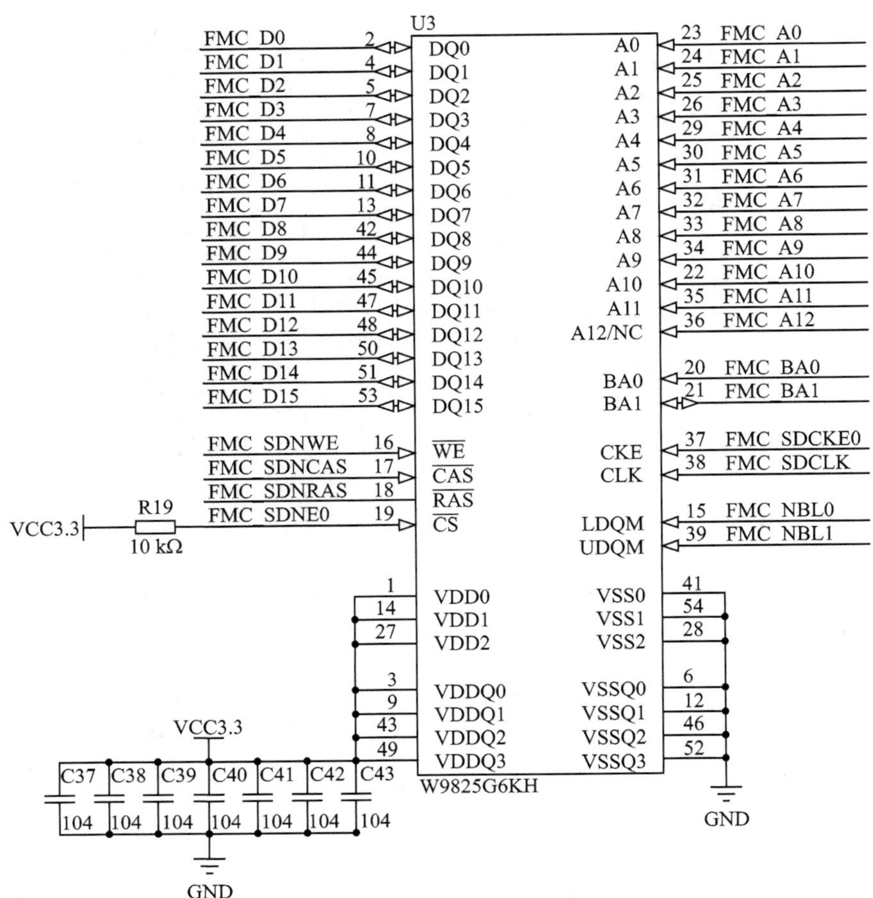

图 2.2.4 SDRAM

5. NAND Flash

STM32F767 核心板板载了 NAND Flash,此部分电路如图 2.2.5 所示。

图中,U4 就是 NAND Flash 芯片,型号为 MT29F4G08,容量为 512 MB。该芯片同样是挂在 STM32F767 的 FMC 接口上,有了这颗芯片,大大扩展了 STM32 的存储空间,可以实现海量数据存储。另外,如果觉得 512 MB 不够用,还可以更换其他更大容量的 NAND Flash 芯片,硬件上,接口是完全兼容的。

6. SPI Flash

STM32F767 核心板板载了 SPI Flash,此部分电路如图 2.2.6 所示。图中,U6 就是 SPI Flash 芯片,支持 QSPI 接口,型号为 W25Q256,容量为 32 MB,可以用来存放字库、启动文件等重要的数据。这里采用 STM32F7 的 QSPI 接口连接,使得访问速度大大提高。

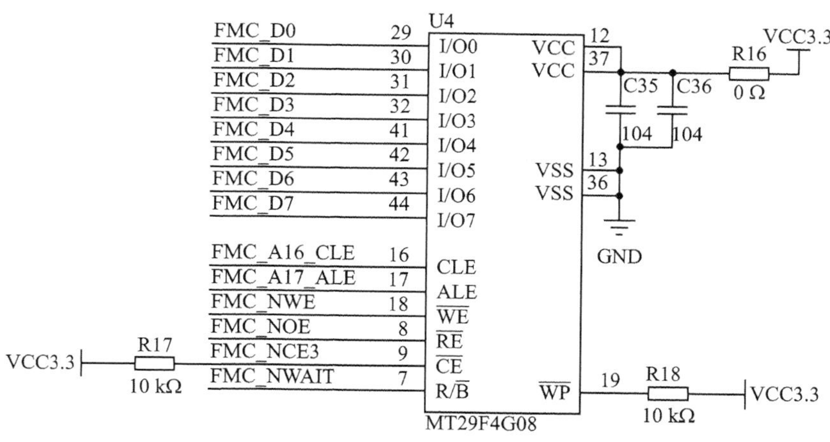

图 2.2.5　NAND Flash

7. EEPROM

STM32F767 核心板板载了 EEPROM，此部分电路如图 2.2.7 所示。

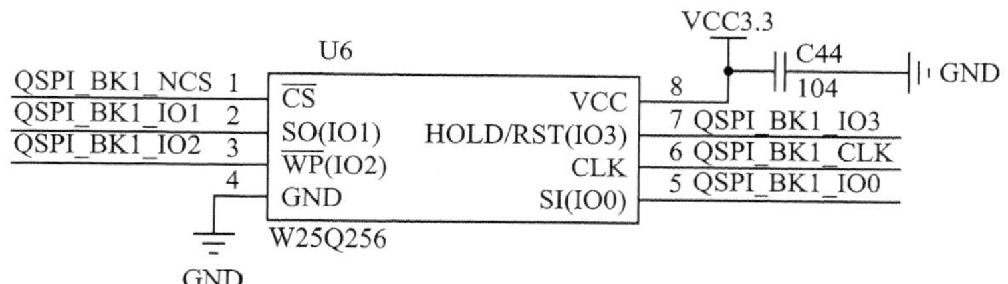

图 2.2.6　SPI Flash

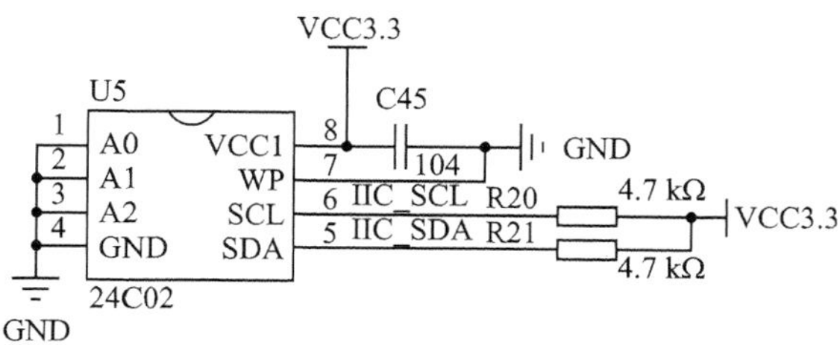

图 2.2.7　EEPROM

图中，U5 就是 EEPROM 芯片，型号为 24C02，该芯片的容量为 2 kbit，也就是 256 字节，对于普通应用来说是足够了的。当然，也可以选择换大的芯片，因为电路在原理上是兼容 24C02～24C512 全系列 EEPROM 芯片的。

这里把 A0～A2 均接地，对 24C02 来说也就是把地址位设置成 0 了，写程序的时候要注意这点。IIC_SCL 接在 MCU 的 PH4 上，IIC_SDA 接在 MCU 的 PH5 上，这里虽然接到了 STM32 的硬件 I^2C 上，但是并不提倡使用硬件 I^2C，因为 STM32 的 I^2C 非常不好用,慎用。IIC_SCL/IIC_SDA 总线上总共挂了 5 个器件:24C02、AP3216C、PCF8574、MPU9250 和 WM8978(后面 4 个在之前已经介绍过)。

8. RGB LCD 接口

STM32F767 核心板板载了 RGB LCD 接口,此部分电路如图 2.2.8 所示。图中,J3(RGBLCD)就是 RGB LCD 接口,采用 RGB565 数据格式,并支持触摸屏(支持电阻屏和电容屏)。该接口仅支持 RGB 接口的液晶(不支持 MCU 接口的液晶),目前 ALIENTEK 的 RGB 接口 LCD 模块有 4.3 寸(ID:4342,480×272)和 7 寸(ID:7084,800×480 和 ID:7016,1 024×600)等尺寸可选。

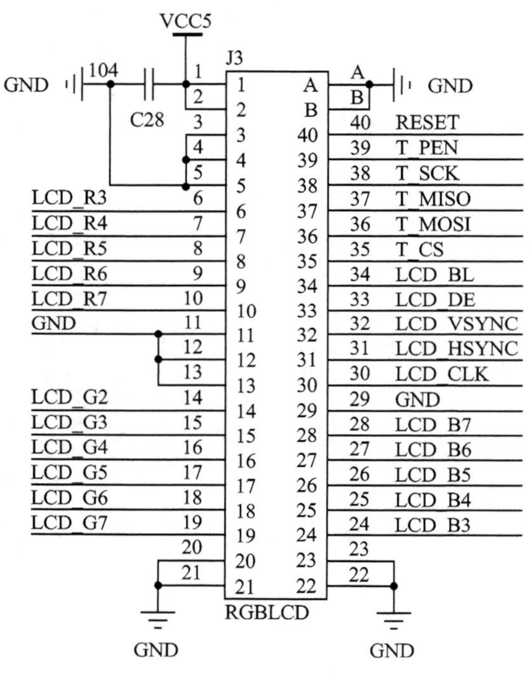

图 2.2.8 RGB LCD 接口

图中的 T_MISO、T_MOSI、T_PEN、T_CS、T_SCK 连接在 MCU 的 PG3、PI3、PH7、PI8、PH6 上,用于实现对液晶触摸屏的控制(支持电阻屏和电容屏)。LCD_BL 连接在 MCU 的 PB5 上,用于控制 LCD 的背光。液晶复位信号 RESET 直接连接在开发板的复位按钮上,和 MCU 共用一个复位电路。注意,该接口底板上的 LCD(MCU 屏)模块接口共用触摸屏和背光信号线,所以它们不能同时使用触摸屏。

9. 串 口

STM32F767 核心板板载了一个 TTL 串口,引出了 MCU 的串口 1(USART1)。此部分电路如图 2.2.9 所示。

图中,P2 就是核心板引出的串口 1(USART1)接口,通过 3 个排针引出(默认没有

焊接,需自行焊接),USART1_TX 和 USART1_RX 分别连接在 MCU 的 PA9 和 PA10 上面。注意,它和底板上的 P4 是连接在一起的。

10. Micro USB 接口

STM32F767 核心板板载了一个 Micro USB 接口,此部分电路如图 2.2.10 所示。图中,USB - AB 就是一个 Micro USB 座,可以用来连接计算机,作为从机(SLAVE);也可以通过外接 USB OTG 线连接 U 盘、USB 鼠标、USB 键盘和 USB 手柄等,作为主机(HOST)。USB_D－和 USB_D＋分别连接在 MCU 的 PA11 和 PA12 上面,它们和底板上的 P10 是连接在一起的。

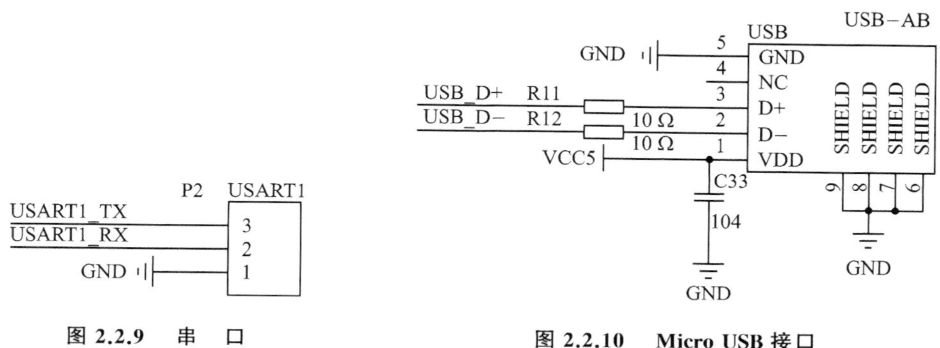

图 2.2.9　串　口

图 2.2.10　Micro USB 接口

同时,该接口也可以用于给核心板提供电源。

11. 按　键

STM32F767 核心板板载了一个功能按键 WK_UP,此部分电路如图 2.2.11 所示。图中,KEY_UP 按键连接在 MCU 的 PA0,高电平有效,可以用来实现按键输入,也可以用作 MCU 的唤醒(WKUP)。注意,它和底板上的 KEY_UP 是连接在一起的。

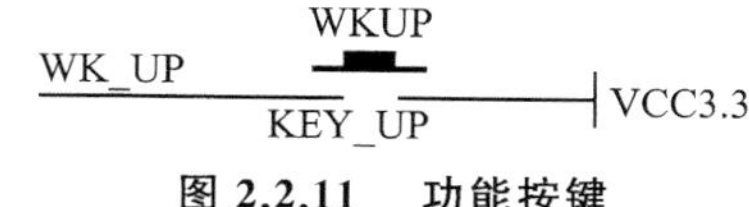

图 2.2.11　功能按键

12. LED

STM32F767 核心板板载了 2 个 LED,此部分电路如图 2.2.12 所示。图中,PWR 是电源指示灯(蓝色),用于指示核心板的供电状态;DS0 是功能指示灯(红色),LED0 连接在 MCU 的 PB1,可以用于指示程序运行状态。这两个 LED 的工作状态都受 VREF＋的控制,当 VREF＋悬空的时候(核心板单独工作或拔了底板 P5 的跳线帽),PWR 和 DS0 都正常工作;当 VREF＋接 3.3 V 的时候(底板的 P5 跳线帽短接),PWR 和 DS0 都关闭。如果不想 PWR 和 DS0 受 VREF＋控制(一直工作),则去掉 R13 即可。

13. 电　源

STM32F767 核心板板载的电源供电部分,原理图如图 2.2.13 所示。图中,U2 是

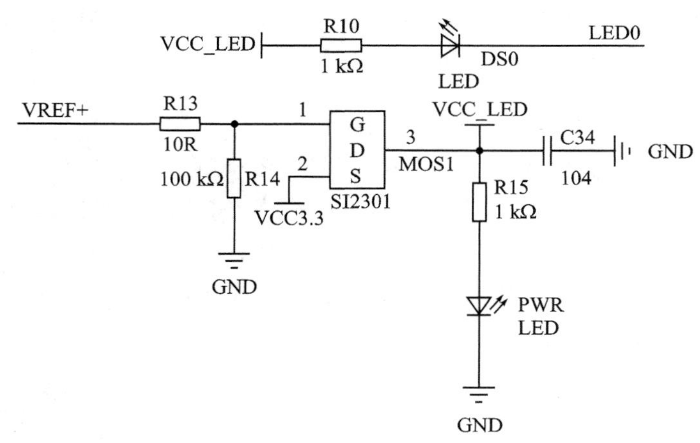

图 2.2.12　2 个 LED

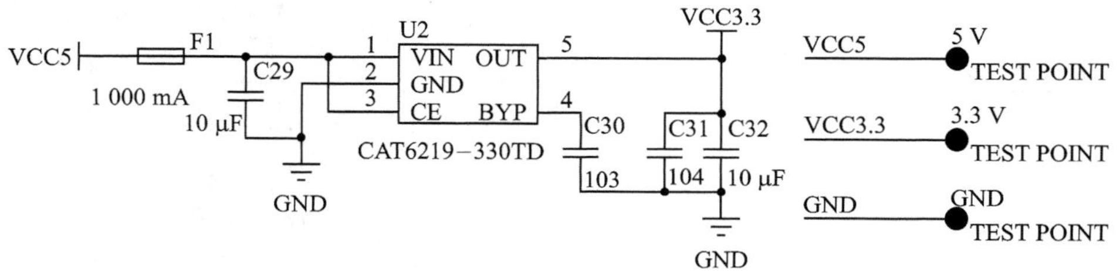

图 2.2.13　电　源

稳压芯片，将 5 V 转换为 3.3 V，整个核心板的 3.3 V 电源都来自此芯片。F1 是自恢复保险丝，可以起到过流保护的作用。右侧的 5 V、3.3 V 和 GND 这 3 个 TEST_POINT 是在核心板流出的 3 个焊盘，可以给开发板供电，或者从开发板取电。

2.3　开发板使用注意事项

为了更好地使用 ALIENTEK 阿波罗 STM32F767 开发板，这里总结了该开发板使用的时候尤其要注意的一些问题，读者在使用的时候要多注意，以减少不必要的问题。

① 如果 USB_232 接口连接了计算机，第一次上电的时候由于 CH340G 和计算机建立连接的过程，会导致 DTR/RTS 信号不稳定，从而引起 STM32 复位 3～5 次。这个现象是正常的，后续按复位键就不会出现这种问题了。

② 核心板上的 PWR 和 DS0 是受 VREF＋控制的，所以，当底板上的 P5 跳线帽连接时(默认就是连接的，短接 VREF＋和 3.3V)，核心板的 PWR 和 DS0 是一直关闭的(不会亮)。如果想要核心板的 PWR 和 DS0 受控，则拔了 P5 的跳线帽即可。

③ 一个 USB 供电最多 500 mA，且由于导线电阻存在，则供到开发板的电压一般

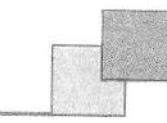

都不会有5 V。如果使用了很多大负载外设，比如4.3寸屏、网络、摄像头模块等，那么可能引起USB供电不够；所以如果使用4.3屏，或者同时用到多个模块，则建议使用一个独立电源供电。如果没有独立电源，则建议可以同时插2个USB口，并插上JTAG，这样供电可以更足一些。

④ JTAG接口有几个信号(JTDI、JTDO、JTRST)被OLED、CAMERA接口占用了，所以调试这个接口的时候须选择SWD模式，其实最好就是一直用SWD模式。

⑤ 想使用某个I/O口用作其他用处的时候，须先看看开发板的原理图，看看该I/O口是否连接在开发板的某个外设上，如果有，则该外设的这个信号是否会对自己的使用造成干扰，先确定无干扰，再使用这个I/O。比如PA8就不太适合做输入I/O，因为REMOTE_IN连接在这个I/O上面，可能会对输入检测造成影响。

⑥ 开发板上的跳线帽比较多，使用某个功能的时候，要先查查这个是否需要设置跳线帽，以免浪费时间。

⑦ 当液晶显示白屏的时候，须先检查液晶模块是否插好(拔下来重新插试试)，如果还不行，则可以通过串口看看LCD ID是否正常，再做进一步的分析。

⑧ 开发板的USB SLAVE和USB HOST共用同一个USB口，所以，它们不可以同时使用。

至此，本书的实验平台(ALIENTEK阿波罗STM32F767开发板)的硬件部分就介绍完了。了解了整个硬件对后面的学习会有很大帮助，有助于理解后面的代码，在编写软件的时候可以事半功倍，希望读者细读。另外，ALIENTEK开发板的其他资料及教程更新都可以在技术论坛www.openedv.com下载到，读者可以经常去这个论坛获取更新的信息。

2.4 STM32F767学习方法

STM32F7系列是目前最强大的ARM Cortex-M7处理器，由于其强大的功能，可替代DSP等特性，具有非常广泛的应用前景。初学者可能会认为STM32F767很难学，以前可能只学过51，或者甚至连51都没学过的，一看到STM32F767那么多寄存器就懵了。其实，万事开头难，只要掌握了方法，学好STM32F767还是非常简单的，这里总结学习STM32F767的几个要点：

① 一款实用的开发板。

这个是实验的基础，有个开发板在手，什么东西都可以直观地看到。但开发板不宜多，多了的话连自己都不知道该学哪个了，觉得这个也还可以，那个也不错，那就这个学半天，那个学半天，结果学个四不像。倒不如从一而终，学完一个再学另外一个。

② 3本参考资料，即《STM32F7中文参考手册》、《STM32F7xx参考手册》和《STM32F7编程手册》。

《STM32F7中文参考手册》和《STM32F7xx参考手册》都是STM32F7系列的参考手册，前者是中文翻译版本，仅针对STM32F74x/75x系列，后者是英文版本，针对

STM32F76x/77x 系列,这两本手册详细介绍了 STM32F7 的各种寄存器定义以及外设的使用说明等,是学习 STM32F767 的必备资料。而《STM327 编程手册》则是对《STM32F7 中文参考手册》的补充,很多关于 Cortex - M7 内核的介绍(寄存器等)都可以在这个文档找到答案;该文档同样是 ST 的官方资料,专门针对 ST 的 Cortex - M7 产品。结合这 3 本参考资料就可以比较好地学习 STM32F7 了。

③ 掌握方法,勤学善悟。

STM32F767 不是妖魔鬼怪,不要畏难,STM32F767 的学习和普通单片机一样,基本方法就是:

a) 掌握时钟树图(见《STM32F7 中文参考手册》图 12)。

任何单片机必定是靠时钟驱动的,时钟就是动力,STM32F767 也不例外。通过时钟树我们可以知道,各种外设的时钟是怎么来的?有什么限制?从而理清思路,方便理解。

b) 多思考,多动手。

所谓熟能生巧,先要熟,才能巧。如何熟悉?这就要靠大家自己动手,多多练习了,光看/说是没什么太多用的。学习 STM32F767,不是应试教育,不需要考试,不需要倒背如流,只需要知道这些寄存器在哪个地方,用到的时候可以迅速查找到就可以了。完全是可以翻书、可以查资料的、可以抄袭的,不需要死记硬背。掌握学习的方法远比掌握学习的内容重要得多。

熟悉了之后就应该进一步思考,也就是所谓的巧了。我们提供了几十个例程,供大家学习,跟着例程走,无非就是熟悉 STM32F767 的过程,只有进一步思考,才能更好的掌握 STM32F767,即所谓的举一反三。例程是死的,人是活的,所以,可以在例程的基础上自由发挥,实现更多的其他功能,并总结规律,为以后的学习/使用打下坚实的基础,如此,方能信手拈来。

所以,学习一定要自己动手,光看视频,光看文档,是不行的。举个简单的例子,你看视频,教你如何煮饭,几分钟估计你就觉得学会了。实际上可以自己测试下是否真能煮好?

只要以上 3 点做好了,学习 STM32F767 基本上就不会有什么太大问题了。如果遇到问题,可以在我们的技术论坛(开源电子网 www.openedv.com)提问,论坛 STM32 板块已经有 6 万多个主题,很多疑问已经有网友提过了,所以可以在论坛先搜索一下,很多时候可以直接找到答案。论坛是一个分享交流的好地方,是一个可以让大家互相学习、互相提高的平台,所以有时间可以多上去看看。

另外,很多 ST 官方发布的所有资料(芯片文档、用户手册、应用笔记、固件库、勘误手册等)都可以在 www.stmcu.org 下载到。也可以经常关注下,ST 会将最新的资料都放到这个网址。

第 2 篇　软件篇

上一篇介绍了本书的实验平台，本篇将详细介绍 STM32F7 的开发软件：MDK5。通过该篇的学习将了解到：① STM32CubeF7 和 HAL 库；②如何在 MDK5 下新建基于 HAL 库的 STM32F7 工程；③ MDK5 的一些使用技巧；④软件仿真；⑤程序下载；⑥在线调试。这几个环节概括了一个完整的 STM32F7 开发流程。本篇将图文并茂地介绍以上几个方面，通过本篇的学习，希望读者能掌握 STM32F7 的开发流程，并能独立开始 STM32F7 的编程和学习。

第 3 章 软件入门

本章将介绍 MDK5 软件和 STM32CubeF7，通过本章的学习，我们最终将建立一个基于 HAL 库的 MDK5 工程，同时还介绍 MDK5 软件的一些使用技巧。

3.1 MDK5 简介与安装

MDK 源自德国的 KEIL 公司，是 RealView MDK 的简称，在全球 MDK 被超过 10 万的嵌入式开发工程师使用。目前最新版本为 MDK5.21，该版本使用 μVision5 IDE 集成开发环境，是目前针对 ARM 处理器，尤其是 Cortex - M 内核处理器的最佳开发工具。

MDK5 向后兼容 MDK4 和 MDK3 等，以前的项目同样可以在 MDK5 上进行开发（但是头文件方面得全部自己添加），MDK5 同时加强了针对 Cortex - M 微控制器开发的支持，并且对传统的开发模式和界面进行升级。MDK5 由两个部分组成：MDK Core 和 Software Packs。其中，Software Packs 可以独立于工具链进行新芯片支持和中间库的升级，如图 3.1.1 所示。

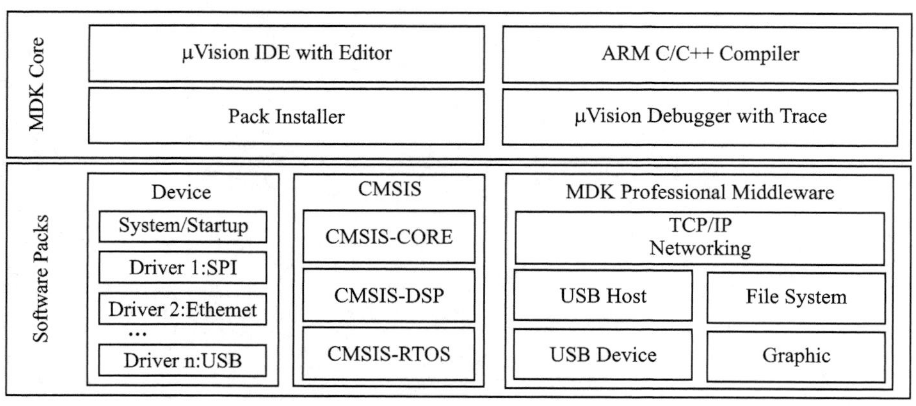

图 3.1.1 MDK5 组成

从图 3.1.1 可以看出，MDK Core 又分成 4 个部分：μVision IDE with Editor（编辑器）、ARM C/C++ Compiler（编译器）、Pack Installer（包安装器）、μVision Debugger with Trace（调试跟踪器）。μVision IDE 从 MDK4.7 版本开始就加入了代码提示功能

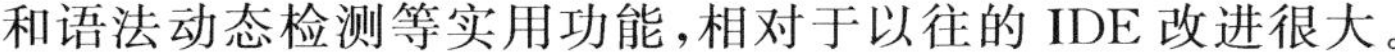

和语法动态检测等实用功能，相对于以往的IDE改进很大。

Software Packs（包安装器）又分为Device（芯片支持）、CMSIS（ARM Cortex微控制器软件接口标准）和Mdidleware（中间库）3个小部分。通过包安装器可以安装最新的组件，从而支持新的器件、提供新的设备驱动库以及最新例程等，加速产品开发进度。

MDK5安装包可以在http://www.keil.com/demo/eval/arm.htm下载到，而器件支持、设备驱动、CMSIS等组件，则可以单击MDK5的Build Toolbar的最后一个图标调出Pack Installer，从而进行各种组件的安装。也可以在http://www.keil.com/dd2/pack下载，然后进行安装。具体安装步骤可参考配套资料“6，软件资料→1，软件→MDK5→安装过程.txt”即可。

MDK5安装完成后，要让MDK5支持STM32F7的开发，还要安装STM32F7的器件支持包Keil.STM32F7xx_DFP.2.7.0.pack（STM32F7系列的器件包）。这个包以及MDK5.21安装软件都已经在开发板配套资料提供了，跟安装软件在同一级目录。

3.2 STM32CubeF7简介

STM32Cube是ST提供的一套性能强大的免费开发工具和嵌入式软件模块，能够让开发人员在STM32平台上快速、轻松地开发应用。它包含两个关键部分：

① 图形配置工具STM32CubeMX，允许用户通过图形化向导来生成C语言工程。

② 嵌入式软件包（STM32Cube库），包含完整的HAL库（STM32硬件抽象层API）、配套的中间件（包括RTOS、USB、TCP/IP和图形）以及一系列完整的例程。

嵌入式软件包完全兼容STM32CubeMX。对于图形配置工具STM32CubeMX的入门使用，由于需要STM32F7基础才能入门使用，所以我们安排在4.8节给大家讲解。本节主要讲解STM32Cube的嵌入式软件包部分。讲解之前首先来看看库函数和寄存器开发的关系。

3.2.1 库开发与寄存器开发的关系

很多用户都是从学51单片机开发转而想进一步学习STM32开发，他们习惯了51单片机的寄存器开发方式，突然有一个STM32固件库摆在面前会一头雾水，不知道从何下手。下面将通过一个简单的例子来告诉STM32固件库到底是什么，和寄存器开发有什么关系？其实一句话就可以概括：固件库就是函数的集合，固件库函数的作用是向下负责与寄存器直接打交道，向上提供用户函数调用的接口（API）。

51的开发中常常的做法是直接操作寄存器，比如要控制某些I/O口的状态，我们直接操作寄存器：

```
P0 = 0x11;
```

而在STM32的开发中，同样可以操作寄存器：

```
GPIOF ->BSRR = 0x00000001;//这里是针对 STM32F7 系列
```

这种方法当然可以,但是劣势是需要去掌握每个寄存器的用法,这样才能正确使用 STM32,而对于 STM32 这种级别的 MCU,数百个寄存器记起来又是谈何容易。于是 ST(意法半导体)推出了官方固件库,固件库将这些寄存器底层操作都封装起来,提供了一整套接口(API)供开发者调用,大多数场合下,你不需要去知道操作的是哪个寄存器,只需要知道调用哪些函数即可。

比如上面的控制 BSRRL 寄存器实现电平控制,官方 HAL 库封装了一个函数:

```
void HAL_GPIO_WritePin(GPIO_TypeDef * GPIOx, uint16_t GPIO_Pin, GPIO_PinState PinState)
{
  if(PinState != GPIO_PIN_RESET)     GPIOx ->BSRR = GPIO_Pin;
elseGPIOx ->BSRR = (uint32_t)GPIO_Pin << 16;
}
```

这时不必再直接去操作 BSRRL 寄存器,只需要知道怎么使用 HAL_GPIO_WritePin 这个函数就可以了。在对外设的工作原理有一定的了解之后,再去看固件库函数,基本上函数名字能告诉你这个函数的功能是什么、该怎么使用,这样是不是开发会方便很多?

任何处理器,不管它有多么的高级,归根结底都是要对处理器的寄存器进行操作。但是固件库不是万能的,如果想要把 STM32 学透,光读 STM32 固件库是远远不够的,还是要了解一下 STM32 的原理、了解 STM32 各个外设的运行机制。只有了解了这些原理,在进行固件库开发过程中才可能得心应手、游刃有余。只有了解了原理,才能做到"知其然,知其所以然",所以在学习库函数的同时,别忘了要了解一下寄存器大致配置过程。

3.2.2 STM32CubeF7 固件包介绍

STM32Cube 目前几乎支持 STM32 全系列,本书讲解的是 STM32F7 的使用,所以这里主要讲解 STM32CubeF7 相关知识。如果使用的是其他系列的 STM32 芯片,须到 ST 官网下载对应的 STM32Cube 包。完整的 STM32CubeF7 包在我们开发板配套资料中有提供,目录为"8,STM32 参考资料\1,STM32CubeF7 固件包"。

接下来看看 STM32CubeF7 包目录结构,如图 3.2.1 所示。

Documentation 文件夹里面是一个 STM32CubeF7 的英文说明文档,这里不做过多解释。接下来通过几个表格依次来介绍一下 STM32CubeF7 中几个关键的文件夹。

1. Drivers 文件夹

Drivers 文件夹包含 BSP、CMSIS 和 STM32F7xx_HAL_Driver 共 3 个子文件夹。3 个子文件夹具体说明如表 3.2.1 所列。

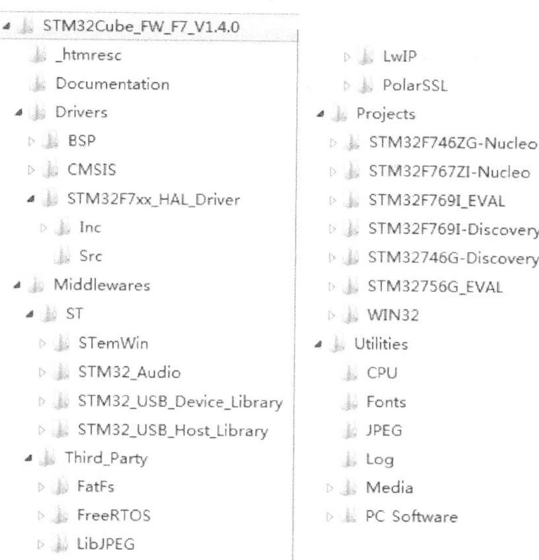

图 3.2.1　STM32CubeF7 包目录结构

表 3.2.1　Drivers 文件夹介绍

文件夹名称	子目录名称	功能说明
Drivers 文件夹	BSP 文件夹	也叫板级支持包，此支持包提供的是直接与硬件打交道的 API，如触摸屏、LCD、SRAM 以及 EEPROM 等板载硬件资源。BSP 文件夹下面有多种 ST 官方 Discovery 开发板、Nucleo 开发板以及 EVAL 板的硬件驱动 API 文件，每一种开发板对应一个文件夹
	CMSIS 文件夹	就是符合 CMSIS 标准的软件抽象层组件相关文件。文件夹内部文件比较多。主要包括 DSP 库（DSP_LIB 文件夹）、Cortex－M 内核及其设备文件（Include 文件夹）、微控制器专用头文件/启动代码/专用系统文件等（Device 文件夹）。3.3 节讲解新建工程的时候会使用到这个文件夹内部很多文件，我们会在 3.3 节对关键文件进行详细讲解
	STM32F7xx_HAL_Driver 文件夹	这个文件夹非常重要，它包含了所有的 STM32F7xx 系列 HAL 库头文件和源文件，也就是所有底层硬件抽象层 API 声明和定义。它的作用是屏蔽了复杂的硬件寄存器操作，统一了外设的接口函数。该文件夹包含 Src 和 Inc 两个子文件夹，其中，Src 子文件夹存放的是.c 源文件，Inc 子文件夹存放的是与之对应的.h 头文件。每个.c 源文件对应一个.h 头文件。源文件名称基本遵循 stm32f7xx_hal_ppp.c 定义格式，头文件名称基本遵循 stm32f7xx_hal_ppp.h 定义格式。比如 gpio 相关的 API 声明和定义在文件 stm32f7xx_hal_gpio.h 和 stm32f7xx_hal_gpio.c 中。该文件夹文件在新建工程章节都会使用到，后面会做详细介绍

2. Middlewares 文件夹

该文件夹下面有 ST 和 Third_Party 2 个子文件夹。ST 文件夹下面存放的是一些 STM32 相关的文件,包括 STemWin 和 USB 库等。Third_Party 文件夹是第三方中间件,这些中间价都是非常成熟的开源解决方案。具体说明如表 3.2.2 所列。

表 3.2.2 Middlewares 文件夹介绍

子目录名称 1	子目录名称	功能说明
ST 子文件夹	STemWin 文件夹	STemWin 工具包,由 Segger 提供
	STM32_Audio 文件夹	ST 音频插件
	STM32_USB_Device_Library 文件夹	USB 从机设备支持包
	STM32_USB_Host_Library 文件夹	USB 主机设备支持包
Third_Party 子文件夹	FatFs 文件夹	FAT 文件系统支持包。采用的 FATFS
	FreeRTOS 文件夹	FreeRTOS 实时系统支持包
	LibJPEG 文件夹	基于 C 语言的 JPEG 图形解码支持包
	LwIP 文件夹	LwIP 网络通信协议支持包
	PolarSSL 文件夹	SSL/TLS 安全层解决方案支持包,基于开源的 PolarSSL

3. Projects 文件夹

该文件夹存放的是一些可以直接编译的实例工程。每个文件夹对应一个 ST 官方的 Demo 板。比如要查看 STM32F767 相关工程,所以直接打开子文件夹 STM32F767ZI-Nucleo 即可;里面有很多实例,我们都可以用来参考。注意,每个工程下面都有一个 MDK-ARM 子文件夹,该子文件夹内部会有名称为 Project.uvprojx 的工程文件,只需要单击它就可以在 MDK 中打开工程。例如,打开 \Projects\STM32F767ZI-Nucleo 文件夹,内容如图 3.2.2 所示。

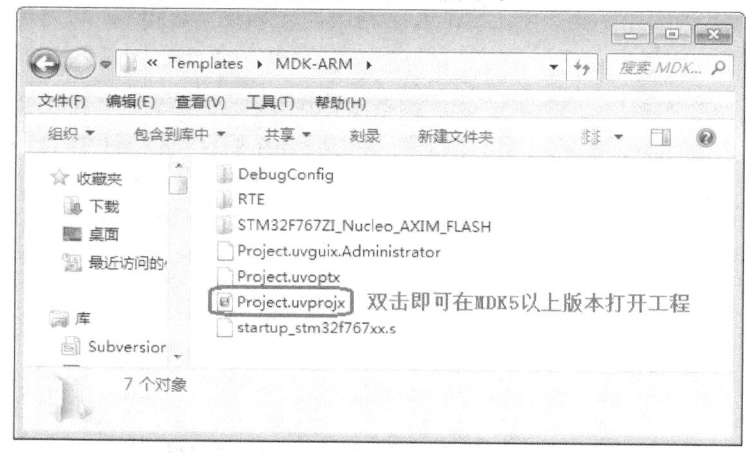

图 3.2.2 Templates 工程中 MDK-ARM 文件夹内容

4. Utilities 文件夹

该文件夹下面是一些其他组件，在项目中使用得不多。有兴趣的读者可以学习一下，这里不做过多介绍。

3.3 新建基于 HAL 库的工程模板和工程结构

前面的章节中介绍了 STM32F7xx 官方 HAL 库包的一些知识，这些将着重讲解建立基于 HAL 库的工程模板的详细步骤。实际上，我们可以使用 ST 官方的 STM32CubeMX 图形工具生成一个工程模板，这里之所以还要手把手教读者新建一个模板，是为了让读者对工程新建和运行过程有一个深入的理解，这样在日后的开发中遇到任何问题都可以得心应手地解决。STM32CubeMX 工具的使用 4.8 节会详细讲解。新建模板之前之前，首先要准备如下资料：

① HAL 库开发包 STM32Cube_FW_F7_V1.4.0，这是 ST 官网下载的 STM32CubeF7 包完整版，在配套资料中的目录(压缩包)是“\8，STM32 参考资料\1，STM32CubeF7 固件包”。我们官方论坛帖子 http://www.openedv.com/thread-80566-1-1.html 中也有下载。

② MDK5.21 开发环境(我们的板子的开发环境目前是使用这个版本)。这在配套资料的软件目录下面有安装包，目录是“软件资料\软件\MDK5.21。”

3.3.1 新建基于 HAL 库工程模板

在新建之前首先要说明一下，这一小节新建的工程在配套资料的路径为“4，程序源码\标准例程-库函数版本\实验 0-1 Template 工程模板-新建工程章节使用”。在学习新建工程过程中间遇到一些问题时，可以直接打开这个模板，然后对比学习。

① 建立工程之前，我们建议用户在计算机的某个目录下面建立一个文件夹，后面所建立的工程都可以放在这个文件夹下面。这里建立一个名为 Template 的文件夹，这是工程的根目录文件夹。为了方便存放工程需要的一些其他文件，这里还新建了 4 个子文件夹，即 CORE、HALLIB、OBJ 和 USER。这些文件夹名字实际上是可以任取的，我们这样取名只是为了方便识别。对于这些文件夹用来存放什么文件，我们将在后面的步骤一一提到。新建好的目录结构如图 3.3.1 所示。

② 打开 MDK，选择 Project→New μVision Project 菜单项，然后将目录定位到刚才建立的文件夹 Template 下的 USER 子目录，工程取名为 Template，之后单击“保存”，则工程文件都保存到 USER 文件夹下面。操作过程如图 3.3.2 和图 3.3.3 所示。

接下来会弹出现一个选择 Device 的界面，就是选择芯片型号，根据自己使用的芯片型号依次选择即可。阿波罗 STM32F 开发板使用的是 STM32F767IGT 芯片，那么依次选择 STMicroelectronics→STM32F7 Series→STM32F767→STM32F767IG→STM23F767IGTx，如图 3.3.4 所示。如果使用的是其他系列的芯片，则选择相应的型

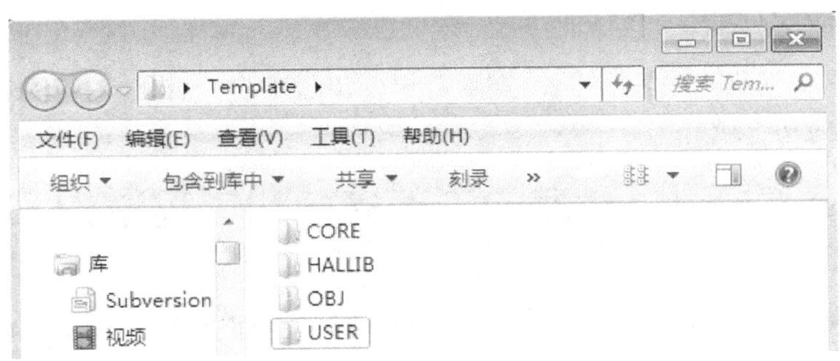

图 3.3.1　新建文件夹

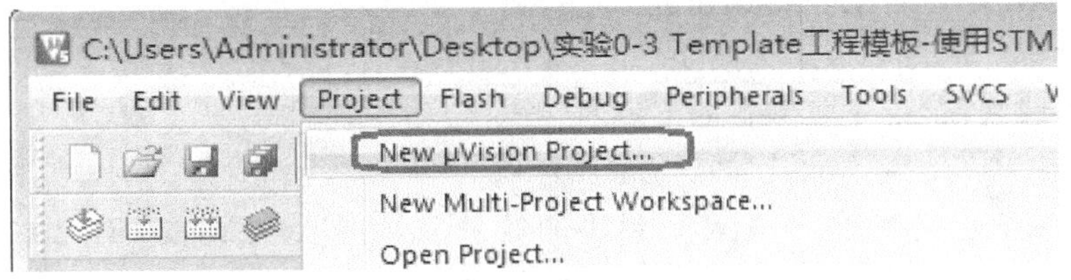

图 3.3.2　新建工程

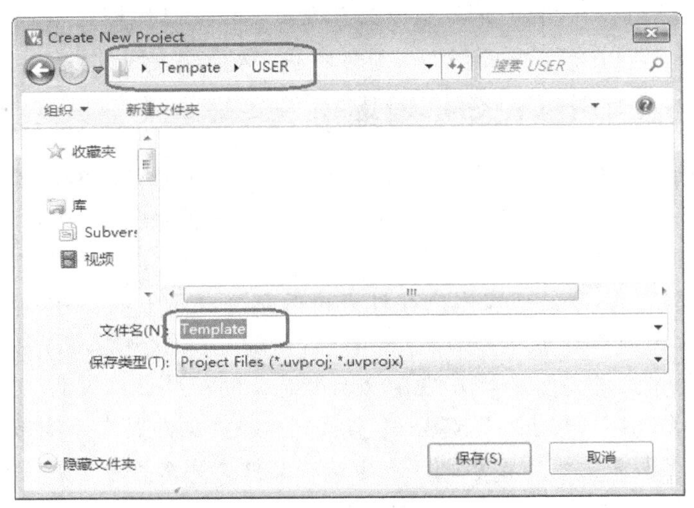

图 3.3.3　定义工程名称

号就可以了,比如探索者 STM32 开发板是 STM32F407ZG。注意,一定要安装对应的器件 pack 才会显示这些内容。

单击 OK,则 MDK 弹出 Manage Run - Time Environment 对话框,如图 3.3.5 所示。这是 MDK5 新增的一个功能,在这个界面可以添加自己需要的组件,从而方便构建开发环境,不过这里不做介绍。在图 3.3.5 所示界面直接单击 Cancel 则得到如图 3.3.6 所示界面。

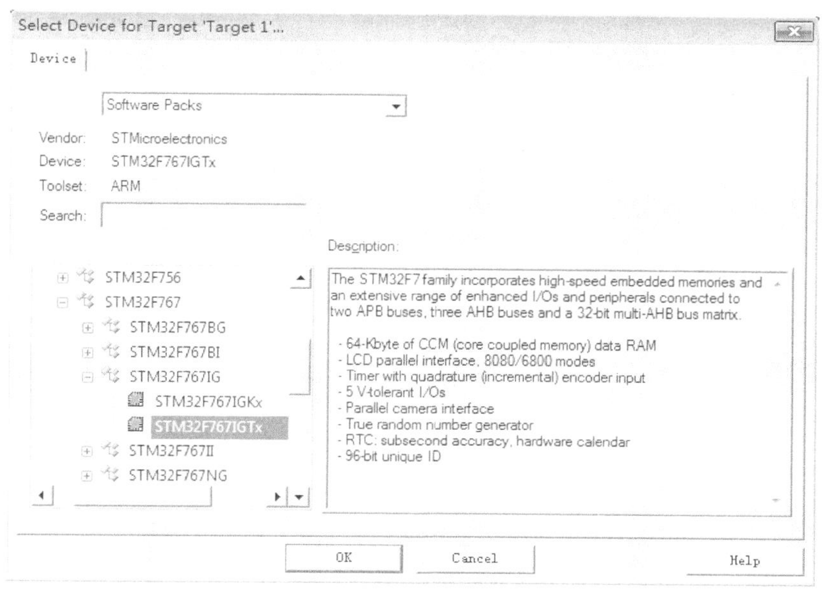

图 3.3.4 选择芯片型号

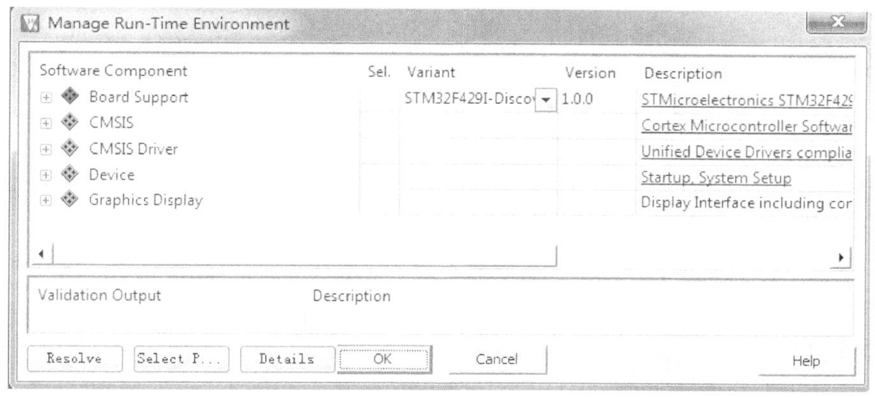

图 3.3.5 Manage Run - Time Environment 界面

③ 现在看看 USER 目录下面内容，如图 3.3.7 所示。

注意，Template.uvprojx 是工程文件，非常关键，不能轻易删除。MDK5.21 生成的工程文件是以.uvprojx 为后缀。DebugConfig、Listings 和 Objects3 个文件夹是 MDK 自动生成的文件夹。其中，DebugConfig 文件夹用于存储一些调试配置文件，Listings 和 Objects 文件夹用来存储 MDK 编译过程的一些中间文件。这里把 Listings 和 Objects 文件夹删除，我们会在下一步骤中新建一个 OBJ 文件夹，用来存放编译中间文件。当然，不删除这两个文件夹也没有关系，只是这里不用它而已。

④ 接下来从官方 STM32CubeF7 包里面复制一些新建工程需要的关键文件到我们的工程目录中。首先，将 STM32CubeF7 包里的源码文件复制到我们的工程目录文

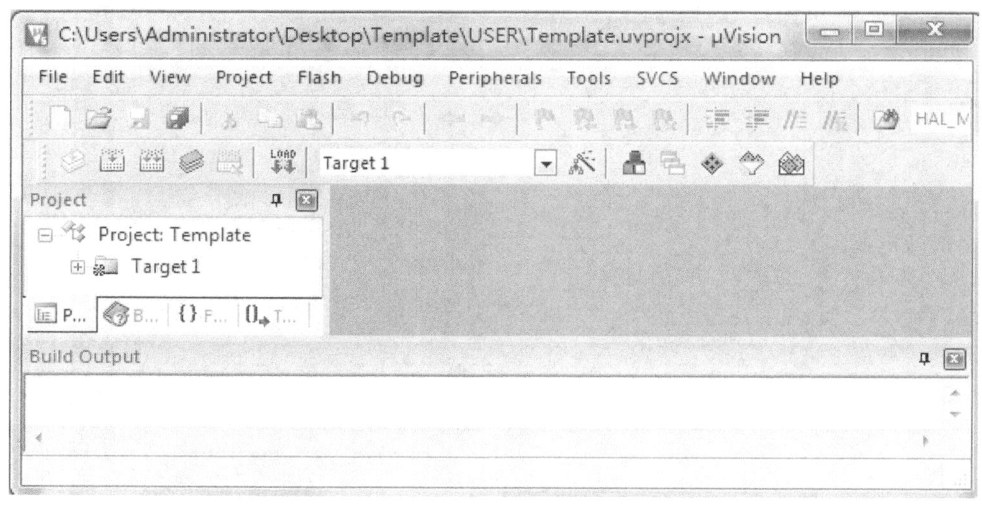

图 3.3.6　工程初步建立

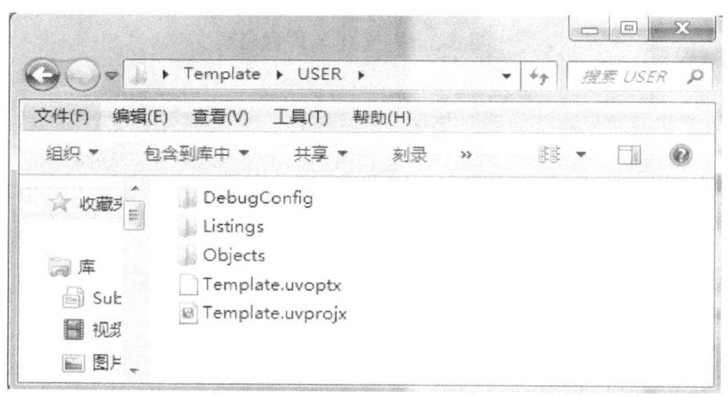

图 3.3.7　工程 USER 目录文件

件夹下面。打开官方 STM32CubeF7 包，定位到之前准备好的 HAL 库包的目录：\STM32Cube_FW_F7_V1.4.0\Drivers\STM32F7xx_HAL_Driver 下面，并将目录下面的 Src、Inc 文件夹复制到刚才建立的 HALLIB 文件夹下面。Src 存放的是固件库的.c 文件，Inc 存放的是对应的.h 文件；可以打开这两个文件目录看一下里面的文件，每个外设对应一个.c 文件和一个.h 头文件。操作完成后，工程 HALLIB 目录内容如图 3.3.8 所示。

⑤ 接下来要将 STM32CubeF7 包里面相关的启动文件以及一些关键头文件复制到我们的工程目录 CORE 下。打开 STM32CubeF7 包，定位到目录\STM32Cube_FW_F7_V1.4.0\Drivers\CMSIS\Device\ST\STM32F7xx\Source\Templates\arm 下面，并将文件 startup_stm32f767xx.s 复制到 CORE 目录下面。然后定位到目录\STM32Cube_FW_F7_V1.4.0\Drivers\CMSIS\Include，并将里面的 5 个头文件：cmsis_armcc.h、

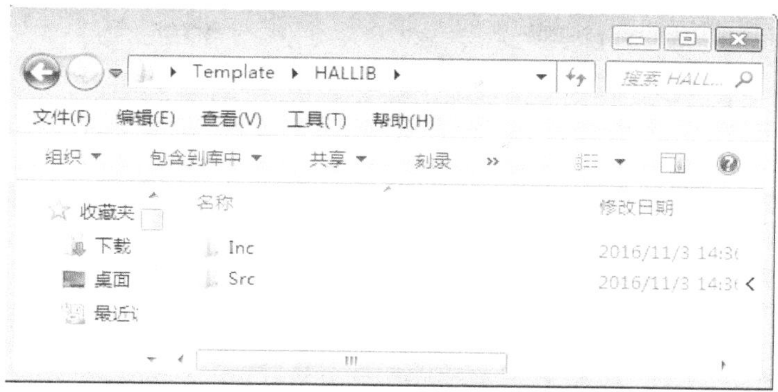

图 3.3.8 官方库源码文件夹

core_cm7.h、core_cmFunc.h、core_cmInstr.h、core_cmSimd.h 也复制到 CORE 目录下面。现在 CORE 文件夹下面的文件如图 3.3.9 所示。

图 3.3.9 CORE 文件夹文件

⑥ 接下来要复制工程模板需要的一些其他头文件和源文件到我们工程。首先定位到目录"\STM32Cube_FW_F7_V1.4.0\Drivers\CMSIS\Device\ST\STM32F7xx\Include",并将里面的 3 个文件 stm32f7xx.h、system_stm32f7xx.h 和 stm32f767xx.h 复制到 USER 目录之下。这 3 个头文件是 STM32F7 工程非常关键的头文件,前面介绍 STM32CubeF7 包的时候已经介绍过了。然后进入"\STM32Cube_FW_F7_V1.4.0\Projects\STM32F767ZI - Nucleo\Templates"目录下,这个目录下面有好几个文件夹,如图 3.3.10 所示。我们需要从 Src 和 Inc 文件夹下面复制需要的文件到 USER 目录。

首先打开 Inc 目录,将目录下面的 3 个头文件 stm32f7xx_it.h,stm32f7xx_hal_conf.h 和 main.h 全部复制到 USER 目录下面。然后打开 Src 目录,将下面的 4 个源文件 system_stm32f7xx.c、stm32f7xx_it.c、stm32f7xx_hal_msp.c 和 main.c 也全部复制

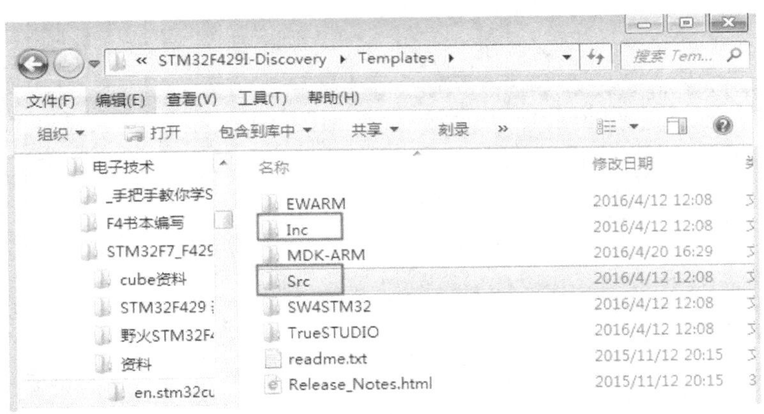

图 3.3.10　固件库包 Template 目录下面文件一览

到 USER 目录下面。相关文件复制到 USER 目录之后，USER 目录文件如图 3.3.11 所示。

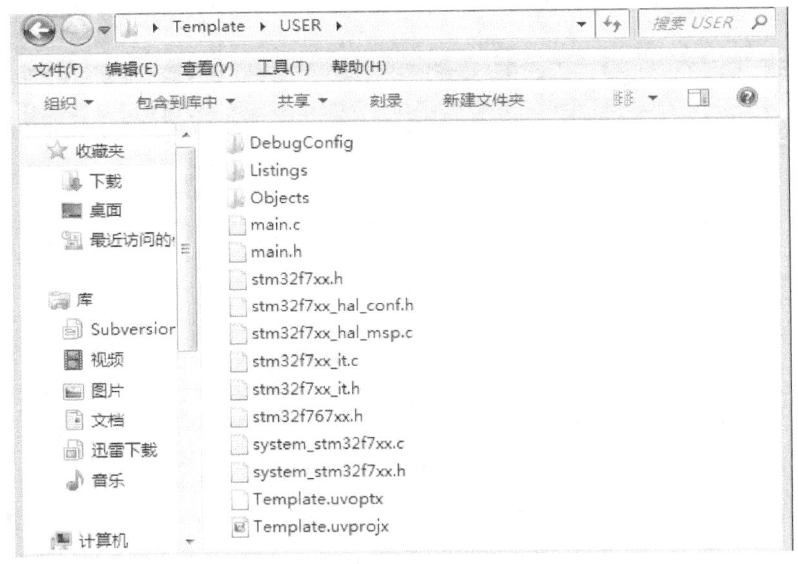

图 3.3.11　USER 目录文件浏览

⑦ 前面 6 个步骤已将需要的文件复制到我们的工程目录下面了。接下来还需要复制 ALIENTEK 编写的 SYSTEM 文件夹内容到工程目录中。这个 SYSTEM 文件夹内容是 ALIENTEK 为开发板用户编写的一套非常实用的函数库，比如系统时钟初始化、串口打印、延时函数等，这些函数被很多工程师运用到自己的工程项目中。当然，也可以根据自己的需求决定是否需要 SYSTEM 文件夹，对于 STM32F767 的工程模板，如果没有加入 SYSTEM 文件夹，那么需要自己定义系统时钟初始化。SYSTEM 文件夹对于库函数版本程序和寄存器版本程序是有所区别的，这里新建的是库函数工程模

板，所以从配套资料程序源码目录下的库函数版本的任何一个实验中复制过来即可。这里打开配套资料的“4，程序源码\标准例程-库函数版本\实验 0－1 Template 工程模板-新建工程章节使用”工程目录，从里面复制 SYSTEM 文件夹到我们的 Template 工程模板根目录即可。操作过程如图 3.3.12 和图 3.3.13 所示。

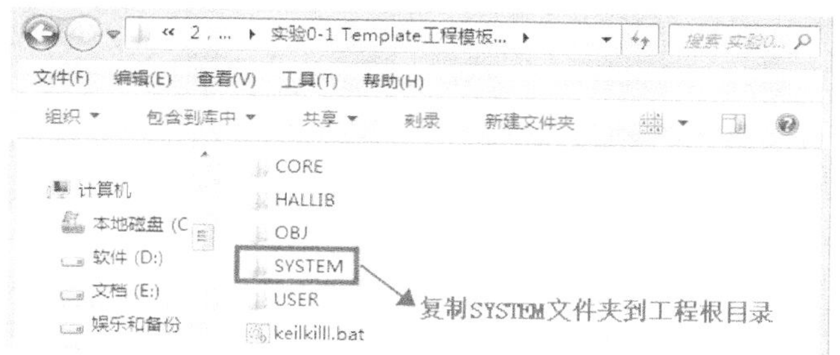

图 3.3.12　复制实验 0－1 的 SYSTEM 文件夹到工程根目录

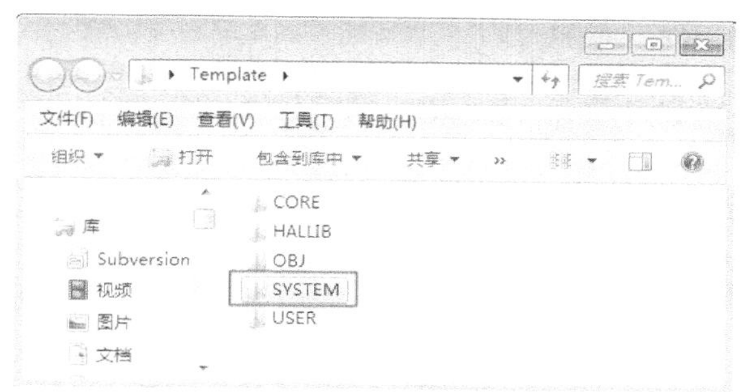

图 3.3.13　复制 SYSTEM 文件夹之后的 Template 根目录文件夹结构

到这里，工程模板需要的所有文件都已经复制进去。接下来将在 MDK 中将这些文件添加到工程。

⑧ 下面将前面复制过来的文件加入我们的工程中。右击 Target1，在弹出的级联菜单中选择 Manage Project Items，如图 3.3.14 所示。

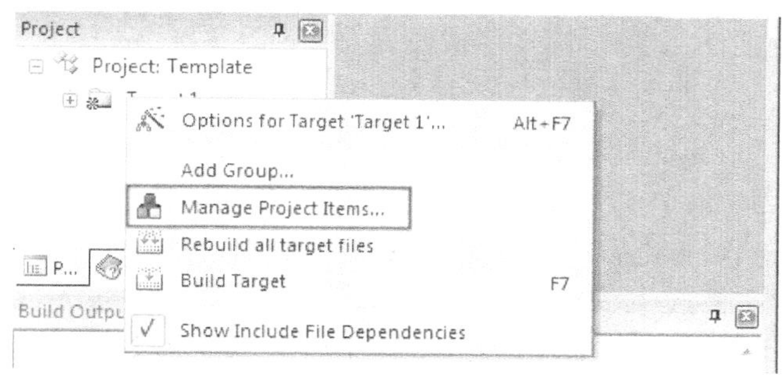

图 3.3.14　选择 Management Project Itmes

⑨ 在 Project Targets 栏中将 Target 名字修改为 Template，然后在 Groups 栏删掉一个 Source Group1，建立 4 个 Groups，即 USER、SYSTEM、CORE 和 HALLIB。然后单击 OK，可以看到，Target 名字以及 Groups 情况如图 3.3.15 和图 3.3.16 所示。

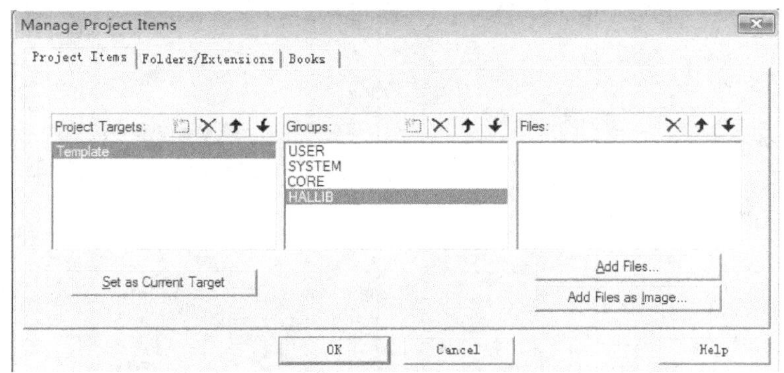

图 3.3.15　新建 GROUP

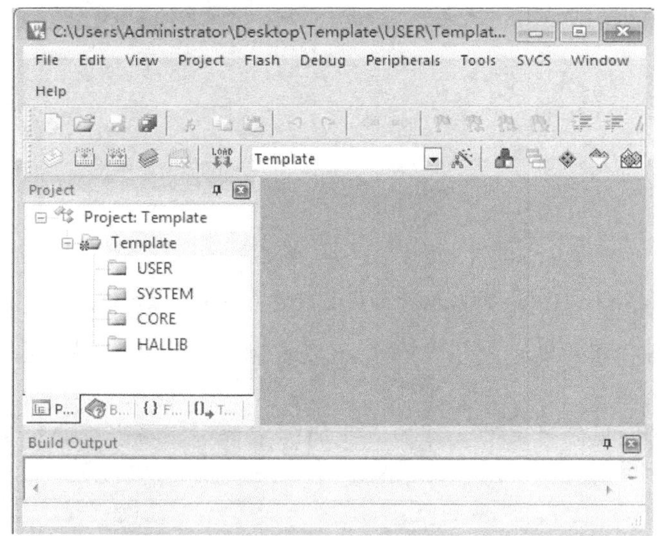

图 3.3.16　查看工程 Group 情况

⑩ 下面往 Group 里面添加需要的文件。按照步骤⑨的方法右击 Tempate，在弹出的级联菜单中选择 Manage Project Items，然后选择需要添加文件的 Group。这里在 Croups 栏选择 HALLIB，然后单击右边的 Add Files 定位到刚才建立的目录\HALLIB\Src 下面，将里面所有的文件选中(Ctrl＋A)再单击 Add，然后单击 Close，则可以看到，Files 列表下面包含了我们添加的文件，如图 3.3.17 所示。这里需要说明一下，写代码时，如果只用到了其中的某个外设，则可以不用添加没有用到的外设的库文件。例如，只用 GPIO，则可以只用添加 stm32f7xx_gpio.c，而其他外设相关的可以不用添加。这里全

部添加进来是为了后面方便，不用每次添加；当然这样的坏处是工程太大，编译起来速度慢，用户可以自行选择。

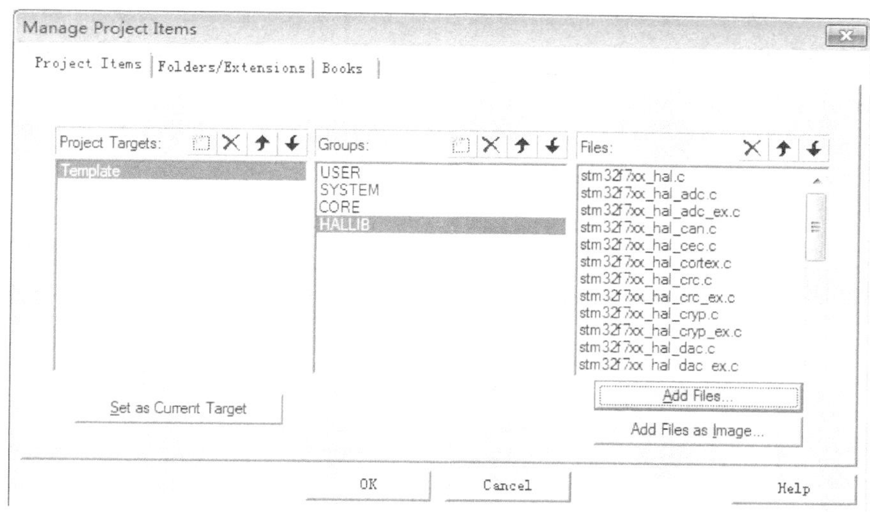

图 3.3.17　添加文件到 HALLIB 分组

这里有几个 template 文件不需要引入，例如，stm32f7xx_hal_msp_template.c、stm32F7xx_hal_timebase_rtc_alarm_template.c、stm32f7xx_hal_timebase_rtc_wakeup_template.c 和 stm32f7xx_hal_timebase_tim_template.c，这些文件在工程中可以参考，但是不需要引入工程，所以我们删除即可。删除某个引入文件的方法如图 3.3.18 所示。使用同样的方法删除其他几个不需要添加的文件即可。

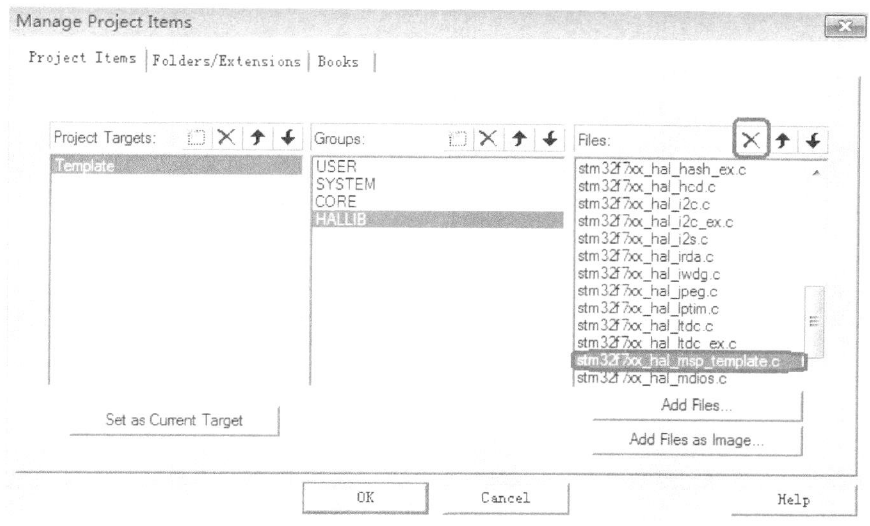

图 3.3.18　删掉 HALLIB 分组中不需要的源文件

⑪ 同样的方法将 Groups 定位到 CORE、USER 和 SYSTEM 分组之下，添加需要的文件。CORE 分组下面需要添加的文件为一些头文件以及启动文件 startup_stm32f767xx.s（注意，默认添加的时候文件类型为.c，添加.h 头文件和 startup_stm32f767xx.s 启动文件的时候需要选择文件类型为 All files 才能看得到这些文件）。USER 分组下面需要添加的文件有 main.c、stm32f7xx_hal_msp.c、stm32f7xx_it.c 和 system_stm32f7xx.c 这 4 个文件。SYSTEM 分组下面需要添加 SYSTEM 文件夹下所有子文件夹内的.c 文件，包括 sys.c、usart.c 和 delay.c 这 3 个源文件。将必要的文件到工程之后单击 OK，则回到工程主界面。操作过程如下图 3.3.19～图 3.3.22 所示。

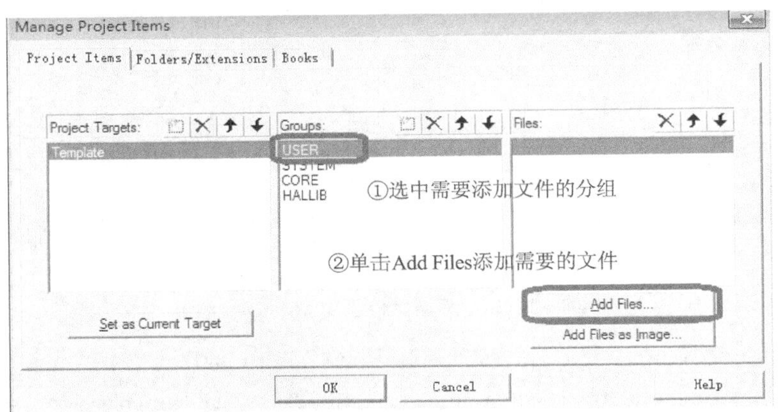

图 3.3.19 添加文件到 USER 分组

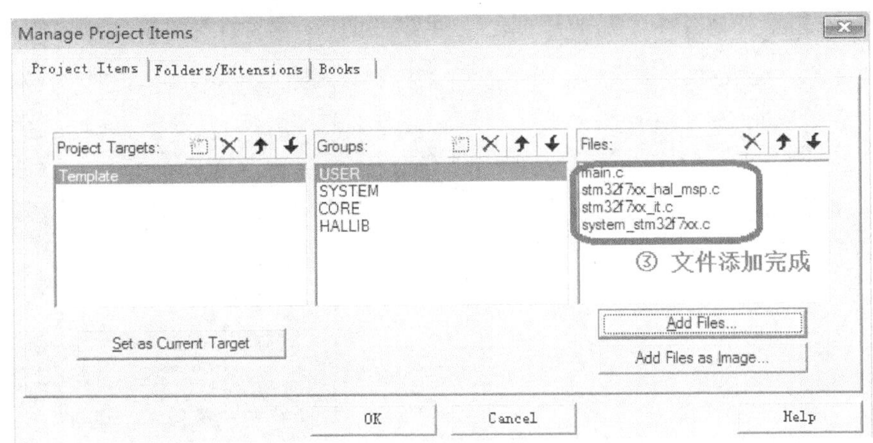

图 3.3.20 文件添加到 USER 分组完成

使用同样的方法选中 CORE 分组，单击 Add Files 按钮，添加需要的文件到 CORE 分组。

最后，添加文件到 SYSTEM 分组。注意，SYSTEM 文件夹包含 3 个子文件夹，即 sys、delay 和 usart。添加文件的时候需要分别定位到 3 个子文件夹内部，依次添加下

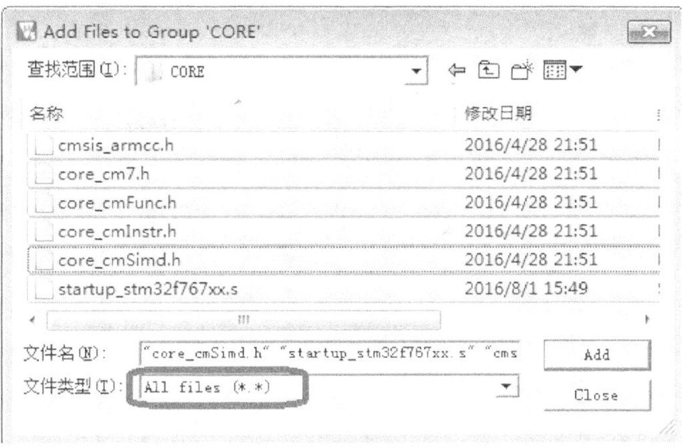

图 3.3.21　添加.h 头文件和启动文件到 CORE 分组

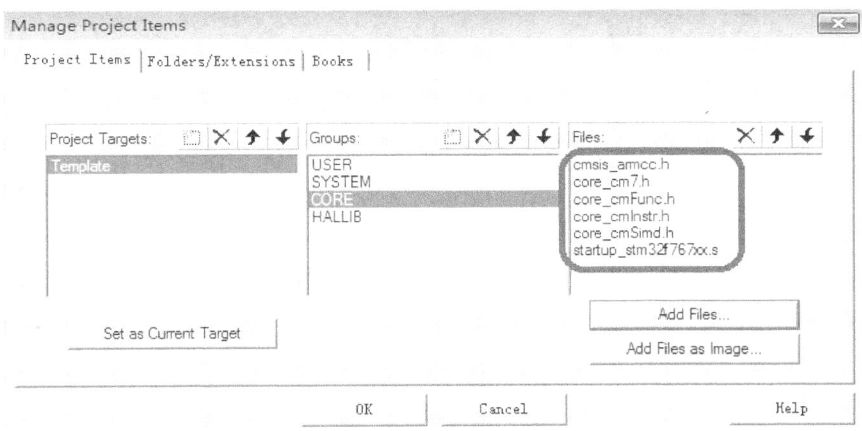

图 3.3.22　添加启动文件和头文件到 CORE 分组完成

面的.c 文件即可。添加完成后如图 3.3.23 所示。

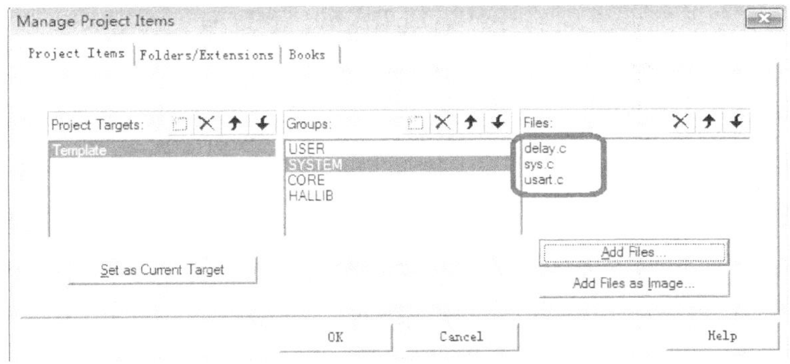

图 3.3.23　添加文件到 SYSTEM 分组

将所有文件添加到工程中之后单击 OK 按钮，则回到 MDK 工程主界面，如图 3.3.24 所示。

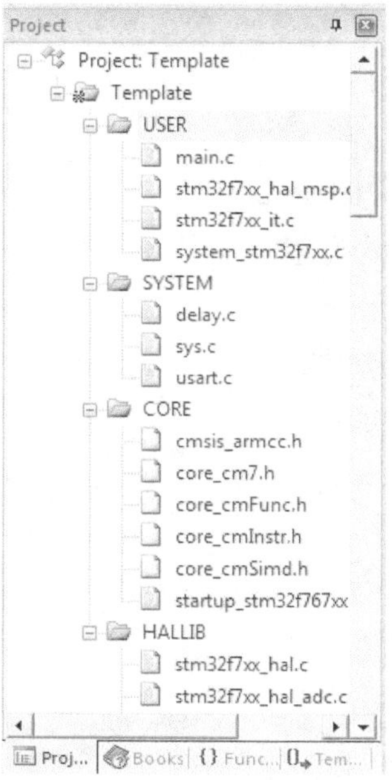

图 3.3.24　工程分组情况

⑫ 接下来要在 MDK 里面设置头文件存放路径，也就是告诉 MDK 到哪些目录下面去寻找包含了的头文件。这一步非常重要。如果没有设置头文件路径，那么工程会报“错头文件路径找不到”。具体操作如图 3.3.25 和 3.3.26 所示，5 步之后添加相应的头文件路径。

注意，这里的添加路径必须是添加到头文件所在目录的最后一级。例如，SYSTEM 文件夹下有 3 个子文件夹下面都有.h 头文件，这些头文件在工程中都需要使用到，所以必须将这 3 个子目录都包含进来。这里需要添加的头文件路径包括 \CORE、\USER\、\SYSTEM\delay、\SYSTEM\usart、SYSTEM\sys 以及\HALLIB\Inc。HAL 库存放头文件子目录是\HALLIB\Inc，不是 HALLIB\Src，很多朋友都是这里弄错而导致报很多奇怪的错误。添加完成之后如图 3.3.27 所示。

⑬ 接下来，对于 STM32F7 系列的工程，还需要添加全局宏定义标识符。全局宏定义标识符就是在工程中任何地方都可见。添加方法是单击魔术棒进入 C/C++选项卡，然后在 Define 文本框输入“USE_HAL_DRIVER,STM32F767xx”。注意，这里是两个标识符 USE_HAL_DRIVER 和 STM32F767xx，它们之间是用逗号隔开的(必须是英文的逗号)。这个字符串可以直接从配套资料中新建好的工程模板里面复制。模板存放目录为“4,程序源码\标准例程-库函数版本\实验 0－1 Template 工程模板－新建工程章节使用”。本步操作过程如图 3.3.28 所示。

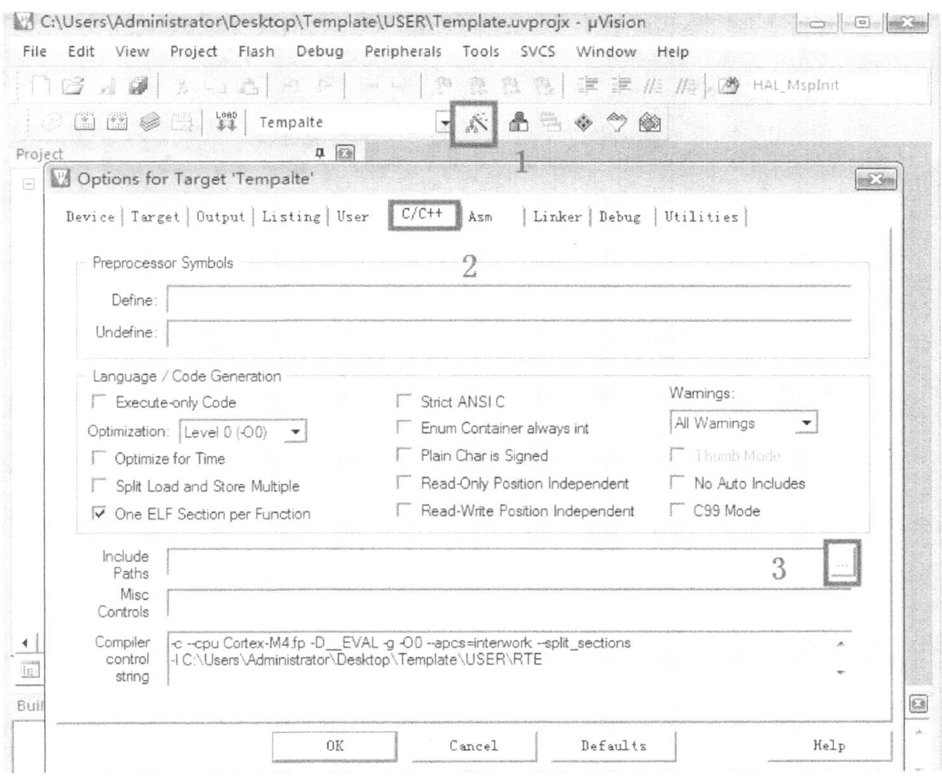

图 3.3.25　进入 PATH 配置界面

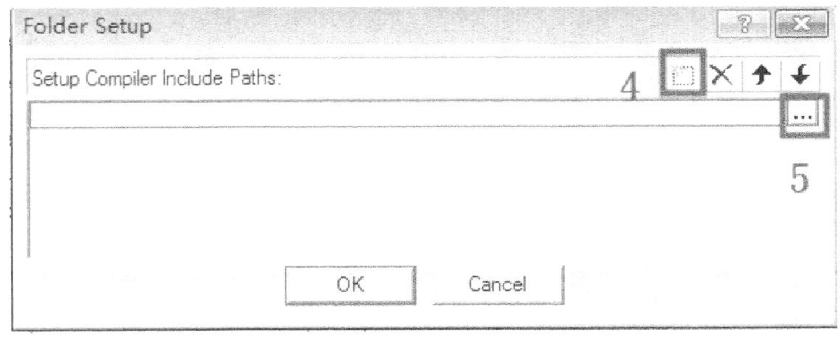

图 3.3.26　添加头文件路径到 PATH

⑭ 接下来要编译工程，编译之前首先要选择中间文件编译后的存放目录。前面讲过，MDK 编译后的中间文件默认存放目录为 USER 下面的 Listings 和 Objects 子目录，这里为了和 ALIENTEK 工程结构保持一致，重新选择存放到 OBJ 目录下。操作方法是单击魔术棒，再单击 Output 选项下面的 Select folder for objects 按钮，然后选择目录为上面新建的 OBJ 目录，再依次单击 OK 即可。操作过程如图 3.3.29 和图 3.3.30 所示。

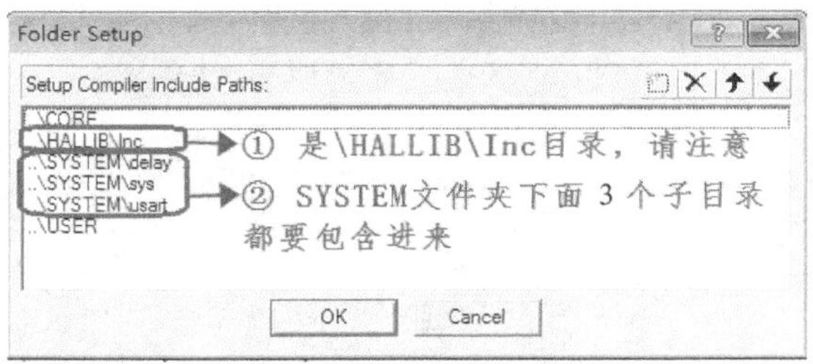

图 3.3.27　添加头文件路径

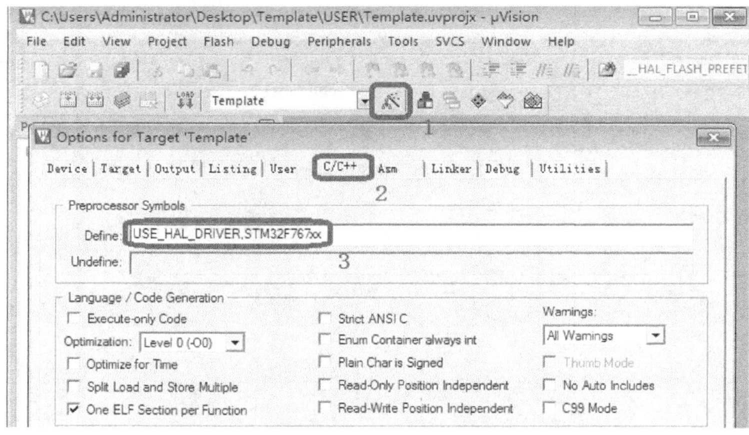

图 3.3.28　添加全局宏定义标识符

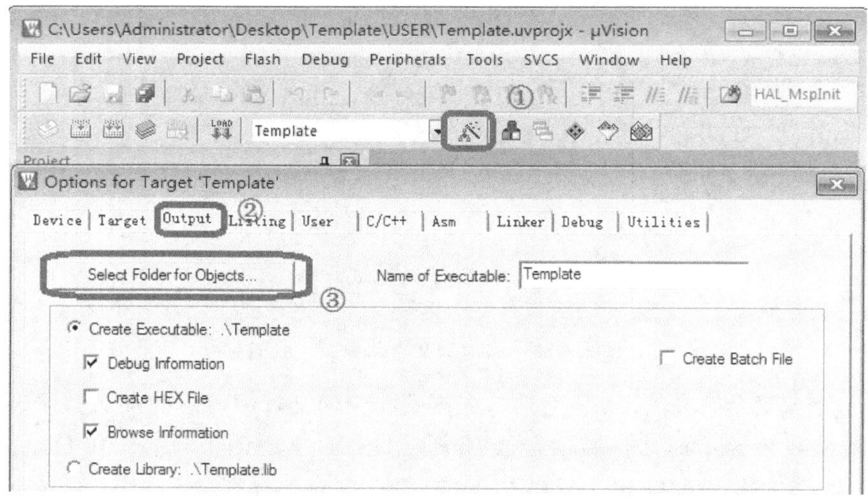

图 3.3.29　单击 Select Folder for Objects 按钮

选择 OBJ 目录为编译中间文件存放目录之后，单击 OK 回到 Output 选项卡。这

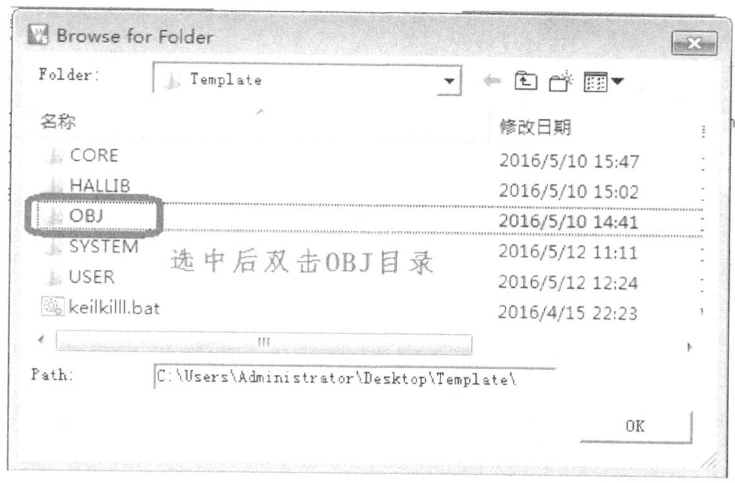

图 3.3.30　选择 OBJ 目录为中间文件存放目录

里还要选中 Create HEX File 选项和 Browse Information 选项。选中 Create HEX File 是要求编译之后生成 HEX 文件。选中 Browse Information 是方便查看工程中的一些函数变量定义等。具体操作方法如图 3.3.31 所示。

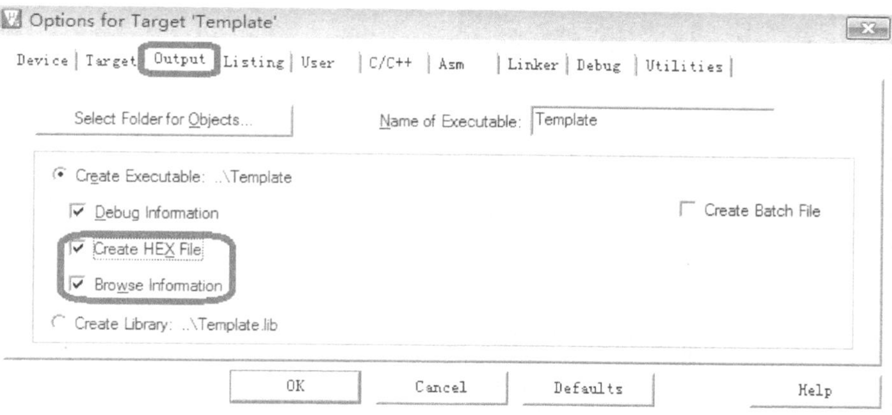

图 3.3.31　选中 Create HEX file 和 Browse Information 选项

⑮ 编译之前，先把 main.c 文件里面的内容替换为如下内容：

```
#include "sys.h"
#include "delay.h"
#include "usart.h"
void Delay(__IO uint32_t nCount);
void Delay(__IO uint32_t nCount)
{
    while(nCount--){}
}
int main(void)
```

```
{
    GPIO_InitTypeDef GPIO_Initure;
    Cache_Enable();                                     //打开 L1 - Cache
    HAL_Init();                                         //初始化 HAL 库
    Stm32_Clock_Init(432,25,2,9);                       //设置时钟,216 MHz
    __HAL_RCC_GPIOB_CLK_ENABLE();                       //开启 GPIOB 时钟
    GPIO_Initure.Pin = GPIO_PIN_0|GPIO_PIN_1;           //PB1,0
    GPIO_Initure.Mode = GPIO_MODE_OUTPUT_PP;            //推挽输出
    GPIO_Initure.Pull = GPIO_PULLUP;                    //上拉
    GPIO_Initure.Speed = GPIO_SPEED_HIGH;               //高速
    HAL_GPIO_Init(GPIOB,&GPIO_Initure);
    while(1)
    {
        HAL_GPIO_WritePin(GPIOB,GPIO_PIN_0,GPIO_PIN_SET);           //PB1 置 1
        HAL_GPIO_WritePin(GPIOB,GPIO_PIN_1,GPIO_PIN_SET);           //PB0 置 1
        Delay(0x7FFFFF);
        HAL_GPIO_WritePin(GPIOB,GPIO_PIN_0,GPIO_PIN_RESET);         //PB1 置 0
        HAL_GPIO_WritePin(GPIOB,GPIO_PIN_1,GPIO_PIN_RESET);         //PB0 置 0
        Delay(0x7FFFFF);
    }
}
```

这段代码可以直接从配套资料库函数源码目录“4,程序源码\标准例程-库函数版本\实验 0-1 Template 工程模板—新建工程章节使用”已经新建好的工程模板 USER 目录下面的 main.c 文件复制过来即可。

⑯ 对工程进行编译会发现编译结果有错误,编译结果如图 3.3.32 所示。可以看出,错误信息为“main.h(44): error: ＃5: cannot open source input file "stm32f7xx_nucleo_144.h": No such file or directory”,也就是说,错误是在 main.h 头文件的第 44

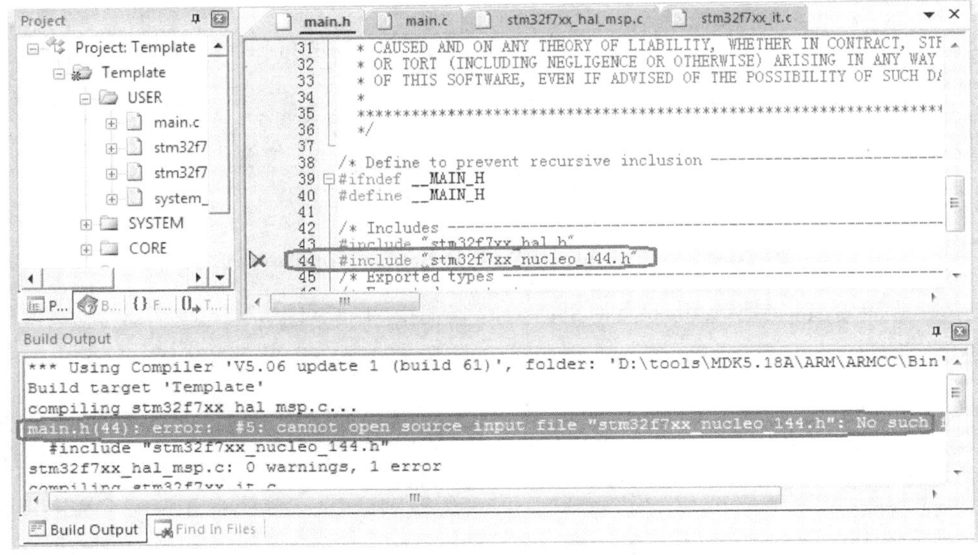

图 3.3.32　编译结果

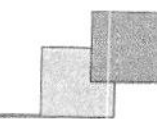

行中引入了头文件 stm32f7xx_nucleo_144.h，而这个头文件在工程中找不到。这是因为这个头文件是从 ST 的模板中引入的，ST 的模板中对于每个开发板都有一个头文件，并且在 main.h 中引入，所以这里对于我们的平台是无关头文件，需要从 main.h 头文件中把对该头文件的引入代码删掉。删掉后的 main.h 内容如图 3.3.33 所示。

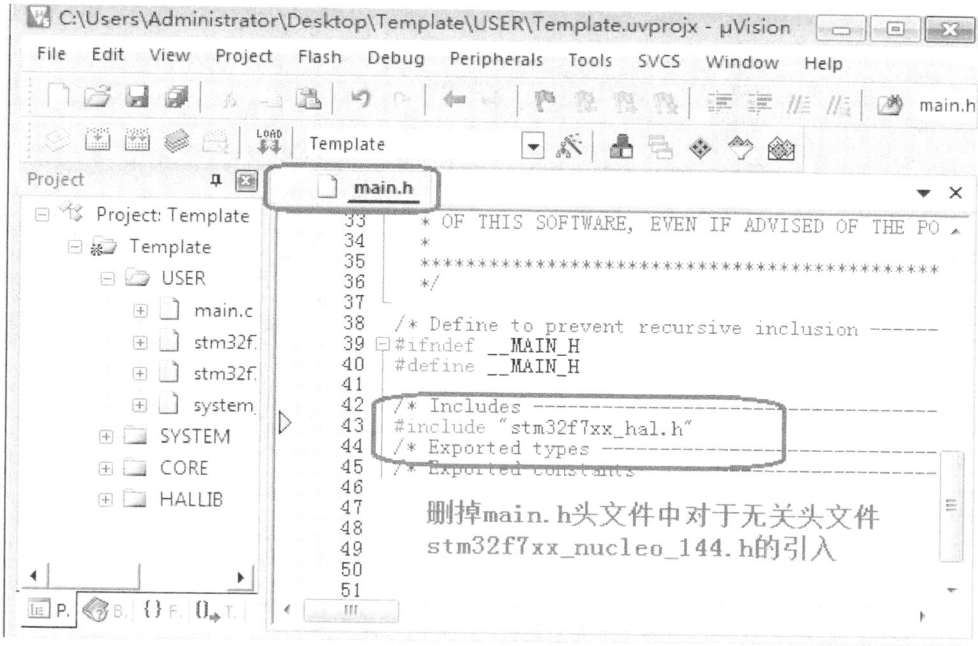

图 3.3.33　删掉后的 main.h 文件

⑰ 单击编译按钮编译工程，可以看到，工程编译通过没有任何错误和警告，如图 3.3.34 所示。

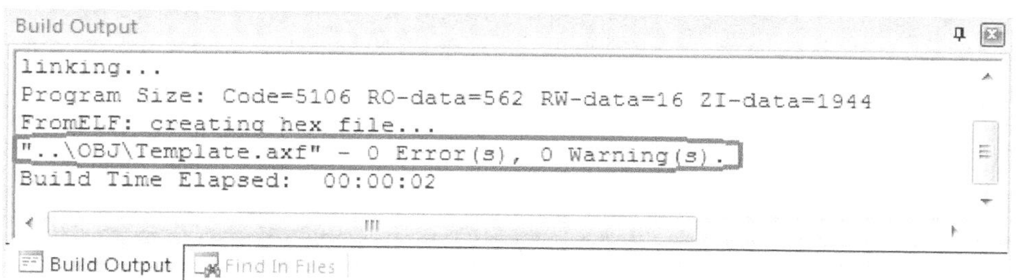

图 3.3.34　编译工程

这里编译之后可能会出现一个警告，警告的内容是“warning: #1-D: last line of file ends without a newline”。我们只需要在 main.c 函数结尾加一个回车即可解决，这个是 MDK 自身的 BUG。

⑰ 到这里,一个基于 HAL 库的工程模板就基本建立完成,同时在工程的 OBJ 目录下面生成了对应的 hex 文件。可以参考后面 3.4 节的内容,将 hex 文件下载到开发板,则会发现两个 led 灯不停地闪烁现象。但是这个工程到这一步实际还没有配置完成,还需要根据开发板的外部高速晶振值大小来修改配置文件 stm32f7xx_hal_conf.h,打开该文件定位到如下内容:

```
#if ! defined   (HSE_VALUE)
    #define HSE_VALUE      ((uint32_t)8000000U)
#endif
```

因为阿波罗开发板外部晶振使用的是 25 MHz,所以这里需要把 HSE_VALUE 值修改为 25000000U。修改后内容如下:

```
#define HSE_VALUE      ((uint32_t)25000000U)
```

⑲ 还一个地方需要修改,那就是关于系统初始化之后的中断优先级分组组号的设置。默认情况下,调用 HAL 初始化函数 HAL_Init 之后会设置分组为组 4,这里我们所有实验使用的是分组 2,所以修改 HAL_Init 函数内部,重新设置分组为组 2 即可。具体方法是打开 HALLIB 分组之下的 stm32f7xx_hal.c 文件,搜索函数 HAL_Init,找到函数体,里面默认有这样一行代码:

```
HAL_NVIC_SetPriorityGrouping(NVIC_PRIORITYGROUP_4);
```

将入口参数 NVIC_PRIORITYGROUP_4 修改为 NVIC_PRIORITYGROUP_2 即可。关于中断优先级分组相关知可参考本书 4.5 节。

3.3.2 工程模板

上一小节新建了一个基于 HAL 库的 STM32F7 工程模板,本小节将讲解工程模板中一些关键文件的作用以及整个工程模板程序运行流程。通过对本小节的学习,读者将对 STM32F7 工程有一个比较全面的了解,为后面实验学习打下良好的基础。

1. 关键文件介绍

在讲解之前需要说明一点,任何一个 MDK 工程,不管它有多复杂,无非就是一些.c 源文件和.h 头文件,还有一些类似.s 的启动文件或者 lib 文件等。在工程中,它们通过各种包含关系它织在一起,被用户代码最终调用或者引用。所以必须了解这些文件的作用以及它们之间的包含关系,从而理解这个工程的运行流程,这样才能在项目开发中得心应手。

(1) HAL 库关键文件

HAL 库关键文件介绍如表 3.3.1 所列。

表 3.3.1　HAL 库文件介绍

文　件	描　述
stm32f7xx_hal_ppp.c/.h	基本外设的操作 API，其中，ppp 代表任意外设。其中，stm32f7xx_hal_cortex.c/.h 比较特殊，是一些 Cortex 内核通用函数的声明和定义，如中断优先级 NVIC 配置、系统软复位以及 Systick 配置等
stm32f7xx_hal_ppp_ex.c/.h	拓展外设特性的 API
sm32f7xx_hal.c	包含 HAL 通用 API（比如 HAL_Init、HAL_DeInit、HAL_Delay 等）
stm32f7xx_hal.h	HAL 的头文件，应被客户代码包含
stm32f7xx_hal_conf.h	HAL 的配置文件，主要用来选择使能何种外设以及一些时钟相关参数设置。其本身应该被客户代码包含
stm32f7xx_hal_def.h	包含 HAL 的通用数据类型定义和宏定义
stm32f7xx_II_ppp.c/.h	在一些复杂外设中实现底层功能，它们在 stm32f7xx_hal_ppp.c 中被调用

（2）stm32f7xx_it.c/stm32f7xx_it.h 文件

这两个文件非常简单，也非常好理解。stm32f7xx_it.h 中主要是一些中断服务函数的申明，而这些函数定义除了 Systick 中断服务函数 SysTick_Handler 外基本都是空函数，没有任何控制逻辑。一般情况下，可以去掉这两个文件，然后把中断服务函数写在工程中的任何一个可见文件中。

（3）stm32f7xx.h 头文件

头文件 stm32f7xx.h 内容看似非常少，却非常重要，是所有 STM32F7 系列的顶层头文件。使用 STM32F7 任何型号的芯片，都需要包含这个头文件。同时，因为 STM32F7 系列芯片型号非常多，ST 为每种芯片型号定义了一个特有的片上外设访问层头文件，比如 STM32F767 系列，ST 定义了一个头文件 stm32f767xx.h；然后，stm32f7xx.h 顶层头文件根据工程芯片型号来选择包含对应芯片的片上外设访问层头文件。打开 stm32f7xx.h 头文件可以看到，里面有如下几行代码：

```
#if defined(STM32F756xx)
  #include "STM32F756xx.h"
  …
#elif defined(stm32f767xx)
  #include "stm32f767xx.h"
  …
#else
  #error "Please select first the target STM32F7xx device used in your application"
#endif
```

这几行代码非常好理解，以 STM32F767 为例，如果定义了宏定义标识符 STM32F767xx，那么头文件 stm32f7xx.h 将会包含头文件 stm32f767xx.h。实际上，在上一小节新建工程的时候，我们在 C/C++选项卡里面输入的全局宏定义标识符中就包含了标识符 STM32F767xx（参考图 3.3.28），所以头文件 stm32f767xx.h 一定会被整个工程引用。

(4) stm32f767xx.h 头文件

根据前面的讲解,stm32f767xx.h 是 STM32F767 系列芯片通用的片上外设访问层头文件,只要进行 STM32F767 开发,就必然要使用到该文件。打开该文件可以看到,里面主要是一些结构体和宏定义标识符。这个文件的主要作用是寄存器定义声明以及封装内存操作。后面寄存器地址名称映射分析小节会详细讲解。

(5) system_stm32f7xx.c/system_stm32f7xx.h 文件

头文件 system_stm32f7xx.h 和源文件 system_stm32f7xx.c 主要是声明和定义了系统初始化函数 SystemInit 以及系统时钟更新函数 SystemCoreClockUpdate。SystemInit 函数的作用是进行时钟系统的一些初始化操作以及中断向量表偏移地址设置,但并没有设置具体的时钟值,这是与标准库的最大区别;在使用标准库的时候,SystemInit 函数会帮我们配置好系统时钟相关的各个寄存器。在启动文件 startup_stm32f767xx.s 中设置系统复位后,直接调用 SystemInit 函数进行系统初始化。SystemCoreClockUpdate 函数是在系统时钟进行修改后被调用,从而更新全局变量 SystemCoreClock 的值。变量 SystemCoreClock 是一个全局变量,开放这个变量可以方便我们在用户代码中直接使用这个变量来进行一些时钟运算。

(6) stm32f7xx_hal_msp.c 文件

MSP,全称为 MCU support package,具体内容在讲解程序运行流程的时候会举例详细讲解,这里只需要知道,函数名字中带有 MspInit 的函数,它们的作用是进行 MCU 级别硬件初始化设置,并且通常会被上一层的初始化函数调用,这样做的目的是把 MCU 的相关硬件初始化剥夺出来,方便用户代码在不同型号 MCU 上移植。stm32f7xx_hal_msp.c 文件定义了两个函数 HAL_MspInit 和 HAL_MspDeInit,这两个函数分别被文件 stm32f7xx_hal.c 中的 HAL_Init 和 HAL_DeInit 调用。HAL_MspInit 函数的主要作用是进行 MCU 相关的硬件初始化操作。例如,要初始化某些硬件,则可以将与硬件相关的初始化配置写在 HAL_MspDeinit 函数中。这样,系统启动并调用 HAL_Init 之后会自动调用硬件初始化函数。实际上,在工程模板中直接删掉 stm32f7xx_hal_msp.c 文件也不会对程序运行产生任何影响。对于这个文件存在的意义,后面讲解完程序运行流程之后读者会有更加清晰的理解。

(7) startup_stm32f767xx.s 启动文件

STM32 系列所有芯片工程都有一个.s 启动文件,不同型号 STM32 芯片的启动文件也是不一样的。我们的开发板是 STM32F767 系列,所以需要使用与之对应的启动文件 startup_stm32f767xx.s。启动文件的作用主要是进行堆栈的初始化、中断向量表以及中断函数定义等。启动文件有一个很重要的作用就是系统复位后引导进入 main 函数。打开启动文件 startup_stm32f767xx.s,可以看到下面几行代码:

```
; Reset handler
Reset_Handler    PROC
                 EXPORT  Reset_Handler             [WEAK]
                 IMPORT  SystemInit
                 IMPORT  __main
```

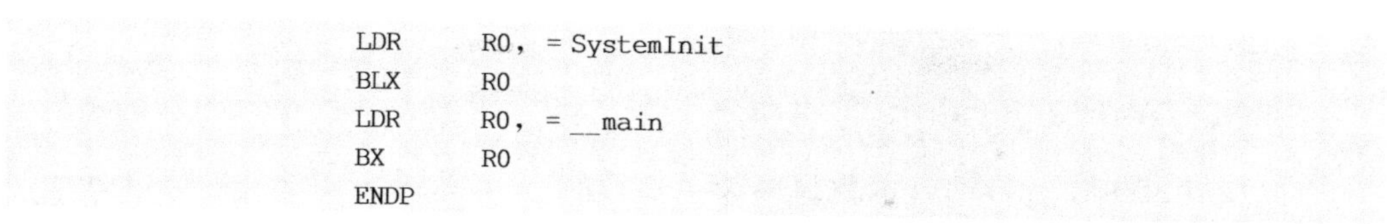

```
LDR     R0, = SystemInit
BLX     R0
LDR     R0, =__main
BX      R0
ENDP
```

Reset_Handler 在系统启动的时候会执行，这几行代码的作用是系统启动之后首先调用 SystemInit 函数进行系统初始化，然后引导进入 main 函数执行用户代码。

接下来看看 HAL 库工程模板中各个文件之间的包含关系，如图 3.3.35 所示。可以看出，顶层头文件 stm32f7xx.h 直接或间接包含了其他所有工程必要头文件，所以用户代码中只需要包含顶层头文件 stm32f7xx.h 即可。注意，ALIENTEK 提供的 SYSTEM 文件夹内部的 sys.h 头文件中默认包含了 stm32f7xx.h 头文件，所以用户代码中只需要包含 sys.h 头文件即可，当然也可以直接包含顶层头文件 stm32f7xx.h。

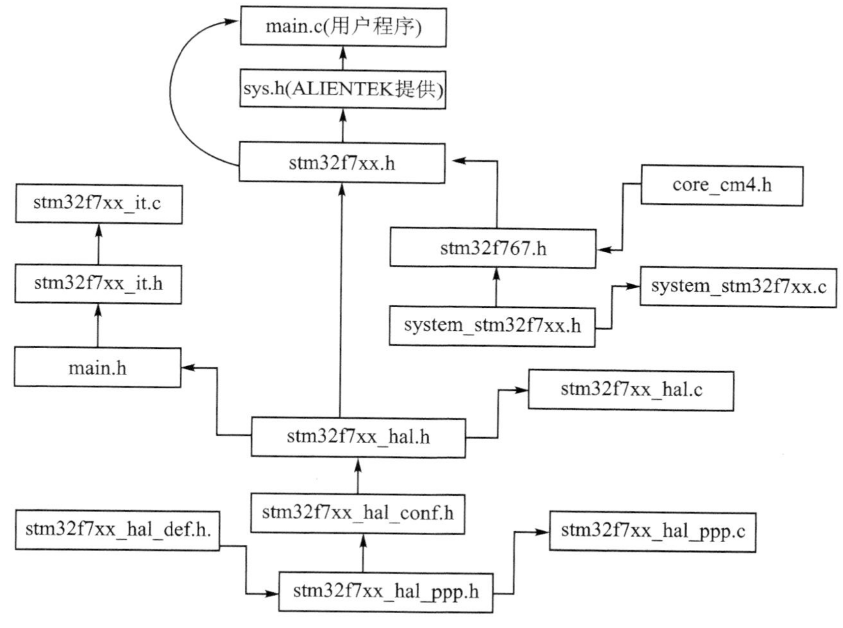

图 3.3.35　HAL 库工程文件包含关系

2. HAL 库中__weak 修饰符讲解

HAL 库中很多回调函数前面使用__weak 修饰符，这里有必要讲解__weak 修饰符的作用。weak 顾名思义是“弱”的意思，所以如果函数名称前面加上__weak 修饰符，则一般称这个函数为“弱函数”。对于加上了__weak 修饰符的函数，用户可以在用户文件中重新定义一个同名函数，最终编译器编译的时候会选择用户定义的函数；如果用户没有重新定义这个函数，那么编译器就会执行__weak 声明的函数，并且编译器不会报错。

举个例子来加深理解。比如打开工程模板，找到并打开 stm32f7xx_hal.c 文件，里面定义了一个函数 HAL_MspInit，定义如下：

```
__weak void HAL_MspInit(void)
{
}
```

可以看出,HAL_MspInit 函数前面加了修饰符__weak,是一个空函数,没有任何控制逻辑。同时,stm32f7xx_hal.c 文件的前面定义了函数 HAL_Init,并且 HAL_Init 函数中调用了函数 HAL_MspInit。

```
HAL_StatusTypeDef HAL_Init(void)
{
…//此处省略部分代码
  HAL_MspInit();
  return HAL_OK;
}
```

如果没有在工程其他地方重新定义 HAL_MspInit()函数,那么 HAL_Init 初始化函数执行的时候,会默认执行 stm32f7xx_hal.c 文件中定义的 HAL_MspInit 函数,而这个函数没有任何控制逻辑。如果用户在工程中重新定义函数 HAL_MspInit,那么调用 HAL_Init 之后会执行用户自己定义的 HAL_MspInit 函数,而不会执行 stm32f7xx_hal.c 默认定义的函数。也就是说,表面上看到函数 HAL_MspInit 被定义了两次,但是因为有一次定义是弱函数,使用了__weak 修饰符,所以编译器不会报错。

__weak 在回调函数的时候经常用到,这样的好处是系统默认定义了一个空的回调函数,保证编译器不会报错。同时,如果用户自己要定义用户回调函数,那么只需要重新定义即可,不需要考虑函数重复定义的问题,使用非常方便。HAL 库中__weak 关键字被广泛使用。

3. Msp 回调函数执行过程解读

先打开前面新建的工程模板,搜索 MspInit 字符串可以发现,我们的工程模板文件中有 80 多个文件定义或者调用了名字中包含 MspInit 字符串的函数,而且函数名字基本遵循 HAL_PPP_MspInit 格式(PPP 代表任意外设)。那么这些函数是怎么被程序调用,又是什么作用呢? 下面以串口为例进行讲解。

打开工程模板 SYSTEM 分组下面的 usart.c 文件可以看到,内部定义了两个函数 uart_init 和 HAL_UART_MspInit。先来大致看看这两个函数的定义(基于篇幅考虑我们省略了部分非关键代码行):

```
void uart_init(u32 bound)
{
    UART1_Handler.Instance = USART1;                //USART1
    UART1_Handler.Init.BaudRate = bound;            //波特率
    …//此处省略部分串口 1 参数设置代码
    UART1_Handler.Init.Mode = UART_MODE_TX_RX;             //收发模式
    HAL_UART_Init(&UART1_Handler);           //HAL_UART_Init()会使能 UART1
}
//UART 底层初始化,时钟使能,引脚配置,中断配置
void HAL_UART_MspInit(UART_HandleTypeDef * huart)
```

```
{
    …//此处省略部分代码
    GPIO_Initure.Pin = GPIO_PIN_9;                      //PA9
    GPIO_Initure.Mode = GPIO_MODE_AF_PP;                //复用推挽输出
    HAL_GPIO_Init(GPIOA,&GPIO_Initure);                 //初始化 PA9
    GPIO_Initure.Pin = GPIO_PIN_10;                     //PA10
    HAL_GPIO_Init(GPIOA,&GPIO_Initure);                 //初始化 PA10
    …//此处省略部分代码
}
```

用户函数 uart_init 主要作用是设置串口 1 相关参数，包括波特率、停止位、奇偶校验位等，并且最终是通过调用 HAL_UART_Init 函数进行参数设置的。函数 HAL_UART_MspInit 主要是进行串口 GPIO 引脚初始化设置。接下来打开 usart_init 函数内部调用的 UART 初始化函数 HAL_UART_Init，可以看到代码如下：

```
HAL_StatusTypeDef HAL_UART_Init(UART_HandleTypeDef * huart)
{
…//此处省略部分代码
  if(huart ->State == HAL_UART_STATE_RESET)//如果串口没有进行过初始化
  {
    huart ->Lock = HAL_UNLOCKED;
HAL_UART_MspInit(huart);
  }
…//此处省略部分代码
  return HAL_OK;
}
```

在函数 HAL_UART_Init 内部，如果通过判断逻辑判断出串口还没有进行初始话，那么会调用函数 HAL_UART_MspInit 进行相关初始化设置。同时，可以看到，文件 stm32f7xx_hal_uart.c 内部有定义一个弱函数 HAL_UART_MspInit，内容如下：

```
__weak void HAL_UART_MspInit(UART_HandleTypeDef * huart)
{
  UNUSED(huart);
}
```

这里定义的弱函数 HAL_UART_MspInit 是一个空函数，没有任何实际的控制逻辑。根据前面的讲解可知，如果用户自己重新定义了__weak 修饰符定义的弱函数，那么优先执行用户定义的函数。所以，实际上在函数 HAL_UART_Init 内部调用的是 HAL_UART_MspInit()函数，最终执行的是用户在 usart.c 中自定义的 HAL_UART_MspInit()函数。

串口初始化的过程为：用户函数 usart_init→HAL_UART_Init→HAL_UART_MspInit。学到这里有读者会问，为什么串口相关初始化不在 HAL_UART_Init 函数内部一次初始化而还要调用函数 HAL_UART_MspInit()呢？这实际上是 HAL 库的一个优点，它通过开放一个回调函数 HAL_UART_MspInit()，让用户自己去编写与串口相关的 MCU 级别的硬件初始化，而与 MCU 无关的串口参数相关的通用配置则放在 HAL_UART_Init。

要初始化一个串口，首先要设置和 MCU 无关的东西，如波特率、奇偶校验、停止位等，可以使用 STM32F1，也可以是 STM32F2/F3/F4/F7 上的串口。而一个串口设备需要一个 MCU 来承载，如用 STM32F7 来做承载，PA9 作为发送，PA10 作为接收，MSP 就是要初始化 STM32F7 的 PA9、PA10，配置这两个引脚。所以 HAL 驱动方式的初始化流程就是 HAL_USART_Init()→HAL_USART_MspInit()，先初始化与 MCU 无关的串口协议，再初始化与 MCU 相关的串口引脚。在 STM32 的 HAL 驱动中 HAL_PPP_MspInit()作为回调，被 HAL_PPP_Init()函数调用。当需要移植程序到 STM32F1 平台的时候，我们只需要修改 HAL_PPP_MspInit 函数内容而不需要修改 HAL_PPP_Init 入口参数内容。

在 STM32 的 HAL 库中，大部分外设都有回调函数 HAL_MspInit，通过对本小节学习，读者会对这些回调函数的作用和调用过程非常熟悉，这里就不做一一列举。

4. 程序执行流程图

程序执行流程如图 3.3.36 所示。从该流程图可以非常清晰地理解整个程序执行流程。启动文件 startup_stm32f767xx.s 中的 Reset_Handler 部分会引导先执行 SystemInit 函数，然后再进入 main 函数。一般情况下，main 函数内部会把 HAL 初始化函数 HAL_Init 放在最开头部分，然后再进行时钟初始化设置。接下来便是调用外设初始化函数 HAL_PPP_Init 进行外设参数初始化设置，同时重写回调函数 HAL_PPP_MspInit 配置外设 MCU 的相关参数。最后编写控制逻辑。

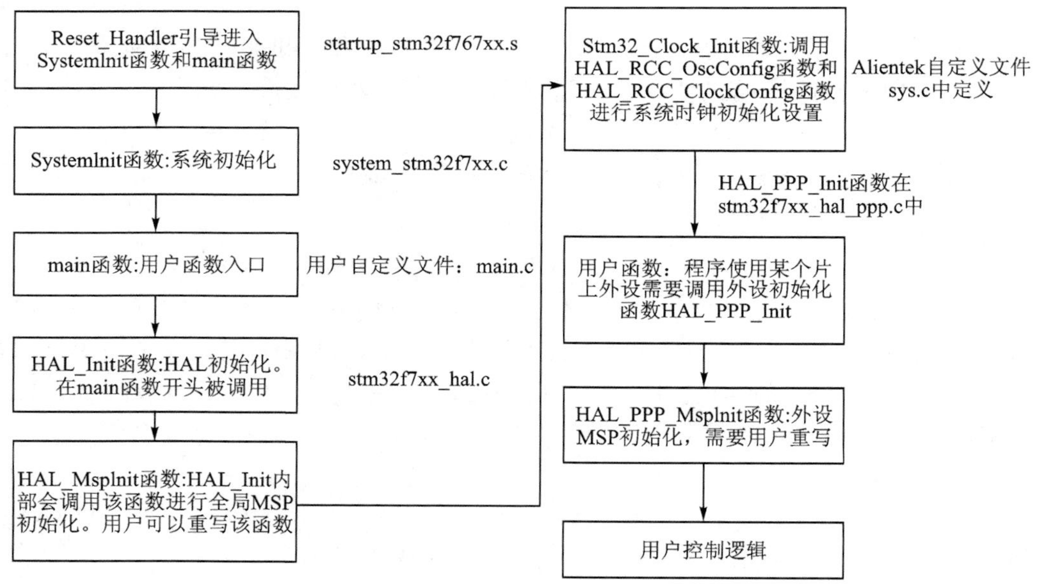

图 3.3.36 程序执行流程

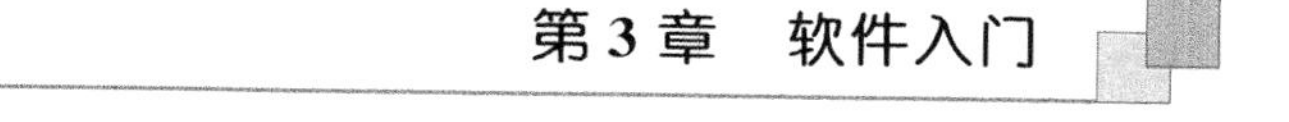

3.4 程序下载与调试

上一节介绍了如何在 MDK 下创建 STM32F7 工程，本节介绍 STM32F7 的代码下载以及调试。这里的调试包括了软件仿真和硬件调试（在线调试）。通过本章的学习，读者将了解到：①STM32F7 程序下载；②利用 ST - LINK 对 STM32F7 进行下载与在线调试。

注意，为了让读者能够更好地学习调试，我们将 3.3 节新建的工程模板中的 main.c 文件内容进行了简单修改。修改后的工程模板在配套资料的目录是"\4，程序源码\2，标准例程-库函数版本\实验 0 - 2 Template 工程模板-调试章节使用"。本节下载和调试的工程可参考该工程模板。

3.4.1 STM32F7 程序下载

由于 STM32F7 暂时没有比较好的串口下载软件，所以，一般通过仿真器下载代码，接下来介绍如何使用 ST LINK V2，并结合 MDK，来给 STM32F7 下载代码。

ST LINK 支持 JTAG 和 SWD 两种通信接口，同时，STM32F767 也支持 JTAG 和 SWD。所以，有 2 种方式下载代码；JTAG 模式，占用的 I/O 线比较多；SWD 模式占用的 I/O 线很少，只需要两根即可。所以，一般选择 SW 模式来给 STM32F767 下载代码。

首先需要安装 ST LINK 的驱动，可参考配套资料"6，软件资料→1，软件→ST LINK 驱动及教程"文件夹里面的《STLINK 调试补充教程.pdf》自行安装。

安装了 ST LINK 的驱动之后接上 ST LINK，并用灰排线连接 ST LINK 和开发板 JTAG 接口，打开 3.2 节新建的工程，单击 ，打开 Options for Target 'Targer1'对话框卡，在 Debug 选项卡选择仿真工具为 ST - Link Debugger，如图 3.4.1 所示。

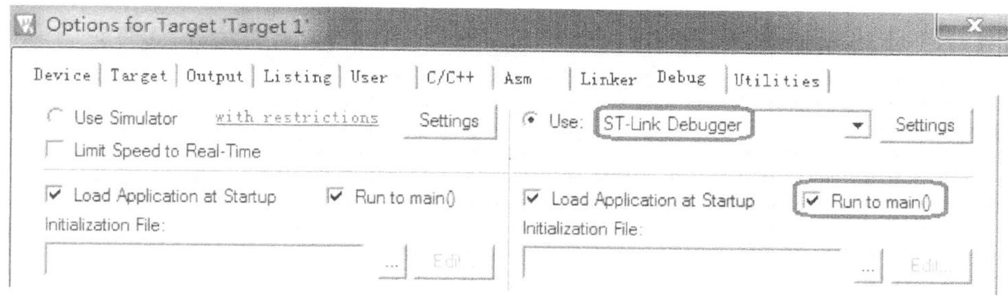

图 3.4.1　Debug 选项卡设置

图 3.4.1 中还选中了 Run to main()，这表明只要单击仿真就会直接运行到 main 函数；如果没选择这个选项，则先执行 startup_stm32f767xx.s 文件的 Reset_Handler，再跳到 main 函数。

然后单击 Settings,设置 ST LINK 的一些参数,如图 3.4.2 所示。图中使用 ST LINK 的 SW 模式调试,因为 JTAG 需要占用比 SW 模式多很多的 I/O 口,而在开发板上这些 I/O 口可能被其他外设用到,从而造成部分外设无法使用。所以,建议在下载/调试代码的时候一定要选择 SW 模式。Max Clock 设置为最大,即 4 MHz(需要更新固件,否则最大只能到 1.8 MHz),如果 USB 数据线比较差,那么可能会出问题,此时可以通过降低这里的速率来试试。

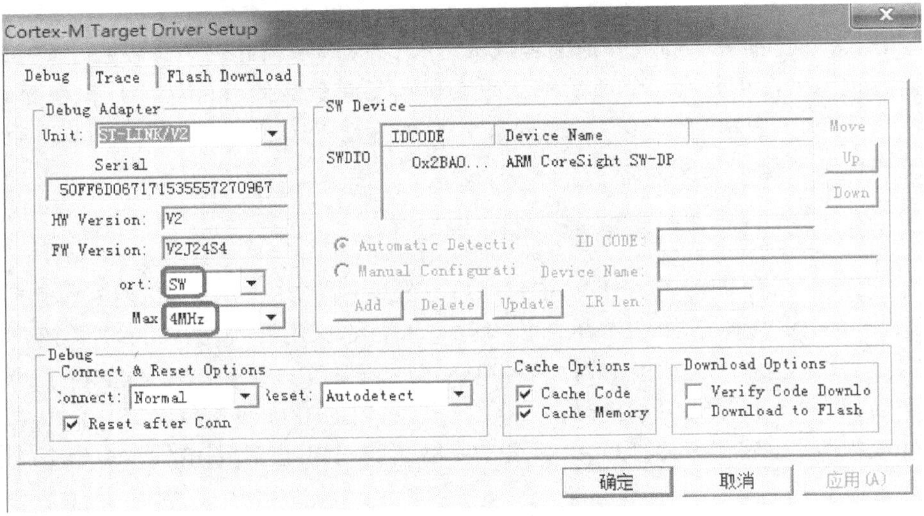

图 3.4.2 ST LINK 模式设置

单击 OK 完成此部分设置,接下来还需要在 Utilities 选项卡里面设置下载时的目标编程器,如图 3.4.3 所示。图中直接选中 Use Debug Driver,即和调试一样,选择 ST LINK 来给目标器件的 Flash 编程,然后单击 Settings,设置如图 3.4.4 所示。

这里 MDK5 会根据新建工程时选择的目标器件,自动设置 Flash 算法。这里使用的是 STM32F767IGT6,Flash 容量为 1 MB,所以 Programming Algorithm 里面默认会有 1M 型号的 STM32F7xx Flash 算法。MDK 默认选择的是 AXIM 总线访问的 Flash 算法(起始地址为 0X0800 0000),为了方便使用,这里将 ITCM 总线访问的 Flash 算法(起始地址为 0X0020 0000)也添加进来,由 MDK 自动选择下载算法(实际上是根据 Target 选项卡的 on - chip IROM 地址范围设置来选择的,默认为 0X0800 0000)。

注意,这里的 1M Flash 算法不仅仅针对 1 MB 容量的 STM32F767,对于小于 1 MB Flash 的型号也是采用这个 Flash 算法的。最后,选中 Reset and Run 选项,从而实现在编程后自动运行,其他默认设置即可。设置完成之后如图 3.4.4 所示。

设置完之后连续两次单击 OK 回到 IDE 界面,编译一下工程。然后单击 LOAD(下载按钮)就可以下载代码到 STM32F767 上面了,如图 3.4.5 所示。

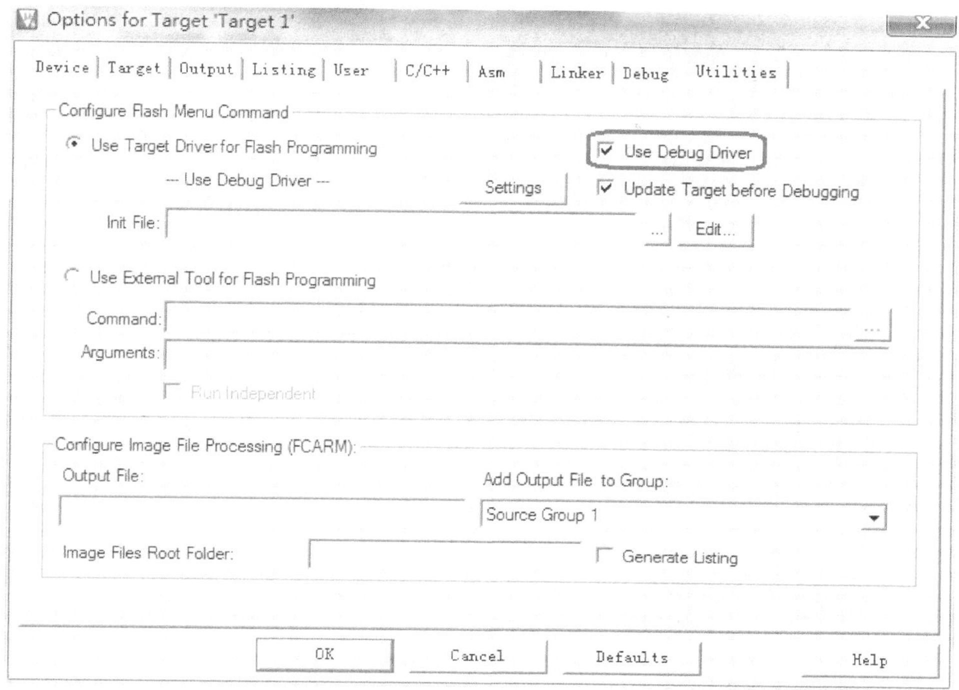

图 3.4.3　Flash 编程器选择

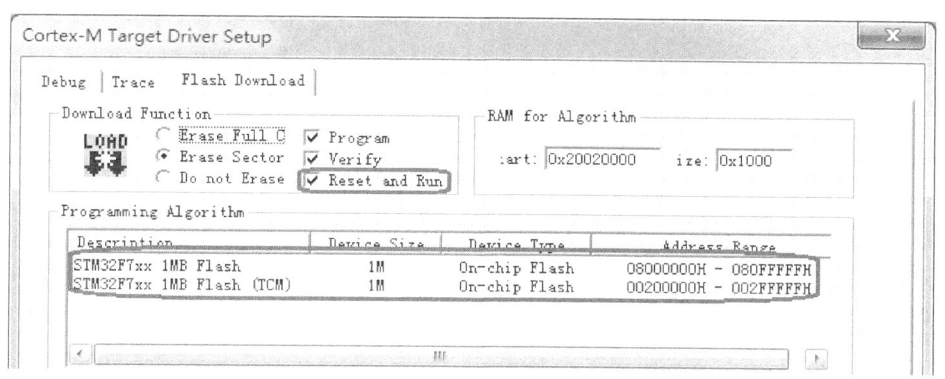

图 3.4.4　编程设置

下载完成后，在 Build Output 窗口会提示“Programming Down，Application running”，如图 3.4.6 所示。

下载完成则自动运行刚刚下载的代码(因为这里选中了 Reset and run，如图 3.4.4 所示)，接下来就可以打开串口调试助手，从而验证是否收到了 STM32F767 串口发送出来的数据。

在开发板的 USB_232 处插入 USB 线，并接上计算机，如果之前没有安装 CH340G 的驱动(如果已经安装过了驱动，则应该能在设备管理器里面看到 USB 串口；如果不

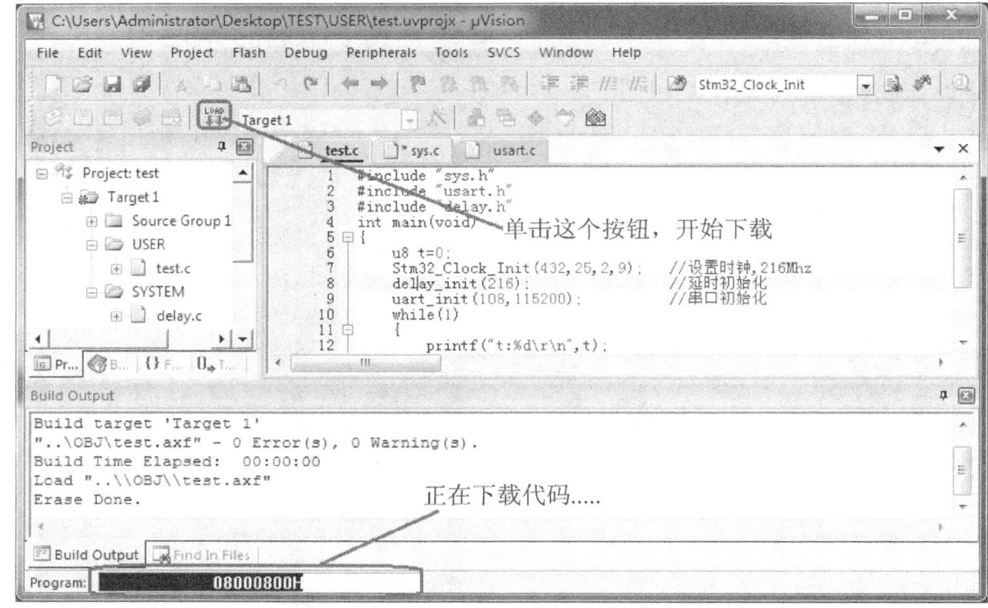

图 3.4.5　通过仿真器给 STM32F767 下载代码

图 3.4.6　下载完成并运行代码

能,则先卸载之前的驱动,卸载完后重启计算机,再重新安装我们提供的驱动),则需要先安装 CH340G 的驱动,找到配套资料“软件资料→软件”文件夹下的 CH340 驱动并安装,如图 3.4.7 所示。

驱动安装成功之后,拔掉 USB 线,然后重新插入计算机,此时计算机就会自动给其安装驱动。安装完成之后,则可以在计算机的设备管理器里面找到 USB 串口(如果找不到,则重启计算机),如图 3.4.8 所示。可以看到,我们的 USB 串口被识别为 COM3。注意,不同计算机可能不一样,你的可能是 COM4、COM5 等,但是 USB－SERIAL CH340 一定是一样的。如果没找到 USB 串口,则有可能是安装有误或者系统不兼容。

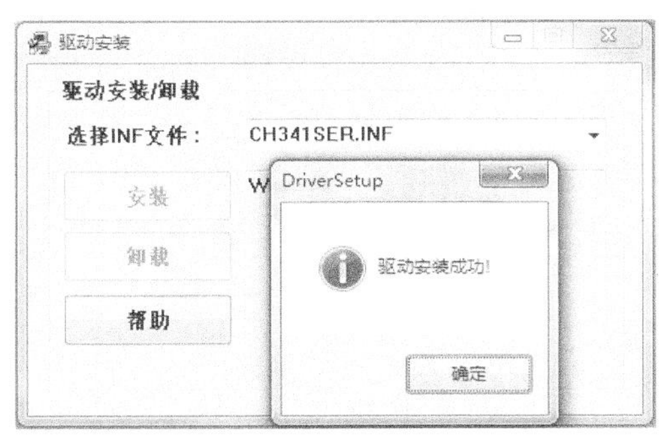

图 3.4.7 CH340 驱动安装

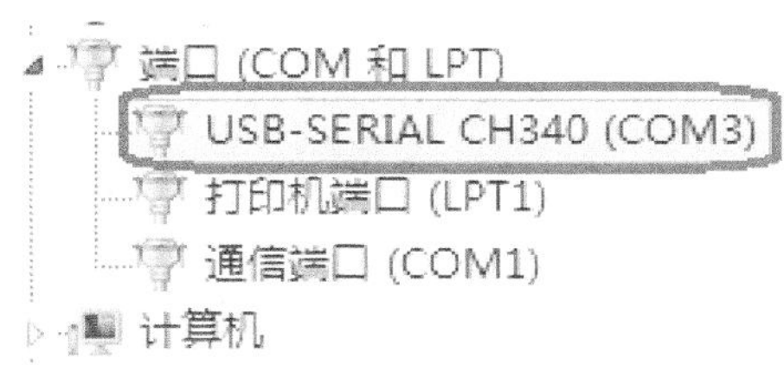

图 3.4.8 USB 串口

安装完 USB 串口驱动之后，就可以开始验证了（注意，开发板的 B0 必须接 GND，否则不会运行用户下载的代码）。打开串口调试助手（XCOM V2.0，在配套资料“6，软件资料→软件→串口调试助手”里面），选择 COM3（根据实际情况选择），设置波特率为 115 200，则可以发现从 ALIENTEK 阿波罗 STM32F767 开发板发回来的信息，如图 3.4.9 所示。

图 3.4.9 程序开始运行了

可见，接收到的数据和我们期望的是一样的，证明程序没有问题。至此，说明我们下载代码成功了，并且从硬件上验证了代码的正确性。

3.4.2 STM32F7 在线调试

上一小节介绍了如何利用 ST LINK 给 STM32 下载代码，并在 ALIENTEK 阿波罗 STM32 开发板上验证了我们程序的正确性。这个代码比较简单，所以不需要硬件调试，我们直接就一次成功了。可是，如果代码工程比较大，难免存在一些 bug，这时就有必要通过在线调试来解决问题了。

利用调试工具，比如 JLINK（必须是 JLINK V9 或者以上版本）、ULINK、STLINK 等，可以实时跟踪程序，从而找到程序中的 bug，使开发事半功倍。这里以 ST 公司自家的仿真器 ST LINK V2 为例，说说如何在线调试 STM32F767。

通过上一小节的学习可知,ST LINK 支持 JTAG 和 SWD 两种通信方式,而且 SWD 方式具有占用 I/O 少的优点(2 个 I/O 口),所以,一般选择 SWD 方式进行调试。在 MDK 里面,对 ST LINK 的相关设置同上一小节完全一样,可参考相关介绍。

在 MDK 的 IDE 界面编译一下工程,然后单击(开始/停止仿真按钮)开始仿真(如果开发板的代码没被更新过,则先更新代码(即下载代码)再仿真。注意,开发板上的 B0 脚要接 GND,否则不会运行下载的代码),如图 3.4.10 所示。

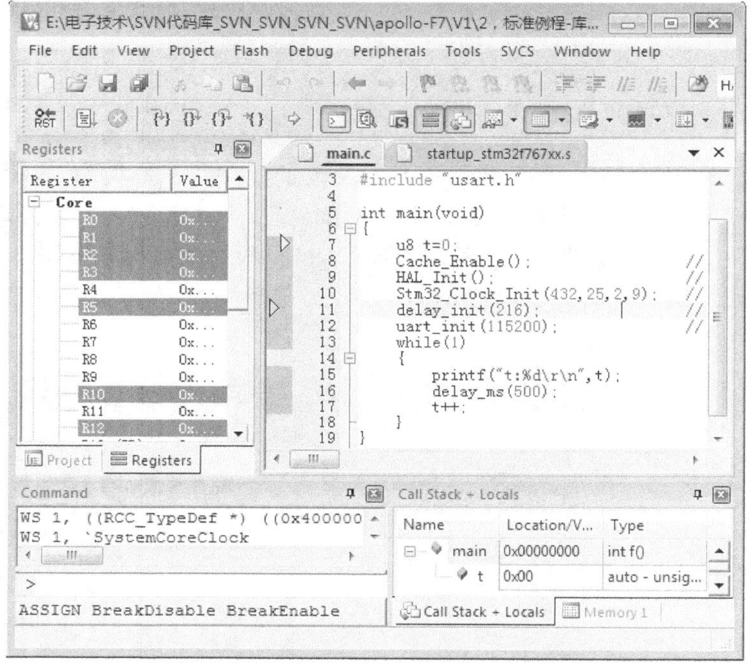

图 3.4.10　开始仿真

因为之前选中了 Run to main()选项,所以,程序直接就运行到了 main 函数的入口处。此时,MDK 多出了一个工具条,这就是 Debug 工具条。这个工具条在仿真的时候是非常有用的,下面简单介绍一下相关按钮的功能。Debug 工具条部分按钮的功能如图 3.4.11 所示。

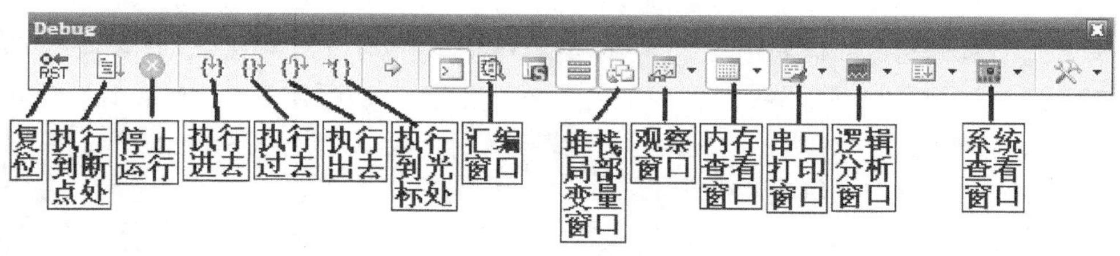

图 3.4.11　Debug 工具条

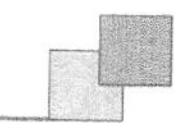

复位：其功能等同于硬件上按复位按钮，相当于实现了一次硬复位。按下该按钮之后，代码会重新从头开始执行。

执行到断点处：该按钮用来快速执行到断点处。有时候并不需要观看每步是怎么执行的，而是想快速地执行到程序的某个地方看结果，这个按钮就可以实现这样的功能，前提是在查看的地方设置了断点。

停止运行：此按钮在程序一直执行的时候会变为有效，通过按该按钮就可以使程序停止下来，进入到单步调试状态。

执行进去：该按钮用来实现执行到某个函数里面去的功能，在没有函数的情况下是等同于执行过去按钮的。

执行过去：在碰到有函数的地方，通过该按钮就可以单步执行过这个函数，而不进入这个函数单步执行。

执行出去：该按钮是在进入了函数单步调试的时候，有时候可能不必再执行该函数的剩余部分了，通过该按钮就直接一步执行完函数余下的部分并跳出函数，回到函数被调用的位置。

执行到光标处：该按钮可以迅速使程序运行到光标处，其实类似于执行到断点处按钮功能，但是两者是有区别的，断点可以有多个，但是光标所在处只有一个。

汇编窗口：通过该按钮可以查看汇编代码，这对分析程序很有用。

堆栈局部变量窗口：通过该按钮，显示 Call Stack＋Locals 窗口，显示当前函数的局部变量及其值，方便查看。

观察窗口：MDK5 提供 2 个观察窗口（下拉选择），该按钮按下，则弹出一个显示变量的窗口，输入想要观察的变量/表达式即可查看其值，是很常用的一个调试窗口。

内存查看窗口：MDK5 提供 4 个内存查看窗口（下拉选择），该按钮按下，则弹出一个内存查看窗口；可以在里面输入要查看的内存地址，然后观察这一片内存的变化情况，是很常用的一个调试窗口。

串口打印窗口：MDK5 提供 4 个串口打印窗口（下拉选择），该按钮按下，则弹出一个类似串口调试助手界面的窗口，用来显示从串口打印出来的内容。

逻辑分析窗口：该图标下面有 3 个选项（下拉选择），一般用第一个，也就是逻辑分析窗口（Logic Analyzer），单击即可调出该窗口。通过 SETUP 按钮新建一些 I/O 口就可以观察这些 I/O 口的电平变化情况，并以多种形式显示出来，比较直观。

系统查看窗口：该按钮可以提供各种外设寄存器的查看窗口（通过下拉选择），选择对应外设即可调出该外设的相关寄存器表，并显示这些寄存器的值，方便查看设置是否正确。

Debug 工具条上的其他几个按钮用得比较少，这里就不介绍了。以上介绍的是比较常用的，当然也不是每次都用得着这么多，具体看程序调试的时候有没有必要观看这些。

注意，串口打印窗口和逻辑分析窗口仅在软件仿真的时候可用，而 MDK5 对 STM32F767 的软件仿真基本上不支持（故本教程直接没有对软件仿真进行介绍了），所以,基本上这两个窗口用不着。但是对 STM32F1 的软件仿真,MDK5 是支持的,在 F1 开发的时候可以用到。

这样,在上面的仿真界面里面调出堆栈局部变量窗口,如图 3.4.12 所示。

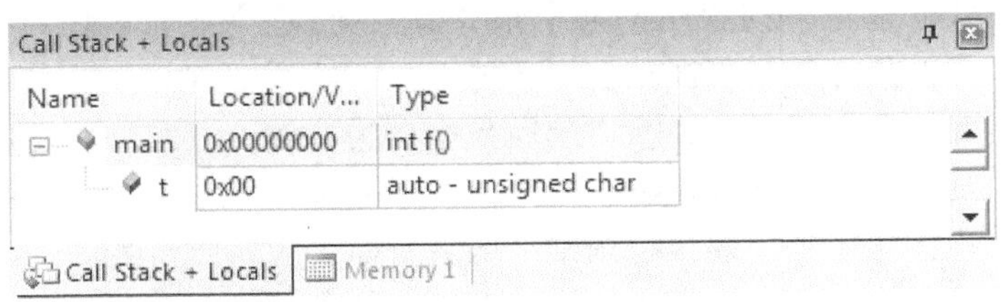

图 3.4.12　堆栈局部变量查看窗口

把光标放到 main.c 第 12 行左侧的灰色区域,然后单击鼠标即可放置一个断点(红色的实心点,也可以通过鼠标右键级联菜单来加入),再次单击则取消。然后单击执行到该断点处,如图 3.4.13 所示。

main.c　startup_stm32f767xx.s

```
3   #include "usart.h"
4
5   int main(void)
6   {
7       u8 t=0;
8       Cache_Enable();                    //打开L1-Cache
9       HAL_Init();                        //初始化HAL库
10      Stm32_Clock_Init(432,25,2,9);      //设置时钟,216 MHz
11      delay_init(216);                   //延时初始化
12      uart_init(115200);                 //串口初始化
13      while(1)
14      {
15          printf("t:%d\r\n",t);
16          delay_ms(500);
17          t++;
18      }
19  }
```

图 3.4.13　执行到断点处

现在先不忙着往下执行,选择 Peripherals→System Viewer→USART→USART1 菜单项可以看到,有很多外设可以查看,这里查看的是串口 1 的情况,如图 3.4.14 所示。

单击 USART1,则在 IDE 右侧出现一个如图 3.4.15(a)所示的界面。图 3.4.15(a)是 STM32 串口 1 的默认设置状态,可以看到,所有与串口相关的寄存器全部在这上面表示出来了。单击执行完串口初始化函数,则得到了如图 3.4.15(b)所示的串口信息。对比一下这两个图的区别就知道在"uart_init(115200);"函数里面大概执行了哪些操作。

通过图 3.4.15(b)可以查看串口 1 各个寄存器设置状态,从而判断我们写的代码是否有问题。只有这里的设置正确,才有可能在硬件上正确执行。这样的方法也可以适用于很多其他外设,这个读者慢慢体会吧。这一方法不论是在排错还是在编写代码的时候都非常有用。

此时,我们先打开串口调试助手(XCOM V2.0,在配套资料"6,软件资料→软件→串口调试助手"里面)设置好串口号和波特率,然后继续单击按钮,一步步执行,此时

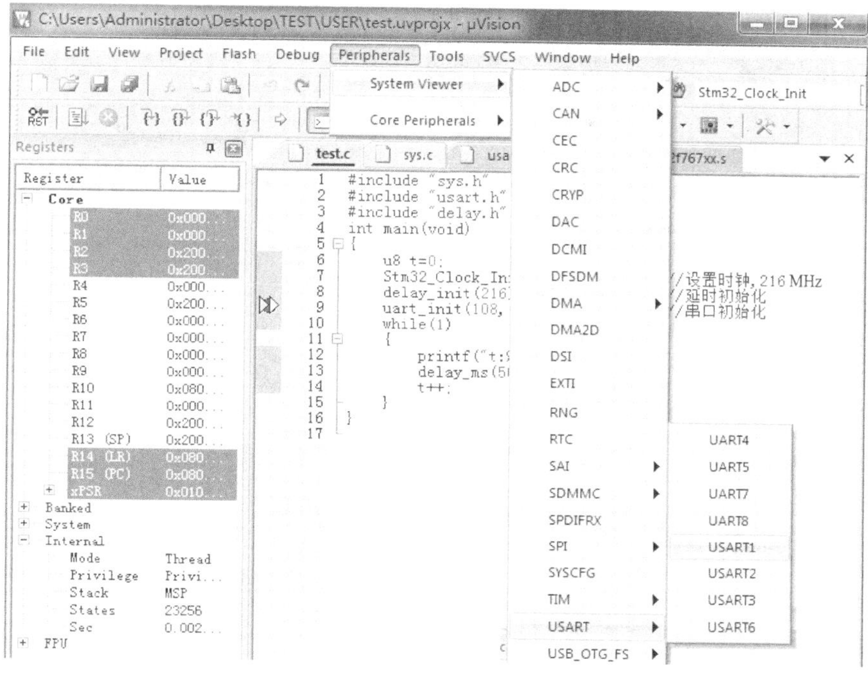

图 3.4.14　查看串口 1 相关寄存器

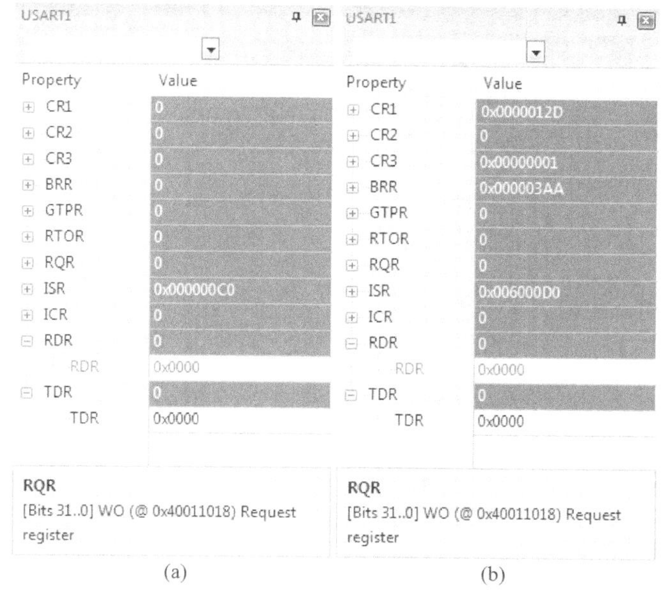

3.4.15　串口 1 各寄存器初始化前后对比

在堆栈局部变量窗口可以看到 t 的值变化，同时在串口调试助手中也可看到打印出 t 的值，如图 3.4.16 和 3.4.17 所示。

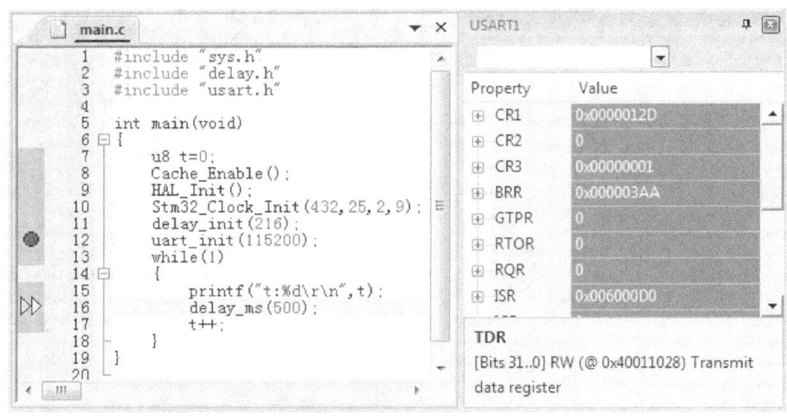

图 3.4.16　堆栈局部变量窗口查看 t 的值

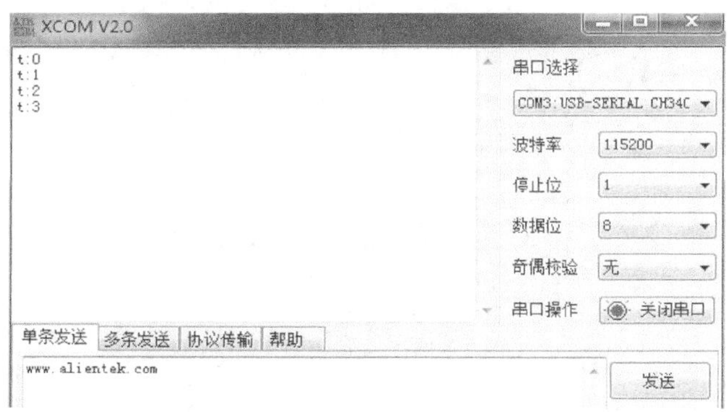

图 3.4.17　串口调试助手收到的数据

关于 STM32F767 的硬件调试就介绍到这里,这仅仅是一个简单的 demo 演示,在实际使用中,硬件调试更是大有用处,所以一定要好好掌握。

3.5　MDK5 使用技巧

通过前面的学习,我们已经了解了如何在 MDK5 里面建立属于自己的工程。下面将介绍 MDK5 软件的一些使用技巧,这些技巧在代码编辑和编写方面非常有用,希望读者好好掌握,最好实际操作一下,加深印象。

3.5.1　文本美化

文本美化,主要是设置一些关键字、注释、数字等的颜色和字体。前面在介绍 MDK5 新建工程的时候看到界面如图 3.2.23 所示,这是 MDK 默认的设置,可以看到,其中的关键字和注释等字体的颜色不是很漂亮,而 MDK 提供了自定义字体颜色的功能。在工具条上单击🔧(配置对话框),则弹出如图 3.5.1 所示界面。

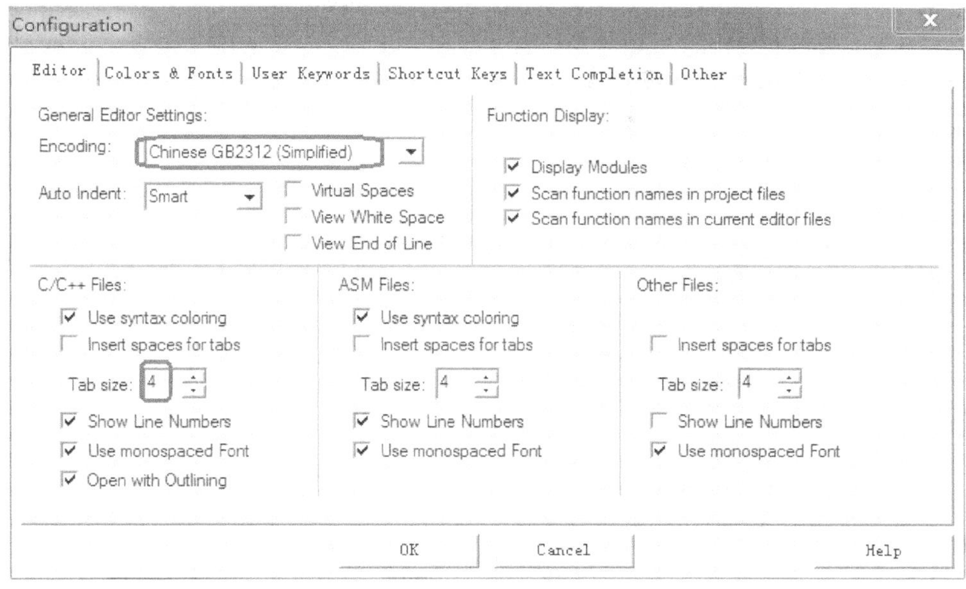

图 3.5.1　设置对话框

在该对话框中先设置 Encoding 为 Chinese GB2312(Simplified),然后设置 Tab size 为 4,以更好地支持简体中文(否则,复制到其他地方的时候,中文可能是一堆的问号),同时 TAB 间隔设置为 4 个单位。然后,选择 Colors&Fonts 选项卡,在该选项卡内就可以设置自己代码的字体和颜色了。由于我们使用的是 C 语言,所以在 Window 栏选择 C/C++ Editor Files,则在右边就可以看到相应的元素了,如图 3.5.2 所示。

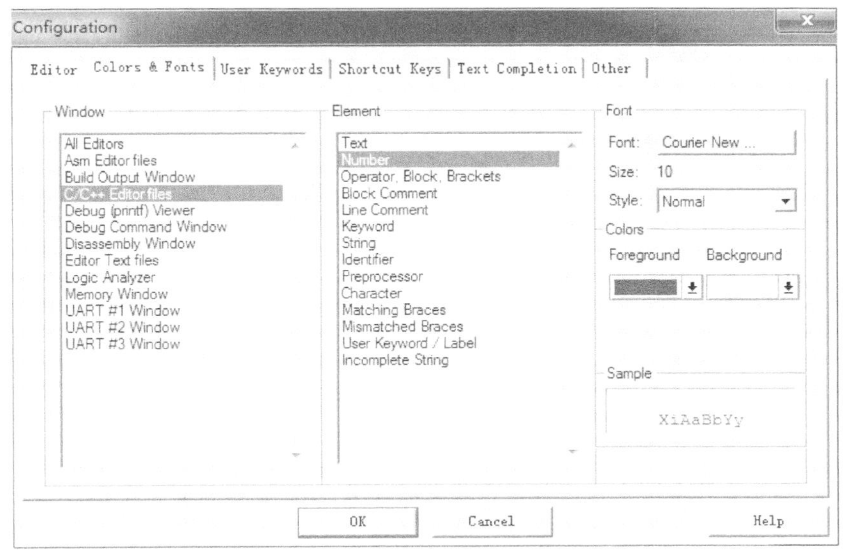

图 3.5.2　Colors&Fonts 选项卡

双击各个元素并修改为自己喜欢的颜色(注意,是双击,而且有时候可能需要设置多次才生效,这是 MDK 的 bug),当然也可以在 Font 栏设置字体的类型以及大小等。设置成之后单击 OK,则可以在主界面看到修改后的结果,例如,笔者修改后的代码显示效果如图 3.5.3 所示。

```
test.c
#include "sys.h"
#include "usart.h"
#include "delay.h"
int main(void)
{
    u8 t=0;
    Stm32_Clock_Init(432,25,2,9);    //设置时钟,216Mhz
    delay_init(216);                 //延时初始化
    uart_init(108,115200);           //串口初始化
    while(1)
    {
        printf("t:%d\r\n",t);
        delay_ms(500);
        t++;
    }
}
```

图 3.5.3　设置完后显示效果

这就比开始的效果好看一些了。字体大小可以直接按住 Ctrl+鼠标滚轮进行放大或者缩小,也可以在刚刚的配置界面设置字体大小。

细心的读者可能会发现,上面的代码里面有一个 u8 还是黑色的,这是一个用户自定义的关键字,为什么不显示蓝色(假定刚刚已经设置了用户自定义关键字颜色为蓝色)呢?这就又要回到刚刚的配置对话框了,但这次要选择 User Keywords 选项卡,Text File Types 栏同样选择 C/C++ Editor Files,在右边的 User Keywords 对话框下面输入自定义的关键字,如图 3.5.4 所示。

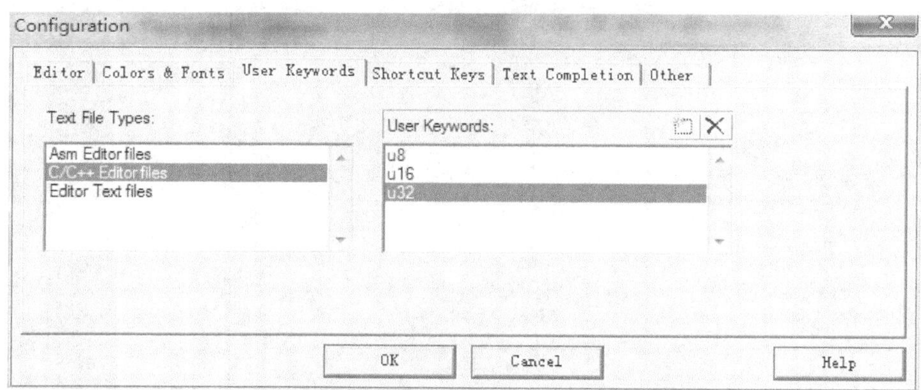

图 3.5.4　用户自定义关键字

图 3.5.4 中定义了 u8、u16、u32 这 3 个关键字,这样在以后的代码编辑里面只要出现这 3 个关键字,肯定就会变成蓝色。单击 OK 回到主界面,则可以看到 u8 变成了蓝色了,如图 3.5.5 所示。

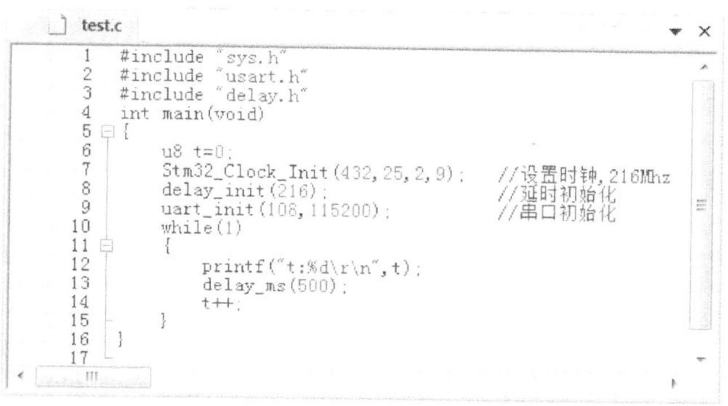

```
#include "sys.h"
#include "usart.h"
#include "delay.h"
int main(void)
{
    u8 t=0;
    Stm32_Clock_Init(432,25,2,9);    //设置时钟,216Mhz
    delay_init(216);                 //延时初始化
    uart_init(108,115200);           //串口初始化
    while(1)
    {
        printf("t:%d\r\n",t);
        delay_ms(500);
        t++;
    }
}
```

图 3.5.5　设置完后显示效果

其实这个编辑配置对话框里面还可以对其他很多功能进行设置,比如动态语法检测等,我们将在后面节介绍。

3.5.2　语法检测 & 代码提示

MDK5 支持代码提示与动态语法检测功能,这使得 MDK 的编辑器越来越好用了。这里简单说一下如何设置,同样,单击 打开配置对话框,选择 Text Completion 选项卡,如图 3.5.6 所示。

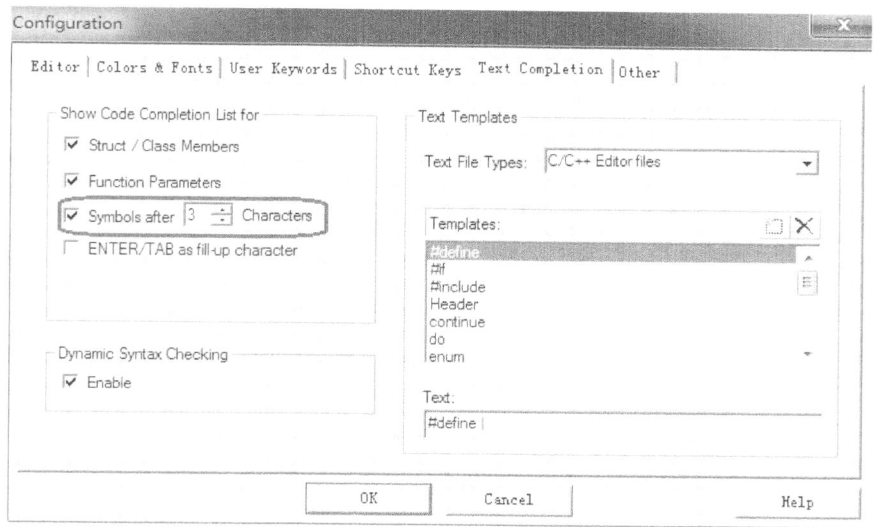

图 3.5.6　Text Completion 选项卡设置

Strut/Class Members,用于开启结构体/类成员提示功能。

Function Parameters,用于开启函数参数提示功能。

Symbols after xx characters,用于开启代码提示功能,即在输入多少个字符以后提示匹配的内容(比如函数名字、结构体名字、变量名字等)。这里默认设置 3 个字符以后就开始提示,如图 3.5.7 所示。

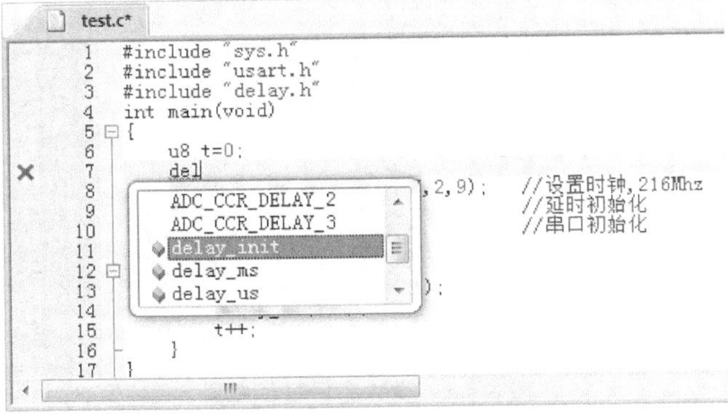

图 3.5.7　代码提示

Dynamic Syntax Checking 用于开启动态语法检测,比如编写的代码存在语法错误的时候会在对应行前面出现图标。如出现警告,则会出现图标,将鼠标光标放图标上面,则会提示产生的错误/警告的原因,如图 3.5.8 所示。

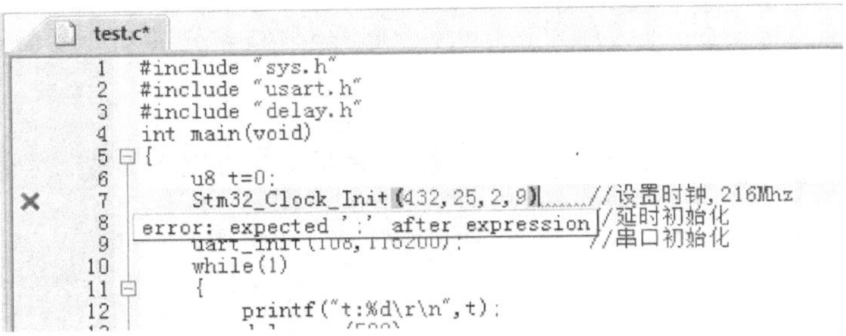

图 3.5.8　语法动态检测功能

这几个功能对编写代码很有帮助,可以加快代码编写速度,并且及时发现各种问题。注意,语法动态检测这个功能有的时候会误报(比如 sys.c 里面就有误报),读者可以不用理会,只要能编译通过(0 错误,0 警告),这样的语法误报一般直接忽略即可。

3.5.3　代码编辑技巧

这里介绍几个笔者常用的技巧,这些小技巧能给我们的代码编辑带来很大的方便。

1. TAB 键的妙用

首先要介绍的就是 TAB 键的使用,这个键在很多编译器里面都是用来空位的,每按一下移空几个位,经常编写程序的对这个键一定很熟悉。MDK 的 TAB 键还可以支持块操作:也就是可以让一片代码整体右移固定的几个位,也可以通过 SHIFT+TAB 键整体左移固定的几个位。

假设前面的串口 1 中断响应函数如图 3.5.9 所示。这样的代码大家肯定不会喜欢，这还只是短短的 30 来行代码，如果几千行代码全部是这个样子，那样会更头大。这时就可以通过 TAB 键的妙用来快速修改为比较规范的代码格式。

```
void USART1_IRQHandler(void)
{
u8 res;
#if SYSTEM_SUPPORT_OS        //如果SYSTEM_SUPPORT_OS为真，则需要支持OS
OSIntEnter();
#endif
if(USART1->ISR&(1<<5))//接收到数据
{
res=USART1->RDR;
if((USART_RX_STA&0x8000)==0)//接收未完成
{
if(USART_RX_STA&0x4000)//接收到了0x0d
{
if(res!=0x0a)USART_RX_STA=0;//接收错误,重新开始
else USART_RX_STA|=0x8000;  //接收完成了
}else //还没收到0X0D
{
if(res==0x0d)USART_RX_STA|=0x4000;
else
{
USART_RX_BUF[USART_RX_STA&0X3FFF]=res;
USART_RX_STA++;
if(USART_RX_STA>(USART_REC_LEN-1))USART_RX_STA=0;//接收数据错误,重新开始接收
}
}
}
}
#if SYSTEM_SUPPORT_OS    //如果SYSTEM_SUPPORT_OS为真，则需要支持OS
OSIntExit();
#endif
}
```

图 3.5.9　头大的代码

选中一块然后按 TAB 键，则可以看到整块代码都跟着右移了一定距离，如图 3.5.10 所示。

```
void USART1_IRQHandler(void)
{
    u8 res;
    #if SYSTEM_SUPPORT_OS        //如果SYSTEM_SUPPORT_OS为真，则需要支持OS.
    OSIntEnter();
    #endif
    if(USART1->ISR&(1<<5))//接收到数据
    {
    res=USART1->RDR;
    if((USART_RX_STA&0x8000)==0)//接收未完成
    {
    if(USART_RX_STA&0x4000)//接收到了0x0d
    {
    if(res!=0x0a)USART_RX_STA=0;//接收错误,重新开始
    else USART_RX_STA|=0x8000;  //接收完成了
    }else //还没收到0X0D
    {
    if(res==0x0d)USART_RX_STA|=0x4000;
    else
    {
    USART_RX_BUF[USART_RX_STA&0X3FFF]=res;
    USART_RX_STA++;
    if(USART_RX_STA>(USART_REC_LEN-1))USART_RX_STA=0;//接收数据错误,重新开始接收
    }
    }
    }
    }
    #if SYSTEM_SUPPORT_OS    //如果SYSTEM_SUPPORT_OS为真，则需要支持OS.
    OSIntExit();
    #endif
}
```

图 3.5.10　代码整体偏移

接下来就是要多选几次,然后多按几次 TAB 键就可以达到迅速使代码规范化的目的,最终效果如图 3.5.11 所示。图中的代码相对于图 3.5.9 中的要好看多了,经过这样的整理之后,整个代码一下就变得有条理多了,看起来很舒服。

```
void USART1_IRQHandler(void)
{
    u8 res;
#if SYSTEM_SUPPORT_OS        //如果SYSTEM_SUPPORT_OS为真，则需要支持OS
    OSIntEnter();
#endif
    if(USART1->ISR&(1<<5))//接收到数据
    {
        res=USART1->RDR;
        if((USART_RX_STA&0x8000)==0)//接收未完成
        {
            if(USART_RX_STA&0x4000)//接收到了0x0d
            {
                if(res!=0x0a)USART_RX_STA=0;//接收错误,重新开始
                else USART_RX_STA|=0x8000;  //接收完成了
            }else //还没收到0X0D
            {
                if(res==0x0d)USART_RX_STA|=0x4000;
                else
                {
                    USART_RX_BUF[USART_RX_STA&0X3FFF]=res;
                    USART_RX_STA++;
                    if(USART_RX_STA>(USART_REC_LEN-1))USART_RX_STA=0;//接收数据错误,重新开始接收
                }
            }
        }
    }
#if SYSTEM_SUPPORT_OS    //如果SYSTEM_SUPPORT_OS为真，则需要支持OS
    OSIntExit();
#endif
}
```

图 3.5.11　修改后的代码

2. 快速定位函数/变量被定义的地方

调试代码或编写代码的时候,一定有时想看看某个函数是在哪个地方定义的、具体里面的内容是怎么样的,也可能想看看某个变量或数组是在哪个地方定义的等。尤其在调试代码或者看别人代码的时候,如果编译器没有快速定位的功能,则只能慢慢地自己找,代码量比较少还好,代码量一大就要花很久的时间来找这个函数到底在哪里。幸号 MDK 提供了这样的快速定位的功能。只要把光标放到这个函数/变量(xxx)的上面(xxx 为想要查看的函数或变量的名字)再右击,则弹出如图 3.5.12 所示的级联菜单。

在图 3.5.12 中选择 Go to Definition Of‘STM32_Clock_Init’,则光标就可以快速跳到 STM32_Clock_Init 函数的定义处(注意,要先在 Options for Target 的 Output 选项卡里面选中 Browse Information 选项再编译、定位,否则无法定位),如图 3.5.13 所示。

对于变量,也可以用这样的操作快速来定位这个变量被定义的地方,大大缩短了查找代码的时间。

很多时候,我们利用 Go to Definition 看完函数、变量的定义后,又想返回之前的代码继续看,此时可以通过 IDE 上的⬅按钮(Back to previous position)快速地返回之前的位置。这个按钮非常好用。

3. 快速注释与快速消注释

调试代码的时候可能会想注释某一片的代码,从而看看执行的情况,MDK 提供了这样的快速注释、消注释块代码的功能,也是通过右键实现的。这个操作比较简单,就

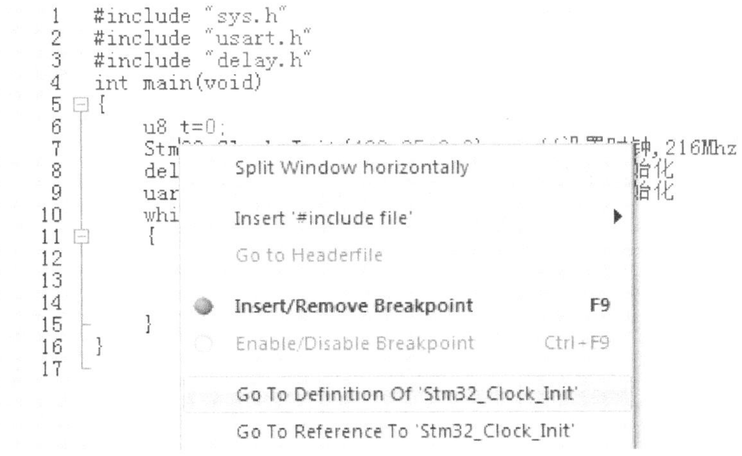

图 3.5.12　快速定位

```
//系统时钟初始化函数
//plln:主PLL倍频系数(PLL倍频),取值范围:64~432.
//pllm:主PLL和音频PLL分频系数(PLL之前的分频),取值范围:2~63.
//pllp:系统时钟的主PLL分频系数(PLL之后的分频),取值范围:2,4,6,8.(仅限这4个值!)
//pllq:USB/SDIO/随机数产生器等的主PLL分频系数(PLL之后的分频),取值范围:2~15
void Stm32_Clock_Init(u32 plln,u32 pllm,u32 pllp,u32 pllq)
{
    RCC->CR|=0x00000001;          //设置HISON,开启内部高速RC振荡
    RCC->CFGR=0x00000000;         //CFGR清零
    RCC->CR&=0xFEF6FFFF;          //HSEON,CSSON,PLLON清零
    RCC->PLLCFGR=0x24003010;      //PLLCFGR恢复复位值
    RCC->CR&=~(1<<18);            //HSEBYP清零,外部晶振不旁路
    RCC->CIR=0x00000000;          //禁止RCC时钟中断
    Cache_Enable();               //使能L1 Catch
    Sys_Clock_Set(plln,pllm,pllp,pllq);//设置时钟
    //配置向量表
#ifdef  VECT_TAB_RAM
    MY_NVIC_SetVectorTable(SRAM1_BASE,0x0);
#else
    MY_NVIC_SetVectorTable(FLASH_BASE,0x0);
#endif
}
```

图 3.5.13　定位结果

是先选中要注释的代码区再右击,在弹出的级联菜单中选择 Advanced→Comment Selection 就可以了。

以 Stm32_Clock_Init 函数为例,比如要注释掉图 3.5.14 中所选中区域的代码。只要在选中了之后右击,在弹出的级联菜单中选择 Advanced→Comment Selection 就可以把这段代码注释掉了。执行这个操作以后的结果如图 3.5.15 所示。

这样就快速地注释掉了一片代码,而在某些时候又希望这段注释的代码能快速地取消注释,MDK 也提供了这个功能。与注释类似,先选中被注释掉的地方再右击,在弹出的级联菜单中选择→Advanced→Uncomment Selection。

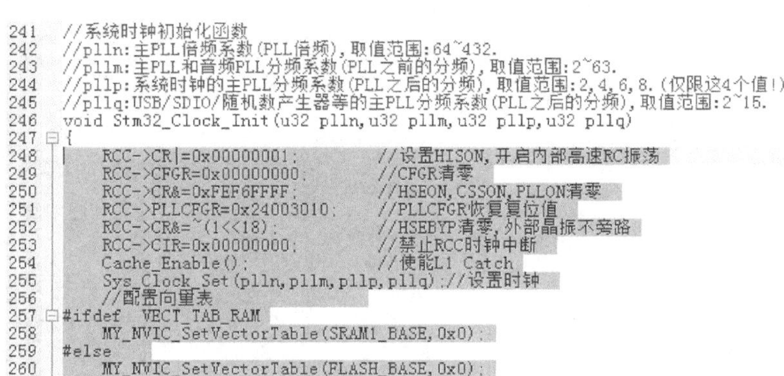

```
//系统时钟初始化函数
//plln:主PLL倍频系数(PLL倍频),取值范围:64~432.
//pllm:主PLL和音频PLL分频系数(PLL之前的分频),取值范围:2~63.
//pllp:系统时钟的主PLL分频系数(PLL之后的分频),取值范围:2,4,6,8.(仅限这4个值!)
//pllq:USB/SDIO/随机数产生器等的主PLL分频系数(PLL之后的分频),取值范围:2~15.
void Stm32_Clock_Init(u32 plln,u32 pllm,u32 pllp,u32 pllq)
{
    RCC->CR|=0x00000001;            //设置HISON,开启内部高速RC振荡
    RCC->CFGR=0x00000000;           //CFGR清零
    RCC->CR&=0xFEF6FFFF;            //HSEON,CSSON,PLLON清零
    RCC->PLLCFGR=0x24003010;        //PLLCFGR恢复复位值
    RCC->CR&=~(1<<18);              //HSEBYP清零,外部晶振不旁路
    RCC->CIR=0x00000000;            //禁止RCC时钟中断
    Cache_Enable();                 //使能L1 Catch
    Sys_Clock_Set(plln,pllm,pllp,pllq);//设置时钟
    //配置向量表
#ifdef  VECT_TAB_RAM
    MY_NVIC_SetVectorTable(SRAM1_BASE,0x0);
#else
    MY_NVIC_SetVectorTable(FLASH_BASE,0x0);
#endif
}
```

图 3.5.14　选中要注释的区域

```
//系统时钟初始化函数
//plln:主PLL倍频系数(PLL倍频),取值范围:64~432.
//pllm:主PLL和音频PLL分频系数(PLL之前的分频),取值范围:2~63.
//pllp:系统时钟的主PLL分频系数(PLL之后的分频),取值范围:2,4,6,8.(仅限这4个值!)
//pllq:USB/SDIO/随机数产生器等的主PLL分频系数(PLL之后的分频),取值范围:2~15.
void Stm32_Clock_Init(u32 plln,u32 pllm,u32 pllp,u32 pllq)
{
//  RCC->CR|=0x00000001;            //设置HISON,开启内部高速RC振荡
//  RCC->CFGR=0x00000000;           //CFGR清零
//  RCC->CR&=0xFEF6FFFF;            //HSEON,CSSON,PLLON清零
//  RCC->PLLCFGR=0x24003010;        //PLLCFGR恢复复位值
//  RCC->CR&=~(1<<18);              //HSEBYP清零,外部晶振不旁路
//  RCC->CIR=0x00000000;            //禁止RCC时钟中断
//  Cache_Enable();                 //使能L1 Catch
//  Sys_Clock_Set(plln,pllm,pllp,pllq);//设置时钟
//  //配置向量表
//#ifdef  VECT_TAB_RAM
//  MY_NVIC_SetVectorTable(SRAM1_BASE,0x0);
//#else
//  MY_NVIC_SetVectorTable(FLASH_BASE,0x0);
//#endif
}
```

图 3.5.15　注释完毕

3.5.4　其他小技巧

除了前面介绍的几个比较常用的技巧,这里还介绍几个其他的小技巧。

第一个是快速打开头文件。将光标放到要打开的引用头文件上右击,在弹出的级联菜单中选择 Open Document“XXX”,则可以快速打开这个文件了(XXX 是你要打开的头文件名字),如图 3.5.16 所示。

第二个小技巧是查找替换功能。这个和 WORD 等很多文档操作的替换功能差不多,在 MDK 里面查找替换的快捷键是 CTRL+H,只要按下该按钮就会调出如图 3.5.17 所示界面。

这个替换的功能在有的时候很有用,它的用法与其他编辑工具或编译器的差不多,这里就不细讲了。

第三个小技巧是跨文件查找功能。先双击要找的函数、变量名(这里还是以系统时钟初始化函数 Stm32_Clock_Init 为例),然后再单击 IDE 上面的,则弹出如图 3.5.18

所示对话框。单击 Find All,则 MDK 会找出所有含有 Stm32_Clock_Init 字段的文件并列出其所在位置,如图 3.5.19 所示。

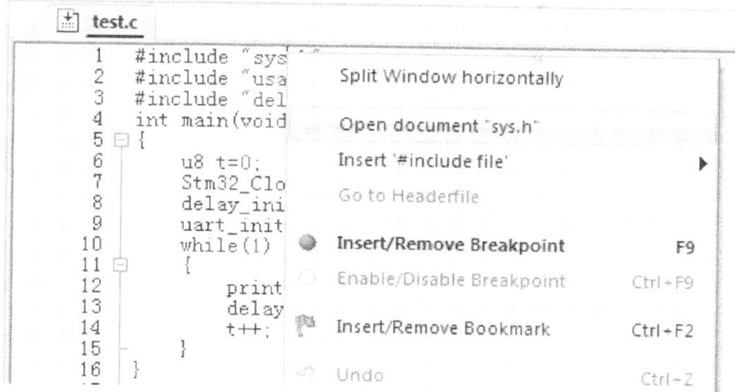

图 3.5.16 快速打开头文件

µVision
Replace | Find | Find in Files
Find printf
Replace
Look in: Current Document
Find options
Match case
Regular expression
Match whole wor
Search up
Replace
Find Next
Replace All

图 3.5.17 替换文本

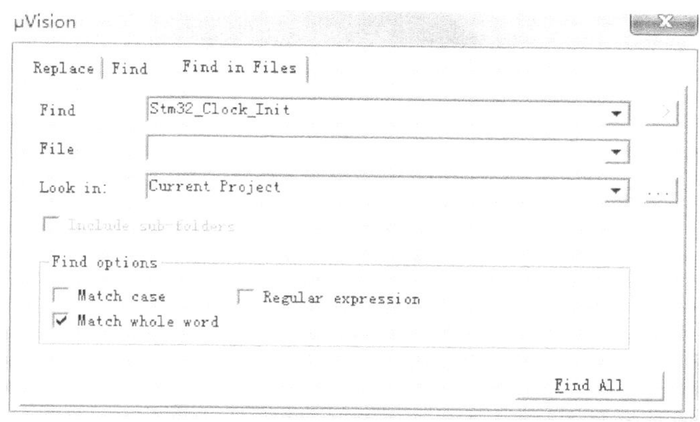

图 3.5.18 跨文件查找

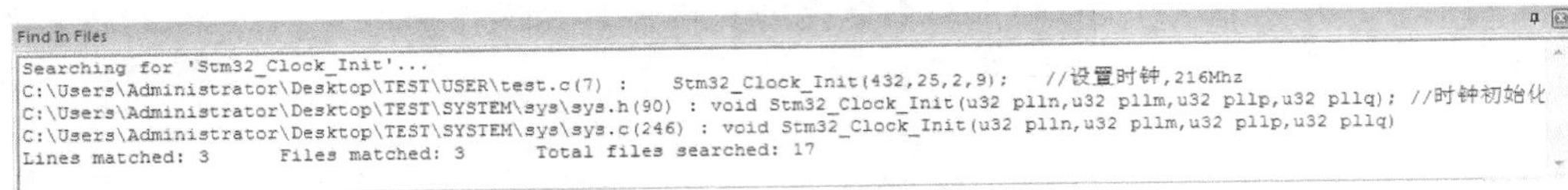
```
Searching for 'Stm32_Clock_Init'...
C:\Users\Administrator\Desktop\TEST\USER\test.c(7) :    Stm32_Clock_Init(432,25,2,9);   //设置时钟,216Mhz
C:\Users\Administrator\Desktop\TEST\SYSTEM\sys\sys.h(90) : void Stm32_Clock_Init(u32 plln,u32 pllm,u32 pllp,u32 pllq); //时钟初始化
C:\Users\Administrator\Desktop\TEST\SYSTEM\sys\sys.c(246) : void Stm32_Clock_Init(u32 plln,u32 pllm,u32 pllp,u32 pllq)
Lines matched: 3      Files matched: 3      Total files searched: 17
```

图 3.5.19　查找结果

该方法可以很方便地查找各种函数、变量,而且可以限定搜索范围(比如只查找.c 文件和.h 文件等),是非常实用的一个技巧。

第 4 章

STM32F7 基础知识入门

这一章将着重介绍 STM32 开发的一些基础知识，让读者对 STM32 开发有一个初步的了解，为后面 STM32 的学习做一个铺垫，方便后面的学习。这一章内容可以先只了解一个大概，后面需要用到这方面知识的时候再回过头来仔细看看。

4.1 MDK 下 C 语言基础复习

这一节主要介绍 C 语言基础知识。这里主要是简单复习几个 C 语言基础知识点，引导那些 C 语言基础知识不是很扎实的用户能够快速开发 STM32 程序。同时希望这些用户能够多去复习 C 语言基础知识，因为 C 语言是单片机开发中的必备基础知识。对于 C 语言基础比较扎实的读者，这部分知识可以忽略不看。

1. 位操作

C 语言位操作，简而言之，就是对基本类型变量可以在位级别进行操作。下面先讲解几种位操作符，然后讲解位操作使用技巧。

C 语言支持如表 4.1.1 所列 6 种位操作。下面着重讲解位操作在单片机开发中的一些实用技巧。

表 4.1.1　6 种位操作

运算符	含　义	运算符	含　义
&	按位与	~	取反
|	按位或	≪	左移
^	按位异或	≫	右移

① 不改变其他位的值的情况下，对某几个位进行设值。

这个场景在单片机开发中经常使用，方法就是先对需要设置的位用 & 操作符进行清零操作，然后用|操作符设值。比如要改变 GPIOA→ODR 的状态，则可以先对寄存器的值进行 & 清零操作：

```
GPIOA ->ODR& = 0XFF0F;      //将第 4 - 7 位清 0
```

然后再与需要设置的值进行|或运算：

```
GPIOA ->ODR| = 0X0040;      //设置相应位的值，不改变其他位的值
```

② 移位操作提高代码的可读性。

移位操作在单片机开发中也非常重要,看下面一行代码:

```
GPIOA->ODR| = 1<<5;
```

这个操作是将 ODR 寄存器的第 5 位设置为 1,为什么要通过左移而不是直接设置一个固定的值呢?其实,这是为了提高代码的可读性以及可重用性。通过这行代码可以很直观明了地知道,是将第 5 位设置为 1,其他位的值不变。如果写成:

```
GPIOA->ODR  = 0x0020;
```

这样的代码可读性就非常差同时也不好重用。

③ ~取反操作使用技巧。

例如,GPIOA→ODR 寄存器的每一位都用来设置一个 I/O 口的输出状态。某个时刻我们希望设置某一位的值为 0,同时其他位都为 1,简单的做法是直接给寄存器设置一个值:

```
GPIOA->ODR = 0xFFF7;
```

这样的做法设置第 3 位为 0,但是这样的写法可读性很差。如果使用取反操作要怎么实现:

```
GPIOA->ODR = (uint16_t)~(1<<3);
```

这行代码很容易明白,我们设置 ODR 寄存器的第 3 位为 0,其他位为 1,可读性非常强。

2. define 宏定义

define 是 C 语言中的预处理命令,用于宏定义,可以提高源代码的可读性,为编程提供方便。常见的格式:

```
#define 标识符字符串
```

其中,“标识符”为所定义的宏名。“字符串”可以是常数、表达式、格式串等。例如:

```
#define HSI_VALUE      ((uint32_t)16000000)
```

定义标识符 HSI_VALUE 的值为 16000000,这样就可以在代码中直接使用标识符。HSI_VALUE 不用直接使用常量 16000000,同时修改其值也很方便。

3. # ifdef 和 #if defined 条件编译

单片机程序开发过程中经常会遇到一种情况,当满足某条件时对一组语句进行编译,而条件不满足时则编译另一组语句。条件编译命令最常见的形式为:

```
#ifdef 标识符
程序段 1
#else
程序段 2
#endif
```

它的作用是:当标识符已经被定义过(一般是用#define 命令定义)时,则对程序段

1 进行编译，否则编译程序段 2。其中，#else 部分也可以没有，即：

```
#ifdef
  程序段 1
#endif
```

这个条件编译在 MDK 里面用得很多，在 stm32f7xx_hal_conf.h 头文件中会看到这样的语句：

```
#ifdef HAL_GPIO_MODULE_ENABLED
  #include "stm32f7xx_hal_gpio.h"
#endif
```

这段代码的作用是判断宏定义标识符 HAL_GPIO_MODULE_ENABLED 是否被定义，如果被定义了，那么就引入头文件 stm32f7xx_hal_gpio.h。

对于条件编译，还有个常用的格式，如下：

```
#if defined XXX1
程序段 1
#elif defined XXX2
程序段 2
…
#elif defined XXXn
程序段 n
…
#endif
```

这种写法的作用实际跟 ifdef 相似，不同的是 ifdef 只能在两个选择中判断是否定义，而 if defined 可以在多个选择中判断是否定义。

条件编译也是 C 语言的基础知识，这里就讲解到这里，详细可以在网上搜索相关资料学习。

4. extern 变量申明

C 语言中的 extern 可以置于变量或者函数前，用以表示变量或者函数的定义在别的文件中，提示编译器遇到此变量和函数时在其他模块中寻找其定义。注意，对于 extern 申明变量可以多次，但定义只有一次。代码中会看到看到这样的语句：

```
extern u16 USART_RX_STA;
```

这个语句是申明 USART_RX_STA 变量在其他文件中已经定义了，这里要使用到。所以，肯定可以找到在某个地方有 USART_RX_STA 变量的定义。下面通过其例子说明其使用方法，id 的初始化都是在 main.c 里面进行的，main.c 代码如下：

```
u8 id;//定义只允许一次
main()
{
    id = 1;
    printf("d%",id);//id = 1
    test();
    printf("d%",id);//id = 2
}
```

此时,如果希望在 test.c 的 changeId(void)函数中使用变量 id,这个时候就需要在 test.c 里面申明变量 id 是外部定义的了;如果不申明,则变量 id 的作用域是到不了 test.c 文件中的。test.c 中的代码如下:

```
extern u8 id;//申明变量 id 是在外部定义的,申明可以在很多个文件中进行
void changeId(void){
    id = 2;
}
```

在 test.c 中申明变量 id 在外部定义,然后在 test.c 中就可以使用变量 id 了。

5. typedef 类型别名

typedef 用于为现有类型创建一个新的名字,或称为类型别名,用来简化变量的定义。typedef 在 MDK 中用得最多的就是定义结构体的类型别名和枚举类型了:

```
struct  _GPIO
{
  __IO uint32_t MODER;
  __IO uint32_t OTYPER;
...
};
```

这里定义了一个结构体 GPIO,定义变量的方式为:

```
struct  _GPIO GPIOA;//定义结构体变量 GPIOA
```

但是这样很繁琐,MDK 中有很多这样的结构体变量需要定义。这里可以为结构体定义一个别名 GPIO_TypeDef,于是就可以在其他地方通过别名 GPIO_TypeDef 来定义结构体变量了。方法如下:

```
typedef struct
{
  __IO uint32_t MODER;
  __IO uint32_t OTYPER;
...
} GPIO_TypeDef;
```

Typedef 为结构体定义一个别名 GPIO_TypeDef,这样就可以通过 GPIO_TypeDef 来定义结构体变量:

```
GPIO_TypeDef  _GPIOA, _GPIOB;
```

这里的 GPIO_TypeDef 与 struct _GPIO 是等同的作用了,这样就方便多了。

6. 结构体

很多朋友经常提到对结构体使用不是很熟悉,但是 MDK 中太多地方用到结构体以及结构体指针,这让他们一下子摸不着头脑,于是学习 STM32 的积极性大大降低。其实结构体并不是那么复杂,这里我们稍微提一下结构体的一些知识,还有一些知识会在后面的“寄存器地址名称映射分析”中讲到一些。

声明结构体类型：

```
Struct 结构体名{
成员列表;
}变量名列表;
```

例如：

```
Struct G_TYPE {
uint32_t Pin;
uint32_t Mode;
uint32_t Speed;
}GPIOA,GPIOB;
```

在结构体申明的时候可以定义变量，也可以申明之后定义，方法是：

```
Struct 结构体名字结构体变量列表 ;
```

例如，"struct G_TYPE GPIOA,GPIOB;"结构体成员变量的引用方法是：

```
结构体变量名字.成员名
```

比如要引用 GPIOA 的成员 Mode，方法是"GPIOA. Mode;"。结构体指针变量定义也是一样的，跟其他变量没有区别。例如"struct G_TYPE *GPIOC;//定义结构体指针变量 GPIOC"。结构体指针成员变量引用方法是通过"→"符号实的，比如要访问 GPIOC 结构体指针指向的结构体的成员变量 Speed，方法是：

```
GPIOC -> Speed;
```

讲到这里，有读者会问，结构体到底有什么作用呢？为什么要使用结构体呢？下面通过一个实例回答这个问题。

在单片机程序开发过程中，经常会遇到要初始化一个外设(比如 I/O 口)，它的初始化状态是由几个属性来决定的，比如模式、速度等。对于这种情况，在没有学习结构体的时候，一般的方法是：

```
void HAL_GPIO_Init(uint32_t Pin,uint32_t Mode,uint32_t Speed);
```

这种方式是有效的，同时在一定场合是可取的。但是试想，如果有一天，我们希望往这个函数里面再传入一个参数，那么势必需要修改这个函数的定义，重新加入上下拉 Pull 这个入口参数。于是定义被修改为：

```
void HAL_GPIO_Init(uint32_t Pin,uint32_t Mode,uint32_t Speed,uint32_t Pull);
```

但是如果这个函数的入口参数是随着开发不断增多，那是不是就要不断地修改函数的定义呢？这是不是给开发带来很多的麻烦？那又怎样解决这种情况呢？使用结构体就能解决这个问题了。我们可以在不改变入口参数的情况下，只需要改变结构体的成员变量，就可以达到上面改变入口参数的目的。

结构体就是将多个变量组合为一个有机的整体。上面的函数中 Pin、Mode、Speed 和 Pull 参数，对于 GPIO 而言，是一个有机整体，都是来设置 I/O 口参数的，所以可以将它们通过定义一个结构体组合在一起。MDK 中是这样定义的：

```
typedef struct
{
  uint32_t Pin;
  uint32_t Mode;
  uint32_t Pull;
  uint32_t Speed;
  uint32_t Alternate;
}GPIO_InitTypeDef;
```

于是，初始化 GPIO 口的时候入口参数就可以是 GPIO_InitTypeDef 类型的变量或者指针变量了，MDK 中是这样做的：

```
void HAL_GPIO_Init(GPIO_TypeDef    *GPIOx, GPIO_InitTypeDef *GPIO_Init);
```

这样，任何时候，我们只需要修改结构体成员变量，往结构体中间加入新的成员变量，而不需要修改函数定义就可以达到修改入口参数的目的了，这样的好处是不用修改任何函数定义就可以达到增加变量的目的。

以后的开发过程中，如果变量定义过多，而某几个变量是用来描述同一个对象的，则可以考虑将这些变量定义在结构体中，这样就可以提高代码的可读性。

使用结构体组合参数可以提高代码的可读性，不会觉得变量定义混乱。当然，结构体的作用远远不止这个，同时，MDK 中用结构体来定义外设也不仅仅只是这个作用，这里只是举一个例子，通过最常用的场景让读者理解结构体的一个作用。后面还会讲解结构体的其他知识。

4.2 STM32F7 总线架构

STM32F7 的总线架构比 51 单片机强大很多，相关知识可以在《STM32F7XX 中文参考手册》第 2 章参考，这里只是把这一部分知识抽取出来讲解，使读者在学习 STM32F7 之前对系统架构有一个初步的了解。

STM32F7 的总线架构图如图 4.2.1 所示。

主系统架构基于 2 个子系统：

- 一个 AXI 转 multi - AHB 总线桥，用于将 AXI4 协议转换为 AHB - Lite 协议：
  ① 一个连接到内嵌 Flash 的 AXI 转 64 位 AHB 总线桥；
  ② 3 个连接到 AHB 总线矩阵的 AXI 转 32 位 AHB 总线桥；
- 一个 multi - AHB 总线矩阵：
  multi - AHB 总线矩阵将所有主控总线和被控总线互联，它包括：
  ① 32 位 multi - AHB 总线矩阵；
  ② 64 位 multi - AHB 总线矩阵：它将来自 CPU 的 64 位 AHB 总线(通过 AXI 转 AHB 总线)桥和来自 GP DMA 与外设 DMA(增至 64 位)的 32 位 AHB 总线连接到内部 Flash。multi_AHB 总线矩阵可连接 12 个总线主控制器和 8 个总线从控制器；

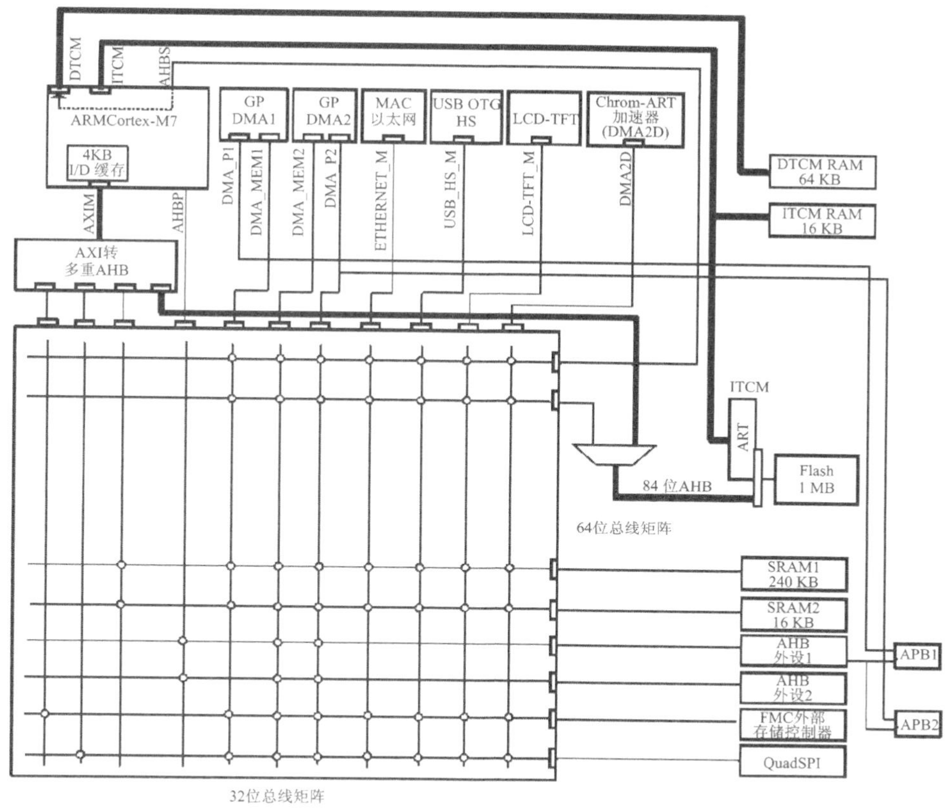

图 4.2.1　STM32F767 系统架构图

- 12 个总线主控制器：
  - ① 3×32 位 AHB 总线以及 64 位 Cortex－M7 AXI 主控总线通过 AXI－AHB 总线桥分为 4 个总线控制器；
  - ② 连接到内嵌 Flash 的 1×16 位 AHB 总线；
  - ③ Cortex－M7 AHB 外设总线；
  - ④ DMA1 存储器总线；
  - ⑤ DMA2 存储器总线；
  - ⑥ DMA2 外设总线；
  - ⑦ 以太网 DMA 总线；
  - ⑧ USB OTG HS DMA 总线；
  - ⑨ LCD 控制器 DMA 总线；
  - ⑩ Chrom－Art 加速器(DMA2D)存储器总线；
- 8 个总线从控制器：
  - ① AHB 总线上的内嵌 Flash(用于 Flash 读/写访问，代码执行和数据访问)；

② Cortex - M7 AHBS 从接口(仅用于 DTCM RAM 的 DMA 数据传输);

③ 主 SRAM1(240 KB);

④ 辅助 SRAM2(16 KB);

⑤ AHB1 外设(包括 AHB - APB 总线桥和 APB 外设);

⑥ AHB2 外设(包括 AHB - APB 总线桥和 APB 外设);

⑦ FMC;

⑧ Quad SPI。

下面简单讲解几个总线的作用。

1) multi - AHB 总线矩阵

multi - AHB 总线矩阵用于主控制器之间的访问仲裁管理。仲裁采用循环调度算法。借助该总线矩阵,可以实现主控总线到被控总线的访问,这样即使在多个高速外设同时运行期间,系统也可以实现并发访问和高效运行。

2) AHB、APB 总线桥(APB)

借助 AHB、APB 总线桥 APB1、APB2,可在 AHB 总线与两个 APB 总线之间实现完全同步的连接,从而灵活选择外设频率。

3) CPU AXIM 总线

该总线通过 AXI - AHB 总线桥将带 FPU 的 Cortex - M7 内核的指令总线和数据总线连接到 multi - AHB 总线矩阵。

4) ITCM 总线

Cortex - M7 使用该总线对映射到 ITCM 接口上的内嵌 Flash 进行取指和数据访问,但对于 ITCM RAM,该总线只能进行取指操作。

5) DTCM 总线

Cortex - M7 使用该总线对 DTCM RAM 进行数据访问,也可以进行取指。

6) CPU AHBS 总线

该总线将 Cortex - M7 的 AHB 被控总线连接到总线矩阵,仅用于通用 DMA、外设 DAM 到 DTCM RAM 上的数据传输。AHBS 上无法访问 ITCM 总线,因此 RAM 不能通过 ITCM 总线进行 DMA 数据传输。Flash 通过 ITCM 接口进行 DMA 传输时,将强制通过 AHB 总线进行所有传输。

7) AHB 外设总线

该总线将 Cortex - M7 的 AHB 外设总线连接到总线矩阵。内核使用该总线来执行所有针对外设的数据访问。该总线的访问目标是 AHB1 总线上的外设(包括 APB 总线上的外设和 AHB2 总线上的外设)。

8) DMA 存储器总线

此总线用于将 DMA 存储器总线主接口连接到总线矩阵。DMA 通过此总线来执行存储器数据的传入和传出。该总线的访问目标是数据存储器:内部 SRAM1、SRAM2、DTCM、内部 Flash 和外部存储器。

9）DMA 外设总线

此总线用于将 DMA 外设主总线接口连接到总线矩阵。DMA 通过此总线访问 AHB 外设或执行存储器间的数据传输。该总线的访问目标是 AHB、APB 总线上的外设以及数据存储器：内部 SRAM1、SRAM2、DTCM、内部 Flash 和外部存储器。

10）以太网 DMA 总线

此总线用于将以太网 DMA 主接口连接到总线矩阵。以太网 DMA 通过此总线向存储器存取数据。该总线的访问目标是数据存储器：内部 SRAM1、SRAM2、DTCM、内部 Flash 和外部存储器。

11）USB OTG HS DMA 总线

此总线用于将 USB OTG HS DMA 主接口连接到总线矩阵。USB OTG DMA 通过此总线向存储器加载、存储数据。该总线的访问目标是数据存储器：内部 SRAM1、SRAM2、DTCM、内部 Flash 和外部存储器。

12）LCD－TFT 控制器 DMA 总线

此总线用于将 LCD 控制器 DMA 主接口连接到总线矩阵。LCD－TFT DMA 通过此总线向存储器加载、存储数据。该总线的访问目标是数据存储器：内部 SRAM1、SRAM2、DTCM、外部 Flash 和外部存储器。

13）DMA2D 总线

此总线用于将 DMA2D 主接口连接到总线矩阵。DMA2D 图形加速器通过此总线向存储器加载、存储数据。该总线的访问目标是数据存储器：内部 SRAM1、SRAM2、DTCM、外部 Flash、外部存储器。

对于系统架构的知识，在刚开始学习 STM32F7 的时候只需要有一个大概的了解。对于寻址之类的知识，这里就不深入的讲解，读者可参考中文参考手册。

4.3　STM32F7 时钟系统

STM32F7 时钟系统的知识在《STM32F7 中文参考手册》第 5 章有非常详细的讲解，读者可以参考学习。

4.3.1　STM32F7 时钟树概述

时钟系统是 CPU 的脉搏，就像人的心跳，是非常重要的。STM32F7 的时钟系统比较复杂，不像 51 单片机简单的一个系统时钟就可以解决一切。为什么 STM32 要有多个时钟源呢？因为 STM32 非常复杂，外设非常多，但并不是所有外设都需要系统时钟这么高的频率，比如看门狗以及 RTC 只需要几十 k 的时钟即可。同一个电路，时钟越快功耗越大，同时抗电磁干扰能力也越弱，所以较为复杂的 MCU 一般都是采取多时钟源的方法来解决这些问题。

首先来看看 STM32F7 的时钟系统图，如图 4.3.1 所示。

STM32F7 中有 5 个最重要的时钟源，为 HSI、HSE、LSI、LSE、PLL。其中，PLL

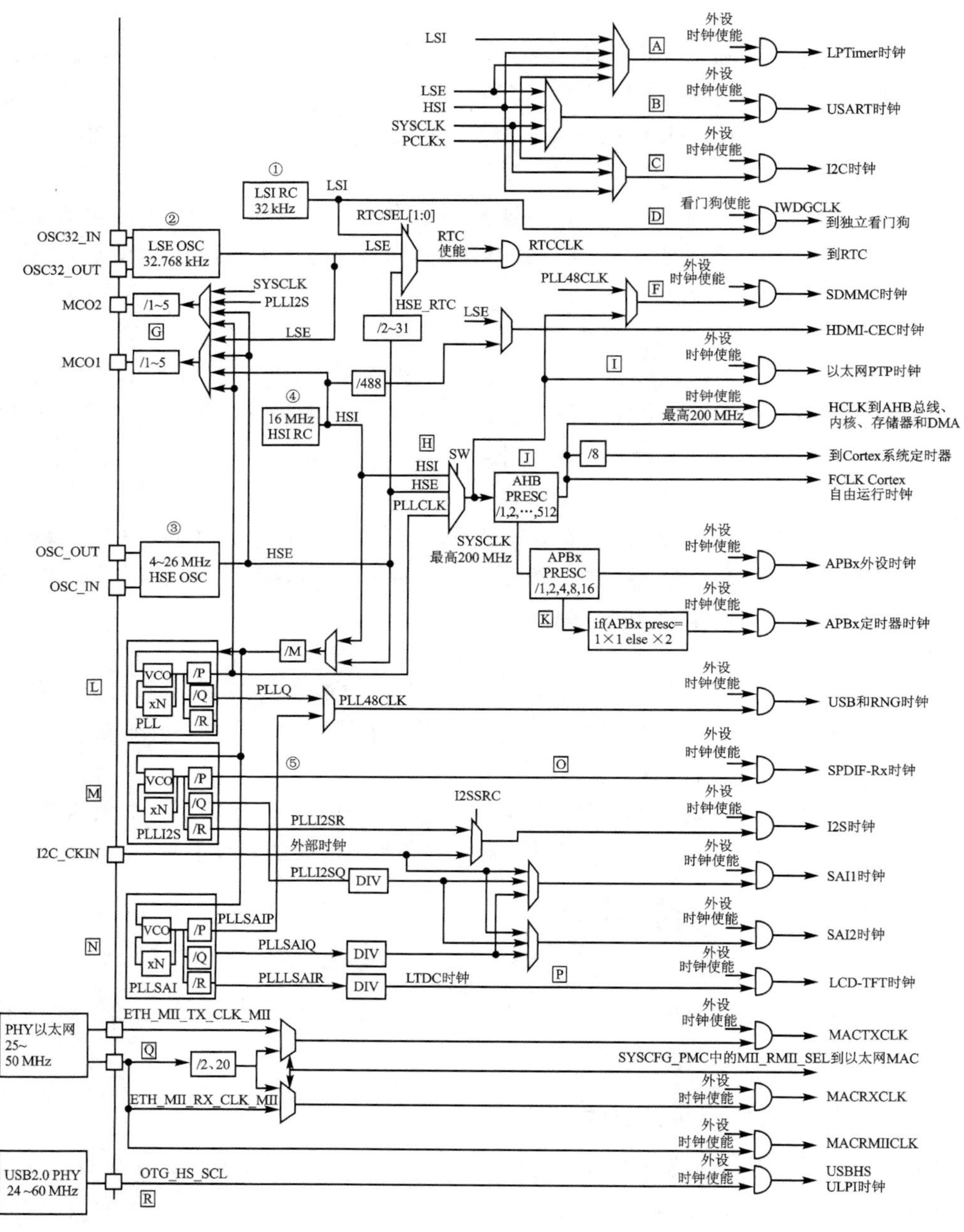

图 4.3.1 STM32F7 时钟系统图

实际是分为 3 个时钟源，分别为主 PLL 和 I²S 部分专用、PLLI2S 和 SAI 部分专用 PLLSAI。从时钟频率来分可以分为高速时钟源和低速时钟源、其中，HSI、HSE 以及 PLL 是高速时钟，LSI 和 LSE 是低速时钟。从来源可分为外部时钟源和内部时钟源，外部时钟源就是从外部通过接晶振的方式获取时钟源，其中，HSE 和 LSE 是外部时钟源，其他的是内部时钟源。下面看看 STM32F7 的这 5 个时钟源，讲解顺序是按图中圆圈标示的顺序：

① LSI 是低速内部时钟，RC 振荡器，频率为 32 kHz 左右。LSI 主要可以作为 IWDG 独立看门狗时钟、LPTimer 低功耗定时器时钟以及 RTC 时钟。

② LSE 是低速外部时钟，接频率为 32.768 kHz 的石英晶体。这个主要是 RTC 的时钟源。

③ HSE 是高速外部时钟，可接石英、陶瓷谐振器，或者接外部时钟源，频率范围为 4～26 MHz。阿波罗 STM32F7 开发板接的是 25 MHz 外部晶振。HSE 可以直接作为系统时钟或者 PLL 输入时钟，经过 2～31 分频后也可以作为 RTC 时钟。

④ HSI 是高速内部时钟，RC 振荡器，频率为 16 MHz，可以直接作为系统时钟或者用作 PLL 输入，经过 488 分频之后也可以作为 HDMI－CEC 时钟。

⑤ PLL 为锁相环倍频输出。STM32F7 有 3 个 PLL：

a. 主 PLL(PLL)由 HSE 或者 HSI 提供时钟信号，并具有两个不同的输出时钟：
第一个输出 PLLP 用于生成高速的系统时钟(最高 216 MHz)；
第二个输出 PLLQ 为 48 MHz 时钟，用于 USB OTG FS 时钟、随机数发生器的时钟和 SDMMC 时钟。

b. 第一个专用 PLL(PLLI2S)用于生成精确时钟，在 I^2S、SAI 和 SPDIFRX 上实现高品质音频性能。其中，N 是用于 PLLI2S vco 的倍频系数，其取值范围是 50～432；R 是 I^2S 时钟的分频系数，其取值范围是 2～7；Q 是 SAI 时钟分频系数，其取值范围是 2～15；P 没用到。

c. 第二个专用 PLL(PLLSAI)用于为 SAI 接口生成时钟，生成 LCD－TFT 时钟以及可供 USB OTG FS、SDMMC 和 RNG 选择的 48 MHz 时钟。其中，N 用于 PLLSAI vco 的倍频系数，其取值范围是 50～432；Q 是 SAI 时钟分频系数，其取值范围是 2～15；R 是 LTDC 时钟的分频系数，其取值范围是 2～7；P 没用到。

这里着重看看主 PLL 时钟第一个高速时钟输出 PLLP 的计算方法，其他 PLL 时钟计算方法类似。图 4.3.2 是主 PLL 的时钟图。可以看出，主 PLL 时钟的时钟源要先经过一个分频系数为 M 的分频器，然后经过倍频系数为 N 的倍频器出来之后再经过一个分频系数为 P(第一个输出 PLLP)或者 Q(第二个输出 PLLQ)的分频器分频，最后才生成最终的主 PLL 时钟。

例如，我们的外部晶振选择 25 MHz，设置相应的分频器 M＝25，倍频器倍频系数 N＝432，分频器分频系数 P＝2，那么主 PLL 生成的第一个输出高速时钟 PLLP 为：

$$PLL = 25MHz \times N/(M \times P) = 25MHz \times 432/(25 \times 2) = 216\ MHz$$

如果选择 HSE 为 PLL 时钟源，同时 SYSCLK 时钟源为 PLL，那么 SYSCLK 时钟为 216 MHz。后面的实验都是采用这样的配置。

上面简要概括了 STM32F7 的时钟源，那么这 5 个时钟源是怎么给各个外设以及系统提供时钟的呢？这里选择一些比较常用的时钟知识来讲解。

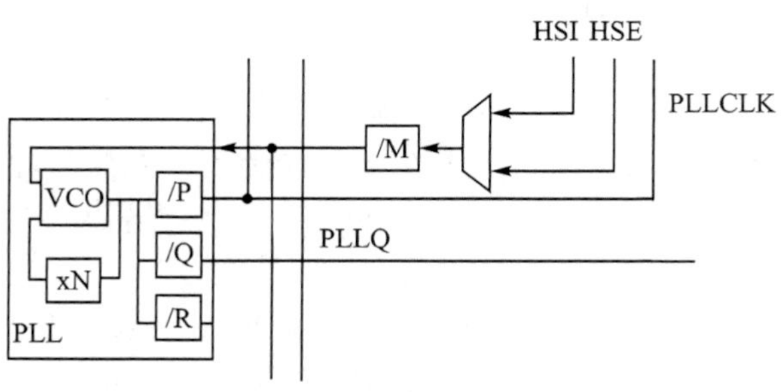

图 4.3.2　STM32F7 主 PLL 时钟图

图 4.3.1 用 A～R 标示我们要讲解的地方。

A. 这是低功耗定时器 LPTimer 时钟。从图中可以看出，LPTimer 有 4 个时钟源可以选择，分别为 LSI、HSI、LSE 和 PCLKx，默认情况下 LPTimer 选用 PCLKx 作为时钟源。

B. 这里是 USART 时钟源。从图中可以看出，USART 时钟源可选为 LSE、HSI、SYSCLK 以及 PCLKx，默认情况下 USART 选用 PCLKx 作为时钟源。

C. 这里是硬件 I^2C 时钟源。从图上可以看出，I^2C 可选时钟源为 HSI、SYSCLK 以及 PCLKx。默认情况下，I^2C 选用 PCLKx 作为时钟源。

D. 这是 STM32F7 独立看门狗 IWDG 时钟，来源为 LSI。

E. 这里是 RTC 时钟源，可选 LSI、LSE 和 HSE 的 2～31 分频。

F. 这是 SDMMC 时钟源，来源为系统时钟 SYSCLK 或者 PLL48CLK。其中，PLL48CLK 来源为 PLLQ 或者 PLLSAIP。

G. 这是 STM32F7 输出时钟 MCO1 和 MCO2。MCO1 是向芯片的 PA8 引脚输出时钟，它有 4 个时钟来源，分别为 HSI、LSE、HSE 和 PLL 时钟。MCO1 时钟源经过 1～5 分频后向 PA8 引脚输出时钟。MCO2 是向芯片的 PC9 输出时钟，它同样有 4 个时钟来源，分别为 HSE、PLL、SYSCLK 以及 PLLI2S 时钟；MCO2 时钟源同样经过 1～5 分频后向 PC9 引脚输出时钟。

H. 这是系统时钟 SYSCLK 时钟源，可选 HSI、HSE 和 PLLCLK。HSI 是内部 16 MHz 高速时钟，HSE 是外部晶振产生的高速时钟，PLL 能产生相比 HSI 和 HSE 更高的频率，所以大部分情况会选择 PLLCLK 作为系统时钟。

I. 这是以太网 PTP 时钟，来源为系统时钟 SYSCLK。

J. 这是 AHB 总线预分频器，分频系数为 2^N（N＝0～9）。系统时钟 SYSCLK 经过 AHB 预分频器之后产生 AHB 总线时钟 HCLK。

K. 这是 APBx 预分频器（分频系数可选 1、2、4、8、16），HCLK（AHB 总线时钟）经过 APBx 预分频器之后，产生 PCLKx。注意，APBx 定时器时钟是 PCLKx 倍频后得来的，倍频系数为 1 或者 2。如果 APBx 预分频系数等于 1，那么这里的倍频系数为 1；否则，倍频系数为 2。

L～N. 这是 PLL 时钟。L 为主 PLL 时钟，M 为专用 PLL 时钟 PLLI2S，N 为专用 PLL 时钟 PLLSAI。主 PLL 主要用来产生 PLL 时钟作为系统时钟，同时 PLL48CLK 时钟也可以选择 PLLQ 或者 PLLSAIP。PLLI2S 主要用来为 I^2S、SAI 和 SPDIFRX 产生精确时钟。PLLSAIP 则为 SAI 接口生成时钟，生成 LCD - TFT 时钟以及可供 USB OTG FS、SDMMC 和 RNG 选择的 48 MHz 时钟 PLL48CLK。

O. 这是 SPDIFRX 时钟，由 PLLI2SP 提供。

P. 这是 LCD - TFT 时钟，由 PLLSAIP 提供。

Q. 这是 STM32F7 内部以太网 MAC 时钟的来源。对于 MII 接口来说，必须向外部 PHY 芯片提供 25 MHz 的时钟，这个时钟可以由 PHY 芯片外接晶振，或者使用 STM32F7 的 MCO 输出来提供。然后，PHY 芯片再给 STM32F7 提供 ETH_MII_TX_CLK 和 ETH_MII_RX_CLK 时钟。对于 RMII 接口来说，外部必须提供 50 MHz 的时钟驱动 PHY 和 STM32F7 的 ETH_RMII_REF_CLK，这个 50 MHz 时钟可以来自 PHY、有源晶振或者 STM32F7 的 MCO。我们的开发板使用的是 RMII 接口，使用 PHY 芯片提供 50 MHz 时钟驱动 STM32F7 的 ETH_RMII_REF_CLK。

R. 这里是指外部 PHY 提供的 USB OTG HS(60 MHz)时钟。

注意，Cortex 系统定时器 Systick 的时钟源可以是 AHB 时钟 HCLK 或 HCLK 的 8 分频，具体配置可参考 Systick 定时器配置，这在 5.1 节讲解 delay 文件夹代码的时候讲解。

以上的时钟输出中有很多是带使能控制的，比如 AHB 总线时钟、内核时钟、各种 APB1 外设、APB2 外设等。需要使用某模块时，记得一定要先使能对应的时钟。后面讲解实例的时候会讲解到时钟使能的方法。

4.3.2 STM32F7 时钟系统配置

上一小节对 STM32F7 时钟树进行了详细讲解，接下来介绍通过 STM32F7 的 HAL 库进行 STM32F7 时钟系统配置步骤。实际上，STM32F7 的时钟系统配置也可以通过图形化配置工具 STM32CubeMX 来配置生成，这里讲解初始化代码是为了让读者对 STM32F7 时钟系统有更加清晰的理解。我们将在 4.8 节讲解图形化配置工具 STM32CubeMX，读者可以对比参考学习。

前面介绍过，系统启动之后，程序会先执行 HAL 库定义的 SystemInit 函数进行系统一些初始化配置。先来看看 SystemInit 程序：

```
void SystemInit(void)
{
  /* FPU 设置 ---------------------------------*/
  #if (__FPU_PRESENT == 1) && (__FPU_USED == 1)
    SCB->CPACR |= ((3UL << 10*2)|(3UL << 11*2));   /* set CP10 and CP11 Full Access */
  #endif
```

```
    /* 复位 RCC 时钟配置为默认配置 ------------*/
    RCC->CR |= (uint32_t)0x00000001;        //打开 HSION 位
    RCC->CFGR = 0x00000000;                 //复位 CFGR 寄存器
    RCC->CR &= (uint32_t)0xFEF6FFFF;        //复位 HSEON, CSSON and PLLON 位
    RCC->PLLCFGR = 0x24003010;              //复位寄存器 PLLCFGR
    RCC->CR &= (uint32_t)0xFFFBFFFF;        //复位 HSEBYP 位
    RCC->CIR = 0x00000000;                  //关闭所有中断
    /* 配置中断向量表地址 = 基地址 + 偏移地址 --------------------*/
#ifdef VECT_TAB_SRAM
    SCB->VTOR = SRAM_BASE | VECT_TAB_OFFSET;
#else
    SCB->VTOR = Flash_BASE | VECT_TAB_OFFSET;
#endif
}
```

可以看出,SystemInit 主要做了如下 3 个方面工作:

① FPU 设置;

② 复位 RCC 时钟配置为默认复位值(默认开启 HSI);

③ 中断向量表地址配置。

HAL 库的 SystemInit 函数并没有像标准库的 SystemInit 函数一样进行时钟的初始化配置,除了打开 HSI 之外,没有任何时钟相关配置,所以使用 HAL 库时必须编写自己的时钟配置函数。首先打开工程模板,看看工程 SYSTEM 分组下面定义的 sys.c 文件中的时钟初始化函数 Stm32_Clock_Init 的内容:

```
//时钟设置函数
//VCO 频率 Fvco = Fs * (plln/pllm)
//系统时钟频率 Fsys = Fvco/pllp = Fs * (plln/(pllm * pllp))
//USB,SDIO,RNG 等的时钟频率 Fusb = Fvco/pllq = Fs * (plln/(pllm * pllq))
//Fs:PLL 输入时钟频率,可以是 HSI、HSE 等
//plln:主 PLL 倍频系数(PLL 倍频),取值范围:64~432
//pllm:主 PLL 和音频 PLL 分频系数(PLL 之前的分频),取值范围:2~63
//pllp:系统时钟的主 PLL 分频系数(PLL 之后的分频),取值范围:2,4,6,8(仅限这 4 个值)
//pllq:USB/SDIO/随机数产生器等的主 PLL 分频系数(PLL 之后的分频),取值范围:2~15
//外部晶振为 25 MHz 的时候,推荐值:plln = 432,pllm = 25,pllp = 2,pllq = 9
//得到:Fvco = 25 * (432/25) = 432 MHz
//      Fsys = 432/2 = 316 MHz
//      Fusb = 432/9 = 48 MHz
//返回值:0,成功;1,失败
void Stm32_Clock_Init(u32 plln,u32 pllm,u32 pllp,u32 pllq)
{
    HAL_StatusTypeDef ret = HAL_OK;
    RCC_OscInitTypeDef RCC_OscInitStructure;
    RCC_ClkInitTypeDef RCC_ClkInitStructure;
    __HAL_RCC_PWR_CLK_ENABLE();       //使能 PWR 时钟
    __HAL_PWR_VOLTAGESCALING_CONFIG(
    PWR_REGULATOR_VOLTAGE_SCALE1);      //设置调压器输出电压级别
    RCC_OscInitStructure.OscillatorType = RCC_OSCILLATORTYPE_HSE; //时钟源为 HSE
    RCC_OscInitStructure.HSEState = RCC_HSE_ON;                   //打开 HSE
    RCC_OscInitStructure.PLL.PLLState = RCC_PLL_ON;
```

```
    RCC_OscInitStructure.PLL.PLLSource = RCC_PLLSOURCE_HSE;
    RCC_OscInitStructure.PLL.PLLM = pllm;
    RCC_OscInitStructure.PLL.PLLN = plln;
    RCC_OscInitStructure.PLL.PLLP = pllp;
    RCC_OscInitStructure.PLL.PLLQ = pllq;
    ret = HAL_RCC_OscConfig(&RCC_OscInitStructure);
    if(ret!= HAL_OK) while(1);
    ret = HAL_PWREx_EnableOverDrive(); //开启 Over - Driver 功能
    if(ret!= HAL_OK) while(1);
    //选中 PLL 作为系统时钟源并且配置 HCLK,PCLK1 和 PCLK2
    RCC_ClkInitStructure.ClockType = (RCC_CLOCKTYPE_SYSCLK|
    RCC_CLOCKTYPE_HCLK|RCC_CLOCKTYPE_PCLK1|RCC_CLOCKTYPE_PCLK2);
    RCC_ClkInitStructure.SYSCLKSource = RCC_SYSCLKSOURCE_PLLCLK;
    RCC_ClkInitStructure.AHBCLKDivider = RCC_SYSCLK_DIV1;
    RCC_ClkInitStructure.APB1CLKDivider = RCC_HCLK_DIV4;
    RCC_ClkInitStructure.APB2CLKDivider = RCC_HCLK_DIV2;
    ret = HAL_RCC_ClockConfig(&RCC_ClkInitStructure,Flash_LATENCY_7);
    if(ret!= HAL_OK) while(1);
}
```

从函数注释可知,函数 Stm32_Clock_Init 的作用是进行时钟系统配置;除了配置 PLL 相关参数确定 SYSCLK 值之外,还配置了 AHB、APB1 和 APB2 的分频系数,也就是确定了 HCLK、PCLK1 和 PCLK2 的时钟值。首先来看看使用 HAL 库配置 STM32F7 时钟系统的一般步骤:

① 使能 PWR 时钟:调用函数__HAL_RCC_PWR_CLK_ENABLE()。

② 设置调压器输出电压级别:调用函数__HAL_PWR_VOLTAGESCALING_CONFIG()。

③ 选择是否开启 Over - Driver 功能:调用函数 HAL_PWREx_EnableOverDrive()。

④ 配置时钟源相关参数:调用函数 HAL_RCC_OscConfig()。

⑤ 配置系统时钟源以及 AHB、APB1 和 APB2 的分频系数:调用函数 HAL_RCC_ClockConfig()。

步骤②和③具有一定的关联性,我们放在后面讲解。步骤①之所以要使能 PWR 时钟,是因为后面的步骤设置调节器输出电压级别以及开启 Over - Driver 功能都是由电源控制相关配置,所以必须开启 PWR 时钟。接下来着重讲解步骤④和步骤⑤的内容,这也是时钟系统配置的关键步骤。

对于步骤④,使用 HAL 来配置时钟源相关参数,我们调用的函数为 HAL_RCC_OscConfig();该函数在 HAL 库关键头文件 stm32f7xx_hal_rcc.h 中声明,在文件 stm32f7xx_hal_rcc.c 中定义。首先来看看该函数声明:

```
__weakHAL_StatusTypeDefHAL_RCC_OscConfig(RCC_OscInitTypeDef * RCC_OscInitStruct);
```

该函数只有一个入口参数,就是结构体 RCC_OscInitTypeDef 类型指针。接下来看看结构体 RCC_OscInitTypeDef 的定义:

```
typedef struct
{
  uint32_t OscillatorType;              //需要选择配置的振荡器类型
  uint32_t HSEState;                    //HSE 状态
  uint32_t LSEState;                    //LSE 状态
  uint32_t HSIState;                    //HIS 状态
  uint32_t HSICalibrationValue;         //HIS 校准值
  uint32_t LSIState;                    //LSI 状态
  RCC_PLLInitTypeDef PLL;               //PLL 配置
}RCC_OscInitTypeDef;
```

对于这个结构体，前面几个参数主要是用来选择配置的振荡器类型。比如要开启 HSE，那么设置 OscillatorType 的值为 RCC_OSCILLATORTYPE_HSE，然后设置 HSEState 的值为 RCC_HSE_ON 开启 HSE。对于其他时钟源 HSI、LSI 和 LSE，配置方法类似。这个结构体还有一个很重要的成员变量是 PLL，它是结构体 RCC_PLLInitTypeDef 类型，作用是配置 PLL 相关参数。我们来看看它的定义：

```
typedef struct
{
  uint32_t PLLState;           //PLL 状态
  uint32_t PLLSource;          //PLL 时钟源
  uint32_t PLLM;               //PLL 分频系数 M
  uint32_t PLLN;               //PLL 倍频系数 N
  uint32_t PLLP;               //PLL 分频系数 P
  uint32_t PLLQ;               //PLL 分频系数 Q
}RCC_PLLInitTypeDef;
```

从 RCC_PLLInitTypeDef 结构体的定义很容易看出，该结构体主要用来设置 PLL 时钟源以及相关分频倍频参数。

接下来看看时钟初始化函数 Stm32_Clock_Init 中的配置内容：

```
RCC_OscInitStructure.OscillatorType = RCC_OSCILLATORTYPE_HSE;    //时钟源为 HSE
RCC_OscInitStructure.HSEState = RCC_HSE_ON;                      //打开 HSE
RCC_OscInitStructure.PLL.PLLState = RCC_PLL_ON;                  //打开 PLL
RCC_OscInitStructure.PLL.PLLSource = RCC_PLLSOURCE_HSE;          //PLL 时钟源为 HSE
RCC_OscInitStructure.PLL.PLLM = pllm;
RCC_OscInitStructure.PLL.PLLN = plln;
RCC_OscInitStructure.PLL.PLLP = pllp;
RCC_OscInitStructure.PLL.PLLQ = pllq;
ret = HAL_RCC_OscConfig(&RCC_OscInitStructure);
```

通过该段函数，我们开启了 HSE 时钟源，同时选择 PLL 时钟源为 HSE，然后把 Stm32_Clock_Init 的 4 个入口参数直接设置作为 PLL 的参数 M、N、P 和 Q 的值，这样就达到了设置 PLL 时钟源相关参数的目的。设置好 PLL 时钟源参数之后，也就是确定了 PLL 的时钟频率，接下来就需要设置系统时钟以及 AHB、APB1 和 APB2 相关参数，也就是前面提到的步骤⑤。

接下来看看步骤⑤中提到的 HAL_RCC_ClockConfig()函数，声明如下：

```
HAL_StatusTypeDef HAL_RCC_ClockConfig(RCC_ClkInitTypeDef   * RCC_ClkInitStruct,
                                      uint32_t FLatency);
```

该函数有两个入口参数，第一个入口参数 RCC_ClkInitStruct 是结构体 RCC_ClkInitTypeDef 指针类型，用来设置 SYSCLK 时钟源以及 AHB、APB1 和 APB2 的分频系数。第二个入口参数 FLatency 用来设置 Flash 延迟，这个参数放在后面跟步骤②和步骤③一起讲解。

RCC_ClkInitTypeDef 结构体类型定义非常简单，这里就不列出来。我们来看看 Stm32_Clock_Init 函数中的配置内容：

```
//选中 PLL 作为系统时钟源并且配置 HCLK,PCLK1 和 PCLK2
RCC_ClkInitStructure.ClockType = (RCC_CLOCKTYPE_SYSCLK|\
                                  RCC_CLOCKTYPE_HCLK|RCC_CLOCKTYPE_PCLK1
                                  |RCC_CLOCKTYPE_PCLK2);
RCC_ClkInitStructure.SYSCLKSource = RCC_SYSCLKSOURCE_PLLCLK;   //系统时钟源 PLL
RCC_ClkInitStructure.AHBCLKDivider = RCC_SYSCLK_DIV1;          //AHB 分频系数为 1
RCC_ClkInitStructure.APB1CLKDivider = RCC_HCLK_DIV4;           //APB1 分频系数为 4
RCC_ClkInitStructure.APB2CLKDivider = RCC_HCLK_DIV2;           //APB2 分频系数为 2
ret = HAL_RCC_ClockConfig(&RCC_ClkInitStructure,Flash_LATENCY_7);
```

第一个参数 ClockType 配置说明要配置的是 SYSCLK、HCLK、PCLK1 和 PCLK2 这 4 个时钟。

第二个参数 SYSCLKSource 配置选择系统时钟源为 PLL。

第三个参数 AHBCLKDivider 配置 AHB 分频系数为 1。

第四个参数 APB1CLKDivider 配置 APB1 分频系数为 4。

第五个参数 APB2CLKDivider 配置 APB2 分频系数为 2。

根据在主函数中调用 Stm32_Clock_Init(436,25,2,9)时设置的入口参数值可以计算出，PLL 时钟为 PLLCLK＝HSE×N/M×P＝25 MHz×436/(25×2)＝216 MHz，同时，选择系统时钟源为 PLL，所以系统时钟 SYSCLK＝216 MHz。AHB 分频系数为 1，故其频率为 HCLK＝SYSCLK/1＝216 MHz。APB1 分频系数为 4，故其频率为 PCLK1＝HCLK/4＝54 MHz。APB2 分频系数为 2，故其频率为 PCLK2＝HCLK/2＝216 MHz/2＝108 MHz。最后，总结一下通过调用函数 Stm32_Clock_Init(432,25,2,9)之后的关键时钟频率值：

```
SYSCLK(系统时钟)                       = 216 MHz
PLL 主时钟                             = 216 MHz
AHB 总线时钟(HCLK = SYSCLK/1)          = 216 MHz
APB1 总线时钟(PCLK1 = HCLK/4)          = 54 MHz
APB2 总线时钟(PCLK2 = HCLK/2)          = 108 MHz
```

最后来看看步骤②、步骤③以及步骤⑤中函数 HAL_RCC_ClockConfig 第二个入口参数 FLatency 的含义。这里我们不想讲解得太复杂，读者只需要知道调压器输出电压级别 VOS、Over－Driver 功能开启以及 Flash 的延迟 Latency 这 3 个参数，在芯片电源电压和 HCLK 固定之后，这 3 个参数也是固定的。首先来看看调压器输出电压级别 VOS，它是由 PWR 控制寄存器 CR 的位 15:14 来确定的。

位 15:14 VOS[1:0]

00:保留(默认模式 3 选中);
01:级别 3:HCLK 最大频率 144 MHz;
10:级别 2: HCLK 最大频率 168 MHz,通过开启 Over - drive 模式可以达到 180 MHz;
11:级别 1:HCLK 最大频率 180 MHz,通过开启 Over - drive 模式可以达到 216 MHz。

所以,要配置 HCLK 时钟为 216 MHz,也就是在 AHB 的分频系数为 1 的情况下需要系统时钟为 216 MHz,那么必须配置调压器输出电压级别 VOS 为级别 1,同时开启 Over - drive 功能。所以函数 Stm32_Clock_Init 中步骤③和步骤④的源码如下:

```
//步骤 3,设置调压器输出电压级别 1
__HAL_PWR_VOLTAGESCALING_CONFIG(PWR_REGULATOR_VOLTAGE_SCALE1);
ret = HAL_PWREx_EnableOverDrive(); //开启 Over-Driver 功能
```

配置好调压器输出电压级别 VOS 和 Over - drive 功能之后,如果需要 HCLK 达到 216 MHz,还需要配置 Flash 延迟 Latency,如表 4.3.1 所列。可以看出,在电压为 3.3 V 的情况下,如果需要 HCLK 为 216 MHz,那么等待周期必须为 7 WS,也就是 8 个 CPU 周期。下面来看看在 Stm32_Clock_Init 中调用函数 HAL_RCC_ClockConfig 的时候,第二个入口参数设置值:

可以看出,我们设置值为 Flash_LATENCY_7,也就是 7 WS,8 个 CPU 周期,与我们预期一致。

表 4.3.1　STM32F7 系列等待周期表

等待周期/WS (LATENCY)	HCLK/MHc			
	电压范围 2.7～3.6 V	电压范围 2.4～2.7 V	电压范围 2.1～2.4 V	电压范围 1.8～2.1 V
0WS(1 个 CPU 周期)	0＜HCLK≤30	0＜HCLK≤24	0＜HCLK≤22	0＜HCLK≤20
1WS(2 个 CPU 周期)	30＜HCLK≤60	24＜HCLK≤48	22＜HCLK≤44	20＜HCLK≤40
2WS(3 个 CPU 周期)	60＜HCLK≤90	48＜HCLK≤72	44＜HCLK≤66	40＜HCLK≤60
3WS(4 个 CPU 周期)	90＜HCLK≤120	72＜HCLK≤96	66＜HCLK≤88	60＜HCLK≤80
4WS(5 个 CPU 周期)	120＜HCLK≤150	96＜HCLK≤120	88＜HCLK≤110	80＜HCLK≤100
5WS(6 个 CPU 周期)	150＜HCLK≤180	120＜HCLK≤144	110＜HCLK≤132	1000＜HCLK≤120
6WS(7 个 CPU 周期)	180＜HCLK≤210	144＜HCLK≤168	132＜HCLK≤154	120＜HCLK≤140
7WS(1 个 CPU 周期)	210＜HCLK≤216	168＜HCLK≤192	154＜HCLK≤176	140＜HCLK≤160
8WS(9 个 CPU 周期)	—	192＜HCLK≤216	176＜HCLK≤198	160＜HCLK≤180
9WS(10 个 CPU 周期)	—	—	198＜HCLK≤216	—

```
ret = HAL_RCC_ClockConfig(&RCC_ClkInitStructure,Flash_LATENCY_7);
```

4.3.3 STM32F7 时钟使能和配置

上一小节讲解了时钟系统配置步骤。配置好时钟系统之后,如果要使用某些外设,比如 GPIO、ADC 等，则还要使能这些外设时钟。注意，如果使用外设之前没有使能外设时钟，则这个外设是不可能正常运行的。STM32 的外设时钟使能是在 RCC 相关寄存器中配置的。因为 RCC 相关寄存器非常多，有兴趣的读者可以直接打开《STM32F7 中文参考手册》5.3 节查看所有 RCC 相关寄存器的配置。接下来讲解通过 STM32F7 的 HAL 库使能外设时钟的方法。

在 STM32F7 的 HAL 库中，外设时钟使能操作都是在 RCC 相关固件库文件头文件 stm32f7xx_hal_rcc.h 定义的。打开 stm32f7xx_hal_rcc.h 头文件可以看到，文件中除了少数几个函数声明之外，大部分都是宏定义标识符。外设时钟使能在 HAL 库中都是通过宏定义标识符来实现的。首先来看看 GPIOA 的外设时钟使能宏定义标识符：

```
#define __HAL_RCC_GPIOA_CLK_ENABLE()    do { \
__IO uint32_t tmpreg; \
SET_BIT(RCC->AHB1ENR, RCC_AHB1ENR_GPIOAEN);\
tmpreg = READ_BIT(RCC->AHB1ENR, RCC_AHB1ENR_GPIOAEN);\
UNUSED(tmpreg); \
} while(0)
```

此代码比较简单，主要是定义了一个宏定义标识符__HAL_RCC_GPIOA_CLK_ENABLE()，核心操作是通过下面这行代码实现的：

```
SET_BIT(RCC->AHB1ENR, RCC_AHB1ENR_GPIOAEN);
```

这行代码的作用是设置寄存器 RCC→AHB1ENR 的相关位为 1，至于是哪个位则由宏定义标识符 RCC_AHB1ENR_GPIOAEN 的值决定的，而它的值为：

```
#define  RCC_AHB1ENR_GPIOAEN          ((uint32_t)0x00000001)
```

所以，上面代码的作用是设置寄存器 RCC→AHB1ENR 寄存器的最低位为 1。可以从 STM32F7 的中文参考手册中搜索 AHB1ENR 寄存器定义，最低位的作用是用来使用 GPIOA 时钟。AHB1ENR 寄存器的位 0 描述如下：

```
位 0        GPIOAEN:IO 端口 A 时钟使能
            由软件置 1 和清零
            0:禁止 I/O 端口 A 时钟;1:使能 I/O 端口 A 时钟
```

那么只需要在用户程序中调用宏定义标识符__HAL_RCC_GPIOA_CLK_ENABLE()，就可以实现 GPIOA 时钟使能。使用方法为：

```
__HAL_RCC_GPIOA_CLK_ENABLE();//使能 GPIOA 时钟
```

对于其他外设，同样都是在 stm32f7xx_hal_rcc.h 头文件中定义，读者只需要找到相关宏定义标识符即可。这里列出几个常用使能外设时钟的宏定义标识符使用方法：

```
__HAL_RCC_DMA1_CLK_ENABLE();      //使能 DMA1 时钟
__HAL_RCC_USART2_CLK_ENABLE();    //使能串口 2 时钟
__HAL_RCC_TIM1_CLK_ENABLE();      //使能 TIM1 时钟
```

使用外设的时候需要使能外设时钟，如果不需要使用某个外设，则同样可以禁止某个外设时钟。禁止外设时钟使用方法和使能外设时钟类似,同样是头文件中定义的宏定义标识符。同样以 GPIOA 为例,宏定义标识符为:

```
#define __HAL_RCC_GPIOA_CLK_DISABLE() \
                    (RCC->AHB1ENR &= ~(RCC_AHB1ENR_GPIOAEN))
```

同样,宏定义标识符__HAL_RCC_GPIOA_CLK_DISABLE()的作用是设置 RCC→AHB1ENR 寄存器的最低位为 0,也就是禁止 GPIOA 时钟。这里同样列出几个常用的禁止外设时钟的宏定义标识符使用方法:

```
__HAL_RCC_DMA1_CLK_DISABLE();      //禁止 DMA1 时钟
__HAL_RCC_USART2_CLK_DISABLE();    //禁止串口 2 时钟
__HAL_RCC_TIM1_CLK_DISABLE();      //禁止 TIM1 时钟
```

4.4 I/O 引脚复用器和映射

STM32F7 有很多的内置外设,这些外设的外部引脚都是与 GPIO 复用的。也就是说,一个 GPIO 如果可以复用为内置外设的功能引脚,那么当这个 GPIO 作为内置外设使用的时候就叫复用。这部分知识在《STM32F7 中文参考手册》第 6 章和芯片数据手册有详细的讲解,读者可以参考。

对于本小节知识,STM32F7 中文参考手册讲解比较详细,我们同样从中抽取重要的知识点罗列出来。同时,我们以串口使用为例来讲解具体的引脚复用的配置。

STM32F7 系列微控制器 I/O 引脚通过一个复用器连接到内置外设或模块。该复用器一次只允许一个外设的复用功能(AF)连接到对应的 I/O 口,这样可以确保共用同一个 I/O 引脚的外设之间不会发生冲突。

每个 I/O 引脚都有一个复用器,该复用器采用 16 路复用功能输入(AF0~AF15),可通过 GPIOx_AFRL(针对引脚 0~7)和 GPIOx_AFRH(针对引脚 8~15)寄存器对这些输入进行配置。每 4 位控制一路复用:①完成复位后,所有 I/O 都会连接到系统的复用功能 0(AF0);②外设的复用功能映射到 AF1~AF13;③Cortex-M7 EVENTOUT 映射到 AF15。

简单地理解就是,每个引脚都可以配置为多个复用功能,那么这个引脚到底配置为哪个功能,可以通过开关(配置)来设定,就像一个模拟开关一样。复用器示意图如图 4.4.1 所示。

接下来简单说明一下这个图要如何看。举个例子,阿波罗 STM32F7 开发板的原理图上 PC11 的原理图如图 4.4.2 所示。可见,PC11 可以作为 SPI3_MISO、U3_RX、U4_RX、SDIO_D3、DCMI_D4、I2S3ext_SD 等复用功能输出。这么多复用功能,如果这些外设都开启了,那么对 STM32F7 来说那就可能乱套了,外设之间互相干扰。但是由于 STM32F7 有复用器功能,则可以让 PC11 在某个时刻仅连接到需要使用的特定外设,因此不存在互相干扰的情况。

图 4.4.1 是针对引脚 0~7,引脚 8~15 用控制寄存器为 GPIOx_AFRH。从图中可以看出,当需要使用复用功能的时候,则配置相应的寄存器 GPIOx_AFRL 或者 GPIOx_

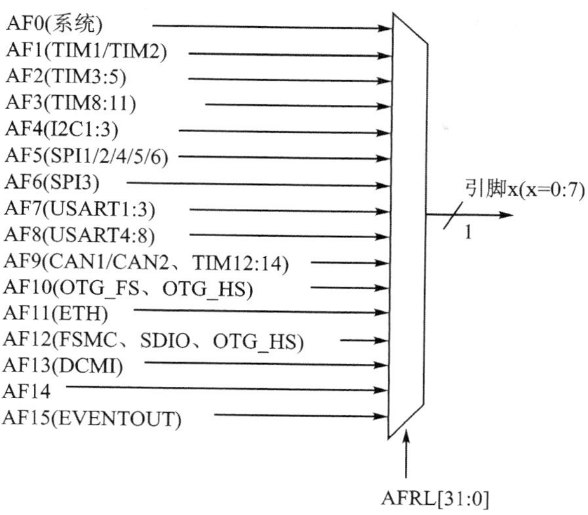

图 4.4.1 STM32F7 复用器示意图

SDIO_D3 DCMI_D4 PC11 140 | PC11/I2S3ext_SD/SPI3_MISO/U3_RX/U4_RX/SDIO_D3/DCMI_D4

图 4.4.2 阿波罗 STM32F7 开发板 PC11 原理图

AFRH,让对应引脚通过复用器连接到对应的复用功能外设。这里列出 GPIOx_AFRL 寄存器的描述。GPIOx_AFRH 的作用跟 GPIOx_AFRL 类似,只不过 GPIOx_AFRH 控制的是一组 I/O 口的高 8 位,GPIOx_AFRL 控制的是一组 I/O 口的低 8 位。GPIOx_AFRL 寄存器描述如图 4.4.3 所示。可以看出,32 位寄存器 GPIOx_AFRL 每 4 个位控制一个 I/O 口,所以每个寄存器控制 32/4=8 个 I/O 口。寄存器对应 4 位的值配置决定这个 I/O 映射到哪个复用功能 AF。

微控制器完成复位后,所有 I/O 口都会连接到系统复用功能 0(AF0)。注意,对于系统复用功能 AF0,我们将 I/O 口连接到 AF0 之后,还要根据所用功能进行配置:

① JTAG/SWD:器件复位之后会将这些功能引脚指定为专用引脚。也就是说,这些引脚在复位后默认就是 JTAG、SWD 功能。如果要作为 GPIO 来使用,就需要对对应的 I/O 口复用器进行配置。

② RTC_REFIN:此引脚在系统复位之后要使用的话,则要配置为浮空输入模式。

③ MCO1 和 MCO2:这些引脚在系统复位之后要使用的话,则要配置为复用功能模式。

对于外设复用功能的配置,除了 ADC 和 DAC 要将 I/O 配置为模拟通道之外,其他外设功能一律要配置为复用功能模式,这个配置是在 I/O 口对应的 GPIOx_MODER 寄存器中配置的。同时要配置 GPIOx_AFRH 或者 GPIOx_AFRL 寄存器,将 I/O 口通过复用器连接到所需要的复用功能对应的 AFx。

不是每个 I/O 口都可以复用为任意复用功能外设,到底哪些 I/O 可以复用为相关

31	30	29	28	27	26	25	24	23	22	21	20	19	18	17	16
AFRL7[3:0]				AFRL6[3:0]				AFRL5[3:0]				AFRL4[3:0]			
rw	rw	rw	rw	rw	rw	rw	rw	rw	rw	rw	rw	rw	rw	rw	rw

15	14	13	12	11	10	9	8	7	6	5	4	3	2	1	0
AFRL3[3:0]				AFRL2[3:0]				AFRL1[3:0]				AFRL0[3:0]			
rw	rw	rw	rw	rw	rw	rw	rw	rw	rw	rw	rw	rw	rw	rw	rw

位31:0 AFRLy：端口x位y的复用功能选择(y=0:7)
这些位通过软件写入，用于配置复用功能I/O。

AFRLy选择：

0000:AF0	0100:AF4	1000:AF8	1100:AF12
0001:AF1	0101:AF5	1001:AF9	1101:AF13
0010:AF2	0110:AF6	1010:AF10	1110:AF14
0011:AF3	0111:AF7	1011:AF11	1111:AF15

图 4.4.3　GPIOx_AFRL 寄存器位描述

外设呢？芯片对应的数据手册（可参考配套资料“\7，硬件资料\3，芯片资料\STM32F767IGT6.pdf”）上面会有详细的表格列出来。对于 STM32F767，数据手册里面的 Table 12.Alternate function mapping 表格列出了所有的端口 AF 映射表，因为表格比较大，所以这里只以 PORTA 的几个端口为例，方便读者理解，如表 4.4.1 所列。

表 4.4.1　PORTA 部分端口 AF 映射表

	PA0	PA5	PA8	PA9	PA10
AF0			MCO1		
AF1	TIM2_CH1 TIM2_CH1_ETR	TIM2_CH1 TIM2_CH1_ETR	TIM1_CH1	TIM1_CH2	TIM1_CH3
AF2	TIM5_CH1				
AF3	TIM8_ETR	TIM8_CH1N			
AF4			I2C3_SCL	I2C3_SMBA	
AF5				SPI2_SCK I2S2_CK	
AF6					
AF7	USART2_CTS	SPI1_SCK I2S1_CK	USART1_CK	USART1_TX	USART1_RX
AF8	UART4_TX				
AF9					
AF10	SAI2_SD_B	OTG_HS_ULPI_CK	OTG_FS_SOF		OTG_FS_ID
AF11	ETH_MII_CRS				
AF12					

续表 4.4.1

	PA0	PA5	PA8	PA9	PA10
AF13				DCMI_D0	DCMI_D1
AF14		LCD_R4	LCD_R6		
AF15	EVENTOUT	EVENTOUT	EVENTOUT	EVENTOUT	EVENTOUT

从表 4.4.1 可以看出，PA9 连接 AF7 可以复用为串口 1 的发送引脚 USART1_TX，PA10 连接 AF7 可以复用为串口 2 的接收引脚 USART1_RX。

接下来以串口 1 为例来讲解配置 GPOPA.9、GPIOA.10 口为串口 1 复用功能的一般步骤：

① 首先，要使用 I/O 复用功能，必须先打开对应的 I/O 时钟和复用功能外设时钟。这里使用了 GPIOA 以及 USART1，所以需要使能 GPIOA 和 USART1 时钟，方法如下：

```
__HAL_RCC_GPIOA_CLK_ENABLE();          //使能 GPIOA 时钟
__HAL_RCC_USART1_CLK_ENABLE();         //使能 USART1 时钟
```

② 在 GIPOx_MODER 寄存器中将所需 I/O(对于串口 1 是 PA9、PA10)配置为复用功能(ADC 和 DAC 设置为模拟通道)。

③ 还需要对 I/O 口的其他参数(如上拉/下拉以及输出速度等)进行配置。

④ 需要配置 GPIOx_AFRL 或者 GPIOx_AFRH 寄存器，将 I/O 连接到所需的 AFx。将 PA9、PA10 复用为 USART1 的发送接收引脚时，根据表 4.4.1 可知都需要连接 AF7。这几步在 HAL 库中是通过 HAL_GPIO_Init 函数来实现的，参考代码如下：

```
GPIO_InitTypeDef GPIO_Initure;
GPIO_Initure.Pin = GPIO_PIN_9;                    //PA9
GPIO_Initure.Mode = GPIO_MODE_AF_PP;              //复用推挽输出
GPIO_Initure.Pull = GPIO_PULLUP;                  //上拉
GPIO_Initure.Speed = GPIO_SPEED_FAST;             //高速
GPIO_Initure.Alternate = GPIO_AF7_USART1;         //连接 AF7 复用为串口 1 的发送引脚
HAL_GPIO_Init(GPIOA,&GPIO_Initure);               //初始化 PA9
```

通过上面的配置，PA9 就通过映射器链接到 AF7，也就是复用为串口 1 的发送引脚。这个时候，PA9 将不再作为普通的 I/O 口使用。对于 PA10，配置方法一样，同样也是链接 AF7，修改 Pin 成员变量值为 PIN_10 即可。从表 4.4.1 可以看出，PA9 还可以作为 TIM1_CH2 功能引脚，如果希望 PA9 作为 TIM1_CH2 引脚，那么需要修改 PA9 的映射关系，修改方法如下：

```
GPIO_Initure.Alternate = GPIO_AF1_TIM2;//连接 AF1 复用为 TIM2_CH1 引脚
```

对于 GPIO 初始化结构体成员变量 Alternate 的取值范围，在 HAL 库中有详细定义，取值范围如下：

```
#define IS_GPIO_AF(AF)   (((AF) == GPIO_AF0_RTC_50Hz)||((AF) == GPIO_AF9_TIM14) || \
                         ((AF) == GPIO_AF0_MCO) || ((AF) == GPIO_AF0_TAMPER)  || \
                         ((AF) == GPIO_AF0_SWJ) || ((AF) == GPIO_AF0_TRACE)   || \
```

```
                ((AF) == GPIO_AF1_TIM1)|| ((AF) == GPIO_AF1_TIM2)    || \
    ...//此处省略部分代码
                ((AF) == GPIO_AF8_UART7)|| ((AF) == GPIO_AF8_UART8) || \
    ((AF) == GPIO_AF12_FMC) ||  ((AF) == GPIO_AF6_SAI1)   || \
((AF) == GPIO_AF14_LTDC))
```

4.5 STM32 NVIC 中断优先级管理

Cortex-M7 内核支持 256 个中断,其中包含了 16 个内核中断和 240 个外部中断,并且具有 256 级的可编程中断设置。但 STM32F767 并没有使用 Cortex-M7 内核的全部东西,而是只用了它的一部分。STM32F767xx 总共有 118 个中断,以下仅以 STM32F767xx 为例讲解。

STM32F767xx 的 118 个中断里面包括 10 个内核中断和 108 个可屏蔽中断,具有 16 级可编程的中断优先级,而我们常用的就是这 108 个可屏蔽中断。在 MDK 内,对于与 NVIC 相关的寄存器,MDK 为其定义了如下的结构体:

```
typedef struct
{
  __IOM uint32_t ISER[8U];              //Interrupt Set Enable Register
        uint32_t RESERVED0[24U];
  __IOM uint32_t ICER[8U];              //Interrupt Clear Enable Register
        uint32_t RSERVED1[24U];
  __IOM uint32_t ISPR[8U];              //Interrupt Set Pending Register
        uint32_t RESERVED2[24U];
  __IOM uint32_t ICPR[8U];              //Interrupt Clear Pending Register
        uint32_t RESERVED3[24U];
  __IOM uint32_t IABR[8U];              //Interrupt Active bit Register
        uint32_t RESERVED4[56U];
  __IOM uint8_t  IP[240U];              //Interrupt Priority Register (8Bit wide)
        uint32_t RESERVED5[644U];
  __OM  uint32_t STIR;                  //Software Trigger Interrupt Register
} NVIC_Type;
```

STM32F767 的中断在这些寄存器的控制下有序地执行。只有了解这些中断寄存器才能方便地使用 STM32F767 的中断。下面重点介绍这几个寄存器:

ISER[8]:ISER 全称是 Interrupt SetEnable Registers,这是一个中断使能寄存器组。上面说了 Cortex-M7 内核支持 256 个中断,这里用 8 个 32 位寄存器来控制,每个位控制一个中断。但是 STM32F767 的可屏蔽中断最多只有 108 个,所以对我们来说,有用的就是 4 个(ISER[0～3]]),总共可以表示 128 个中断。而 STM32F767 只用了其中的 108 个。ISER[0]的 bit0～31 分别对应中断 0～31,ISER[1]的 bit0～32 对应中断 32～63,其他依此类推,这样总共 108 个中断就可以分别对应上了。要使能某个中断,则必须设置相应的 ISER 位为 1,使该中断被使能(这里仅仅是使能,还要配合中断分组、屏蔽、I/O 口映射等设置才算是一个完整的中断设置)。具体每一位对应哪个中断可参考 stm32f767xx.h 里面的第 69 行处。

ICER[8]:全称是 Interrupt ClearEnable Registers,是一个中断除能寄存器组。该寄存器组与 ISER 的作用恰好相反,是用来清除某个中断的使能的。其对应位的功能也和 ICER 一样。这里要专门设置一个 ICER 来清除中断位,而不是向 ISER 写 0 来清除,是因为 NVIC 的这些寄存器都是写 1 有效的,写 0 是无效的。

ISPR[8]:全称是 Interrupt SetPending Registers,是一个中断挂起控制寄存器组。每个位对应的中断和 ISER 是一样的。通过置 1 可以将正在进行的中断挂起,从而执行同级或更高级别的中断,写 0 是无效的。

ICPR[8]:全称是 Interrupt ClearPending Registers,是一个中断解挂控制寄存器组。其作用与 ISPR 相反,对应位也和 ISER 是一样的。通过设置 1 可以将挂起的中断接挂,写 0 无效。

IABR[8]:全称是 Interrupt Active Bit Registers,是一个中断激活标志位寄存器组。对应位代表的中断和 ISER 一样,如果为 1,则表示该位所对应的中断正在被执行。这是一个只读寄存器,通过它可以知道当前在执行的中断是哪一个。中断执行完后由硬件自动清零。

IP[240]:全称是 Interrupt Priority Registers,是一个中断优先级控制的寄存器组。这个寄存器组相当重要,STM32F767 的中断分组与这个寄存器组密切相关。IP 寄存器组由 240 个 8 bit 的寄存器组成,每个可屏蔽中断占用 8 bit,这样总共可以表示 240 个可屏蔽中断。而 STM32F767 只用到了其中的 108 个。IP[109]～IP[0]分别对应中断 109～0(其中,98 和 79 没用到,所以,总共还是 108 个)。而每个可屏蔽中断占用的 8 bit 并没有全部使用,而是只用了高 4 位。这 4 位又分为抢占优先级和子优先级。抢占优先级在前,子优先级在后。而这两个优先级各占几个位又要根据 SCB→AIRCR 中的中断分组设置来决定。

这里简单介绍一下 STM32F767 的中断分组:STM32F767 将中断分为 5 个组,组 0～4。该分组的设置是由 SCB→AIRCR 寄存器的 bit10～8 来定义的。具体的分配关系如表 4.5.1 所列。通过这个表可以清楚地看到组 0～4 对应的配置关系,比如组设置为 3,那么此时所有 108 个中断的中断优先寄存器的高 4 位中的最高 3 位是抢占优先级,低 1 位是响应优先级。每个中断可以设置抢占优先级为 0～7,响应优先级为 1 或 0。抢占优先级的级别高于响应优先级,而数值越小所代表的优先级就越高。

表 4.5.1　AIRCR 中断分组设置表

组	AIRCR[10:8]	bit[7:4]分配情况	分配结果
0	111	0:4	0 位抢占优先级,4 位响应优先级
1	110	1:3	1 位抢占优先级,3 位响应优先级
2	101	2:2	2 位抢占优先级,2 位响应优先级
3	100	3:1	3 位抢占优先级,1 位响应优先级
4	011	4:0	4 位抢占优先级,0 位响应优先级

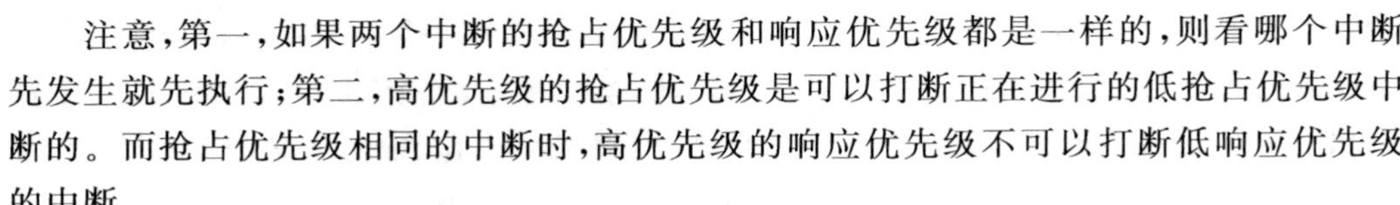

注意,第一,如果两个中断的抢占优先级和响应优先级都是一样的,则看哪个中断先发生就先执行;第二,高优先级的抢占优先级是可以打断正在进行的低抢占优先级中断的。而抢占优先级相同的中断时,高优先级的响应优先级不可以打断低响应优先级的中断。

结合实例说明一下:假定设置中断优先级组为 2,然后设置中断 3(RTC_WKUP 中断)的抢占优先级为 2,响应优先级为 1。中断 6(外部中断 0)的抢占优先级为 3,响应优先级为 0。中断 7(外部中断 1)的抢占优先级为 2,响应优先级为 0。那么这 3 个中断的优先级顺序为:中断 7>中断 3>中断 6。其中,中断 3 和中断 7 都可以打断中断 6 的中断,而中断 7 和中断 3 却不可以相互打断。

接下来介绍如何使用 HAL 库实现以上中断分组设置以及中断优先级管理,使中断配置简单化。NVIC 中断管理相关函数主要在 HAL 库关键文件 stm32f7xx_hal_cortex.c 中定义。

首先要讲解的是中断优先级分组函数 HAL_NVIC_SetPriorityGrouping,其函数申明如下:

```
void HAL_NVIC_SetPriorityGrouping(uint32_t PriorityGroup);
```

这个函数的作用是对中断的优先级进行分组,其在系统中只需要被调用一次。一旦分组确定最好就不要更改,否则容易造成程序分组混乱。这个函数的函数体内容如下:

```
void HAL_NVIC_SetPriorityGrouping(uint32_t PriorityGroup)
{
  /* Check the parameters */
  assert_param(IS_NVIC_PRIORITY_GROUP(PriorityGroup));
  /* Set the PRIGROUP[10:8] bits according to the PriorityGroup parameter value */
  NVIC_SetPriorityGrouping(PriorityGroup);
}
```

可以看出,这个函数是通过调用函数 NVIC_SetPriorityGrouping 来进行中断优先级分组设置。通过查找(参考 3.5.3 小节 MDK 中 Go to definition of 的使用方法)可以知道函数 NVIC_SetPriorityGrouping 是在文件 core_cm4.h 头文件中定义的。接下来分析一下函数 NVIC_SetPriorityGrouping 函数定义,如下:

```
__STATIC_INLINE void NVIC_SetPriorityGrouping(uint32_t PriorityGroup)
{
  uint32_t reg_value;
  uint32_t PriorityGroupTmp = (PriorityGroup & (uint32_t)0x07UL);

  reg_value =   SCB->AIRCR;  /* read old register configuration    */
  reg_value& = ~((uint32_t)(SCB_AIRCR_VECTKEY_Msk |SCB_AIRCR_PRIGROUP_Msk));
  reg_value   =   (reg_value|((uint32_t)0x5FAUL << SCB_AIRCR_VECTKEY_Pos) |
                  (PriorityGroupTmp << 8U)                    );
  SCB->AIRCR =   reg_value;
}
```

可以看出,这个函数主要作用是通过设置 SCB→AIRCR 寄存器的值来设置中断优先级分组的,这在前面寄存器讲解的过程中已经讲到。

接下来看看这个函数的入口参数。继续回到函数 HAL_NVIC_SetPriorityGrouping 的定义可以看到,函数的最开头有这样一行函数:

```
assert_param(IS_NVIC_PRIORITY_GROUP(PriorityGroup));
```

其中,函数 assert_param 是断言函数,它的作用主要是对入口参数的有效性进行判断。也就是说,可以通过这个函数知道入口参数在哪些范围内是有效的。其入口参数通过在 MDK 中双击选中 IS_NVIC_PRIORITY_GROUP,然后在弹出的级联菜单中右击 Go to defition of,则可以查看到如下信息:

```
#define IS_NVIC_PRIORITY_GROUP(GROUP)
 (((GROUP) == NVIC_PriorityGroup_0) ||\
 ((GROUP) == NVIC_PriorityGroup_1) || \
 ((GROUP) == NVIC_PriorityGroup_2) || \
 ((GROUP) == NVIC_PriorityGroup_3) || \
 ((GROUP) == NVIC_PriorityGroup_4))
```

可以看出,当 GROUP 的值为 NVIC_PriorityGroup_0～NVIC_PriorityGroup_4 的时候,IS_NVIC_PRIORITY_GROUP 的值才为真。这也就是表 4.5.1 讲解的,分组范围为 0～4,对应的入口参数为宏定义值 NVIC_PriorityGroup_0～NVIC_PriorityGroup_4。比如设置整个系统的中断优先级分组值为 2,那么方法是:

```
HAL_NVIC_SetPriorityGrouping (NVIC_PriorityGroup_2);
```

这样就确定了中断优先级分组为 2,也就是 2 位抢占优先级、2 位响应优先级,抢占优先级和响应优先级的值的范围均为 0～3。

讲到这里,读者对怎么进行系统的中断优先级分组设置,以及具体的中断优先级设置函数 HAL_NVIC_SetPriorityGrouping 的内部函数实现都有了一个详细的理解。接下来看看在 HAL 库里面是怎样调用 HAL_NVIC_SetPriorityGrouping 函数进行分组设置的。

打开 stm32f7xx_hal.c 文件可以看到,文件内部定义了 HAL 库初始化函数 HAL_Init;这个函数非常重要,作用主要是对中断优先级分组、对 Flash 以及硬件层进行初始化,3.1 节对其进行了比较详细的讲解。这里只需要知道,在系统主函数 main 开头部分都会首先调用 HAL_Init 函数进行一些初始化操作。HAL_Init 内部有如下一行代码:

```
HAL_NVIC_SetPriorityGrouping(NVIC_PRIORITYGROUP_4);
```

这行代码的作用是把系统中断优先级分组设置为分组 4。也就是说,在主函数调用 HAL_Init 函数之后,HAL_Init 函数内部会通过调用前面讲解的 HAL_NVIC_SetPriorityGrouping 函数来进行系统中断优先级分组设置。所以,要进行中断优先级分组设置,只需要修改 HAL_Init 函数内部的这行代码即可。

设置好系统中断分组,那么对于每个中断我们又怎么确定它的抢占优先级和响应优先级呢？官方 HAL 库文件 stm32f7xx_hal_cortex.c 中定义了 3 个单个的中断优先级设置函数，如下：

```
void HAL_NVIC_SetPriority(IRQn_TypeIRQn,
                          uint32_t PreemptPriority, uint32_t SubPriority);
void HAL_NVIC_EnableIRQ(IRQn_Type IRQn);
void HAL_NVIC_DisableIRQ(IRQn_Type IRQn);
```

其中，HAL_NVIC_SetPriority 函数用来设置单个优先级的抢占优先级和响应优先级的值。HAL_NVIC_EnableIRQ 函数用来使能某个中断通道。HAL_NVIC_DisableIRQ 函数用来清除某个中断使能，也就是中断失能。这 3 个函数的使用都非常简单，具体的调用方法可以参考后面第 9 章外部中断实验讲解。

注意，中断优先级分组和中断优先级设置是两个不同的概念。中断优先级分组用来设置整个系统对于中断分组设置为哪个分组，分组号为 0～4，设置函数为 HAL_NVIC_SetPriorityGrouping；确定了中断优先级分组号，也就确定了系统对于单个中断的抢占优先级和响应优先级设置各占几个位（对应表 4.5.1）。设置好中断优先级分组，并确定了分组号之后，接下来就是要对单个优先级进行中断优先级设置。也就是这个中断的抢占优先级和响应优先级的值，设置方法就是上面讲解的 3 个函数。

总结一下中断优先级设置的步骤：

① 系统运行开始的时候设置中断分组。确定组号也就是确定抢占优先级和响应优先级的分配位数。设置函数为 HAL_NVIC_PriorityGroupConfig。对于 HAL 库，在文件 stm32f7xx_hal.c 内部定义函数 HAL_Init 中调用了 HAL_NVIC_PriorityGroupConfig 函数进行相关设置，所以只需要修改 HAL_Init 内部对中断优先级分组设置即可。

② 设置单个中断的中断优先级别和使能相应中断通道，使用到的函数主要为函数 HAL_NVIC_SetPriority 和函数 HAL_NVIC_EnableIRQ。

4.6 HAL 库中寄存器地址名称映射分析

讲解这部分知识是因为经常会遇到朋友提到，不明白 HAL 库中那些结构体是怎么与寄存器地址对应起来的。这里就做一个简要的分析。

首先看看 51 单片机是怎么做的。51 单片机开发中经常会引用一个 reg51.h 的头文件，下面看看它是怎么把名字和寄存器联系起来的：

```
sfr P0 = 0x80;
```

sfr 也是一种扩充数据类型，点用一个内存单元，值域为 0～255。利用它可以访问 51 单片机内部的所有特殊功能寄存器。例如，用“sfr P1 = 0x90”这一句定义 P1 为 P1 端口在片内的寄存器，然后往地址为 0x80 的寄存器设值的方法是“P0=value;”。

那么在 STM32 中是否也可以这样做呢？答案是肯定的。肯定也可以使用同样的方式来做，但是因为STM32寄存器太多，如果一一以这样的方式列出来，那就需要很大的篇幅，既不方便开发，也显得太杂乱无序。所以MDK采用的方式是通过结构体将寄存器组织在一起。下面就讲解MDK是怎么把结构体和地址对应起来的，为什么修改结构体成员变量的值就可以达到操作对应寄存器的值。这些事情都是在stm32f7xx.h文件中完成的。我们通过GPIOA几个寄存器的地址来讲解吧。

首先可以查看《STM32F7中文参考手册》中的寄存器地址映射表22(P197)。这里选用GPIOA为例来讲解。GPIOA寄存器地址映射如表4.6.1所列。可以看出，因为GIPO寄存器都是32位，所以每组GPIO的10个寄存器中，每个寄存器占有4个地址，一共占用40个地址，地址偏移范围为0x00～0x24。这个地址偏移是相对GPIOA的基地址而言的。GPIOA的基地址是怎么算出来的呢？因为GPIO都是挂载在AHB1总线之上，所以它的基地址是由AHB1总线的基地址加上GPIOA在AHB1总线上的偏移地址决定的。依次类推便可以算出GPIOA基地址了。打开stm32f767xx.h，定位到GPIO_TypeDef定义处：

表4.6.1　GIPOA寄存器地址偏移表

偏　移	寄存器	偏　移	寄存器
0x00	GPIOA_MODER	0x14	GPIOA_ODR
0x04	GPIOA_OTYPER	0x18	GPIOA_BSRR
0x08	GPIOA_OSPEEDER	0x1c	GPIOA_LCKR
0x0C	GPIOA_PUPDR	0x20	GPIOA_AFRL
0x10	GPIOA_IDR	0x24	GPIOA_AFRH

```
typedef struct
{
  __IO uint32_t MODER;
  __IO uint32_t OTYPER;
  __IO uint32_t OSPEEDR;
  __IO uint32_t PUPDR;
  __IO uint32_t IDR;
  __IO uint32_t ODR;
  __IO uint32_t BSRR;
  __IO uint32_t LCKR;
  __IO uint32_t AFR[2];
} GPIO_TypeDef;
```

然后定位到：

```
#define GPIOA               ((GPIO_TypeDef *) GPIOA_BASE)
```

可以看出，GPIOA是将GPIOA_BASE强制转换为GPIO_TypeDef结构体指针。这句话的意思是，GPIOA指向地址GPIOA_BASE，GPIOA_BASE存放的数据类型为GPIO_TypeDef。然后在MDK中双击GPIOA_BASE，之后右击Go to definition of，便可以查看GPIOA_BASE的宏定义：

```
#define GPIOA_BASE               (AHB1PERIPH_BASE + 0x0000U)
```

依次类推,可以找到最顶层:

```
#define AHB1PERIPH_BASE          (PERIPH_BASE + 0x00020000U)
#define PERIPH_BASE              0x40000000U
```

所以便可以算出 GPIOA 的基地址位:

```
GPIOA_BASE = 0x40000000 + 0x00020000 + 0x0000 = 0x40020000
```

下面再跟《STM32F7 中文参考手册》比较,看看 GPIOA 的基地址是不是 0x40020000。参考手册 53 页的存储器映射表如图 4.6.1 所示,可以看到,GPIOA 的起始地址也就是基地址确实是 0x40020000。同样的道理可以推算出其他外设的基地址。

0x4002 2000~0x4002 23FF	GPIOI
0x4002 1C00~0x4002 1FFF	GPIOH
0x4002 1800~0x4002 1BFF	GPIOG
0x4002 1400~0x4002 17FF	GPIOF
0x4002 1000~0x4002 13FF	GPIOE
0x4002 0C00~0x4002 0FFF	GPIOD
0x4002 0800~0x4002 0BFF	GPIOC
0x4002 0400~0x4002 07FF	GPIOB
0x4002 0000~0x4002 03FF	GPIOA

图 4.6.1　GPIO 存储器地址映射表

上面我们已经知道 GPIOA 的基地址,那么 GPIOA 的 10 个寄存器的地址又是怎么算出来的呢?上面讲过 GPIOA 的各个寄存器对于 GPIOA 基地址的偏移地址,所以可以算出来每个寄存器的地址:

```
GPIOA 的寄存器的地址 = GPIOA 基地址 + 寄存器相对 GPIOA 基地址的偏移值
```

这个偏移值在图 4.6.1 中可以查到。

那么在结构体里面这些寄存器又是怎么与地址一一对应的呢?这里涉及结构体成员变量地址对齐方式方面的知识,读者可以在网上查看相关资料,这里不详细讲解。定义好地址对齐方式之后,每个成员变量对应的地址就可以根据其基地址来计算。结构体类型 GPIO_TypeDef 的所有成员变量都是 32 位,成员变量地址具有连续性,所以就可以算出 GPIOA 指向的结构体成员变量对应地址了,如表 4.6.2 所列。

表 4.6.2　GPIOA 各寄存器实际地址表

寄存器	偏移地址	实际地址=基地址+偏移地址
GPIOA_MODER	0x00	0x40020000+0x00
GPIOA_OTYPER	0x04	0x40020000+0x04
GPIOA_OSPEEDER	0x08	0x40020000+0x08

续表 4.6.2

寄存器	偏移地址	实际地址=基地址+偏移地址
GPIOA_PUPDR	0x0C	0x40020000+0x0c
GPIOA_IDR	0x10	0x40020000+0x10
GPIOA_ODR	0x14	0x40010800+0x14
GPIOA_BSRR	0x18	0x40020000+0x18
GPIOA_LCKR	0x1c	0x40020000+0x1c
GPIOA_AFRL	0x20	0x40020000+0x20
GPIOA_AFRH	0x24	0x40020000+0x24

把 GPIO_TypeDef 定义中的成员变量的顺序和 GPIOx 寄存器地址映像对比可以发现，他们的顺序是一致的，如果不一致，则导致地址混乱。所以固件库里面“GPIOA→BSRR=value;”就是设置地址为 0x40020000+0x18（BSRR 偏移量）=0x40020018 的寄存器 BSRR 的值了。它和 51 单片机里面“P0=value”设置地址为 0x80 的 P0 寄存器的值是一样的道理。

看到这里是否会觉得学起来踏实一点呢？STM32 的使用方式虽然跟 51 单片机不一样，但是原理都是一致的。

4.7　MDK 中使用 HAL 库快速组织代码技巧

这一节主要讲解在 MDK 中使用 HAL 库开发的一些小技巧，仅供初学者参考。这节的知识可以在学习第一个跑马灯实验的时候参考一下。我们就用最简单的 GPIO 初始化函数为例讲解。

要初始化某个 GPIO 端口，则怎样快速操作呢？在头文件 stm32f7xx_hal_gpio.h 头文件中，声明 GPIO 初始化函数为：

```
void  HAL_GPIO_Init(GPIO_TypeDef    * GPIOx, GPIO_InitTypeDef * GPIO_Init);
```

现在想写初始化函数，那么在不参考其他代码的前提下，怎么快速组织代码呢？

首先，可以看出，函数的入口参数是 GPIO_TypeDef 类型指针和 GPIO_InitTypeDef 类型指针，因为 GPIO_TypeDef 入口参数比较简单，所以我们就通过第二个入口参数 GPIO_InitTypeDef 类型指针来讲解。双击 GPIO_InitTypeDef，在弹出的级联菜单中右击 Go to definition of，如图 4.7.1 所示。

于是，定位到 stm32f7xx_hal_gpio.h 中 GPIO_InitTypeDef 的定义处：

```
typedef struct
{
  uint32_t Pin;
  uint32_t Mode;
  uint32_t Pull;
  uint32_t Speed;
```

```
    uint32_t Alternate;
}GPIO_InitTypeDef;
```

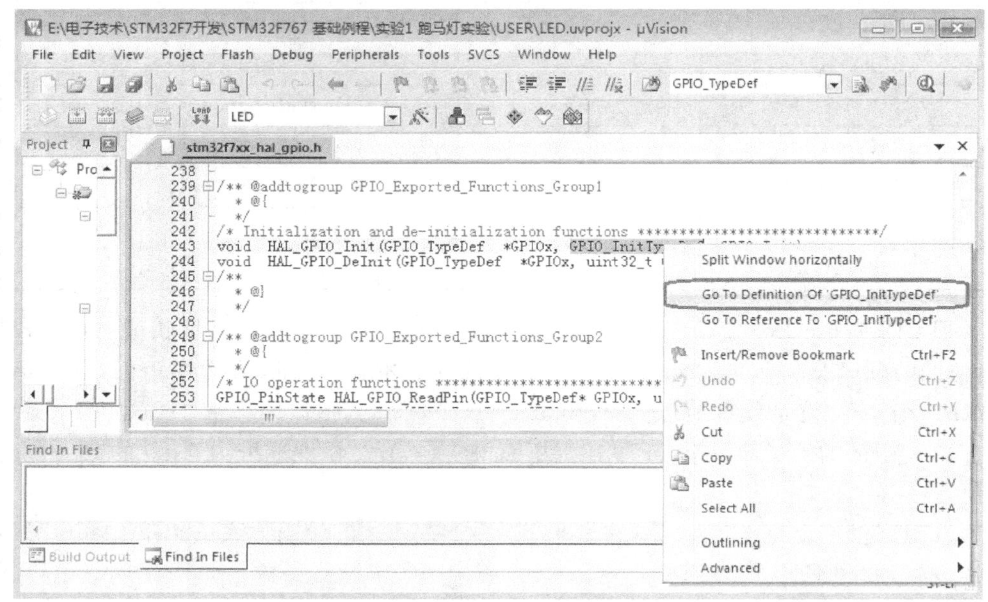

图 4.7.1　查看类型定义方法

可以看到，这个结构体有 5 个成员变量，这也告诉我们一个信息，一个 GPIO 口的状态是由模式(Mode)、速度(Speed)以及上下拉(Pull)来决定的。首先要定义一个结构体变量：

```
GPIO_InitTypeDef  GPIO_InitStructure;
```

接着要初始化结构体变量 GPIO_InitStructure。首先要初始化成员变量 Pin，这个时候就有点迷糊了，这个变量到底可以设置哪些值呢？这些值的范围有什么规定吗？

这里就回到 HAL_GPIO_Init 声明处，双击 HAL_GPIO_Init，在弹出的级联菜单中右击 Go to definition of，这样光标定位到 stm32f7xx_hal_gpio.c 文件中的 HAL_GPIO_Init 函数体开始处。可以看到，在函数中有如下几行：

```
void HAL_GPIO_Init(GPIO_TypeDef  * GPIOx, GPIO_InitTypeDef * GPIO_Init)
{
  …//此处省略部分代码
  assert_param(IS_GPIO_ALL_INSTANCE(GPIOx));
  assert_param(IS_GPIO_PIN(GPIO_Init->Pin));
  assert_param(IS_GPIO_MODE(GPIO_Init->Mode));
  assert_param(IS_GPIO_PULL(GPIO_Init->Pull));
  …//此处省略部分代码
  assert_param(IS_GPIO_AF(GPIO_Init->Alternate));
```

```
…//此处省略部分代码
}
```

顾名思义，assert_param是断言语句，是对函数入口参数的有效性进行判断，所以可以从这个函数入手来确定入口参数范围。第一行是对第一个参数GPIOx进行有效性判断，双击IS_GPIO_ALL_INSTANCE，在弹出的级联菜单中右击go to defition of，则定位到下面的定义：

```
#define IS_GPIO_ALL_INSTANCE(INSTANCE) (((INSTANCE) == GPIOA) || \
                                        ((INSTANCE) == GPIOB) || \
…//此处省略部分代码
                                        ((INSTANCE) == GPIOJ) || \
                                        ((INSTANCE) == GPIOK))
```

很明显可以看出，GPIOx的取值规定只允许是GPIOA～GPIOK。

同样，双击IS_GPIO_PIN，在弹出的级联菜单中右击go to defition of，则定位到下面的定义：

```
#define IS_GPIO_PIN(PIN)          (((PIN) & GPIO_PIN_MASK ) != (uint32_t)0x00)
```

同时，宏定义标识符GPIO_PIN_MASK的定义为：

```
#define GPIO_PIN_MASK             ((uint32_t)0x0000FFFF)
```

可以看出，PIN取值只要低16位不为0即可。注意，因为一组I/O口只有16个I/O，实际上PIN的值在这里只有低16位有效，所以PIN的取值范围为0x0001～0xFFFF。那么是不是写代码初始化就是直接给一个16位的数字呢？这也是可以的，但是大多数情况下不会直接在入口参数处设置一个简单的数字，因为这样代码的可读性太差，HAL库会将这些数字的含义通过宏定义定义出来，于是可读性大大增强。可以看到，在GPIO_PIN_MASK宏定义的上面还有数行宏定义：

```
#define GPIO_PIN_0                ((uint16_t)0x0001)
#define GPIO_PIN_1                ((uint16_t)0x0002)
…//此处省略部分定义
#define GPIO_PIN_14               ((uint16_t)0x4000)
#define GPIO_PIN_15               ((uint16_t)0x8000)
#define GPIO_PIN_All              ((uint16_t)0xFFFF)
```

这些宏定义GPIO_PIN_0～GPIO_PIN_All就是HAL库事先定义好的，写代码时，初始化结构体成员变量Pin的时候入口参数可以是这些宏定义标识符。

同理，对于成员变量Pull，我们用同样的方法，可以找到其取值范围定义为：

```
#define IS_GPIO_PULL(PULL) (((PULL) == GPIO_NOPULL)\
                  || ((PULL) == GPIO_PULLUP) || \ ((PULL) == GPIO_PULLDOWN))
```

也就是说，PULL的取值范围只能是标识符GPIO_NOPULL、GPIO_PULLUP以及GPIO_PULLDOWN。

对于其他成员变量Mode以及Alternate，方法都是一样的，这里就不重复讲解。讲到这里，我们基本对HAL_GPIO_Init的入口参数有了比较详细的了解。于是可以组织起来下面的代码：

```
GPIO_InitTypeDef   GPIO_Initure;
GPIO_Initure.Pin = GPIO_PIN_9;                      //PA9
GPIO_Initure.Mode = GPIO_MODE_AF_PP;                //复用推挽输出
GPIO_Initure.Pull = GPIO_PULLUP;                    //上拉
GPIO_Initure.Speed = GPIO_SPEED_FAST;               //高速
GPIO_Initure.Alternate = GPIO_AF7_USART1;           //复用为 USART1
HAL_GPIO_Init(GPIOA,&GPIO_Initure);                 //初始化 PA9
```

接着又有一个问题会被提出来，这个初始化函数一次只能初始化一个 I/O 口吗？同时初始化很多个 I/O 口时，是不是要复制很多次这样的初始化代码呢？

这里又有一个小技巧了。从上面的 GPIO_PIN_X 的宏定义可以看出，这些值是 0、1、2、4 这样的数字，所以每个 I/O 口选定都是对应着一个位，16 位的数据一共对应 16 个 I/O 口。这个位为 0，那么这个对应的 I/O 口不选定；这个位为 1，则对应的 I/O 口选定。如果多个 I/O 口都对应同一个 GPIOx，那么可以通过|(或)的方式同时初始化多个 I/O 口。这样操作的前提是它们的 Mode、Speed、Pull 和 Alternate 参数值相同，因为这些参数并不能一次定义多种。所以，初始化多个具有相同配置的 I/O 口的方式可以是如下：

```
GPIO_InitTypeDef   GPIO_Initure;
GPIO_Initure.Pin = GPIO_PIN_9|GPIO_PIN_10|GPIO_PIN_11;     //PA9,PA10,PA11
GPIO_Initure.Mode = GPIO_MODE_AF_PP;      //复用推挽输出
GPIO_Initure.Pull = GPIO_PULLUP;          //上拉
GPIO_Initure.Speed = GPIO_SPEED_FAST;     //高速
GPIO_Initure.Alternate = GPIO_AF7_USART1; //复用为 USART1
HAL_GPIO_Init(GPIOA,&GPIO_Initure);       //初始化 PA9      ,PA10,PA11
```

至于哪些参数可以通过|(或)的方式连接，这既有章可循，同时也靠读者在开发过程中不断积累。

读者可能会觉得上面的讲解有点麻烦，每次要去查找 assert_param()函数，那么有没有更好的办法呢？打开 GPIO_InitTypeDef 结构体定义：

```
typedef struct
{
  uint32_t Pin;          /*!< Specifies the GPIO pins to be configured.
                              This parameter can be any value of @ref GPIO_pins_define */
  uint32_t Mode;         //注释省略
  uint32_t Pull;         //注释省略
  uint32_t Speed;        //注释省略
  uint32_t Alternate;    //注释省略
}GPIO_InitTypeDef;
```

从结构体成员后面的注释可以看出，Pin 的意思是：

```
"Specifies the GPIO pins to be configured.
                          This parameter can be any value of @ref GPIO_pins_define"。
```

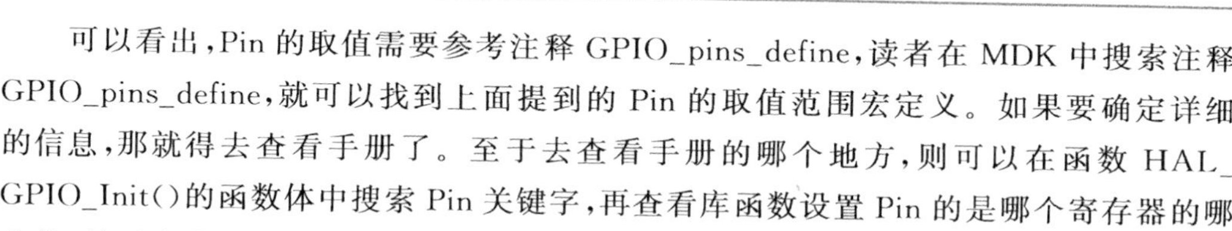

可以看出，Pin 的取值需要参考注释 GPIO_pins_define，读者在 MDK 中搜索注释 GPIO_pins_define，就可以找到上面提到的 Pin 的取值范围宏定义。如果要确定详细的信息，那就得去查看手册了。至于去查看手册的哪个地方，则可以在函数 HAL_GPIO_Init()的函数体中搜索 Pin 关键字，再查看库函数设置 Pin 的是哪个寄存器的哪个位，然后去中文参考手册查看该寄存器相应位的描述。

4.8 STM32CubeMX 图形配置工具

上一章讲解 stm32Cube 的时候提到，stm32Cube 包含 2 个部分：一部分是上一章讲解的嵌入式软件包（包括 HAL 库），另一部分是图形化配置工具 STM32CubeMX。本节讲解 STM32CubeMX 相关知识，带领大家入门 STM32CubeMX 图形化配置工具。把 STM32CubeMX 讲解放在本节，是因为 STM32CubeMX 最基本、也是最重要的用途是配置时钟系统，所以我们要先讲解 STM32F7 的时钟系统，之后才能学习 STM32CubeMX。

4.8.1 STM32CubeMX 简介

STM32CubeMX 是 ST（意法半导体）近几年来大力推荐的 STM32 芯片图形化配置工具，允许用户使用图形化向导生成 C 初始化代码，可以大大减轻开发工作、时间和费用。STM32CubeMX 几乎覆盖了 STM32 全系列芯片，具有如下特性：

- ➢ 直观地选择 MCU 型号，可指定系列、封装、外设数量等条件；
- ➢ 微控制器图形化配置；
- ➢ 自动处理引脚冲突；
- ➢ 动态设置时钟树，生成系统时钟配置代码；
- ➢ 可以动态设置外围和中间件模式和初始化；
- ➢ 功耗预测；
- ➢ C 代码工程生成器覆盖了 STM32 微控制器初始化编译软件，如 IAR、KEIL、GCC；
- ➢ 可以独立使用或者作为 Eclipse 插件使用。

对于 STM32CubeMX 和 STM32Cube 的关系这里还需要特别说明一下，STM32Cube 包含 STM32CubeMX 图形工具和 STM32Cube 库两个部分，使用 STM32CubeMX 配置生成的代码是基于 STM32Cube 库的。也就是说，使用 STM32CubeMX 配置出来的初始化代码和 STM32Cube 库兼容，例如，硬件抽象层代码就是使用 STM32 的 HAL 库。不同的 STM32 系列芯片会有不同的 STM32Cube 库支持，而 STM32CubeMX 图形工具只有一种。所以我们配置不同的 STM32 系列芯片，选择不同的 STM32Cube 库即可，它们之间的关系如图 4.8.1 所示。

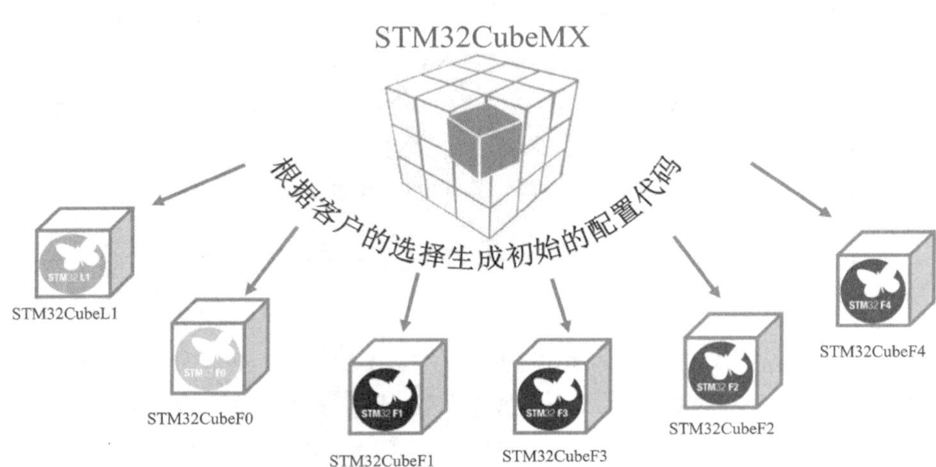

图 4.8.1 STM32CubeMX 和 STM32Cube 库的关系

4.8.2 STM32CubeMX 运行环境搭建

STM32CubeMX 运行环境搭建包含两个部分。首先是 Java 运行环境安装，其次是 STM32CubeMX 软件安装。对于 Java 运行环境，读者可以到 Java 官网(www.java.com)下载最新的 Java 软件，也可以直接从本书配套资料复制安装包，目录为"\6，软件资料\1，软件\Java 安装包"。注意，STM32CubeMX 的 Java 运行环境版本必须是 V1.7 及以上，如果安装过 V1.7 以下版本，则须先删掉后重新安装最新版本。

对于 Java 运行环境安装，这里就不做过多讲解，直接双击安装包，根据提示安装即可。安装完成之后提示界面如图 4.8.2 所示。

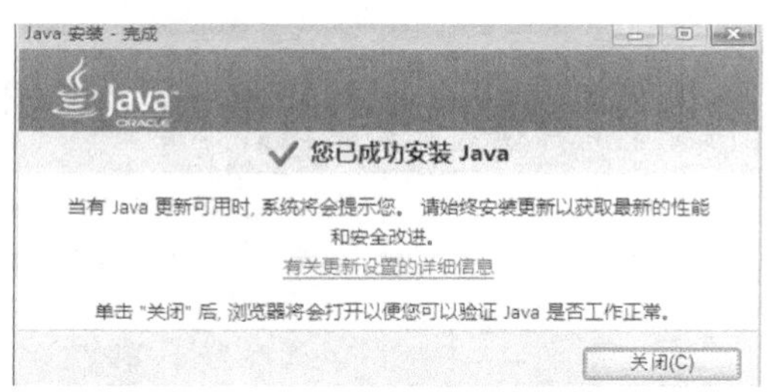

图 4.8.2 Java 安装成功提示界面

安装完 Java 运行环境之后，为了检测是否正常安装，则可以打开 Windows 的命令输入框，输入 java - version 命令。如果显示 Java 版本信息，则安装成功。提示信息如下图 4.8.3 所示。

安装完 Java 运行环境之后，接下来安装 STM32CubeMX 图形化工具。该软件可以直接从配套资料复制，目录为"\6，软件资料\1，软件\STM32CubeMX"；也可以直接从 ST 官方下载，下载地址为 www.st.com/stm32cube。

图 4.8.3　查看 Java 版本

接下来直接双击 STM32CubeMX 安装包，根据提示信息安装即可。安装完成之后提示信息如图 4.8.4 所示。

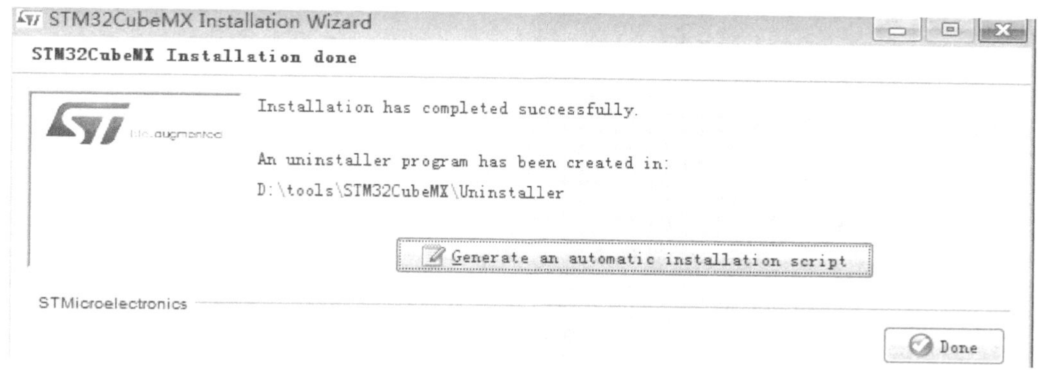

图 4.8.4　STM32CubeMX 安装完成界面

安装完成之后打开软件，如果软件安装成功，打开软件之后的界面如图 4.8.5 所示。

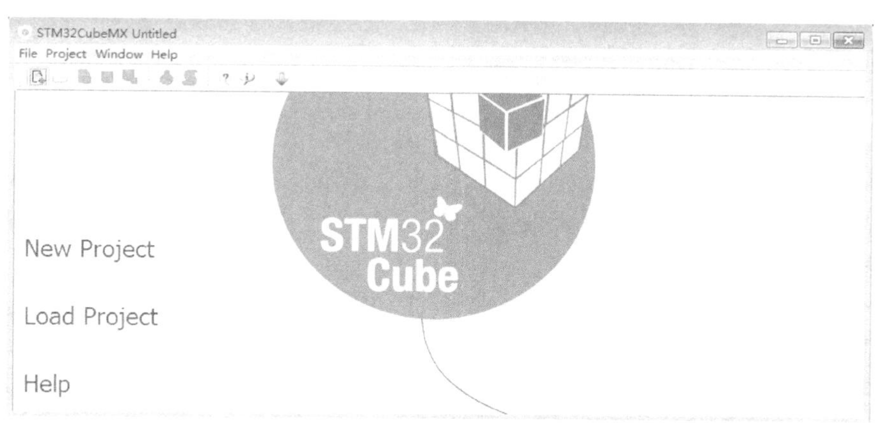

图 4.8.5　STM32CubeMX 打开后的显示界面

安装好 STM32CubeMX 之后，接下来要在软件中指定 STM32Cube 软件包。在 STM32CubeMX 操作界面，选择 Help→Updater Settings 菜单项，则弹出如图 4.8.6 所

示界面。

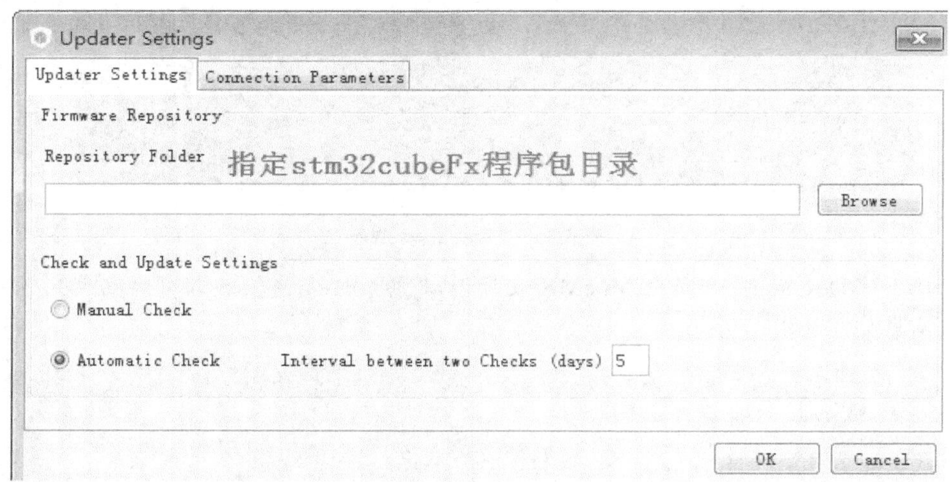

图 4.8.6 Updater Settings 操作界面

在图 4.8.6 中只需要单击 Browse 按钮,再定位到 3.2 节讲解的 stm32cubefx 存放目录即可。注意,stm32cubefx 文件夹名字遵循 STM32Cube_FW_Fx_Vm.n.z 格式,我们指定的 Repository Folder 下面必须存在一个或者多个 STM32Cube_FW_Fx_Vm.n.z 格式程序包;STM32CubeMX 生成工程的时候会根据选择的芯片型号,而去这个目录加载必要的库文件。一般情况下,我们会新建一个目录,然后把需要使用的各种 stm3cubefx 支持包解压放到该目录之下,然后把该目录指定为 Repository Folder 即可。操作方法如图 4.8.7 所示。

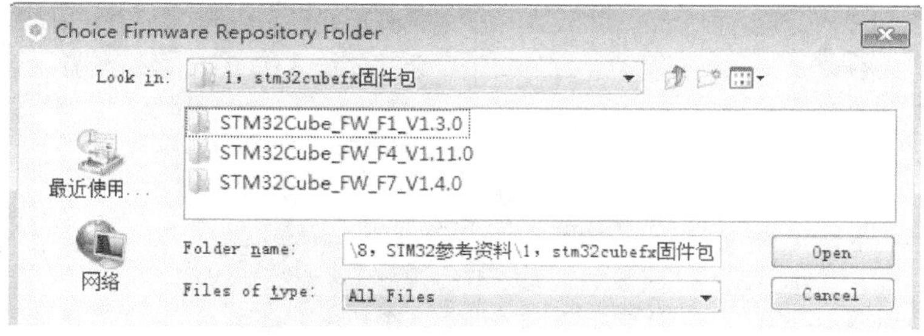

图 4.8.7 指定程序库目录

实际上,也可以直接在 STM32CubeMX 中选择 Help→Install New Libraries 菜单项,然后下载需要的程序库;但是由于速度比较慢,而且在下载过程中很容易中断,所以不推荐直接在 CubeMX 中下载。接下来将讲解怎么使用 STM32CubeMX 新建一个完整的 STM32F7 工程。

4.8.3 使用 STM32CubeMX 工具配置工程模板

多数情况下只使用 STM32CubeMX 来生成工程的时钟系统和外设的初始化代码，因为用户控制逻辑代码是无法在 STM32CubeMX 中完成的，需要用户根据需求来实现。STM32CubeMX 配置工程的一般步骤为：①工程初步建立和保存；②RCC 设置；③时钟系统（时钟树）配置；④GPIO 功能引脚配置；⑤生成工程源码；⑥编写用户代码。

接下来将按照上面 6 个步骤，教读者使用 STM32CubeMX 工具生成一个完整的工程。

1. 工程初步建立和保存

工程建立的方法有两种，第一种是打开 STM32CubeMX，之后在主界面单击 New Project 按钮；第二种是选择 File→New Project 菜单项，操作方法如图 4.8.8 所示。

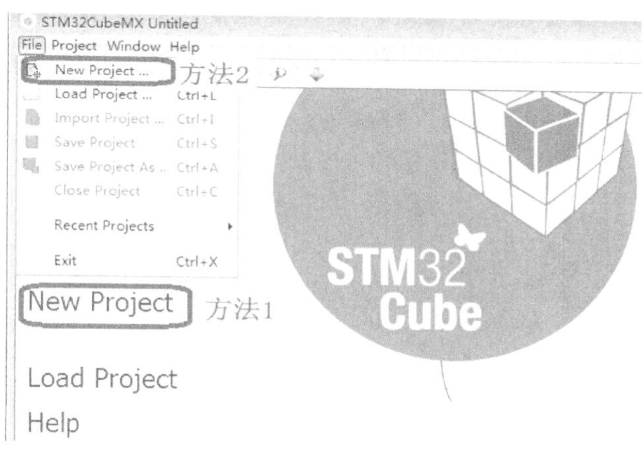

图 4.8.8　新建工程

之后则弹出 MCU 选择窗口。我们依次在 Series、Lines 和 Package 下拉列表框选择与我们使用的 STM32F7 对应的参数，然后选择对应的芯片型号，最后单击 OK 按钮。如果是 STM32F767IGT6，则选择 Lines 为 STM32F7x7，然后选择 STM32F767IGT6；如果是 STM32F746IGT6，则选择 Lines 为 STM32F7x6，然后选择 STM32F746IGT6。这里以 STM32F767IGT6 为例，操作方法如图 4.8.9 所示。

为了避免在软件使用过程中出现意外而导致工程没有保存，所以选择好芯片型号之后先对工程进行保存。选择 File→Save Project 菜单项，然后保存工程到某个文件夹面即可。操作过程如图 4.8.10 所示。

保存完成之后，进入 Template 目录可以发现，目录中多了一个 Template.ioc 文件，下次单击这个文件就可以直接打开这个工程。

工程新建好之后会直接进入 Pinout 选项卡，这个时候界面会展示芯片完整引脚图，如图 4.8.11 所示。在引脚图中可以对引脚功能进行配置。图中黄色的引脚注（见配套资料中的彩图）主要是一些电源和 GND 引脚。如果某个引脚被使用，那么会显示为绿色。

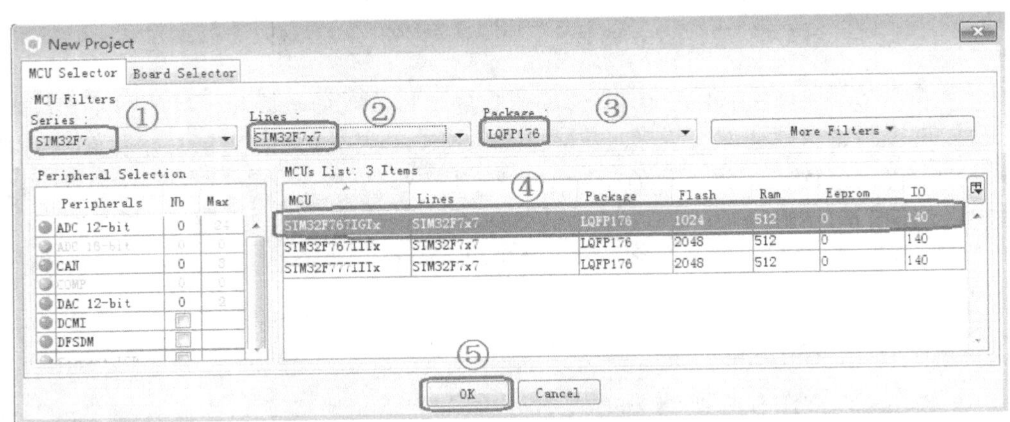

图 4.8.9　选择 MCU

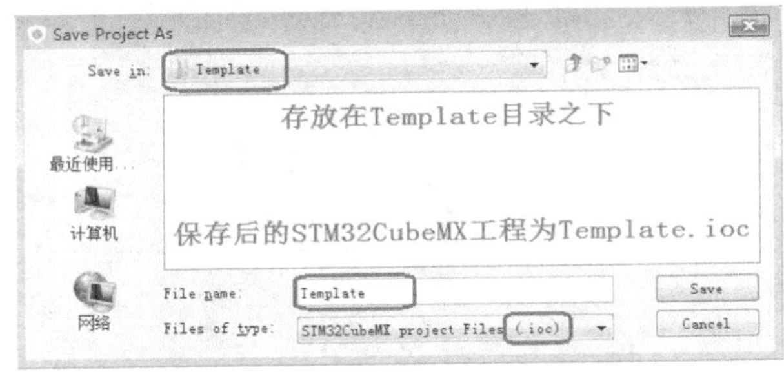

图 4.8.10　保存工程

2. RCC 设置

对 STM32 芯片而言,RCC 配置的重要性不言而喻。在 STM32CubeMX 中,RCC 相关设置却非常简单,因为它把时钟系统独立出来配置。在操作界面,依次选择选项卡 Pinout→Peripherals→RCC,则可进入 RCC 配置栏,操作步骤如图 4.8.12 所示。

从图 4.8.12 可以看出,RCC 配置栏实际上只有 5 个配置项。选项 High Speed Clock(HSE)用来配置 HSE,第二个选项 Low Speed Clock(LSE)用来配置 LSE,选项 Master Clock Output 1 用来选择是否使能 MCO1 引脚时钟输出,选项 Master Clock Output 2 用来选择是否使能 MCO2 引脚时钟输出,最后一个选项 Audio Clock Input (I2S_CKIN)用来选择是否从 I2S_CKIN(PC9)输入 I^2S 时钟。注意,因为选项 Master Clock Output 2 和选项 Audio Clock Input(I2S_CKIN)都使用的是 PC9 引脚,所以如果使能了其中一个,那么另一个选项会自动显示为红色,也就是不允许配置,这就是 STM32CubeMX 的自动冲突检测功能。

本小节只使用到 HSE,所以设置选项 High Speed Clock(HSE)的值为 Crystal/Ceramic Resonator(使用晶振/陶瓷振荡器)即可。注意,值 Bypass Clock Source 的意思是旁路时钟源,也就是不使用使用晶振/陶瓷振荡器,直接通过外部提供一个可靠的

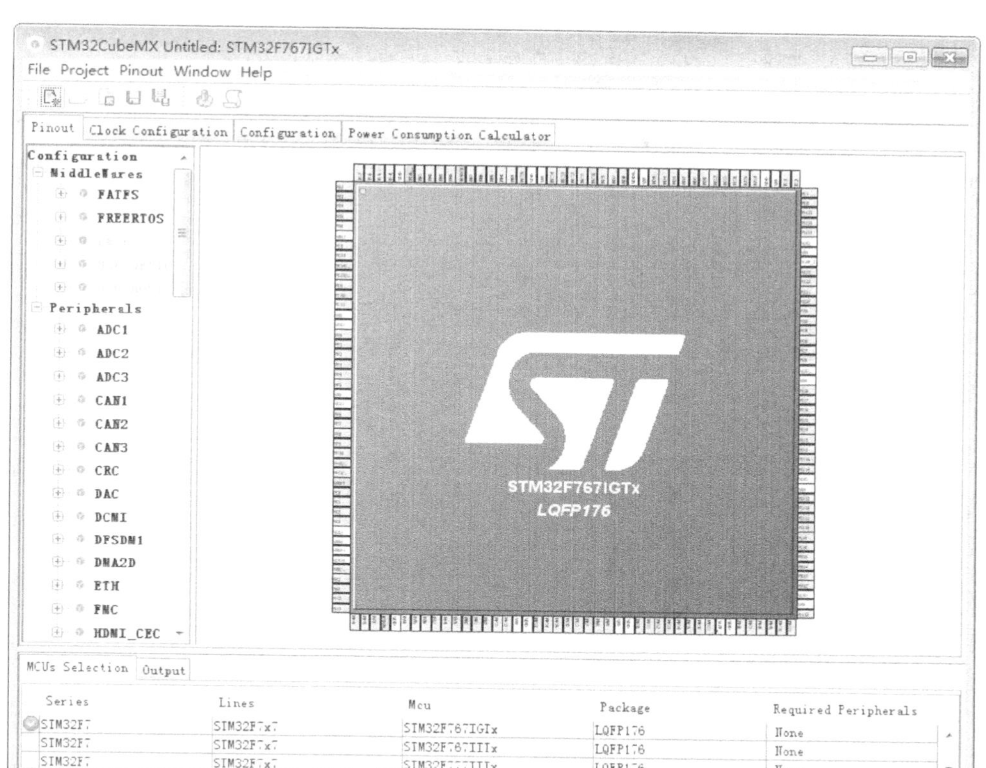

图 4.8.11 STM32CubeMX 中芯片引脚图

4～26 MHz 时钟作为 HSE。配置好的 RCC 配置选项如图 4.8.13 所示。可以看出，打开了 HSE 之后，右边引脚图中相应的引脚会由灰色变为绿色，表示该引脚已经被使用。配置完 RCC 之后，接下来看看配置时钟系统树的方法。

3. 时钟系统(时钟树)配置

使用 STM32CubeMX 配置时钟树之前，需要充分理解 STM32 时钟系统，这在 4.3 节有非常详细的讲解。只有熟练掌握了 STM32 时钟系统，那么在软件中配置时钟树才会得心应手。

选择 Clock Configuration 选项卡即可进入时钟系统配置栏，如图 4.8.14 所示。进入 Clock Configuration 配置栏之后可以看到，界面展现一个完整的 STM32F7 时钟系统框图。这个时钟系统框图跟之前时钟系统章节讲解的时钟系统框图实际是一模一样的，只不过调整了一下显示顺序。从这个时钟树配置图可以看出，配置的主要是外部晶振大小、分频系数、倍频系数以及选择器。在配置的工程中，时钟值会动态更新，如果某个时钟值在配置过程中超过允许值，那么相应的选项框会有红色提示。

这里将配置一个和之前讲解的 Stm32_Clock_Init 函数实现的功能一模一样的配置。Stm32_Clock_Init 函数主要实现的是以 HSE 为时钟源，配置主 PLL 相关参数，然

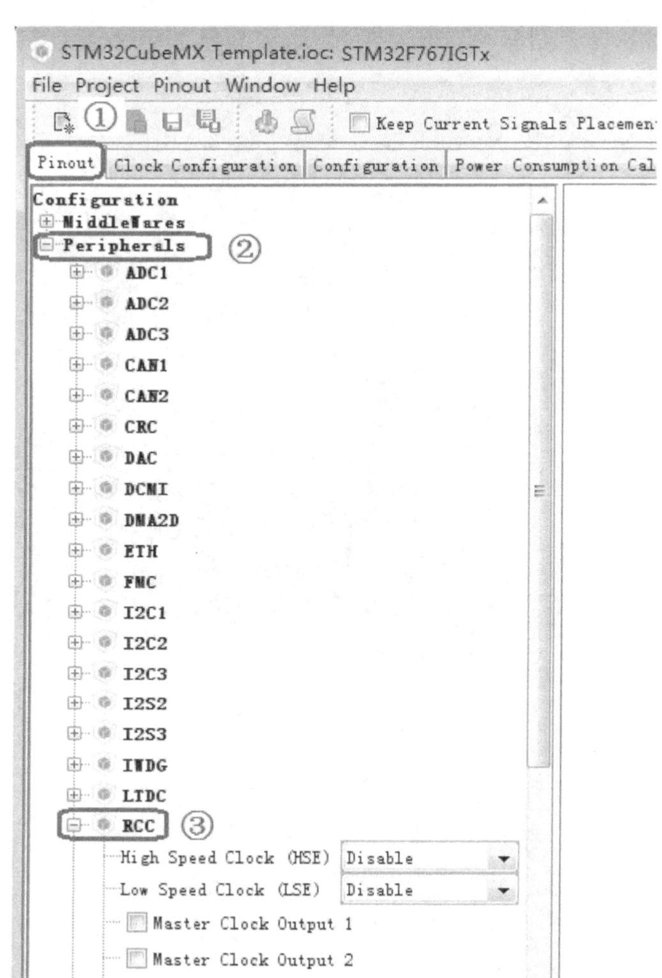

图 4.8.12 进入 RCC 配置栏

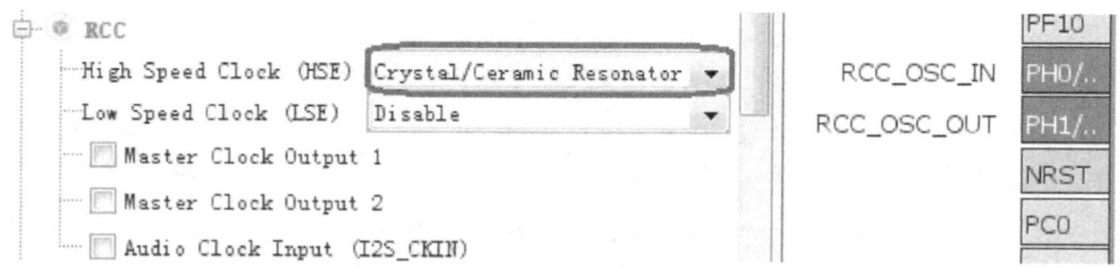

图 4.8.13 RCC 选项配置

后系统时钟选择 PLL 为时钟源，最终配置系统时钟为 216 MHz 的过程。同时，还配置了 AHB、APB1、APB2 和 Systick 的相关分频系数。由于图片比较大，我们把主要的配

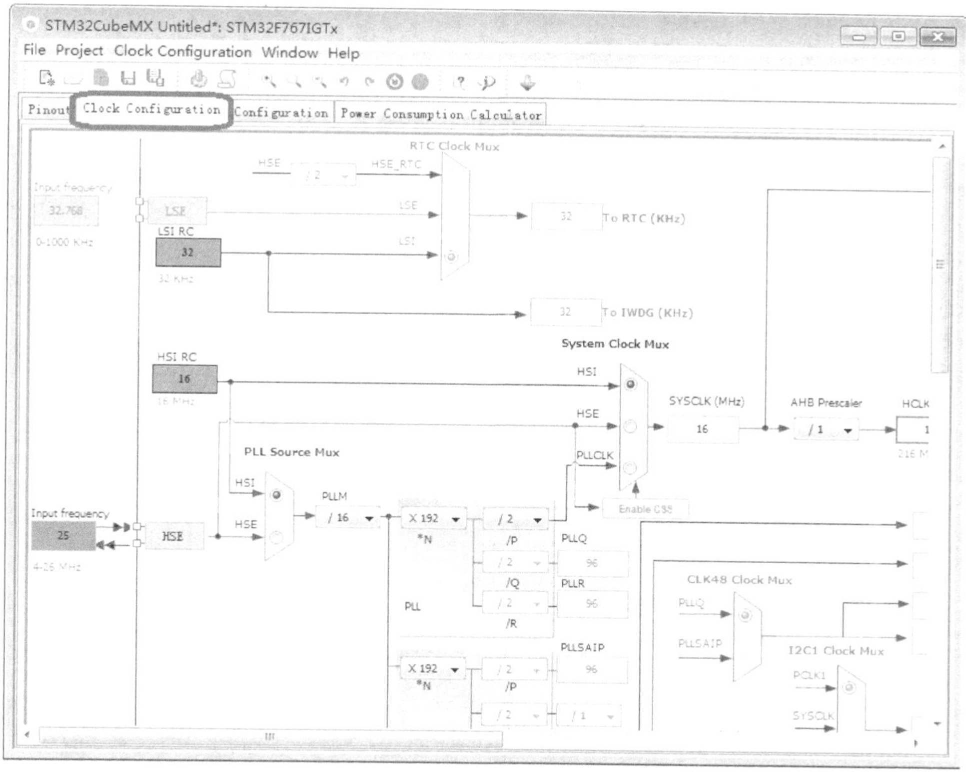

图 4.8.14　时钟系统配置栏

置部分分两部分来讲解，第一部分是配置系统时钟，第二部分是配置 AHB、APB1 和 APB2 的分频系数。首先来看看第一部分配置，如图 4.8.15 所示。

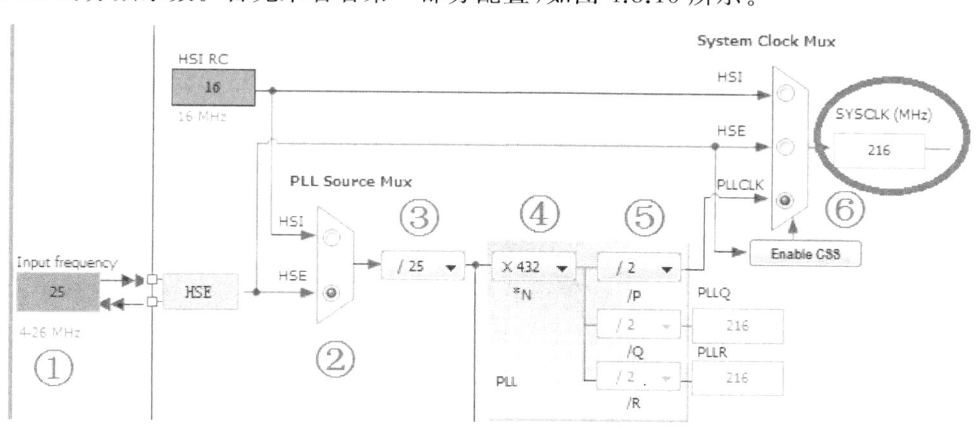

图 4.8.15　系统时钟配置图

把系统时钟配置分为 6 个步骤，分别用标号①～⑥表示，详细过程为：

① 时钟源参数设置：HSE 或者 HSI 配置。这里选择 HSE 为时钟源，所以之前必

须在 RCC 配置中开启 HSE。

② 时钟源选择：HSE 还是 HSI。这里配置选择器选择 HSE 即可。

③ PLL 分频系数 M 配置。分频系数 M 设置为 25。

④ 主 PLL 倍频系数 N 配置。倍频系数 N 设置为 432。

⑤ 主 PLL 分频系数 P 配置。分频系数 P 配置为 2。

⑥ 系统时钟时钟源选择：PLL、HSI、HSE。一般选择 PLL，即选择器选择 PLLCLK 即可。

经过上面的 6 个步骤就会生成标准的 216 MHz 系统时钟。接下来只需要配置 AHB、APB1、APB2 和 Systick 的分频系数，就可以完全实现函数 Stm32_Clock_Init 配置的时钟系统。配置如图 4.8.16 所示。

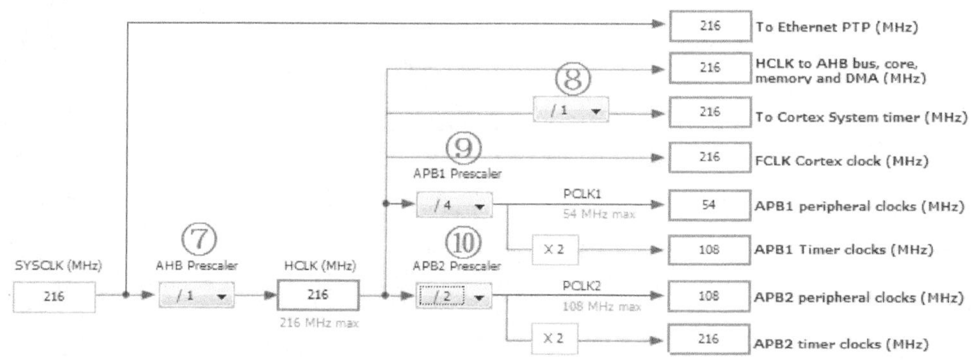

图 4.8.16　AHB、APB1 和 APB2 总线时钟配置

AHB、APB1、APB2 总线时钟以及 Systick 时钟的最终来源都是系统时钟 SYSCLK。其中，AHB 总线时钟 HCLK 是由 SYSCLK 经过 AHB 预分频器之后得来的，如果要设置 HCLK 为 180 MHz，那么只需要配置图中标号⑦的地方为 1 即可。得到 HCLK 之后，接下来将在图标号⑧～⑩处用同样的方法依次配置 Systick、APB 以及 APB2 分频系数分别为 1、4 和 2 即可。配置完成之后，那么 HCLK＝216 MHz，Systick 时钟为 216/1 MHz＝216 MHz，PCLK1＝216 MHz/4＝54 MHz，PCLK2＝216 MHz/2＝108 MHz，这和使用 Stm32_Clock_Init 函数配置的时钟是一模一样的。

配置完时钟系统之后，如果直接使用软件生成工程，那么就可以从工程中提取系统时钟初始化配置相关代码。配置时钟系统实际上是 STM32CubeMX 一个很重要的功能。为了验证工程的正确性，下面将手把手教读者进行 I/O 口配置，配置一个和阿波罗 STM32F7 开发板跑马灯实验初始化代码一样的效果。

4. GPIO 功能引脚配置

讲解怎么使用 STM32CubeMX 工具配置 STM32 的 GPIO 口。阿波罗 STM32F7 开发板的 PB0 和 PB1 引脚连接两个 LED 灯，这里将配置这两个 I/O 口的相关参数。STM32CubeMX 可以直接在芯片引脚图上配置 I/O 口参数。这里回到

STM32CubeMX 的 Pinout 选项，在搜索栏输入 PB0 和 PB1，即可找到 PB0 和 PB1 在引脚图中的位置，如图 4.8.17 所示。

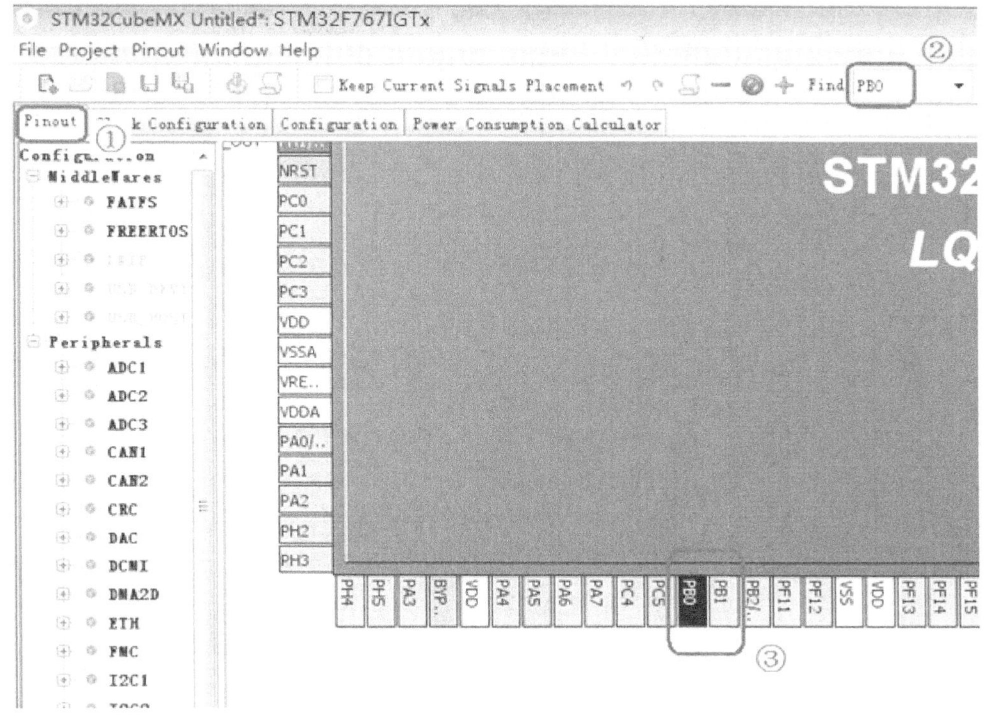

图 4.8.17　PB0/PB1 引脚位置图

接下来在图 4.8.17 引脚图中单击 PB0，并在弹出的下拉菜单中选择 I/O 口的功能为 GPIO_Output。操作方法如图 4.8.18 所示。

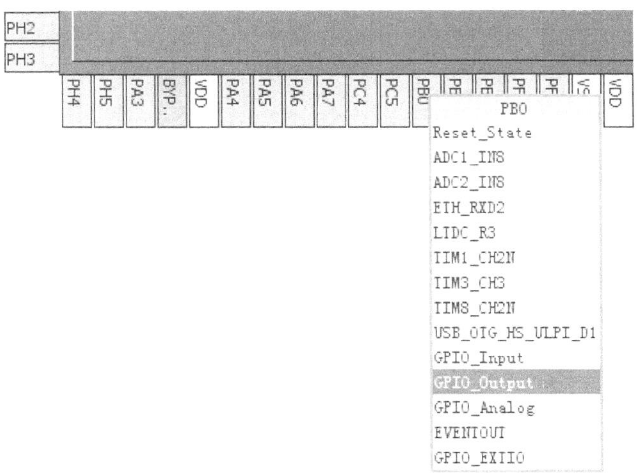

图 4.8.18　配置 GPIO 模式

同样的方法配置 PB1 选择功能为 GPIO_Oput 即可。注意，如果要配置 I/O 口为外部中断引脚或者其他复用功能，则选择相应的选项即可。配置完 I/O 口功能之后，还要配置 I/O 口的速度、上下拉等参数。这些参数是在 Configuration 选项卡中配置的，配置步骤如图 4.8.19 所示。

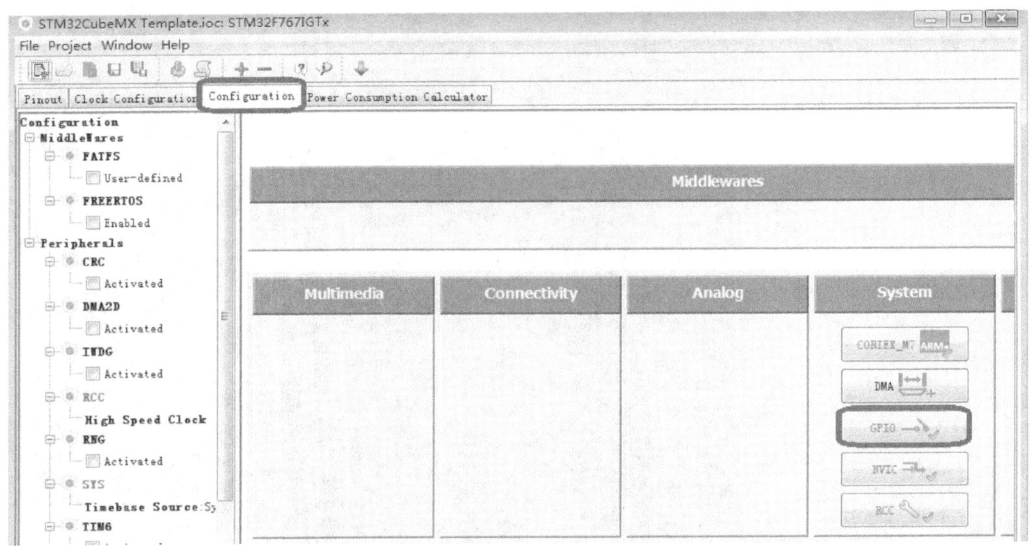

图 4.8.19　进入 GPIO 详细参数配置界面

依次选择 Configuration→GPIO 即可进入 I/O 口详细配置界面，这时界面会列出所有使用到的 I/O 口的参数配置。这里选中 PB0 栏，则在显示框下方显示对应 I/O 口的详细配置信息，对参数进行配置后单击 Apply 保存即可。配置方法如图 4.8.20 所示。

Pin Configuration

GPIO RCC

Search Signals

Search (Cr...

Show only Modified Pins

Pin ...	Sign...	GPIO...	GPIO...	GPIO...	Maxi...	Fast...	User...	Modi...
PB0	n/a	n/a	Outpu...	Pull-up	High	n/a		✓
PB1	n/a	n/a	Outpu...	Pull-up	High	n/a		✓

PB1 Configuration :

GPIO mode　Output Push Pull

GPIO Pull-up/Pull-down　Pull-up

Maximum output speed　High

User Label

Group By IP　Apply　Ok　Cancel

图 4.8.20　配置 GPIO 口详细参数

此界面的参数将在跑马灯实验详细介绍，这里就不多说了。配置完成之后，单击OK回到Configuration选项卡界面。

选项卡Power Consumption Calculator的作用是对功耗进行计算，这里没有使用到，就不详细讲解了。

5. Cortex－M7内核基本配置

这里主要配置Cortex－M7内核相关的参数。依次选择Configuration→Cortex－M7 ARM进入配置界面，操作过程如图4.8.21和4.8.22所示。

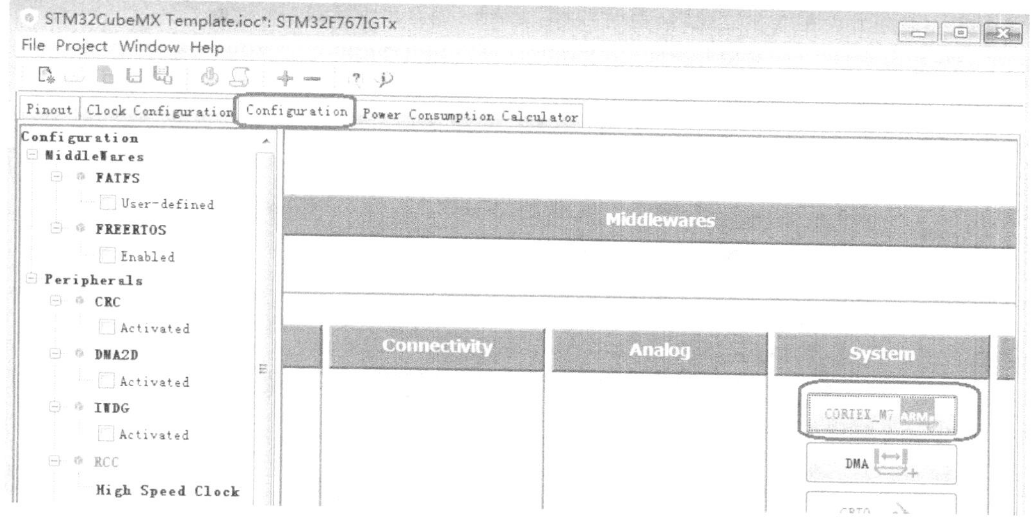

图4.8.21 进入Cortex－M7 ARM配置界面

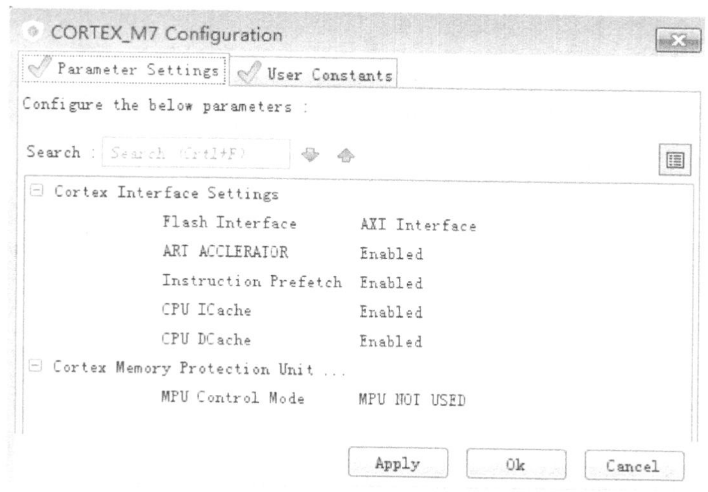

图4.8.22 Cotex－M7配置界面

该界面一共有两个配置栏目。第一个配置栏目 Cortex Interface Settings 下面有 5 个配置项：

- Flash Interface：选择 Flash 接口，为 AXI 或者 TCM。
- ARI ACCLERATOR：使能缓存加速。
- Instruction Prefetch：使能指令预取。
- CPU ICache：使能 I - Cache。
- CPU DCache：使能 D - Cache。

这 5 个参数是 Cortex - M7 内核相关配置。第二个配置栏目 Cortex Memory Protection Unit，用来配置内存保护单元 MPU，在后面的实验会详细讲解。

6. 生成工程源码

经过上面 5 个步骤，一个完整的系统已经配置完成。接下来将使用 STM32CubeMX 生成我们需要的工程源码。在 STM32CubeMX 操作界面，选择 Project→Generate Code 菜单项即可生成源码，操作方法如图 4.8.23 所示。

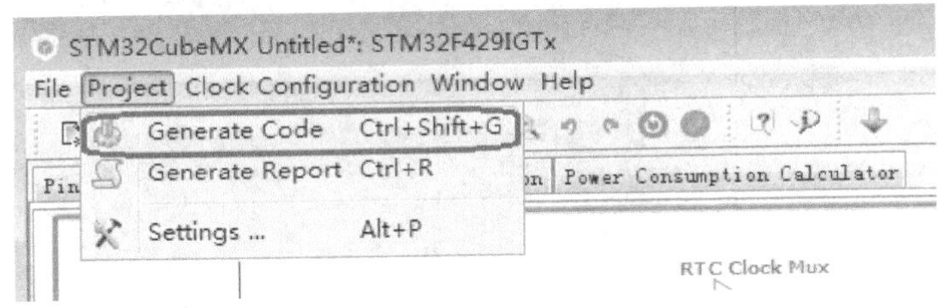

图 4.8.23　选择 Generate Code 选项

之后，弹出的界面会要求配置生成的工程名称、保存目录以及使用的编译软件类型。依次填写工程名称和保存目录即可，对于编译软件我们选择 MDK5 即可。操作过程如图 4.8.24 所示。

配置完成后，单击 OK 开始生产源码。源码生产后，则保存在 Project Location 选项配置的目录中，同时弹出生成成功提示界面，如图 4.8.25 所示。可以单击界面的 Open Folder 按钮打开工程保存目录，也可以单击界面的 Open Project 按钮直接使用 IDE 打开工程。

至此，一个完整的 STM32F7 工程就已经生成完成，其目录结构如图 4.8.26 所示。

- Drivers 文件夹存放的是 HAL 库文件和 CMSIS 相关文件。
- Inc 文件夹存放的是工程必须的部分头文件。
- MDK - ARM 下面存放的是 MDK 工程文件。
- Src 文件夹下面存放的是工程必须的部分源文件。
- Template. ioc 是 STM32CubeMX 工程文件，双击该文件，则工程在 STM32CubeMX 中被打开。

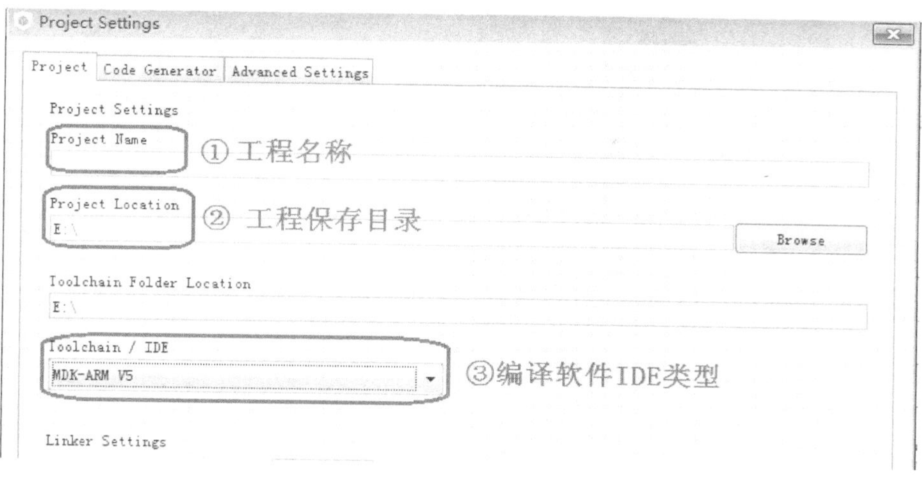

图 4.8.24　工程参数配置

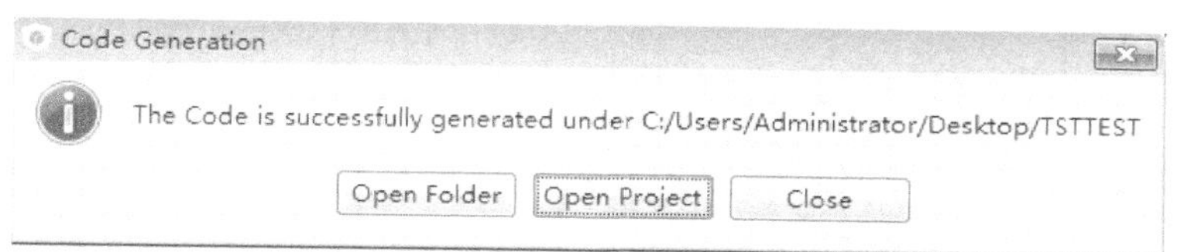

图 4.8.25　代码生成后提示界面

图 4.8.26　STM32CubeMX 生成的工程目录结构

7. 编写用户程序

编写用户程序之前，首先打开生成的工程模板进行编译，发现没有任何错误和警告。工程模板结构如图 4.8.27 所示。

该工程模板结构跟 3.3 节新建的工程模板实际上是类似的，只不过一些分组名称

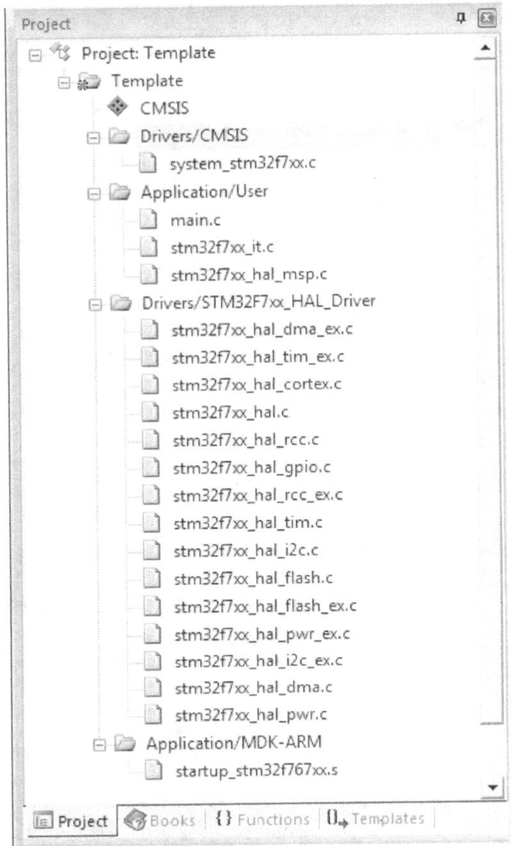

图 4.8.27　使用 STM32CubeMX 生成的工程模板

不一样;同时我们将时钟系统配置源码放在 SYSTEM 分组的 sys.c 中,而该模板直接放在 main.c 源文件中。这里对该模板就不做过多讲解。直接打开 main.c 源文件可以看到,该文件定义了两个关键函数 SystemClock_Config 和 MX_GPIO_Init,并且在 main 函数中调用了这两个函数。SystemClock_Config 函数用来配置时钟系统,和模板中的 Stm32_Clock_Init 函数作用一样。MX_GPIO_Init 函数用来初始化 PB0 和 PB1 相关配置,这在模板中直接放到了 main 函数中。接下来看看生成工程模板的 main 函数,这里删掉了源码注释,关键源码如下:

```
int main(void)
{
  SCB_EnableICache();
  SCB_EnableDCache();
  HAL_Init();
  SystemClock_Config();
  MX_GPIO_Init();
  while (1)
  {
```

```
    }
}
```

该函数 while 语句之前实现的功能和 3.3 节的工程模板是一致的。这里直接把 3.3 节新建的工程模板中 main 函数 while 语句中的源码复制到此处的 while 语句中，然后复制 Delay 函数申明和定义到 main 函数之前。注意，STM32CubeMX 生成的 main.c 文件中很多地方有"/ * USER CODE BEGIN X * /"和"/ * USER CODE ENDX * /"格式的注释，我们在这些注释的 BEGIN 和 END 之间编写代码，那么重新生成工程之后，这些代码会保留而不会被覆盖。复制完代码之后，main 函数关键源码如下：

```
/ * USER CODE BEGIN 0 * /
void Delay(__IO uint32_t nCount);
void Delay(__IO uint32_t nCount)
{
  while(nCount --){}
}
/ * USER CODE END 0 * /
int main(void)
{
  SCB_EnableICache();
  SCB_EnableDCache();
  HAL_Init();
  MX_GPIO_Init();
/ * USER CODE BEGIN WHILE * /
  while (1)
  {
     HAL_GPIO_WritePin(GPIOB,GPIO_PIN_0,GPIO_PIN_SET);      //PB1 置 1
     HAL_GPIO_WritePin(GPIOB,GPIO_PIN_1,GPIO_PIN_SET);      //PB0 置 1
    Delay(0x7FFFFF);
     HAL_GPIO_WritePin(GPIOB,GPIO_PIN_0,GPIO_PIN_RESET);    //PB1 置 0
     HAL_GPIO_WritePin(GPIOB,GPIO_PIN_1,GPIO_PIN_RESET);    //PB0 置 0
    Delay(0x7FFFFF);
    / * USER CODE END WHILE * /
    / * USER CODE BEGIN 3 * /
  }
  / * USER CODE END 3 * /
}
```

这个时候对工程进行编译，可以发现没有任何警告和错误。同时，我们使用 3.4 节的方法下载程序到阿波罗 STM32F7 开发板中（如果使用 ST－LINK 下载，须注意配置 MDK），运行结果和 3.3 节新建工程运行结果一模一样。

本节使用 STM32CubeMX 新建的工程模板在本书配套资料的目录是"4，程序源码\标准例程-库函数版本\实验 0－3 Template 工程模板-使用 STM32CubeMX 配置"中有存放，编写代码过程中可以参考该工程的 main.c 文件。

这里需要说明一下，大多数情况下，STM32CubeMX 主要用来配置时钟系统和外设初始化代码。这里讲解新建一个工程模板，是为了系统全面地讲解 STM32CubeMX 生成工程的步骤。

第5章 SYSTEM文件夹

第3章介绍了如何在MDK5下建立STM32F7工程。在这个新建的工程之中，我们用到了一个SYSTEM文件夹里面的代码，其由ALIENTEK提供，是STM32F7xx系列的底层核心驱动函数，可以用在STM32F7xx系列的各个型号上面，方便读者快速构建自己的工程。

SYSTEM文件夹下包含了delay、sys、usart共3个文件夹，分别包含了delay.c、sys.c、usart.c及其头文件。通过这3个c文件可以快速地给任何一款STM32F7构建最基本的框架，使用起来很方便。

通过这章的学习，读者将了解到这些代码的由来，也希望读者可以灵活使用SYSTEM文件夹提供的函数，从而快速构建工程，并实际应用到自己的项目中去。

5.1 delay文件夹

delay文件夹内包含了delay.c和delay.h两个文件，这两个文件用来实现系统的延时功能，其中包含7个函数，分别是void delay_osschedlock(void)、void delay_osschedunlock(void)、void delay_ostimedly(u32 ticks)、void SysTick_Handler(void)、void delay_init(u8 SYSCLK)、void delay_ms(u16 nms)、void delay_us(u32 nus)。前面4个函数仅在支持操作系统(OS)的时候需要用到，后面3个函数则不论是否支持OS都需要用到。

介绍这些函数之前，先了解一下编程思想：Cortex-M4内核的处理器和Cortex-M3一样，内部都包含了一个SysTick定时器。SysTick是一个24位的倒计数定时器，当计到0时，将从RELOAD寄存器中自动重装载定时初值。只要不把它在SysTick控制及状态寄存器中的使能位清除，就永不停息。SysTick在《STM32F7中文参考手册》里面基本没有介绍，详细介绍可参阅《STM32F7编程手册》第211页4.4节。我们就是利用STM32的内部SysTick来实现延时的，这样既不占用中断，也不占用系统定时器。

这里将介绍的是ALIENTEK提供的最新版本的延时函数，该版本的延时函数支持在任意操作系统(OS)下面使用，可以和操作系统共用SysTick定时器。

这里以μC/OS-II为例，介绍如何实现操作系统和delay函数共用SysTick定时器。首先，简单介绍下μC/OS-II的时钟：μC/OS运行需要一个系统时钟节拍(类似

"心跳"),而这个节拍是固定的(由 OS_TICKS_PER_SEC 宏定义设置),比如要求 5 ms 一次(即可设置 OS_TICKS_PER_SEC=200),STM32 上一般是由 SysTick 来提供这个节拍。也就是 SysTick 要设置为 5 ms 中断一次,为 μC/OS 提供时钟节拍,而且这个时钟一般是不能被打断的(否则就不准了)。

因为在 μC/OS 下 systick 不能再被随意更改,如果还想利用 systick 来做 delay_us 或者 delay_ms 的延时,就必须想点办法了,这里利用的是时钟摘取法。以 delay_us 为例,比如 delay_us(50),在刚进入 delay_us 的时候先计算好这段延时需要等待的 systick 计数次数,这里为 50×216(假设系统时钟为 216 MHz,因为设置 systick 的频率为系统时钟频率,那么 systick 每增加 1,就是 1/216 μs),然后就一直统计 systick 的计数变化,直到这个值变化了 50×216。一旦检测到变化达到或者超过这个值,就说明延时 50 μs 时间到了。这样,我们只是抓取 SysTick 计数器的变化,并不需要修改 SysTick 的任何状态,完全不影响 SysTick 作为 μC/OS 时钟节拍的功能,这就是实现 delay 和操作系统共用 SysTick 定时器的原理。

5.1.1 操作系统支持宏定义及相关函数

当需要 delay_ms 和 delay_us 支持操作系统(OS)的时候,我们需要用到 3 个宏定义和 4 个函数,宏定义及函数代码如下:

```
//本例程仅作 UCOSII 和 UCOSIII 的支持,其他 OS 请自行参考着移植
//支持 UCOSII
#ifdef    OS_CRITICAL_METHOD
//OS_CRITICAL_METHOD 定义了,说明要支持 UCOSII
#define delay_osrunning         OSRunning          //OS 是否运行标记,0,不运行;1,在运行
#define delay_ostickspersec     OS_TICKS_PER_SEC   //OS 时钟节拍,即每秒调度次数
#define delay_osintnesting      OSIntNesting       //中断嵌套级别,即中断嵌套次数
#endif
//支持 UCOSIII
#ifdef    CPU_CFG_CRITICAL_METHOD
                                //CPU_CFG_CRITICAL_METHOD 定义了,说明要支持 UC/OS-III
#define delay_osrunning         OSRunning          //OS 是否运行标记,0,不运行;1,在运行
#define delay_ostickspersec     OSCfg_TickRate_Hz  //OS 时钟节拍,即每秒调度次数
#define delay_osintnesting      OSIntNestingCtr    //中断嵌套级别,即中断嵌套次数
#endif
//us 级延时时,关闭任务调度(防止打断 us 级延迟)
void delay_osschedlock(void)
{
#ifdef CPU_CFG_CRITICAL_METHOD          //使用 UC/OS-III
    OS_ERR err;
    OSSchedLock(&err);                  //UC/OS-III 的方式,禁止调度,防止打断 us 延时
#else                                   //否则 UC/OS-II
    OSSchedLock();                      //UC/OS-II 的方式,禁止调度,防止打断 us 延时
#endif
}
//us 级延时时,恢复任务调度
void delay_osschedunlock(void)
```

```
{
#ifdef CPU_CFG_CRITICAL_METHOD                          //使用 UC/OS-III
    OS_ERR err;
    OSSchedUnlock(&err);                                //UC/OS-III 的方式,恢复调度
#else                                                   //否则 UC/OS-II
    OSSchedUnlock();                                    //UC/OS-II 的方式,恢复调度
#endif
}
//调用 OS 自带的延时函数延时
//ticks:延时的节拍数
void delay_ostimedly(u32 ticks)
{
#ifdef CPU_CFG_CRITICAL_METHOD                          //使用 UC/OS-III 时
    OS_ERR err;
    OSTimeDly(ticks,OS_OPT_TIME_PERIODIC,&err);//UC/OS-III 延时采用周期模式
#else
    OSTimeDly(ticks);                                   //UC/OS-II 延时
#endif
}
//systick 中断服务函数,使用 ucos 时用到
void SysTick_Handler(void)
{
    if(delay_osrunning == 1)                            //OS 开始跑了,才执行正常的调度处理
    {
        OSIntEnter();                                   //进入中断
        OSTimeTick();                                   //调用 UC/OS 的时钟服务程序
        OSIntExit();                                    //触发任务切换软中断
    }
}
```

以上代码仅支持 μC/OS-II 和 μC/OS-II;不过,对于其他 OS 的支持,也只需要对以上代码进行简单修改即可实现。

支持 OS 需要用到的 3 个宏定义(以 μC/OS-II 为例),即:

```
#define delay_osrunning         OSRunning         //OS 是否运行标记,0,不运行;1,在运行
#define delay_ostickspersec     OS_TICKS_PER_SEC  //OS 时钟节拍,即每秒调度次数
#define delay_osintnesting      OSIntNesting      //中断嵌套级别,即中断嵌套次数
```

宏定义 delay_osrunning,用于标记 OS 是否正在运行。当 OS 已经开始运行时,该宏定义值为 1;当 OS 还未运行时,该宏定义值为 0。

宏定义 delay_ostickspersec,用于表示 OS 的时钟节拍,即 OS 每秒钟任务调度次数。

宏定义 delay_osintnesting,用于表示 OS 中断嵌套级别,即中断嵌套次数。每进入一个中断,该值加 1;每退出一个中断,该值减 1。

支持 OS 需要用到的 4 个函数,即:

函数 delay_osschedlock,用于 delay_us 延时,作用是禁止 OS 进行调度,以防打断 μs 级延时,从而导致延时时间不准。

函数 delay_osschedunlock,同样用于 delay_us 延时,作用是在延时结束后恢复 OS

的调度，继续正常的 OS 任务调度。

函数 delay_ostimedly，用于调用 OS 自带的延时函数实现延时。该函数的参数为时钟节拍数。

函数 SysTick_Handler，则是 systick 的中断服务函数。该函数为 OS 提供时钟节拍，同时可以引起任务调度。

以上就是 delay_ms 和 delay_us 支持操作系统时，需要实现的 3 个宏定义和 4 个函数。

5.1.2　delay_init 函数

该函数用来初始化 2 个重要参数：fac_us 以及 fac_ms，同时，把 SysTick 的时钟源选择为外部时钟。如果需要支持操作系统（OS），则只需要在 sys.h 里面设置 SYSTEM_SUPPORT_OS 宏的值为 1 即可。然后，该函数会根据 delay_ostickspersec 宏的设置来配置 SysTick 的中断时间，并开启 SysTick 中断。具体代码如下：

```
//初始化延迟函数
//当使用 OS 的时候,此函数会初始化 OS 的时钟节拍
//SYSTICK 的时钟固定为 HCLK
void delay_init(u8 SYSCLK)
{
#if SYSTEM_SUPPORT_OS                                   //如果需要支持 OS
    u32 reload;
#endif
HAL_SYSTICK_CLKSourceConfig(SYSTICK_CLKSOURCE_HCLK);
//SysTick 频率为 HCLK
    fac_us = SYSCLK;                                    //不论是否使用 OS,fac_us 都需要使用
#if SYSTEM_SUPPORT_OS                                   //如果需要支持 OS
    reload = SYSCLK;                                    //每秒钟的计数次数单位为 K
    reload * = 1000000/delay_ostickspersec;             //根据 delay_ostickspersec 设定溢出时间
                    //reload 为 24 位寄存器,最大值:16 777 216,在 180 MHz 下,约合 0.745 s
    fac_ms = 1000/delay_ostickspersec;                  //代表 OS 可以延时的最少单位
    SysTick ->CTRL| = SysTick_CTRL_TICKINT_Msk;//开启 SYSTICK 中断
    SysTick ->LOAD = reload;                            //每 1/OS_TICKS_PER_SEC 秒中断一次
    SysTick ->CTRL| = SysTick_CTRL_ENABLE_Msk; //开启 SYSTICK
#else
#endif
}
```

可以看到，delay_init 函数使用了条件编译来选择不同的初始化过程。不使用 OS 的时候，只是设置一下 SysTick 的时钟源以及确定 fac_us 值。使用 OS 的时候，则会进行一些不同的配置，这里的条件编译是根据 SYSTEM_SUPPORT_OS 这个宏来确定的，该宏在 sys.h 里面定义。

SysTick 是 MDK 定义了的一个结构体（在 core_m4.h 里面），里面包含 CTRL、LOAD、VAL、CALIB 这 4 个寄存器。

SysTick→CTRL 的各位定义如图 5.1.1 所示。

位 段	名 称	类 型	复位值	描 述
16	COUNTFLAG	R	0	如果在上次读取本寄存器后,SysTick已经数到了0，则该位为1。如果读取该位，该位将自动清零
2	CLKSOURCE	R/W	0	0=外部时钟源(STCLK) 1=内核时钟(FCLK)
1	TICKINT	R/W	0	1=SysTick倒数到0时产生SysTick异常请求 0=数到0时无动作
0	ENABLE	R/W	0	SysTick定时器的使能位

图 5.1.1 SysTick→CTRL 寄存器各位定义

SysTick→LOAD 的定义如图 5.1.2 所示。

位 段	名 称	类 型	复位值	描 述
23:0	RELOAD	R/W	0	当倒数至零时，将被重装载的值

图 5.1.2 SysTick→LOAD 寄存器各位定义

SysTick→VAL 的定义如图 5.1.3 所示。

位 段	名 称	类 型	复位值	描 述
23:0	CURRENT	R/Wc	0	读取时返回当前倒计数的值，写它则使之清零，同时还会清除在SysTick控制及状寄存器中的COUNTFLABG标志

图 5.1.3 SysTick→VAL 寄存器各位定义

SysTick→CALIB 不常用,这里我们也用不到,故不介绍了。

“SysTick _ CLKSourceConfig (SysTick _ CLKSource _ HCLK);” 这句代码把 SysTick 的时钟选择为内核时钟。注意,SysTick 的时钟源自 HCLK,假设外部晶振为 25 MHz,然后倍频到 216 MHz,那么 SysTick 的时钟即为 216 MHz,也就是 SysTick 的计数器 VAL 每减 1,就代表时间过了 1/216 μs。所以“fac_us＝SYSCLK;”这句话就是计算在 SYSCLK 时钟频率下延时 1 μs 需要多少个 SysTick 时钟周期。

在不使用 OS 的时候,fac_us 为 μs 延时的基数,也就是延时 1 μs 时 Systick 定时器需要走过的时钟周期数。当使用 OS 的时候,fac_us 还是 μs 延时的基数,不过这个值不会被写到 SysTick→LOAD 寄存器来实现延时,而是通过时钟摘取的办法实现的(前面已经介绍了)。fac_ms 代表 μC/OS 自带的延时函数所能实现的最小延时时间(如 delay_ostickspersec＝200,那么 fac_ms 就是 5 ms)。

5.1.3 delay_us 函数

该函数用来延时指定的 μs,其参数 nus 为要延时的微秒数。该函数有使用 OS 和不使用 OS 两个版本,这里首先介绍不使用 OS 的时候,实现函数如下:

```
//延时 nus
//nus 为要延时的 us 数.
//nus:0~204522252(最大值即 2^32/fac_us@fac_us = 21)
void delay_us(u32 nus)
{
    u32 ticks;
    u32 told,tnow,tcnt = 0;
    u32 reload = SysTick ->LOAD;                    //LOAD 的值
    ticks = nus * fac_us;                           //需要的节拍数
    told = SysTick ->VAL;                           //刚进入时的计数器值
    while(1)
    {
        tnow = SysTick ->VAL;
        if(tnow! = told)
        {
            if(tnow<told)tcnt + = told - tnow;
                                                //这里注意 SYSTICK 是递减的计数器就可以
            else tcnt + = reload - tnow + told;
            told = tnow;
            if(tcnt> = ticks)break;             //时间超过/等于要延迟的时间,则退出
        }
    };
}
```

这里就正是利用了前面提到的时钟摘取法，ticks 是延时 nus 需要等待的 SysTick 计数次数（也就是延时时间）；told 用于记录最近一次的 SysTick→VAL 值；tnow 是当前的 SysTick→VAL 值，通过它们的对比累加，实现 SysTick 计数次数的统计，统计值存放在 tcnt 里面，然后通过对比 tcnt 和 ticks 来判断延时是否到达，从而达到不修改 SysTick 实现 nus 的延时。对于使用 OS 的时候，delay_us 的实现函数和不使用 OS 的时候方法类似，都是使用的时钟摘取法，只不过使用 delay_osschedlock 和 delay_osschedunlock 两个函数用于调度上锁和解锁，这是为了防止 OS 在 delay_us 的时候打断延时，从而可能导致的延时不准。所以利用这两个函数来实现免打断，从而保证延时精度。

5.1.4　delay_ms 函数

该函数是用来延时指定的 ms 的，其参数 nms 为要延时的毫秒数。该函数有使用 OS 和不使用 OS 两个版本，这里分别介绍。首先是不使用 OS 的时候，实现函数如下：

```
//延时 nms
//nms:要延时的 ms 数
void delay_ms(u16 nms)
{
    u32 i;
    for(i = 0;i<nms;i ++ ) delay_us(1000);
}
```

该函数其实就是多次调用前面所讲的 delay_us 函数，从而实现毫秒级延时。

再来看看使用 OS 的时候，delay_ms 的实现函数如下：

```
//延时 nms
//nms:要延时的 ms 数
//nms:0～65535
void delay_ms(u16 nms)
{
    if(delay_osrunning&&delay_osintnesting == 0) //如果 OS 已经在跑了,且不是在中断里面
{
        if(nms> = fac_ms)                    //延时的时间大于 OS 的最少时间周期
        {
            delay_ostimedly(nms/fac_ms);     //OS 延时
        }
        nms % = fac_ms;             //OS 已经无法提供这么小的延时了,采用普通方式延时
    }
    delay_us((u32)(nms * 1000));             //普通方式延时
}
```

该函数中，delay_osrunning 是 OS 正在运行的标志，delay_osintnesting 则是 OS 中断嵌套次数；必须 delay_osrunning 为真，且 delay_osintnesting 为 0 的时候，才可以调用 OS 自带的延时函数进行延时（可以进行任务调度）。delay_ostimedly 函数就是利用 OS 自带的延时函数，从而实现任务级延时的，其参数代表延时的时钟节拍数（假设 delay_ostickspersec＝200，那么 delay_ostimedly (1)就代表延时 5 ms）。

当 OS 还未运行的时候，我们的 delay_ms 就是直接由 delay_us 实现的，OS 下的 delay_us 可以实现很长的延时（达到 204 s）而不溢出，所以放心地使用 delay_us 来实现 delay_ms。不过由于 delay_us 的时候任务调度被上锁了，所以还是建议不要用 delay_us 来延时很长的时间，否则影响整个系统的性能。

当 OS 运行的时候，delay_ms 函数将先判断延时时长是否大于等于一个 OS 时钟节拍（fac_ms），大于这个值的时候，则通过调用 OS 的延时函数来实现（此时任务可以调度）；不足一个时钟节拍的时候，直接调用 delay_us 函数实现（此时任务无法调度）。

5.1.5　HAL 库延时函数 HAL_Delay

前面讲解了 ALIENTEK 提供的使用 Systick 实现延时相关函数。实际上，HAL 库提供了延时函数，只不过它只能实现简单的毫秒级别延时，没有实现 μs 级别延时。下面列出 HAL 库实现延时相关的函数，首先是功能配置函数：

```
//调用 HAL_SYSTICK_Config 函数配置每隔 1 ms 中断一次:文件 stm32f7xx_hal.c 中定义
__weak HAL_StatusTypeDef HAL_InitTick(uint32_t TickPriority)
{
  HAL_SYSTICK_Config(HAL_RCC_GetHCLKFreq()/1000);    //配置 1 ms 中断一次
  HAL_NVIC_SetPriority(SysTick_IRQn, TickPriority ,0);
  return HAL_OK;
}

//HAL 库的 SYSTICK 配置函数:文件 stm32f7xx_hal_context.c 中定义
uint32_t HAL_SYSTICK_Config(uint32_t TicksNumb)
```

```
{
    return SysTick_Config(TicksNumb);
}
//内核的 Systick 配置函数,配置每隔 ticks 个 systick 周期中断一次
//文件 core_cm4.h 中
__STATIC_INLINE uint32_t SysTick_Config(uint32_t ticks)
{
  ...//此处省略函数定义
}
```

上面 3 个函数中,实际上开放给 HAL 调用的主要是 HAL_InitTick 函数,该函数在 HAL 库初始化函数 HAL_Init 中会被调用。该函数通过间接调用 SysTick_Config 函数来配置 Systick 定时器每隔 1 ms 中断一次,永不停歇。

接下来看看延时的逻辑控制代码:

```
//Systick 中断服务函数:文件 stm32f7xx_it.c 中
void SysTick_Handler(void)
{
  HAL_IncTick();
}
//下面代码均在文件 stm32f7xx_hal.c 中
static __IO uint32_t uwTick; //定义计数全局变量

__weak void HAL_IncTick(void)//全局变量 uwTick 递增
{
  uwTick ++ ;
}
__weak uint32_t HAL_GetTick(void)//获取全局变量 uwTick 的值
{
  return uwTick;
}
//开放的 HAL 延时函数,延时 Delay 毫秒
__weak void HAL_Delay(__IO uint32_t Delay)
{
  uint32_t tickstart = 0;
  tickstart = HAL_GetTick();
  while((HAL_GetTick() - tickstart) < Delay)
  {
  }
}
```

HAL 库实现延时功能非常简单,首先定义了一个 32 位全局变量 uwTick、在 Systick 中断服务函数 SysTick_Handler 中,通过调用 HAL_IncTick 来实现 uwTick 值不断增加,也就是每隔 1 ms 增加 1。而 HAL_Delay 函数在进入函数之后,先记录当前 uwTick 的值,然后不断在循环中读取 uwTick 当前值进行减运算,得出的就是延时的毫秒数。整个逻辑非常简单,也非常清晰。

但是,HAL 库的延时函数有一个局限性,在中断服务函数中使用 HAL_Delay 时会引起混乱,因为它是通过中断方式实现,而 Systick 的中断优先级是最低的,所以在中断中运行 HAL_Delay 会导致延时出现严重误差。所以一般情况下,推荐使用 ALIENTEK 提供的延时函数库。

5.2 sys 文件夹

sys 文件夹内包含了 sys.c 和 sys.h 两个文件。sys.h 里面除了函数申明外,主要定义了一些常用数据类型短关键字。sys.c 里面除了定义时钟系统配置函数 Stm32_Clock_Init 外,主要是一些汇编函数以及 Cache 相关操作函数。函数 Stm32_Clock_Init 的讲解可参考本书 4.3 节 STM32F7 时钟系统章节内容,接下来看看 STM32F7 的 Cache 使能函数。

STM32F7 自带了指令 Cache(I Cache)和数据 Cache(D Cache),使用 I/D Cache 可以缓存指令、数据,提高 CPU 访问指令、数据的速度,从而大大提高 MCU 的性能。不过,MCU 在复位后 I/D Cache 默认都是关闭的,为了提高性能,我们需要开启 I/D Cache。在 sys.c 里面提供了如下函数:

```
//使能 STM32F7 的 L1 - Cache,同时开启 D cache 的强制透写
void Cache_Enable(void)
{
    SCB_EnableICache();       //使能 I - Cache,函数在 core_cm7.h 里面定义
    SCB_EnableDCache();       //使能 D - Cache,函数在 core_cm7.h 里面定义
    SCB->CACR| = 1<<2;        //强制 D - Cache 透写,如不开启,实际使用中可能遇到各种问题
}
```

该函数通过调用 SCB_EnableICache 和 SCB_EnableDCache 函数来使能 I Cache 和 D Cache。不过,在使能 D Cache 之后,SRAM 里面的数据有可能会被缓存在 Cache 里面,此时如果有 DMA 之类的外设访问这个 SRAM 里面的数据,则有可能和 Cache 里面数据不同步,从而导致数据出错。为了防止这种问题,保证数据的一致性,我们设置了 D Cache 的强制透写功能(Write Through),这样 CPU 每次操作 Cache 里面的数据,同时也会更新到 SRAM 里面,保证了 D Cache 和 SRAM 里面数据一致。关于 Cache 的详细介绍,可参考《STM32F7 Cache Oveview》和《Level 1 cache on STM32F7 Series》(见配套资料"8,STM32 参考资料"文件夹)。

SCB_EnableICache 和 SCB_EnableDCache 两个函数是在 core_cm7.h 里面定义的,直接调用即可。另外,core_cm7.h 里面还提供了以下 5 个常用函数:

- SCB_DisableICache 函数,用于关闭 I Cache。
- SCB_DisableDCache 函数,用于关闭 D Cache。
- SCB_InvalidateDCache 函数,用于丢弃 D Cache 当前数据,重新从 SRAM 获取数据。
- SCB_CleanDCache 函数,用于将 D Cache 数据回写到 SRAM 里面,同步数据。
- SCB_CleanInvalidateDCache 函数,用于回写数据到 SRAM,并重新获取 D Cache 数据。

在 Cache_Enable 函数里面,我们直接开启了 D Cache 的透写模式,这样带来的好处就是可以保证 D Cache 和 SRAM 里面数据的一致性,坏处就是会损失一定的性能

（每次都要回写数据）。如果想自己控制 D Cache 数据的回写，以获得最佳性能，则可以关闭 D Cache 透写模式，并在适当的时候，调用 SCB_CleanDCache、SCB_InvalidateDCache 和 SCB_CleanInvalidateDCache 等函数。这对程序员的要求非常高，程序员必须清楚什么时候该回写、什么时候该更新 D Cache；如果能力不够，还是建议开启 D Cache 的透写，以免引起各种莫名其妙的问题。

5.3　usart 文件夹

该文件夹下面有 usart.c 和 usarts.h 两个文件。串口相关知识将在第 9 章讲解串口实验的时候详细讲解。本节只讲解比较独立的 printf 函数支持的相关知识。

printf 函数支持的代码在 usart.c 文件的最上方，初始化和使能串口 1 之后，把这段代码加入到工程，则可以通过 printf 函数向串口 1 发送我们需要的内容，方便开发过程中查看代码执行情况以及一些变量值。如果这段代码要修改，则一般也只是用来改变 printf 函数针对的串口号，大多情况都不需要修改。

代码内容如下：

```
//加入以下代码，支持 printf 函数，而不需要选择 use MicroLIB
#if 1
#pragma import(__use_no_semihosting)
//标准库需要的支持函数
struct __FILE
{
    int handle;
};
FILE __stdout;
//定义_sys_exit()以避免使用半主机模式
_sys_exit(int x)
{
    x = x;
}
//重定义 fputc 函数
int fputc(int ch, FILE *f)
{
    while((USART1->SR&0X40) == 0);//循环发送，直到发送完毕
    USART1->DR = (u8) ch;
    return ch;
}
#endif
```

第 3 篇　实战篇

经过前两篇的学习，我们对 STM32F7 开发的软件和硬件平台都有了比较深入的了解，接下来将通过实例，由浅入深，带大家一步步学习 STM32F7。

STM32F7 的内部资源非常丰富，对于初学者来说，一般不知道从何开始。本篇将从 STM32F7 最简单的外设说起，然后一步步深入。每一个实例都配有详细的代码及解释，手把手教大家如何入手 STM32F7 的各种外设。

本篇总共分为 30 章，每一章即一个实例，下面就让我们开始精彩的 STM32F7 之旅。

第 6 章

跑马灯实验

任何一个单片机，最简单的操作莫过于 I/O 口的高低电平控制了，本章将通过一个经典的跑马灯程序，带大家开启 STM32F7 之旅，通过本章的学习，读者将了解到 STM32F7 的 I/O 口作为输出使用的方法。本章将通过代码控制 ALIENTEK 阿波罗 STM32 开发板上的两个 LED 灯 DS0 和 DS1 交替闪烁，从而实现类似跑马灯的效果。

6.1 STM32F7 的 I/O 简介

本章将要实现的是控制 ALIENTEK 阿波罗 STM32 开发板上的两个 LED 实现一个类似跑马灯的效果，关键在于如何控制 STM32F7 的 I/O 口输出。了解了 STM32F7 的 I/O 口如何输出，就可以实现跑马灯了。通过这一章的学习，读者将初步掌握 STM32F7 基本 I/O 口的使用，而这是迈向 STM32F7 的第一步。

因为这一章节是第一个实验章节，所以我们在这一章将讲解一些知识为后面的实验做铺垫。为了小节标号与后面实验章节一样，这里不另起一节来讲。

在讲解 STM32F7 的 GPIO 之前，首先打开配套资料的第一个 HAL 库版本实验工程——跑马灯实验工程(配套资料目录为“4，程序源码\标准例程-库函数版本\实验 1 跑马灯/USER/LED.uvproj”)，可以看到，我们的实验工程目录如图 6.1.1 所示。

接下来逐一讲解我们工程目录下面的组以及重要文件。

① 组 HALLIB 下面存放的是 ST 官方提供的 HAL 库文件，每一个源文件 stm32f7xx_hal_ppp.c 都对应一个头文件 stm32f7xx_hal_ppp.h。分组内的源文件可以根据工程需要添加和删除。这里对于跑马灯实验，我们需要添加 11 个源文件。

② 组 CORE 下面存放的是固件库必需的核心头文件和启动文件，这里面的文件用户不需要修改，读者可以根据自己的芯片型号选择对应的启动文件。

③ 组 SYSTEM 是 ALIENTEK 提供的共用代码，这些代码在第 5 章都有详细讲解。

④ 组 HARDWARE 下面存放的是每个实验的外设驱动代码，它的实现是通过调用 HALLIB 下面的 HAL 库文件函数实现的，比如 led.c 中函数调用 stm32f7xx_hal_gpio.c 内定义的函数对 led 进行初始化，这里面的函数是讲解的重点。后面的实验中可以看到会引入多个源文件。

⑤ 组 USER 下面存放的主要是用户代码。但是 system_stm32f7xx.c 文件用户不

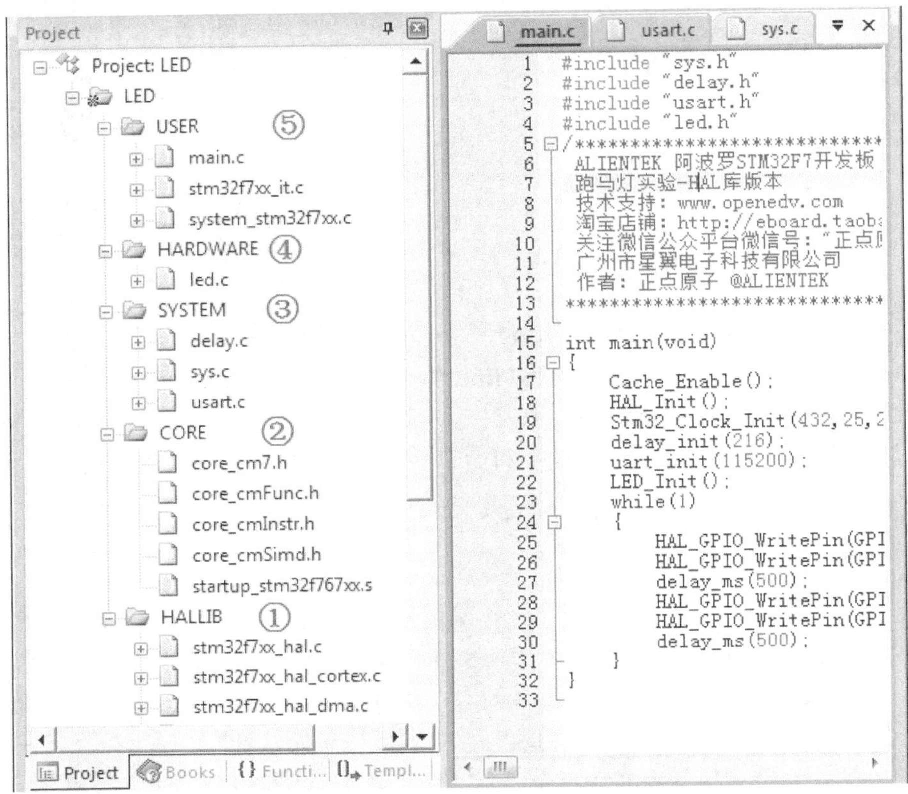

图 6.1.1　跑马灯实验目录结构

需要修改，同时 stm32f7xx_it.c 里面存放的是中断服务函数，这两个文件的作用在 3.3 节有讲解。main.c 函数主要存放的是主函数。

接下来就要进入跑马灯实验的讲解部分了。注意，讲解 HAL 库之前会首先对重要寄存器进行一个讲解，这样是为了读者对寄存器有个初步的了解。学习 HAL 库不需要记住每个寄存器的作用，而只是通过了解寄存器来对外设一些功能有基本的了解，这样对以后的学习也很有帮助。

相对于 STM32F1 来说，STM32F7 的 GPIO 设置显得更为复杂，也更加灵活，尤其是复用功能部分，比 STM32F1 改进了很多，使用起来更加方便。

STM32F7 每组通用 I/O 端口包括 4 个 32 位配置寄存器（MODER、OTYPER、OSPEEDR 和 PUPDR）、2 个 32 位数据寄存器（IDR 和 ODR）、一个 32 位置位/复位寄存器（BSRR）、一个 32 位锁定寄存器（LCKR）和 2 个 32 位复用功能选择寄存器（AFRH 和 AFRL）等。

这样，STM32F7 每组 I/O 由 10 个 32 位寄存器控制，其中常用的有 4 个配置寄存器＋2 个数据寄存器＋2 个复用功能选择寄存器，共 8 个。如果使用的时候每次都直接操作寄存器配置 I/O，则代码会比较多，也不容易记住，所以在讲解寄存器的同时会讲

解使用库函数配置I/O的方法。

同STM32F1一样,STM32F7的I/O可以由软件配置成如下8种模式中的任何一种:输入浮空、输入上拉、输入下拉、模拟输入、开漏输出、推挽输出、推挽式复用功能、开漏式复用功能。

关于这些模式的介绍及应用场景,读者可以看这个帖子了解 http://www.openedv.com/posts/list/32730.htm。接下来详细介绍I/O配置常用的8个寄存器,分别是MODER、OTYPER、OSPEEDR、PUPDR、ODR、IDR、AFRH和AFRL;同时,讲解对应的HAL库配置方法。

首先看MODER寄存器,该寄存器是GPIO端口模式控制寄存器,用于控制GPIOx(STM32F7最多有9组I/O,分别用大写字母表示,即x=A、B、C、D、E、F、G、H、I,下同)的工作模式。该寄存器各位描述如图6.1.2所示。

31	30	29	28	27	26	25	24	23	22	21	20	19	18	17	16
MODER15[1:0]		MODER14[1:0]		MODER13[1:0]		MODER12[1:0]		MODER11[1:0]		MODER10[1:0]		MODER9[1:0]		MODER8[1:0]	
rw	rw	rw	rw	rw	rw	rw	rw	rw	rw	rw	rw	rw	rw	rw	rw
15	14	13	12	11	10	9	8	7	6	5	4	3	2	1	0
MODER7[1:0]		MODER6[1:0]		MODER5[1:0]		MODER4[1:0]		MODER3[1:0]		MODER2[1:0]		MODER1[1:0]		MODER0[1:0]	
rw	rw	rw	rw	rw	rw	rw	rw	rw	rw	rw	rw	rw	rw	rw	rw

MODERy[1:0]:端口x配置位(y=0:15)

这些位通过软件写入,用于配置I/O方向模式。

00:输入(复位状态);01:通用输出模式;10:复用功能模式;11:模拟模式

图6.1.2 GPIOx MODER寄存器各位描述

该寄存器各位复位后一般都是0(个别不是0,比如JTAG占用的几个I/O口),也就是说默认条件下一般是输入状态的。每组I/O下有16个I/O口,该寄存器共32位,每2个位控制一个I/O,不同设置所对应的模式如图6.1.2描述。

然后看OTYPER寄存器,该寄存器用于控制GPIOx的输出类型,各位描述如图6.1.3所示。该寄存器仅用于输出模式,在输入模式(MODER[1:0]=00/11时)下不起作用。该寄存器低16位有效,每一个位控制一个I/O口。设置为0是推挽输出,设置为1是开漏输出。复位后,该寄存器值均为0,也就是在输出模式下I/O口默认为推挽输出。

然后看OSPEEDR寄存器,该寄存器用于控制GPIOx的输出速度,各位描述如图6.1.4所示。该寄存器也仅用于输出模式,在输入模式(MODER[1:0]=00/11时)下不起作用。该寄存器每2个位控制一个I/O口,复位后,该寄存器值一般为0。

然后看PUPDR寄存器,该寄存器用于控制GPIOx的上拉/下拉,各位描述如图6.1.5所示。该寄存器每2个位控制一个I/O口,用于设置上下拉。注意,STM32F1是通过ODR寄存器控制上下拉的,而STM32F7则由单独的寄存器PUPDR控制上下拉,使用起来更加灵活。复位后,该寄存器值一般为0。

31	30	29	28	27	26	25	24	23	22	21	20	19	18	17	16
Reserved															
15	**14**	**13**	**12**	**11**	**10**	**9**	**8**	**7**	**6**	**5**	**4**	**3**	**2**	**1**	**0**
OT15	OT14	OT13	OT12	OT11	OT10	OT9	OT8	OT7	OT6	OT5	OT4	OT3	OT2	OT1	OT0
rw	rw	rw	rw	rw	rw	rw	rw	rw	rw	rw	rw	rw	rw	rw	rw

位 31:16　保留,必须保持复位值。

位 15:0　OTy[1:0]:端口 x 配置位(y=0:15)

这些位通过软件写入,用于配置 I/O 端口的输出类型。

0:输出推挽(复位状态);1:输出开漏

图 6.1.3　GPIOx OTYPER 寄存器各位描述

31	30	29	28	27	26	25	24	23	22	21	20	19	18	17	16
OSPEEDR15[1:0]		OSPEEDR14[1:0]		OSPEEDR13[1:0]		OSPEEDR12[1:0]		OSPEEDR11[1:0]		OSPEEDR10[1:0]		OSPEEDR9[1:0]		OSPEEDR8[1:0]	
rw	rw	rw	rw	rw	rw	rw	rw	rw	rw	rw	rw	rw	rw	rw	rw
15	**14**	**13**	**12**	**11**	**10**	**9**	**8**	**7**	**6**	**5**	**4**	**3**	**2**	**1**	**0**
OSPEEDR7[1:0]		OSPEEDR6[1:0]		OSPEEDR5[1:0]		OSPEEDR4[1:0]		OSPEEDR3[1:0]		OSPEEDR2[1:0]		OSPEEDR1[1:0]		OSPEEDR0[1:0]	
rw	rw	rw	rw	rw	rw	rw	rw	rw	rw	rw	rw	rw	rw	rw	rw

位 2y+1:2y　OSPEEDRy[1:0]:端口 x 配置位(y=0:15)

这些位通过软件写入,用于配置 I/O 输出速度。

00:低速;01:中速;10:快速;11:高速

图 6.1.4　GPIOx OSPEEDR 寄存器各位描述

31	30	29	28	27	26	25	24	23	22	21	20	19	18	17	16
PUPDR15[1:0]		PUPDR14[1:0]		PUPDR13[1:0]		PUPDR12[1:0]		PUPDR11[1:0]		PUPDR10[1:0]		PUPDR9[1:0]		PUPDR8[1:0]	
rw	rw	rw	rw	rw	rw	rw	rw	rw	rw	rw	rw	rw	rw	rw	rw
15	**14**	**13**	**12**	**11**	**10**	**9**	**8**	**7**	**6**	**5**	**4**	**3**	**2**	**1**	**0**
PUPDR7[1:0]		PUPDR6[1:0]		PUPDR5[1:0]		PUPDR4[1:0]		PUPDR3[1:0]		PUPDR2[1:0]		PUPDR1[1:0]		PUPDR0[1:0]	
rw	rw	rw	rw	rw	rw	rw	rw	rw	rw	rw	rw	rw	rw	rw	rw

PUPDRy[1:0]:端口 x 配置位(y=0:15)

这些位通过软件写入,用于配置 I/O 上拉或下拉。

00:无上拉或下拉;01:上拉;10:下拉;11:保留

图 6.1.5　GPIOx PUPDR 寄存器各位描述

前面讲解了 4 个重要的配置寄存器。顾名思义,配置寄存器就是用来配置 GPIO 的相关模式和状态,接下来讲解怎么在 HAL 库中初始化 GPIO 配置。

GPIO 相关的函数和定义分布在 HAL 库文件 stm32f7xx_hal_gpio.c 和头文件 stm32f7xx_hal_gpio.h 文件中。

在 HAL 库中，操作 4 个配置寄存器初始化 GPIO 是通过 HAL_GPIO_Init 函数完成：

```
void HAL_GPIO_Init(GPIO_TypeDef  * GPIOx, GPIO_InitTypeDef * GPIO_Init);
```

该函数有两个参数，第一个参数用来指定需要初始化的 GPIO 对应的 GPIO 组，取值范围为 GPIOA～GPIOK。第二个参数为初始化参数结构体指针，结构体类型为 GPIO_InitTypeDef。下面看看这个结构体的定义。首先打开配套资料的跑马灯实验，然后找到 HALLIB 组下面的 stm32f7xx_hal_gpio.c 文件，定位到 HAL_GPIO_Init 函数体处，双击入口参数类型 GPIO_InitTypeDef，在弹出的级联菜单中右击 Go to definition of，则可以查看结构体的定义如下：

```
typedef struct
{
  uint32_t Pin;            //指定 I/O 口
  uint32_t Mode;           //模式设置
  uint32_t Pull;           //上下拉设置
  uint32_t Speed;          //速度设置
  uint32_t Alternate;      //复用映射配置
}GPIO_InitTypeDef;
```

结构体有 5 个成员变量，关于怎么来确定这 5 个成员变量的取值范围可参考 4.7 节内容。下面通过一个 GPIO 初始化实例来讲解这个结构体的成员变量的含义。

初始化 GPIO 的常用格式是：

```
    GPIO_InitTypeDef GPIO_Initure;

    GPIO_Initure.Pin = GPIO_PIN_0; //PB0
    GPIO_Initure.Mode = GPIO_MODE_OUTPUT_PP;  //推挽输出
    GPIO_Initure.Pull = GPIO_PULLUP;          //上拉
    GPIO_Initure.Speed = GPIO_SPEED_HIGH;     //高速
HAL_GPIO_Init(GPIOB,&GPIO_Initure);
```

上面代码的意思是设置 PB0 端口为推挽输出模式，输出速度为高速，上拉。

从上面初始化代码可以看出，结构体 GPIO_Initure 的第一个成员变量 Pin 用来设置是要初始化哪个或者哪些 I/O 口。第二个成员变量 Mode 用来设置对应 I/O 端口的输出/输入端口模式，这个变量实际配置的是前面讲解的 GPIOx 的 MODER 寄存器。第三个成员变量 Pull 用来设置是上拉还是下拉，配置的是 GPIOx PUPDR 寄存器。第四个成员变量 Speed 用来设置输出速度，配置的是 GPIOx OSPEEDR 寄存器。第五个成员变量 Alternate，4.4 节引脚复用器和映射已经讲解，它是用来设置引脚的复用映射的。

这些入口参数的取值范围怎么定位、怎么快速定位到这些入口参数取值范围的枚举类型，在 4.7 节的"快速组织代码"章节有讲解，不明白的可以回去看一下，这里就不再重复讲解，后面的实验也不再重复讲解定位每个参数取值范围的方法。

接下来看看 GPIO 输入/输出电平控制相关的寄存器。首先看 ODR 寄存器，该寄存器用于控制 GPIOx 的输出电平，各位描述如图 6.1.6 所示。该寄存器用于设置某个 I/O 输出低电平(ODRy＝0)还是高电平(ODRy＝1)，仅在输出模式下有效，在输入模式(MODER[1:0]=00/11 时)下不起作用。该寄存器在 HAL 库中使用不多,操作这个寄存器的库函数主要是 HAL_GPIO_TogglePin 函数:

```
void HAL_GPIO_TogglePin(GPIO_TypeDef * GPIOx, uint16_t GPIO_Pin);
```

该函数是通过操作 ODR 寄存器达到取反 I/O 口输出电平的功能。

31	30	29	28	27	26	25	24	23	22	21	20	19	18	17	16
Reserved															
15	14	13	12	11	10	9	8	7	6	5	4	3	2	1	0
ODR15	ODR14	ODR13	ODR12	ODR11	ODR10	ODR9	ODR8	ODR7	ODR6	ODR5	ODR4	ODR3	ODR2	ODR1	ODR0
rw	rw	rw	rw	rw	rw	rw	rw	rw	rw	rw	rw	rw	rw	rw	rw

位 31:16　保留,必须保持复位值。

位 15:0　ODRy[15:0]:端口输出数据(y=0:15)

这些位可通过软件读取和写入

图 6.1.6　GPIOx ODR 寄存器各位描述

接下来看看另一个非常重要的寄存器 BSRR,它叫置位/复位寄存器。该寄存器和 ODR 寄存器具有类似的作用,都可以用来设置 GPIO 端口的输出位是 1 还是 0。寄存器描述如图 6.1.7 所示。

31	30	29	28	27	26	25	24	23	22	21	20	19	18	17	16
BR15	BR14	BR13	BR12	BR11	BR10	BR9	BR8	BR7	BR6	BR5	BR4	BR3	BR2	BR1	BR0
w	w	w	w	w	w	w	w	w	w	w	w	w	w	w	w
15	14	13	12	11	10	9	8	7	6	5	4	3	2	1	0
BS15	BS14	BS13	BS12	BS11	BS10	BS9	BS8	BS7	BS6	BS5	BS4	BS3	BS2	BS1	BS0
w	w	w	w	w	w	w	w	w	w	w	w	w	w	w	w

位 31:16　BRy:端口 x 复位位 y(y=0:15)

这些位为只写形式,只能在字、半字或字节模式下访问。读取这些位可返回值 0x0000。

0:不会对相应的 ODRx 位执行任何操作;1:对相应的 ODRx 位进行复位

注意:如果同时对 BSx 和 BRx 置位,则 BSx 的优先级更高。

位 15:0　BSy:端口 x 置位位 y(y=0:15)

这些位为只写形式,只能在字、半字或字节模式下访问。读取这些位可返回值 0x0000。

0:不会对相应的 ODRx 位执行任何操作;1:对相应的 ODRx 位进行置位

图 6.1.7　BSRR 寄存器各位描述

对于低 16 位(0～15),我们往相应的位写 1,那么对应的 I/O 口会输出高电平;往相应的位写 0,则对 I/O 口没有任何影响。高 16 位(16～31)作用刚好相反,对相应的位写 1 会输出低电平,写 0 没有任何影响。也就是说,对于 BSRR 寄存器,写 0 对 I/O 口电平是没有任何影响的。要设置某个 I/O 口电平,则只需要将相关位设置为 1 即可。而 ODR 寄存器要设置某个 I/O 口电平时,首先需要读出来 ODR 寄存器的值,然后对整个 ODR 寄存器重新赋值来达到设置某个或者某些 I/O 口的目的,而 BSRR 寄存器就不需要先读,而是直接设置即可,这在多任务实时操作系统中作用很大。

BSRR 寄存器使用方法如下:

```
GPIOA ->BSRR = 1<<1; //设置 GPIOA.1 为高电平
GPIOA ->BSRR = 1<<(16 + 1)//设置 GPIOA.1 为低电平
```

库函数操作 BSRR 寄存器来设置 I/O 电平的函数为：

```
void HAL_GPIO_WritePin(GPIO_TypeDef * GPIOx, uint16_t GPIO_Pin,
                       GPIO_PinState PinState);
```

该函数用来设置一组 I/O 口中的一个或者多个 I/O 口的电平状态。比如要设置 GPIOB.5 输出高，方法为：

```
HAL_GPIO_WritePin(GPIOB,GPIO_PIN_5,GPIO_PIN_SET);    //GPIOB.5 输出高
```

设置 GPIOB.5 输出低电平，方法为：

```
HAL_GPIO_WritePin(GPIOB,GPIO_PIN_5, GPIO_PIN_RESET);    //GPIOB.5 输出低
```

接下来看 IDR 寄存器，该寄存器用于读取 GPIOx 的输入数据，各位描述如图 6.1.8 所示。

31	30	29	28	27	26	25	24	23	22	21	20	19	18	17	16
Reserved															
15	14	13	12	11	10	9	8	7	6	5	4	3	2	1	0
IDR15	IDR14	IDR13	IDR12	IDR11	IDR10	IDR9	IDR8	IDR7	IDR6	IDR5	IDR4	IDR3	IDR2	IDR1	IDR0
r	r	r	r	r	r	r	r	r	r	r	r	r	r	r	r

位 31:16　保留，必须保持复位值。

位 15:0　IDRy[15:0]：端口输出数据(y=0:15)

这些位为只读形式，只能在字模式下访问。它们包含相应 I/O 端口听输入值

图 6.1.8　GPIOx IDR 寄存器各位描述

该寄存器用于读取某个 I/O 的电平，如果对应的位为 0(IDRy=0)，则说明该 I/O 输入的是低电平；如果是 1(IDRy=1)，则表示输入的是高电平。HAL 库操作该寄存器读取 I/O 输入数据相关函数：

```
GPIO_PinState HAL_GPIO_ReadPin(GPIO_TypeDef * GPIOx, uint16_t GPIO_Pin);
```

该函数用来读取一组 I/O 下一个或者多个 I/O 口电平状态。比如要读取 GPIOF.5 的输入电平，方法为：

```
HAL_GPIO_ReadPin(GPIOF,GPIO_PIN_5);//读取 PF5 的输入电平
```

该函数返回值就是 I/O 口电平状态。

最后来看看 2 个 32 位复用功能选择寄存器(AFRH 和 AFRL)，这两个寄存器用来设置 I/O 口的复用功能。实际上，调用函数 HAL_GPIO_Init 的时候，如果设置了初始化结构体成员变量 Mode 为复用模式，同时设置了 Alternate 的值，那么会在该函数内部自动设置这两个寄存器的值，从而达到设置端口复用映射的目的。关于这两个寄存器的详细配置以及相关库函数的使用参见 4.4 节，这里只是简要说明一下。

虽然 I/O 操作步骤很简单，这里还是做个概括性的总结，操作步骤为：

① 使能 I/O 口时钟，调用函数为__HAL_RCC_GPIOX_CLK_ENABLE(其中 X=A~K)。

② 初始化 I/O 参数。调用函数 HAL_GPIO_Init()。

③ 操作 I/O 输入/输出。操作 I/O 的方法就是上面讲解的方法。

6.2 硬件设计

本章用到的硬件只有 LED(DS0 和 DS1),其电路在 ALIENTEK 阿波罗 STM32 开发板上默认是已经连接好了的。DS0 接 PB1,DS1 接 PB0,所以硬件上不需要动任何东西。其连接原理图如图 6.2.1 所示。

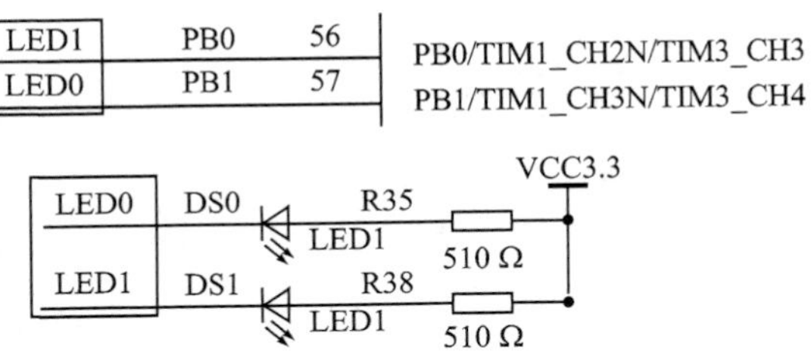

图 6.2.1　LED 与 STM32F767 连接原理图

6.3 软件设计

这是我们学习的第一个实验,所以这里手把手教读者怎么从前面讲解的 Template 工程模板一步一步加入 HAL 库以及 led 的相关驱动函数到我们工程,使之跟配套资料的跑马灯实验工程一模一样。首先打开 3.3 节新建的 HAL 库工程模板。如果还没有新建,也可以直接打开配套资料已经新建好了的工程模板,路径为"\4,程序源码\标准例程-库函数版本\实验 0－1 Template 工程模板-新建工程章节使用"(注意,是直接单击工程下面 USER 目录下面的 Tempate.uvprojx)。

可以看到,我们模板里面的 HALLIB 分组下面引入了所有的 HAL 库源文件和对应的头文件,如图 6.3.1 所示。

实际上,这些可以根据工程需要添加,比如跑马灯实验并没有用到 ADC,则可以在工程中删掉文件 stm32f7xx_hal_adc.c,从而大大减少工程编译时间。跑马灯实验一共使用到 HAL 库中 11 个源文件,具体哪 11 个可直接参考跑马灯实验工程,其他不用的源文件可以直接在工程中删除。在工程的 Manage Project Items 对话框选择要删除文件所在的分组,选中文件单击"删除"按钮即可。具体操作方法如图 6.3.2 所示。

接下来进入我们工程的目录,在工程根目录文件夹下面新建一个 HARDWARE 的文件夹,用来存储以后与硬件相关的代码。然后在 HARDWARE 文件夹下新建一个 LED 文件夹,用来存放与 LED 相关的代码,如图 6.3.3 所示。

接下来,回到我们的工程(如果是使用的上面新建的工程模板,那么就是 Template.uvproj,也可以将其重命名为 LED.uvproj),单击按钮新建一个文件,再按按钮保存在 HARDWARE→LED 文件夹下面,保存为 led.c,操作步骤如图 6.3.4 和

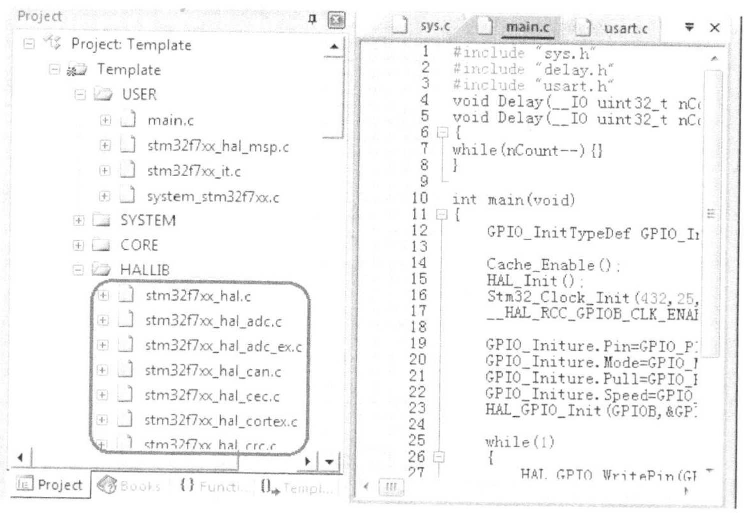

图 6.3.1　Template 模板工程结构

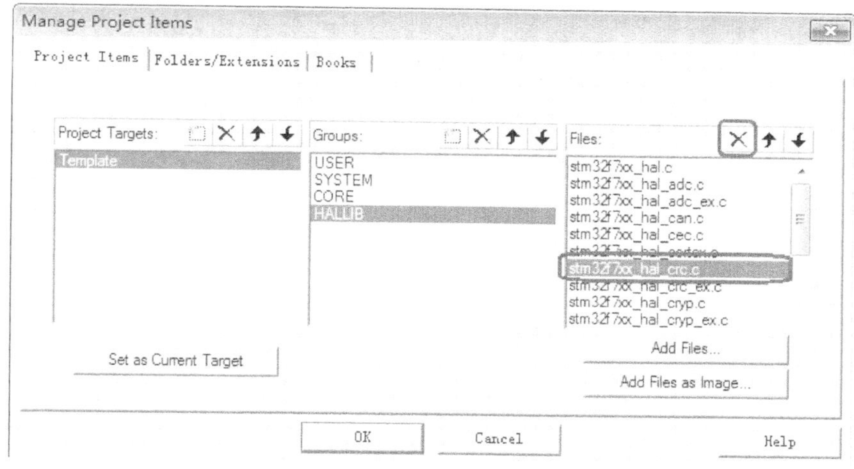

图 6.3.2　删除工程分组中的文件

图 6.3.5 所示。

然后在 led.c 文件中输入如下代码(代码可以直接从配套资料实验 1 跑马灯实验的 led.c 文件内复制过来),输入后保存即可:

```
#include "led.h"
//初始化 PB1 为输出.并使能时钟
//LED IO 初始化
void LED_Init(void)
{
    GPIO_InitTypeDef GPIO_Initure;
    __HAL_RCC_GPIOB_CLK_ENABLE();               //开启 GPIOB 时钟
    GPIO_Initure.Pin = GPIO_PIN_0|GPIO_PIN_1;   //PB1,0
    GPIO_Initure.Mode = GPIO_MODE_OUTPUT_PP;    //推挽输出
```

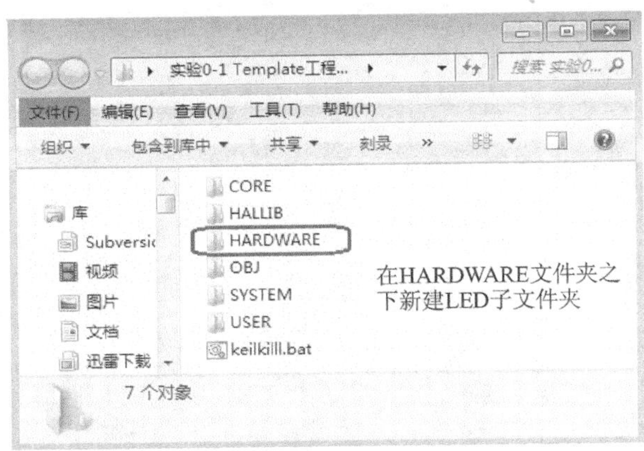

图 6.3.3 新建 HARDWARE 文件夹

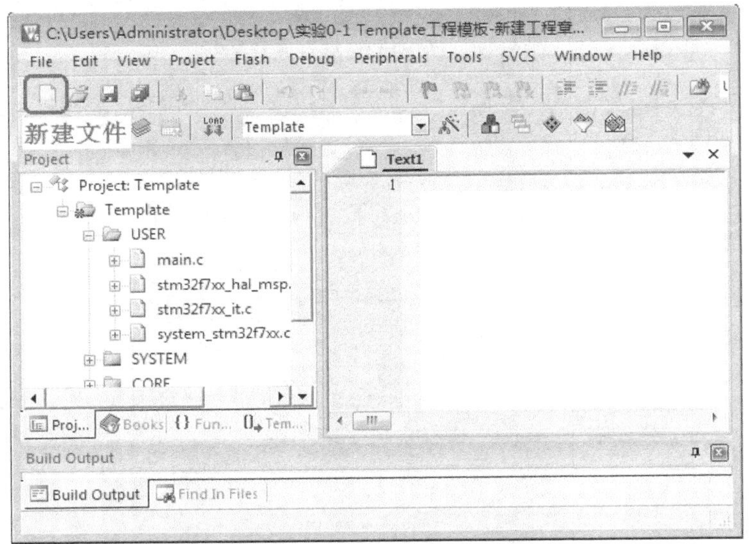

图 6.3.4 新建文件

```
    GPIO_Initure.Pull = GPIO_PULLUP;//上拉
    GPIO_Initure.Speed = GPIO_SPEED_HIGH;//高速
    HAL_GPIO_Init(GPIOB,&GPIO_Initure);
    HAL_GPIO_WritePin(GPIOB,GPIO_PIN_0,GPIO_PIN_SET);    //PB0 置 1 ,默认灯灭
    HAL_GPIO_WritePin(GPIOB,GPIO_PIN_1,GPIO_PIN_SET);    //PB1 置 1 ,默认灯灭
}
```

该代码里面就包含了一个函数 void LED_Init(void),该函数通过调用函数 HAL_GPIO_Init 实现配置 PB0 和 PB1 为推挽输出。函数 HAL_GPIO_Init 的使用方法参见 6.1 节的详细讲解。注意,在配置 STM32 外设的时候,任何时候都要先使能该外设的时钟。使能 GPIOB 时钟方法为:

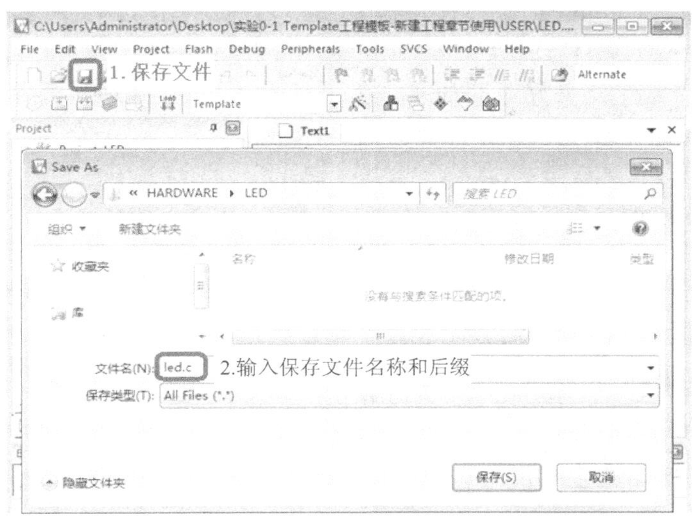

图 6.3.5　保存 led.c

```
__HAL_RCC_GPIOB_CLK_ENABLE();                  //使能 GPIOB 时钟
```

在设置完时钟之后，LED_Init 调用 HAL_GPIO_Init 函数完成对 PB0 和 PB1 的初始化配置，然后调用函数 HAL_GPIO_WritePin 控制 LED0 和 LED1 输出 1(LED 灭)。至此，两个 LED 的初始化完毕，这样就完成了对这两个 I/O 口的初始化。这段代码的具体含义可以看 6.1 节的详细讲解。

保存 led.c 代码，然后按同样的方法新建一个 led.h 文件，也保存在 LED 文件夹下面。在 led.h 中输入如下代码：

```
#ifndef _LED_H
#define _LED_H
#include "sys.h"
//LED 端口定义
#define LED0(n)           (n? HAL_GPIO_WritePin(GPIOB,GPIO_PIN_1,GPIO_PIN_SET):\
                          HAL_GPIO_WritePin(GPIOB,GPIO_PIN_1,GPIO_PIN_RESET))
#define LED0_Toggle       (HAL_GPIO_TogglePin(GPIOB, GPIO_PIN_1))
#define LED1(n)           (n? HAL_GPIO_WritePin(GPIOB,GPIO_PIN_0,GPIO_PIN_SET):\
                          HAL_GPIO_WritePin(GPIOB,GPIO_PIN_0,GPIO_PIN_RESET))
#define LED1_Toggle (HAL_GPIO_TogglePin(GPIOB, GPIO_PIN_0))
void LED_Init(void);
#endif
```

此代码中，宏定义标识符 LED0(n)的值是通过条件运算符来确定的：当 n=0 时，标识符的值为 HAL_GPIO_WritePin(GPIOB,GPIO_PIN_1,GPIO_PIN_RESET)，也就是设置 PB1 输出低电平；当 n!=0 时，标识符的值为 HAL_GPIO_WritePin(GPIOB,GPIO_PIN_1,GPIO_PIN_SET，也就是设置 PB1 输出低电平。如果要设置 LED0 输出低电平，那么调用标识符 LED0(0)即可；当要设置 LED1 输出高电平时，调用标识符 LED0(1)即可。标识符 LED1(n)和 LED0(n)作用类似。对于标识符 LED0_

Toggle 和 LED1_Toggle,它们的作用非常简单,就是调用 HAL 库函数 void HAL_GPIO_TogglePin(GPIO_TypeDef * GPIOx, uint16_t GPIO_Pin)来实现 I/O 口输出电平取反操作。这里定义好上面的宏定义之后,就可以直接通过操作宏定义来实现 LED0 和 LED1 的状态控制,方法如下:

```
LED0(0);                //PB1 输出低电平,LED0 亮
LED1(1);                //PB1 输出高电平,LED0 灭
```

注意,STM32F7 不支持位带操作,所以这里并没有像 F1、F4 一样通过位带操作来实现 I/O 口输出/输入电平控制。

将 led.h 保存一下。接着,在 Manage Project Itmes 对话框里面新建一个 HARDWARE 的组,并把 led.c 加入到这个组里面,如图 6.3.6 所示。

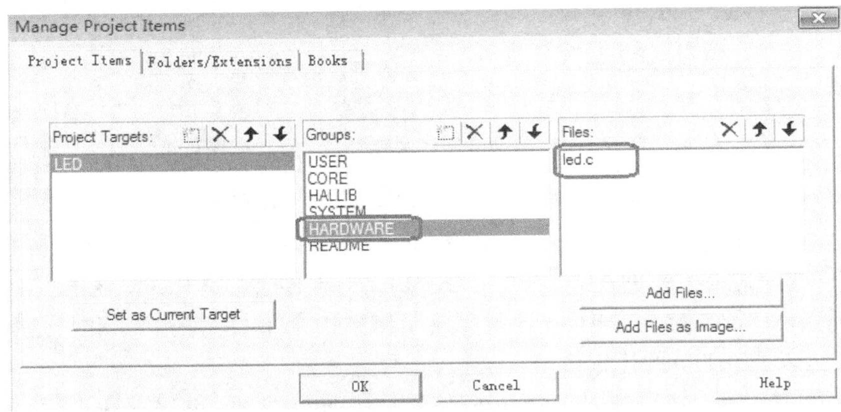

图 6.3.6　给工程新增 HARDWARE 组

单击 OK 回到工程,则会发现在 Project Workspace 里面多了一个 HARDWARE 组,该组下面有一个 led.c 文件,如图 6.3.7 所示。

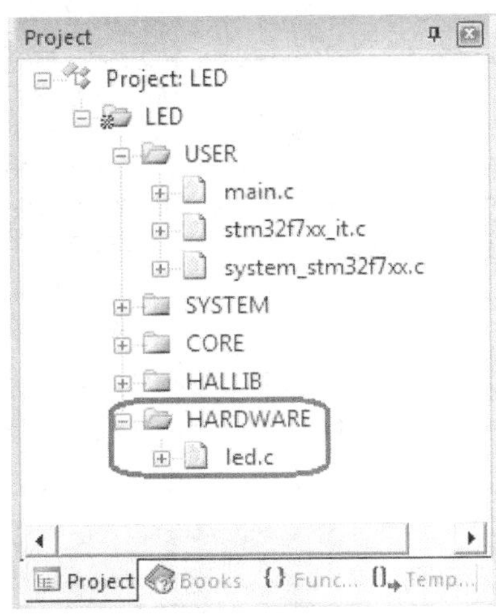

图 6.3.7　工程主界面

然后用之前介绍的方法(在 3.3 节介绍的)将 led.h 头文件的路径加入到工程里面，单击 OK 回到主界面，如下图 6.3.8 所示。

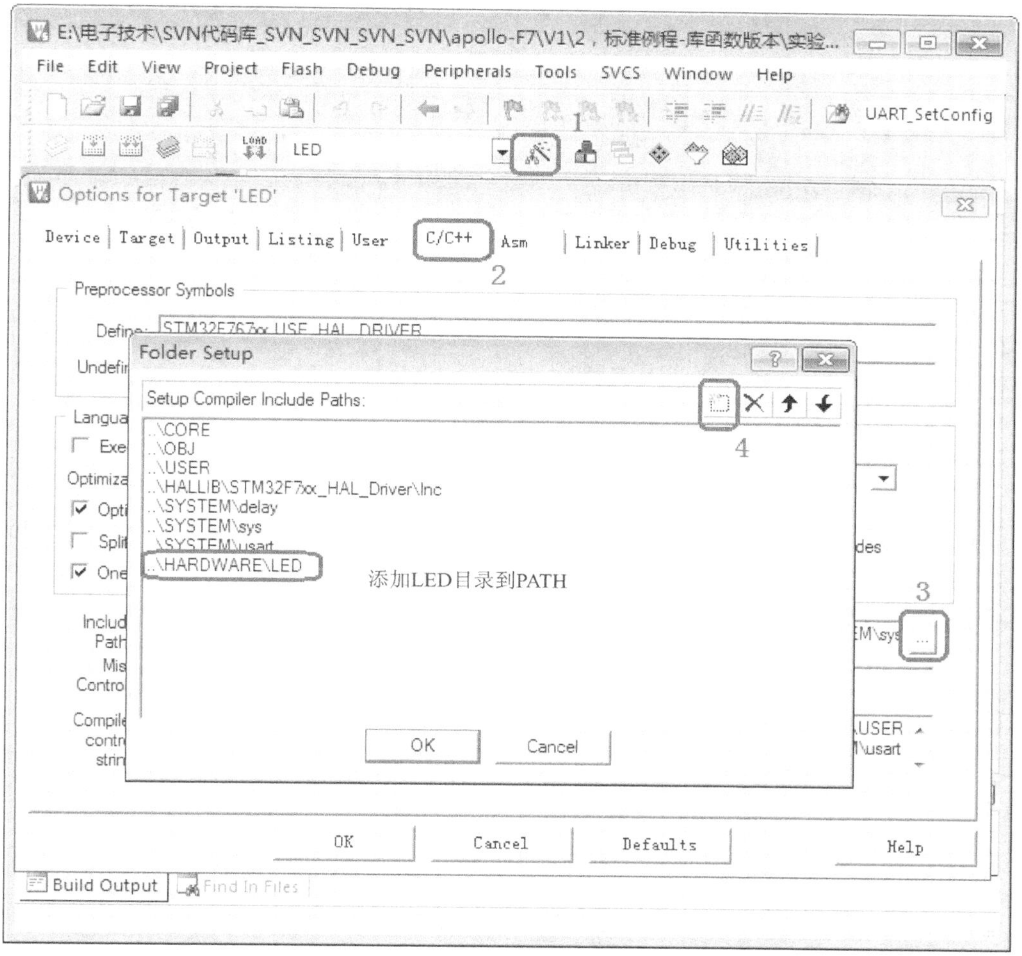

图 6.3.8　添加 LED 目录到 PATH

回到主界面后，修改 main.c 文件内容如下(具体内容请参考跑马灯实验 main.c 文件)：

```
#include "sys.h"
#include "delay.h"
#include "usart.h"
#include "led.h"
int main(void)
{
    Cache_Enable();                    //打开 L1 - Cache
    HAL_Init();                        //初始化 HAL 库
    Stm32_Clock_Init(432,25,2,9);      //设置时钟,216 MHz
    delay_init(216);                   //延时初始化
```

```
    uart_init(115200);          //串口初始化
    LED_Init();                      //初始化 LED
    while(1)
    {
        HAL_GPIO_WritePin(GPIOB,GPIO_PIN_1,GPIO_PIN_RESET);
//LED0 对应引脚 PB1 拉低,亮,等同于 LED0(0)
        HAL_GPIO_WritePin(GPIOB,GPIO_PIN_0,GPIO_PIN_SET);
//LED1 对应引脚 PB0 拉高,灭,等同于 LED1(1)
        delay_ms(500);                //延时 500 ms
        HAL_GPIO_WritePin(GPIOB,GPIO_PIN_1,GPIO_PIN_SET);
//LED0 对应引脚 PB1 拉高,灭,等同于 LED0(1)
        HAL_GPIO_WritePin(GPIOB,GPIO_PIN_0,GPIO_PIN_RESET);
//LED1 对应引脚 PB0 拉低,亮,等同于 LED1(0)
        delay_ms(500);                 //延时 500 ms
    }
}
```

代码包含了#include "led.h"这句,使得 LED0(n)、LED1(n)、LED_Init 等能在 main()函数里被调用。main()函数非常简单,先调用 Cache_Enable()函数使能 I-Cache 和 D-Cache,然后调用 HAL_Init 函数初始化 HAL 库,调用 Stm32_Clock_Init 进行时钟系统配置,调用 delay_init()函数进行延时初始化。接着就是调用 LED_Init()来初始化 PB0 和 PB1 为推挽输出模式,最后在 while 死循环里面实现 LED0 和 LED1 交替闪烁,间隔为 500 ms。

上面是通过库函数来实现的 I/O 操作,也可以修改 main()函数,通过直接操作相关寄存器的方法来设置 I/O,只需要将主函数修改为如下内容:

```
int main(void)
{
    Cache_Enable();                              //打开 L1-Cache
    HAL_Init();                                  //初始化 HAL 库
    Stm32_Clock_Init(432,25,2,9);                //设置时钟,216 MHz
    delay_init(216);                             //延时初始化
    uart_init(115200);                           //串口初始化
    LED_Init();
    while(1)
    {
      GPIOB->BSRR=GPIO_PIN_1;                    //LED0 亮
      GPIOB->BSRR=GPIO_PIN_0<<16;                //LED1 灭
    delay_ms(500);                               //延时 500 ms
      GPIOB->BSRR=GPIO_PIN_1<<16;                //LED0 灭
      GPIOB->BSRR=GPIO_PIN_0;                    //LED1 亮
    delay_ms(500);                               //延时 500 ms
     }
}
```

将主函数替换为上面代码再重新执行,可以看到,结果跟库函数操作效果一样,读者可以对比一下。这个代码在跑马灯实验的 main.c 文件中有注释掉,读者可以替换试试。

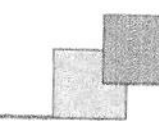

单击编译工程，得到结果如图 6.3.9 所示。可以看到，没有错误，也没有警告。从编译信息可以看出，我们的代码占用 Flash 大小为 6 624 字节(6 062+562)，所用的 SRAM 大小为 1 960 个字节(1 944+16)。

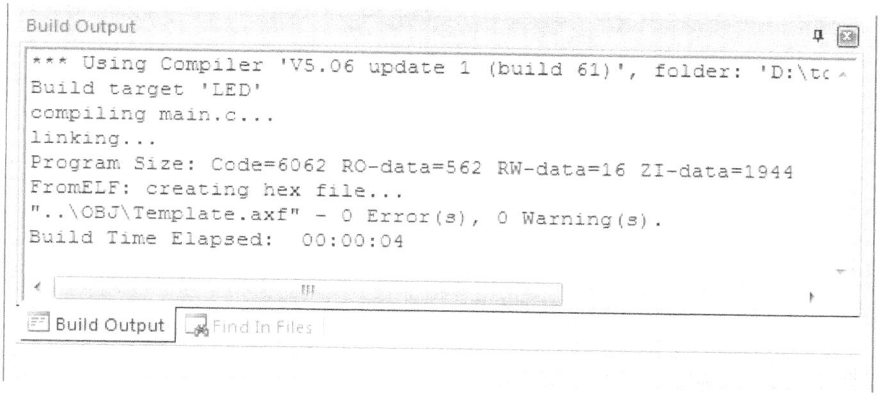

```
Build Output
*** Using Compiler 'V5.06 update 1 (build 61)', folder: 'D:\tc
Build target 'LED'
compiling main.c...
linking...
Program Size: Code=6062 RO-data=562 RW-data=16 ZI-data=1944
FromELF: creating hex file...
"..\OBJ\Template.axf" - 0 Error(s), 0 Warning(s).
Build Time Elapsed:  00:00:04
Build Output  Find In Files
```

图 6.3.9　编译结果

这里解释一下编译结果里面的几个数据的意义：

Code：表示程序所占用 Flash 的大小(Flash)。

RO－data：即 Read Only－data，表示程序定义的常量(Flash)。

RW－data：即 Read Write－data，表示已被初始化的变量(SRAM)。

ZI－data：即 Zero Init－data，表示未被初始化的变量(SRAM)。

有了这个就可以知道当前使用的 Flash 和 SRAM 大小了。注意，程序的大小不是.hex 文件的大小，而是编译后的 Code 和 RO－data 之和。

接下来就可以下载验证了。如果有 ST－LINK，则可以用 ST－LINK 进行在线调试(需要先下载代码)，单步查看代码的运行，STM32F7 的在线调试方法介绍可参见 3.4.2 小节。

6.4　下载验证

这里使用 ST LINK 下载(也可以通过其他仿真器下载，但如果是 JLINK，则必须是 V9 或者以上版本才可以支持 STM32F767。下同)，关于 ST LINK 的详细设置可参考 4.1 节。设置完成后，在 MDK 里面单击图标就可以开始下载，如图 6.4.1 所示。

下载完之后，运行结果如图 6.4.2 所示。

至此，第一章的学习就结束了。本章作为 STM32F767 的入门第一个例子，介绍了 STM32F767 的 I/O 口的使用及注意事项，同时巩固了前面的学习，希望读者好好理解一下。

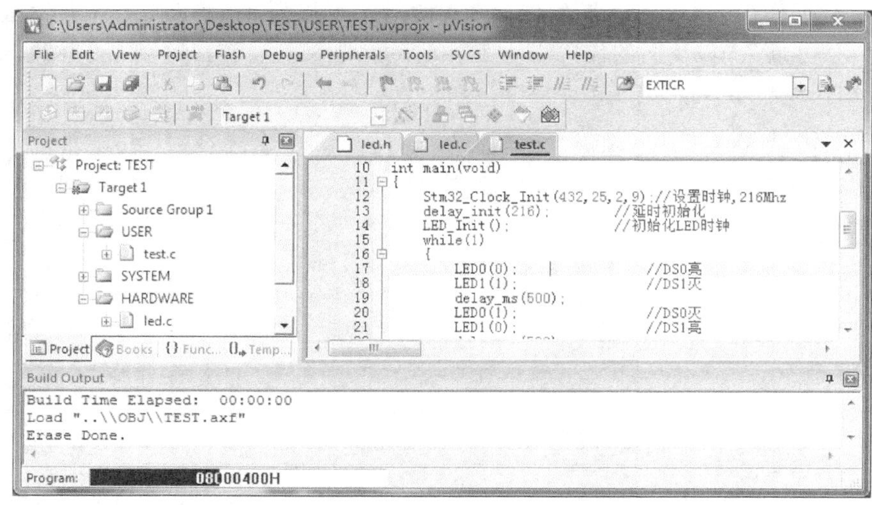

6.4.1 利用 ST LINK 下载代码

图 6.4.2 程序运行结果

6.5 STM32CubeMX 配置 I/O 口输入

讲解完使用 HAL 库操作 GPIO 口之后，本节介绍怎么使用 STM32CubeMX 图形化配置工具配置 GPIO 初始化过程。关于 STM32CubeMX 工具的入门使用在 4.8 节已经介绍了，这里直接讲解在 STM32CubeMX 工具中怎么配置 GPIO 口的相关参数。

首先打开 STM32CubeMX 工具，参考 4.8 节内容进行 RCC 相关配置。也可以直接打开 4.8 节的 STM32CubeMX 工程并在工程上面修改，该工程保存的配套资料目录为"4，程序源码\标准例程-库函数版本\实验 0－3 Template 工程模板-使用 STM32CubeMX 配置"。

这里读者会发现，4.8 节实际上已经讲解了 GPIO 的配置，并且同样是以 PB0 和 PB1 为例。这里将详细解析在 STM32CubeMX 中配置 I/O 口参数的过程。使用 STM32CubeMX 配置 GPIO 口的步骤如下：

① 打开 STM32CubeMX 工具，在引脚图中选择要配置的 I/O 口。这里选择 PB0，在弹出的下拉菜单中选择要配置的 I/O 口模式，如图 6.5.1 所示。可以看出，这里除了配置 I/O 口为输入/输出之外，还可以选择 I/O 口的复用功能或者作为外部中断引脚

功能。比如要选择 I/O 口复用为 ADC1 的通道 8 引脚，那么只需要选择选项 ADC1_IN8 即可。对于本章跑马灯实验，PB0 作为输出，所以选 GPIO_Output 即可。

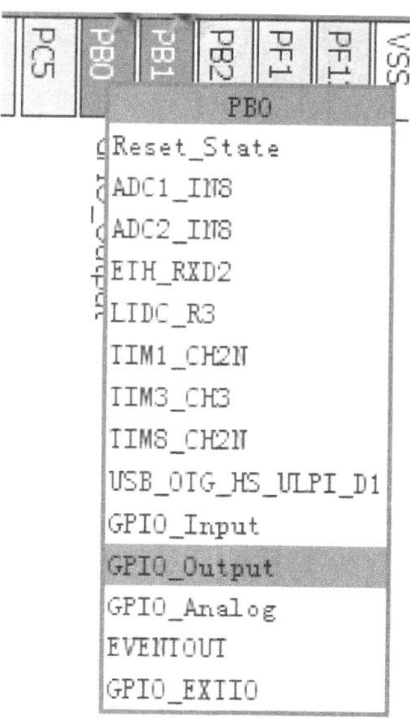

图 6.5.1　选择 I/O 口模式

② 选择 Configuration→GPIO，在弹出的界面配置 I/O 口的详细参数，如图 6.5.2 和图 6.5.3 所示。在图中单击要配置的 I/O 口，则在窗口下方显示该 I/O 口配置的详细参数表。下面依次解释这些配置项的含义：

a. 选项 GPIO mode 用来设置输出模式为 Output Push Pull（推挽）还是 Output Open Drain（开漏），本实验设置为推挽输出 Output Push Pull。

b. 选项 GPIO Pull - up/Pull - down 用来设置 I/O 口是上拉、下拉、没有上下拉，本实验设置为上拉（Pull - up）。

c. 选项 Mzximum ouput speed 用来设置输出速度为高速（Hign）、快速（Fast）、中速（Medium）、低速（Low），本实验设置为高速 High。

d. 选项 User Label 用来设置初始化的 I/O 口 Pin 值为自定义的宏，一般情况可以不用设置，有兴趣的读者可以自由设置后查看生成后的代码就很容易明白其含义。

PB1 配置方法、参数和 PB1 的一模一样，这里就不重复配置。然后参考 4.8 节方法生成工程源码。接下来打开工程的 main.c 文件可以看到，该文件内部由 STM32CubeMX 生成了函数 MX_GPIO_Init，内容如下：

```
static void MX_GPIO_Init(void)
{
  GPIO_InitTypeDef GPIO_InitStruct;
  /* GPIO Ports Clock Enable */
  __HAL_RCC_GPIOH_CLK_ENABLE();
  __HAL_RCC_GPIOB_CLK_ENABLE();
```

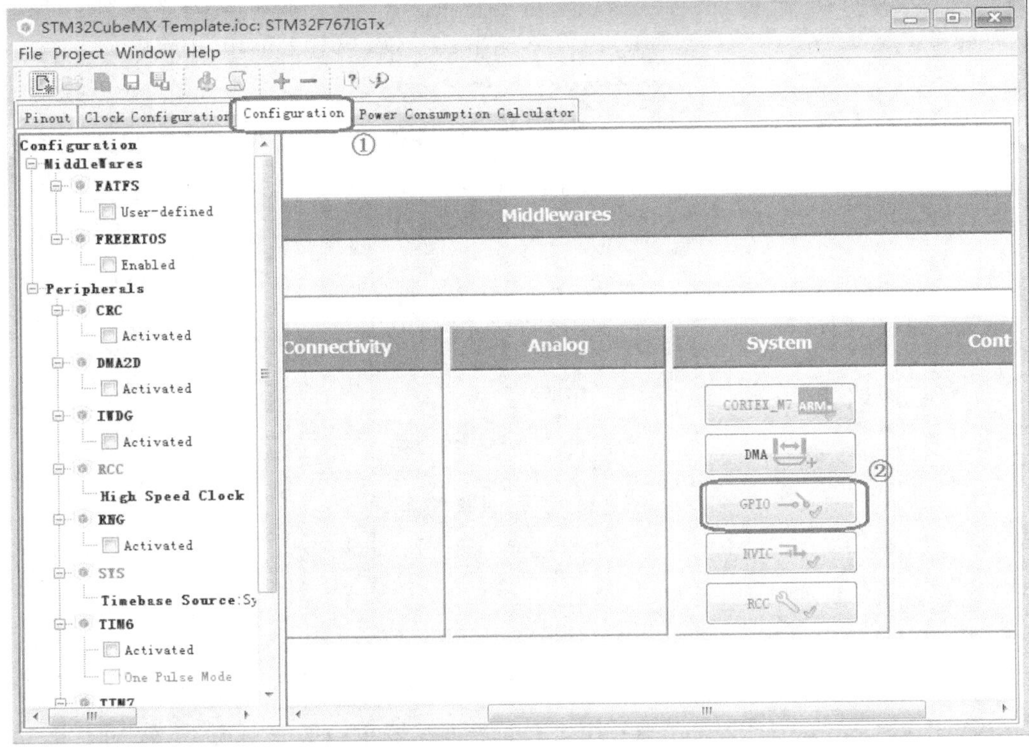

图 6.5.2 进入 GPIO 详细参数配置界面

```
    /* Configure GPIO pin Output Level  */
  HAL_GPIO_WritePin(GPIOB, GPIO_PIN_0|GPIO_PIN_1, GPIO_PIN_RESET);
    /* Configure GPIO pins : PB0 PB1  */
    GPIO_InitStruct.Pin = GPIO_PIN_0|GPIO_PIN_1;
    GPIO_InitStruct.Mode = GPIO_MODE_OUTPUT_PP;
    GPIO_InitStruct.Pull = GPIO_PULLUP;
    GPIO_InitStruct.Speed = GPIO_SPEED_FREQ_HIGH;
    HAL_GPIO_Init(GPIOB, &GPIO_InitStruct);
}
```

该函数的作用跟前面讲解的跑马灯实验中 LED_Init 函数的作用一模一样，有兴趣的读者可以直接修改跑马灯实验工程源码，把 LED_Init 函数内容修改为 MX_GPIO_Init 内容，则会发现实验效果一模一样。对于 I/O 初始化后的默认状态，这里还需要根据自己的需要来修改，也就是修改代码行：

```
HAL_GPIO_WritePin(GPIOB, GPIO_PIN_0|GPIO_PIN_1, GPIO_PIN_RESET);
```

这里希望默认情况下 PB1 和 PB0 输出为高电平，也就是灯灭，所以这里需要修改为：

```
HAL_GPIO_WritePin(GPIOB, GPIO_PIN_0|GPIO_PIN_1, GPIO_PIN_SET);
```

一般情况下，STM32CubeMX 的主要作用是配置时钟系统和外设初始化函数。所以对外设进行配置之后，生成外设初始化代码，然后把该代码应用到我们工程即可。

图 6.5.3　配置 I/O 口详细参数

第 7 章

按键输入实验

上一章介绍了 STM32F7 的 I/O 口作为输出的使用，这一章将介绍如何使用 STM32F7 的 I/O 口作为输入。本章将利用板载的 4 个按键来控制板载的两个 LED 的亮灭。

7.1 STM32F7 的 I/O 口简介

STM32F7 的 I/O 口在上一章已经有了比较详细的介绍，这里不再多说。STM32F7 的 I/O 口做输入使用的时候，是通过调用函数 HAL_GPIO_ReadPin()来读取 I/O 口的状态的。了解了这点就可以开始代码编写了。

这一章将通过 ALIENTEK 阿波罗 STM32 开发板上载有 4 个按钮（KEY_UP、KEY0、KEY1 和 KEY2）来控制板上的 2 个 LED（DS0 和 DS1），其中，KEY_UP 控制 DS0，DS1 互斥点亮；KEY2 控制 DS0，按一次亮，再按一次灭；KEY1 控制 DS1，效果同 KEY2；KEY0 则同时控制 DS0 和 DS1，按一次，它们的状态就翻转一次。

7.2 硬件设计

本实验用到的硬件资源有指示灯 DS0、DS1，4 个按键（KEY0、KEY1、KEY2 和 KEY_UP）。

DS0、DS1 和 STM32F767 的连接上一章已经介绍过了，阿波罗 STM32 开发板上的按键 KEY0 连接在 PH3 上、KEY1 连接在 PH2 上、KEY2 连接在 PC13 上、KEY_UP 连接在 PA0 上，如图 7.2.1 所示。

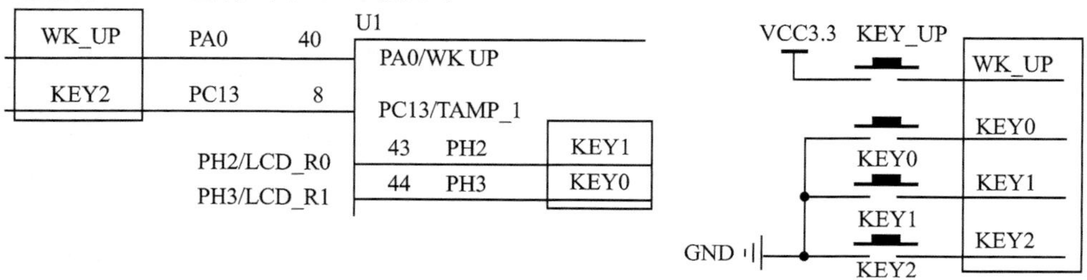

图 7.2.1　按键与 STM32F767 连接原理图

注意，KEY0、KEY1和KEY2是低电平有效的，而KEY_UP是高电平有效的，并且外部都没有上下拉电阻，所以，需要在STM32F767内部设置上下拉。

7.3 软件设计

从这章开始，我们的软件设计主要是直接打开配套资料的实验工程，而不再介绍怎么加入文件和头文件目录。工程中添加相关文件的方法在前面实验也已经讲解非常详细。

打开按键实验工程可以看到，工程引入了key.c文件以及头文件key.h。首先打开key.c文件，关键代码如下：

```
#include "key.h"
#include "delay.h"
//按键初始化函数
void KEY_Init(void)
{
    GPIO_InitTypeDef GPIO_Initure;
    __HAL_RCC_GPIOA_CLK_ENABLE();              //开启 GPIOA 时钟
    __HAL_RCC_GPIOC_CLK_ENABLE();              //开启 GPIOC 时钟
    __HAL_RCC_GPIOH_CLK_ENABLE();              //开启 GPIOH 时钟
    GPIO_Initure.Pin = GPIO_PIN_0;             //PA0
    GPIO_Initure.Mode = GPIO_MODE_INPUT;       //输入
    GPIO_Initure.Pull = GPIO_PULLDOWN;         //下拉
    GPIO_Initure.Speed = GPIO_SPEED_HIGH;      //高速
    HAL_GPIO_Init(GPIOA,&GPIO_Initure);
    GPIO_Initure.Pin = GPIO_PIN_13;            //PC13
    GPIO_Initure.Mode = GPIO_MODE_INPUT;       //输入
    GPIO_Initure.Pull = GPIO_PULLUP;           //上拉
    GPIO_Initure.Speed = GPIO_SPEED_HIGH;      //高速
    HAL_GPIO_Init(GPIOC,&GPIO_Initure);
    GPIO_Initure.Pin = GPIO_PIN_2|GPIO_PIN_3;  //PH2,3
    HAL_GPIO_Init(GPIOH,&GPIO_Initure);
}
//按键处理函数
//返回按键值
//mode:0,不支持连续按;1,支持连续按
//0,没有任何按键按下    1,WKUP 按下 WK_UP
//注意此函数有响应优先级,KEY0>KEY1>KEY2>WK_UP
u8 KEY_Scan(u8 mode)
{
    static u8 key_up = 1;         //按键松开标志
    if(mode == 1)key_up = 1;      //支持连按
    if(key_up&&(KEY0 == 0||KEY1 == 0||KEY2 == 0||WK_UP == 1))
    {
        delay_ms(10);
        key_up = 0;
```

```
        if(KEY0 == 0)          return KEY0_PRES;
        else if(KEY1 == 0)     return KEY1_PRES;
        else if(KEY2 == 0)     return KEY2_PRES;
        else if(WK_UP == 1)    return WKUP_PRES;
    }else if(KEY0 == 1&&KEY1 == 1&&KEY2 == 1&&WK_UP == 0)key_up = 1;
    return 0;   //无按键按下
}
```

这段代码包含 2 个函数,void KEY_Init(void)和 u8 KEY_Scan(u8 mode),KEY_Init 用来初始化按键输入的 I/O 口,从而实现 PA0、PC13、PH2 和 PH3 的输入设置。这里和第 6 章的输出配置差不多,只是这里用来设置成的是输入而第 6 章是输出。

KEY_Scan 函数,用来扫描这 4 个 I/O 口是否有按键按下。KEY_Scan 函数支持两种扫描方式,通过 mode 参数来设置。

当 mode 为 0 的时候,KEY_Scan 函数将不支持连续按,扫描某个按键,则该按键按下之后必须要松开才能第二次触发,否则不会再响应这个按键;这样做的好处就是可以防止按一次多次触发,而坏处就是在需要长按的时候比较不合适。

当 mode 为 1 的时候,KEY_Scan 函数支持连续按。如果某个按键一直按下,则会一直返回这个按键的键值,从而方便地实现长按检测。

有了 mode 这个参数,读者就可以根据自己的需要选择不同的方式。注意,因为该函数里面有 static 变量,所以该函数不是一个可重入函数,在有 OS 的情况下要留意。同时,该函数的按键扫描是有优先级的,最优先的是 KEY0,第二优先的是 KEY1,接着是 KEY2,最后是 KEY_UP 按键。该函数有返回值,如果有按键按下,则返回非 0 值;如果没有或者按键不正确,则返回 0。

接下来看看头文件 key.h 里面的代码:

```
#ifndef _KEY_H
#define _KEY_H
#include "sys.h"
/*下面的方式是通过直接操作 HAL 库函数方式读取 I/O*/
#define KEY0        HAL_GPIO_ReadPin(GPIOH,GPIO_PIN_3)    //KEY0 按键 PH3
#define KEY1        HAL_GPIO_ReadPin(GPIOH,GPIO_PIN_2)    //KEY1 按键 PH2
#define KEY2        HAL_GPIO_ReadPin(GPIOC,GPIO_PIN_13)   //KEY2 按键 PC13
#define WK_UP       HAL_GPIO_ReadPin(GPIOA,GPIO_PIN_0)    //WKUP 按键 PA0
#define KEY0_PRES     1
#define KEY1_PRES        2
#define KEY2_PRES        3
#define WKUP_PRES      4
void KEY_Init(void);
u8 KEY_Scan(u8 mode);
#endif
```

这段代码里面最关键的就是 4 个宏定义:

```
#define KEY0        HAL_GPIO_ReadPin(GPIOH,GPIO_PIN_3)   //KEY0 按键 PH3
#define KEY1        HAL_GPIO_ReadPin(GPIOH,GPIO_PIN_2)   //KEY1 按键 PH2
#define KEY2        HAL_GPIO_ReadPin(GPIOC,GPIO_PIN_13)  //KEY2 按键 PC13
#define WK_UP       HAL_GPIO_ReadPin(GPIOA,GPIO_PIN_0)   //WKUP 按键 PA0
```

这里使用的是调用 HAL 库函数 HAL_GPIO_ReadPin 来实现读取某个 I/O 口的输入电平的方法。函数 HAL_GPIO_ReadPin 的使用方法参见上一章跑马灯实验。

key.h 中还定义了 KEY0_PRES、KEY1_PRES、KEY2_PRES、WKUP_PRESS 这 4 个宏定义，分别对应开发板 4 个按键（KEY0、KEY1、KEY2、KEY_UP），按键按下时 KEY_Scan 返回的值通过宏定义的方式来判断，方便记忆和使用。

最后看看 main.c 里面编写的主函数代码，如下：

```
int main(void)
{
    u8 key;
    u8 led0sta = 1,led1sta = 1;             //LED0,LED1 的当前状态
    Cache_Enable();                         //打开 L1 - Cache
    HAL_Init();                             //初始化 HAL 库
    Stm32_Clock_Init(432,25,2,9);           //设置时钟,216 MHz
    delay_init(216);                        //延时初始化
    uart_init(115200);                      //串口初始化
    LED_Init();                             //初始化 LED
    KEY_Init();                             //按键初始化
    while(1)
    {
        key = KEY_Scan(0);                  //得到键值
        if(key)
        {
            switch(key)
            {
                case WKUP_PRES:             //控制 LED0,LED1 互斥点亮
                    led1sta = ! led1sta;
                    led0sta = ! led1sta;
                    break;
                case KEY2_PRES:             //控制 LED0 翻转
                    led0sta = ! led0sta;
                    break;
                case KEY1_PRES:             //控制 LED1 翻转
                    led1sta = ! led1sta;
                    break;
                case KEY0_PRES:             //同时控制 LED0,LED1 翻转
                    led0sta = ! led0sta;
                    led1sta = ! led1sta;
                    break;
            }
            LED0(led0sta);                  //控制 LED0 状态
            LED1(led1sta);                  //控制 LED1 状态
        }else delay_ms(10);
    }
}
```

主函数代码比较简单，先进行一系列的初始化操作，然后在死循环中调用按键扫描函数 KEY_Scan()扫描按键值，最后根据按键值控制 LED 的状态。

7.4 下载验证

同样,还是通过 ST LINK 来下载代码,下载完之后可以按 KEY0、KEY1、KEY2 和 KEY_UP 来看看 DS0、DS1 的变化是否和我们预期的结果一致。

至此,本章的学习就结束了。本章作为 STM32F767 的入门第二个例子,介绍了 STM32F767 的 I/O 作为输入的使用方法,同时巩固了前面的学习。希望读者在开发板上实际验证一下,从而加深印象。

7.5 STM32CubeMX 配置 I/O 口输出

上一章讲解了使用 STM32CubeMX 工具配置 GPIO 的一般方法,本章主要介绍配置 I/O 口为输入模式,操作方法和配置 I/O 口为输出模式基本一致。这里直接列出 I/O 口配置截图,具体方法参考 4.8 节和上一章跑马灯实验。

根据 7.2 节讲解,阿波罗开发板上有 4 个按键,分别连接 4 个 I/O 口,即 PA0、PC13、PH2 和 PH3。其中,WK_UP 按键按下后对应的 PA0 输入为高电平,所以默认情况下,该 I/O 口(PA0)要初始化为下拉输入,其他 I/O 口初始化为上拉输入即可。

使用 STM32CubeMX 打开配套资料工程模板(双击工程目录的 Template.ioc),目录为"4,程序源码\标准例程-库函数版本\实验 0-3 Template 工程模板-使用 STM32CubeMX 配置"。首先在 I/O 口引脚图上依次设置 4 个 I/O 口为输入模式 GPIO_Input。这里以 PA0 为例,操作方法如图 7.5.1 所示。

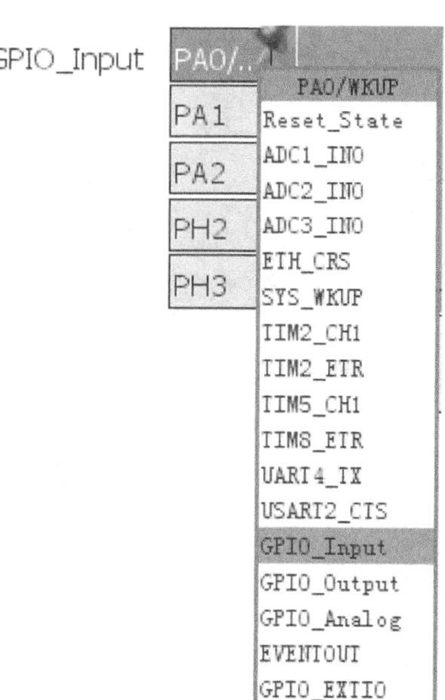

图 7.5.1 配置 PA0 为输入模式

同样的方法依次配置 PC13、PH2 和 PH3 为输入模式。然后进入 Configuration→GPIO 配置界面,配置 4 个 I/O 口详细参数。在配置界面单击 PA0 可以发现,在前面设置 I/O 口为输入 GPIO_Input 之后,其配置参数只剩下模式 GPIO Mode 和上下拉 GPIO Pull-up/Pull-down,并且模式值中只有输入模式 Input Mode 可选。这里配置 PA0 为下拉输入,其他 3 个 I/O 口配置为上拉输入即可。配置方法如图 7.5.2 所示。

配置完成 I/O 口参数之后,接下来同样生成工程。打开生成的工程会发现,main.c

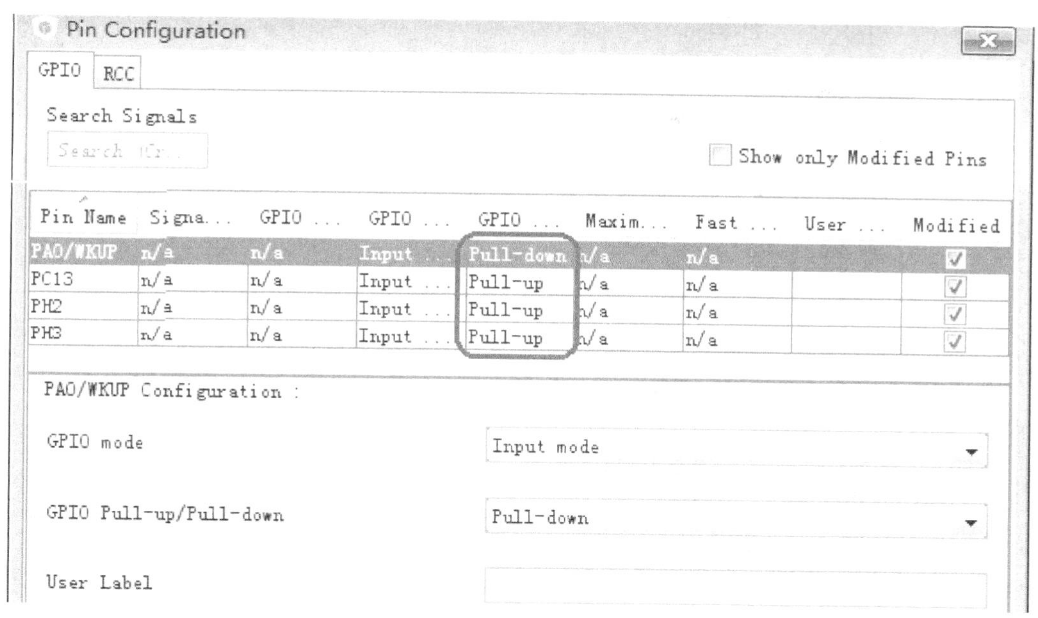

图 7.5.2　配置 I/O 口详细参数

文件中添加了函数 MX_GPIO_Init 函数，内容如下：

```
static void MX_GPIO_Init(void)
{
GPIO_InitTypeDef GPIO_InitStruct;
__HAL_RCC_GPIOC_CLK_ENABLE();          /* GPIO Ports Clock Enable */
  __HAL_RCC_GPIOH_CLK_ENABLE();
  __HAL_RCC_GPIOA_CLK_ENABLE();
  GPIO_InitStruct.Pin = GPIO_PIN_13;          /* Configure GPIO pin : PC13 */
  GPIO_InitStruct.Mode = GPIO_MODE_INPUT;
  GPIO_InitStruct.Pull = GPIO_PULLUP;
  HAL_GPIO_Init(GPIOC, &GPIO_InitStruct);

  GPIO_InitStruct.Pin = GPIO_PIN_0;          /* Configure GPIO pin : PA0 */
  GPIO_InitStruct.Mode = GPIO_MODE_INPUT;
  GPIO_InitStruct.Pull = GPIO_PULLDOWN;
  HAL_GPIO_Init(GPIOA, &GPIO_InitStruct);

  GPIO_InitStruct.Pin = GPIO_PIN_2|GPIO_PIN_3;/* Configure GPIO pins : PH2 PH3 */
  GPIO_InitStruct.Mode = GPIO_MODE_INPUT;
  GPIO_InitStruct.Pull = GPIO_PULLUP;
  HAL_GPIO_Init(GPIOH, &GPIO_InitStruct);
}
```

该函数实现的功能和按键输入实验中 KEY_Init 函数实现的功能一模一样，有兴趣的读者可以直接复制该函数内容替换按键输入实验中的 KEY_Init 函数内容，替换后会发现，实现现象完全一致。

第 8 章

串口通信实验

这一章将介绍如何使用 STM32F767 的串口来发送和接收数据。本章将实现如下功能：STM32F767 通过串口和上位机的对话，在收到上位机发过来的字符串后，原原本本地返回给上位机。

8.1 STM32F7 串口简介

串口作为 MCU 的重要外部接口，同时也是软件开发重要的调试手段，其重要性不言而喻。现在基本上所有的 MCU 都会带有串口，STM32 自然也不例外。STM32F767 的串口资源相当丰富，功能也相当强劲。ALIENTEK 阿波罗 STM32F767 开发板使用的 STM32F767IGT6 最多可提供 8 路串口，支持 8、16 倍过采样、支持自动波特率检测、支持 Modbus 通信、支持同步单线通信和半双工单线通信、支持 LIN、支持调制解调器操作、智能卡协议和 IrDA SIR ENDEC 规范、具有 DMA 等。

5.3 节对串口有过简单的介绍，接下来将从寄存器层面告诉读者如何设置串口，以达到最基本的通信功能。本章将实现利用串口 1 不停地打印信息到计算机上，同时接收从串口发过来的数据，把发送过来的数据直接送回给计算机。阿波罗 STM32F767 开发板板载了一个 USB 串口和 2 个 RS232 串口，本章介绍的是通过 USB 串口和计算机通信。

串口最基本的设置就是波特率的设置。STM32F767 的串口使用起来还是很简单的，只要开启了串口时钟，并设置相应 I/O 口的模式，然后配置一下波特率、数据位长度、奇偶校验位等信息就可以使用了，详见 5.3.2 小节。

串口设置的一般步骤如下：

① 串口时钟使能。串口作为 STM32F767 的一个外设，其时钟由外设时钟使能寄存器控制，这里使用的串口 1 是在 APB2ENR 寄存器的第 4 位。APB2ENR 寄存器之前已经介绍过了，这里不再介绍。注意，除了串口 1 和串口 6 的时钟使能在 APB2ENR 寄存器，其他串口的时钟使能位都在 APB1ENR 寄存器。

② 串口波特率设置。5.3.2 小节已经介绍过了，每个串口都有一个自己独立的波特率寄存器 USART_BRR，通过设置该寄存器就可以达到配置不同波特率的目的。具体实现方法参考 5.3.2 小节。

③ 串口控制。STM32F767 的每个串口都有 3 个控制寄存器 USART_CR1～3，串

口的很多配置都是通过这 3 个寄存器来设置的。这里只要用到 USART_CR1 就可以实现我们的功能了，该寄存器的各位描述如图 8.1.1 所示。

31	30	29	28	27	26	25	24	23	22	21	20	19	18	17	16
Res.	Res.	Res.	M1	EOBIE	RTOIE	DEAT[4:0]					DEDT[4:0]				
			rw	rw	rw	rw	rw	rw	rw	rw	rw	rw	rw	rw	rw
15	**14**	**13**	**12**	**11**	**10**	**9**	**8**	**7**	**6**	**5**	**4**	**3**	**2**	**1**	**0**
OVER8	CMIE	MME	M0	WAKE	PCE	PS	PEIE	TXEIE	TCIE	RXNEIE	IDLEIE	TE	RE	Res.	UE
rw	rw	rw	rw	rw	rw	rw	rw	rw	rw	rw	rw	rw	rw		rw

图 8.1.1　USART_CR1 寄存器各位描述

该寄存器只介绍本节需要用到的一些位：M[1:0]位（位 28 和 12）用于设置字长，一般设置为 00 表示一个起始位，8 个数据位，n 个停止位（n 的个数，由 USART_CR2 的[13:12]位控制）。OVER8 为过采样模式设置位，一般设置为 0，即 16 倍过采样已获得更好的容错性；UE 为串口使能位，通过该位置 1，以使能串口；PCE 为校验使能位，设置为 0 则禁止校验，否则使能校验；PS 为校验位选择位，设置为 0 则为偶校验，否则为奇校验；TXEIE 为发送缓冲区空中断使能位，设置该位为 1，当 USART_ISR 中的 TXE 位为 1 时，将产生串口中断；TCIE 为发送完成中断使能位，设置该位为 1，当 USART_ISR 中的 TC 位为 1 时，将产生串口中断；RXNEIE 为接收缓冲区非空中断使能，设置该位为 1，当 USART_ISR 中的 ORE 或者 RXNE 位为 1 时，将产生串口中断；TE 为发送使能位，设置为 1，将开启串口的发送功能；RE 为接收使能位，用法同 TE。

其他位的设置这里就不一一列出来了，读者可以参考《STM32F7 中文参考手册》第 945 页有详细介绍，这里就不列出来了。

④ 数据发送与接收。与 STM32F1 和 F4 不同，STM32F7 的串口发送和接收由两个不同的寄存器组成。发送数据是 USART_TDR 寄存器，接收数据是 USART_RDR 寄存器，USART_TDR 寄存器各位描述如图 8.1.2 所示。可以看出，USART_TDR 虽然是一个 32 位寄存器，但是只用了低 9 位（DR[8:0]），其他都是保留。TDR[8:0]为串口数据，具体多少位由前面介绍的 M[1:0]决定（一般是 8 位数据）。

31	30	29	28	27	26	25	24	23	22	21	20	19	18	17	16
Res.	Res.	Res.	Res.	Res.	Res.	Res.	Res.	Res.	Res.	Res.	Res.	Res.	Res.	Res.	Res.
15	**14**	**13**	**12**	**11**	**10**	**9**	**8**	**7**	**6**	**5**	**4**	**3**	**2**	**1**	**0**
Res.	Res.	Res.	Res.	Res.	Res.	Res.	TDR[8:0]								
							rw	rw	rw	rw	rw	rw	rw	rw	rw

图 8.1.2　USART_TDR 寄存器各位描述

需要发送数据的时候，往 USART_TDR 寄存器写入想要发送的数据，就可以通过串口发送出去了。当接收到串口数据并需要读取出来的时候，就必须读取 USART_RDR 寄存器。USART_RDR 寄存器各位描述同 USART_TDR 是完全一样的，只是一个用来接收，一个用来发送。

当使能校验位(USART_CR1 中 PCE 位被置位)进行发送时,写到 MSB 的值(根据数据的长度不同,MSB 是第 7 位或者第 8 位)会被后来的校验位取代。

当使能校验位进行接收时,读到的 MSB 位是接收到的校验位。

⑤ 串口状态。串口的状态可以通过状态寄存器 USART_ISR 读取。USART_ISR 的各位描述如图 8.1.3 所示。

31	30	29	28	27	26	25	24	23	22	21	20	19	18	17	16
Res.	Res.	Res.	Res.	Res.	Res.	Res.	Res.	Res.	Res.	TEACK	Res.	Res.	SBKF	CMF	BUSY
										r			r	r	r
15	**14**	**13**	**12**	**11**	**10**	**9**	**8**	**7**	**6**	**5**	**4**	**3**	**2**	**1**	**0**
ABRF	ABRE	Res.	EOBF	RTOF	CTS	CTSIF	LBDF	TXE	TC	RXNE	IDLE	ORE	NF	FE	PE
r	r		r	r	r	r	r	r	r	r	r	r	r	r	r

图 8.1.3 USART_ISR 寄存器各位描述

这里关注一下两个位,第 5、6 位 RXNE 和 TC。

RXNE(读数据寄存器非空):当该位被置 1 的时候,就是提示已经有数据被接收到了,并且可以读出来了。这时候要做的就是尽快去读取 USART_RDR,通过读 USART_RDR 可以将该位清零,也可以向该位写 0 直接清除。

TC(发送完成):当该位被置位的时候,表示 USART_TDR 内的数据已经被发送完成了。如果设置了这个位的中断,则会产生中断。该位也有两种清零方式:①读 USART_ISR,写 USART_TDR。②直接向该位写 0。

通过以上一些寄存器的操作及 I/O 口的配置,我们就可以达到串口最基本的配置了。关于串口更详细的介绍可参考《STM32F7 中文参考手册》第 907~964 页通用同步异步收发器这一章。

对于怎么直接使用寄存器配置串口收发,可参考本套书的寄存器版本。接下来将着重讲解使用 HAL 库实现串口配置和使用的方法。在 HAL 库中,串口相关的函数和定义主要在文件 stm32f7xx_hal_uart.c 和 stm32f7xx_hal_uart.h 中。接下来看看 HAL 库提供的串口相关操作函数。

① 串口参数初始化(波特率/停止位等),并使能串口。

串口作为 STM32 的一个外设,HAL 库为其配置了串口初始化函数。接下来看看串口初始化函数 HAL_UART_Init 相关知识,定义如下:

```
HAL_StatusTypeDef HAL_UART_Init(UART_HandleTypeDef * huart);
```

该函数只有一个入口参数 huart,为 UART_HandleTypeDef 结构体指针类型,一般称其为串口句柄,它的使用会贯穿整个串口程序。一般情况下,我们会定义一个 UART_HandleTypeDef 结构体类型全局变量,然后初始化各个成员变量。接下来看看结构体 UART_HandleTypeDef 的定义:

```
typedef struct
{
    USART_TypeDef                       * Instance;
```

```
    UART_InitTypeDef                  Init;
    UART_AdvFeatureInitTypeDef        AdvancedInit;
uint8_t                               *pTxBuffPtr;
    uint16_t                          TxXferSize;
    uint16_t                          TxXferCount;
    uint8_t                           *pRxBuffPtr;
    uint16_t                          RxXferSize;
    uint16_t                          RxXferCount;
    uint16_t                          Mask;
    DMA_HandleTypeDef                 *hdmatx;
    DMA_HandleTypeDef                 *hdmarx;
    HAL_LockTypeDef                   Lock;
    __IO HAL_UART_StateTypeDef        gState;
    __IO HAL_UART_StateTypeDef        RxState;
    __IO uint32_t                     ErrorCode;
}UART_HandleTypeDef;
```

该结构体成员变量非常多，一般情况下使用串口的基本功能。调用函数 HAL_UART_Init 对串口进行初始化的时候，我们只需要先设置 Instance 和 Init 两个成员变量的值。接下来依次解释一下各个成员变量的含义。

Instance 是 USART_TypeDef 结构体指针类型变量，是执行寄存器基地址，实际上这个基地址 HAL 库已经定义好了；如果是串口 1，则取值为 USART1 即可。

Init 是 UART_InitTypeDef 结构体类型变量，是用来设置串口的各个参数，包括波特率、停止位等，它的使用方法非常简单。UART_InitTypeDef 结构体定义如下：

```
typedef struct
{
  uint32_t BaudRate;             //波特率
  uint32_t WordLength;           //字长
  uint32_t StopBits;             //停止位
  uint32_t Parity;               //奇偶校验
  uint32_t Mode;                 //收/发模式设置
  uint32_t HwFlowCtl;            //硬件流设置
  uint32_t OverSampling;         //过采样设置
}UART_InitTypeDef
```

该结构体第一个参数 BaudRate 为串口波特率，波特率可以说是串口最重要的参数了，用来确定串口通信的速率。第二个参数 WordLength 为字长，可以设置为 8 位字长或者 9 位字长，这里设置为 8 位字长数据格式 UART_WORDLENGTH_8B。第三个参数 StopBits 为停止位设置，可以设置为一个停止位或者 2 个停止位，这里设置为一位停止位 UART_STOPBITS_1。第四个参数 Parity 设定是否需要奇偶校验，这里设定为无奇偶校验位。第五个参数 Mode 为串口模式，可以设置为只收模式、只发模式或者收发模式。这里设置为全双工收发模式。第六个参数 HwFlowCtl 为是否支持硬件流控制，这里设置为无硬件流控制。第七个参数 OverSampling 用来设置过采样为 16 倍还是 8 倍。

pTxBuffPtr、TxXferSize 和 TxXferCount 这 3 个变量分别用来设置串口发送的数

据缓存指针、发送的数据量和还剩余的要发送的数据量。而接下来的 3 个变量 pRxBuffPtr、RxXferSize 和 RxXferCount 则用来设置接收的数据缓存指针、接收的最大数据量以及还剩余的要接收的数据量。这 6 个变量是 HAL 库处理中间变量,详细使用方法在讲解中断服务函数的时候再介绍。

Hdmatx 和 hdmarx 是串口 DMA 相关的变量,指向 DMA 句柄,这里先不讲解。

AdvancedInit 用来配置串口的高级功能,有兴趣的读者可以对照中文参考手册了解一下。

其他 3 个变量就是一些 HAL 库处理过程状态标志位和串口通信的错误码。

函数 HAL_UART_Init 使用的一般格式为:

```
UART_HandleTypeDef UART1_Handler; //UART 句柄
UART1_Handler.Instance = USART1;                              //USART1
UART1_Handler.Init.BaudRate = 115200;                         //波特率
UART1_Handler.Init.WordLength = UART_WORDLENGTH_8B;           //字长为 8 位格式
UART1_Handler.Init.StopBits = UART_STOPBITS_1;                //一个停止位
UART1_Handler.Init.Parity = UART_PARITY_NONE;                 //无奇偶校验位
UART1_Handler.Init.HwFlowCtl = UART_HWCONTROL_NONE;           //无硬件流控
UART1_Handler.Init.Mode = UART_MODE_TX_RX;                    //收发模式
HAL_UART_Init(&UART1_Handler); //HAL_UART_Init()会使能 UART1
```

注意,函数 HAL_UART_Init 内部会调用串口使能函数来使能相应串口,所以调用了该函数来之后就不需要重复使能串口了。当然,HAL 库也提供了具体的串口使能和关闭方法,具体使用方法如下:

```
__HAL_UART_ENABLE(handler);          //使能句柄 handler 指定的串口
__HAL_UART_DISABLE(handler);         //关闭句柄 handler 指定的串口
```

这里还需要提醒一下,串口作为一个重要外设,在调用的初始化函数 HAL_UART_Init 内部会先调用 MSP 初始化回调函数进行 MCU 相关的初始化。函数为:

```
void HAL_UART_MspInit(UART_HandleTypeDef * huart);
```

在程序中只需要重写该函数即可。一般情况下,该函数内部用来编写 I/O 口初始化、时钟使能以及 NVIC 配置。

② 使能串口和 GPIO 口时钟。

要使用串口,就必须使能串口时钟和使用到的 GPIO 口时钟。例如,要使用串口 1,就必须使能串口 1 时钟和 GPIOA 时钟(串口 1 使用的是 PA9 和 PA10)。具体方法如下:

```
__HAL_RCC_USART1_CLK_ENABLE();              //使能 USART1 时钟
__HAL_RCC_GPIOA_CLK_ENABLE();               //使能 GPIOA 时钟
```

使能的相关方法在时钟系统相关章节有讲解,操作方法也非常简单,这里就不重复讲解。

③ GPIO 口初始化设置(速度、上下拉等)以及复用映射配置。

跑马灯实验中讲解过,在 HAL 库中 I/O 口初始化参数设置和复用映射配置是在函数 HAL_GPIO_Init 中一次性完成的。注意,要复用 PA9 和 PA10 为串口发送接收

相关引脚，则需要配置 I/O 口为复用，同时复用映射到串口 1。配置源码如下：

```
GPIO_InitTypeDef GPIO_Initure;
GPIO_Initure.Pin = GPIO_PIN_9|GPIO_PIN_10;         //PA9/PA10
GPIO_Initure.Mode = GPIO_MODE_AF_PP;               //复用推挽输出
GPIO_Initure.Pull = GPIO_PULLUP;                   //上拉
GPIO_Initure.Speed = GPIO_SPEED_FAST;              //高速
GPIO_Initure.Alternate = GPIO_AF7_USART1;          //复用为 USART1
HAL_GPIO_Init(GPIOA,&GPIO_Initure);                //初始化 PA9/PA10
```

④ 开启串口相关中断，配置串口中断优先级。

HAL 库中定义了一个使能串口中断的标识符__HAL_UART_ENABLE_IT，可以把它当一个函数来使用，具体定义可参考 HAL 库文件 stm32f7xx_hal_uart.h 中该标识符定义。例如，要使能接收完成中断，方法如下：

```
__HAL_UART_ENABLE_IT(huart,UART_IT_RXNE);          //开启接收完成中断
```

第一个参数为步骤①讲解的串口句柄，类型为 UART_HandleTypeDef 结构体类型。第二个参数为要开启的中断类型值，可选值在头文件 stm32f7xx_hal_uart.h 中有宏定义。

有开启中断就有关闭中断，操作方法为：

```
__HAL_UART_DISABLE_IT(huart,UART_IT_RXNE);         //关闭接收完成中断
```

对于中断优先级配置，方法就非常简单，详细知识可参考 4.5 节相关知识，参考方法为：

```
HAL_NVIC_EnableIRQ(USART1_IRQn);                  //使能 USART1 中断通道
HAL_NVIC_SetPriority(USART1_IRQn,3,3);            //抢占优先级 3,子优先级 3
```

⑤ 编写中断服务函数。

串口 1 中断服务函数为：

```
void USART1_IRQHandler(void) ;
```

当发生中断的时候，程序就会执行中断服务函数，然后在中断服务函数中编写相应的逻辑代码即可。HAL 库实际上对中断处理过程进行了完整的封装，具体内容在 8.3 节通过结合实验源码详细讲解。

⑥ 串口数据接收和发送。

STM32F7 的发送与接收是通过数据寄存器 USART_DR 来实现的，这是一个双寄存器，包含了 TDR 和 RDR。向该寄存器写数据的时候，串口就会自动发送；当收到数据的时候，也是存在该寄存器内。HAL 库操作 USART_DR 寄存器发送数据的函数是：

```
HAL_StatusTypeDef HAL_UART_Transmit (UART_HandleTypeDef * huart,
                              uint8_t * pData, uint16_t Size, uint32_t Timeout);
```

通过该函数向串口寄存器 USART_DR 写入一个数据。

HAL 库操作 USART_DR 寄存器读取串口接收到的数据的函数是：

```
HAL_StatusTypeDef HAL_UART_Receive(UART_HandleTypeDef *huart,
                                   uint8_t *pData, uint16_t Size, uint32_t Timeout);
```

通过该函数可以读取串口接收到的数据。

8.2 硬件设计

本实验需要用到的硬件资源有:指示灯 DS0、串口 1。串口 1 之前还没有介绍过,本实验用到的串口 1 与 USB 串口并没有在 PCB 上连接在一起,需要通过跳线帽连接。这里把 P4 的 RXD、TXD 用跳线帽与 PA9、PA10 连接起来,如图 8.2.1 所示。

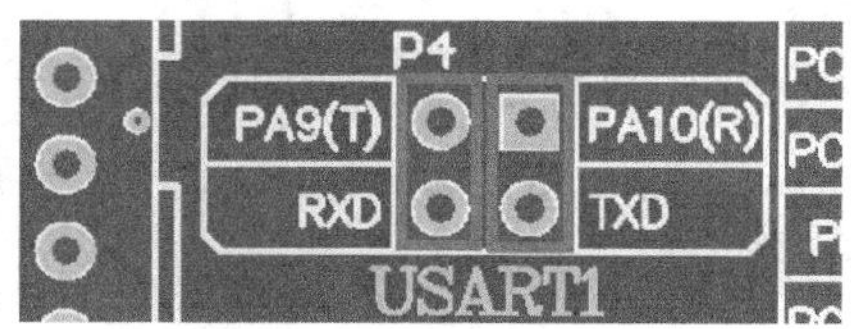

图 8.2.1 硬件连接图示意图

8.3 软件设计

ALIENTEK 编写的串口相关的源码在 SYSTEM 分组之下的 usart.c 和 usart.h 中。8.1 节讲解了 HAL 库中串口操作的一般步骤以及操作函数。在使用 HAL 库配置串口的时候,HAL 库封装了串口配置步骤。接下来以串口接收中断为例讲解 HAL 库串口程序执行流程。

和其他外设一样,HAL 库为串口的使用开放了 MSP 函数。在串口初始化函数 HAL_UART_Init 内部,会调用串口 MSP 函数 HAL_UART_MspInit 来设置与 MCU 相关的配置。

根据前面的讲解,函数 HAL_UART_Init 主要用来初始化与串口相关的参数(这些参数与 MCU 无关),包括波特率、停止位等。串口 MSP 函数 HAL_UART_MspInit 用来设置 GPIO 初始化、NVIC 配置等与 MCU 相关的配置。

这里定义了一个 uart_init 函数来调用 HAL_UART_Init 初始化串口参数配置,具体函数如下:

```
UART_HandleTypeDef UART1_Handler; //UART 句柄
//初始化 I/O 串口 1      bound:波特率
void uart_init(u32 bound)
{
    //UART 初始化设置
    UART1_Handler.Instance = USART1;                          //USART1
    UART1_Handler.Init.BaudRate = bound;                      //波特率
    UART1_Handler.Init.WordLength = UART_WORDLENGTH_8B;       //字长为 8 位格式
    UART1_Handler.Init.StopBits = UART_STOPBITS_1;            //一个停止位
```

```
    UART1_Handler.Init.Parity = UART_PARITY_NONE;              //无奇偶校验位
    UART1_Handler.Init.HwFlowCtl = UART_HWCONTROL_NONE;      //无硬件流控
    UART1_Handler.Init.Mode = UART_MODE_TX_RX;               //收发模式
    HAL_UART_Init(&UART1_Handler);              //HAL_UART_Init()会使能 UART1
    HAL_UART_Receive_IT(&UART1_Handler, (u8 *)aRxBuffer, 1);
    //该函数会开启接收中断并且设置接收缓冲以及接收缓冲接收最大数据量
}
```

该函数实现的是 8.1 节讲解的步骤①的内容。注意，最后一行代码调用函数 HAL_UART_Receive_IT，作用是开启接收中断，同时设置接收的缓存区以及接收的数据量，对于这个缓冲我们在后面会讲解它的作用。

串口 MSP 函数 HAL_UART_MspInit 函数自定义了其内容，代码如下：

```
void HAL_UART_MspInit(UART_HandleTypeDef * huart)
{
    //GPIO 端口设置
    GPIO_InitTypeDef GPIO_Initure;
    if(huart->Instance == USART1) //如果是串口 1,进行串口 1 MSP 初始化
    {
        __HAL_RCC_GPIOA_CLK_ENABLE();             //使能 GPIOA 时钟
        __HAL_RCC_USART1_CLK_ENABLE();            //使能 USART1 时钟
        GPIO_Initure.Pin = GPIO_PIN_9;            //PA9
        GPIO_Initure.Mode = GPIO_MODE_AF_PP;      //复用推挽输出
        GPIO_Initure.Pull = GPIO_PULLUP;          //上拉
        GPIO_Initure.Speed = GPIO_SPEED_FAST;     //高速
        GPIO_Initure.Alternate = GPIO_AF7_USART1; //复用为 USART1
        HAL_GPIO_Init(GPIOA,&GPIO_Initure);       //初始化 PA9
        GPIO_Initure.Pin = GPIO_PIN_10;           //PA10
        HAL_GPIO_Init(GPIOA,&GPIO_Initure);       //初始化 PA10
#if EN_USART1_RX
        HAL_NVIC_EnableIRQ(USART1_IRQn);          //使能 USART1 中断通道
        HAL_NVIC_SetPriority(USART1_IRQn,3,3);    //抢占优先级 3,子优先级 3
#endif
    }
}
```

该函数代码实现的是 8.1 节讲解的步骤②～④的内容。注意，在该段代码中，通过判断宏定义标识符 EN_USART1_RX 的值来确定是否开启串口中断通道和设置串口 1 中断优先级。标识符 EN_USART1_RX 在头文件 usart.h 中有定义，默认设置为 1。

```
#define EN_USART1_RX            1          //使能(1)/禁止(0)串口 1 接收
```

通过上面两个函数就配置了串口相关设置。接下来就是编写中断服务函数 USART1_IRQHandler。HAL 库对中断服务函数的编写有非常严格的讲究。

首先，HAL 库定义了一个串口中断处理通用函数 HAL_UART_IRQHandler，该函数声明如下：

```
void HAL_UART_IRQHandler(UART_HandleTypeDef * huart);
```

该函数只有一个入口参数，就是 UART_HandleTypeDef 结构体指针类型的串口

句柄 huart,调用 HAL_UART_Init 函数时也会设置一个 UART_Handle TypeDef 结构体类型的入口参数,两个函数的入口参数保持一致即可。该函数一般在中断服务函数中调用,作为串口中断处理的通用入口。一般调用方法为:

```
void USART1_IRQHandler(void)
{
    HAL_UART_IRQHandler(&UART1_Handler);      //调用 HAL 库中断处理公用函数
…//中断处理完成后的结束工作
}
```

也就是说,真正的串口中断处理逻辑最终在函数 HAL_UART_IRQHandler 内部执行。而该函数是 HAL 库已经定义好的,而且用户一般不能随意修改。这个时候读者会问,那么中断控制逻辑编写在哪里呢?为了把这个问题讲解清楚,我们要来看看函数 HAL_UART_IRQHandler 内部的具体实现过程。因为本章实验主要实现的是串口中断接收,也就是每次接收到一个字符后进入中断服务函数来处理。所以我们就以中断接收为例讲解。为了篇幅考虑,这里仅仅列出串口中断执行流程中与接收相关的源码。

函数 HAL_UART_IRQHandler 关于串口接收相关源码如下:

```
void HAL_UART_IRQHandler(UART_HandleTypeDef * huart)
{
  uint32_t tmp1 = 0, tmp2 = 0;
…//此处省略部分代码
  tmp1 = __HAL_UART_GET_FLAG(huart, UART_FLAG_RXNE);
  tmp2 = __HAL_UART_GET_IT_SOURCE(huart, UART_IT_RXNE);
  if((tmp1 != RESET) && (tmp2 != RESET))
  {
    UART_Receive_IT(huart);
  }
…//此处省略部分代码
}
```

从代码逻辑可以看出,HAL_UART_IRQHandler 函数内部通过判断中断类型是否为接收来完成中断,从而确定是否调用 HAL 另外一个函数 UART_Receive_IT()。函数 UART_Receive_IT()的作用是把每次中断接收到的字符保存在串口句柄的缓存指针 pRxBuffPtr 中,同时每次接收一个字符,其计数器 RxXferCount 减 1,直到接收完成 RxXferSize 个字符之后 RxXferCount 设置为 0;同时,调用接收完成回调函数 HAL_UART_RxCpltCallback 进行处理。为了篇幅考虑,这里仅列出 UART_Receive_IT() 函数调用回调函数 HAL_UART_RxCpltCallback 的处理逻辑,代码如下:

```
static HAL_StatusTypeDef UART_Receive_IT(UART_HandleTypeDef * huart)
{
    ...//此处省略部分代码
    if(--huart->RxXferCount == 0)
    {
      HAL_UART_RxCpltCallback(huart);
    }
    ...//此处省略部分代码
}
```

最后列出串口接收中断的一般流程，如图 8.3.1 所示。这里，我们再把串口接收中断的一般流程进行概括：当接收到一个字符之后，在函数 UART_Receive_IT 会把数据保存在串口句柄的成员变量 pRxBuffPtr 缓存中，同时 RxXferCount 计数器减 1。如果设置 RxXferSize＝10，那么当接收到 10 个字符之后，RxXferCount 会由 10 减到 0（RxXferCount 初始值等于 RxXferSize），这个时候再调用接收完成回调函数 HAL_UART_RxCpltCallback 进行处理。接下来看看我们的配置。

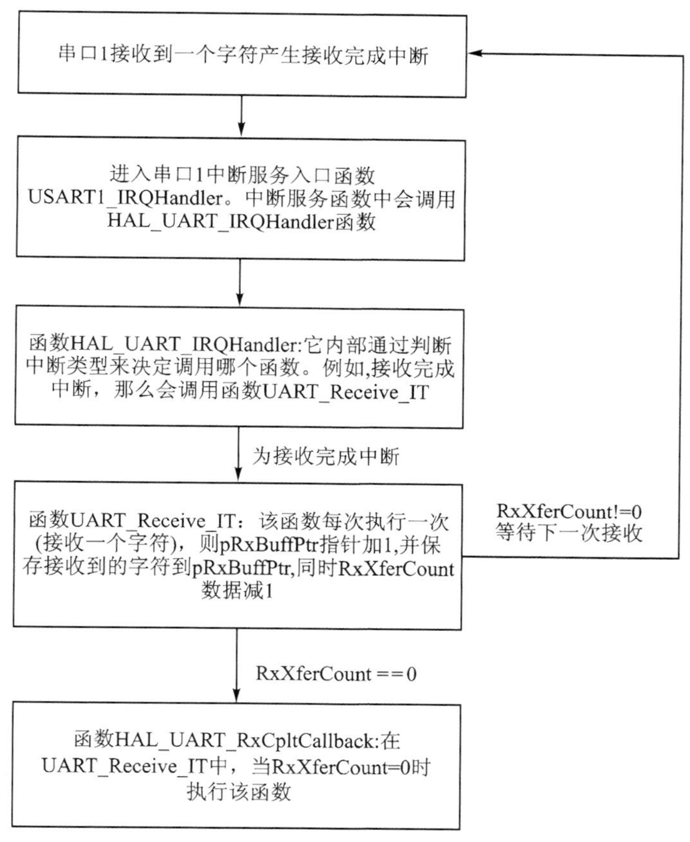

图 8.3.1　串口接收中断执行流程图

首先，回到用户函数 uart_init 定义可以看到，在 uart_init 函数中调用完 HAL_UART_Init 后还调用了 HAL_UART_Receive_IT 开启接收中断，并且初始化串口句柄的缓存相关参数。代码如下：

```
HAL_UART_Receive_IT(&UART1_Handler, (u8 *)aRxBuffer, RXBUFFERSIZE);
```

aRxBuffer 是我们定义的一个全局数组变量，RXBUFFERSIZE 是我们定义的一个标识符：

```
#define RXBUFFERSIZE    1
u8 aRxBuffer[RXBUFFERSIZE];
```

所以,调用 HAL_UART_Receive_IT 函数后,除了开启接收中断外,还确定了每次接收 RXBUFFERSIZE 个字符后表示接收结束,从而进入回调函数 HAL_UART_RxCpltCallback 进行相应处理。最后看看 HAL_UART_RxCpltCallback 函数定义:

```
void HAL_UART_RxCpltCallback(UART_HandleTypeDef * huart)
{
    if(huart->Instance == USART1)//如果是串口 1
      if((USART_RX_STA&0x8000) == 0)//接收未完成
        {
            if(USART_RX_STA&0x4000)//接收到了 0x0d
            {
                if(aRxBuffer[0]!= 0x0a)USART_RX_STA = 0;//接收错误,重新开始
                else USART_RX_STA| = 0x8000;      //接收完成了
            }
            else //还没收到 0X0D
            {
                if(aRxBuffer[0] == 0x0d)USART_RX_STA| = 0x4000;
                else
                {
                    USART_RX_BUF[USART_RX_STA&0X3FFF] = aRxBuffer[0] ;
                    USART_RX_STA ++ ;
                    if(USART_RX_STA>(USART_REC_LEN - 1))USART_RX_STA = 0;
                    //接收数据错误,重新开始接收
                }
            }
        }
    }
}
```

因为我们设置了串口句柄成员变量 RxXferSize 为 1,那么每当串口 1 接收到一个字符后触发接收完成中断,则会在中断服务函数中引导执行该回调函数。当串口接收到一个字符后,它会保存在缓存 aRxBuffer 中;由于我们设置了缓存大小为 1,而且 RxXferSize=1,所以每次接收一个字符,就会直接保存到 RxXferSize[0]中,我们直接通过读取 RxXferSize[0]的值就是本次接收到的字符。这里设计了一个小小的接收协议:通过这个函数,配合一个数组 USART_RX_BUF[]、一个接收状态寄存器 USART_RX_STA(此寄存器其实就是一个全局变量,由作者自行添加。由于它起到类似寄存器的功能,这里暂且称之为寄存器)就可以实现对串口数据的接收管理。USART_RX_BUF 的大小由 USART_REC_LEN 定义,也就是一次接收的数据最大不能超过 USART_REC_LEN 个字节。USART_RX_STA 是一个接收状态寄存器,其各位的定义如表 8.3.1 所列。

表 8.3.1　接收状态寄存器位定义表

位	bit15	bit14	bit13～0
定　义	接收完成标志	接收到 0X0D 标志	接收到的有效数据个数

设计思路如下：当接收到从计算机发过来的数据后，把接收到的数据保存在 USART_RX_BUF 中。同时，在接收状态寄存器(USART_RX_STA)中计数接收到的有效数据个数，当收到回车(回车的表示由 2 个字节组成：0X0D 和 0X0A)的第一个字节 0X0D 时，计数器将不再增加，等待 0X0A 的到来；而如果 0X0A 没有来到，则认为这次接收失败，重新开始下一次接收。如果顺利接收到 0X0A，则标记 USART_RX_STA 的第 15 位，这样就完成一次接收，并等待该位被其他程序清除，从而开始下一次的接收。如果迟迟没有收到 0X0D，那么在接收数据超过 USART_REC_LEN 的时候，则丢弃前面的数据，重新接收。

函数 USART1_IRQHandler 的结尾还有几行行代码，其中部分代码是超时退出逻辑，关键逻辑代码如下：

```
while (HAL_UART_GetState(&UART1_Handler) != HAL_UART_STATE_READY);
while(HAL_UART_Receive_IT(&UART1_Handler, (u8 *)aRxBuffer, 1) != HAL_OK);
```

这两行代码作用非常简单。第一行代码是判断串口是否就绪，如果没有就绪就等待就绪。第二行代码是继续调用 HAL_UART_Receive_IT 函数来开启中断和重新设置 RxXferSize、RxXferCount 的初始值为 1，也就是开启新的接收中断。

学到这里读者会发现，HAL 库定义的串口中断逻辑确实非常复杂，并且因为处理过程繁琐所以效率不高。注意，在中断服务函数中也可以不用调用 HAL_UART_IRQHandler 函数，而是直接编写自己的中断服务函数。串口实验之所以遵循 HAL 库写法，是为了让读者对 HAL 库有一个更清晰的理解。

如果不用中断处理回调函数，那么就不用初始化串口句柄的中断接收缓存，所以 HAL_UART_Receive_IT 函数就不用出现在初始化函数 uart_init 中，而是直接在要开启中断的地方通过调用__HAL_UART_ENABLE_IT 单独开启中断即可。如果不用中断回调函数处理，则中断服务函数内容为：

```
//串口 1 中断服务程序
void USART1_IRQHandler(void)
{
    u8 Res;
#if SYSTEM_SUPPORT_OS              //使用 OS
    OSIntEnter();
#endif
    if((__HAL_UART_GET_FLAG(&UART1_Handler,UART_FLAG_RXNE)!= RESET))
                    //接收中断(接收到的数据必须是 0x0d 0x0a 结尾)
    {
        HAL_UART_Receive(&UART1_Handler,&Res,1,1000);
        if((USART_RX_STA&0x8000) == 0)//接收未完成
        {
            if(USART_RX_STA&0x4000)//接收到了 0x0d
            {
                if(Res!= 0x0a)USART_RX_STA = 0;//接收错误,重新开始
                else USART_RX_STA| = 0x8000;     //接收完成了
            }else //还没收到 0X0D
            {
```

```
                if(Res == 0x0d)USART_RX_STA| = 0x4000;
                else
                {
                    USART_RX_BUF[USART_RX_STA&0X3FFF] = Res ;
                    USART_RX_STA ++ ;
                    if(USART_RX_STA>(USART_REC_LEN - 1))USART_RX_STA = 0;
                                                //接收数据错误,重新开始接收
                }
            }
        }
    }
    HAL_UART_IRQHandler(&UART1_Handler);
#if SYSTEM_SUPPORT_OS            //使用 OS
    OSIntExit();
#endif
}
```

这段代码逻辑跟上面的中断回调函数类似，只不过这里还需要通过 HAL 库串口接收函数 HAL_UART_Receive 来获取接收到的字符并进行相应的处理，这里就不做过多讲解。后面很多实验，为了效率和处理逻辑方便，我们会选择将接收控制逻辑直接编写在中断服务函数内部。

HAL 库一共提供了 5 个中断处理回调函数：

```
void HAL_UART_TxCpltCallback(UART_HandleTypeDef * huart);        //发送完成回调函数
void HAL_UART_TxHalfCpltCallback(UART_HandleTypeDef * huart);    //发送完成过半
void HAL_UART_RxCpltCallback(UART_HandleTypeDef * huart);        //接收完成回调函数
void HAL_UART_RxHalfCpltCallback(UART_HandleTypeDef * huart);    //接收完成过半
void HAL_UART_ErrorCallback(UART_HandleTypeDef * huart);         //错误处理回调函数
```

关于这些回调函数的作用，我们在函数后面有注释，有兴趣的读者可以自行测试每个回调函数的使用方法，这里就不做过多讲解。读者只需要知道，每当一个事件发生，就会最终调用相应的回调函数，我们在回调函数中编写真正的控制逻辑即可。最后来看看主函数：

```
int main(void)
{
    u8 len;
    u16 times = 0;
    Cache_Enable();                     //打开 L1 - Cache
    HAL_Init();                         //初始化 HAL 库
    Stm32_Clock_Init(432,25,2,9);       //设置时钟,216 MHz
    delay_init(216);                    //延时初始化
    uart_init(115200);                  //串口初始化
    LED_Init();                         //初始化 LED
    while(1)
    {
        if(USART_RX_STA&0x8000)
        {
            len = USART_RX_STA&0x3fff;//得到此次接收到的数据长度
            printf("\r\n 您发送的消息为:\r\n");
```

```
        HAL_UART_Transmit(&UART1_Handler,(uint8_t *)USART_RX_BUF,
                                      len,1000);//发送接收到的数据
            while(__HAL_UART_GET_FLAG(&UART1_Handler,
                                    UART_FLAG_TC)!= SET);      //等待发送结束
        printf("\r\n\r\n");//插入换行
        USART_RX_STA = 0;
    }else
    {
        times ++ ;
        if(times % 5000 == 0)
        {
            printf("\r\nALIENTEK STM32F7 开发板串口实验\r\n");
            printf("正点原子@ALIENTEK\r\n\r\n\r\n");
        }
        if(times % 200 == 0)printf("请输入数据,以回车键结束\r\n");
        if(times % 30 == 0)LED0_Toggle;//闪烁 LED,提示系统正在运行
        delay_ms(10);
    }
  }
}
```

这段代码逻辑比较简单,首先判断全局变量 USART_RX_STA 的最高位是否为 1,如果为 1,那么代表前一次数据接收已经完成,接下来就是把自定义接收缓冲的数据发送到串口。接下来重点说说以下两句:

```
HAL_UART_Transmit(&UART1_Handler,(uint8_t *)USART_RX_BUF,len,1000);
while(__HAL_UART_GET_FLAG(&UART1_Handler,UART_FLAG_TC)!= SET);
```

第一句其实就是调用 HAL 串口发送函数 HAL_UART_Transmit 来发送一个字符到串口。第二句就是发送一个字节之后之后,要检测这个数据是否已经被发送完成了。

8.4 下载验证

把程序下载到阿波罗 STM32F767 开发板可以看到,板子上的 DS0 开始闪烁,说明程序已经在跑了。对于串口调试助手,这里用 XCOM V2.0,且无须安装,直接可以运行,但是需要计算机安装有.NET Framework 4.0(WIN7 直接自带了)或以上版本的环境才可以。该软件的详细介绍可参考 http://www.openedv.com/posts/list/22994.htm 这个帖子。

接着,打开 XCOM V2.0,设置串口为开发板的 USB 转串口(CH340 虚拟串口须根据自己的计算机选择,笔者的计算机是 COM3,注意,波特率是 115 200),可以看到如图 8.4.1 所示信息。

从图 8.4.1 可以看出,STM32F767 的串口数据发送是没问题的了。但是,因为程序上面设置了必须输入回车,串口才认可接收到的数据,所以必须在发送数据后再发送一个回车符。这里 XCOM 提供的发送方法是通过选中“发送新行”项实现,如图 8.4.1

所示;只要选中了这个选项,每次发送数据后,XCOM 都会自动多发一个回车(0X0D+0X0A)。之后,再在发送区输入想要发送的文字,然后单击“发送”,则可以得到如图 8.4.2 所示结果。

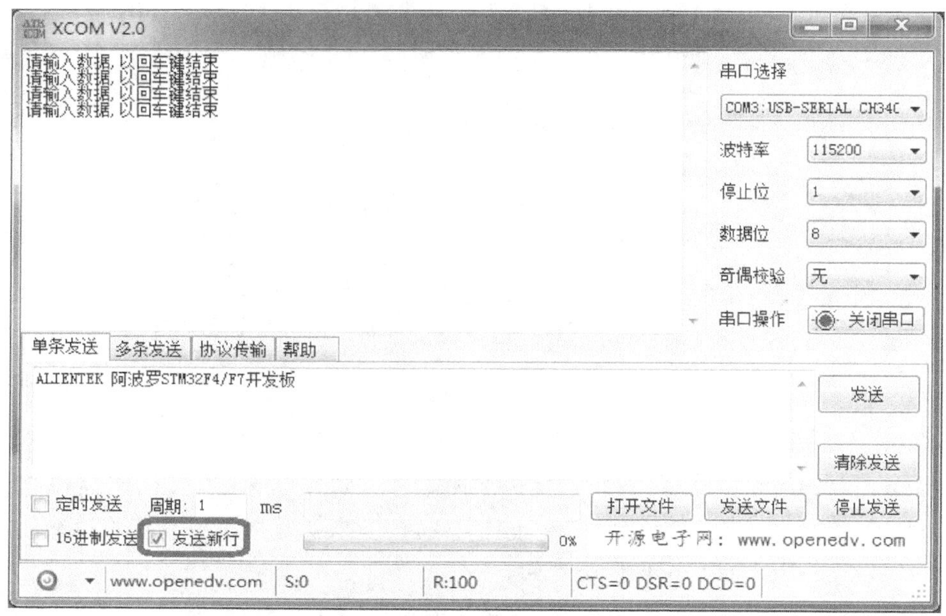

图 8.4.1 串口调试助手收到的信息

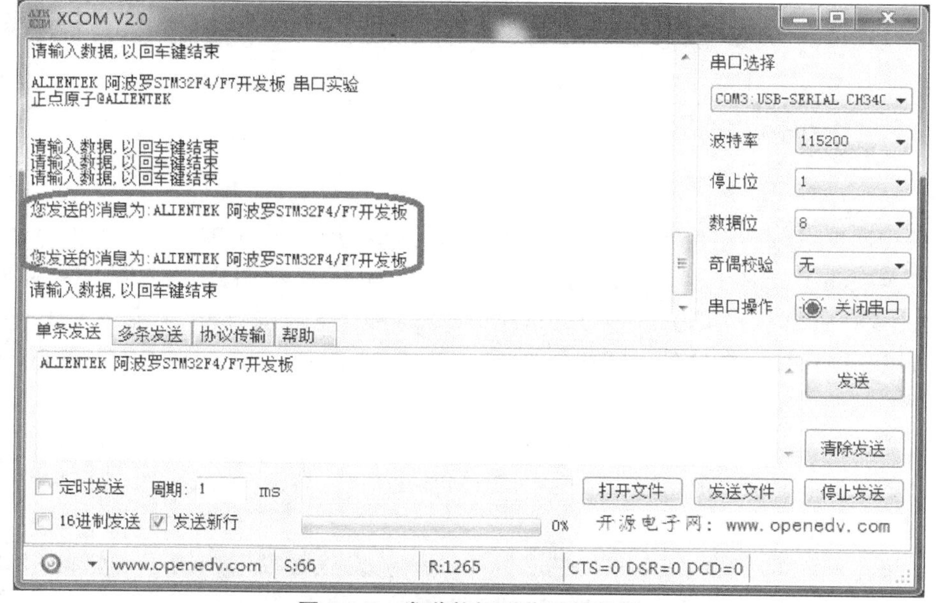

图 8.4.2 发送数据后收到的数据

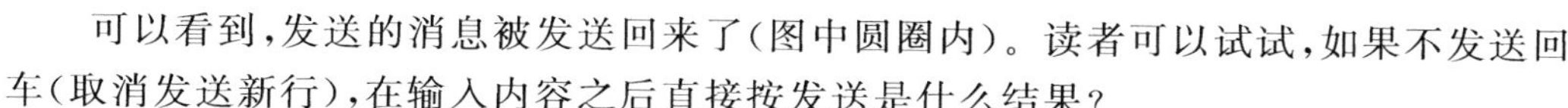

可以看到，发送的消息被发送回来了（图中圆圈内）。读者可以试试，如果不发送回车（取消发送新行），在输入内容之后直接按发送是什么结果？

8.5 STM32CubeMX配置串口

前面章节详细讲解了使用STM32CubeMX配置I/O口输入/输出，本节将讲解使用STM32CubeMX配置串口方法。同样，读者可以直接复制配套资料的STM32CubeMX配置的工程模板，目录为"4，程序源码\标准例程-库函数版本\实验0-3 Template工程模板-使用STM32CubeMX配置"。然后使用STM32CubeMX打开该工程（单击工程目录的Template.ioc）。这里同样不再讲解RCC相关配置，我们仅仅讲解串口相关配置方法。

这里要配置串口1，所以首先要使能串口1，然后设置相应通信模式。打开Pinout选项卡界面，左侧依次选择Configuration→Peripherals→USART1配置栏，如图8.5.1所示。

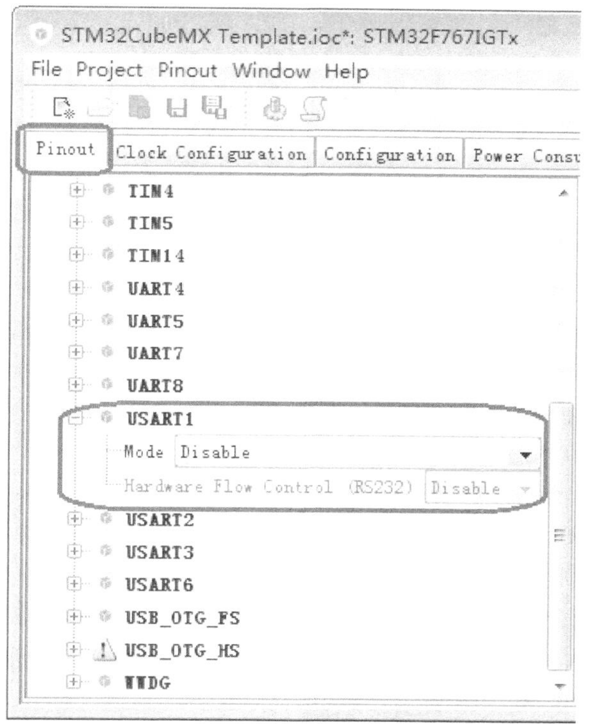

图8.5.1 选择Configuration→Peripherals→USART1配置栏

USART1配置栏有2个选项。第一个选项Mode用来设置串口1的模式或者关闭串口1。第二个选项Hardware Flow Control(RS232)用来开启/关闭串口1的硬件流控制，该选项只有在Mode选项值为Asynchronous（异步通信）模式的前提下才有效。这里要开启串口1的异步模式，并且不使用硬件流控制，所以这里直接选择Mode

值为 Asynchronous 即可。配置好的 USART1 界面如图 8.5.2 所示。

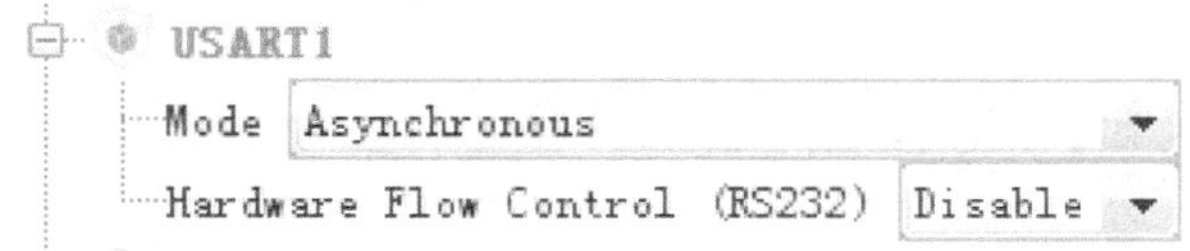

图 8.5.2 USART1 配置

配置好串口 1 为异步通信模式后，那么硬件上会默认开启 PB14 和 PB15 作为串口 1 引脚。这时候进入引脚配置图可以发现，PB14 和 PB15 变为绿色，同时显示为 USART1_TX 和 USART1_RX 功能引脚，如图 8.5.3 所示。

而这里需要使用 PA9 和 PA10 作为串口 1 的发送接收引脚，可所以需要重新修改引脚模式(这里实际上涉及 F7 的引脚复用映射方面的知识，可参考 4.4 节)。这里分别选中 PA9 和 PA10，然后修改引脚模式为 USART1_TX 和 USART1_RX，那么 PB14 和 PB15 的模式就会自动设置为复位后的模式。修改后引脚图如图 8.5.4 所示。

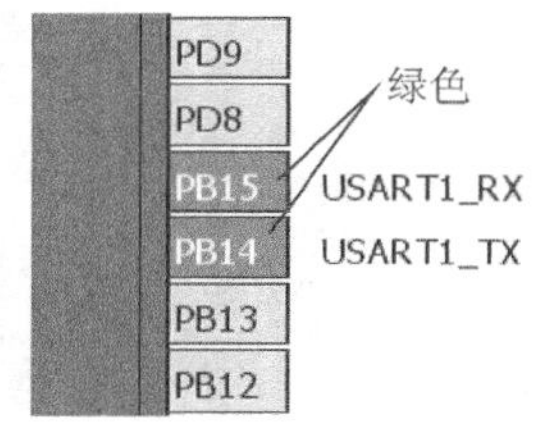

图 8.5.3 PB14、PB15 引脚模式

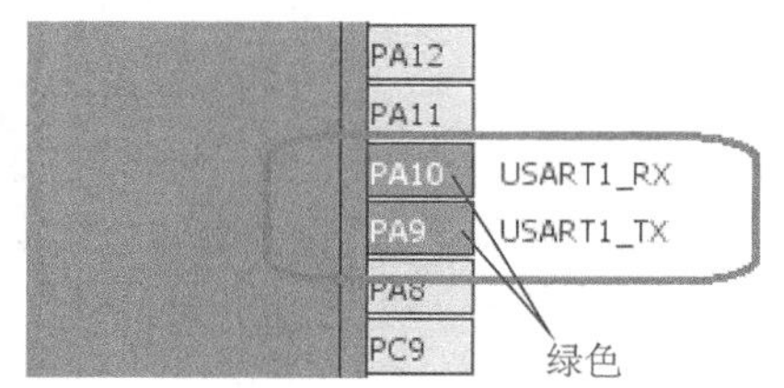

图 8.5.4 PA9/PA10 引脚模式

同时，进入 GPIO 配置详细界面会发现，I/O 口的模式等参数都做了相应的修改。参考 6.5 节的方法，依次选择 Configuration→GPIO 界面会发现，Pin Configuration 界面多了一个 USART1 选项卡，该选项卡界面用来配置和查看串口引脚 PA9 和 PA10 配置参数，如下图 8.5.5 所示。

对于外设的功能引脚，在我们使能相应的外设(比如 USART1)之后，STM32CubeMX 会自动设置 GPIO 相关配置，一般情况下用户不再需要去修改。所以，对于 PA9 和 PA10 的配置，我们保留软件配置即可。

接下来需要配置 USART1 外设相关的参数，包括波特率、停止位等。直接选择 Configuration 选项卡，如果之前使能了 USART1，那么在 Connectivity 栏会出现 USART1 配置按钮，如图 8.5.6 所示。

接下来单击 USART1 配置按钮，则进入 USART1 详细参数配置界面。在弹出的 USART1 Configuration 界面会出现 5 个配置选项卡：

Parameter Settings 选项卡用来配置 USART1 的初始化参数，包括波特率停止位等。这里将 USART1 配置为波特率 115 200，8 位字长模式，无奇偶校验位，一个停止位，发送/接收均开启。

User Constants 选项卡是用来配置用户常量。

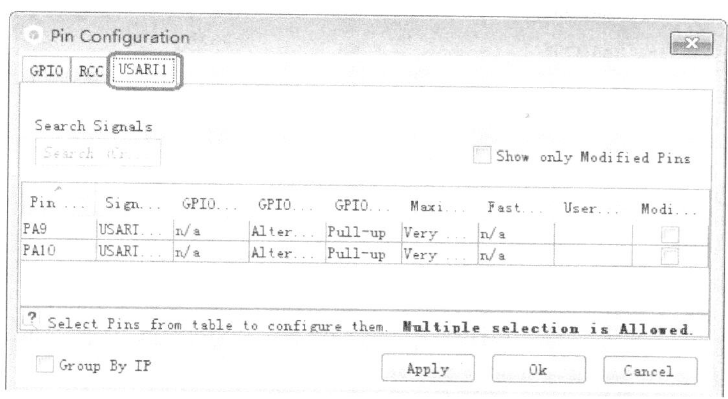

图 8.5.5 USART1 引脚详细配置界面

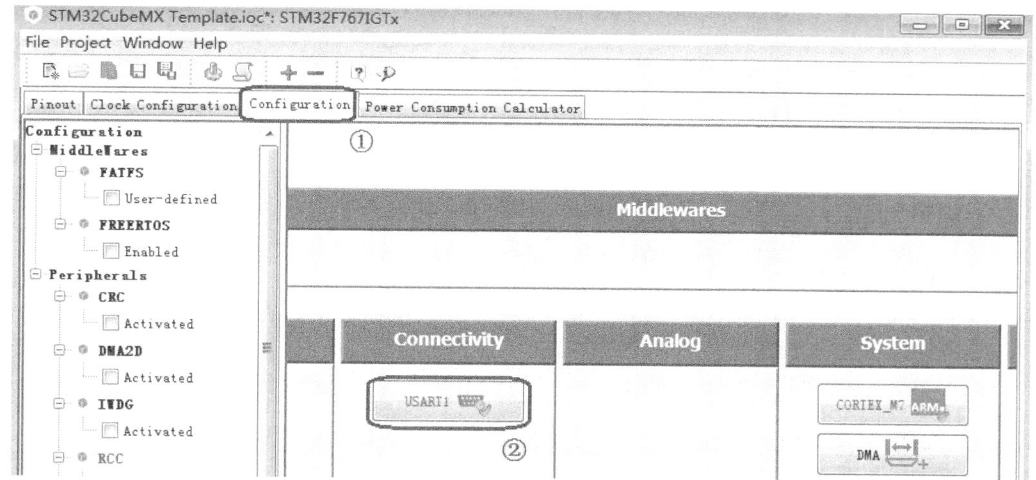

图 8.5.6 Configuration 选项卡

NVIC 选项卡用来使能 USART1 中断。这里须选中 Enabled 选项。

DMA Setting 选项卡在使用 USART1 DMA 的情况才需要配置，这里不配置。

GPIO Setting 选项卡是查看和配置 USART1 相关的 I/O 口，这和图 8.5.4 作用一致。

配置完 USART1 相关 I/O 口和 USART1 参数之后，如果使用到串口中断，那么还需要设置中断优先级分组。接下来便是配置 NVIC 相关参数。同样的方法，选择 Conguration 选项卡，如图 8.5.7 所示；单击 NVIC 按钮，则弹出 NVIC 配置界面 NVIC Configuration，如图 8.5.8 所示。

在图 8.5.8 中首先设置中断优先级分组级别，将系统初始化设置为分组 2，那么就是 2 位抢占优先级和 2 位响应优先级。所以这里的参数选择 2 bits for pre - emption priority，也就是 2 位抢占优先级。

配置完中断优先级分组之后,接下来要配置的是 USART1 的抢占优先级和响应优先级值,这里设置抢占和响应优先级均为 3 即可。

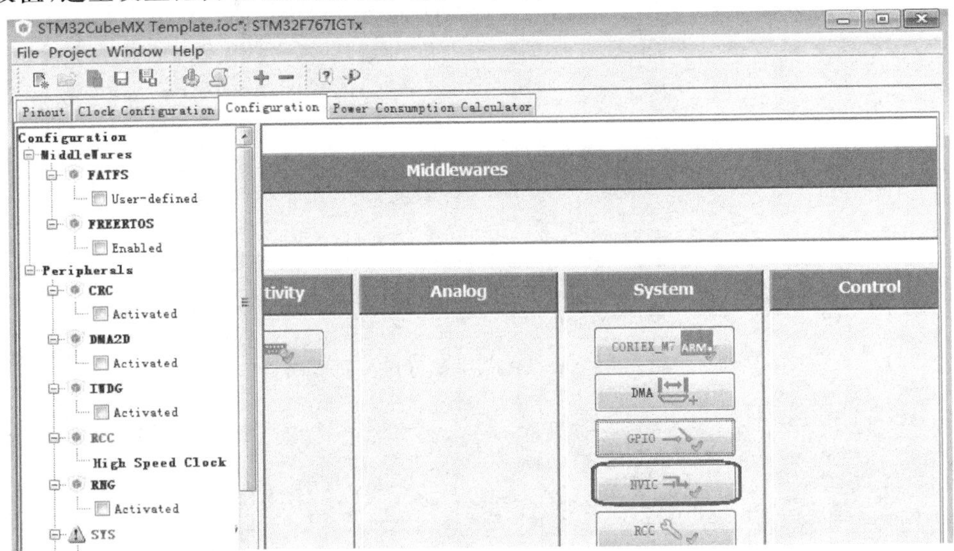

图 8.5.7 选择 Configuration 选项卡

进行完上面的操作之后,接下来便是生成工程代码。打开生成的工程可以看到,main.c 文件中生成了如下串口初始化关键代码:

```
static void MX_USART1_UART_Init(void)
{
  huart1.Instance = USART1;
  huart1.Init.BaudRate = 115200;
  huart1.Init.WordLength = UART_WORDLENGTH_7B;
  huart1.Init.StopBits = UART_STOPBITS_1;
  huart1.Init.Parity = UART_PARITY_NONE;
  huart1.Init.Mode = UART_MODE_TX_RX;
  huart1.Init.HwFlowCtl = UART_HWCONTROL_NONE;
  huart1.Init.OverSampling = UART_OVERSAMPLING_16;
  huart1.Init.OneBitSampling = UART_ONE_BIT_SAMPLE_DISABLE;
  huart1.AdvancedInit.AdvFeatureInit = UART_ADVFEATURE_NO_INIT;
  if (HAL_UART_Init(&huart1) != HAL_OK)
  {
    Error_Handler();
  }
}
```

同时,stm32f7xx_hal_msp.c 中生成了串口 MSP 函数 HAL_UART_MspInit,内容如下:

```
void HAL_UART_MspInit(UART_HandleTypeDef * huart)
{

  GPIO_InitTypeDef GPIO_InitStruct;
```

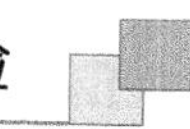

NVIC Configuration

NVIC　Code generation　设置中断优先级分组

Priority Group　2 bits for pre-emption priori...　Sort by Premption Priority and Sub Prority

Search　Search (Crtl+F)　Show only enabled interrupts

Interrupt Table	Enabled	Preemption Priority	Sub Priority
Non maskable interrupt	✓	0	0
Hard fault interrupt	✓	0	0
Memory management fault	✓	0	0
Pre-fetch fault, memory access fault	✓	0	0
Undefined instruction or illegal state	✓	0	0
System service call via SWI instruction	✓	0	0
Debug monitor	✓	0	0
Pendable request for system service	✓	0	0
Time base: System tick timer	✓	0	0
PVD interrupt through EXTI line 16		0	0
Flash global interrupt		0	0
RCC global interrupt		0	0
USART1 global interrupt	✓	3	3
FPU global interrupt		0	0

设置中断的抢占/响应优先级

Enabled　Preemption Priority 3　Sub Priority 3

Apply　Ok　Cancel

图 8.5.8　NVIC Configuration 配置界面

```
if(huart->Instance == USART1)
{
    __HAL_RCC_USART1_CLK_ENABLE();
    GPIO_InitStruct.Pin = GPIO_PIN_9|GPIO_PIN_10;
    GPIO_InitStruct.Mode = GPIO_MODE_AF_PP;
    GPIO_InitStruct.Pull = GPIO_PULLUP;
    GPIO_InitStruct.Speed = GPIO_SPEED_FREQ_VERY_HIGH;
    GPIO_InitStruct.Alternate = GPIO_AF7_USART1;
    HAL_GPIO_Init(GPIOA, &GPIO_InitStruct);
    HAL_NVIC_SetPriority(USART1_IRQn, 3, 3);
    HAL_NVIC_EnableIRQ(USART1_IRQn);
}
}
```

函数 MX_USART1_UART_Init 的内容和本章串口实验源码的函数 uart_init 中调用 HAL_UART_Init 函数作用类似，只不过波特率是通过入口参数动态设置。生成的 MSP 函数的 HAL_UART_MspInit 内容和实验中该函数的作用几乎是一模一样。

第 9 章

外部中断实验

这一章将介绍如何使用 STM32F7 的外部输入中断。本章介绍如何将 STM32F7 的 I/O 口作为外部中断输入，将以中断的方式实现第 7 章所实现的功能。

9.1 STM32F7 外部中断简介

STM32F7 的 I/O 口在第 6 章有详细介绍，而中断优先级分组管理在前面也有详细的阐述。这里介绍 STM32F7 外部 I/O 口的中断功能，通过中断的功能达到第 8 章实验的效果，即通过板载的 4 个按键，控制板载的两个 LED 的亮灭。

这里首先讲解 STM32F7 I/O 口中断的一些基础概念。STM32F7 的每个 I/O 都可以作为外部中断的中断输入口，这也是 STM32F7 的强大之处。STM32F7 的中断控制器支持 22 个外部中断、事件请求。每个中断设有状态位，每个中断、事件都有独立的触发和屏蔽设置。STM32F7 的 23 个外部中断为：

- EXTI 线 0～15：对应外部 I/O 口的输入中断。
- EXTI 线 16：连接到 PVD 输出。
- EXTI 线 17：连接到 RTC 闹钟事件。
- EXTI 线 18：连接到 USBOTG FS 唤醒事件。
- EXTI 线 19：连接到以太网唤醒事件。
- EXTI 线 20：连接到 USB OTG HS(在 FS 中配置)唤醒事件。
- EXTI 线 21：连接到 RTC 入侵和时间戳事件。
- EXTI 线 22：连接到 RTC 唤醒事件。
- EXTI 线 23：连接到 LPTIM1 异步事件。

可以看出，中断线 0～15 对应外部 I/O 口的输入中断，一共是 16 个外部中断线。STM32F7 供 I/O 口使用的中断线只有 16 个，但是 STM32F7 的 I/O 口却远远不止 16 个，那么 STM32F7 是怎么把 16 个中断线和 I/O 口一一对应起来的呢？于是 STM32 就这样设计，GPIO 的引脚 GPIOx.0～GPIOx.15(x=A、B、C、D、E、F、G、H、I)分别对应中断线 0～15。这样每个中断线对应了最多 9 个 I/O 口，以线 0 为例，它对应了 GPIOA.0、GPIOB.0、GPIOC.0、GPIOD.0、GPIOE.0、GPIOF.0、GPIOG.0，GPIOH.0，GPIOI.0。而中断线每次只能连接到一个 I/O 口上，这样就需要通过配置来决定对应的中断线配置到哪个 GPIO 上了。下面看看 GPIO 跟中断线的映射关系图，如图 9.1.1 所示。

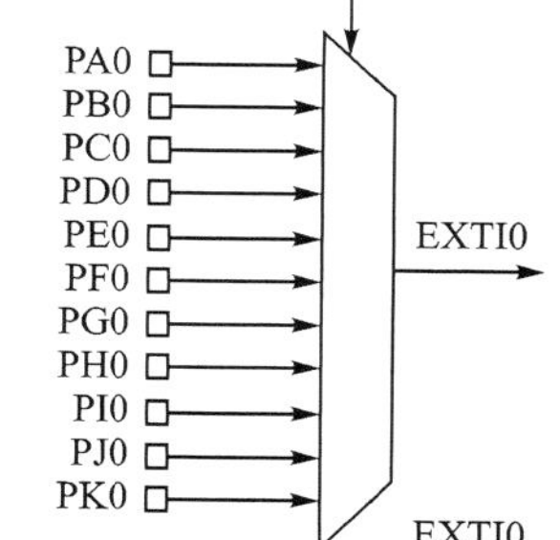

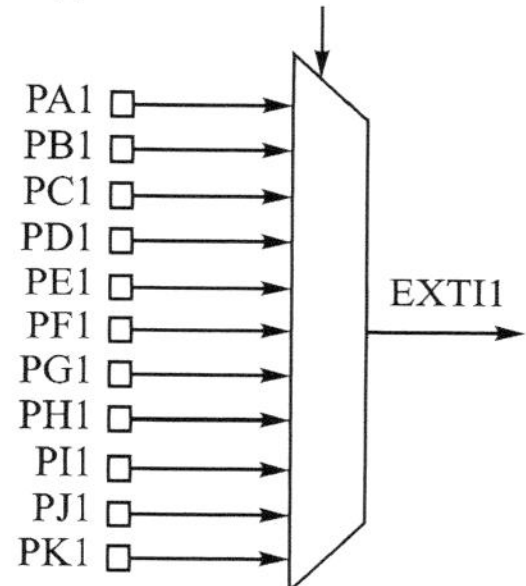

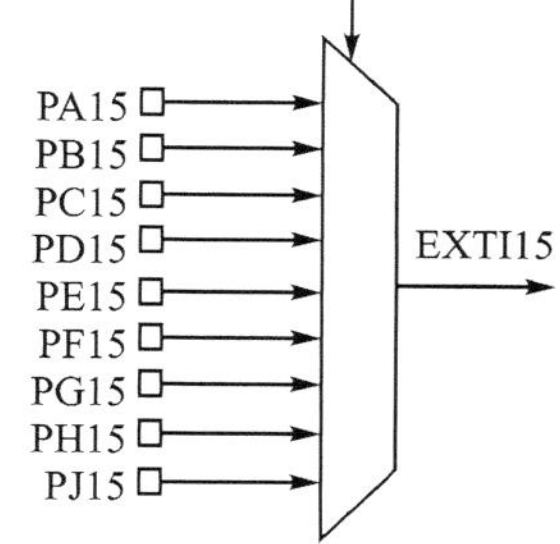

图 9.1.1 GPIO 和中断线的映射关系图

GPIO 和中断线映射关系是在寄存器 SYSCFG_EXTICR1～SYSCFG_EXTICR4 中配置的，所以要配置外部中断，则还需要打开 SYSCFG 时钟。

接下来看看使用 HAL 库配置外部中断的一般步骤（HAL 中外部中断相关配置函数和定义在文件 stm32f7xx_hal_exti.h 和 stm32f7xx_hal_exti.c 文件中）：

① 使能 I/O 口时钟。

首先，要使用 I/O 口作为中断输入，就要使能相应的 I/O 口时钟，具体的操作方法跟按键实验是一致的，这里就不做过多讲解。

② 设置 I/O 口模式、触发条件，开启 SYSCFG 时钟，并设置 I/O 口与中断线的映射关系。

如果该步骤使用标准库，那么需要多个函数分步实现。当使用 HAL 库的时候，则都是在函数 HAL_GPIO_Init 中一次性完成的。例如,要设置 PA0 链接中断线 0,并且为上升沿触发,则代码为:

```
GPIO_InitTypeDef GPIO_Initure;
GPIO_Initure.Pin = GPIO_PIN_0;                    //PA0
GPIO_Initure.Mode = GPIO_MODE_IT_RISING;          //外部中断,上升沿触发
GPIO_Initure.Pull = GPIO_PULLDOWN;                //默认下拉
HAL_GPIO_Init(GPIOA,&GPIO_Initure);
```

当调用 HAL_GPIO_Init 设置 I/O 的 Mode 值为 GPIO_MODE_IT_RISING(中断上升沿触发)、GPIO_MODE_IT_FALLING(中断下降沿触发)或者 GPIO_MODE_IT_RISING_FALLING(中断双边沿触发)的时候,该函数内部会通过判断 Mode 的值来开启 SYSCFG 时钟,并且设置 I/O 口和中断线的映射关系。

因为这里初始化的是 PA0,根据图 9.1.1 可知,调用该函数后中断线 0 会自动连接到 PA0。如果某个时间又同样的方式初始化了 PB0,那么 PA0 与中断线的链接将被清除,而直接链接 PB0 到中断线 0。

③ 配置中断优先级(NVIC),并使能中断。

设置好中断线和 GPIO 映射关系,之后又设置好了中断的触发模式等初始化参数。既然是外部中断,涉及中断当然还要设置 NVIC 中断优先级。这个在前面已经讲解过,这里就接着上面的范例,设置中断线 0 的中断优先级并使能外部中断 0 的方法为:

```
HAL_NVIC_SetPriority(EXTI0_IRQn,2,1);          //抢占优先级为 2,子优先级为 1
HAL_NVIC_EnableIRQ(EXTI0_IRQn);                //使能中断线 2
```

这段代码在前面的串口实验的时候讲解过,这里不再讲解。

④ 编写中断服务函数。

接着要做的就是编写中断服务函数。中断服务函数的名字是在 HAL 库中事先有定义的。注意,STM32F7 的 I/O 口外部中断函数只有 7 个,分别为:

```
voidEXTI0_IRQHandler();
voidEXTI1_IRQHandler();
voidEXTI2_IRQHandler();
voidEXTI3_IRQHandler();
voidEXTI4_IRQHandler();
voidEXTI9_5_IRQHandler();
voidEXTI15_10_IRQHandler()。
```

中断线 0~4 的每个中断线对应一个中断函数,中断线 5~9 共用中断函数 EXTI9_5_IRQHandler,中断线 10~15 共用中断函数 EXTI15_10_IRQHandler。一般情况下,可以把中断控制逻辑直接编写在中断服务函数中,但是 HAL 库把中断处理过程进行了简单封装,详看下面步骤⑤讲解。

⑤ 编写中断处理回调函数 HAL_GPIO_EXTI_Callback。

使用 HAL 库的时候,也可以跟使用标准库一样,在中断服务函数中编写控制逻辑。但是为了用户使用方便,HAL 库提供了一个中断通用入口函数 HAL_GPIO_EXTI_IRQHandler,在该函数内部直接调用回调函数 HAL_GPIO_EXTI_Callback。

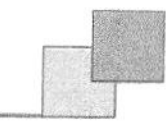

HAL_GPIO_EXTI_IRQHandler 函数定义：

```
void HAL_GPIO_EXTI_IRQHandler(uint16_t GPIO_Pin)
{
  if(__HAL_GPIO_EXTI_GET_IT(GPIO_Pin) != RESET)
  {
    __HAL_GPIO_EXTI_CLEAR_IT(GPIO_Pin);
HAL_GPIO_EXTI_Callback(GPIO_Pin);
  }
}
```

该函数实现的作用非常简单，通过入口参数 GPIO_Pin 判断中断来自哪个 I/O 口，然后清除相应的中断标志位，最后调用回调函数 HAL_GPIO_EXTI_Callback()实现控制逻辑。所以编写中断控制逻辑将跟串口实验类似，在所有的外部中断服务函数中直接调用外部中断共用处理函数 HAL_GPIO_EXTI_IRQHandler，然后在回调函数 HAL_GPIO_EXTI_Callback 中通过判断中断是来自哪个 I/O 口，从而编写相应的中断服务控制逻辑。

总结一下配置 I/O 口外部中断的一般步骤：

① 使能 I/O 口时钟。

② 调用函数 HAL_GPIO_Init 设置 I/O 口模式、触发条件、使能 SYSCFG 时钟、设置 I/O 口与中断线的映射关系。

③ 配置中断优先级(NVIC)，并使能中断。

④ 在中断服务函数中调用外部中断共用入口函数 HAL_GPIO_EXTI_IRQHandler。

⑤ 编写外部中断回调函数 HAL_GPIO_EXTI_Callback 来实现控制逻辑。

通过以上几个步骤的设置就可以正常使用外部中断了。

本章要实现同第 7 章差不多的功能，但是这里使用的是中断来检测按键，KEY_UP 控制 DS0，DS1 互斥点亮；KEY2 控制 DS0，按一次亮，再按一次灭；KEY1 控制 DS1，效果同 KEY2；KEY0 同时控制 DS0 和 DS1，按一次，它们的状态就翻转一次。

9.2 硬件设计

本实验用到的硬件资源和第 7 章实验的一模一样，这里不再介绍了。

9.3 软件设计

直接打开配套资料实验 3 外部中断实验工程，可以看到，相比上一个工程，HARDWARE 目录下面增加了 exti.c 文件，并且包含了头文件 exti.h。extic.c 文件代码如下：

```
//外部中断初始化
void EXTI_Init(void)
```

```
{
    GPIO_InitTypeDef GPIO_Initure;
    __HAL_RCC_GPIOA_CLK_ENABLE();                    //开启 GPIOA 时钟
    __HAL_RCC_GPIOC_CLK_ENABLE();                    //开启 GPIOC 时钟
    __HAL_RCC_GPIOH_CLK_ENABLE();                    //开启 GPIOH 时钟
    GPIO_Initure.Pin = GPIO_PIN_0;                   //PA0
    GPIO_Initure.Mode = GPIO_MODE_IT_RISING;         //上升沿触发
    GPIO_Initure.Pull = GPIO_PULLDOWN;               //下拉
    HAL_GPIO_Init(GPIOA,&GPIO_Initure);
    GPIO_Initure.Pin = GPIO_PIN_13;                  //PC13
    GPIO_Initure.Mode = GPIO_MODE_IT_FALLING;        //下降沿触发
    GPIO_Initure.Pull = GPIO_PULLUP;                 //上拉
    HAL_GPIO_Init(GPIOC,&GPIO_Initure);
    GPIO_Initure.Pin = GPIO_PIN_2|GPIO_PIN_3;        //PH2,3 下降沿触发,上拉
    HAL_GPIO_Init(GPIOH,&GPIO_Initure);
    //中断线 0
    HAL_NVIC_SetPriority(EXTI0_IRQn,2,0);            //抢占优先级为 2,子优先级为 0
    HAL_NVIC_EnableIRQ(EXTI0_IRQn);                  //使能中断线 0
    //中断线 2
    HAL_NVIC_SetPriority(EXTI2_IRQn,2,1);            //抢占优先级为 2,子优先级为 1
    HAL_NVIC_EnableIRQ(EXTI2_IRQn);                  //使能中断线 2
    //中断线 3
    HAL_NVIC_SetPriority(EXTI3_IRQn,2,2);            //抢占优先级为 2,子优先级为 2
    HAL_NVIC_EnableIRQ(EXTI3_IRQn);                  //使能中断线 2
    //中断线 13
    HAL_NVIC_SetPriority(EXTI15_10_IRQn,2,3);        //抢占优先级为 3,子优先级为 3
    HAL_NVIC_EnableIRQ(EXTI15_10_IRQn);              //使能中断线 13
}
//中断服务函数
void EXTI0_IRQHandler(void)
{
    HAL_GPIO_EXTI_IRQHandler(GPIO_PIN_0);            //调用中断处理公用函数
}
void EXTI2_IRQHandler(void)
{
    HAL_GPIO_EXTI_IRQHandler(GPIO_PIN_2);            //调用中断处理公用函数
}
void EXTI3_IRQHandler(void)
{
    HAL_GPIO_EXTI_IRQHandler(GPIO_PIN_3);            //调用中断处理公用函数
}
void EXTI15_10_IRQHandler(void)
{
    HAL_GPIO_EXTI_IRQHandler(GPIO_PIN_13);           //调用中断处理公用函数
}
//中断服务程序中需要做的事情
//在 HAL 库中所有的外部中断服务函数都会调用此函数
//GPIO_Pin:中断引脚号
void HAL_GPIO_EXTI_Callback(uint16_t GPIO_Pin)
{
    static u8 led0sta = 1,led1sta = 1;
```

```
    delay_ms(50);        //消抖
    switch(GPIO_Pin)
    {
        case GPIO_PIN_0:
            if(WK_UP == 1)      //控制 LED0,LED1 互斥点亮
            {
                led1sta = ! led1sta;
                led0sta = ! led1sta;
                LED1(led1sta);
                LED0(led0sta);
            }
            break;
        case GPIO_PIN_2:
            if(KEY1 == 0)      //控制 LED1 翻转
            {
                led1sta = ! led1sta;
                LED1(led1sta);
            };
            break;
        case GPIO_PIN_3:
            if(KEY0 == 0)        //同时控制 LED0,LED1 翻转
            {
                led1sta = ! led1sta;
                led0sta = ! led0sta;
                LED1(led1sta);
                LED0(led0sta);
            }
            break;
        case GPIO_PIN_13:
            if(KEY2 == 0)        //控制 LED0 翻转
            {
                led0sta = ! led0sta;
                LED0(led0sta);
            }
            break;
    }
}
```

exti.c 文件总共包含 6 个函数。外部中断初始化函数 void EXTIX_Init 用来配置 I/O 口外部中断相关步骤并使能中断；另一个函数 HAL_GPIO_EXTI_Callback 是外部中断共用回调函数，用来处理所有外部中断真正的控制逻辑。其他 4 个都是中断服务函数：

- void EXTI0_IRQHandler(void)是外部中断 0 的服务函数，负责 KEY_UP 按键的中断检测；
- void EXTI2_IRQHandler(void)是外部中断 2 的服务函数，负责 KEY2 按键的中断检测；
- void EXTI3_IRQHandler(void)是外部中断 3 的服务函数，负责 KEY1 按键的中断检测；

➢ void EXTI4_IRQHandler(void)是外部中断 4 的服务函数,负责 KEY0 按键的中断检测。

下面分别介绍这几个函数。

首先是外部中断初始化函数 void EXTIX_Init(void),该函数内部主要做了两件事情。先是调用 I/O 口初始化函数 HAL_GPIO_Init 来初始化 I/O 口,该函数的配置含义参见 9.1 节中关于 HAL_GPIO_Init 函数的讲解,然后设置中断优先级并使能中断线。

接下来看看外部中断服务函数,一共 4 个。所有的中断服务函数内部都只调用了同样一个函数 HAL_GPIO_EXTI_IRQHandler,该函数是外部中断共用入口函数,函数内部会进行中断标志位清零,并且调用中断处理共用回调函数 HAL_GPIO_EXTI_Callback。这在 9.1 节也有详细讲解。

最后是外部中断回调函数 HAL_GPIO_EXTI_Callback,该函数用来编写真正的外部中断控制逻辑,有一个入口参数就是 I/O 口序号。所以该函数内部一般通过判断 I/O 口序号值来确定中断是来自哪个 I/O 口,也就是哪个中断线,然后编写相应的控制逻辑。所以在该函数内部通过 switch 语句判断 I/O 口来源,例如,是来自 GPIO_PIN_0,那么一定是来自 PA0,因为中断线一次只能连接一个 I/O 口,而 4 个 I/O 口中序号为 0 的 I/O 口只有 PA0,所以中断线 0 一定是连接 PA0,也就是外部中断由 PA0 触发。回调函数内部仅仅编写了简单的测试逻辑,通过不同的中断来源来控制 DS0 和 DS1 的状态。

接下来看看主函数,main 函数代码如下:

```
int main(void)
{
    Cache_Enable();                    //打开 L1 - Cache
    HAL_Init();                        //初始化 HAL 库
    Stm32_Clock_Init(432,25,2,9);      //设置时钟,216 MHz
    delay_init(216);                   //延时初始化
    uart_init(115200);                 //串口初始化
    LED_Init();                        //初始化 LED
    EXTI_Init();                       //外部中断初始化
    while(1)
    {
        printf("OK\r\n");              //打印 OK 提示程序运行
        delay_ms(1000);                //每隔 1s 打印一次
    }
}
```

该部分代码很简单,先进行各项初始化,之后,在 while 死循环中不停地打印字符串到串口。当有某个外部按键按下之后,则触发中断服务函数做出相应的反应。

9.4 下载验证

编译成功之后,就可以下载代码到阿波罗 STM32 开发板上,实际验证一下我们的程序是否正确。下载代码后，在串口调试助手里面可以看到如图 9.4.1 所示信息。可以看出，程序已经在运行了，此时可以通过按下 KEY0、KEY1、KEY2 和 KEY_UP 来观察 DS0、DS1 是否跟着按键的变化而变化。

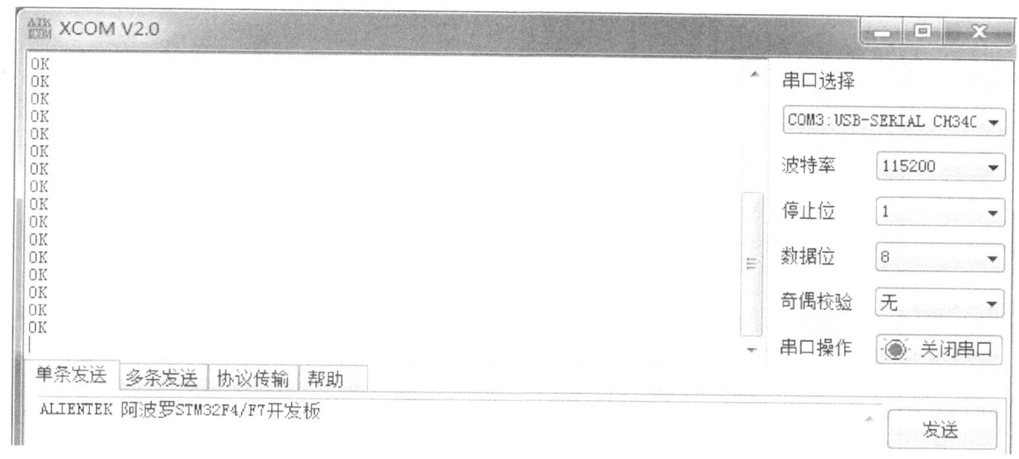

图 9.4.1　串口收到的数据

9.5　STM32CubeMX 配置外部中断

本节介绍如何用 STM32CubeMX 配置外部中断相关的初始化代码。关于 STM32CubeMX 的配置，从本节开始，每个实验只讲解与实验相关的关键配置部分，如果不知道具体怎么进入相关界面，须仔细看看前面几个章节实验。

对于外部中断的配置，首先在 MCU 引脚配置图选择相应的 GPIO，并设置其模式为外部中断模式。这里以 PH3 为例，如图 9.5.1 所示。

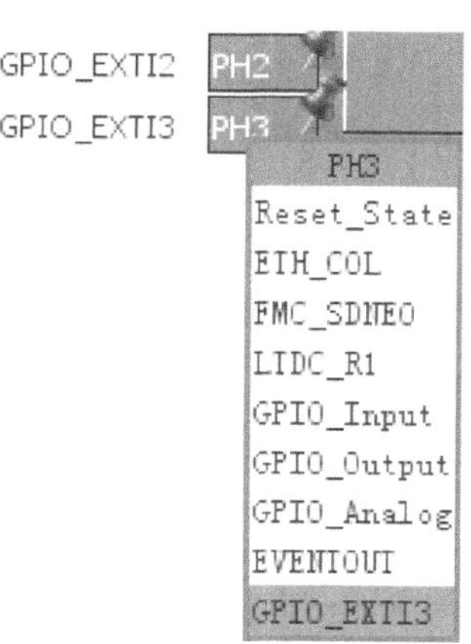

图 9.5.1　PH3 引脚配置

使用同样的方法依次配置 PC13 和 PH2、PH3，打开并依次选择 Configuration→GPIO 进入 GPIO 详细配置界面，界面会列出 4 个 I/O 口的配置信息。选中 PA0，此时 I/O 口配置信息如图 9.5.2 所示。

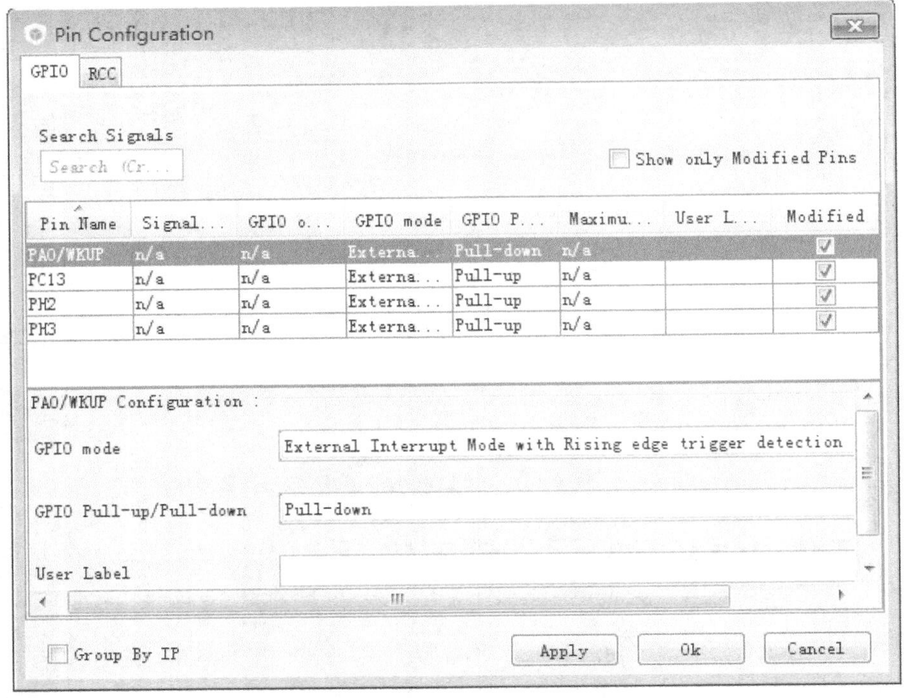

图 9.5.2　GPIO 配置详情界面

可以看出，配置 I/O 口作为外部中断触发引脚之后，其详细配置界面便只有 3 个选项。第一个选项 GPIO mode 用来设置外部中断触发方法，是上升沿触发、下降沿触发还是双边沿触发。第二个选项 GPIO Pull - up/Pull - down 用来设置是默认上拉还是下拉。这两个参数根据前面讲解的外部中断知识就很好理解了。这里除了设置 PA0 为上升沿触发，且默认下拉外，其他 I/O 口都设置为下降沿触发默认上拉。

配置好 I/O 口信息之后，接下来就需要配置 NVIC 中断优先级设置。依次选择 Configuration→NVIC 进入 NVIC 配置界面，可以看到，有 4 个外部中断线可配置，这是因为前面开启了 4 个 I/O 口的外部中断(对应 4 个外部中断线)。我们按照实验讲解，依次配置 4 个中断线的 NVIC 即可，配置完成后如图 9.5.3 所示。

最后，生成工程。为了篇幅考虑，这里就不再列出生成的关键代码。在 main.c 中生成的函数 MX_GPIO_Init 和我们实验工程 exti.c 文件中的函数 EXTI_Init 内容一致；在 stm32f7xx_it.c 中生成了 4 个中断服务函数，和 exti.c 文件中的中断服务函数内容一致。当然，对于回调函数 HAL_GPIO_EXTI_Callback 的内容软件是无法自动生成的，需要自己编写。

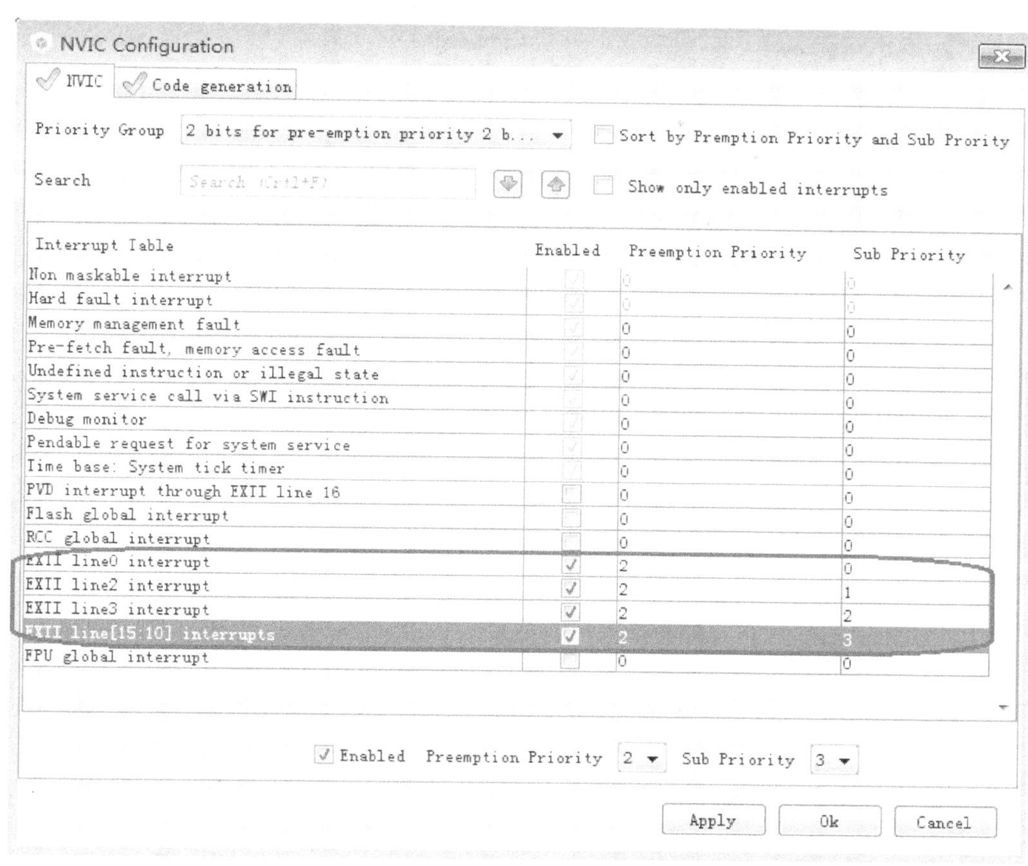

图 9.5.3　NVIC 配置界面

第 10 章

独立看门狗(IWDG)实验

这一章将介绍如何使用 STM32F7 的独立看门狗(以下简称 IWDG)。STM32F7 内部自带了 2 个看门狗:独立看门狗(IWDG)和窗口看门狗(WWDG)。这一章只介绍独立看门狗,窗口看门狗将在下一章介绍。本章通过按键 KEY_UP 来喂狗,然后通过 DS0 提示复位状态。

10.1 STM32F7 独立看门狗简介

STM32F767 的独立看门狗由内部专门的 32 kHz 低速时钟(LSI)驱动,即使主时钟发生故障,它也仍然有效。注意,独立看门狗的时钟是一个内部 RC 时钟,所以并不是准确的 32 kHz,而是在 17～47 kHz 之间的一个可变化的时钟,只是以 32 kHz 的频率来估算。看门狗对时间的要求不是很精确,所以,时钟有些偏差都是可以接受的。

独立看门狗有几个寄存器与这节相关,这里分别介绍这几个寄存器。首先是键值寄存器 IWDG_KR,该寄存器的各位描述如图 10.1.1 所示。

31	30	29	28	27	26	25	24	23	22	21	20	19	18	17	16	15	14	13	12	11	10	9	8	7	6	5	4	3	2	1	0
Reserved																KEY[15:0]															
																w	w	w	w	w	w	w	w	w	w	w	w	w	w	w	w

位 31:16 保留,必须保持复位值。

位 15:0 KEY[15:0]:键值(只写位,读为 0000h)

必须每隔一段时间便通过软件对这些位写入键值 AAAAh,否则当计数器计数到 0 时,看门狗会产生复位。

写入键值 5555h 可使能对 IWDG_PR 和 IWDG_RLR 寄存器的访问

写入键值 CCCCh 可启动看门狗(选中硬件看门狗选项的情况除外)

图 10.1.1 IWDG_KR 寄存器各位描述

在键寄存器(IWDG_KR)中写入 0xCCCC,则开始启用独立看门狗,此时计数器开始从其复位值 0xFFF 递减计数。当计数器计数到末尾 0x000 时,会产生一个复位信号(IWDG_RESET)。无论何时,只要键寄存器 IWDG_KR 中被写入 0xAAAA,IWDG_RLR 中的值就会被重新加载到计数器中,从而避免产生看门狗复位。

IWDG_PR 和 IWDG_RLR 寄存器具有写保护功能,要修改这两个寄存器的值,必须先向 IWDG_KR 寄存器中写入 0x5555;将其他值写入这个寄存器将会打乱操作顺

序，寄存器将重新被保护。重装载操作(即写入 0xAAAA)也会启动写保护功能。

接下来介绍预分频寄存器(IWDG_PR)，该寄存器用来设置看门狗时钟的分频系数，最低为 4，最高位 256。该寄存器是一个 32 位的寄存器，但是我们只用了最低 3 位，其他都是保留位。预分频寄存器各位定义如图 10.1.2 所示。

31 30 29 28 27 26 25 24 23 22 21 20 19 18 17 16 15 14 13 12 11 10 9 8 7 6 5 4 3	2	1	0
Reserved	PR[2:0]		
	rw	rw	rw

位 31:3　保留，必须保持复位值。

位 2:0　PR[2:0]：预分频器

这些位受写访问保护，通过软件设置这些位来选择计数器时钟的预分频因子。若要更改预分频器的分频系数，则 IWDG_SR 的 PVU 位必须为 0。

000：4 分频	100：64 分频
001：8 分频	101：128 分频
010：16 分频	110：256 分频
011：32 分频	111：256 分频

注意：读取该寄存器时会返回 VDD 电压域的预分频器值。如果正在对该寄存器执行写操作，则读取的值可能不是最新的、有效的。因此，只有在 IWDG_SR 寄存器中的 PVU 位为 0 时，从寄存器读取的值才有效

图 10.1.2　IWDG_PR 寄存器各位描述

接下来介绍重装载寄存器，该寄存器用来保存重装载到计数器中的值。该寄存器也是一个 32 位寄存器，但是只有低 12 位是有效的，各位描述如图 10.1.3 所示。

31 30 29 28 27 26 25 24 23 22 21 20 19 18 17 16 15 14 13 12	11	10	9	8	7	6	5	4	3	2	1	0
Reserved	RL[11:0]											
	rw	rw	rw	rw	rw	rw	rw	rw	rw	rw	rw	rw

位 31:12　保留，必须保持复位值。

位 11:0　RL[11:0]：看门狗计数器生载值

这些位受写访问保护。这个值由软件设置，每次对 IWDR_KR 寄存器写入值 AAAAh 时，这个值就会重装载到看门狗计数器中。之后，看门狗计数器便从该装载的值开始递减计数。超时周期由该值和时钟预分频器共同决定。

若要更改重载值，则 IWDG_SR 中的 RVU 位必须为 0。

注意：读取该寄存器时会返回 VDD 电压域的分频器值。如果正在对该寄存器执行写操作，则读取的值可能不是最新的、有效的。因此，只有在 IWDG_SR 寄存器中的 PVU 位为 0 时，从寄存器读取的值才有效

图 10.1.3　重装载寄存器各位描述

只要对以上 3 个寄存器进行相应的设置，我们就可以启动 STM32F7 的独立看门狗。

注意，STM32F7 的独立看门狗还可以当作窗口看门狗使用，这是通过配置窗口寄存器 IWDG_WINR 来实现的。没有设置 IWDG_WINR 寄存器的时候，独立看门狗就是前面讲解的工作过程，窗口计数器从其复位值 0xFFF 递减计数；当计数器计数到末

尾 0x000 时,则产生一个复位信号(IWDG_RESET)。只要键寄存器 IWDG_KR 中被写入 0xAAAA,IWDG_RLR 中的值就会被重新加载到计数器中,从而避免产生看门狗复位。如果设置了 IWDG_WINR 寄存器的值(不等于 0xFFF),那么当计数器值大于窗口值(IWDG_WINR)的值的时候,如果执行重装操作,则产生复位。所以必须在计数器的值在 IWDG_WINR 和 0 之间的时候执行重载,也就形成了一个窗口的概念。本实验不设置 IWDG_WINR 寄存器的值,也就是不开启窗口功能。

独立看门狗相关的 HAL 库操作函数在文件 stm32f7xx_hal_iwdg.c 和头文件 stm32f7xx_hal_iwdg.h 中。

接下来讲解通过 HAL 库配置独立看门狗的步骤:

① 取消寄存器写保护,设置看门狗预分频系数和重装载值。

首先必须取消 IWDG_PR 和 IWDG_RLR 寄存器的写保护,这样才可以设置寄存器 IWDG_PR 和 IWDG_RLR 的值。取消写保护、设置预分频系数以及重装载值在 HAL 库中是通过函数 HAL_IWDG_Init 实现的。该函数声明为:

```
HAL_StatusTypeDef HAL_IWDG_Init(IWDG_HandleTypeDef * hiwdg);
```

该函数只有一个入口参数 hiwdg,该参数是 IWDG_HandleTypeDef 结构体指针类型。接下来看看结构体 IWDG_HandleTypeDef 定义:

```
typedef struct
{
  IWDG_TypeDef                 * Instance;
  IWDG_InitTypeDef             Init;
}IWDG_HandleTypeDef;
```

成员变量 Instance 用来设置看门狗寄存器基地址,实际上在 HAL 库中已经通过标识符定义了,这里对于独立看门狗直接设置为标识符 IWDG 即可。

成员变量 Init 是一个 IWDG_InitTypeDef 结构体类型,该结构体只有 3 个成员变量,分别用来设置独立看门狗的预分频系数、重装载值以及窗口值,定义如下:

```
typedef struct
{
  uint32_t Prescaler;      //预分频系数
  uint32_t Reload;         //重装载值
  uint32_t Window;         //窗口值
}IWDG_InitTypeDef;
```

HAL_IWDG_Init 函数使用的一般方法为:

```
IWDG_HandleTypeDef IWDG_Handler;                          //独立看门狗句柄
IWDG_Handler.Instance = IWDG;                             //独立看门狗
IWDG_Handler.Init.Prescaler = IWDG_PRESCALER_64;          //设置 IWDG 分频系数
IWDG_Handler.Init.Reload = 500;                           //重装载值
IWDG_Handler.Init.Window = IWDG_WINDOW_DISABLE;           //关闭窗口功能
HAL_IWDG_Init(&IWDG_Handler);
```

上面程序的作用是初始化 IWDG,设置分频系数为 64,重装载值为 500,同时关闭

窗口功能。设置完预分频系数和重装载值后,我们就可以知道看门狗的喂狗时间(也就是看门狗溢出时间),计算公式为:

$$Tout=((4\times 2^{prer})\cdot rlr)/32$$

其中,Tout 为看门狗溢出时间(单位为 ms);prer 为看门狗时钟预分频值(IWDG_PR 值),范围为 0～7;rlr 为看门狗的重装载值(IWDG_RLR 的值)。

比如设定 prer 值为 4(4 代表的是 64 分频,HAL 库中可以使用宏定义标识符 IWDG_PRESCALER_64),rlr 值为 500,那么就可以得到 Tout＝64×500/32＝1 000 ms,这样,看门狗的溢出时间就是 1 s,只要在一秒钟之内有一次写入 0XAAAA 到 IWDG_KR,就不会导致看门狗复位(当然写入多次也是可以的)。看门狗的时钟不是准确的 32 kHz,所以在喂狗的时候最好不要太晚了,否则,有可能发生看门狗复位。

② 重载计数值喂狗(向 IWDG_KR 写入 0XAAAA)。

在 HAL 中重载计数值的函数是 HAL_IWDG_Refresh,该函数声明为:

```
HAL_StatusTypeDef HAL_IWDG_Refresh(IWDG_HandleTypeDef * hiwdg);
```

该函数有一个入口参数为前面讲解的 IWDG_HandleTypeDef 结构体类型指针,它的作用是把值 0xAAAA 写入到 IWDG_KR 寄存器,从而触发计数器重载,即实现独立看门狗的喂狗操作。

③ 启动看门狗(向 IWDG_KR 写入 0XCCCC)。

HAL 库函数里面启动独立看门狗是通过宏定义标识符来实现的:

```
#define__HAL_IWDG_START(__HANDLE__)
        WRITE_REG((__HANDLE__) ->Instance ->KR, IWDG_KEY_ENABLE);
```

所以我们只需要调用宏定义标识符__HAL_IWDG_START 即可实现看门狗使能。实际上,当我们调用了看门狗初始化函数 HAL_IWDG_Init 之后,在内部会调用该标识符来实现看门狗启动。

通过上面 3 个步骤就可以启动 STM32F7 的独立看门狗了,使能了看门狗,在程序里面就必须间隔一定时间喂狗,否则将导致程序复位。利用这一点,本章将通过一个 LED 灯来指示程序是否重启,从而验证 STM32F7 的独立看门狗。

在配置看门狗后,DS0 将常亮,如果 KEY_UP 按键按下就喂狗。只要 KEY_UP 不停地按,看门狗就一直不会产生复位,保持 DS0 的常亮。一旦超过看门狗定溢出时间(Tout)还没按,那么将会导致程序重启,这将导致 DS0 熄灭一次。

10.2　硬件设计

本实验用到的硬件资源有:指示灯 DS0、KEY_UP 按键、独立看门狗。前面两个之前都介绍过,而独立看门狗实验的核心是在 STM32F767 内部进行,并不需要外部电路。但是考虑到指示当前状态和喂狗等操作,我们需要 2 个 I/O 口,一个用来输入喂狗信号,另外一个用来指示程序是否重启。我们采用板上的 KEY_UP 键来操作喂狗,而程序重启则是通过 DS0 来指示的。

10.3 软件设计

直接打开配套资料的独立看门狗实验工程,可以看到,工程里面新增了文件 iwdg.c,同时引入了头文件 iwdg.h。同样要加入 HAL 库看门狗支持文件 stm32f7xx_hal_iwdg.h 和 stm32f7xx_hal_iwdg.c 文件。

iwdg.c 代码如下:

```
#include "iwdg.h"
#include "sys.h"
IWDG_HandleTypeDef IWDG_Handler; //独立看门狗句柄
//初始化独立看门狗
//prer:分频数:0~7(只有低 3 位有效!)
//rlr:自动重装载值,0~0XFFF
//分频因子 = 4 * 2^prer.但最大值只能是 256
//rlr:重装载寄存器值:低 11 位有效
//时间计算(大概):Tout = ((4 * 2^prer) * rlr)/32 (ms)
void IWDG_Init(u8 prer,u16 rlr)
{
    IWDG_Handler.Instance = IWDG;
    IWDG_Handler.Init.Prescaler = prer;                  //设置 IWDG 分频系数
    IWDG_Handler.Init.Reload = rlr;                      //重装载
    IWDG_Handler.Init.Window = IWDG_WINDOW_DISABLE;      //关闭窗口功能
    HAL_IWDG_Init(&IWDG_Handler);
}
//喂独立看门狗
void IWDG_Feed(void)
{
    HAL_IWDG_Refresh(&IWDG_Handler); //重装载
}
```

该代码就 2 个函数。其中,void IWDG_Init(u8 prer,u16 rlr)函数是独立看门狗初始化函数,就是按照上面介绍的步骤①来初始化独立看门狗的。该函数有 2 个参数,分别用来设置预分频数与重装载寄存器的值。通过这两个参数就可以大概知道看门狗复位的时间周期了。

void IWDG_Feed(void)函数用来喂狗,因为 STM32 的喂狗只需要向关键字寄存器写入 0XAAAA 即可,也就是调用库函数 HAL_IWDG_Refresh,所以这个函数也很简单。

iwdg.h 内容比较简单,主要是一些函数申明,这里不讲解。

接下来看看主函数,主程序里面先初始化一下系统代码,然后启动按键输入和看门狗。看门狗开启后马上点亮 LED0(DS0),并进入死循环等待按键的输入;一旦 KEY_UP 有按键,则喂狗,否则等待 IWDG 复位的到来。该部分代码如下:

```
int main(void)
{
    Cache_Enable();                        //打开 L1 - Cache
    HAL_Init();                            //初始化 HAL 库
    Stm32_Clock_Init(432,25,2,9);          //设置时钟,216 MHz
    delay_init(216);                       //延时初始化
    uart_init(115200);                     //串口初始化
    LED_Init();                            //初始化 LED
    KEY_Init();                            //初始化按键
    delay_ms(100);                         //延时 100 ms 再初始化看门狗,LED0 的变化"可见"
    IWDG_Init(IWDG_PRESCALER_64,500);       //分频数为 64,重载值为 500,溢出时间为 1 s
    LED0(0);                                //先点亮红灯
    while(1)
    {
        if(KEY_Scan(0) == WKUP_PRES)        //如果 WK_UP 按下,喂狗
        {
            IWDG_Feed();                    //喂狗
        }
        delay_ms(10);
    }
}
```

鉴于篇幅考虑,上面的代码没有把头文件列出来(后续实例将会采用类似的方式处理),以后包含的头文件会越来越多,读者可以直接打开配套资料相关源码查看。

10.4　下载验证

编译成功之后,下载代码到阿波罗 STM32 开发板上实际验证一下程序是否正确。下载代码后可以看到,DS0 不停地闪烁,证明程序在不停地复位,否则只会 DS0 常亮。这时我们试试不停地按 KEY_UP 按键,可以看到,DS0 常亮了,不会再闪烁,说明我们的实验是成功的。

10.5　STM32CubeMX 配置 IWDG

使用 STM32CubeMX 工具配置 IWDG 生成初始化代码的步骤非常简单,只需要使能 IWDG,同时配置 IWDG 的预分频系数和自动装载值即可。

首先看看使能 IWDG 的方法。在 Pinout 界面的 Peripherals 一栏选择 IWDG,然后选中 Activated 选项即可使能 IWDG,操作方法如图 10.5.1 所示。

接下来依次选择 Configuration → IWDG,则进入 IWDG 参数配置界面,如图 10.5.2 所示。进入界面后,我们依次配置 IWDG 的预分频系数、窗口值和自动装载值。

这里配置预分频系数为 64,同时自动装载值为 500 即可,窗口值配置为默认的最大值 0xfff,也就是默认关闭窗口功能。配置完成后生成实验工程。在生成的工程中打

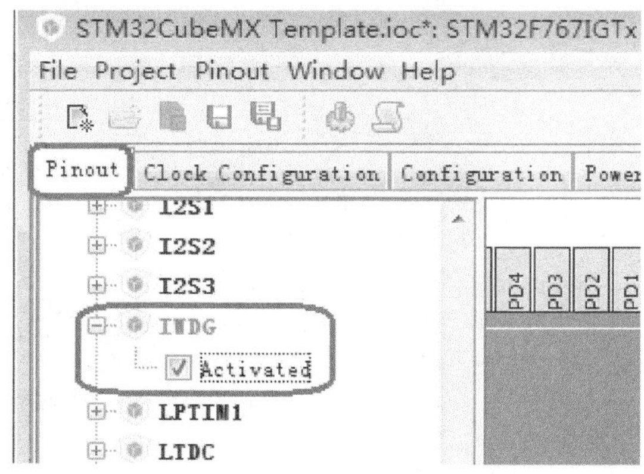

图 10.5.1 IWDG 配置选项

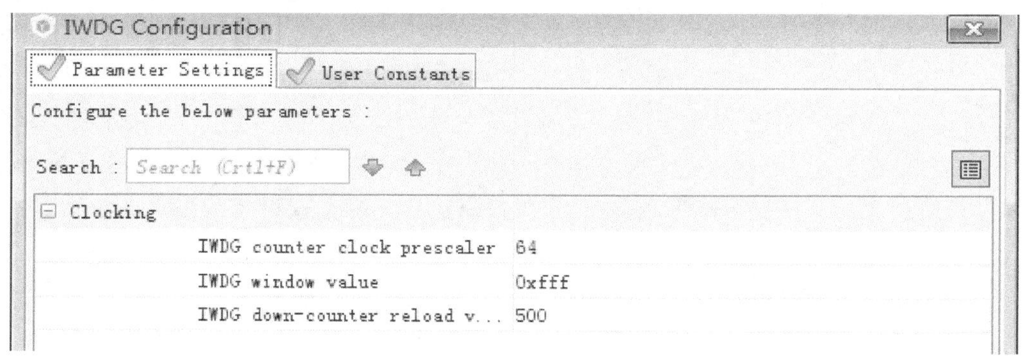

图 10.5.2 IWDG 参数配置界面

开 main.c 文件,可以看到生成的函数 MX_IWDG_Init 和看门狗实验工程中的 IWDG_Init 函数内容一样,不同的是 IWDG_Init 函数的这两个参数是通过入口参数传入的。当然,对于何时启动看门狗以及何时喂狗的操作软件是无法确定的,还需要根据自己需求在合适的程序段中编写这两项操作。

第 11 章 窗口看门狗(WWDG)实验

这一章将介绍如何使用 STM32F7 的另外一个看门狗，窗口看门狗（以下简称 WWDG）。本章将使用窗口看门狗的中断功能来喂狗，通过 DS0 和 DS1 提示程序的运行状态。

11.1 STM32F7 窗口看门狗简介

窗口看门狗（WWDG）通常用来监测由外部干扰或不可预见的逻辑条件造成的应用程序背离正常的运行序列而产生的软件故障。除非递减计数器的值在 T6 位（WWDG→CR 的第 6 位）变成 0 前被刷新，看门狗电路在达到预置的时间周期时，会产生一个 MCU 复位。在递减计数器达到窗口配置寄存器（WWDG→CFR）数值之前，如果 7 位的递减计数器数值（在控制寄存器中）被刷新，那么也将产生一个 MCU 复位。这表明递减计数器需要在一个有限的时间窗口中被刷新，关系可以用图 11.1.1 来说明。

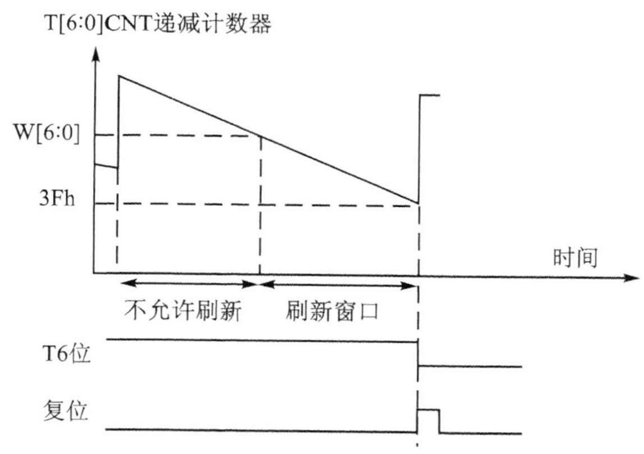

图 11.1.1 窗口看门狗工作示意图

图 11.1.1 中，T[6:0]就是 WWDG_CR 的低 7 位，W[6:0]就是 WWDG→CFR 的低 7 位。T[6:0]就是窗口看门狗的计数器，而 W[6:0]则是窗口看门狗的上窗口，下窗口值是固定的(0X40)。当窗口看门狗的计数器在上窗口值之外被刷新，或者低于下窗口值时，则都会产生复位。

上窗口值(W[6:0])是由用户自己设定的,根据实际要求来设计窗口值,但是一定要确保窗口值大于 0X40,否则窗口就不存在了。

窗口看门狗的超时公式如下:

$$T_{wwdg} = (4\ 096 \times 2^{WDGTB} \times (T[5:0]+1))/F_{pclk1}$$

其中,T_{wwdg}是 WWDG 超时时间(单位为 ms),F_{pclk1}是 APB1 的时钟频率(单位为 kHz),WDGTB 是 WWDG 的预分频系数,T[5:0]是窗口看门狗的计数器低 6 位。

假设 F_{pclk1} =54 MHz,那么可以得到最小-最大超时时间表如表 11.1.1 所列。

表 11.1.1　54 MHz 时钟下窗口看门狗的最小-最大超时表

WDGTB	最小超时/μsT[5:0]=0X00	最大超时/msT[5:0]=0X3F
0	75.85	4.85
1	151.70	9.71
2	303.41	19.42
3	606.81	38.84

接下来介绍窗口看门狗的 3 个寄存器。首先介绍控制寄存器(WWDG_CR),各位描述如图 11.1.2 所示。可以看出,这里的 WWDG_CR 只有低 8 位有效,T[6:0]用来存储看门狗的计数器值,随时更新的,每个窗口看门狗计数周期($4\ 096 \times 2^{WDGTB}$)减 1。当该计数器的值从 0X40 变为 0X3F 的时候,将产生看门狗复位。

31	30	29	28	27	26	25	24	23	22	21	20	19	18	17	16
Reserved															
15	**14**	**13**	**12**	**11**	**10**	**9**	**8**	**7**	**6**	**5**	**4**	**3**	**2**	**1**	**0**
Reserved								WDGA	T[6:0]						
								rs	rw						

图 11.1.2　WWDG_CR 寄存器各位描述

WDGA 位是看门狗的激活位,该位由软件置 1,以启动看门狗。注意,该位一旦设置,就只能在硬件复位后才能清零了。

窗口看门狗的第二个寄存器是配置寄存器(WWDG_CFR),各位及其描述如图 11.1.3 所示。

该位中的 EWI 是提前唤醒中断,也就是在快要产生复位的前一段时间(T[6:0]=0X40)来提醒我们需要进行喂狗了,否则将复位。因此,一般用该位来设置中断。当窗口看门狗的计数器值减到 0X40 的时候,如果该位设置并开启了中断,则产生中断,可以在中断里面向 WWDG_CR 重新写入计数器的值来达到喂狗的目的。注意,这里在进入中断后,必须在不大于一个窗口看门狗计数周期的时间(在 PCLK1 频率为 54 MHz且 WDGTB 为 0 的条件下,该时间为 75.85 μs)内重新写 WWDG_CR,否则,看门狗将产生复位。

31	30	29	28	27	26	25	24	23	22	21	20	19	18	17	16
Reserved															

15	14	13	12	11	10	9	8	7	6	5	4	3	2	1	0
Reserved						EWI	WDGTB[1:0]		W[6:0]						
						rs	rw		rw						

位 31:10　保留，必须保持复位值。

位 9　EWI：提前唤醒中断

置 1 后，只要计数器值达到 0x40 就会产生中断。此中断只有在复位后才由硬件清零。

位 8:7　WDGTB[1:0]：定时器时基

可按如下方式修改预分器的时基：

00：CK 计时器时钟分频器 1

01：CK 计时器时钟分频器 2

10：CK 计时器时钟分频器 4

11：CK 计时器时钟分频器 8

位 6:0　W[6:0]：7 位窗口值

这些位包含用于与递减计数器进行比较的窗口值

图 11.1.3　WWDG_CFR 寄存器各位描述

最后介绍的是状态寄存器(WWDG_SR)，该寄存器用来记录当前是否有提前唤醒的标志。该寄存器仅位 0 有效，其他都是保留位。当计数器值达到 40h 时，此位由硬件置 1。它必须通过软件写 0 来清除，对此位写 1 无效。即使中断未被使能，在计数器的值达到 0X40 的时候，此位也会被置 1。

接下来介绍要如何启用 STM32F7 的窗口看门狗。这里介绍 HAL 中用中断的方式来喂狗的方法，窗口看门狗 HAL 库相关源码和定义分布在文件 stm32f7xx_hal_wwdg.c 和头文件 stm32f7xx_hal_wwdg.h 中。步骤如下：

1）使能 WWDG 时钟

WWDG 不同于 IWDG，IWDG 有自己独立的 32 kHz 时钟，所以不存在使能问题。WWDG 使用的是 PCLK1 的时钟，需要先使能时钟。方法是：

```
__HAL_RCC_WWDG_CLK_ENABLE();    //使能窗口看门狗时钟
```

2）设置窗口值、分频数和计数器初始值

在 HAL 库中，这 3 个值都是通过函数 HAL_WWDG_Init 来设置的。该函数声明如下：

```
HAL_StatusTypeDef HAL_WWDG_Init(WWDG_HandleTypeDef * hwwdg);
```

该函数只有一个入口参数，就是 WWDG_HandleTypeDef 结构体类型指针变量。WWDG_HandleTypeDef 结构体定义如下：

```
typedef struct
{
  WWDG_TypeDef                  * Instance;
  WWDG_InitTypeDef              Init;
}WWDG_HandleTypeDef;
```

该结构体和前面讲解的 WWDG_HandleTypeDef 类似,Instance 成员变量设置为值 WWDG 即可。这里主要讲解成员变量 Init,它是 WWDG_InitTypeDef 结构体类型,该结构体定义如下:

```
typedef struct
{
  uint32_t Prescaler;      //预分频系数
  uint32_t Window;         //窗口值
  uint32_t Counter;        //计数器值
uint32_t EWIMode;          //提前唤醒中断使能
}WWDG_InitTypeDef;
```

该结构体有 4 个成员变量,分别用来设置 WWDG 的预分频系数、窗口值、计数器值以及是否开启提前唤醒中断。函数 HAL_WWDG_Init 的使用示例如下:

```
WWDG_HandleTypeDef WWDG_Handler;                          //窗口看门狗句柄

WWDG_Handler.Instance = WWDG;                             //窗口看门狗
WWDG_Handler.Init.Prescaler = WWDG_PRESCALER_8;           //设置分频系数为 8
WWDG_Handler.Init.Window = 0X5F;                          //设置窗口值 0X5F
WWDG_Handler.Init.Counter = 0x7F;                         //设置计数器值 0x7F
WWDG_Handler.Init.EWIMode = WWDG_EWI_ENABLE;              //使能窗口看门狗提前唤醒中断
HAL_WWDG_Init(&WWDG_Handler);                             //初始化 WWDG
```

3) 开启 WWDG

HAL 库中开启 WWDG 是通过宏定义标识符实现的:

```
#define__HAL_WWDG_ENABLE(__HANDLE__)
SET_BIT((__HANDLE__)->Instance->CR, WWDG_CR_WDGA)
```

注意,调用函数 HAL_WWDG_Init 之后,该函数会开启窗口看门狗,所以不需要再重复开启。

4) 使能中断通道并配置优先级(如果开启了 WWDG 中断)

这里仅仅列出两行实现代码,如下:

```
HAL_NVIC_SetPriority(WWDG_IRQn,2,3);      //抢占优先级 2,子优先级为 3
HAL_NVIC_EnableIRQ(WWDG_IRQn);            //使能窗口看门狗中断
```

注意,跟串口一样,HAL 库同样为看门狗提供了 MSP 回调函数 HAL_WWDG_MspInit,一般情况下,步骤 1)和步骤 4)是与 MCU 相关的,我们均放在该回调函数中。

5) 编写中断服务函数

最后,还是要编写窗口看门狗的中断服务函数。通过该函数来喂狗,喂狗要快;否则,当窗口看门狗计数器值减到 0X3F 的时候,就会引起软复位了。在中断服务函数里面也要将状态寄存器的 EWIF 位清空。

窗口看门狗中断服务函数为:

```
void WWDG_IRQHandler(void);
```

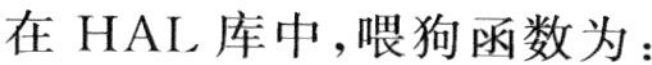

在 HAL 库中，喂狗函数为：

```
HAL_StatusTypeDefHAL_WWDG_Refresh(WWDG_HandleTypeDef * hwwdg, uint32_t  cnt);
```

WWDG 的喂狗操作实际就是往 CR 寄存器重写计数器值，这里的第二个入口函数就是重写的计数器的值。

6）重写窗口看门狗，唤醒中断处理回调函数 HAL_WWDG_EarlyWakeupCallback

跟串口和外部中断一样，首先，HAL 库定义了一个中断处理共用函数 HAL_WWDG_IRQHandler，WWDG 中断服务函数会调用该函数。同时，该函数内部会经过一系列判断，最后调用回调函数 HAL_WWDG_EarlyWakeupCallback，所以提前唤醒中断逻辑一般写在回调函数 HAL_WWDG_EarlyWakeupCallback 中。回调函数声明为：

```
__weak void HAL_WWDG_EarlyWakeupCallback(WWDG_HandleTypeDef *  hwwdg);
```

完成了以上 6 个步骤之后，我们就可以使用 STM32F7 的窗口看门狗了。这一章的实验将通过 DS0 来指示 STM32F7 是否被复位了，如果被复位了，则点亮 300 ms。DS1 用来指示中断喂狗，每次中断喂狗翻转一次。

11.2 硬件设计

本实验用到的硬件资源有指示灯 DS0 和 DS1、窗口看门狗。指示灯前面介绍过了，窗口看门狗属于 STM32F767 的内部资源，只需要软件设置好即可正常工作。我们通过 DS0 和 DS1 来指示 STM32F767 的复位情况和窗口看门狗的喂狗情况。

11.3 软件设计

打开窗口看门狗实验可以看到，我们增加了窗口看门狗相关的库函数支持文件 stm32f7xx_hal_wwdg.c 和 stm32f7xx_hal_wwdg.h；同时，新建了 wwdg.c 和对应的头文件 wwdg.h，用于编写窗口看门狗相关的函数代码。

接下来看看 wwdg.c 文件，内容如下：

```
WWDG_HandleTypeDef WWDG_Handler;                          //窗口看门狗句柄
//初始化窗口看门狗
//tr    :T[6:0],计数器值
//wr    :W[6:0],窗口值
//fprer:分频系数(WDGTB),仅最低 2 位有效
//Fwwdg = PCLK1/(4096 * 2^fprer). 一般 PCLK1 = 54 MHz
void WWDG_Init(u8 tr,u8 wr,u32 fprer)
{
    WWDG_Handler.Instance = WWDG;
    WWDG_Handler.Init.Prescaler = fprer;                  //设置分频系数
```

```
    WWDG_Handler.Init.Window = wr;                    //设置窗口值
    WWDG_Handler.Init.Counter = tr;                   //设置计数器值
    WWDG_Handler.Init.EWIMode = WWDG_EWI_ENABLE;      //使能看门狗提前唤醒中断
    HAL_WWDG_Init(&WWDG_Handler);                     //初始化 WWDG
}
//WWDG 底层驱动,时钟配置,中断配置
//此函数会被 HAL_WWDG_Init()调用
//hwwdg:窗口看门狗句柄
void HAL_WWDG_MspInit(WWDG_HandleTypeDef * hwwdg)
{
    __HAL_RCC_WWDG_CLK_ENABLE();                      //使能窗口看门狗时钟

    HAL_NVIC_SetPriority(WWDG_IRQn,2,3);              //抢占优先级 2,子优先级为 3
    HAL_NVIC_EnableIRQ(WWDG_IRQn);                    //使能窗口看门狗中断
}
//窗口看门狗中断服务函数
void WWDG_IRQHandler(void)
{
    HAL_WWDG_IRQHandler(&WWDG_Handler);
}
//中断服务函数处理过程
//此函数会被 HAL_WWDG_IRQHandler()调用
void HAL_WWDG_EarlyWakeupCallback(WWDG_HandleTypeDef * hwwdg)
{
    HAL_WWDG_Refresh(&WWDG_Handler);                  //更新窗口看门狗值
    LED1_Toggle;
}
```

wwdg.c 文件一共包含 4 个函数。第一个函数 WWDG_Init()实现的是前面讲解的步骤 1)和步骤 3),主要作用是调用函数 HAL_WWDG_Init 设置 WWDG 的分频系数、窗口值和计数器初始值,同时还使能看门狗提前唤醒中断。第二个函数 HAL_WWDG_MspInit 是 WWDG 的 MSP 回调函数,主要作用是使能 WWDG 时钟以及设置 NVIC,实现的是前面讲解的步骤 2)和 4)。第三个函数 WWDG_IRQHandler 也就是中断服务函数,该函数在前面步骤 5)有讲解,一般情况下,该函数内部会调用中断共用处理函数 HAL_WWDG_IRQHandler。第四个函数 HAL_WWDG_EarlyWakeup-Callback 是提前唤醒中断回调函数,该函数内部主要编写了喂狗操作以及 LED1 翻转。

wwdg.h 头文件内容比较简单,这里就不做过多讲解。

完成了以上部分之后就回到主函数,代码如下:

```
int main(void)
{
    Cache_Enable();                   //打开 L1 - Cache
    HAL_Init();                       //初始化 HAL 库
    Stm32_Clock_Init(432,25,2,9);     //设置时钟,216 MHz
    delay_init(216);                  //延时初始化
```

```
    uart_init(115200);                //串口初始化
    LED_Init();                       //初始化 LED
    KEY_Init();                       //初始化按键
    LED0(0);                          //点亮 LED0
    delay_ms(300);                    //延时 300 ms 再初始化看门狗,LED0 的变化"可见"
    WWDG_Init(0X7F,0X5F,WWDG_PRESCALER_8);
                                      //计数器值为 7F,窗口寄存器为 5F,分频数为 8
    while(1)
    {
        LED0(1);                      //熄灭 LED 灯
    }
}
```

该函数通过 LED0(DS0)来指示是否正在初始化,而 LED1(DS1)用来指示是否发生了中断。我们先让 LED0 亮 300 ms,然后关闭,用于判断是否有复位发生了。初始化 WWDG 之后回到死循环,关闭 LED1,并等待看门狗中断的触发/复位。

在编译完成之后就可以下载这个程序到阿波罗 STM32F7 开发板上,看看结果是不是和我们设计的一样。

11.4　下载验证

将代码下载到阿波罗 STM32F7 后可以看到,DS0 亮一下之后熄灭,紧接着 DS1 开始不停地闪烁。每秒钟闪烁 20 次左右,和预期一致,说明我们的实验是成功的。

11.5　STM32CubeMX 配置 WWDG

前面讲解了使用 STM32CubeMX 配置 IWDG 的步骤,而 WWDG 的配置过程和 IWDG 的配置过程基本一模一样,这里直接列出配置图,对配置过程不过多讲解。首先,进入 Pinout 选项界面,使能 WWDG,如图 11.5.1 所示。

图 11.5.1　使能 WWDG

接下来配置 WWDG 的参数,进入 Configuration→WWDG 界面,如图 11.5.2 所示。

Watchdog Clocking 配置栏有 3 个配置参数,顾名思义,第一个参数是配置分频系数,这里配置为 8。第二个参数是配置窗口值,第三个参数是配置计数器初始值。Watchdog Interrupt 配置栏只有一个配置项 EWI Mode,也就是是否使能 WWDG 的提前唤醒中断,这里选择 Enable。接下来,因为开启了提前唤醒中断,所以这里要配置 NVIC 中断优先级。进入 Configuration→NVIC 界面,参考第 9 章的配置方法配置 WWDG 中断优先级即可。配置方法如图 11.5.3 所示。

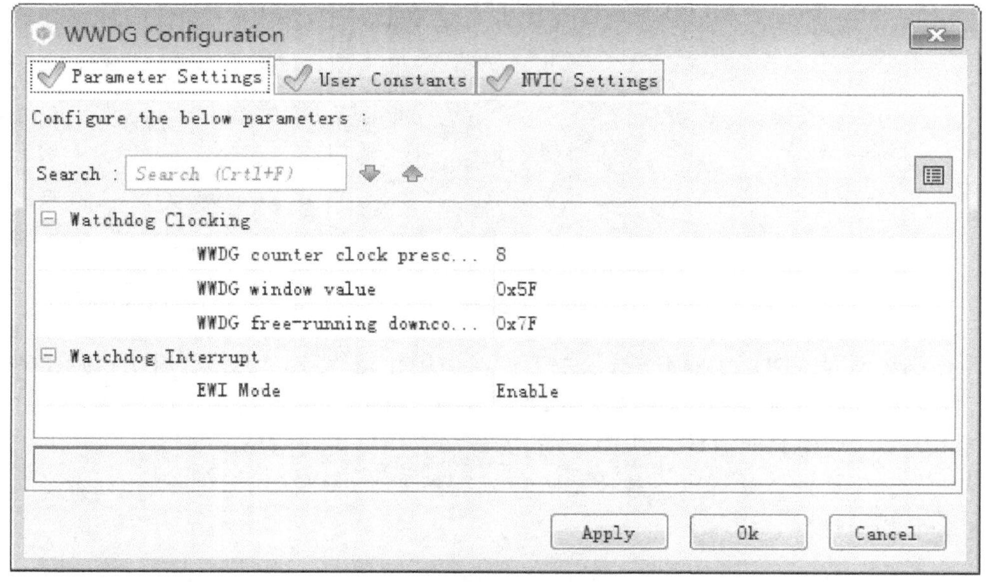

图 11.5.2 WWDG Configuration 配置界面

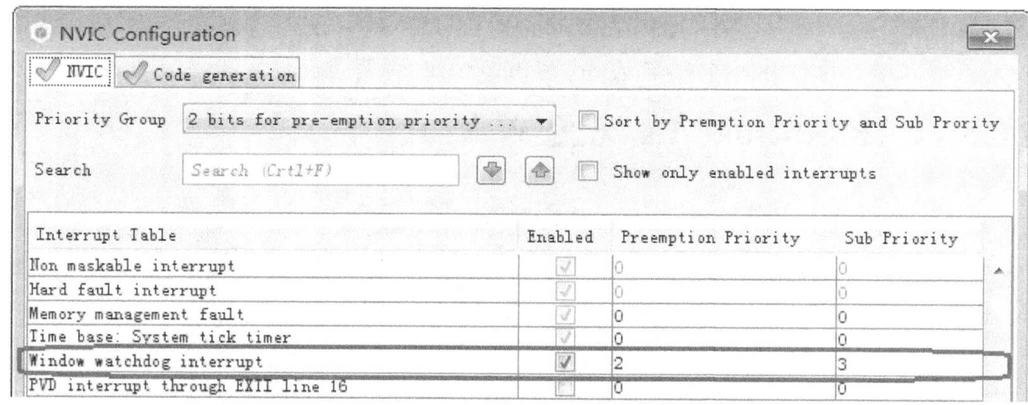

图 11.5.3 配置 WWDG 中断

配置完成之后直接生成工程源码。main.c 文件中生成的 MX_WWDG_Init 函数和本实验的 WWDG_Init 函数实现功能类似。stm32f7xx_it.c 中生成的中断服务函数和我们实验一致。stm32f7xx_hal_msp.c 文件中生成的 MSP 回调函数内容和我们实验内容一致。

第12章 定时器中断实验

这一章将介绍如何使用 STM32F767 的通用定时器，STM32F767 的定时器功能十分强大，有 TIM1 和 TIM8 等高级定时器，有 LPTIM1 低功耗定时器，也有 TIM2～TIM5、TIM9～TIM14 等通用定时器，还有 TIM6 和 TIM7 等基本定时器，总共 15 个定时器。本章将使用 TIM3 的定时器中断来控制 DS1 的翻转，在主函数用 DS0 的翻转来提示程序正在运行。本章选择难度适中的通用定时器来介绍。

12.1 STM32F7 通用定时器简介

STM32F767 的通用定时器包含一个 16 位或 32 位自动重载计数器(CNT)，该计数器由可编程预分频器(PSC)驱动。STM32F767 的通用定时器可以用于测量输入信号的脉冲长度(输入捕获)或者产生输出波形(输出比较和 PWM)等。使用定时器预分频器和 RCC 时钟控制器预分频器可以实现脉冲长度和波形周期，可以在几个微秒到几个毫秒间调整。STM32F767 的每个通用定时器都是完全独立的，没有互相共享的任何资源。

STM32 的通用 TIMx (TIM2～TIM5 和 TIM9～TIM14)定时器功能包括：

① 16 位、32 位(仅 TIM2 和 TIM5)向上、向下、向上/向下自动装载计数器(TIMx_CNT)。注意，TIM9～TIM14 只支持向上(递增)计数方式。

② 16 位可编程(可以实时修改)预分频器(TIMx_PSC)，计数器时钟频率的分频系数为 1～65 535 之间的任意数值。

③ 4 个独立通道(TIMx_CH1～4，TIM9～TIM14 最多 2 个通道)，这些通道可以用来作为：

- 输入捕获；
- 输出比较；
- PWM 生成(边缘或中间对齐模式)，注意，TIM9～TIM14 不支持中间对齐模式；
- 单脉冲模式输出。

④ 可使用外部信号(TIMx_ETR)控制定时器和定时器互连(可以用一个定时器控制另外一个定时器)的同步电路。

⑤ 如下事件发生时产生中断/DMA(TIM9～TIM14 不支持 DMA)：

- 更新:计数器向上溢出/向下溢出,计数器初始化(通过软件或者内部/外部触发);
- 触发事件(计数器启动、停止、初始化或者由内部/外部触发计数);
- 输入捕获;
- 输出比较;
- 支持针对定位的增量(正交)编码器和霍尔传感器电路(TIM9~TIM14 不支持);
- 触发输入作为外部时钟或者按周期的电流管理(TIM9~TIM14 不支持)。

STM32F767 通用定时器比较复杂,这里不再多介绍,可直接参考《STM32F7 中文参考手册》第 650 页通用定时器一章。下面介绍与这章的实验密切相关的几个通用定时器的寄存器(以下均以 TIM2~TIM5 的寄存器为例介绍,TIM9~TIM14 的略有区别,具体参见《STM32F7 中文参考手册》对应章节)。

首先是控制寄存器 1(TIMx_CR1),该寄存器的各位描述如图 12.1.1 所示。

15	14	13	12	11	10	9	8	7	6	5	4	3	2	1	0
Res.	Res.	Res.	Res.	UIFRE-MAP	Res.	CKD[1:0]		ARPE	CMS		DIR	OPM	URS	UDIS	CEN
				rw		rw	rw	rw	rw	rw	rw	rw	rw	rw	rw

位 0　CEN:计数器使能

0:禁止计数器;1:使能计数器

注:只有事先通过软件将 CEN 位置 1,才可以使用外部时钟,门控模式和编码器模式。而触发模式可通过硬件自动将 CEN 位置 1。

在单脉冲模式下,当发生更新事件时会自动将 CEN 位清零

图 12.1.1　TIMx_CR1 寄存器各位描述

本实验只用到了 TIMx_CR1 的最低位,也就是计数器使能位,该位必须置 1,才能让定时器开始计数。接下来介绍第二个与这章密切相关的寄存器:DMA/中断使能寄存器(TIMx_DIER)。该寄存器是一个 16 位的寄存器,其各位描述如图 12.1.2 所示。

这里同样仅关心它的第 0 位,该位是更新中断允许位,本章用到的是定时器的更新中断,所以该位要设置为 1,从而允许由于更新事件所产生的中断。

15	14	13	12	11	10	9	8	7	6	5	4	3	2	1	0
Res.	TDE	Res	CC4DE	CC3DE	CC2DE	CC1DE	UDE	Res.	TIE	Res	CC4IE	CC3IE	CC2IE	CC1IE	UIE
	rw		rw	rw	rw	rw	rw		rw		rw	rw	rw	rw	rw

位 0　UIE:更新中断使能

0:禁止更新中断;1:使能更新中断

图 12.1.2　TIMx_DIER 寄存器各位描述

接下来看第三个与这章有关的寄存器:预分频寄存器(TIMx_PSC)。该寄存器用来设置对时钟进行分频,然后提供给计数器作为计数器的时钟。该寄存器的各位描述如图 12.1.3 所示。

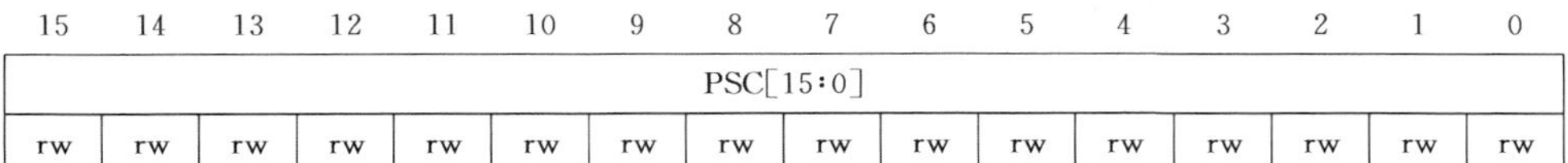

15	14	13	12	11	10	9	8	7	6	5	4	3	2	1	0
PSC[15:0]															
rw	rw	rw	rw	rw	rw	rw	rw	rw	rw	rw	rw	rw	rw	rw	rw

位 15:0　PSC[15:0]:预分频器值

计数器时钟频率 CK_CNT 等于 $f_{CK\_PSC}/(PSC[15:0]+1)$。

PSC 包含在每次发生更新事件时要装载到实际预分频器寄存器的值

图 12.1.3　TIMx_PSC 寄存器各位描述

这里,定时器的时钟来源有 4 个:

- ➢ 内部时钟(CK_INT);
- ➢ 外部时钟模式 1:外部输入脚(TIx);
- ➢ 外部时钟模式 2:外部触发输入(ETR),仅适用于 TIM2、TIM3、TIM4;
- ➢ 内部触发输入(ITRx):使用 A 定时器作为 B 定时器的预分频器(A 为 B 提供时钟)。

这些时钟中具体选择哪个可以通过 TIMx_SMCR 寄存器的相关位来设置。这里的 CK_INT 时钟是从 APB1 倍频得来的,除非 APB1 的时钟分频数设置为 1(一般都不会是 1),否则通用定时器 TIMx 的时钟是 APB1 时钟的 2 倍;当 APB1 的时钟不分频的时候,通用定时器 TIMx 的时钟就等于 APB1 的时钟。注意,高级定时器以及 TIM9～TIM11 的时钟不是来自 APB1,而是来自 APB2 的。

这里顺带介绍一下 TIMx_CNT 寄存器,该寄存器是定时器的计数器,存储了当前定时器的计数值。

接着介绍自动重装载寄存器(TIMx_ARR),该寄存器在物理上实际对应着 2 个寄存器。一个是程序员可以直接操作的,另外一个是程序员看不到的,这个看不到的寄存器在《STM32F7 中文参考手册》里面被叫做影子寄存器。事实上真正起作用的是影子寄存器。根据 TIMx_CR1 寄存器中 APRE 位的设置:APRE＝0 时,预装载寄存器的内容可以随时传送到影子寄存器,此时二者是连通的;APRE＝1 时,每一次更新事件(UEV)时,才把预装载寄存器(ARR)的内容传送到影子寄存器。

自动重装载寄存器的各位描述如图 12.1.4 所示。

31	30	29	28	27	26	25	24	23	22	21	20	19	18	17	16
ARR[31:16](取决于定时器)															
rw	rw	rw	rw	rw	rw	rw	rw	rw	rw	rw	rw	rw	rw	rw	rw
15	14	13	12	11	10	9	8	7	6	5	4	3	2	1	0
ARR[15:0]															
rw	rw	rw	rw	rw	rw	rw	rw	rw	rw	rw	rw	rw	rw	rw	rw

位 31:16　ARR[31:16]:自动重载值的高 16 位(对于 TIM2 和 TIM5)

位 15:0　ARR[15:0]:自动重载值的低 16 位

ARR 为要装载到实际自动重载寄存器的值。

当自动重载值为空时,计数器不工作

图 12.1.4　TIMx_ARR 寄存器各位描述

最后要介绍的寄存器是状态寄存器(TIMx_SR),该寄存器用来标记当前与定时器相关的各种事件/中断是否发生。该寄存器的各位描述如图 12.1.5 所示。关于这些位的详细描述可参考《STM32F7 中文参考手册》第 699 页。

15	14	13	12	11	10	9	8	7	6	5	4	3	2	1	0
Reserved			CC4OF	CC3OF	CC2OF	CC1OF	Reserved		TIF	Res	CC4IF	CC3IF	CC2IF	CC1IF	UIF
			rc_w0	rc_w0	rc_w0	rc_w0			rc_w0		rc_w0	rc_w0	rc_w0	rc_w0	rc_w0

位 0　UIF:更新中断标记

该位在发生更新事件时通过硬件置 1,但需要通过软件清零。

0:未发生更新。

1:更新中断挂起。该位在以下情况下更新寄存器时由硬件置 1:

① 上溢或下溢(对于 TIM2～TIM5)以及当 TIMx_CR1 寄存器中 UDIS=0 时。

② TIMx_CR1 寄存器中的 URS=0 且 UDIS=0,并且由软件使用 TIMx_EGR 寄存器中的 UG 位重新初始化 CNT 时。

③ TIMx_CR1 寄存器中的 URS=0 且 UDIS=0,并且 CNT 由触发事件重新初始化

图 12.1.5　TIMx_SR 寄存器各位描述

通过对以上几个寄存器进行设置,我们就可以使用通用定时器了,并且可以产生中断。这一章将使用定时器产生中断,然后在中断服务函数里面翻转 DS1 上的电平来指示定时器中断的产生。接下来以通用定时器 TIM3 为实例来说明要经过哪些步骤才能达到这个要求,并产生中断。这里介绍如何以库函数方式实现每个步骤。首先要提到的是,定时器相关的库函数主要集中在 HAL 库文件 stm32f7xx_hal_tim.h 和 stm32f7xx_hal_tim.c 文件中。定时器配置步骤如下:

① TIM3 时钟使能。

HAL 中定时器使能是通过宏定义标识符来实现对相关寄存器操作的,方法如下:

```
__HAL_RCC_TIM3_CLK_ENABLE();                    //使能 TIM3 时钟
```

② 初始化定时器参数,设置自动重装值、分频系数、计数方式等。

在 HAL 库中,定时器的初始化参数是通过定时器初始化函数 HAL_TIM_Base_Init 实现的:

```
HAL_StatusTypeDef HAL_TIM_Base_Init(TIM_HandleTypeDef * htim);
```

该函数只有一个入口参数,就是 TIM_HandleTypeDef 类型结构体指针这个结构体的定义如下:

```
typedef struct
{
  TIM_TypeDef                   * Instance;
  TIM_Base_InitTypeDef          Init;
  HAL_TIM_ActiveChannel         Channel;
  DMA_HandleTypeDef             * hdma[7];
  HAL_LockTypeDef               Lock;
  __IO HAL_TIM_StateTypeDef     State;
}TIM_HandleTypeDef;
```

第一个参数 Instance 是寄存器基地址。和串口、看门狗等外设一样,一般外设的初始化结构体定义的第一个成员变量都是寄存器基地址。这在 HAL 中都定义好了,比

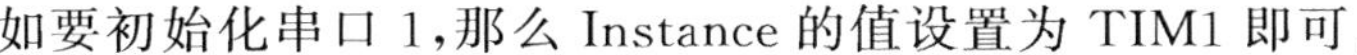

如要初始化串口 1，那么 Instance 的值设置为 TIM1 即可。

第二个参数 Init 为真正的初始化结构体 TIM_Base_InitTypeDef 类型。该结构体定义如下：

```
typedef struct
{
  uint32_t Prescaler;          //预分频系数
  uint32_t CounterMode;        //计数方式
  uint32_t Period;             //自动装载值 ARR
  uint32_t ClockDivision;      //时钟分频因子
  uint32_t RepetitionCounter;
} TIM_Base_InitTypeDef;
```

该初始化结构体中，参数 Prescaler 用来设置分频系数。参数 CounterMode 用来设置计数方式，可以设置为向上计数、向下计数方式及中央对齐计数方式，比较常用的是向上计数模式 TIM_CounterMode_Up 和向下计数模式 TIM_CounterMode_Down。参数 Period 用来设置自动重载计数周期值。参数 ClockDivision 用来设置时钟分频因子，也就是定时器时钟频率 CK_INT 与数字滤波器使用的采样时钟之间的分频比。参数 RepetitionCounter 用来设置重复计数器寄存器的值，用在高级定时器中。

第三个参数 Channel 用来设置活跃通道。前面讲解过，每个定时器最多有 4 个通道可以用来实现输出比较、输入捕获等功能。这里的 Channel 就是用来设置活跃通道的，取值范围为 HAL_TIM_ACTIVE_CHANNEL_1～HAL_TIM_ACTIVE_CHANNEL_4。

第四个 hdma 是定时器实现 DMA 功能时用到。

第五个参数 Lock 和 State，是状态过程标识符，在 HAL 库中用来记录和标志定时器处理过程。

定时器初始化范例如下：

```
TIM_HandleTypeDef TIM3_Handler;                                    //定时器句柄
TIM3_Handler.Instance = TIM3;                                      //通用定时器 3
TIM3_Handler.Init.Prescaler = 8999;                                //分频系数
TIM3_Handler.Init.CounterMode = TIM_COUNTERMODE_UP;                //向上计数器
TIM3_Handler.Init.Period = 4999;                                   //自动装载值
TIM3_Handler.Init.ClockDivision = TIM_CLOCKDIVISION_DIV1;          //时钟分频因子
HAL_TIM_Base_Init(&TIM3_Handler);
```

③ 使能定时器更新中断，使能定时器。

HAL 库中，使能定时器更新中断和使能定时器两个操作可以在函数 HAL_TIM_Base_Start_IT()中一次完成的，该函数声明如下：

```
HAL_StatusTypeDef HAL_TIM_Base_Start_IT(TIM_HandleTypeDef * htim);
```

该函数非常好理解，只有一个入口参数。调用该定时器之后，会首先调用__HAL_TIM_ENABLE_IT 宏定义使能更新中断，然后调用宏定义__HAL_TIM_ENABLE 使能相应的定时器。这里分别列出单独使能/关闭定时器中断和使能/关闭定时器方法：

```
__HAL_TIM_ENABLE_IT(htim, TIM_IT_UPDATE);  //使能句柄指定的定时器更新中断
__HAL_TIM_DISABLE_IT (htim, TIM_IT_UPDATE); //关闭句柄指定的定时器更新中断
```

```
__HAL_TIM_ENABLE(htim);                    //使能句柄 htim 指定的定时器
__HAL_TIM_DISABLE(htim);                   //关闭句柄 htim 指定的定时器
```

④ TIM3 中断优先级设置。

在定时器中断使能之后，因为要产生中断，必不可少的要设置 NVIC 相关寄存器及中断优先级。

和串口等其他外设一样，HAL 库为定时器初始化定义了回调函数 HAL_TIM_Base_MspInit。一般情况下，与 MCU 有关的时钟使能以及中断优先级配置都会放在该回调函数内部。函数声明如下：

```
void HAL_TIM_Base_MspInit(TIM_HandleTypeDef *htim);
```

对于回调函数，这里不过多讲解，读者只需要重写这个函数即可。

⑤ 编写中断服务函数。

最后还是要编写定时器中断服务函数，通过该函数来处理定时器产生的相关中断。通常情况下，中断产生后，通过状态寄存器的值来判断此次产生的中断属于什么类型。然后执行相关的操作，这里使用的是更新（溢出）中断，所以在状态寄存器 SR 的最低位。处理完中断之后应该向 TIM3_SR 的最低位写 0，从而清除该中断标志。

跟串口一样，对于定时器中断，HAL 库同样封装了处理过程。这里以定时器 3 的更新中断为例来讲解。

首先，中断服务函数是不变的，定时器 3 的中断服务函数为：

```
TIM3_IRQHandler();
```

一般情况下我们是在中断服务函数内部编写中断控制逻辑。但是 HAL 库定义了新的定时器中断共用处理函数 HAL_TIM_IRQHandler，每个定时器的中断服务函数内部会调用该函数。该函数声明如下：

```
void HAL_TIM_IRQHandler(TIM_HandleTypeDef *htim);
```

函数 HAL_TIM_IRQHandler 内部会对相应的中断标志位进行详细判断，确定中断来源后自动清掉该中断标志位，同时调用不同类型中断的回调函数。所以我们的中断控制逻辑只用编写在中断回调函数中，并且中断回调函数中不需要清中断标志位。

比如定时器更新中断回调函数为：

```
void HAL_TIM_PeriodElapsedCallback(TIM_HandleTypeDef *htim);
```

跟串口中断回调函数一样，只需要重写该函数即可。对于其他类型中断，HAL 库同样提供了几个不同的回调函数，这里列出了常用的几个回调函数：

```
void HAL_TIM_PeriodElapsedCallback(TIM_HandleTypeDef *htim);//更新中断
void HAL_TIM_OC_DelayElapsedCallback(TIM_HandleTypeDef *htim);//输出比较
void HAL_TIM_IC_CaptureCallback(TIM_HandleTypeDef *htim);//输入捕获
void HAL_TIM_TriggerCallback(TIM_HandleTypeDef *htim);//触发中断
```

这些回调函数的使用方法后面用到的时候再详细讲解。

通过以上几个步骤就可以达到我们的目的了，使用通用定时器的更新中断来控制 DS1 的亮灭。

12.2 硬件设计

本实验用到的硬件资源有指示灯 DS0 和 DS1、定时器 TIM3。本章通过 TIM3 的中断来控制 DS1 的亮灭,DS1 直接连接到 PB0 上,这个前面已经有介绍了。TIM3 属于 STM32F767 的内部资源,只需要软件设置即可正常工作。

12.3 软件设计

打开配套资料的实验 7 定时器中断实验可以看到,工程中 HARDWARE 下面比以前多了一个 time.c 文件(包括头文件 time.h),这两个文件是我们自己编写的。同时,还引入了定时器相关的 HAL 文件 stm32f7xx_hal_tim.c 和头文件 stm32f7xx_hal_tim.h。timer.c 文件代码如下:

```
TIM_HandleTypeDef TIM3_Handler;        //定时器句柄
//通用定时器 3 中断初始化
//arr:自动重装值。psc:时钟预分频数
//定时器溢出时间计算方法:Tout = ((arr + 1) * (psc + 1))/Ft us
//Ft = 定时器工作频率,单位: MHz
//这里使用的是定时器 3(定时器 3 挂在 APB1 上,时钟为 HCLK/2)
void TIM3_Init(u16 arr,u16 psc)
{
    TIM3_Handler.Instance = TIM3;             //通用定时器 3
    TIM3_Handler.Init.Prescaler = psc;            //分频系数
    TIM3_Handler.Init.CounterMode = TIM_COUNTERMODE_UP;     //向上计数器
    TIM3_Handler.Init.Period = arr;                                    //自动装载值
    TIM3_Handler.Init.ClockDivision = TIM_CLOCKDIVISION_DIV1;     //时钟分频因子
    HAL_TIM_Base_Init(&TIM3_Handler);              //初始化定时器 3
    HAL_TIM_Base_Start_IT(&TIM3_Handler);        //使能定时器 3 和定时器 3 更新中断
}
//定时器底册驱动,开启时钟,设置中断优先级
//此函数会被 HAL_TIM_Base_Init()函数调用
void HAL_TIM_Base_MspInit(TIM_HandleTypeDef * htim)
{
  if(htim->Instance == TIM3)
  {
    __HAL_RCC_TIM3_CLK_ENABLE();      //使能 TIM3 时钟
    HAL_NVIC_SetPriority(TIM3_IRQn,1,3);      //设置中断优先级,抢占 1,子优先级 3
    HAL_NVIC_EnableIRQ(TIM3_IRQn);          //开启 ITM3 中断
  }
//定时器 3 中断服务函数
void TIM3_IRQHandler(void)
{
    HAL_TIM_IRQHandler(&TIM3_Handler);
}
//定时器 3 中断服务函数调用
void HAL_TIM_PeriodElapsedCallback(TIM_HandleTypeDef * htim)
```

```
{
    if(htim == (&TIM3_Handler))
    {
LED1_Toggle;          //LED0 反转
    }
}
```

该文件一共有 4 个函数。第一个函数 TIM3_Init 用来初始化定时器 3,使能定时器 3 更新中断以及使能定时器,实现的是 12.1 节讲解的步骤②和步骤③配置功能。该函数的 2 个参数用来设置 TIM3 的溢出时间。因为 Stm32_Clock_Init 函数里面已经初始化 APB1 的时钟为 4 分频,所以 APB1 的时钟为 54 MHz,而从 STM32F7 的内部时钟树图(图 4.3.1)得知:当 APB1 的时钟分频数为 1 的时候,TIM2～7 以及 TIM12～14 的时钟为 APB1 的时钟;而如果 APB1 的时钟分频数不为 1,那么 TIM2～7 以及 TIM12～14 的时钟频率将为 APB1 时钟的两倍。因此,TIM3 的时钟为 108 MHz,再根据我们设计的 arr 和 psc 的值,就可以计算中断时间了。计算公式如下:

$$T_{out}=(arr+1)(psc+1)/T_{clk}$$

其中,T_{clk}为 TIM3 的输入时钟频率,单位为 MHz;T_{out}为 TIM3 溢出时间,单位为 μs。

第二个函数 HAL_TIM_Base_MspInit 是定时器初始化的回调函数,主要是使能定时器 3 时钟以及定时器 3 的 NVIC 配置,实现的是 12.1 节讲解的步骤①和步骤④功能。第三个函数 TIM3_IRQHandler 是中断服务入口函数,该函数内部只有一行代码,就是调用定时器中断共用处理函数 HAL_TIM_IRQHandler。根据前面的讲解,函数 HAL_TIM_IRQHandler 内部会判断中断来源,根据中断来源调用不同的中断处理回调函数。这里开启的是定时器 3 的更新中断,所以需要重定义更新中断回调函数 HAL_TIM_PeriodElapsedCallback。第四个函数 HAL_TIM_PeriodElapsedCallback 就是更新中断回调函数,也就是真正的中断处理函数,该函数内部通过判断中断是定时器 3 之后控制 LED1 翻转。

timer.h 头文件内容比较简单,这里就不做讲解。

最后看看主函数代码如下:

```
int main(void)
{
    Cache_Enable();                     //打开 L1 - Cache
    HAL_Init();                         //初始化 HAL 库
    Stm32_Clock_Init(432,25,2,9);       //设置时钟,216 MHz
    delay_init(216);                    //延时初始化
    uart_init(115200);                  //串口初始化
    LED_Init();                         //初始化 LED
    TIM3_Init(5000 - 1,10800 - 1);      //定时器 3 初始化,定时器时钟为 108 MHz,分频系数
    //为 10 800 - 1,其频率为 108 MHz/10 800 = 10 kHz,设置重装载为 5 000 - 1
    //则定时器周期为 500 ms
    while(1)
    {
        LED0_Toggle;                    //LED0 翻转
```

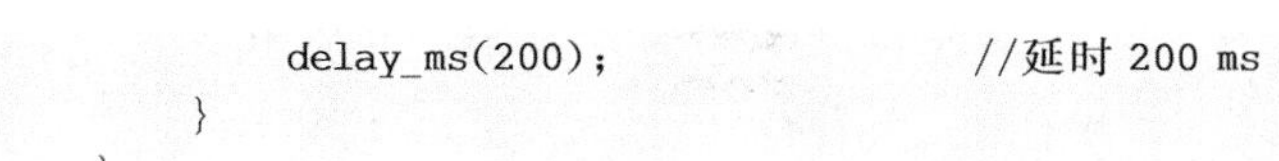

```
        delay_ms(200);                    //延时 200 ms
    }
}
```

这里的代码和之前大同小异，此段代码对 TIM3 进行初始化之后，进入死循环等待 TIM3 溢出中断。当 TIM3_CNT 的值等于 TIM3_ARR 的值的时候，则产生 TIM3 的更新中断，然后在中断里面取反 LED1，TIM3_CNT 再从 0 开始计数。

这里定时器定时时长 500 ms 是这样计算出来的：定时器的时钟为 108 MHz，分频系数为 10 799，所以分频后的计数频率为 108 MHz/(10 799＋1)＝10 kHz，然后计数到 4 999，所以时长为(4 999＋1)/10 000＝0.5 s，也就是 500 ms。

12.4　下载验证

完成软件设计之后，将编译好的文件下载到阿波罗 STM32 开发板上，观看其运行结果是否与我们编写的一致。如果没有错误，则看到 DS0 不停闪烁（每 400 ms 闪烁一次），而 DS1 也是不停地闪烁，但是闪烁时间较 DS0 慢（1 s 一次）。

12.5　STM32CubeMX 配置定时器更新中断功能

经过前面多个章节的学习，相信读者对 STM32CubeMX 配置已经非常熟悉了。从本章开始，出于篇幅考虑，我们不再像之前章节一样讲解得那么详细，将只列出配置的关键点，然后生成工程，读者可自行与配套资料中提供的实验代码对照学习。

定时器 3 中断配置非常简单。配置步骤如下：

① 在 Pinout→TIM3 配置项中，配置 Clock Source 为 Internal Clock，如图 12.5.1 所示。

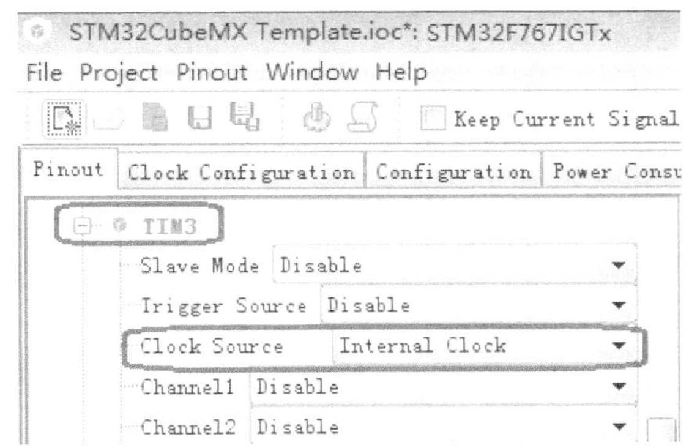

图 12.5.1　TIM3 配置

② 选择 Configuration 选项卡会发现，Control 栏下多出了 TIM3 按钮。单击 TIM3 按钮就进入 TIM3 配置页，在弹出的界面中选择 Parameter Settings 选项卡，其

中,Counter Settings 配置栏下面的 4 个选项就是用来配置定时器的预分频系数、自动装载值、计数模式以及时钟分频因子。操作方法和配置值如图 12.5.2 所示。

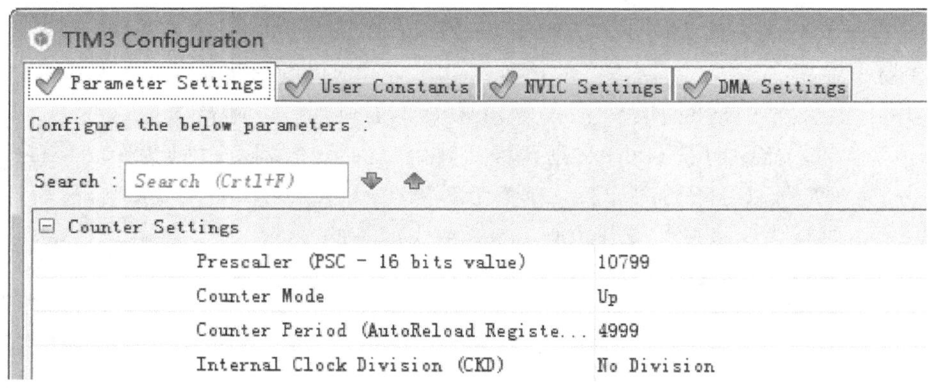

图 12.5.2　TIM3 参数设置界面

③ 进入 Configuration→NVIC 配置页,在弹出的界面中选择 NVIC 选项卡,配置 Interrupt Table 中的 TIM3 global interrupt,使能中断,配置抢占优先级为 1 和响应优先级为 3。

经过上面 3 个步骤可生成代码,读者可对比生成的代码和实验工程的区别。这里需要说明的是,默认情况下,TIM3 的时钟来源是内部时钟 CK_INT,所以实验中使用的是默认配置,没有额外在程序中体现。

第 13 章 PWM 输出实验

上一章介绍了 STM32F7 的通用定时器 TIM3，用该定时器的中断来控制 DS1 的闪烁，这一章将介绍如何使用 STM32F7 的 TIM3 来产生 PWM 输出，使用 TIM3 的通道 4 来产生 PWM 来控制 DS0 的亮度。

13.1 PWM 简介

脉冲宽度调制(PWM)，是英文 Pulse Width Modulation 的缩写，简称脉宽调制，是利用微处理器的数字输出来对模拟电路进行控制的一种非常有效的技术。简单一点，就是对脉冲宽度的控制，PWM 原理如图 13.1.1 所示。

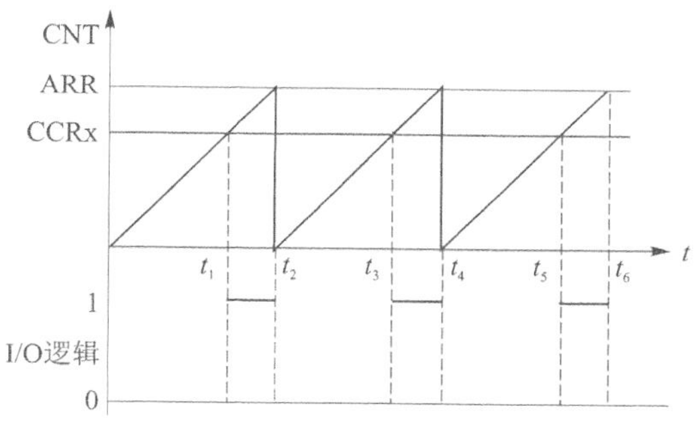

图 13.1.1　PWM 原理示意图

图 13.1.1 就是一个简单的 PWM 原理示意图。图中，假定定时器工作在向上计数 PWM 模式，且当 CNT＜CCRx 时，输出 0；当 CNT≥CCRx 时输出 1。那么就可以得到如图 13.1.1 所示的 PWM 示意图。当 CNT 值小于 CCRx 的时候，I/O 输出低电平(0)；当 CNT 值大于等于 CCRx 的时候，I/O 输出高电平(1)，当 CNT 达到 ARR 值的时候重新归零，然后重新向上计数，依次循环。改变 CCRx 的值就可以改变 PWM 输出的占空比，改变 ARR 的值就可以改变 PWM 输出的频率，这就是 PWM 输出的原理。

STM32F767 的定时器除了 TIM6 和 7，其他的都可以用来产生 PWM 输出。其中，高级定时器 TIM1 和 TIM8 可以同时产生 7 路的 PWM 输出，而通用定时器也能同时产生 4 路的 PWM 输出。这里仅使用 TIM3 的 CH4 产生一路 PWM 输出。

要使 STM32F767 的通用定时器 TIMx 产生 PWM 输出，除了上一章介绍的寄存器外,我们还会用到 3 个寄存器来控制 PWM。这 3 个寄存器分别是捕获/比较模式寄存器(TIMx_CCMR1/2)、捕获/比较使能寄存器(TIMx_CCER)、捕获/比较寄存器(TIMx_CCR1~4)。接下来简单介绍一下这 3 个寄存器。

首先是捕获/比较模式寄存器(TIMx_CCMR1/2),该寄存器一般有 2 个,分别是 TIMx _CCMR1 和 TIMx _CCMR2。TIMx_CCMR1 控制 CH1 和 2,TIMx_CCMR2 控制 CH3 和 4。以下将以 TIM3 为例进行介绍。TIM3_CCMR2 寄存器各位描述如图 13.1.2 所示。

31	30	29	28	27	26	25	24	23	22	21	20	19	18	17	16
Res.	Res.	Res.	Res.	Res.	Res.	Res.	OC4M[3]	Res.	Res.	Res.	Res.	Res.	Res.	Res.	OC3M[3]
							Res.								Res.
							rw								rw

15	14	13	12	11	10	9	8	7	6	5	4	3	2	1	0
OC4CE	OC4M[2:0]			OC4PE	OC4FE	CC4S[1:0]		OC3CE	OC3M[2:0]			OC3PE	OC3FE	CC3S[1:0]	
IC4F[3:0]				IC4PSC[1:0]				IC3F[3:0]				IC3PSC[1:0]			
rw	rw	rw	rw	rw	rw	rw	rw	rw	rw	rw	rw	rw	rw	rw	rw

图 13.1.2 TIM3_CCMR2 寄存器各位描述

该寄存器的有些位在不同模式下功能不一样,所以图 13.1.2 把寄存器分了 2 层,上面一层对应输出,下面一层对应输入。关于该寄存器的详细说明可参考《STM32F7 中文参考手册》第 701 页 23.4.7 小节。这里需要说明的是模式设置位 OC4M,此部分由 4 位组成。总共可以配置成 13 种模式,我们使用的是 PWM 模式,所以这 4 位必须设置为 0110/0111。这两种 PWM 模式的区别就是输出电平的极性相反。另外,CC4S 用于设置通道的方向(输入/输出),默认设置为 0,就是设置通道作为输出使用。

接下来介绍 TIM3 的捕获/比较使能寄存器(TIM3_CCER)。该寄存器控制着各个输入/输出通道的开关,各位描述如图 13.1.3 所示。

该寄存器比较简单,这里只用到了 CC4E 位,该位是输入/捕获 4 输出使能位,要想 PWM 从 I/O 口输出,这个位必须设置为 1,所以这里需要设置该位为 1。该寄存器更详细的介绍了可参考《STM32F7 中文参考手册》第 706 页 23.4.9 小节。

15	14	13	12	11	10	9	8	7	6	5	4	3	2	1	0
CC4NP	Res.	CC4P	CC4E	CC3NP	Res.	CC3P	CC3E	CC2NP	Res.	CC2P	CC2E	CC1NP	Res.	CC1P	CC1E
rw		rw	rw	rw		rw	rw	rw		rw	rw	rw		rw	rw

图 13.1.3 TIM3_CCER 寄存器各位描述

最后介绍捕获/比较寄存器(TIMx_CCR1~4),该寄存器总共有 4 个,对应 4 个通道 CH1~4。我们使用的是通道 4。TIM3_CCR4 寄存器的各位描述如图 13.1.4 所示。

31	30	29	28	27	26	25	24	23	22	21	20	19	18	17	16
CCR4[31:16]															
rw	rw	rw	rw	rw	rw	rw	rw	rw	rw	rw	rw	rw	rw	rw	rw
15	**14**	**13**	**12**	**11**	**10**	**9**	**8**	**7**	**6**	**5**	**4**	**3**	**2**	**1**	**0**
CCR4[15:0]															
rw	rw	rw	rw	rw	rw	rw	rw	rw	rw	rw	rw	rw	rw	rw	rw

位 31:16　CCR4[31:16]:捕获/比较 4 的高 16 位(对于 TIM2 和 TIM5)。

位 15:0　CCR4[15:0]:捕获/比较 4 的低 16 位

① 如果 CC4 通道配置为输出(CC4S)位:

CCR4 为要装载到实际捕获/比较 4 寄存器的值(预装载值)。

如果没有通过 TIMx_CCMR 寄存器中的 OC4PE 位来使能预装载功能,则写入的数值会被直接传输至当前寄存器中;否则,只有发生更新事件时,预装载值才会复制到活动捕获/比较 4 寄存器中。

实际捕获/比较寄存器中包含要与计数器 TIMx_CNT 进行比较,并在 OC4 输出上发出信号的值。

② 如果 CC4 通道配置为输入(TIMx_CCMR4 寄存器中的 CC4S 位),

则 CCR4 为上一个输入捕获 4 事件(IC4)发生时的计数器值

图 13.1.4　寄存器 TIM3_CCR4 各位描述

在输出模式下,该寄存器的值与 CNT 的值比较,根据比较结果产生相应动作。利用这点,通过修改这个寄存器的值就可以控制 PWM 的输出脉宽了。

如果是通用定时器,则配置以上 3 个寄存器就够了;如果是高级定时器,则还需要配置刹车和死区寄存器(TIMx_BDTR),该寄存器各位描述如图 13.1.5 所示。该寄存器只需要关注第 15 位:MOE 位。要想高级定时器的 PWM 正常输出,则必须设置 MOE 位为 1,否则不会有输出。注意,通用定时器不需要配置这个。其他位这里就不详细介绍了,可参考《STM32F7 中文参考手册》第 639 页 22.4.18 小节。

31	30	29	28	27	26	25	24	23	22	21	20	19	18	17	16
Res.	Res.	Res.	Res.	Res.	Res.	BK2P	BK2E	BK2F[3:0]				BKF[3:0]			
						rw	rw	rw	rw	rw	rw	rw	rw	rw	rw
15	**14**	**13**	**12**	**11**	**10**	**9**	**8**	**7**	**6**	**5**	**4**	**3**	**2**	**1**	**0**
MOE	AOE	BKP	BKE	OSSR	OSSI	LOCK[1:0]		DTG[7:0]							
rw	rw	rw	rw	rw	rw	rw	rw	rw	rw	rw	rw	rw	rw	rw	rw

位 15　MOE:主输出使能

只要断路输入(BRK 或 BRK2)为有效状态,此位便由硬件异步清零。此位由软件置 1,也可根据 AOE 位状态自动置 1。此位仅对配置为输出的通道有效。

0:响应断路事件(2 个)。禁止 OC 和 OCN 输出

响应断路事件或向 MOE 写入 0 时:OC 和 OCN 输出被禁止或被强制粉空闲状态,具体取决于 OSSI 位。

1:如果 OC 和 OCN 输出的相应使能位(TIMx_CCER 寄存器中的 CCxE 和 CCxNE 位)均置 1,则使能 OC 和 OCN 输出

图 13.1.5　寄存器 TIMx_BDTR 各位描述

本章使用的是 TIM3 的通道 4,所以需要修改 TIM3_CCR4 来实现脉宽控制 DS0 的亮度。至此,本章要用的几个相关寄存器就介绍完了,下面介绍通过 HAL 库来配置该功能的步骤。

首先要提到的是,PWM 实际跟上一章一样使用的是定时器功能,所以相关的函数设置同样在库函数文件 stm32f7xx_tim.h 和 stm32f7xx_tim.c 文件中。

① 开启 TIM3 和 GPIO 时钟,配置 PB1 选择复用功能 AF1(TIM3)输出。

要使用 TIM3,则必须先开启 TIM14 的时钟。这里还要配置 PB1 为复用(AF1)输出,才可以实现 TIM13_CH4 的 PWM 经过 PB1 输出。HAL 库使能 TIM3 时钟和 GPIO 时钟方法是:

```
__HAL_RCC_TIM3_CLK_ENABLE();                //使能定时器 3
__HAL_RCC_GPIOB_CLK_ENABLE();               //开启 GPIOB 时钟
```

接下来便是要配置 PB1 复用映射为 TIM3 的 PWM 输出引脚。关于 I/O 口复用映射,在串口通信实验中有详细讲解,主要是通过函数 HAL_GPIO_Init 来实现的:

```
GPIO_InitTypeDef GPIO_Initure;
GPIO_Initure.Pin = GPIO_PIN_1;                       //PB1
GPIO_Initure.Mode = GPIO_MODE_AF_PP;                 //复用推挽输出
GPIO_Initure.Pull = GPIO_PULLUP;                     //上拉
GPIO_Initure.Speed = GPIO_SPEED_HIGH;                //高速
GPIO_Initure.Alternate =  GPIO_AF2_TIM3;             //PB1 复用为 TIM3_CH4
HAL_GPIO_Init(GPIOB,&GPIO_Initure);
```

在 I/O 口初始化配置中,我们只需要将成员变量 Mode 配置为复用推挽输出,同时成员变量 Alternate 配置为 GPIO_AF2_TIM3,即可实现 PB1 映射为定时器 3 通道 4 的 PWM 输出引脚。

这里还需要说明一下,对于定时器通道的引脚关系读者可以查看 STM32F7 对应的数据手册,比如 PWM 实验中使用的是定时器 3 的通道 4,对应的引脚 PB1 可以从数据手册表中查看,如下:

PB1	I/O	FT	(4)	TIM1_CH3N, TIM3_CH4, TIM8_CH3N, LCD_R6, OTG_HS_ULPI_D2, ETH_MII_RXD3, EVENTOUT	ADC12_IN9

② 初始化 TIM3,设置 TIM3 的 ARR 和 PSC 等参数。

根据前面的讲解,初始化定时器的 ARR 和 PSC 等参数是通过函数 HAL_TIM_Base_Init 来实现的。注意,使用定时器的 PWM 输出功能时,HAL 库提供了一个独立的定时器初始化函数 HAL_TIM_PWM_Init,该函数声明为:

```
HAL_StatusTypeDef HAL_TIM_PWM_Init(TIM_HandleTypeDef * htim);
```

该函数实现的功能、使用方法和 HAL_TIM_Base_Init 都是类似的,作用都是初始化定时器的 ARR 和 PSC 等参数。为什么 HAL 库要提供这个函数而不直接让我们使用 HAL_TIM_Base_Init 函数呢?

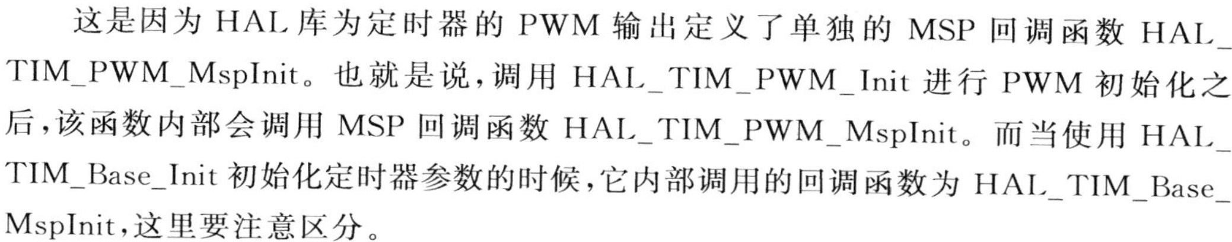

这是因为HAL库为定时器的PWM输出定义了单独的MSP回调函数HAL_TIM_PWM_MspInit。也就是说，调用HAL_TIM_PWM_Init进行PWM初始化之后，该函数内部会调用MSP回调函数HAL_TIM_PWM_MspInit。而当使用HAL_TIM_Base_Init初始化定时器参数的时候，它内部调用的回调函数为HAL_TIM_Base_MspInit，这里要注意区分。

所以一定要注意，使用HAL_TIM_PWM_Init初始化定时器时，回调函数为HAL_TIM_PWM_MspInit，该函数声明为：

```
void HAL_TIM_PWM_MspInit(TIM_HandleTypeDef * htim);
```

一般情况下，上面步骤①的时钟使能和I/O口初始化映射都编写在回调函数内部。

③ 设置TIM3_CH4的PWM模式、输出比较极性、比较值等参数。

接下来要设置TIM3_CH4为PWM模式（默认是冻结的），因为DS0是低电平亮，而我们希望当CCR4值小的时候DS0就暗，CCR4值大的时候DS0就亮，所以要通过配置TIM3_CCMR2的相关位来控制TIM3_CH4的模式。

在HAL库中，PWM通道设置是通过函数HAL_TIM_PWM_ConfigChannel来设置的：

```
HAL_StatusTypeDef HAL_TIM_PWM_ConfigChannel(TIM_HandleTypeDef * htim,
                                   TIM_OC_InitTypeDef * sConfig, uint32_t Channel);
```

第一个参数htim是定时器初始化句柄，也就是TIM_HandleTypeDef结构体指针类型，这和HAL_TIM_PWM_Init函数调用时候参数保存一致即可。

第二个参数sConfig是TIM_OC_InitTypeDef结构体指针类型，这也是该函数最重要的参数。该参数用来设置PWM输出模式、极性、比较值等重要参数。首先来看看结构体定义：

```
typedef struct
{
  uint32_t OCMode;            //PWM模式
  uint32_t Pulse;             //捕获比较值
  uint32_t OCPolarity;        //极性
  uint32_t OCNPolarity;
  uint32_t OCFastMode;        //快速模式
  uint32_t OCIdleState;
  uint32_t OCNIdleState;
} TIM_OC_InitTypeDef;
```

该结构体成员中重点关注前3个。成员变量OCMode用来设置模式，也就是前面讲解的7种模式，这里设置为PWM模式1。成员变量Pulse用来设置捕获比较值。成员变量TIM_OCPolarity用来设置输出极性是高还是低。其他的参数TIM_Output-

NState、TIM_OCNPolarity、TIM_OCIdleState 和 TIM_OCNIdleState 是高级定时器才用到的。

第三个参数 Channel 用来选择定时器的通道，取值范围为 TIM_CHANNEL_1～TIM_CHANNEL_4。这里使用的是定时器 3 的通道 4，所以取值为 TIM_CHANNEL_4 即可。

例如，要初始化定时器 3 的通道 4 为 PWM 模式 1，输出极性为低，那么实例代码为：

```
TIM_OC_InitTypeDef TIM3_CH4Handler;                //定时器 3 通道 4 句柄
TIM3_CH4Handler.OCMode = TIM_OCMODE_PWM1;          //模式选择 PWM1
TIM3_CH4Handler.Pulse = arr/2;                     //设置比较值,此值用来确定占空比
TIM3_CH4Handler.OCPolarity = TIM_OCPOLARITY_LOW;   //输出比较极性为低
HAL_TIM_PWM_ConfigChannel(&TIM3_Handler,&TIM3_CH4Handler,TIM_CHANNEL_4);
```

④ 使能 TIM3，使能 TIM3 的 CH4 输出。

完成以上设置了之后，还需要使能 TIM3 并且使能 TIM3_CH4 输出。在 HAL 库中，函数 HAL_TIM_PWM_Start 可以用来实现这两个功能，函数声明如下：

```
HAL_StatusTypeDef HAL_TIM_PWM_Start(TIM_HandleTypeDef * htim, uint32_t Channel);
```

该函数第二个入口参数 Channel 用来设置要使能输出的通道号，这里使能的是定时器的通道 4，值设置为 TIM_CHANNEL_4 即可。

对于单独使能定时器的方法，上一章定时器实验已经讲解。实际上，HAL 库也同样提供了单独使能定时器的输出通道函数，函数为：

```
void TIM_CCxChannelCmd(TIM_TypeDef * TIMx, uint32_t Channel, uint32_t ChannelState);
```

⑤ 修改 TIM3_CCR4 来控制占空比。

经过以上设置之后，PWM 其实已经开始输出了，只是其占空比和频率都是固定的，通过修改比较值 TIM3_CCR4 则可以控制 CH4 的输出占空比，继而控制 DS0 的亮度。HAL 库中并没有提供独立的修改占空比函数，这里可以编写这样一个函数如下：

```
//设置 TIM3 通道 4 的占空比
// compare:比较值
void TIM_SetTIM3Compare4(u32 compare)
{
    TIM3 ->CCR4 = compare;
}
```

实际上，因为调用函数 HAL_TIM_PWM_ConfigChanne 进行 PWM 配置的时候可以设置比较值，所以也可以直接使用该函数来达到修改占空比的目的：

```
void TIM_SetCompare4(TIM_TypeDef  * TIMx,u32 compare)
{
TIM3_CH4Handler.Pulse = compare;
HAL_TIM_PWM_ConfigChannel(&TIM3_Handler,&TIM3_CH4Handler,TIM_CHANNEL_4);
}
```

因为这种方法要调用 HAL_TIM_PWM_ConfigChannel 函数来对各种初始化参数

进行重新设置，所以使用中一定要注意。例如，在实时系统中如果多个线程同时修改初始化结构体相关参数，则可能导致结果混乱。

13.2 硬件设计

本实验用到的硬件资源有：指示灯 DS0、定时器 TIM3。这两个前面都已经介绍了，因为 TIM3_CH4 可以通过 PB1 输出 PWM，而 DS0 就是直接接在 PB1 上面的，所以电路上并没有任何变化。

13.3 软件设计

打开 PWM 输出实验工程可以看到，相比上一节，这里并没有添加其他任何 HAL 库文件。因为 PWM 使用的是定时器资源，所以跟上一章使用的是同样的 HAL 库文件。同时，我们修改了 timer.c 和 timer.h 的内容，删掉了上一章实验源码，直接把 PWM 功能相关函数和定义放在了这两个文件中。

timer.c 源文件代码如下：

```
TIM_HandleTypeDef TIM3_Handler;                //定时器 3PWM 句柄
TIM_OC_InitTypeDef TIM3_CH4Handler;            //定时器 3 通道 4 句柄
//PWM 输出初始化
//arr:自动重装值   psc:时钟预分频数
void TIM3_PWM_Init(u16 arr,u16 psc)
{
    TIM3_Handler.Instance = TIM3;              //定时器 3
    TIM3_Handler.Init.Prescaler = psc;         //定时器分频
    TIM3_Handler.Init.CounterMode = TIM_COUNTERMODE_UP;//向上计数模式
    TIM3_Handler.Init.Period = arr;                          //自动重装载值
    TIM3_Handler.Init.ClockDivision = TIM_CLOCKDIVISION_DIV1;
    HAL_TIM_PWM_Init(&TIM3_Handler);                         //初始化 PWM
    TIM3_CH4Handler.OCMode = TIM_OCMODE_PWM1;                //模式选择 PWM1
    TIM3_CH4Handler.Pulse = arr/2;  //设置比较值,此值用来确定占空比
    TIM3_CH4Handler.OCPolarity = TIM_OCPOLARITY_LOW;   //输出比较极性为低
    HAL_TIM_PWM_ConfigChannel (&TIM3_Handler,&TIM3_CH4Handler,
                        TIM_CHANNEL_4);                      //配置 TIM3 通道 4
    HAL_TIM_PWM_Start(&TIM3_Handler,TIM_CHANNEL_4);    //开启 PWM 通道 4
}
//定时器底层驱动,时钟使能,引脚配置
//此函数会被 HAL_TIM_PWM_Init()调用
//htim:定时器句柄
void HAL_TIM_PWM_MspInit(TIM_HandleTypeDef * htim)
{
  if(htim ->Instance == TIM3)
  {
    GPIO_InitTypeDef GPIO_Initure;
    __HAL_RCC_TIM3_CLK_ENABLE();                             //使能定时器 3
    __HAL_RCC_GPIOB_CLK_ENABLE();                            //开启 GPIOB 时钟
```

```
        GPIO_Initure.Pin = GPIO_PIN_1;                     //PB1
        GPIO_Initure.Mode = GPIO_MODE_AF_PP;               //复用推挽输出
        GPIO_Initure.Pull = GPIO_PULLUP;                   //上拉
        GPIO_Initure.Speed = GPIO_SPEED_HIGH;              V//高速
        GPIO_Initure.Alternate =  GPIO_AF2_TIM3;           //PB1 复用为 TIM3_CH4
        HAL_GPIO_Init(GPIOB,&GPIO_Initure);
    }
}
//设置 TIM 通道 4 的占空比
//compare:比较值
void TIM_SetTIM3Compare4(u32 compare)
{
    TIM3 ->CCR4 = compare;
}
```

此部分代码包含 3 个函数,完全实现了 13.1 节讲解的 5 个配置步骤。第一个函数 TIM3_PWM_Init 实现的是 13.1 节讲解的步骤②～④,首先通过调用定时器 HAL 库函数 HAL_TIM_PWM_Init 初始化 TIM3,并设置 TIM3 的 ARR 和 PSC 等参数;其次,通过调用函数 HAL_TIM_PWM_ConfigChannel 设置 TIM3_CH4 的 PWM 模式以及比较值等参数;最后,通过调用函数 HAL_TIM_PWM_Start 来使能 TIM3、PWM 通道 TIM3_CH4 输出。第二个函数 HAL_TIM_PWM_MspInit 是 PWM 的 MSP 初始化回调函数,该函数实现的是 13.1 节步骤①,主要是使能相应时钟以及初始化定时器通道 TIM3_CH4 对应的 I/O 口模式,同时设置复用映射关系。第三个函数 TIM_SetTIM3Compare 4 是用户自定义的设置比较值函数,这在 13.1 节步骤⑤有详细讲解。

接下来看看 main 函数内容如下:

```
int main(void)
{
    u8 dir = 1;
    u16 led0pwmval = 0;
    Cache_Enable();                          //打开 L1 - Cache
    HAL_Init();                              //初始化 HAL 库
    Stm32_Clock_Init(432,25,2,9);            //设置时钟,216 MHz
    delay_init(216);                         //延时初始化
    uart_init(115200);                       //串口初始化
    LED_Init();                              //初始化 LED
    TIM3_PWM_Init(500 - 1,108 - 1);          //108 MHz/108 = 1 MHz 的计数频率,自动重装载为 500
                                             //那么 PWM 频率为 1 M/500 = 2 kHz
    while(1)
    {
        delay_ms(10);
        if(dir)led0pwmval ++ ;               //dir == 1 led0pwmval 递增
        else led0pwmval -- ;                 //dir == 0 led0pwmval 递减
        if(led0pwmval>300)dir = 0;           //led0pwmval 到达 300 后,方向为递减
        if(led0pwmval == 0)dir = 1;          //led0pwmval 递减到 0 后,方向改为递增
```

```
            TIM_SetTIM3Compare4(led0pwmval);      //修改比较值,修改占空比
        }
    }
```

从死循环函数可以看出，我们控制 LED0_PWM_VAL 的值从 0 变到 300，然后又从 300 变到 0，如此循环，因此，DS0 的亮度也会跟着从暗变到亮，然后又从亮变到暗。这里的值取 300，是因为 PWM 的输出占空比达到这个值的时候，我们的 LED 亮度变化就不大了(虽然最大值可以设置到 499)，因此设计过大的值在这里是没必要的。至此，软件设计就完成了。

13.4　下载验证

完成软件设计之后，将编译好的文件下载到阿波罗 STM32 开发板上，观看其运行结果是否与我们编写的一致。如果没有错误，则将看到 DS0 不停地由暗变到亮，然后又从亮变到暗。每个过程持续时间大概为 3 s。

实际运行结果如图 13.4.1 所示。

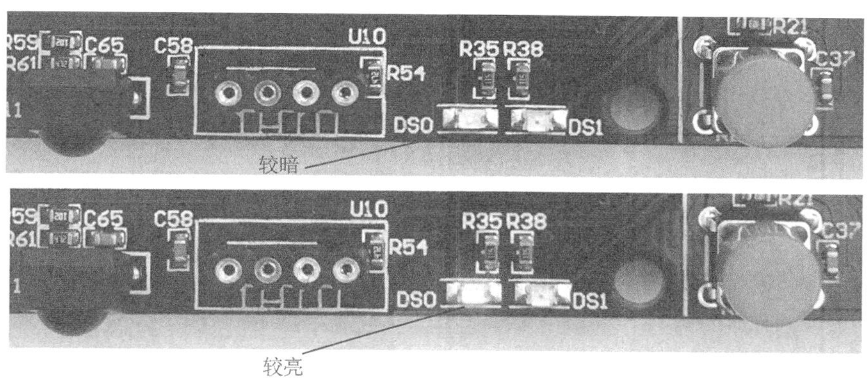

图 13.4.1　PWM 控制 DS0 亮度

13.5　STM32CubeMX 配置定时器 PWM 输出功能

使用 STM32CubeMX 配置 PWM 输出的配置步骤和配置定时器中断的步骤非常接近，步骤如下：

① 在 Pinout→TIM3 配置项中，配置 Channel4 的值为 PWM generation CH4、Clock Source 为 Internal Clock。操作过程如图 13.5.1 所示。

② 进入 Configuration→TIM3 配置页，在弹出的界面中选择 Parameter Settings 选项卡，Counter Settings 配置栏下面的 4 个选项用来配置定时器的预分频系数、自动装载值、计数模式以及时钟分频因子。在界面的 PWM Generation Channel4 配置栏配置 PWM 模式、比较值、极性等参数，操作方法如图 13.5.2 所示。

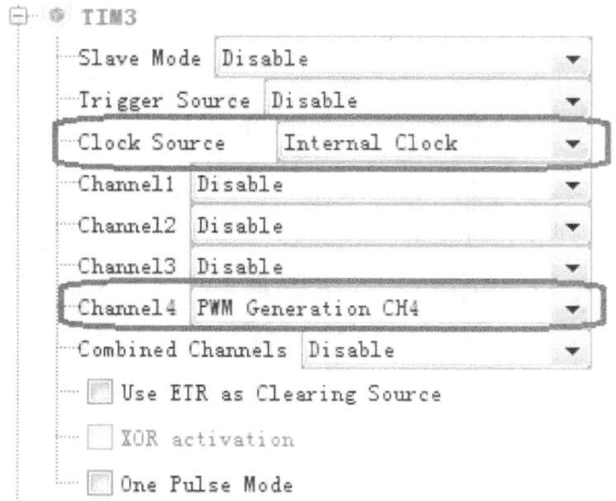

图 13.5.1 TIM3 配置

本章 PWM 输出实验并没有使用到中断,所以不需要使能中断和配置 NVIC。经过上面的配置就可以生成工程源码,读者可以和本实验工程对比参考学习。

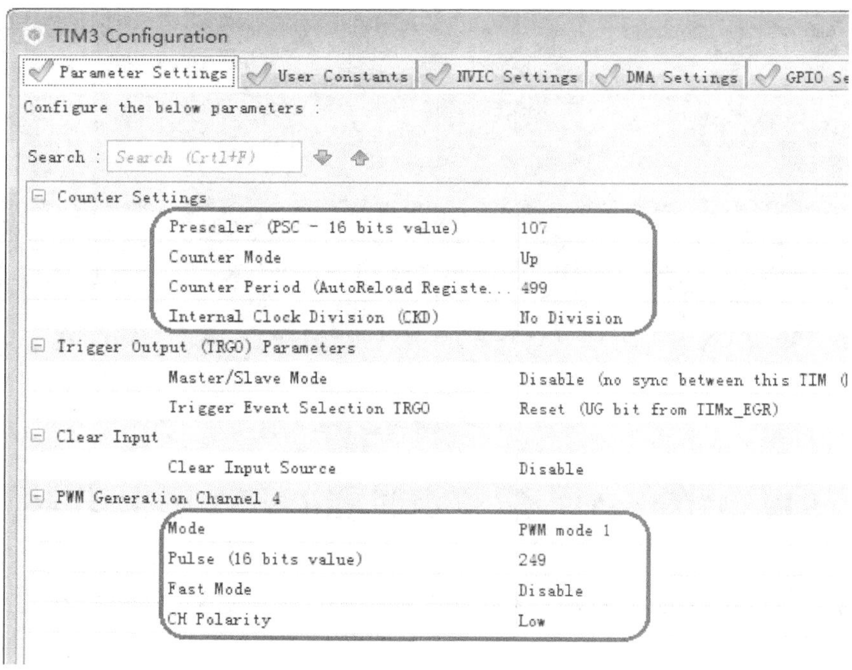

图 13.5.2 TIM3 参数设置界面

第 14 章 输入捕获实验

这一章将介绍通用定时器作为输入捕获的使用，用 TIM5 的通道 1(PA0)来做输入捕获，捕获 PA0 上高电平的脉宽(用 KEY_UP 按键输入高电平)，通过串口打印高电平脉宽时间。

14.1 输入捕获简介

输入捕获模式可以用来测量脉冲宽度或者测量频率。以测量脉宽为例，用一个简图来说明输入捕获的原理，如图 14.1.1 所示。假定定时器工作在向上计数模式，图中 $t_1 \sim t_2$ 时间就是需要测量的高电平时间。测量方法如下：首先设置定时器通道 x 为上升沿捕获，这样，t_1 时刻就会捕获到当前的 CNT 值，然后立即清零 CNT，并设置通道 x 为下降沿捕获；这样到 t_2 时刻，又会发生捕获事件，得到此时的 CNT 值，记为 CCRx2。这样，根据定时器的计数频率就可以算出 $t_1 \sim t_2$ 的时间，从而得到高电平脉宽。

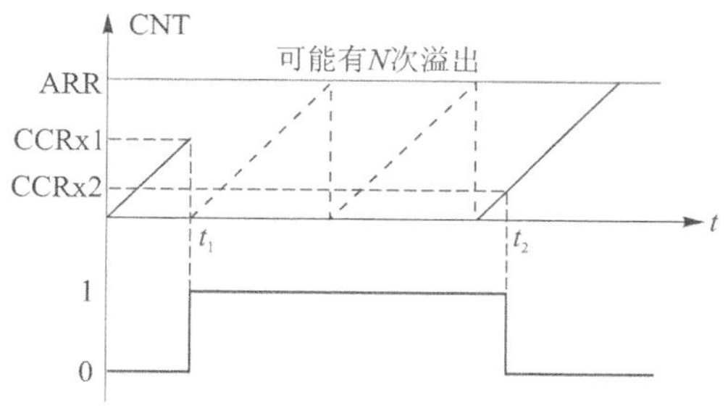

图 14.1.1 输入捕获脉宽测量原理

在 $t_1 \sim t_2$ 之间可能产生 N 次定时器溢出，这就要求我们对定时器溢出做处理，防止高电平太长而导致数据不准确。如图 14.1.1 所示，$t_1 \sim t_2$ 之间，CNT 计数的次数等于 N·ARR+CCRx2。有了这个计数次数，再乘以 CNT 的计数周期即可得到 $t_2 - t_1$ 的时间长度，即高电平持续时间。

STM32F767 的定时器中,除了 TIM6 和 TIM7,其他定时器都有输入捕获功能。STM32F767 的输入捕获,简单说就是通过检测 TIMx_CHx 上的边沿信号,在边沿信号发生跳变(比如上升沿、下降沿)的时候,将当前定时器的值(TIMx_CNT)存放到对应通道的捕获、比较寄存器(TIMx_CCRx)里面,从而完成一次捕获。同时,还可以配置捕获时是否触发中断、DMA 等。

本章用 TIM5_CH1 来捕获高电平脉宽,捕获原理如图 14.1.1 所示,这里就不再多说了。

接下来介绍需要用到的一些寄存器配置,需要用到的寄存器有 TIMx_ARR、TIMx_PSC、TIMx_CCMR1、TIMx_CCER、TIMx_DIER、TIMx_CR1、TIMx_CCR1。这些寄存器在前面 2 章全部都提到(这里的 x=5),这里针对性地介绍这几个寄存器的配置。

首先 TIMx_ARR 和 TIMx_PSC,这两个寄存器用来设置自动重装载值和 TIMx 的时钟分频,用法同前面介绍的,这里不再介绍。

再来看看捕获/比较模式寄存器 1:TIMx_CCMR1。这个寄存器在输入捕获的时候非常有用,有必要重新介绍,各位描述如图 14.1.2 所示。

31	30	29	28	27	26	25	24	23	22	21	20	19	18	17	16
Res.	Res.	Res.	Res.	Res.	Res.	Res.	OC2M[3]	Res.	Res.	Res.	Res.	Res.	Res.	Res.	OC1M[3]
							Res.								Res.
							rw								rw

15	14	13	12	11	10	9	8	7	6	5	4	3	2	1	0
OC2CE	OC2M[2:0]			OC2PE	OC2FE	CC2S[1:0]		OC1CE	OC1M[2:0]			OC1PE	OC1FE	CC1S[1:0]	
IC2F[3:0]				IC2PSC[1:0]				IC1F[3:0]				IC1PSC[1:0]			
rw	rw	rw	rw	rw	rw	rw	rw	rw	rw	rw	rw	rw	rw	rw	rw

图 14.1.2 TIMx_CCMR1 寄存器各位描述

在输入捕获模式下使用的时候,对应图 14.1.2 的第二行描述,从图中可以看出,TIMx_CCMR1 明显是针对 2 个通道的配置,低 8 位[7:0]用于捕获、比较通道 1 的控制,高 8 位[15:8]则用于捕获/比较通道 2 的控制。因为 TIMx 还有 CCMR2 寄存器,所以可以知道 CCMR2 用来控制通道 3 和通道 4(详见《STM32F7 中文参考手册》705 页 23.4.8 小节)。

这里用到的是 TIM5 的捕获/比较通道 1,重点介绍 TIMx_CCMR1 的[7:0]位(其高 8 位配置类似)。TIMx_CCMR1 的[7:0]位详细描述如图 14.1.3 所示。

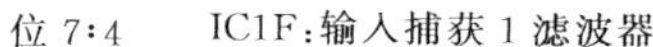

位 7:4　IC1F:输入捕获 1 滤波器

此位域可定义 TI1 输入的采样频率和适用于 TI1 的数字滤波器带宽。数字滤波器由事件计数器组成,每 N 个事件才视为一个有效边沿:

0000:无滤波器,按 f_{DTS}频率进行采样

0001:$f_{SAMPLING}=f_{CK\_INT}$,$N=2$

0010:$f_{SAMPLING}=f_{CK\_INT}$,$N=4$

0011:$f_{SAMPLING}=f_{CK\_INT}$,$N=8$

0100:$f_{SAMPLING}=f_{DTS}/2$,$N=6$

0101:$f_{SAMPLING}=f_{DTS}/2$,$N=8$

0110:$f_{SAMPLING}=f_{DTS}/4$,$N=6$

0111:$f_{SAMPLING}=f_{DTS}/4$,$N=8$

1000:$f_{SAMPLING}=f_{DTS}/8$,$N=6$

1001:$f_{SAMPLING}=f_{DTS}/8$,$N=8$

1010:$f_{SAMPLING}=f_{DTS}/16$,$N=5$

1011:$f_{SAMPLING}=f_{DTS}/16$,$N=6$

1100:$f_{SAMPLING}=f_{DTS}/16$,$N=8$

1100:$f_{SAMPLING}=f_{DTS}/32$,$N=5$

1110:$f_{SAMPLING}=f_{DTS}/32$,$N=6$

1111:$f_{SAMPLING}=f_{DTS}/32$,$N=8$

注意:在当前硅版本中,当 ICxF[3:0]=1、2 或 3 时,则用 CK_INT 代替公式中的 f_{DTS}。

位 3:2　IC1PSC:输入捕获 1 预分频器

此位域定义 CC1 输入(IC1)的预分频比。

只要 CC1E=0(TIMx_CCER 寄存器中),预分频器便立即复位。

00:无预分频器,捕获输入上每检测到一个边沿便执行捕获

01:每发生 2 个事件便执行一次捕获

10:每发生 4 个事件便执行一捕获

11:每发生 8 个事件便执行一捕获

位 1:0　CC1S:捕获/比较 1 选择

此位域定义通道方向(输入/输出)以及所使用的输入。

00:CC1 通道配置为输出

01:CC1 通道配置为输入,IC1 映射在 TI1 上

10:CC1 通道配置为输入,IC1 映射在 TI2 上

11:CC1 通道配置为输入,IC1 映射在 TRC 上。此模式仅在通过 TS 位(TIMx_SMCR 寄存器)选择内部触发输入时有效

注意:仅当通道关闭时(TIMx_CCER 中的 CC1E=0),才可向 CC1S 位写入数据

图 14.1.3　TIMx_CCMR1 [7:0]位详细描述

其中,CC1S[1:0]这两个位用于 CCR1 的通道配置,这里设置 IC1S[1:0]=01,也就是配置 IC1 映射在 TI1 上(关于 IC1、TI1 不明白的可以看《STM32F7 中文参考手册》651 页的图 19.1),即 CC1 对应 TIMx_CH1。

输入捕获 1 预分频器 IC1PSC[1:0],这个比较好理解。这里是一次边沿就触发一次捕获,所以选择 00 就是了。

输入捕获 1 滤波器 IC1F[3:0],这个用来设置输入采样频率和数字滤波器长度。其中,f_{CK_INT}是定时器的输入频率(TIMxCLK),一般为 54 MHz/108 MHz(看该定时器在哪个总线上);f_{DTS}则是根据 TIMx_CR1 的 CKD[1:0]的设置来确定的,如果 CKD[1:0]设置为 00,那么 $f_{DTS}=f_{CK\_INT}$。N 值就是滤波长度,举个简单的例子:假设 IC1F[3:0]=0011,并设置 IC1 映射到通道 1 上,且为上升沿触发,那么在捕获到上升沿的时候,再以 f_{CK_INT}的频率连续采样到 8 次通道 1 的电平,如果都是高电平,则说明却是一个有效的触发,于是触发输入捕获中断(如果开启了的话)。这样可以滤除那些高电平

脉宽低于 8 个采样周期的脉冲信号,从而达到滤波的效果。这里不做滤波处理,所以设置 IC1F[3:0]=0000,只要采集到上升沿就触发捕获。

再来看看捕获/比较使能寄存器:TIMx_CCER,该寄存器的各位描述如图 14.1.3 所示。本章要用到这个寄存器的最低 2 位,CC1E 和 CC1P 位,这两个位的描述如图 14.1.4所示。所以,要使能输入捕获,必须设置 CC1E=1,而 CC1P 则根据自己的需要来配置。

位 1　　CC1P:捕获/比较 1 输出极性

CC1 通道配置为输出:

0:OC1 高电平有效;

1:OC1 低电平有效

CC1 通道配置为输入:

CC1NP/CC1P 位可针对触发或捕获操作选择 TI1FP1 和 TI2FP1 的极性。

00:非反相/上升沿触发

电路对 TIxFP1 上升沿敏感(在复位模式、外部时钟模式或触发模式下执行捕获或触发操作),TIxFP1 未反相(在门控模式或编码器模式下执行触发操作)。

01:反相/下降沿触发

电路对 TIxFP1 下降沿敏感(在复位模式、外部时钟模式或触发模式下执行捕获或触发操作),TIxFP1 反相(在门控模式或编码器模式下执行触发操作)。

10:保留,不使用此配置。

11:非反相/上升沿和下降沿均触发

电路对 TIxFP1 上升沿和下降沿都敏感(在复位模式、外部时钟模式或触发模式下执行捕获或触发操作),TIxFP1 未反相(在门控模式下执行触发操作)。编码器模式下不得使用此配置。

位 0　　CC1E:捕获/比较 1 输出使能

CC1 通道配置为输出:

0:关闭——OC1 未激活

1:开启——在相应输出引脚上输出 OC1 信号

CC1 通道配置为输入:

此位决定了是否可以将计数器值实际捕获到输入捕获/比较寄存器 1(TIMx_CCR1)中。

0:捕获禁止;

1:使能捕获

图 14.1.4　TIMx_CCER 最低 2 位描述

接下来看看 DMA/中断使能寄存器:TIMx_DIER,该寄存器的各位描述如图 13.1.2 所示。本章需要用到中断来处理捕获数据,所以必须开启通道 1 的捕获比较中断,即 CC1IE 设置为 1。

控制寄存器 TIMx_CR1,这里只用到了它的最低位,也就是用来使能定时器,这里前面两章都有介绍,读者参考前面的章节。

最后看看捕获/比较寄存器 1:TIMx_CCR1,该寄存器用来存储捕获发生时 TIMx_CNT 的值。我们从 TIMx_CCR1 就可以读出通道 1 捕获发生时刻的 TIMx_CNT 值,通过两次捕获（一次上升沿捕获，一次下降沿捕获）的差值，就可以计算出高电平脉冲的宽度（注意，对于脉宽太长的情况还要计算定时器溢出的次数）。

至此，本章要用的几个相关寄存器都介绍完了，本章要实现通过输入捕获，从而获取 TIM5_CH1(PA0)上面的高电平脉冲宽度，并从串口打印捕获结果。下面介绍库函数配置上述功能输入捕获的步骤：

① 开启 TIM5 和 GPIOA 时钟，配置 PA0 为复用功能(AF2)，并开启下拉电阻。

要使用 TIM5，则必须先开启 TIM5 的时钟。同时，要捕获 TIM5_CH1 上面的高电平脉宽，则先配置 PA0 为带下拉的复用功能。同时，为了让 PA0 的复用功能选择连接到 TIM5，则设置 PA0 的复用功能为 AF2，即连接到 TIM5 上面。

开启定时器和 GPIO 时钟的方法和上一章一样，这里就不做过多讲解。

配置 PA0 为复用功能(AF2)，开启下拉功能也和上一章一样通过函数 HAL_GPIO_Init 来实现。由于这一步配置过程和上一章几乎没有区别，所以这里直接列出配置代码：

```
__HAL_RCC_TIM5_CLK_ENABLE();                  //使能 TIM5 时钟
__HAL_RCC_GPIOA_CLK_ENABLE();                 //开启 GPIOA 时钟
GPIO_Initure.Pin = GPIO_PIN_0;                //PA0
GPIO_Initure.Mode = GPIO_MODE_AF_PP;          //复用推挽输出
GPIO_Initure.Pull = GPIO_PULLDOWN;            //下拉
GPIO_Initure.Speed = GPIO_SPEED_HIGH          //高速
GPIO_Initure.Alternate = GPIO_AF2_TIM5; //PA0 复用为 TIM5 通道 1
HAL_GPIO_Init(GPIOA,&GPIO_Initure);
```

跟上一章 PWM 输出类似，这里使用的是定时器 5 的通道 1，所以从 STM32F7 对应的数据手册可以查看到对应的 I/O 口为 PA0，如下：

PA0-WKUP (PA0)	I/O	FT	(5)	TIM2_CH1/TIM2_ETR, TIM5_CH1, TIM8_ETR, USART2_CTS, UART4_TX, ETH_MII_CRS, EVENTOUT	ADC123_IN0/ WKUP(4)

② 初始化 TIM5，设置 TIM5 的 ARR 和 PSC。

和 PWM 输出实验一样，当使用定时器做输入捕获功能时，HAL 库中并不使用定时器初始化函数 HAL_TIM_Base_Init 来实现，而是使用输入捕获特定的定时器初始化函数 HAL_TIM_IC_Init。当使用函数 HAL_TIM_IC_Init 来初始化定时器的输入捕获功能时，该函数内部会调用输入捕获初始化回调函数 HAL_TIM_IC_MspInit 来初始化与 MCU 无关的步骤。

函数 HAL_TIM_IC_Init 声明如下：

```
HAL_StatusTypeDef HAL_TIM_IC_Init(TIM_HandleTypeDef * htim);
```

该函数非常简单，和 HAL_TIM_Base_Init 函数、HAL_TIM_PWM_Init 函数使用方法一模一样的，这里就不累赘。

回调函数 HAL_TIM_IC_MspInit 声明如下：

```
void HAL_TIM_IC_MspInit(TIM_HandleTypeDef * htim);
```

该函数使用方法和 PWM 初始化回调函数 HAL_TIM_PWM_MspInit 使用方法一致，一般情况下，输入捕获初始化回调函数中会编写步骤①内容，以及后面讲解的 NVIC 配置。

有了 PWM 实验基础知识，这两个函数的使用就非常简单，这里列出了该步骤程序如下：

```
TIM_HandleTypeDef TIM5_Handler;
TIM5_Handler.Instance = TIM5;                                    //通用定时器 5
TIM5_Handler.Init.Prescaler = 89;                                //分频系数
TIM5_Handler.Init.CounterMode = TIM_COUNTERMODE_UP;              //向上计数器
TIM5_Handler.Init.Period =  0XFFFFFFFF;                          //自动装载值
TIM5_Handler.Init.ClockDivision = TIM_CLOCKDIVISION_DIV1;        //时钟分频银子
HAL_TIM_IC_Init(&TIM5_Handler);//初始化输入捕获时基参数
```

③ 设置 TIM5 的输入捕获参数，开启输入捕获。

TIM5_CCMR1 寄存器控制着输入捕获 1 和 2 的模式，包括映射关系、滤波和分频等。这里需要设置通道 1 为输入模式，且 IC1 映射到 TI1(通道 1)上面，并且不使用滤波(提高响应速度)器。HAL 库是通过 HAL_TIM_IC_ConfigChannel 函数来初始化输入比较参数的：

```
HAL_StatusTypeDef HAL_TIM_IC_ConfigChannel(TIM_HandleTypeDef * htim,
                                   TIM_IC_InitTypeDef *  sConfig, uint32_t Channel);
```

该函数有 3 个参数，第一个参数是定时器初始化结构体指针类型。第二个参数是设置要初始化的定时器通道值，取值范围为 TIM_CHANNEL_1～TIM_CHANNEL_4。接下来着重讲解第二个入口参数 sConfig，该参数是 TIM_IC_InitTypeDef 结构体指针类型，是真正用来初始化定时器通道的捕获参数的。该结构体类型定义为：

```
typedef struct
{
  uint32_t  ICPolarity;
  uint32_t ICSelection;
  uint32_t ICPrescaler;
  uint32_t ICFilter;
} TIM_IC_InitTypeDef;
```

成员变量 ICPolarity 用来设置输入信号的有效捕获极性，可取值为 TIM_ICPOLARITY_RISING(上升沿捕获)、TIM_ICPOLARITY_FALLING(下降沿捕获)或 TIM_ICPOLARITY_BOTHEDGE(双边沿)捕获。实际上，HAL 还提供了设置输入捕获极性以及清除输入捕获极性设置方法，如下：

```
TIM_RESET_CAPTUREPOLARITY(&TIM5_Handler,TIM_CHANNEL_1);//清除极性设置
TIM_SET_CAPTUREPOLARITY(&TIM5_Handler,TIM_CHANNEL_1,
                 TIM_ICPOLARITY_FALLING);//定时器 5 通道 1 设置为下降沿捕获
```

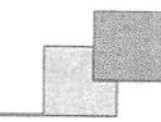

成员变量 ICSelection 用来设置映射关系，这里配置 IC1 直接映射在 TI1 上，选择 TIM_ICSELECTION_DIRECTTI。

成员变量 ICPrescaler 用来设置输入捕获分频系数，可以设置为 TIM_ICPSC_DIV1(不分频)、TIM_ICPSC_DIV2(2 分频)、TIM_ICPSC_DIV4(4 分频)以及 TIM_ICPSC_DIV8(8 分频)。本实验需要设置为不分频，所以选值为 TIM_ICPSC_DIV1。

成员变量 ICFilter 用来设置滤波器长度，这里不使用滤波器，所以设置为 0。

本实验要设置输入捕获参数为上升沿捕获、不分频、不滤波，同时 IC1 映射到 TI1 (通道 1)上，实例代码如下：

```
TIM_IC_InitTypeDef TIM5_CH1Config;
TIM5_CH1Config.ICPolarity = TIM_ICPOLARITY_RISING;          //上升沿捕获
TIM5_CH1Config.ICSelection = TIM_ICSELECTION_DIRECTTI;      //IC1 映射到 TI1 上
TIM5_CH1Config.ICPrescaler = TIM_ICPSC_DIV1;                //配置输入分频,不分频
TIM5_CH1Config.ICFilter = 0;                                //配置输入滤波器,不滤波
HAL_TIM_IC_ConfigChannel(&TIM5_Handler,&TIM5_CH1Config,TIM_CHANNEL_1);
```

④ 使能捕获和更新中断(设置 TIM5 的 DIER 寄存器)。

要捕获的是高电平信号的脉宽，所以，第一次捕获是上升沿，第二次捕获是下降沿，必须在捕获上升沿之后设置捕获边沿为下降沿。同时，如果脉宽比较长，那么定时器就会溢出；必须对溢出做处理，否则结果就不准了。不过，由于 STM32F7 的 TIM5 是 32 位定时器，假设计数周期为 1 μs，那么需要 4 294 s 才会溢出一次，这基本上是不可能的。这两件事都在中断里面做，所以必须开启捕获中断和更新中断。

HAL 库中开启定时器中断方法在前面定时器中断实验已经讲解，方法为：

```
__HAL_TIM_ENABLE_IT(&TIM5_Handler,TIM_IT_UPDATE);    //使能更新中断
```

实际上，由于本章使用的是定时器的输入捕获功能，HAL 还提供了一个函数用来开启定时器的输入捕获通道和使能捕获中断，该函数为：

```
HAL_StatusTypeDef HAL_TIM_IC_Start_IT (TIM_HandleTypeDef * htim, uint32_t Channel);
```

实际上该函数同时还使能了定时器，一个函数具备 3 个功能。

如果不需要开启捕获中断，只是开启输入捕获功能，HAL 库函数为：

```
HAL_StatusTypeDef HAL_TIM_IC_Start (TIM_HandleTypeDef * htim, uint32_t Channel);
```

⑤ 使能定时器(设置 TIM5 的 CR1 寄存器)。

在步骤④中，如果调用了函数 HAL_TIM_IC_Start_IT 来开启输入捕获通道以及输入捕获中断，实际上它同时也开启了相应的定时器。单独的开启定时器的方法为：

```
__HAL_TIM_ENABLE();  //开启定时器方法
```

⑥ 设置 NVIC 中断优先级。

因为要使用到中断，所以系统初始化之后需要先设置中断优先级，方法跟前面讲解一致，这里就不累赘了。

注意，一般情况下 NVIC 配置都会放在 MSP 回调函数中。对于输入捕获功能，回调函数是步骤②讲解的函数 HAL_TIM_IC_MspInit。

⑦ 编写中断服务函数。

最后,编写中断服务函数。定时器 5 中断服务函数为:

```
void TIM5_IRQHandler(void);
```

和定时器中断实验一样,一般情况下,我们不把中断控制逻辑直接编写在中断服务函数中,因为 HAL 库提供了一个共用的中断处理入口函数 HAL_TIM_IRQHandler,该函数会对中断来源进行判断,然后调用相应的中断处理回调函数。HAL 库提供了多个中断处理回调函数,本章实验要使用到更新中断和捕获中断,所以要使用的回调函数为:

```
void HAL_TIM_PeriodElapsedCallback(TIM_HandleTypeDef * htim);//更新(溢出)中断
void HAL_TIM_IC_CaptureCallback(TIM_HandleTypeDef * htim);//捕获中断
```

我们只需要在工程中重新定义这两个函数,编写中断处理控制逻辑即可。

14.2 硬件设计

本实验用到的硬件资源有:指示灯 DS0、KEY_UP 按键、串口、定时器 TIM3、定时器 TIM5。前面 4 个在之前的章节均有介绍。本章将捕获 TIM5_CH1(PA0)上的高电平脉宽,通过 KEY_UP 按键输入高电平,并从串口打印高电平脉宽。同时,保留上节的 PWM 输出,读者也可以通过用杜邦线连接 PF9 和 PA0,从而测量 PWM 输出的高电平脉宽。

14.3 软件设计

相比上一章讲解的 PWM 实验,我们直接在 timer.c 和 timer.h 中添加了输入捕获相关程序。对于输入捕获,我们也同样使用的是定时器相关操作,所以相比上一实验,这里并没有添加其他任何 HAL 库文件。

接下来看看 timer.c 文件中新增的内容如下:

```
TIM_HandleTypeDef TIM5_Handler;           //定时器 5 句柄
//定时器 5 通道 1 输入捕获配置
//arr:自动重装值(TIM2,TIM5 是 32 位的)     psc:时钟预分频数
void TIM5_CH1_Cap_Init(u32 arr,u16 psc)
{
    TIM_IC_InitTypeDef TIM5_CH1Config;
    TIM5_Handler.Instance = TIM5;                          //通用定时器 5
    TIM5_Handler.Init.Prescaler = psc;                     //分频系数
    TIM5_Handler.Init.CounterMode = TIM_COUNTERMODE_UP;    //向上计数器
    TIM5_Handler.Init.Period = arr;                        //自动装载值
    TIM5_Handler.Init.ClockDivision = TIM_CLOCKDIVISION_DIV1;  //时钟分频银子
    HAL_TIM_IC_Init(&TIM5_Handler);       //初始化输入捕获时基参数
```

```
    TIM5_CH1Config.ICPolarity = TIM_ICPOLARITY_RISING;          //上升沿捕获
    TIM5_CH1Config.ICSelection = TIM_ICSELECTION_DIRECTTI;      //映射到 TI1 上
    TIM5_CH1Config.ICPrescaler = TIM_ICPSC_DIV1;           //配置输入分频,不分频
    TIM5_CH1Config.ICFilter = 0;                           //配置输入滤波器,不滤波
  HAL_TIM_IC_ConfigChannel(&TIM5_Handler,&TIM5_CH1Config,TIM_CHANNEL_1);
                                                              //配置 TIM5 通道 1
     HAL_TIM_IC_Start_IT(&TIM5_Handler,TIM_CHANNEL_1);
                                             //开启 TIM5 的捕获通道 1,并且开启捕获中断
     __HAL_TIM_ENABLE_IT(&TIM5_Handler,TIM_IT_UPDATE);     //使能更新中断
}
//定时器 5 底层驱动,时钟使能,引脚配置
//此函数会被 HAL_TIM_IC_Init()调用
//htim:定时器 5 句柄
void HAL_TIM_IC_MspInit(TIM_HandleTypeDef * htim)
{
     GPIO_InitTypeDef GPIO_Initure;
     if(htim ->Instance == TIM5)
     {
     __HAL_RCC_TIM5_CLK_ENABLE();                     //使能 TIM5 时钟
     __HAL_RCC_GPIOA_CLK_ENABLE();                    //开启 GPIOA 时钟
     GPIO_Initure.Pin = GPIO_PIN_0;                   //PA0
     GPIO_Initure.Mode = GPIO_MODE_AF_PP;             //复用推挽输出
     GPIO_Initure.Pull = GPIO_PULLDOWN;               //下拉
     GPIO_Initure.Speed = GPIO_SPEED_HIGH;            //高速
     GPIO_Initure.Alternate = GPIO_AF2_TIM5;          //PA0 复用为 TIM5 通道 1
     HAL_GPIO_Init(GPIOA,&GPIO_Initure);              //初始化 PA0
     HAL_NVIC_SetPriority(TIM5_IRQn,2,0);             //设置中断优先级,抢占 2,子优先级 0
     HAL_NVIC_EnableIRQ(TIM5_IRQn);                   //开启 ITM5 中断通道
     }
}
//捕获状态
//[7]:0,没有成功的捕获;1,成功捕获到一次
//[6]:0,还没捕获到低电平;1,已经捕获到低电平了
//[5:0]:捕获低电平后溢出的次数(对于 32 位定时器来说,1 μs 计数器加 1,溢出时间:4 294 s)
u8  TIM5CH1_CAPTURE_STA = 0;      //输入捕获状态
u32    TIM5CH1_CAPTURE_VAL;       //输入捕获值(TIM2/TIM5 是 32 位)
//定时器 5 中断服务函数
void TIM5_IRQHandler(void)
{
    HAL_TIM_IRQHandler(&TIM5_Handler);//定时器共用处理函数
}
//定时器更新中断(溢出)中断处理回调函数,在 HAL_TIM_IRQHandler 中会被调用
void HAL_TIM_PeriodElapsedCallback(TIM_HandleTypeDef * htim)//更新中断发生时执行
{
  if(htim ->Instance == TIM5)
  {
    if((TIM5CH1_CAPTURE_STA&0X80) == 0)//还未成功捕获
    {
            if(TIM5CH1_CAPTURE_STA&0X40)//已经捕获到高电平了
```

```
            {
                if((TIM5CH1_CAPTURE_STA&0X3F) == 0X3F)//高电平太长了
                {
                    TIM5CH1_CAPTURE_STA| = 0X80;         //标记成功捕获了一次
                    TIM5CH1_CAPTURE_VAL = 0XFFFFFFFF;
                }else TIM5CH1_CAPTURE_STA ++ ;
            }
        }
    }
}
//定时器输入捕获中断处理回调函数,该函数在 HAL_TIM_IRQHandler 中会被调用
void HAL_TIM_IC_CaptureCallback(TIM_HandleTypeDef * htim)//捕获中断发生时执行
{
  if(htim ->Instance == TIM5)
  {
    if((TIM5CH1_CAPTURE_STA&0X80) == 0)//还未成功捕获
    {
        if(TIM5CH1_CAPTURE_STA&0X40)          //捕获到一个下降沿
            {
                TIM5CH1_CAPTURE_STA| = 0X80; //标记成功捕获到一次高电平脉宽
                TIM5CH1_CAPTURE_VAL =
                HAL_TIM_ReadCapturedValue(&TIM5_Handler,TIM_CHANNEL_1);
                                                        //获取当前的捕获值
                TIM_RESET_CAPTUREPOLARITY(&TIM5_Handler,TIM_CHANNEL_1); //清除设置
                TIM_SET_CAPTUREPOLARITY(&TIM5_Handler,TIM_CHANNEL_1,
                                            TIM_ICPOLARITY_RISING);//上升沿捕获
            }else //还未开始,第一次捕获上升沿
            {
                TIM5CH1_CAPTURE_STA = 0;                    //清空
                TIM5CH1_CAPTURE_VAL = 0;
                TIM5CH1_CAPTURE_STA| = 0X40;                //标记捕获到了上升沿
                __HAL_TIM_DISABLE(&TIM5_Handler);           //关闭定时器 5
                __HAL_TIM_SET_COUNTER(&TIM5_Handler,0);
                TIM_RESET_CAPTUREPOLARITY(&TIM5_Handler,
                                                TIM_CHANNEL_1); //清除原来设置
                TIM_SET_CAPTUREPOLARITY(&TIM5_Handler,TIM_CHANNEL_1,
                                            TIM_ICPOLARITY_FALLING);//下降沿捕获
                __HAL_TIM_ENABLE(&TIM5_Handler);//使能定时器 5
            }
    }
  }
}
```

此部分代码包含 5 个函数。函数 TIM5_CH1_Cap_Init 和回调函数 HAL_TIM_IC_MspInit 共同用来实现 14.1 节讲解的步骤①～⑥。TIM5_IRQHandler 是 TIM5 的中断服务函数,该函数内部和定时器中断实验一样,只有一行代码,就是直接调用函数 HAL_TIM_IRQHandler。根据前面的讲解,函数 HAL_TIM_IRQHandler 内部会对中断来源进行判断(中断标志位),然后分别调用对应的中断处理回调函数,最后自动清

除相应的中断标志位。函数 HAL_TIM_PeriodElapsedCallback 和 HAL_TIM_IC_CaptureCallback 就是我们要着重讲解的定时器更新中断(溢出)以及输入捕获中断处理回调函数。

同时,该文件中还定义了两个全局变量,用于辅助实现高电平捕获。其中,TIM5CH1_CAPTURE_STA 用来记录捕获状态,该变量类似 usart.c 里面自定义的 USART_RX_STA 寄存器(其实就是个变量,只是我们把它当成一个寄存器那样来使用)。TIM5CH1_CAPTURE_STA 各位描述如表 14.3.1 所列。

另外一个变量 TIM5CH1_CAPTURE_VAL,用来记录捕获到下降沿的时候 TIM5_CNT 的值。

表 14.3.1　TIM5CH1_CAPTURE_STA 各位描述

位	bit7	bit6	bit5～0
说　明	捕获完成标志	捕获到高电平标志	捕获高电平后定时器溢出的次数

捕获高电平脉宽的思路:首先,设置 TIM5_CH1 捕获上升沿,这在 TIM5_Cap_Init 函数执行的时候就设置好了,然后等待上升沿中断到来;当捕获到上升沿中断(执行中断处理回调函数 HAL_TIM_IC_CaptureCallback)时,如果 TIM5CH1_CAPTURE_STA 的第 6 位为 0,则表示还没有捕获到新的上升沿,则先把 TIM5CH1_CAPTURE_STA、TIM5CH1_CAPTURE_VAL 和计数器值 TIM5→CNT 等清零,然后再设置 TIM5CH1_CAPTURE_STA 的第 6 位为 1,标记捕获到高电平;最后设置为下降沿捕获,等待下降沿到来。如果等待下降沿到来期间定时器发生了溢出(执行溢出中断处理回调函数 HAL_TIM_PeriodElapsedCallback),则在 TIM5CH1_CAPTURE_STA 里面对溢出次数进行计数;当最大溢出次数来到时,则强制标记捕获完成(虽然此时还没有捕获到下降沿)。当下降沿到来的时候,先设置 TIM5CH1_CAPTURE_STA 的第 7 位为 1,标记成功捕获一次高电平,然后读取此时的定时器值到 TIM5CH1_CAPTURE_VAL 里面;最后设置为上升沿捕获,回到初始状态。

这样,我们就完成一次高电平捕获了,只要 TIM5CH1_CAPTURE_STA 的第 7 位一直为 1,那么就不会进行第二次捕获。我们在 main 函数处理完捕获数据后,将 TIM5CH1_CAPTURE_STA 置零就可以开启第二次捕获。

timer.h 头文件内容比较简单,主要是函数申明,这里不做过多讲解。

接下来看看 main 函数内容:

```
extern u8   TIM5CH1_CAPTURE_STA;                          //输入捕获状态
extern u32     TIM5CH1_CAPTURE_VAL;                       //输入捕获值
int main(void)
{
    long long temp = 0;
    Cache_Enable();                                       //打开 L1 - Cache
    HAL_Init();                                           //初始化 HAL 库
```

```
    Stm32_Clock_Init(432,25,2,9);                       //设置时钟,216 MHz
    delay_init(216);                                    //延时初始化
    uart_init(115200);                                  //串口初始化
    LED_Init();                                         //初始化 LED
    TIM3_PWM_Init(500 - 1,108 - 1);     //108 MHz/108 = 1 MHz 的计数频率,自动重装载为 500
                                                        //那么 PWM 频率为 1 MHz/500 = 2 kHz
    TIM5_CH1_Cap_Init(0XFFFFFFFF,108 - 1);              //以 1 MHz 的频率计数
    while(1)
    {
        delay_ms(10);
        TIM_SetTIM3Compare4(TIM_GetTIM3Capture4() + 1);
        if(TIM_GetTIM3Capture4() == 300)TIM_SetTIM3Compare4(0);
        if(TIM5CH1_CAPTURE_STA&0X80)                    //成功捕获到了一次高电平
        {
            temp = TIM5CH1_CAPTURE_STA&0X3F;
            temp * = 0XFFFFFFFF;                        //溢出时间总和
            temp + = TIM5CH1_CAPTURE_VAL;               //得到总的高电平时间
            printf("HIGH: % lld us\r\n",temp);          //打印总的高点平时间
            TIM5CH1_CAPTURE_STA = 0;                    //开启下一次捕获
        }
    }
}
```

该 main 函数是在 PWM 实验的基础上修改来的,我们保留了 PWM 输出,同时通过设置 TIM5_Cap_Init(0XFFFFFFFF,108－1),将 TIM5_CH1 的捕获计数器设计为 1 μs 计数一次;并设置重装载值为最大,所以捕获时间精度为 1 μs。

主函数通过 TIM5CH1_CAPTURE_STA 的第 7 位来判断有没有成功捕获到一次高电平,如果成功捕获,则将高电平时间通过串口输出到计算机。

至此,软件设计就完成了。

14.4　下载验证

完成软件设计之后,将编译好的文件下载到阿波罗 STM32 开发板上,可以看到,DS0 的状态和上一章差不多,由暗→亮地循环,说明程序已经正常在跑了。再打开串口调试助手,选择对应的串口,然后按 KEY_UP 按键,可以看到,串口打印的高电平持续时间,如图 14.4.1 所示。

可以看出,其中,有 2 次高电平在 100 μs 以内的,这种就是按键按下时发生的抖动。这就是为什么我们按键输入的时候一般都需要做防抖处理,防止类似的情况干扰正常输入。还可以用杜邦线连接 PA0 和 PB1,看看上一节设置的 PWM 输出的高电平是如何变化的。

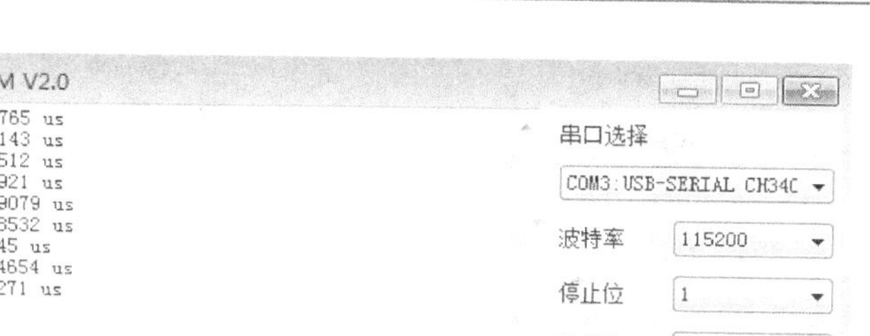

图 14.4.1　PWM 控制 DS0 亮度

14.5　STM32CubeMX 配置定时器输入捕获功能

使用 STM32CubeMX 配置输入捕获功能，初始化代码步骤如下：

① 在 Pinout→TIM5 配置项中，配置 Channel 1 的值为 Input Capture direct mode，然后选中 Internal Clock，操作过程如图 14.5.1 所示。

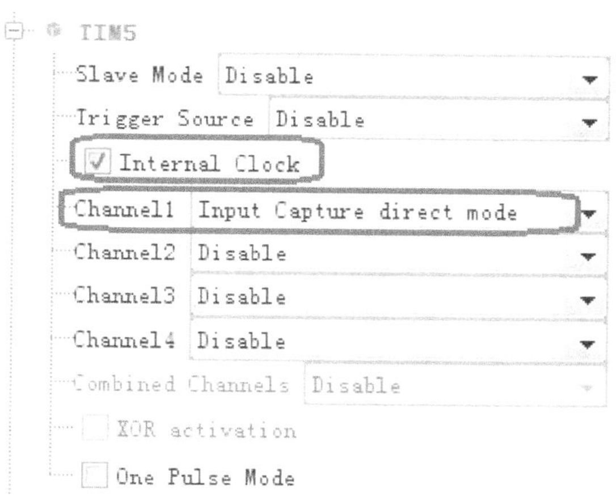

图 14.5.1　TIM3 配置

② 进入 Configuration→TIM5 配置页，在弹出的界面中选择 Parameter Settings 选项卡，Counter Settings 配置栏下面的 4 个选项用来配置定时器的预分频系数、自动装载值、计数模式以及时钟分频因子。Input Capture Channel 1 配置栏用来配置输入捕获通道 1 的捕获极性、分频系数、映射、滤波器等参数，操作方法如图 14.5.2 所示。

③ 进入 Configuration→NVIC 配置页，在弹出的界面中选择 NVIC 选项卡，配置 Interrupt Table 中的 TIM5 global interrupt、使能中断，配置抢占优先级和响应优先级。

配置完上面步骤后生成代码。在生成的代码中并没有使能相应中断的代码，也没

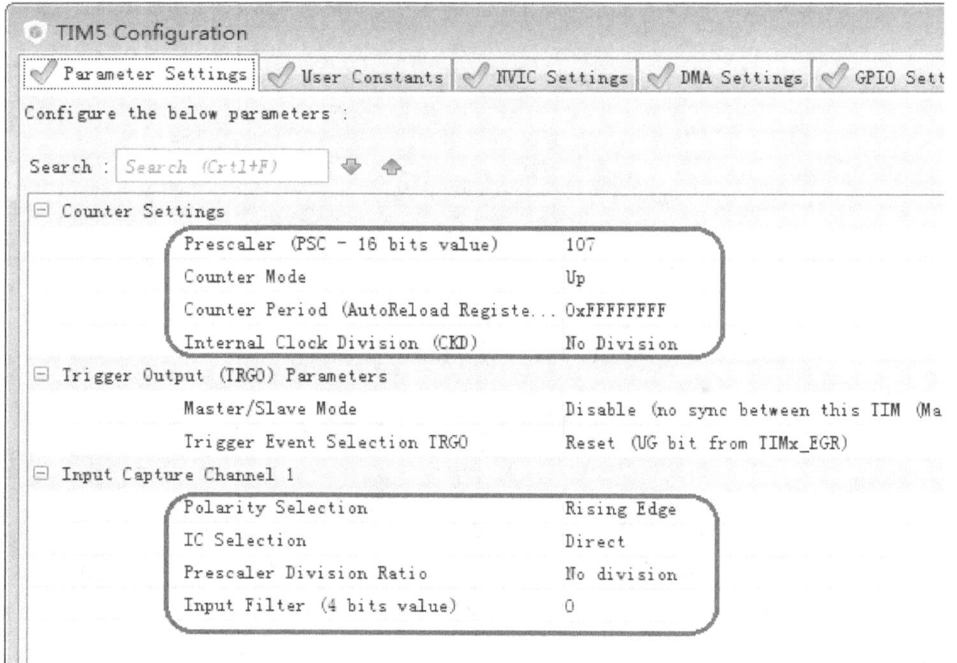

图 14.5.2 定时器参数配置界面

有改写中断处理回调函数，这些都是用户根据自己需要来编写的，这也说明 STM32CubeMX 不是万能的，读者还得认真学习 STM32 基础知识。

第 15 章

电容触摸按键实验

上一章介绍了 STM32F7 的输入捕获功能及其使用。这一章将介绍如何通过输入捕获功能来做一个电容触摸按键。本章将用 TIM2 的通道 1(PA5)来做输入捕获,并实现一个简单的电容触摸按键,通过该按键控制 DS1 的亮灭。

15.1　电容触摸按键简介

触摸按键相对于传统的机械按键,具有寿命长、占用空间少、易于操作等诸多优点。如今的手机中,触摸屏、触摸按键大行其道,而传统的机械按键正在逐步从手机上面消失。本章介绍一种简单的触摸按键:电容触摸按键。

我们将利用阿波罗 STM32 开发板上的触摸按键(TPAD)来实现对 DS1 的亮灭控制。这里的 TPAD 其实就是阿波罗 STM32 开发板上的一小块覆铜区域,实现原理如图 15.1.1 所示。

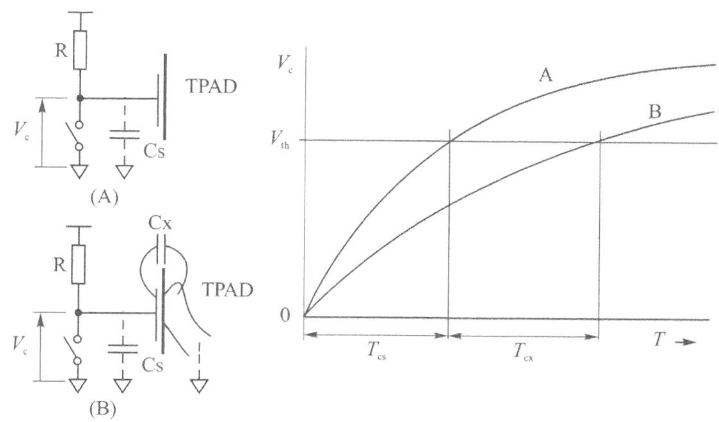

图 15.1.1　电容触摸按键原理

这里使用的是检测电容充放电时间的方法来判断是否有触摸,图中 R 是外接的电容充电电阻,Cs 是没有触摸按下时 TPAD 与 PCB 之间的杂散电容。Cx 则是有手指按下的时候,手指与 TPAD 之间形成的电容。图 15.1.1 中的开关是电容放电开关(实际使用时由 STM32F7 的 I/O 代替)。

先用开关将 Cs(或 Cs+Cx)上的电放尽,然后断开开关,让 R 给 Cs(或 Cs+Cx)充电；当没有手指触摸的时候，Cs 的充电曲线如图 15.1.1 中的 A 曲线。当有手指触摸的时候，手指和 TPAD 之间引入了新的电容 Cx，此时 Cs＋Cx 的充电曲线如图 15.1.1 中的 B 曲线。可以看出，A、B 两种情况下，V_c 达到 V_{th} 的时间分别为 T_{cs} 和 $T_{cs}+T_{cx}$。

其中，除了需要计算，Cs 和 Cx 其他都是已知的，电容充放电公式如下：

$$V_c = V_0(1 - e^{-t/RC})$$

其中，V_c 为电容电压，V_0 为充电电压，R 为充电电阻，C 为电容容值，e 为自然底数，t 为充电时间。根据这个公式就可以计算出 Cs 和 Cx。利用这个公式还可以把阿波罗开发板作为一个简单的电容计，直接可以测电容容量，有兴趣的读者可以尝试。

在本章中，其实只要能够区分 T_{cs} 和 $T_{cs}+T_{cx}$，就已经可以实现触摸检测了。当充电时间在 T_{cs} 附近时，就可以认为没有触摸；而当充电时间大于 $T_{cs}+T_x$ 时，就认为有触摸按下（T_x 为检测阈值）。

本章使用 PA5(TIM2_CH1)来检测 TPAD 是否有触摸。每次检测之前，我们先配置 PA5 为推挽输出，将电容 Cs(或 Cs＋Cx)放电；然后配置 PA5 为复用功能浮空输入，利用外部上拉电阻给电容 Cs(Cs＋Cx)充电；同时，开启 TIM2_CH1 的输入捕获，检测上升沿，检测到上升沿的时候就认为电容充电完成了，于是完成一次捕获检测。

在 MCU 每次复位重启的时候，我们执行一次捕获检测(可以认为没触摸)，记录此时的值，记为 tpad_default_val，作为判断的依据。在后续的捕获检测中，通过与 tpad_default_val 的对比来判断是不是有触摸发生。

输入捕获的配置在上一章已经有详细介绍了，这里就不再介绍。至此，电容触摸按键的原理介绍完毕。

15.2 硬件设计

本实验用到的硬件资源有：指示灯 DS0 和 DS1、定时器 TIM2、触摸按键 TPAD。前面两个之前均有介绍，我们需要通过 TIM2_CH1(PA5)采集 TPAD 的信号，所以本实验需要用跳线帽短接多功能端口(P11)的 TPAD 和 ADC，以实现 TPAD 连接到 PA5，如图 15.2.1 所示。

硬件设置(用跳线帽短接多功能端口的 ADC 和 TPAD 即可)好之后，下面开始软件设计。

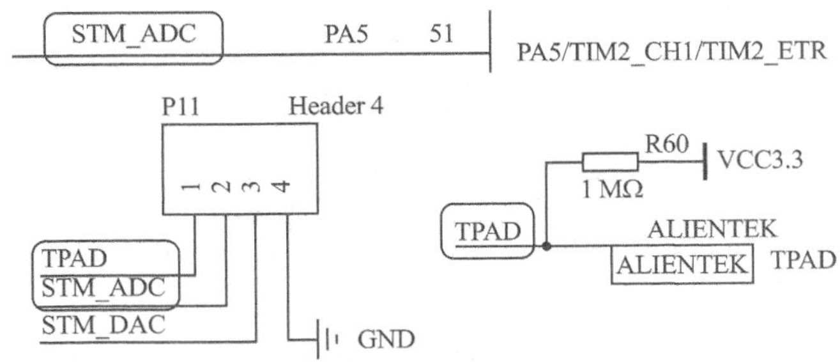

图 15.2.1　TPAD 与 STM32F7 连接原理图

15.3　软件设计

打开实验工程可以看到，我们在上一章实验的基础上删掉了 timer.c 文件，并新建了 tpad.c 和 tpad.h 文件。因为 tpad 也是使用定时器输入捕获来实现的，所以相比上个实验并没有增加任何库函数相关的文件。

接下来看看 tpad.c 文件代码：

```
TIM_HandleTypeDef TIM2_Handler;                          //定时器 2 句柄
#define TPAD_ARR_MAX_VAL   0XFFFFFFFF                    //最大的 ARR 值(TIM2 是 32 位定时器)
vu16 tpad_default_val = 0;               //空载的时候(没有手按下),计数器需要的时间
//初始化触摸按键 :   获得空载的时候触摸按键的取值
//psc:分频系数,越小,灵敏度越高
//返回值:0,初始化成功;1,初始化失败
u8 TPAD_Init(u8 psc)
{
    u16 buf[10];
    u16 temp;
    u8 j,i;
    TIM2_CH1_Cap_Init(TPAD_ARR_MAX_VAL,psc - 1);//设置分频系数
    for(i = 0;i<10;i ++ )//连续读取 10 次
    {
        buf[i] = TPAD_Get_Val();
        delay_ms(10);
    }
    for(i = 0;i<9;i ++ )//排序
    {
        for(j = i + 1;j<10;j ++ )
        {
            if(buf[i]>buf[j])//升序排列
            {
                temp = buf[i];buf[i] = buf[j];buf[j] = temp;
            }
        }
    }
    temp = 0;
    for(i = 2;i<8;i ++ )temp + = buf[i];//取中间的 8 个数据进行平均
    tpad_default_val = temp/6;
    printf("tpad_default_val: % d\r\n",tpad_default_val);
    if(tpad_default_val>TPAD_ARR_MAX_VAL/2)return 1;
                          //初始化遇到超过 TPAD_ARR_MAX_VAL/2 的数值,不正常
    return 0;
}
//复位一次
//释放电容电量,并清除定时器的计数值
void TPAD_Reset(void)
{
    GPIO_InitTypeDef GPIO_Initure;
    GPIO_Initure.Pin = GPIO_PIN_5;                         //PA5
    GPIO_Initure.Mode = GPIO_MODE_OUTPUT_PP;               //推挽输出
```

```
    GPIO_Initure.Pull = GPIO_PULLDOWN;                  //下拉
    GPIO_Initure.Speed = GPIO_SPEED_HIGH;               //高速
    HAL_GPIO_Init(GPIOA,&GPIO_Initure);
    HAL_GPIO_WritePin(GPIOA,GPIO_PIN_5,GPIO_PIN_RESET);      //PA5 输出 0,放电
    delay_ms(5);
    __HAL_TIM_CLEAR_IT(&TIM2_Handler,TIM_IT_CC1|TIM_IT_UPDATE);//清标志
    __HAL_TIM_SET_COUNTER(&TIM2_Handler,0);      //计数器值归 0
    GPIO_Initure.Mode = GPIO_MODE_AF_PP;               //推挽复用
    GPIO_Initure.Pull = GPIO_NOPULL;                   //不带上下拉
    GPIO_Initure.Alternate = GPIO_AF1_TIM2;            //PA5 复用为 TIM2 通道 1
    HAL_GPIO_Init(GPIOA,&GPIO_Initure);
}
//得到定时器捕获值
//如果超时,则直接返回定时器的计数值
//返回值:捕获值/计数值(超时的情况下返回)
u16 TPAD_Get_Val(void)
{
    TPAD_Reset();
    while(__HAL_TIM_GET_FLAG(&TIM2_Handler,TIM_FLAG_CC1) == RESET)
                                                                //等待捕获上升沿
    {
        if(__HAL_TIM_GET_COUNTER(&TIM2_Handler)>TPAD_ARR_MAX_VAL - 500)
return __HAL_TIM_GET_COUNTER(&TIM2_Handler);//超时直接返回 CNT 的值
    };
    return HAL_TIM_ReadCapturedValue(&TIM2_Handler,TIM_CHANNEL_1);
}
//读取 n 次,取最大值
//n:连续获取的次数
//返回值:n 次读数里面读到的最大读数值
u16 TPAD_Get_MaxVal(u8 n)
{
    u16 temp = 0;
    u16 res = 0;
    u8 lcntnum = n * 2/3;//至少 2/3 * n 的有效个触摸,才算有效
    u8 okcnt = 0;
    while(n -- )
    {
        temp = TPAD_Get_Val();//得到一次值
        if(temp>(tpad_default_val * 5/4))okcnt ++ ;//至少大于默认值的 5/4 才算有效
        if(temp>res)res = temp;
    }
    if(okcnt> = lcntnum)return res;//至少 2/3 的概率,要大于默认值的 5/4 才算有效
    else return 0;
}
//扫描触摸按键
//mode:0,不支持连续触发(按下一次必须松开才能按下一次);1,支持连续触发
//返回值:0,没有按下;1,有按下
u8 TPAD_Scan(u8 mode)
{
    static u8 keyen = 0;      //0,可以开始检测;>0,还不能开始检测
    u8 res = 0;
    u8 sample = 3;      //默认采样次数为 3 次
    u16 rval;
```

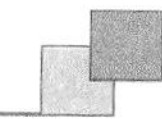

```
    if(mode)
    {
        sample = 6;     //支持连按的时候,设置采样次数为 6 次
        keyen = 0;     //支持连按
    }
    rval = TPAD_Get_MaxVal(sample);
    if (rval>(tpad_default_val * 4/3)&&rval<(10 * tpad_default_val))//大于 tpad_
      default_val + (1/3) * tpad_default_val,且小于 10 倍 tpad_default_val,则有效
    {
        if(keyen == 0)res = 1;     //keyen == 0,有效
        printf("r: % d\r\n",rval);
        keyen = 3;                    //至少要再过 3 次之后才能按键有效
    }
    if(keyen)keyen -- ;
    return res;
}
//定时器 2 通道 1 输入捕获配置
//arr:自动重装值(TIM2 是 32 位的!!)          psc:时钟预分频数
void TIM2_CH1_Cap_Init(u32 arr,u16 psc)
{
    TIM_IC_InitTypeDef TIM2_CH1Config;
    TIM2_Handler.Instance = TIM2;      //通用定时器 3
    TIM2_Handler.Init.Prescaler = psc;     //分频
    TIM2_Handler.Init.CounterMode = TIM_COUNTERMODE_UP;//向上计数器
    TIM2_Handler.Init.Period = arr;      //自动装载值
    TIM2_Handler.Init.ClockDivision = TIM_CLOCKDIVISION_DIV1;
    HAL_TIM_IC_Init(&TIM2_Handler);
    TIM2_CH1Config.ICPolarity = TIM_ICPOLARITY_RISING;      //上升沿捕获
    TIM2_CH1Config.ICSelection = TIM_ICSELECTION_DIRECTTI;      //映射到 TI1 上
    TIM2_CH1Config.ICPrescaler = TIM_ICPSC_DIV1;          //配置输入分频,不分频
    TIM2_CH1Config.ICFilter = 0;                           //配置输入滤波器,不滤波
    HAL_TIM_IC_ConfigChannel(&TIM2_Handler,&TIM2_CH1Config,
                                            TIM_CHANNEL_1);//配置 TIM2 通道 1
    HAL_TIM_IC_Start(&TIM2_Handler,TIM_CHANNEL_1);   //开始捕获 TIM2 的通道 1
}
//定时器 2 底层驱动,时钟使能,引脚配置
//此函数会被 HAL_TIM_IC_Init()调用
//htim:定时器 2 句柄
void HAL_TIM_IC_MspInit(TIM_HandleTypeDef * htim)
{
    GPIO_InitTypeDef GPIO_Initure;
    if(htim ->Instance == TIM2)
    {
    __HAL_RCC_TIM2_CLK_ENABLE();                  //使能 TIM2 时钟
    __HAL_RCC_GPIOA_CLK_ENABLE();                 //开启 GPIOA 时钟
    GPIO_Initure.Pin = GPIO_PIN_5;                //PA5
    GPIO_Initure.Mode = GPIO_MODE_AF_PP;          //推挽复用
    GPIO_Initure.Pull = GPIO_NOPULL;              //不带上下拉
    GPIO_Initure.Speed = GPIO_SPEED_HIGH;         //高速
    GPIO_Initure.Alternate = GPIO_AF1_TIM2;       //PA5 复用为 TIM2 通道 1
    HAL_GPIO_Init(GPIOA,&GPIO_Initure);
    }
}
```

函数 TIM2_CH1_Cap_Init 和上一章输入捕获实验中函数 TIM5_CH1_Cap_Init 的配置过程几乎是一模一样的,不同的是上一章实验是 TIM5_CH1_Cap_Init 函数最后调用的是函数 HAL_TIM_IC_Start_IT,使能输入捕获通道的同时开启了输入捕获中断;而该函数最后调用的函数是 HAL_TIM_IC_Start,只是开启了输入捕获通道,并没有开启输入捕获中断。

函数 HAL_TIM_IC_MspInit 是输入捕获通用 MSP 回调函数,作用是使能定时器和 GPIO 时钟,并配置 GPIO 复用映射关系。该函数功能和输入捕获实验中该函数作用基本类似。

函数 TPAD_Get_Val 用于得到定时器的一次捕获值。该函数先调用 TPAD_Reset,将电容放电;同时,设置通过程序__HAL_TIM_SET_COUNTER(&TIM2_Handler,0)将计数值 TIM2_CNT 设置为 0,然后死循环等待发生上升沿捕获(或计数溢出),将捕获到的值(或溢出值)作为返回值返回。

函数 TPAD_Init 用于初始化输入捕获,并获取默认的 TPAD 值。该函数有一个参数,用来传递分频系数,其实是为了配置 TIM2_CH1_Cap_Init 的计数周期。该函数中连续 10 次读取 TPAD 值,将这些值升序排列后取中间 6 个值再做平均(这样做的目的是尽量减少误差),并赋值给 tpad_default_val,用于后续触摸判断的标准。

函数 TPAD_Scan 用于扫描 TPAD 是否有触摸,参数 mode 用于设置是否支持连续触发。返回值如果是 0,说明没有触摸;如果是 1,则说明有触摸。该函数同样包含了一个静态变量,用于检测控制,类似第 7 章的 KEY_Scan 函数,所以该函数同样是不可重入的。在函数中,我们通过连续读取 3 次(不支持连续按的时候)TPAD 的值,取最大值和 tpad_default_val * 4/3 比较,如果大于,则说明有触摸;如果小于,则说明无触摸。其中,tpad_default_val 是调用 TPAD_Init 函数的时候得到的值,然后取其 4/3 为门限值。该函数还做了一些其他的条件限制,让触摸按键有更好的效果,读者参考代码自行理解。

函数 TPAD_Reset,顾名思义,是进行一次复位操作。先设置 PA5 输出低电平,电容放电;同时,清除中断标志位并且计数器值清零;然后配置 PA5 为复用功能浮空输入,利用外部上拉电阻给电容 Cs(Cs+Cx)充电,同时开启 TIM2_CH1 的输入捕获。

函数 TPAD_Get_MaxVal 就非常简单了,它通过 n 次调用函数 TPAD_Get_Val 采集捕获值,比较后获取 n 次采集值中的最大值。

接下来看看主函数代码如下:

```
int main(void)
{
    u8 t = 0;
    Cache_Enable();                     //打开 L1 - Cache
    HAL_Init();                         //初始化 HAL 库
    Stm32_Clock_Init(432,25,2,9);       //设置时钟,216 MHz
    delay_init(216);                    //延时初始化
    uart_init(115200);                  //串口初始化
    LED_Init();                         //初始化 LED
    TPAD_Init(8);                       //初始化触摸按键,以 108 MHz/8 = 13.5 MHz 频率计数
    while(1)
```

```
    {
        if(TPAD_Scan(0))          //成功捕获到了一次上升沿(此函数执行时间至少 15 ms)
        {
            LED1_Toggle;          //LED1 取反
        }
        t++;
        if(t == 15)
        {
            t = 0;
            LED0_Toggle;          //LED1 翻转
        }
        delay_ms(10);
    }
}
```

该 main 函数比较简单，TPAD_Init(8)函数执行之后就开始触摸按键的扫描，当有触摸的时候，对 DS1 取反，DS0 则有规律地间隔取反，提示程序正在运行。

注意，不要把“uart_init(115200);”去掉，因为 TPAD_Init 函数里面用到了 printf；如果去掉了 uart_init，则会导致 printf 无法执行，从而死机。

至此，软件设计就完成了。

15.4　下载验证

完成软件设计之后，将编译好的文件下载到阿波罗 STM32 开发板上，可以看到，DS0 慢速闪烁。此时，用手指触摸 ALIENTEK 阿波罗 STM32 开发板上的 TPAD(右下角的白色头像)，就可以控制 DS1 的亮灭了。不过，要确保 TPAD 和 ADC 的跳线帽连接上了，如图 15.4.1 所示。

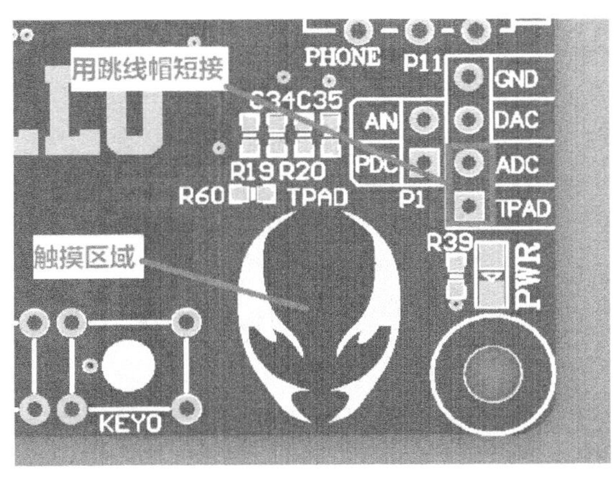

图 15.4.1　触摸区域和跳线帽短接方式示意图

同时，可以打开串口调试助手，每次复位的时候会收到 tpad_default_val 的值，一般为 160 左右。

第 16 章

OLED 显示实验

前面几章的实例均没涉及液晶显示，这一章将介绍 OLED 的使用。本章将使用阿波罗 STM32 开发板上的 OLED 模块接口来点亮 OLED，并实现 ASCII 字符的显示。

16.1 OLED 简介

OLED，即有机发光二极管（Organic Light - Emitting Diode），又称为有机电激光显示（Organic Electroluminesence Display, OELD）。OLED 由于同时具备自发光、不需背光源、对比度高、厚度薄、视角广、反应速度快、可用于挠曲性面板、使用温度范围广、构造及制程较简单等优异之特性，被认为是下一代的平面显示器新兴应用技术。

LCD 都需要背光，而 OLED 不需要，因为它是自发光的。所以同样的显示时，OLED 效果要来得好一些。以目前的技术，OLED 的尺寸还难以大型化，但是分辨率却可以做到很高。本章使用的是 ALINETEK 的 OLED 显示模块，该模块有以下特点：

- 模块有单色和双色两种可选，单色为纯蓝色，双色为黄蓝双色。
- 尺寸小，显示尺寸为 0.96 寸，而模块的尺寸仅为 27 mm×26 mm 大小。
- 高分辨率，该模块的分辨率为 128×64。
- 多种接口方式，该模块提供了总共 4 种接口，包括 6800、8080 两种并行接口方式、4 线 SPI 接口方式以及 I^2C 接口方式（只需要 2 根线就可以控制 OLED 了）。
- 不需要高压，直接接 3.3 V 就可以工作了。

注意，该模块不和 5.0 V 接口兼容，使用的时候一定要小心，别直接接到 5 V 的系统上去，否则可能烧坏模块。以上 4 种模式通过模块的 BS1 和 BS2 的设置来选择，BS1、BS2 的设置与模块接口模式的关系如表 16.1.1 所列。表中，“1”代表接 VCC，“0”代表接 GND。

表 16.1.1 OLED 模块接口方式设置表

接口方式	4 线 SPI	I^2C	8 位 6800	8 位 8080
BS1	0	1	0	1
BS2	0	0	1	1

该模块的外观图如图 16.1.1 所示。

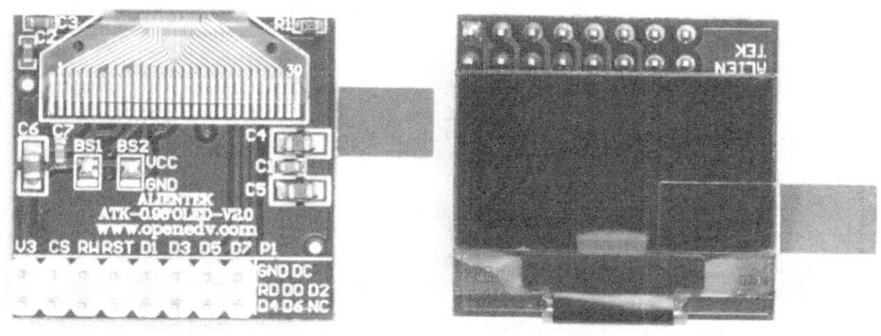

图 16.1.1 ALIENTEK OLED 模块外观图

ALIENTEK OLED 模块默认设置是 BS1 和 BS2 接 VCC，即为使用 8080 并口方式。如果想要设置为其他模式，则需要在 OLED 的背面用烙铁修改 BS1 和 BS2 的设置。

模块的原理图如图 16.1.2 所示。该模块采用 8×2 的 2.54 排针与外部连接，总共有 16 个引脚，在 16 条线中只用了 15 条，有一个是悬空的。15 条线中，电源和地线占了 2 条，还剩下 13 条信号线。在不同模式下，我们需要的信号线数量是不同的，在 8080 模式下，需要全部 13 条；而在 I^2C 模式下，仅需要 2 条线就够了。其中，有一条是共同的，那就是复位线 RST(RES)。RST 上的低电平将导致 OLED 复位，每次初始化之前都应该复位一下 OLED 模块。

ALIENTEK OLED 模块的控制器是 SSD1306，本章将学习如何通过 STM32F767 来控制该模块显示字符和数字。本章的实例代码可以支持两种方式与 OLED 模块连接，一种是 8080 的并口方式，另外一种是 4 线 SPI 方式。

首先介绍模块的 8080 并行接口。8080 并行接口的发明者是 INTEL，该总线也广泛应用于各类液晶显示器。ALIENTEK OLED 模块也提供了这种接口，使得 MCU 可以快速地访问 OLED。ALIENTEK OLED 模块的 8080 接口方式需要如下一些信号线：

➢ CS：OLED 片选信号。

➢ WR：向 OLED 写入数据。

➢ RD：从 OLED 读取数据。

➢ D[7:0]：8 位双向数据线。

➢ RST(RES)：硬复位 OLED。

➢ DC：命令/数据标志(0，读/写命令；1，读/写数据)。

模块的 8080 并口读/写的过程为：先根据要写入/读取数据的类型，设置 DC 为高(数据)/低(命令)；然后拉低片选，选中 SSD1306。接着根据是读数据还是要写数据置 RD/WR 为低，然后：

➢ 在 RD 的上升沿，使数据锁存到数据线(D[7:0])上；

➢ 在 WR 的上升沿，使数据写入到 SSD1306 里面。

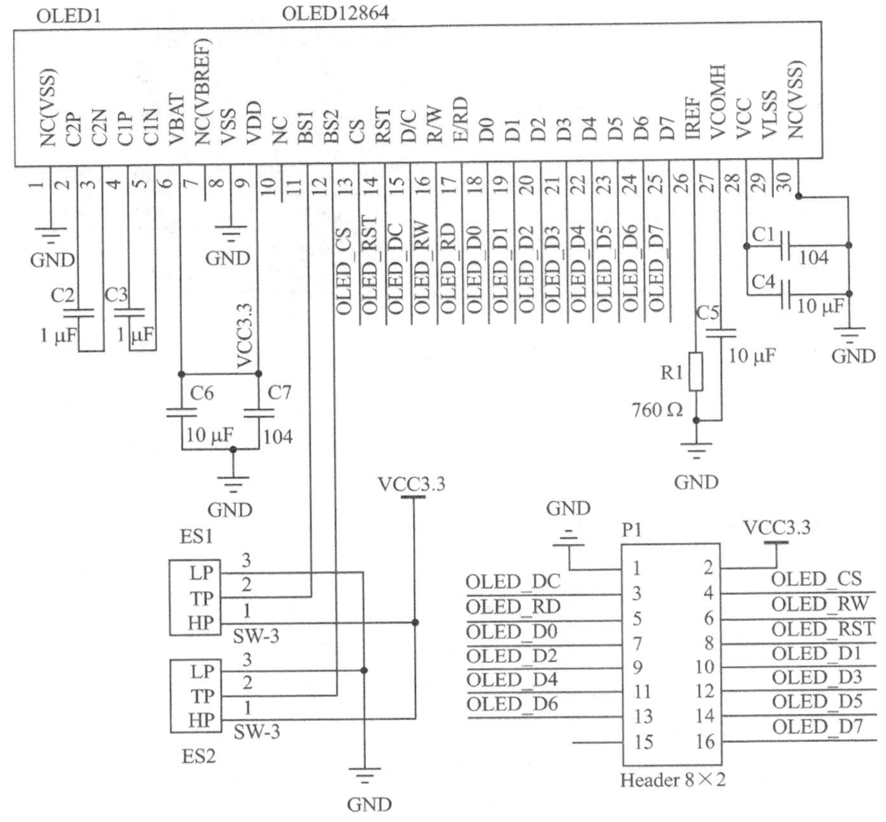

图 16.1.2　ALIENTEK OLED 模块原理图

SSD1306 的 8080 并口写时序图如图 16.1.3 所示。

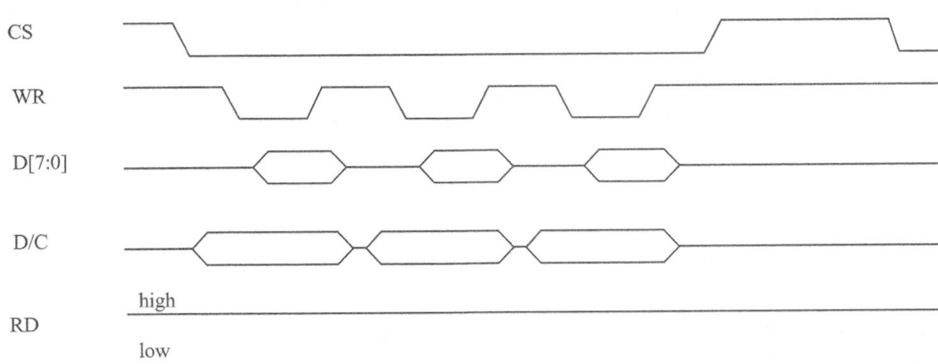

图 16.1.3　8080 并口写时序图

SSD1306 的 8080 并口读时序图如图 16.1.4 所示。

SSD1306 的 8080 接口方式下，控制脚的信号状态所对应的功能如表 16.1.2 所列。

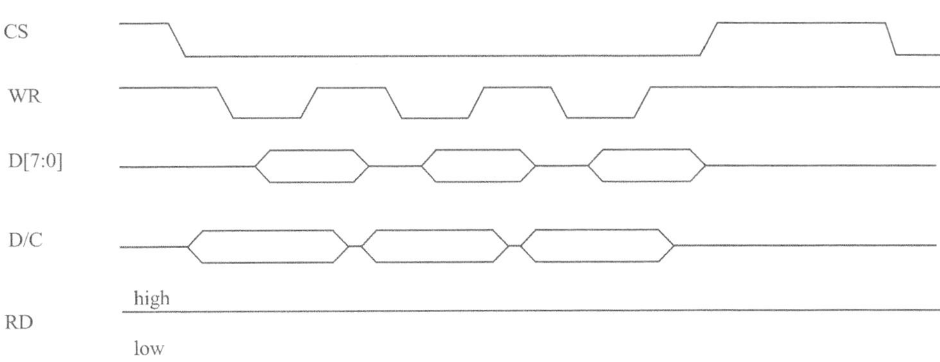

图 16.1.4　8080 并口读时序图

表 16.1.2　控制脚信号状态功能表

功　能	RD	WR	CS	DC
写命令	H	↑	L	L
读状态	↑	H	L	L
写数据	H	↑	L	H
读数据	↑	H	L	H

在 8080 方式下读数据操作的时候，有时候（如读显存的时候）需要一个假读命令（Dummy Read），从而使得微控制器的操作频率和显存的操作频率相匹配。在读取真正的数据之前，有一个假读的过程。这里的假读其实就是第一个读到的字节丢弃不要，从第二个开始才是我们真正要读的数据。

一个典型的读显存的时序图如图 16.1.5 所示。可以看到，发送了列地址之后开始读数据，第一个是假读，从第二个开始才算是真正有效的数据。

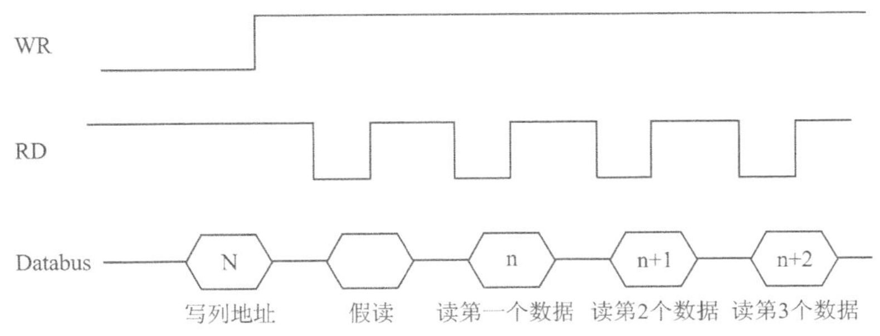

图 16.1.5　读显存时序图

接下来介绍 4 线串行（SPI）方式，4 先串口模式使用的信号线有如下几条：

➢ CS:OLED 片选信号。

➢ RST(RES):硬复位 OLED。

➢ DC:命令/数据标志(0,读/写命令;1,读/写数据)。

➢ SCLK:串行时钟线。在 4 线串行模式下,D0 信号线作为串行时钟线 SCLK。

➢ SDIN:串行数据线。在 4 线串行模式下,D1 信号线作为串行数据线 SDIN。

模块的 D2 需要悬空,其他引脚可以接到 GND。在 4 线串行模式下,只能往模块写数据而不能读数据。

在 4 线 SPI 模式下,每个数据长度均为 8 位;在 SCLK 的上升沿,数据从 SDIN 移入到 SSD1306,并且是高位在前的。DC 线还是用作命令/数据的标志线。在 4 线 SPI 模式下,写操作的时序如图 16.1.6 所示。

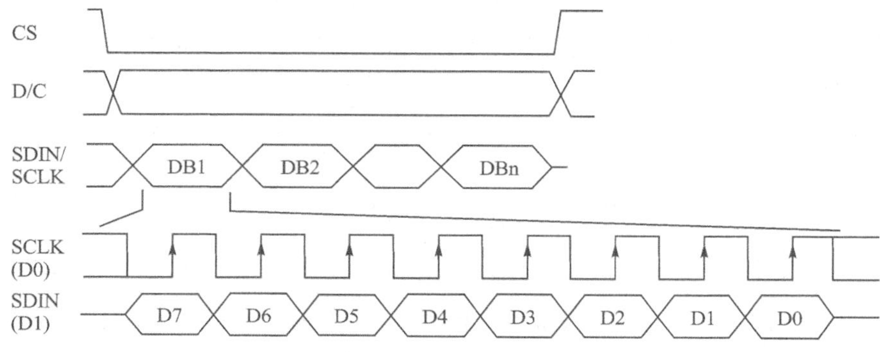

图 16.1.6 4 线 SPI 写操作时序图

其他还有几种模式,详细参见 SSD1306 的数据手册。

接下来介绍模块的显存。SSD1306 的显存总共为 128×64 bit 大小,SSD1306 将这些显存分为了 8 页,其对应关系如表 16.1.3 所列。可以看出,SSD1306 的每页包含了 128 字节,总共 8 页,刚好是 128×64 的点阵大小。每次写入都是按字节写入的,这就存在一个问题,如果使用只写方式操作模块,那么,每次要写 8 个点,这样,在画点的时候就必须把要设置的点所在字节的每个位都搞清楚当前的状态(0/1?);否则,写入的数据就会覆盖掉之前的状态,结果就是有些不需要显示的点显示出来了,或者该显示的没有显示了。这个问题在能读的模式下,我们可以先读出来要写入的那个字节,得到当前状况;修改了要改写的位之后再写进 GRAM,这样就不会影响到之前的状况了。但是这样需要能读 GRAM,对于 4 线 SPI 模式/I²C 模式,模块是不支持读的,而且“读→改→写”的方式速度也比较慢。

表 16.1.3 SSD1306 显存与屏幕对应关系表

	行(COL0～127)						
	SEG0	SEG1	SEG2	……	SEG125	SEG126	SEG127
列(COM0～63)	PAGE0						
	PAGE1						
	PAGE2						
	PAGE3						
	PAGE4						
	PAGE5						
	PAGE6						
	PAGE7						

所以我们采用的办法是在STM32F767内部建立一个OLED的GRAM(共128×8个字节),每次修改的时候,只是修改STM32F767上的GRAM(实际上就是SRAM);修改完之后,一次性把STM32F767上的GRAM写入到OLED的GRAM。当然,这个方法也有坏处,就是对于那些SRAM很小的单片机(比如51系列)就比较麻烦了。

SSD1306的命令比较多,这里仅介绍几个比较常用的命令,如表16.1.4所列。

表 16.1.4 SSD1306 常用命令表

序号	指令	各位描述								命令	说明
	HEX	D7	D6	D5	D4	D3	D2	D1	D0		
0	81	1	0	0	0	0	0	0	1	设置对比度	A的值越大屏幕越亮,A的范围从0X00～0XFF
	A[7:0]	A7	A6	A5	A4	A3	A2	A1	A0		
1	AE/AF	1	0	1	0	1	1	1	X0	设置显示开关	X0=0,关闭显示; X0=1,开启显示
2	8D	1	0	0	0	1	1	0	1	电荷泵设置	A2=0,关闭电荷泵 A2=1,开启电荷泵
	A[7:0]	*	*	0	1	0	A2	0	0		
3	B0～B7	1	0	1	1	0	X2	X1	X0	设置页地址	X[2:0]=0～7对应页0～7
4	00～0F	0	0	0	0	X3	X2	X1	X0	设置列地址低4位	设置8位起始列地址的低4位
5	10～1F	0	0	0	0	X3	X2	X1	X0	设置列地址高4位	设置8位起始列地址的高4位

第一个命令为0X81,用于设置对比度。这个命令包含了两个字节,第一个0X81为命令;随后发送的一个字节为要设置的对比度的值,这个值设置得越大屏幕就越亮。

第二个命令为0XAE/0XAF。0XAE为关闭显示命令,0XAF为开启显示命令。

第三个命令为0X8D,也包含2个字节,第一个为命令字,第二个为设置值。第二个字节的BIT2表示电荷泵的开关状态,该位为1则开启电荷泵,为0则关闭。在模块初始化的时候,这个必须要开启,否则是看不到屏幕显示的。

第四个命令为 0XB0～B7，用于设置页地址，其低 3 位的值对应着 GRAM 的页地址。

第五个命令为 0X00～0X0F，用于设置显示时的起始列地址低 4 位。

第六个命令为 0X10～0X1F，用于设置显示时的起始列地址高 4 位。

其他命令可以参考 SSD1306 datasheet 的第 28 页。

最后再来介绍 OLED 模块的初始化过程，SSD1306 的典型初始化框图如图 16.1.7 所示。

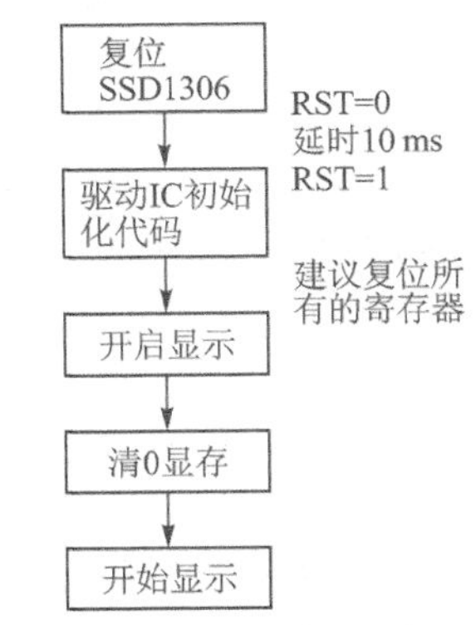

图 16.1.7　SSD1306 初始化框图

驱动 IC 的初始化代码时，直接使用厂家推荐的设置就可以了；只要对细节部分进行一些修改，使其满足自己的要求即可，其他不需要变动。

这里重点介绍了 ALIENTEK OLED 模块的相关知识，接下来将使用这个模块来显示字符和数字。通过以上介绍，我们可以得出 OLED 显示需要的相关设置步骤如下：

① 设置 STM32F767 与 OLED 模块相连接的 I/O。

这一步先将我们与 OLED 模块相连的 I/O 口设置为输出，具体使用哪些 I/O 口需要根据连接电路以及 OLED 模块设置的通信模式来确定。这些将在硬件设计部分介绍。

② 初始化 OLED 模块。

其实这里就是上面的初始化框图的内容，通过对 OLED 相关寄存器的初始化来启动 OLED 的显示，为后续显示字符和数字做准备。

③ 通过函数将字符和数字显示到 OLED 模块上。

这里就是通过我们设计的程序，将要显示的字符送到 OLED 模块就可以了。这些函数将在软件设计部分介绍。

通过以上 3 步就可以使用 ALIENTEK OLED 模块来显示字符和数字了，后面还将会介绍显示汉字的方法。

16.2　硬件设计

本实验用到的硬件资源有：指示灯 DS0、OLED 模块。OLED 模块的电路前面已有详细说明了，这里介绍 OLED 模块与阿波罗 STM32F767 开发板的连接。开发板底板的 OLED/CAMERA 接口(P7 接口)可以和 ALIENTEK OLED 模块直接对插(靠左插)，连接如图 16.2.1 所示。图中圈出来的部分就是连接 OLED 的接口，硬件上 OLED 与阿波罗 STM32F767 开发板的 I/O 口对应关系如下：

- OLED_CS 对应 DCMI_VSYNC，即 PB7；
- OLED_RS 对应 DCMI_SCL，即 PB4；
- OLED_WR 对应 DCMI_HREF，即 PH8；
- OLED_RD 对应 DCMI_SDA，即 PB3；
- OLED_RST 对应 DCMI_RESET，即 PA15；
- OLED_D[7:0]对应 DCMI_D[7:0]，即 PB9、PB8、PD3、PC11、PC9、PC8、PC7、PC6。

开发板的内部已经将这些线连接好了，我们只需要将 OLED 模块插上去就好了。注意，这里的 OLED_D[7:0]因为不是接的连续 I/O，所以得用拼凑的方式去组合一下，后续会介绍。实物连接如图 16.2.2 所示。

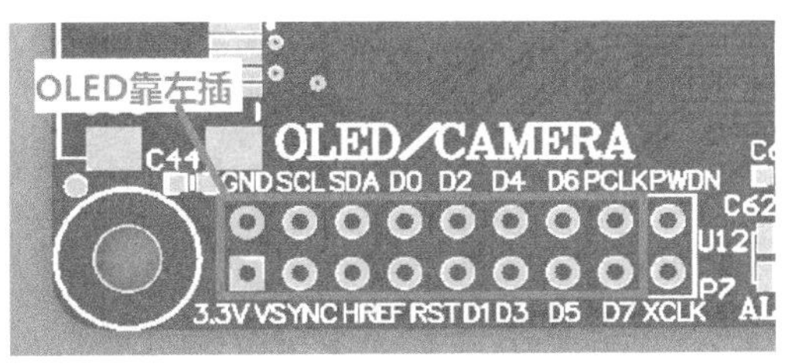

图 16.2.1　OLED 模块与开发板连接示意图

图 16.2.2　OLED 模块与开发板连接实物图

16.3　软件设计

本实验新建了 oled.c 和 oled.h 文件，用来存放 OLED 相关的驱动函数以及申明等。

oled.c 的代码比较长，这里就不贴出来了，仅介绍几个比较重要的函数。首先是 OLED_Init 函数，该函数的结构比较简单，开始是对 I/O 口的初始化，这里用了宏定义 OLED_MODE 来决定要设置的 I/O 口；其他就是一些初始化序列了，按照厂家提供的资料来做就可以。注意，因为 OLED 是无背光的，初始化之后，我们把显存都清空了，所以屏幕上看不到任何内容，跟没通电一样，不要以为这就是初始化失败，要写入数据模块才会显示的。OLED_Init 函数代码如下：

```
//初始化 SSD1306
void OLED_Init(void)
{
GPIO_InitTypeDef   GPIO_Initure;
```

```
    __HAL_RCC_GPIOA_CLK_ENABLE();     //使能 GPIOA 时钟
    __HAL_RCC_GPIOB_CLK_ENABLE();     //使能 GPIOB 时钟
    __HAL_RCC_GPIOC_CLK_ENABLE();     //使能 GPIOC 时钟
    __HAL_RCC_GPIOD_CLK_ENABLE();     //使能 GPIOD 时钟
    __HAL_RCC_GPIOF_CLK_ENABLE();     //使能 GPIOF 时钟
    __HAL_RCC_GPIOH_CLK_ENABLE();     //使能 GPIOH 时钟
#if OLED_MODE == 1                    //使用 8080 并口模式
    //GPIO 初始化设置
    GPIO_Initure.Pin = GPIO_PIN_15;
    GPIO_Initure.Mode = GPIO_MODE_OUTPUT_PP;       //推挽输出
    GPIO_Initure.Pull = GPIO_PULLUP;               //上拉
    GPIO_Initure.Speed = GPIO_SPEED_HIGH;          //高速
    HAL_GPIO_Init(GPIOA,&GPIO_Initure);            //初始化 PA15
    GPIO_Initure.Pin = GPIO_PIN_3|GPIO_PIN_4|GPIO_PIN_7|GPIO_PIN_8|GPIO_PIN_9;
    HAL_GPIO_Init(GPIOB,&GPIO_Initure);            //初始化 PB3,4,7,8,9
    GPIO_Initure.Pin = GPIO_PIN_6|GPIO_PIN_7|GPIO_PIN_8|GPIO_PIN_9|GPIO_PIN_11;
    HAL_GPIO_Init(GPIOC,&GPIO_Initure);            //初始化 PC6,7,8,9,11
    GPIO_Initure.Pin = GPIO_PIN_3;
    HAL_GPIO_Init(GPIOD,&GPIO_Initure);            //初始化    PD3
    GPIO_Initure.Pin = GPIO_PIN_8;
    HAL_GPIO_Init(GPIOH,&GPIO_Initure);            //初始化 PH8
    OLED_WR(1);
    OLED_RD(1);
#else                                              //使用 4 线 SPI 串口模式
    //GPIO 初始化设置
    GPIO_Initure.Pin = GPIO_PIN_15;                //PA15
    GPIO_Initure.Mode = GPIO_MODE_OUTPUT_PP;       //推挽输出
    GPIO_Initure.Pull = GPIO_PULLUP;               //上拉
    GPIO_Initure.Speed = GPIO_SPEED_FAST;          //高速
    HAL_GPIO_Init(GPIOA,&GPIO_Initure);            //初始化
    GPIO_Initure.Pin = GPIO_PIN_4|GPIO_PIN_7;
    HAL_GPIO_Init(GPIOB,&GPIO_Initure);            //初始化 PB4,7
    GPIO_Initure.Pin = GPIO_PIN_6|GPIO_PIN_7;
    HAL_GPIO_Init(GPIOC,&GPIO_Initure);            //初始化 PC6,7
    OLED_SDIN(1);OLED_SCLK(1);
#endif
    OLED_CS(1);OLED_RS(1);
    OLED_RST(0);delay_ms(100);OLED_RST(1);
    OLED_WR_Byte(0xAE,OLED_CMD);                   //关闭显示
    OLED_WR_Byte(0xD5,OLED_CMD);                   //设置时钟分频因子,振荡频率
…//此处省略部分代码,详情请参考实验工程
    OLED_WR_Byte(0xA4,OLED_CMD); //全局显示开启;bit0:1,开启;0,关闭;(白屏/黑屏)
    OLED_WR_Byte(0xA6,OLED_CMD); //设置显示方式;bit0:1,反相显示;0,正常显示
    OLED_WR_Byte(0xAF,OLED_CMD); //开启显示
    OLED_Clear();
}
```

接下来要介绍的是 OLED_Refresh_Gram 显存更新函数,该函数的作用是把我们在程序中定义的二位数组 OLED_GRAM 的值一次性刷新到 OLED 的显存 GRAM 中。oled.c 文件开头通过下面语句定义了一个二位数组:

```
u8 OLED_GRAM[128][8];
```

该数组值与 OLED 显存 GRAM 值一一对应。操作的时候只需要先修改该数组的值，然后再通过调用 OLED_Refresh_Gram 函数把数组值一次性刷新到 OLED 的 GRAM 上即可。

该函数代码如下：

```
//更新显存到 LCD
void OLED_Refresh_Gram(void)
{
    u8 i,n;
    for(i = 0;i<8;i ++ )
    {
        OLED_WR_Byte (0xb0 + i,OLED_CMD);    //设置页地址(0～7)
        OLED_WR_Byte (0x00,OLED_CMD);        //设置显示位置—列低地址
        OLED_WR_Byte (0x10,OLED_CMD);        //设置显示位置—列高地址
        for(n = 0;n<128;n ++ )OLED_WR_Byte(OLED_GRAM[n][i],OLED_DATA);
    }
}
```

OLED_Refresh_Gram 函数先设置页地址，再写入列地址（也就是纵坐标），然后从 0 开始写入 128 个字节，写满该页，最后循环来把 8 页的内容都写入，从而实现了整个从 STM32F7 显存到 OLED 显存的复制过程。

OLED_Refresh_Gram 函数还用到了一个外部函数，也就是我们接下来要介绍的函数 OLED_WR_Byte，该函数直接和硬件相关，代码如下：

```
#if OLED_MODE == 1    //8080 并口
//通过拼凑的方法向 OLED 输出一个 8 位数据
//data:要输出的数据
void OLED_Data_Out(u8 data)
{
    u16 dat = data&0X0F;
    GPIOC ->ODR& = ~(0XF<<6);              //清空 6～9
    GPIOC ->ODR| = dat<<6;                 //D[3:0]-->PC[9:6]
    GPIOC ->ODR& = ~(0X1<<11);             //清空 11
    GPIOC ->ODR| = ((data>>4)&0x01)<<11;
    GPIOD ->ODR& = ~(0X1<<3);              //清空 3
    GPIOD ->ODR| = ((data>>5)&0x01)<<3;
    GPIOB ->ODR& = ~(0X3<<8);              //清空 8,9
    GPIOB ->ODR| = ((data>>6)&0x01)<<8;
    GPIOB ->ODR| = ((data>>7)&0x01)<<9;
}
//向 SSD1306 写入一个字节
//dat:要写入的数据/命令
//cmd:数据/命令标志 0,表示命令;1,表示数据
void OLED_WR_Byte(u8 dat,u8 cmd)
{
    OLED_Data_Out(dat);
```

```
    OLED_RS(cmd);
    OLED_CS(0);
    OLED_WR(0);
    OLED_WR(1);
    OLED_CS(1);
    OLED_RS(1);
}
#else
//向 SSD1306 写入一个字节
//dat:要写入的数据/命令
//cmd:数据/命令标志 0,表示命令;1,表示数据
void OLED_WR_Byte(u8 dat,u8 cmd)
{
    u8 i;
    OLED_RS(cmd); //写命令
    OLED_CS(0);
    for(i=0;i<8;i++)
    {
        OLED_SCLK(0);
        if(dat&0x80)OLED_SDIN(1);
        else OLED_SDIN(0);
        OLED_SCLK(1);
        dat<<=1;
    }
    OLED_CS(1);
    OLED_RS(1);
}
#endif
```

首先看 OLED_Data_Out 函数,这就是前面说的,因为 OLED 的 D0～D7 不是接的连续 I/O,所以必须将数据拆分到各个 I/O,从而实现一次完整的数据传输。该函数就是根据 OLED_D[7:0]具体连接的 I/O 对数据进行拆分,然后输出给对应位的各个 I/O,从而实现并口数据输出。这种方式会降低并口速度,但是 OLED 模块是单色的,数据量不是很大,所以这种方式也不会造成视觉上的影响,读者可以放心使用;如果是 TFTLCD,就不推荐了。

然后看 OLED_WR_Byte 函数,这里有 2 个一样的函数,通过宏定义 OLED_MODE 来决定使用哪一个。如果 OLED_MODE=1,则就定义为并口模式,选择第一个函数;而如果为 0,则为 4 线串口模式,选择第二个函数。这两个函数输入参数均为 2 个:dat 和 cmd,dat 为要写入的数据,cmd 表明该数据是命令还是数据。这两个函数的时序操作就是根据上面对 8080 接口以及 4 线 SPI 接口的时序来编写的。

OLED_GRAM[128][8]中的 128 代表列数(x 坐标),8 代表的是页,每页又包含 8 行,总共 64 行(y 坐标)。从高到低对应行数从小到大。比如,要在 x=100、y=29 这个点写入 1,则可以用这个句子实现:

OLED_GRAM[100][4]|=1<<2;

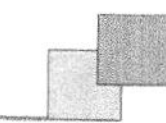

一个通用的在点(x,y)置 1 表达式为：

OLED_GRAM[x][7-y/8]|=1≪(7-y%8);

其中,x 的范围为 0～127,y 的范围为 0～63。

因此,可以得出下一个将要介绍的函数:画点函数 void OLED_DrawPoint(u8 x,u8 y,u8 t),代码如下:

```
void OLED_DrawPoint(u8 x,u8 y,u8 t)
{
    u8 pos,bx,temp = 0;
    if(x>127||y>63)return;//超出范围了
    pos = 7 - y/8;
    bx = y % 8;
    temp = 1≪(7 - bx);
    if(t)OLED_GRAM[x][pos]| = temp;
    else OLED_GRAM[x][pos]& = ～temp;
}
```

该函数有 3 个参数,前两个是坐标,第三个 t 为要写入 1 还是 0。该函数实现了我们在 OLED 模块上任意位置画点的功能。

接下来介绍显示字符函数 OLED_ShowChar,介绍之前先来介绍一下字符(ASCII 字符集)是怎么显示在 OLED 模块上去的。要显示字符,则先要有字符的点阵数据,ASCII 常用的字符集总共有 95 个,从空格符开始,分别为!" # $ % &'() * +,-0123456789:;＜＝＞? @ABCDEFGHIJKLMNOPQRSTUVWXYZ[\]^_`abcdefghijklmnopqrstuvwxyz{|}～。

先要得到这个字符集的点阵数据,这里介绍一款很好的字符提取软件:PCtoLCD2002 完美版。该软件可以提供各种字符,包括汉字(字体和大小都可以自己设置)阵提取;且取模方式可以设置好几种,常用的取模方式该软件都支持。该软件还支持图形模式,也就是用户可以自己定义图片的大小,然后画图,根据所画的图形再生成点阵数据,这功能在制作图标或图片的时候很有用。

该软件的界面如图 16.3.1 所示。

然后单击字模选项按钮进入字模选项设置界面,设置界面中点阵格式和取模方式等参数,如图 16.3.2 所示。

图中设置的取模方式在右上角的取模说明里面有,即从第一列开始向下每取 8 个点作为一个字节,如果最后不足 8 个点就补满 8 位。取模顺序是从高到低,即第一个点作为最高位。如 *－－－－－－－取为 10000000。其实就是按如图 16.3.3 所示的这种方式进行取模。

从上到下,从左到右,高位在前。按这样的取模方式,然后把 ASCII 字符集按 12×6 大小、16×8 和 24×12 大小取模出来(对应汉字大小为 12×12、16×16 和 24×24,字符的只有汉字的一半大),保存在 oledfont.h 里面。每个 12×6 的字符占用 12 字节,每个 16×8 的字符占用 16 字节,每个 24×12 的字符占用 36 字节,具体见 oledfont.h 部分代码(该部分不再这里列出来了,可参考配套资料里面的代码)。

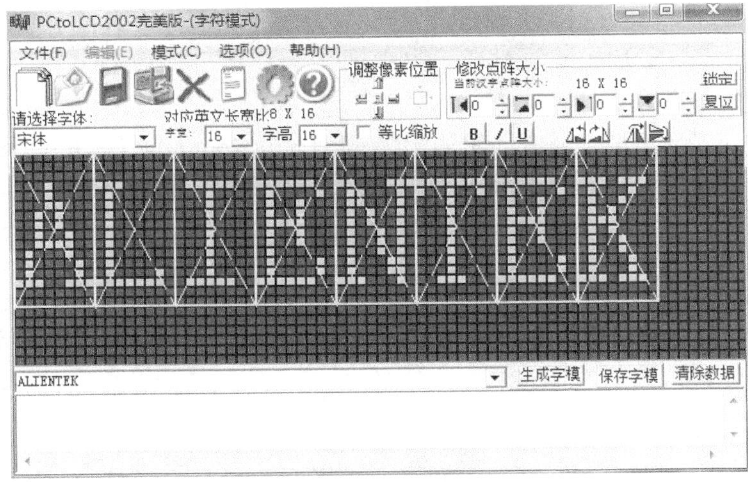

图 16.3.1 PCtoLCD2002 软件界面

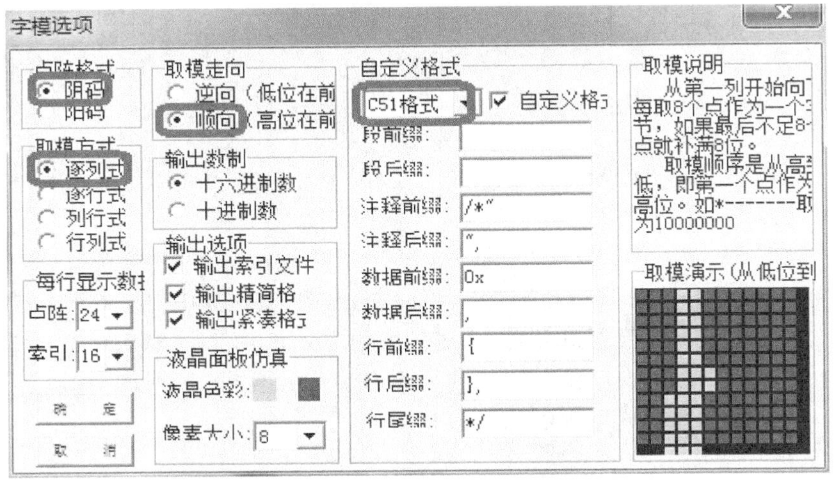

图 16.3.2 设置取模方式

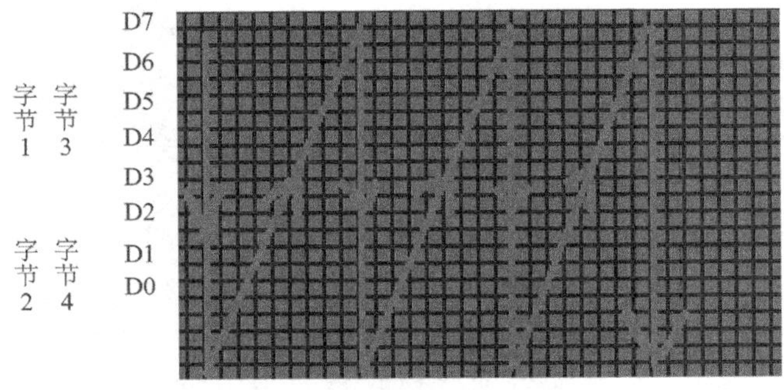

图 16.3.3 取模方式图解

知道了取模方式之后，就可以根据取模的方式来编写显示字符的代码了，这里针对以上取模方式的显示字符代码如下：

```
//在指定位置显示一个字符,包括部分字符
//x:0～127
//y:0～63
//mode:0,反白显示;1,正常显示
//size:选择字体 12/16/24
void OLED_ShowChar(u8 x,u8 y,u8 chr,u8 size,u8 mode)
{
    u8 temp,t,t1;
    u8 y0 = y;
    u8 csize = (size/8 + ((size % 8)? 1:0)) * (size/2);//得到字体一个字符对应点阵集所
                                                        //占的字节数
    chr = chr - ' ';//得到偏移后的值
    for(t = 0;t<csize;t ++ )
    {
        if(size == 12)temp = asc2_1206[chr][t];          //调用 1206 字体
        else if(size == 16)temp = asc2_1608[chr][t];     //调用 1608 字体
        else if(size == 24)temp = asc2_2412[chr][t];     //调用 2412 字体
        else return;    //没有的字库
        for(t1 = 0;t1<8;t1 ++ )
        {
            if(temp&0x80)OLED_DrawPoint(x,y,mode);
            else OLED_DrawPoint(x,y,! mode);
            temp<< = 1;
            y ++ ;
            if((y - y0) == size)
            {
                y = y0;x ++ ;
                break;
            }
        }
    }
}
```

该函数为字符以及字符串显示的核心部分，函数中“chr＝chr－' ';”这句是要得到在字符点阵数据里面的实际地址；因为我们的取模是从空格键开始的，如 oled_asc2_1206[0][0]，则代表的是空格符开始的点阵码。接下来的代码也是按照从上到小（先 y＋＋）、从左到右（再 x＋＋）的取模方式来编写的，先得到最高位，然后判断是写 1 还是 0，画点；接着读第二位，如此循环，直到一个字符的点阵全部取完为止。这其中涉及列地址和行地址的自增，根据取模方式来理解就不难了。

oled.c 的内容就介绍到这里。oled.h 头文件内容比较简单，主要是一些宏定义和函数声明，这里就不做过多讲解。

最后来看看主函数代码：

```
int main(void)
{
    u8 t = 0;
```

```
    Cache_Enable();                        //打开 L1 - Cache
    HAL_Init();                            //初始化 HAL 库
    Stm32_Clock_Init(432,25,2,9);          //设置时钟,216 MHz
    delay_init(216);                       //延时初始化
    uart_init(115200);                     //串口初始化
    LED_Init();                            //初始化 LED
    OLED_Init();                           //初始化 OLED
    OLED_ShowString(0,0,"ALIENTEK",24);
    OLED_ShowString(0,24, "0.96' OLED TEST",16);
    OLED_ShowString(0,40,"ATOM 2016/7/11",12);
    OLED_ShowString(0,52,"ASCII:",12);
    OLED_ShowString(64,52,"CODE:",12);
    OLED_Refresh_Gram();//更新显示到 OLED
    t = ' ';
    while(1)
    {
        OLED_ShowChar(36,52,t,12,1);       //显示 ASCII 字符
        OLED_ShowNum(94,52,t,3,12);        //显示 ASCII 字符的码值
        OLED_Refresh_Gram();               //更新显示到 OLED
        t++;
        if(t>'~')t = ' ';
        delay_ms(500);
        LED0_Toggle;
    }
}
```

该部分代码用于在 OLED 上显示一些字符,然后从空格键开始不停地循环显示 ASCII 字符集,并显示该字符的 ASCII 值。然后编译此工程,直到编译成功为止。

16.4　下载验证

将代码下载到开发板后可以看到,DS0 不停地闪烁,提示程序已经在运行了。同时,可以看到 OLED 模块显示如图 16.4.1 所示。

图 16.4.1　OLED 显示效果

图中 OLED 显示了 3 种尺寸的字符：24×12(ALIENTEK)、16×8(0.96 寸 OLED TEST)和 12×6(剩下的内容)，说明我们的实验是成功的，实现了 3 种不同尺寸 ASCII 字符的显示，在最后一行不停地显示 ASCII 字符以及其码值。

通过这一章的学习，我们学会了 ALIENTEK OLED 模块的使用。在调试代码的时候，又多了一种显示信息的途径，在以后的程序编写中可以好好利用。

第17章 内存保护(MPU)实验

STM32 的 Cortex - M4(STM32F3/F4 系列)和 Cortex - M7(STM32F7 系列)系列的产品都带有内存保护单元(Memory Protection Unit),简称 MPU。使用 MPU 可以设置不同存储区域的存储器访问特性(如只支持特权访问或全访问)和存储器属性(如可缓存、可共享),从而提高嵌入式系统的健壮性,使系统更加安全。接下来将以 STM32F767 为例介绍 STM32F7 内存保护单元(MPU)的使用。

17.1 MPU 简介

MPU,即内存保护单元,可以设置不同存储区域的存储器访问特性(如只支持特权访问或全访问)和存储器属性(如可缓存、可缓冲、可共享),对存储器(主要是内存和外设)提供保护,从而提高系统可靠性:

➢ 阻止用户应用程序破坏操作系统使用的数据。

➢ 阻止一个任务访问其他任务的数据区,从而隔离任务。

➢ 可以把关键数据区域设置为只读,从根本上解决被破坏的可能。

➢ 检测意外的存储访问,如堆栈溢出、数组越界等。

➢ 将 SRAM 或者 RAM 空间定义为不可执行(用不执行,XN),防止代码注入攻击。

注意,MPU 不仅可以保护内存区域(SRAM 区),还可以保护外设区(比如 FMC)。可以通过 MPU 设置存储器的访问权限,当存储器访问和 MPU 定义的访问权限冲突的时候,访问会被阻止,并且触发一次错误异常(一般是 MemManage 异常)。然后,在异常处理的时候,就可以确定系统是否应该复位或者执行其他操作。

STM32F7 的 MPU 提供 8 个可编程保护区域(区域),每个区域都有自己的可编程起始地址、大小及设置。MPU 功能必须开启才会有效,默认条件下,MPU 是关闭的,所以,要向使用 MPU,必须先打开 MPU 才行。

8 个可编程保护区域一般来说是足够使用的了,如果觉得不够,则每个区域还可以进一步划分为更小的子区域(subregin);另外,还允许启用一个背景区域(即没有 MPU 设置的其他所有地址空间),背景区域只允许特权访问。启用 MPU 后就不得再访问定义之外的地址区间,也不得访问未经授权的区域,否则,将以“访问违例”处理,触发 MemManage 异常。

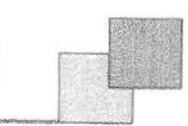

此外，MPU 定义的区域还可以相互交迭。如果某块内存落在多个区域中，则访问属性和权限将由编号最大的区域来决定。例如，若 2 号区域与 5 号区域交迭，则交迭的部分受 5 号区域控制。

MPU 设置是由 CTRL、RNR、RBAR 和 RASR 等寄存器控制的，接下来分别介绍一下这几个寄存器。首先是 MPU 控制寄存器(CTRL)，该寄存器只有最低 3 位有效，其描述如表 17.1.1 所列。

表 17.1.1　MPU_CTRL 寄存器各位描述

位　段	名　称	类　型	复位值	描　述
2	PRIVDEFENA	RW	0	是否为特权级打开默认存储器映射(即背影区域) 1＝特权级下打开背景区域 0＝不打开背景区域。任何访问违例以及对区域外地址区的访问都将引起 fault
1	HFNMIENA	RW	0	1＝在 NMI 和硬 fault 服务例程中不强制除能 MPU 0＝在 NMI 和硬 fault 服务例程中强制除能 MPU
0	ENABLE	RW	0	使能 MPU

PRIVDEFENA 位用于设置是否开启背景区域，通过设置该位为 1，则可以在没有建立任何区域就使能 MPU 的情况下，依然允许特权级程序访问所有地址，而只有用户级程序被卡死。但是，如果设置了其他的区域(最多 8 个区域)并使能 MPU，则背景区域与这些区域重合的部分就要受各区域的限制。HFNMIENA 位用于控制是否在 NMI 和硬件 fault 中断服务例程中禁止 MPU，一般设置为 0 即可。ENABLE 位用于控制是否使能 MPU，一般在 MPU 配置完以后才对其进行使能，从而开启 MPU。

接下来介绍 MPU 区域编号寄存器(RNR)，该寄存器只有低 8 位有效，其描述如表 17.1.2 所列。

表 17.1.2　MPU_RNR 寄存器各位描述

位　段	名　称	类　型	复位值	描　述
7:0	PEGION	RW	—	选择下一个要配置的区域。因为只支持 8 个区域，所以事实上只有[2:0]有意义

配置任何一个区域之前，必须先在 MPU 内选中这个区域，我们可以通过将区域编号写入 MPU_RNR 寄存器来完成这个操作。该寄存器只有低 8 位有效，不过由于 STM32F7 最多只支持 8 个区域，所以，实际上只有最低 3 位有效(0～7)。配置完区域编号以后，我们就可以对区域属性进行设置了。

接下来介绍 MPU 基地址寄存器(RBAR)，该寄存器各位描述如表 17.1.3 所列。

表 17.1.3　MPU_RBAR 寄存器各位描述

位　段	名　称	类　型	复位值	描　述
31:N	ADDR	RW	—	区域基址字段。N 取决于区域容量，以使基址在数值上能被容量整除。在 MPU 区域属性及容量寄存器中有个 SZENABLE 位段，它决定 ADDR 中有多少个位被采用
4	VALID	RW	—	决定是否理会写入 RGION 字段的值 1＝MPU 区域寄存器被 REGION 覆盖 0＝MPU 区域寄存器的值保持不变
3:0	REGION	RW	—	MPU 区域覆写位段

注意，表中 ADDR 字段设置的基址必须对齐到区域容量的边界。例如，定义某个区域的容量是 64 KB(通过 RASR 寄存器设置)，那么它的基址(ADDR)就必须能被 64 KB 整除，比如 0X0001 0000、0X0002 0000、0X0003 0000 等(低 16 位全为 0)。

VALID 用于控制 REGION 段(bit[3:0])的数据是否有效，如果 VALID＝1，则 REGION 段的区域编号将覆盖 MPU_RNR 寄存器所设置的区域编号；否则，将使用 MPU_RNR 设置的区域编号。一般设置 VALID 为 0，这样 MPU_RBAR 寄存器的低 5 位就没有用到。

注意，表 17.1.3 中的 N 值最少也是 5，所以，基址必须是 32 的倍数，从而可以知道我们设置区域的容量，必须是 32 字节的倍数。

最后介绍 MPU 区域属性和容量寄存器(RASR)，该寄存器各位描述如表 17.1.4 所列。

表 17.1.4　MPU_RASR 寄存器各位描述

位　段	长　度	名　称	功　能
31:29	3	—	保留
28	1	XN	1＝此区禁止取指；0＝此区允许取指
27	1	—	保留
26:24	3	AP	访问许可
23:22	2	—	保留
21:9	3	TEX	类型扩展
18	1	S	Sharable(可否共享) 1＝可共享；0＝不可共享
17	1	C	Cacheable(可否缓存) 1＝可缓存；0＝不可缓存

续表 17.1.4

位　段	长　度	名　称	功　能
16	1	B	Buffable(可否缓冲) 1=可缓冲;0=不可缓冲
15:8	8	SRD	子区域除能位段。每设置 SRD 的一个位,就会除能与之对应的一个子区域。容量大于 128 字节的区域都被划分成 8 个容量相同的子区域。容量小于等于 128 字节的区域不能再分。更多信息参见对子区域的论述
7:6	2	—	保留
5:1	5	REGIONSIZE	区域容量,单位是字节。容量为了 ≪(REGIONSIZE+1),但是最小容量为 32 字节
0	1	SZENABLE	1=使能此区域;0 除能此区域

XN 位,用于控制是否允许从此区域取指。如果 XN=1,说明禁止从区域取指,强行取指将产生一个 MemManage 异常。如果设置 XN=0,则允许取指。

AP 位,由 3 个位(bit[26:24])组成,用于控制数据的访问权限(访问许可),控制关系如表 17.1.5 所列。

表 17.1.5　不同 AP 设置及其访问权限

值	特权级下的许可	用户级下的许可	典型用法
0b000	禁止访问	禁止访问	禁止访问
0b001	RW	禁止访问	只支持特权访问
0b010	RW	RO	禁止用户程序执行写操作
0b011	RW	RW	全访问
0b100	n/a	n/a	n/a
0b101	RO	禁止访问	仅支持特权读
0b110	RO	RO	只读
0b111	RO	RO	只读

TEX、S、C 和 B 等位对应着存储系统中比较高级的概念,可以通过对这些位段的编程来支持多样的内存管理模型。这些位组合的详细功能如表 17.1.6 所列。

表 17.1.6　TEX、S、C 和 B 对存储器类型的定义

TEX	C	B	描　述	存储器类型	可否共享
000	0	0	强序(严格按照顺序执行)	强序	可以
000	0	1	共享的设备(可以写缓冲)	设备	可以
000	1	0	片外或片内的"写通"型内存,非写分配	普通	s 位决定

续表 17.1.6

TEX	C	B	描　述	存储器类型	可否共享
000	1	1	片外或片内的“写回”型内存,非写分配	普通	s 位决定
001	0	0	片外或片内的“不可缓存”型内存	普通	s 位决定
001	0	1	n/a	n/a	n/a
001	1	0	由具体实现定义	n/a	n/a
001	1	1	片内或片内的“写回”型,带读和写的分配	普通	s 位决定
010	1	x	共享不可的设备	设备	总是不可
010	0	1	n/a	n/a	n/a
010	1	x	n/a	n/a	n/a
1BB	A	A	带缓存的内存。BB=适用于片外内存,AA=适用于片内内存	普通	s 位决定

有些情况下,内部和外部内存可能需要不同的缓存策略,此时需要设置 TEX 的第二位为 1,这样 TEX[1:0]的定义就会变为外部策略表(表 17.1.6 中表示为 BB),而 C 和 B 位则会变为内部策略表(表 17.1.6 中表示为 AA)。缓存策略的定义(AA 和 BB)如表 17.1.7 所列。

表 17.1.7　TEX 最高位为 1 时内外缓存策略编码

存储器属性编码(AA and BB)	高速缓存策略	存储器属性编码(AA and BB)	高速缓存策略
00	不可共享	10	写通,无写分配
01	写回,读/写均有分配	11	写回,无写分配

S 位用于控制存储器的共享特性,设置 S=1,则二级存储器不可以缓存(Cache);设置 S=0,则可以缓存,一般设置该位为 0 即可。

C 位用于控制存储器的缓存特性,也就是是否可以缓存。STM32F7 自带缓存,如果想要某个存储器可以被缓存,则必须设置 C=1,此位需要根据具体的需要设置。

B 位用于控制存储器的缓冲特性,设置 B=1,则二级存储器可以缓冲,即写回模式;设置 B=0,则二级存储器不可以缓冲,即写通模式。此位须根据具体的需要进行设置。

SRD[15:8]这 8 个位用于控制子区域使能。前面提到,STM32F7 的 MPU 最多支持 8 个区域,有时候可能不够用,通过子区域的概念,可以将每个区域的内部进一步划分成更小的块,这就是子区域,每个子区域可以独立地使能或除能(相当于可以部分地使能一个区域)。

子区域的使用必须满足:

① 每个区域必须 8 等分,每份是一个子区域,其属性与主区域完全相同。

② 可以被分为 8 个子区域的区域大小必须大于等于 256 字节。

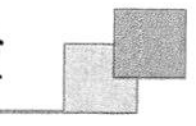

SRD 的 8 个位中,每个位控制一个子区域是否被除能。如 SRD.4=0,则 4 号子区域被除能。如果某个子区域被除能,且其对应的地址范围又没有落在其他区域中,则对该区的访问将引发 fault。

REGIONSIZE[5:1]这 5 个位用于控制区域的容量(大小),计算关系如下:

$$rsize = 2^{REGIONSIZE+1}$$

rsize 即区域的容量,必须大于等于 32 字节,即 REGIONSIZE 必须大于等于 4。区域的容量范围为 32 字节~4 GB,须根据实际需要进行设置。

SZENABLE 位用于设置区域的使能。该位一般最后设置,设置为 1,则启用此区域,使能 MPU 保护。

至此,MPU 就介绍完了,更详细的说明可参考《STM32F7 编程手册》、《STM32 MPU 说明》和《ARM Cortex - M3 权威指南(中文)》第 14 章。接下来看看使用 HAL 库配置 MPU 相关函数和配置方法。MPU 的相关配置分布在头文件 stm32f7xx_hal_cortex.h 和对应的源文件 stm32f7xx_hal_cortex.c 中。

① 禁止、使能 MPU 以及 MemManage 中断。

HAL 库中使能、禁止 MPU 以及 MemManage 中断的方法非常简单,使能函数为:

```
__STATIC_INLINE void HAL_MPU_Enable(uint32_t MPU_Control);
```

禁止函数为:

```
__STATIC_INLINE void HAL_MPU_Disable(void);
```

② 配置某个区域的 MPU 保护参数。

前面讲过,MPU 配置之前必须先通过 MPU_RNR 区域编号寄存器来选择下一个要配置的区域,然后通过配置 MPU_RBAR 基地址寄存器来配置基地址,最后通过区域属性和容量寄存器 RASR 来配置区域相关属性和参数。这些过程在 HAL 库中是通过函数 HAL_MPU_ConfigRegion 来实现的,函数声明如下:

```
void HAL_MPU_ConfigRegion(MPU_Region_InitTypeDef * MPU_Init);
```

该函数只有一个入口参数 MPU_Init,该参数为 MPU_Region_InitTypeDef 结构体指针类型,该结构体定义如下:

```
typedef struct
{
  uint8_t              Enable;              //区域使能/禁止
  uint8_t              Number;              //区域编号
  uint32_t             BaseAddress;         //配置区域基地址
  uint8_t              Size;                //区域容量
  uint8_t              SubRegionDisable;    //子区域除能位段设置
  uint8_t              TypeExtField;        //类型扩展级别
  uint8_t              AccessPermission;    //设置访问权限
  uint8_t              DisableExec;         //允许/禁止取指
  uint8_t              IsShareable;         //禁止/允许共享
  uint8_t              IsCacheable;         //禁止/允许缓存
  uint8_t              IsBufferable;        //禁止/允许缓冲
}MPU_Region_InitTypeDef;
```

该结构体成员变量很多,每个成员变量的含义程序中有注释。注意,除了 BaseAddress 和 Number 两个成员变量是分别用来配置 MPU→RBAR 和 MPU→RNR 寄存器之外,其他成员变量都是用来配置 MPU→RASR 寄存器相关位的,不理解的可以直接对照前面讲解的寄存器 MPU→RASR 各个位含义来理解。

17.2 硬件设计

本章实验功能简介:本实验将利用 STM32F7 自带的 MPU 功能,对一个特定的内存空间(数组,地址 0X20002000)进行写访问保护。开机时,串口调试助手显示 MPU closed,表示默认是没有写保护的。按 KEY0 可以往数组里面写数据,按 KEY1 可以读取数组里面的数据。按 KEY_UP 则开启 MPU 保护,此时,如果再按 KEY0 往数组写数据,就会引起 MemManage 错误,进入 MemManage_Handler 中断服务函数,此时 DS1 点亮,同时打印错误信息,最后软件复位,系统重启。DS0 用于提示程序正在运行,所有信息都是通过串口 1 输出(115 200),可用串口调试助手查看。

本实验需要用到的硬件资源有:指示灯 DS0,串口 1,按键 KEY0、KEY1 和 KEY_UP(也称之为 WK_UP)。

这些硬件资源在之前的例程都已经介绍过了,这里不再介绍了。

17.3 软件设计

打开本章 MPU 实验工程可以看到,HARDWARE 分组下添加了 mpu.c 源文件,同时将对应的头文件 mpu.h 引入工程。打开 mpu.c 文件,代码如下:

```
//设置某个区域的 MPU 保护
//baseaddr:MPU 保护区域的基址(首地址)
//size:MPU 保护区域的大小(必须是 32 的倍数,单位为字节)
//可设置的值参考:CORTEX_MPU_Region_Size
//rnum:MPU 保护区编号,范围:0~7,最大支持 8 个保护区域
//可设置的值参考:CORTEX_MPU_Region_Number
//ap:访问权限,访问关系如下
//可设置的值参考:CORTEX_MPU_Region_Permission_Attributes
//MPU_REGION_NO_ACCESS,无访问(特权 & 用户都不可访问)
//MPU_REGION_PRIV_RW,仅支持特权读/写访问
//MPU_REGION_PRIV_RW_URO,禁止用户写访问(特权可读/写访问)
//MPU_REGION_FULL_ACCESS,全访问(特权 & 用户都可访问)
//MPU_REGION_PRIV_RO,仅支持特权读访问
//MPU_REGION_PRIV_RO_URO,只读(特权 & 用户都不可以写)
//详见:STM32F7 Series Cortex - M7 processor programming manual.pdf,4.6 节,Table 89
//返回值;0,成功
//      其他,错误
u8 MPU_Set_Protection(u32 baseaddr,u32 size,u32 rnum,u32 ap)
{
```

```
    MPU_Region_InitTypeDef MPU_Initure;
    HAL_MPU_Disable();     //配置 MPU 之前先关闭 MPU,配置完成以后在使能 MPU
    MPU_Initure.Enable = MPU_REGION_ENABLE;                          //使能该保护区域
    MPU_Initure.Number = rnum;                                       //设置保护区域
    MPU_Initure.BaseAddress = baseaddr;                              //设置基址
    MPU_Initure.Size = size;                                         //设置保护区域大小
    MPU_Initure.SubRegionDisable = 0X00;                             //禁止子区域
    MPU_Initure.TypeExtField = MPU_TEX_LEVEL0;                       //设置类型扩展域为 level0
    MPU_Initure.AccessPermission = (u8)ap;                           //设置访问权限
    MPU_Initure.DisableExec = MPU_INSTRUCTION_ACCESS_ENABLE;//允许指令访问
    MPU_Initure.IsShareable = MPU_ACCESS_NOT_SHAREABLE;              //禁止共用
    MPU_Initure.IsCacheable = MPU_ACCESS_CACHEABLE;                  //使能 cache
    MPU_Initure.IsBufferable = MPU_ACCESS_BUFFERABLE;                //允许缓冲
    HAL_MPU_ConfigRegion(&MPU_Initure);                              //配置 MPU
    HAL_MPU_Enable(MPU_PRIVILEGED_DEFAULT);                          //开启 MPU
    return 0;
}
//设置需要保护的存储块
//必须对部分存储区域进行 MPU 保护,否则可能导致程序运行异常
//比如 MCU 屏不显示,摄像头采集数据出错等问题
void MPU_Memory_Protection(void)
{
    MPU_Set_Protection(0x60000000,MPU_REGION_SIZE_64MB,
                    MPU_REGION_NUMBER0,MPU_REGION_FULL_ACCESS);
                            //保护 MCU LCD 屏所在的 FMC 区域,,共 64 MB
    MPU_Set_Protection(0x20000000,MPU_REGION_SIZE_512KB,
                    MPU_REGION_NUMBER1,MPU_REGION_FULL_ACCESS);
                    //保护整个内部 SRAM,包括 SRAM1,SRAM2 和 DTCM,共 512 KB
    MPU_Set_Protection(0XC0000000,MPU_REGION_SIZE_32MB,
                    MPU_REGION_NUMBER2,MPU_REGION_FULL_ACCESS);
                            //保护 SDRAM 区域,共 32 MB
    MPU_Set_Protection(0X80000000,MPU_REGION_SIZE_256MB,
                    MPU_REGION_NUMBER3,MPU_REGION_FULL_ACCESS);
                            //保护整个 NAND Flash 区域,共 256 MB
}
//MemManage 错误处理中断
//进入此中断以后,将无法恢复程序运行
void MemManage_Handler(void)
{
    LED1(0);                                        //点亮 DS1
    printf("Mem Access Error!! \r\n");              //输出错误信息
    delay_ms(1000);
    printf("Soft Reseting...\r\n");                 //提示软件重启
    delay_ms(1000);
    NVIC_SystemReset();                             //软复位
}
```

此部分总共 3 个函数:

MPU_Set_Protection 函数,用于设置某个区域的详细参数,详见代码说明。通过该函数可以设置某个存储区域的具体特性,从而实现内存保护。

MPU_Memory_Protection 函数,用于设置整个代码里面需要保护的存储块,这里

对 4 个存储块(使用了 4 个区域(区域))进行了保护:

① 从 0x60000000 地址开始的 64 MB 地址空间,禁止共用,禁止缓冲,保护 MCU LCD 屏的访问地址取件;如不进行设置,则可能导致 MCU LCD 白屏。

② 从 0x20000000 地址开始的 512 KB 地址空间,包括 SRAM1、SRAM2 和 DTCM,禁止共用,允许缓冲。

③ 从 0XC0000000 地址开始的 32 MB 地址空间,即 SDRAM 的地址范围,禁止共用,允许缓冲。

④ 从 0X80000000 地址开始的 256 MB 地址空间,即 NAND Flash 区域,禁止共用,禁止缓冲;如不进行设置,则可能导致 NAND Flash 访问异常。

这 4 个地址空间的保护设置可以提高代码的稳定性(其实就是减少使用缓存导致的各种莫名奇妙的问题),读者不要随意改动。此函数在本例程没有用到,不过后续代码都会用到。

最后,MemManage_Handler 函数,用于处理产生 MemManage 错误的中断服务函数。该函数里面点亮了 DS1,并输出一些串口信息对系统进行软复位,以便观察本例程的实验结果。

头文件 mpu.h 内容非常简单,主要是函数声明,这里不做过多解释。

最后,打开 main.c 文件,代码如下:

```
u8 mpudata[128] __attribute__((at(0X20002000)));    //定义一个数组
int main(void)
{
    u8 i = 0;
    u8 key;
    Cache_Enable();                              //打开 L1 - Cache
    HAL_Init();                                  //初始化 HAL 库
    Stm32_Clock_Init(432,25,2,9);                //设置时钟,216 MHz
    delay_init(216);                             //延时初始化
    uart_init(115200);                           //串口初始化
    LED_Init();                                  //初始化 LED
    KEY_Init();                                  //按键初始化
    printf("\r\n\r\nMPU closed! \r\n"); //提示 MPU 关闭
    while(1)
    {
        key = KEY_Scan(0);
        if(key == WKUP_PRES)                     //使能 MPU 保护数组 mpudata
        {
            MPU_Set_Protection(0X20002000,128,0,MPU_REGION_PRIV_RO_URO,0,0,1);
                                                 //只读,禁止共用,禁止 catch,允许缓冲
            printf("MPU open! \r\n");            //提示 MPU 打开
        }else if(key == KEY0_PRES)               //向数组中写入数据,如果开启了 MPU 保护的
                                                 //话会进入内存访问错误
        {
            printf("Start Writing data...\r\n");
            sprintf((char * )mpudata,"MPU test array % d",i);
            printf("Data Write finshed! \r\n");
```

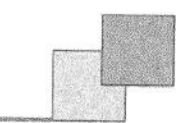

```
        }else if(key == KEY1_PRES)              //从数组中读取数据,不管有没有开启 MPU 保护
                                                //都不会进入内存访问错误
        {
            printf("Array data is: % s\r\n",mpudata);
        }else delay_ms(10);
        i ++ ;
        if((i % 50) == 0) LED0(led0sta^ = 1);     //LED0 取反
    }
}
```

此部分代码定义了一个 128 字节大小的数组:mpudata,其首地址为 0X20002000,默认情况下,MPU 保护关闭,可以对该数组进行读/写访问。按下 KEY_UP 按键的时候,通过 MPU_Set_Protection 函数对其 0X20002000 为起始地址、大小为 128 字节的内存空间进行保护,仅支持特权读访问。此时如果再按 KEY0 对数组进行写入操作,则会引起 MemManage 访问异常,进入 MemManage_Handler 中断服务函数,执行相关操作。

其他的代码比较简单,这里就不多做说明了,整个代码编译通过之后,就可以开始下载验证了。

17.4 下载验证

把程序下载到阿波罗 STM32F767 开发板,可以看到,板子上的 DS0 开始闪烁,说明程序已经在跑了。然后,打开串口调试助手(XCOM V2.0),设置串口为开发板的 USB 转串口(CH340 虚拟串口,须根据自己的计算机选择,笔者的计算机是 COM3,另外,注意,波特率是 115 200),则可以看到如图 17.4.1 所示信息(如果没有提示信息,请先按复位)。

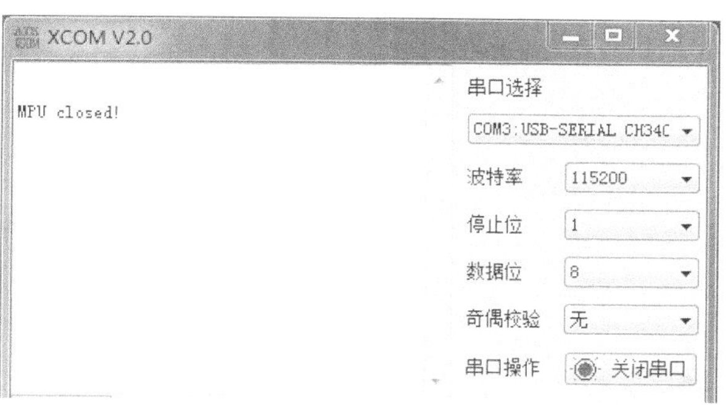

图 17.4.1 串口调试助手收到的信息

从图 17.4.1 可以看出,此时串口助手提示 MPU Closed,即 MPU 保护是关闭的,我们可以按 KEY0 往数组里面写入数据;按 KEY1 可以读取刚刚写入的数据;按 KEY_UP 则开启 MPU 保护,提示“MPU open!”。此时,如果再按 KEY0 往数组里面写数据,则会引起 MemManage 访问异常,进入 MemManage_Handler 中断服务函数,

点亮 DS0,并提示“Mem Access Error!!”,在 1 s 以后重启系统(软复位),如图 17.4.2 所示。

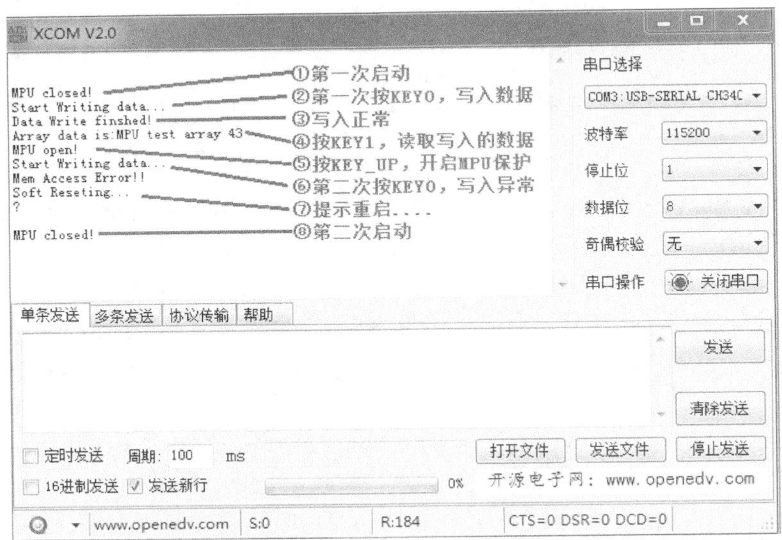

图 17.4.2　串口调试助手显示运行结果

整个过程验证了我们代码的正确性,通过 MPU 实现了对特定内存的写保护功能。通过 MPU 可以提高系统的可靠性,使代码更加安全地运行。

第 18 章

TFTLCD(MCU 屏)实验

第 16 章介绍了 OLED 模块及其显示，但是该模块只能显示单色、双色，不能显示彩色，而且尺寸也较小。本章将介绍 ALIENTEK 的 TFTLCD 模块(MCU 屏)，该模块采用 TFTLCD 面板，可以显示 16 位色的真彩图片。本章将使用阿波罗 STM32F767 开发板底板上的 TFTLCD 接口(仅支持 MCU 屏，本章仅介绍 MCU 屏的使用)来点亮 TFTLCD，并实现 ASCII 字符和彩色的显示等功能，同时在串口打印 LCD 控制器 ID，在 LCD 上面显示。

18.1 TFTLCD&FMC 简介

本章将通过 STM32F767 的 FMC 接口来控制 TFTLCD 的显示，所以本节分为两个部分介绍 TFTLCD 和 FMC。

TFTLCD 即薄膜晶体管液晶显示器，英文全称为 Thin Film Transistor-Liquid Crystal Display。TFTLCD 与无源 TNLCD、STNLCD 的简单矩阵不同，它在液晶显示屏的每一个像素上都设置有一个薄膜晶体管(TFT)，可有效地克服非选通时的串扰，使显示液晶屏的静态特性与扫描线数无关，因此大大提高了图像质量。TFTLCD 也叫真彩液晶显示器。

上一章介绍了 OLED 模块，本章介绍 ALIENTEK TFTLCD 模块(MCU 接口)，该模块有如下特点：

- 2.8 寸、3.5 寸、4.3 寸、7 寸共 4 种大小的屏幕可选。
- 320×240 的分辨率(3.5 寸分辨率为 320×480，4.3 寸和 7 寸分辨率为 800×480)。
- 16 位真彩显示。
- 自带触摸屏，可以用来作为控制输入。

本章以 2.8 寸(其他 3.5 寸、4.3 寸等 LCD 方法类似，参考 2.8 的即可)的 ALIENTEK TFTLCD 模块为例介绍，该模块支持 65K 色显示，显示分辨率为 320×240，接口为 16 位的 80 并口，自带触摸屏。

该模块的外观图如图 18.1.1 所示。

模块原理图如图 18.1.2 所示。

TFTLCD 模块采用 2×17 的 2.54 公排针与外部连接，接口定义如图 18.1.3 所示。

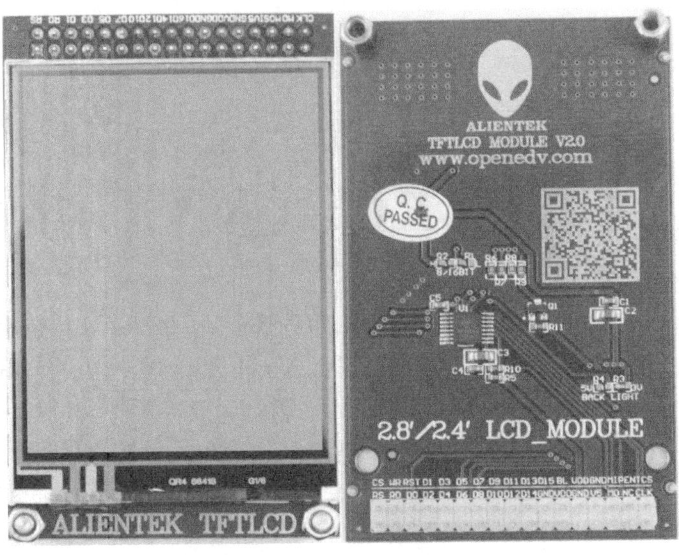

图 18.1.1 ALIENTEK 2.8 寸 TFTLCD 外观图

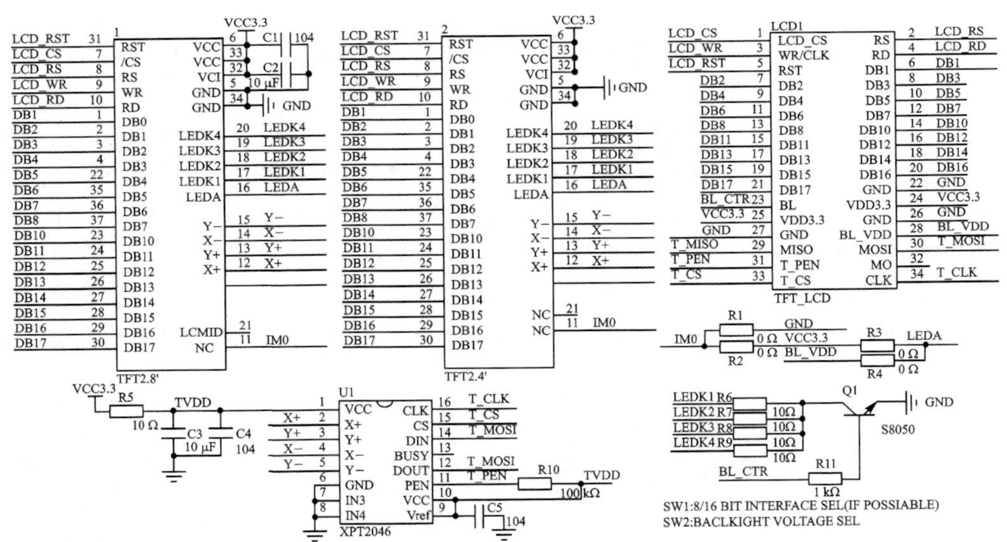

图 18.1.2 ALIENTEK 2.8 寸 TFTLCD 模块原理图

可以看出，ALIENTEK TFTLCD 模块采用 16 位的并方式与外部连接。之所以不采用 8 位的方式，是因为彩屏的数据量比较大，尤其在显示图片的时候，如果用 8 位数据线，就会比 16 位方式慢一倍以上，我们当然希望速度越快越好，所以选择 16 位的接口。图 18.1.3 还列出了触摸屏芯片的接口，关于触摸屏本章不多介绍，后面的章节会有详细的介绍。该模块的 80 并口有如下一些信号线：

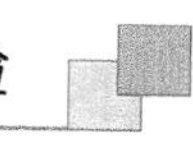

图 18.1.3 ALIENTEK 2.8 寸 TFTLCD 模块接口图

- CS:TFTLCD 片选信号。
- WR:向 TFTLCD 写入数据。
- RD:从 TFTLCD 读取数据。
- D[15:0]:16 位双向数据线。
- RST:硬复位 TFTLCD。
- RS:命令/数据标志(0,读/写命令;1,读/写数据)。

80 并口前面已经有详细的介绍了,这里就不再介绍,需要说明的是,TFTLCD 模块的 RST 信号线直接接到 STM32F767 的复位脚上,并不由软件控制,这样可以省下来一个 I/O 口。另外,还需要一个背光控制线来控制 TFTLCD 的背光。所以,总共需要的 I/O 口数目为 21 个。注意,我们标注的 DB1～DB8、DB10～DB17 是相对于 LCD 控制 IC 标注的,实际上可以把它们就等同于 D0～D15,这样理解起来就比较简单。

ALIENTEK 提供了 2.8、3.5、4.3、7 寸这 4 种不同尺寸和分辨率的 TFTLCD 模块,其驱动芯片为 ILI9341、NT35310、NT35510、SSD1963 等(具体的型号可以下载本章实验代码,通过串口或者 LCD 显示查看),这里仅以 ILI9341 控制器为例进行介绍,其他的控制基本都类似。

ILI9341 液晶控制器自带显存,其显存总大小为 172 800(240×320×18/8),即 18 位模式(26 万色)下的显存量。在 16 位模式下,ILI9341 采用 RGB565 格式存储颜色数据,此时 ILI9341 的 18 位数据线与 MCU 的 16 位数据线、LCD GRAM 的对应关系如图 18.1.4 所示。可以看出,ILI9341 在 16 位模式下面,数据线有用的是 D17～D13 和 D11～D1,D0 和 D12 没有用到。实际上在我们 LCD 模块里面,ILI9341 的 D0 和 D12 压根就没有引出来,这样,ILI9341 的 D17～D13 和 D11～D1 对应 MCU 的 D15～D0。

这样 MCU 的 16 位数据,最低 5 位代表蓝色,中间 6 位为绿色,最高 5 位为红色。数值越大,表示该颜色越深。注意,ILI9341 所有的指令都是 8 位的(高 8 位无效),且

9341总线	D17	D16	D15	D14	D13	D12	D11	D10	D9	D8	D7	D6	D5	D4	D3	D2	D1	D0
MCU数据(16位)	D15	D14	D13	D12	D11	NC	D10	D9	D8	D7	D6	D5	D4	D3	D2	D1	D0	NC
LCDGRAM(16位)	R[4]	R[3]	R[2]	R[1]	R[0]	NC	G[5]	G[4]	G[3]	G[2]	G[1]	G[0]	B[4]	B[3]	B[2]	B[1]	B[0]	NC

图 18.1.4　16 位数据与显存对应关系图

参数除了读/写 GRAM 的时候是 16 位,其他操作参数都是 8 位的。

接下来介绍一下 ILI9341 的几个重要命令。ILI9341 的命令很多,这里就不全部介绍了,有兴趣的读者可以查看 ILI9341 的 datasheet。这里介绍 0XD3、0X36、0X2A、0X2B、0X2C、0X2E 这 6 条指令。

首先来看指令 0XD3,这个是读 ID4 指令,用于读取 LCD 控制器的 ID,该指令如表 18.1.1 所列。可以看出,0XD3 指令后面跟了 4 个参数,最后 2 个参数读出来是 0X93 和 0X41,刚好是我们控制器 ILI9341 的数字部分。所以通过该指令即可判别所用的 LCD 驱动器是什么型号,这样,我们的代码就可以根据控制器的型号去执行对应驱动 IC 的初始化代码,从而兼容不同驱动 IC 的屏,使得一个代码支持多款 LCD。

表 18.1.1　0XD3 指令描述

顺　序	控　制			各位描述									HEX
	RS	RD	WR	D15～D8	D7	D6	D5	D4	D3	D2	D1	D0	
指令	0	1	↑	XX	1	1	0	1	0	0	1	1	D3H
参数 1	1	↑	1	XX	X	X	X	X	X	X	X	X	X
参数 2	1	↑	1	XX	0	0	0	0	0	0	0	0	00H
参数 3	1	↑	1	XX	1	0	0	1	0	0	1	1	93H
参数 4	1	↑	1	XX	0	1	0	0	0	0	0	1	41H

接下来看指令 0X36,这是存储访问控制指令,可以控制 ILI9341 存储器的读/写方向。简单说,就是在连续写 GRAM 的时候,可以控制 GRAM 指针的增长方向,从而控制显示方式(读 GRAM 也是一样)。该指令如表 18.1.2 所列。

可以看出,0X36 指令后面紧跟一个参数,这里主要关注 MY、MX、MV 这 3 个位。通过这 3 个位的设置可以控制整个 ILI9341 的全部扫描方向,如表 18.1.3 所列。

表 18.1.2　0X36 指令描述

顺　序	控　制			各位描述									HEX
	RS	RD	WR	D15～D8	D7	D6	D5	D4	D3	D2	D1	D0	
指令	0	1	↑	XX	0	0	1	1	0	1	1	0	36H
参数	1	1	↑	XX	MY	MX	MV	ML	BGR	MH	0	0	0

表 18.1.3 MY、MX、MV 设置与 LCD 扫描方向关系表

控制位			效 果
MY	MX	MV	LCD 扫描方向(GRAM 自增方式)
0	0	0	从左到右,从上到下
1	0	0	从左到右,从下到上
0	1	0	从右到左,从上到下
1	1	0	从右到左,从下到上
0	0	1	从上到下,从左到右
0	1	1	从上到下,从右到左
1	0	1	从下到上,从左到右
1	1	1	从下到上,从右到左

这样,在利用 ILI9341 显示内容的时候就有很大灵活性了,比如显示 BMP 图片、BMP 解码数据,就是从图片的左下角开始,慢慢显示到右上角。如果设置 LCD 扫描方向为从左到右、从下到上,那么只需要设置一次坐标,然后就不停地往 LCD 填充颜色数据即可,大大了提高显示速度。

接下来看指令 0X2A,这是列地址设置指令,在从左到右、从上到下的扫描方式(默认)下面,该指令用于设置横坐标(x 坐标)。该指令如表 18.1.4 所列。

表 18.1.4 0X2A 指令描述

顺 序	控 制			各位描述									HEX
	RS	RD	WR	D15~D8	D7	D6	D5	D4	D3	D2	D1	D0	
指令	0	1	↑	XX	0	0	1	0	1	0	1	0	2AH
参数 1	1	1	↑	XX	SC15	SC14	SC13	SC12	SC11	SC10	SC9	SC8	SC
参数 2	1	1	↑	XX	SC7	SC6	SC5	SC4	SC3	SC2	SC1	SC0	
参数 3	1	1	↑	XX	EC15	EC14	EC13	EC12	EC11	EC10	EC9	EC8	EC
参数 4	1	1	↑	XX	EC7	EC6	EC5	EC4	EC3	EC2	EC1	EC0	

在默认扫描方式时,该指令用于设置 x 坐标。该指令带有 4 个参数,实际上是 2 个坐标值:SC 和 EC,即列地址的起始值和结束值;SC 必须小于等于 EC,且 0≤SC/EC≤239。一般在设置 x 坐标的时候,我们只需要带 2 个参数即可,也就是设置 SC 即可,因为如果 EC 没有变化,则只需要设置一次即可(在初始化 ILI9341 的时候设置),从而提高速度。

与 0X2A 指令类似,指令 0X2B 是页地址设置指令,在从左到右、从上到下的扫描方式(默认)下面,该指令用于设置纵坐标(y 坐标)。该指令如表 18.1.5 所列。

表 18.1.5　0X2B 指令描述

顺　序	控　制			各位描述									HEX
	RS	RD	WR	D15～D8	D7	D6	D5	D4	D3	D2	D1	D0	
指令	0	1	↑	XX	0	0	1	0	1	0	1	0	2BH
参数 1	1	1	↑	XX	SP15	SP14	SP13	SP12	SP11	SP10	SP9	SP8	SP
参数 2	1	1	↑	XX	SP7	SP6	SP5	SP4	SP3	SP2	SP1	SP0	
参数 3	1	1	↑	XX	EP15	EP14	EP13	EP12	EP11	EP10	EP9	EP8	EP
参数 4	1	1	↑	XX	EP7	EP6	EP5	EP4	EP3	EP2	EP1	EP0	

在默认扫描方式时，该指令用于设置 y 坐标。该指令带有 4 个参数，实际上是 2 个坐标值：SP 和 EP，即页地址的起始值和结束值；SP 必须小于等于 EP，且 0≤SP/EP≤319。一般在设置 y 坐标的时候，我们只需要带 2 个参数即可，也就是设置 SP 即可，因为如果 EP 没有变化，则只需要设置一次即可(在初始化 ILI9341 的时候设置)，从而提高速度。

接下来看指令 0X2C，该指令是写 GRAM 指令。发送该指令之后，我们便可以往 LCD 的 GRAM 里面写入颜色数据了。该指令支持连续写，指令描述如表 18.1.6 所列。可见，在收到指令 0X2C 之后，数据有效位宽变为 16 位，我们可以连续写入 LCD GRAM 值，而 GRAM 的地址将根据 MY/MX/MV 设置的扫描方向进行自增。例如，假设设置的是从左到右、从上到下的扫描方式，那么设置好起始坐标(通过 SC，SP 设置)后，每写入一个颜色值，GRAM 地址将会自动自增 1(SC＋＋)；如果碰到 EC，则回到 SC，同时 SP＋＋，一直到坐标 EC，EP 结束，其间无须再次设置的坐标，从而大大提高写入速度。

表 18.1.6　0X2C 指令描述

顺　序	控　制			各位描述									HEX
	RS	RD	WR	D15～D8	D7	D6	D5	D4	D3	D2	D1	D0	
指令	0	1	↑	XX	0	0	1	0	1	1	0	0	2CH
参数 1	1	1	↑	D1[15:0]									XX
……	1	1	↑	D2[15:0]									XX
参数 n	1	1	↑	Dn[15:0]									XX

最后来看看指令 0X2E，该指令是读 GRAM 指令，用于读取 ILI9341 的显存(GRAM)。该指令在 ILI9341 的数据手册上面的描述是有误的，真实的输出情况如表 18.1.7 所列。

表 18.1.7 0X2E 指令描述

<table>
<tr><th rowspan="2">顺 序</th><th colspan="3">控 制</th><th colspan="12">各位描述</th><th rowspan="2">HEX</th></tr>
<tr><th>RS</th><th>RD</th><th>WR</th><th>D15～D11</th><th>D10</th><th>D9</th><th>D8</th><th>D7</th><th>D6</th><th>D5</th><th>D4</th><th>D3</th><th>D2</th><th>D1</th><th>D0</th></tr>
<tr><td>指令</td><td>0</td><td>1</td><td>↑</td><td colspan="4">XX</td><td>0</td><td>0</td><td>1</td><td>0</td><td>1</td><td>1</td><td>1</td><td>0</td><td>2EH</td></tr>
<tr><td>参数 1</td><td>1</td><td>↑</td><td>1</td><td colspan="12">XX</td><td>dummy</td></tr>
<tr><td>参数 2</td><td>1</td><td>↑</td><td>1</td><td>R1[4:0]</td><td colspan="3">XX</td><td colspan="6">G1[5:0]</td><td colspan="2">XX</td><td>R1G1</td></tr>
<tr><td>参数 3</td><td>1</td><td>↑</td><td>1</td><td>B1[4:0]</td><td colspan="3">XX</td><td colspan="5">R2[4:0]</td><td colspan="3">XX</td><td>B1R2</td></tr>
<tr><td>参数 4</td><td>1</td><td>↑</td><td>1</td><td colspan="2">G2[5:0]</td><td colspan="2">XX</td><td colspan="5">B2[4:0]</td><td colspan="3">XX</td><td>G2B2</td></tr>
<tr><td>参数 5</td><td>1</td><td>↑</td><td>1</td><td>R3[4:0]</td><td colspan="3">XX</td><td colspan="6">G3[5:0]</td><td colspan="2">XX</td><td>R3G3</td></tr>
<tr><td>参数 N</td><td>1</td><td>↑</td><td>1</td><td colspan="13">按以上规律输出</td></tr>
</table>

该指令用于读取 GRAM,如表 18.1.7 所列。ILI9341 在收到该指令后,第一次输出的是 dummy 数据,也就是无效的数据,从第二次开始,读取到的才是有效的 GRAM 数据(从坐标 SC,SP 开始),输出规律为每个颜色分量占 8 个位,一次输出 2 个颜色分量。例如,第一次输出是 R1G1,随后的规律为 B1R2→G2B2→R3G3→B3R4→G4B4→R5G5 等,依此类推。如果只需要读取一个点的颜色值,那么只需要接收到参数 3 即可;如果要连续读取(利用 GRAM 地址自增,方法同上),那么就按照上述规律去接收颜色数据。

以上就是操作 ILI9341 常用的几个指令,通过这几个指令便可以很好地控制 ILI9341 显示我们所要显示的内容了。

一般 TFTLCD 模块的使用流程如图 18.1.5 所示。

任何 LCD 的使用流程都可以简单地用这个流程图表示。其中,硬复位和初始化序列只需要执行一次即可。画点流程就是:设置坐标→写 GRAM 指令→写入颜色数据,然后在 LCD 上面就可以看到对应的点显示我们写入的颜色了。读点流程为:设置坐标→读 GRAM 指令(读取颜色数据),这样就可以获取到对应点的颜色数据了。

以上只是最简单的操作,也是最常用的操作,有了这些操作,一般就可以正常使用 TFTLCD 了。接下来将该模块用来来显示字符和数字,通过以上介绍,我们可以得出 TFTLCD 显示需要的相关设置步骤如下:

① 设置 STM32F767 与 TFTLCD 模块相连接的 I/O。

这一步先将与 TFTLCD 模块相连的 I/O 口进行初始化,以便驱动 LCD。这里用到的是 FMC(FMC 将在 18.1.2 小节详细介绍)。

② 初始化 TFTLCD 模块。

即图 18.1.5 的初始化序列,这里没有硬复位 LCD,因为阿波罗 STM32F767 开发板的 LCD 接口将 TFTLCD 的 RST 同 STM32F767 的 RESET 连接在一起了,只要按下开发板的 RESET 键,就会对 LCD 进行硬复位。初始化序列,就是向 LCD 控制器写入

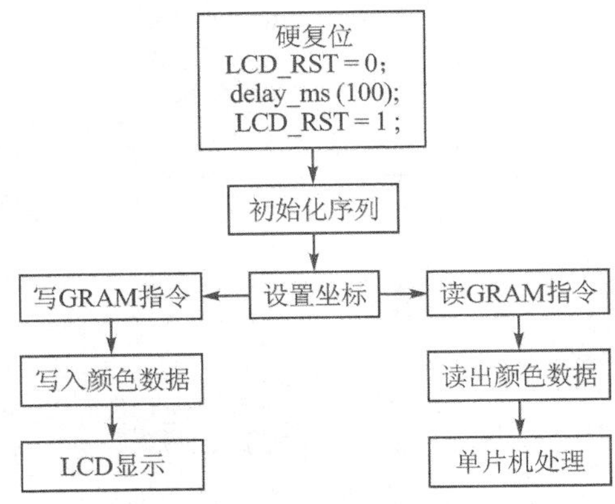

图 18.1.5 TFTLCD 使用流程

一系列的设置值(比如伽马校准);这些初始化序列一般由 LCD 供应商会提供给客户,我们直接使用这些序列即可,不需要深入研究。初始化之后,LCD 才可以正常使用。

③ 通过函数将字符和数字显示到 TFTLCD 模块上。

这一步通过图 18.1.5 左侧的流程,即设置坐标→写 GRAM 指令→写 GRAM 来实现,但是这个步骤只是一个点的处理,要显示字符、数字,就必须要多次使用这个步骤,所以需要设计一个函数来实现数字/字符的显示,之后调用该函数,就可以实现数字、字符的显示了。

STM32F767xx 系列芯片都带有 FMC 接口,即可变存储存储控制器,能够与同步或异步存储器、SDRAM 存储器和 NAND Flash 等连接,STM32F767 的 FMC 接口支持包括 SRAM、SDRAM、NAND Flash、NOR Flash 和 PSRAM 等存储器。FMC 的框图如图 18.1.6 所示。

可以看出,STM32F767 的 FMC 将外部设备分为 3 类:NOR/PSRAM 设备、NAND 设备和 SDRAM 设备。它们共用地址数据总线等信号,具有不同的 CS 来区分不同的设备,比如本章用到的 TFTLCD 就是用 FMC_NE1 做片选,其实就是将 TFTLCD 当成 SRAM 来控制。

这里我们介绍下为什么可以把 TFTLCD 当成 SRAM 设备用:首先了解下外部 SRAM 的连接。外部 SRAM 的控制一般有地址线(如 A0～A18)、数据线(如 D0～D15)、写信号(WE)、读信号(OE);片选信号(CS);如果 SRAM 支持字节控制,那么还有 UB/LB 信号。TFTLCD 的信号包括 RS、D0～D15、WR、RD、CS、RST 和 BL 等,其中,真正在操作 LCD 的时候需要用到的就只有 RS、D0～D15、WR、RD 和 CS。其操作时序和 SRAM 的控制完全类似,唯一不同就是 TFTLCD 有 RS 信号,但是没有地址信号。

TFTLCD 通过 RS 信号来决定传送的数据是数据还是命令,本质上可以理解为一个地址信号。比如把 RS 接在 A0 上面,那么当 FMC 控制器写地址 0 的时候,会使得

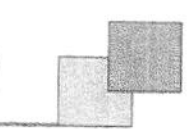

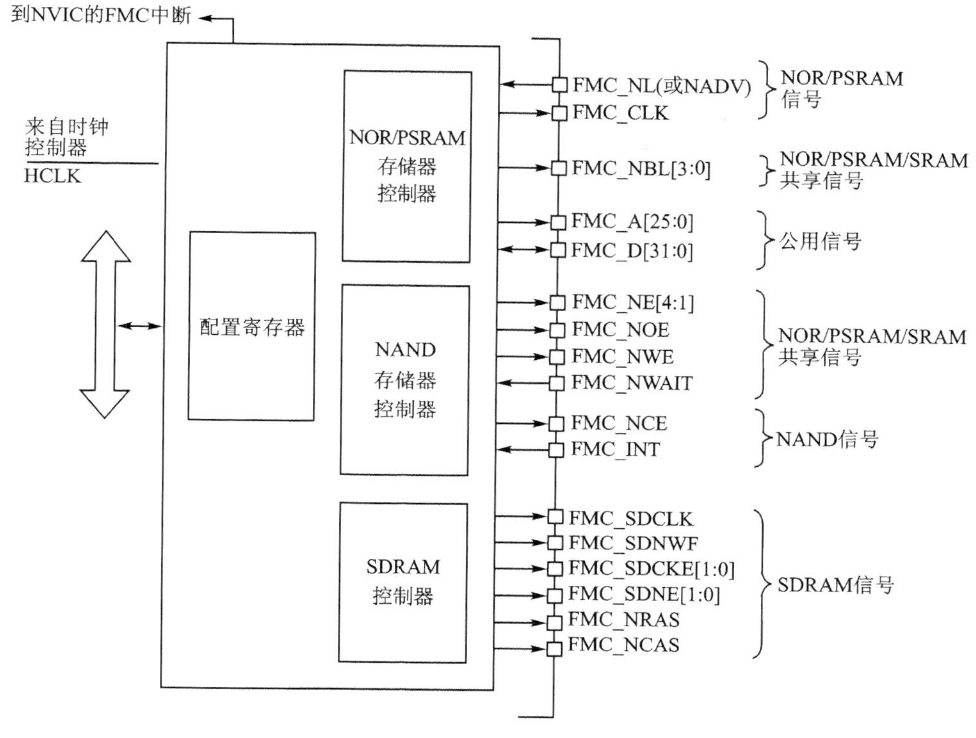

图 18.1.6　FMC 框图

A0 变为 0,对 TFTLCD 来说,就是写命令。而 FMC 写地址 1 的时候,A0 将会变为 1,对 TFTLCD 来说,就是写数据了。这样,就把数据和命令区分开了,它们其实就是对应 SRAM 操作的两个连续地址。当然,RS 也可以接在其他地址线上,阿波罗 STM32F767 开发板是把 RS 连接在 A18 上面的。

STM32F767 的 FMC 支持 8、16、32 位数据宽度,这里用到的 LCD 是 16 位宽度,所以设置的时候选择 16 位宽就可以了。再来看看 FMC 的外部设备地址映像。STM32F767 的 FMC 将外部存储器划分为 6 个固定大小为 256 MB 的存储区域,如图 18.1.7 所示。

可以看出,FMC 总共管理 1.5 GB 空间,拥有 6 个存储块(Bank)。本章用到的是块 1,所以本章仅讨论块 1 的相关配置,其他块的配置可参考《STM32F7 中文参考手册》第 13 章(286 页)的相关介绍。

STM32F767 的 FMC 存储块 1(Bank1)分为 4 个区,每个区管理 64 MB 空间,每个区都有独立的寄存器对所连接的存储器进行配置。Bank1 的 256 MB 空间由 28 根地址线(HADDR[27:0])寻址。

这里的 HADDR 是内部 AHB 地址总线,其中,HADDR[25:0]来自于外部存储器地址 FMC_A[25:0],而 HADDR[26:27]对 4 个区进行寻址,如表 18.1.8 所列。

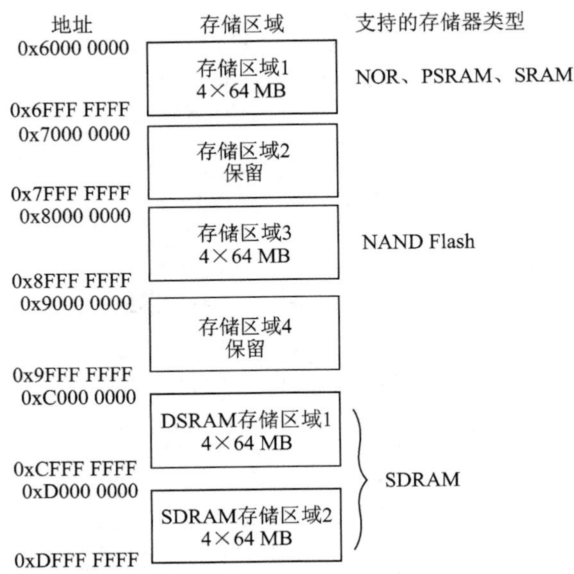

图 18.1.7 FMC 存储块地址映像

表 18.1.8 Bank1 存储区选择表

Bank1 所选区	片选信号	地址范围	HADDR	
			[27:26]	[25:0]
第一区	FMC_NE1	0X6000 0000～63FFFFFF	00	FMC_A[25:0]
第 2 区	FMC_NE2	0X6400 0000～67FFFFFF	01	
第 3 区	FMC_NE3	0X6800 0000～6BFFFFFF	10	
第 4 区	FMC_NE4	0X6C00 0000～6FFFFFFF	11	

HADDR[25:0]位包含外部存储器的地址，由于 HADDR 为字节地址，而存储器按字寻址，所以，根据存储器数据宽度的不同，实际上向存储器发送的地址也有所不同，如表 18.1.9 所列。

表 18.1.9 NOR/PSRAM 外部存储器地址

存储器宽度	向存储器发出的数据地址	最大存储器容量/bit
8 位	HADDR[25:0]	64 MB×8=512 M
16 位	HADDR[25:1] ≫ 1	64 MB/2×16=512 M
32 位	HADDR[25:2] ≫ 2	64 MB/4×32=512 M

因此，FMC 内部 HADDR 与存储器寻址地址的实际对应关系就是：

- 当接的是 32 位宽度存储器的时候，HADDR[25:2](FMC_A[23:0]。
- 当接的是 16 位宽度存储器的时候，HADDR[25:1](FMC_A[24:0]。
- 当接的是 8 位宽度存储器的时候，HADDR[25:0](FMC_A[25:0]。

不论外部接8位、16位、32位宽设备，FMC_A[0]永远接在外部设备地址A[0]。这里，TFTLCD使用的是16位数据宽度，所以HADDR[0]并没有用到，只有HADDR[25:1]是有效的，对应关系变为HADDR[25:1](FMC_A[24:0]，相当于右移了一位，这里要特别留意。另外，HADDR[27:26]的设置是不需要我们干预的，例如，选择使用Bank1的第一个区，即使用FMC_NE1来连接外部设备的时候，对应了HADDR[27:26]=00，我们要做的就是配置对应第一区的寄存器组来适应外部设备即可。STM32F767的FMC各Bank配置寄存器如表18.1.10所列。

表18.1.10　FMC各Bank配置寄存器表

内部控制器	存储块	管理的地址范围	支持的设备类型	配置寄存器
NOR Flash控制器	Bank1	0X6000 0000～ 0X6FFF FFFF	SRAM/ROM NOR Flash PSRAM	FMC_BCR1/2/3/4 FMC_BTR1/2/2/3 FMC_BWTR1/2/3/4
NAND Flash /PC CARD 控制器	Bank2	0X7000 0000～ 0X7FFF FFFF	NAND Flash	FMC_PCR FMC_SR FMC_PMEM FMC_PATT FMC_ECCR
	Bank3	0X8000 0000～ 0X8FFF FFFF		
	Bank4	0X9000 0000～ 0X9FFF FFFF	保留	保留
SDRAM控制器	Bank5	0XC000 0000～ 0XCFFF FFFF	SDRAM	FMC_SDCR1/2 FMC_SDTR1/2 FMC_SDCMR FMC_SDRTR FMC_SDSR
	Bank6	0XD000 0000～ 0XDFFF FFFF	SDRAM	

对于NOR Flash控制器，主要是通过FMC_BCRx、FMC_BTRx和FMC_BWTRx寄存器设置的(其中x=1～4，对应4个区)。通过这3个寄存器可以设置FMC访问外部存储器的时序参数，拓宽了可选用的外部存储器的速度范围。FMC的NOR Flash控制器支持同步和异步突发两种访问方式。选用同步突发访问方式时，FMC将HCLK(系统时钟)分频后，发送给外部存储器作为同步时钟信号FMC_CLK。此时需要的设置的时间参数有2个：

➢ HCLK与FMC_CLK的分频系数(CLKDIV)，可以为2～16分频；

➢ 同步突发访问中获得第一个数据所需要的等待延迟(DATLAT)。

对于异步突发访问方式，FMC主要设置3个时间参数：地址建立时间(ADDSET)、数据建立时间(DATAST)和地址保持时间(ADDHLD)。FMC综合了SRAM、PSRAM和NOR Flash产品的信号特点，定义了4种不同的异步时序模型。选用不同的时序模型时，需要设置不同的时序参数，如表18.1.11所列。

表 18.1.11 NOR Flash/PSRAM 控制器支持的时序模型

时序模型		简单描述	时间参数
异步	Mode1	SRAM/CRAM 时序	DATAST、ADDSET
	ModeA	SRAM/CRAM OE 选通型时序	DATAST、ADDSET
	Mode2/B	NOR Flash 时序	DATAST、ADDSET
	ModeC	NOR Flash OE 选通型时序	DATAST、ADDSET
	ModeD	延长地址保持时间的异步时序	DATAST、ADDSET、ADDHLD
同步突发		根据同步时钟 FMC_CK 读取多个顺序单元的数据	CLKDIV、DATLAT

在实际扩展时,根据选用存储器的特征确定时序模型,从而确定各时间参数与存储器读/写周期参数指标之间的计算关系。利用该计算关系和存储芯片数据手册中给定的参数指标,可计算出 FMC 所需要的各时间参数,从而对时间参数寄存器进行合理配置。

本章使用异步模式 A(ModeA)方式来控制 TFTLCD,模式 A 的读操作时序如图 18.1.8 所示。

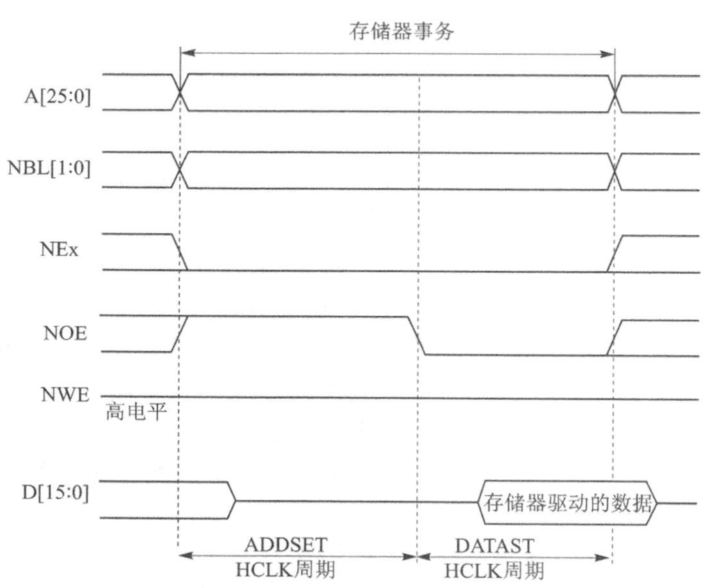

图 18.1.8 模式 A 读操作时序图

模式 A 支持独立的读/写时序控制,这对我们驱动 TFTLCD 来说非常有用,因为 TFTLCD 在读的时候一般比较慢,而在写的时候可以比较快,如果读/写用一样的时序,那么只能以读的时序为基准,从而导致写的速度变慢,或者在读数据的时候,重新配置 FMC 的延时,在读操作完成的时候,再配置回写的时序,这样虽然也不会降低写的

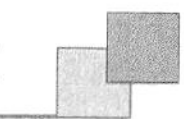

速度,但是频繁配置比较麻烦。而如果有独立的读/写时序控制,那么只要初始化的时候配置好,之后就不用再配置,既可以满足速度要求,又不需要频繁改配置。

模式 A 的写操作时序如图 18.1.9 所示。

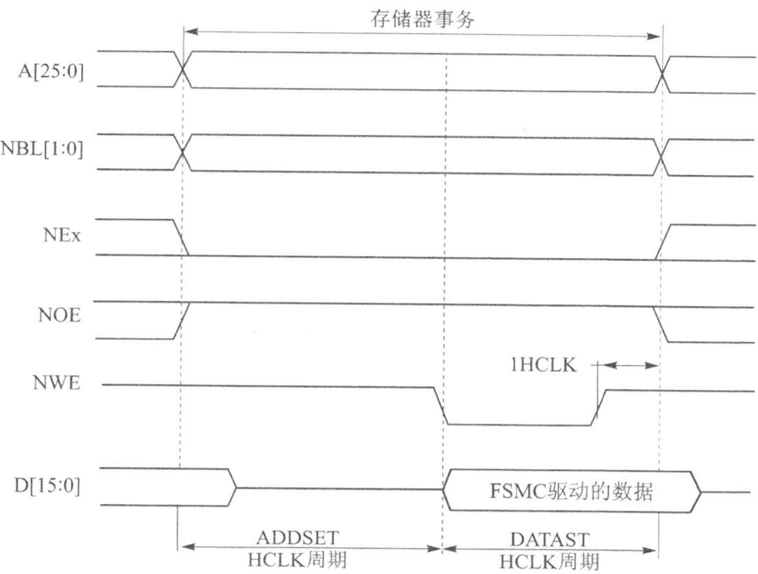

图 18.1.9　模式 A 写操作时序

图 18.1.8 和图 18.1.9 中的 ADDSET 与 DATAST 是通过不同的寄存器设置的,接下来讲解 Bank1 的几个控制寄存器。

首先介绍 SRAM/NOR 闪存片选控制寄存器:FMC_BCRx(x=1~4),该寄存器各位描述如图 18.1.10 所示。该寄存器在本章用到的设置有 EXTMOD、WREN、MWID、MTYP 和 MBKEN,这里将逐个介绍。

31	30	29	28	27	26	25	24	23	22	21	20	19	18	17	16
Res.	Res.	Res.	Res.	Res.	Res.	Res.	Res.	Res.	Res.	WFDIS	CCLK EN	CBURS TRW	CPSIZE[2:0]		
										rw	rw	rw	rw	rw	rw

15	14	13	12	11	10	9	8	7	6	5	4	3	2	1	0
ASYNC WAIT	EXT MOD	WAIT EN	WREN	WAIT CFG	Res.	WAIT POL	BURS TEN	Res.	FACC EN	MWID		MTYP		MUX EN	MBK EN
rw	rw	rw	rw	rw		rw	rw		rw	rw	rw	rw	rw	rw	rw

图 18.1.10　FMC_BCRx 寄存器各位描述

EXTMOD:扩展模式使能位,也就是是否允许读/写不同的时序,本章需要读/写不同的时序,故该位需要设置为 1。

WREN:写使能位。我们需要向 TFTLCD 写数据,故该位必须设置为 1。

MWID[1:0]:存储器数据总线宽度。00 表示 8 位数据模式,01 表示 16 位数据模式,10 表示 32 位数据模式,11 保留。我们的 TFTLCD 是 16 位数据线,所以设置 WMID[1:0]=01。

MTYP[1:0]:存储器类型。00 表示 SRAM,01 表示 PSRAM,10 表示 NOR Flash、OneNAND Flash,11 保留。前面提到,我们把 TFTLCD 当成 SRAM 用,所以需要设置 MTYP[1:0]=00。

MBKEN:存储块使能位。这个容易理解,我们需要用到该存储块控制 TFTLCD,当然要使能这个存储块了。

接下来看看 SRAM/NOR 闪存片选时序寄存器:FMC_BTRx(x=1~4),该寄存器各位描述如图 18.1.11 所示。这个寄存器包含了每个存储器块的控制信息,可以用于 SRAM 和 NOR 闪存存储器等。如果 FMC_BCRx 寄存器中设置了 EXTMOD 位,则有两个时序寄存器分别对应读(本寄存器)和写操作(FMC_BWTRx 寄存器)。因为要求读/写分开时序控制,所以 EXTMOD 是使能了的,也就是本寄存器是读操作时序寄存器来控制读操作的相关时序。本章要用到的设置有 ACCMOD、DATAST 和 ADDSET 这 3 个设置。

31	30	29	28	27	26	25	24	23	22	21	20	19	18	17	16
Res.	Res.	ACCMOD		DATLAT				CLKDIV				BUSTURN			
		rw	rw	rw	rw	rw	rw	rw	rw	rw	rw	rw	rw	rw	rw

15	14	13	12	11	10	9	8	7	6	5	4	3	2	1	0
DATAST								ADDHLD				ADDSET			
rw	rw	rw	rw	rw	rw	rw	rw	rw	rw	rw	rw	rw	rw	rw	rw

图 18.1.11　FMC_BTRx 寄存器各位描述

ACCMOD[1:0]:访问模式。00 表示访问模式 A,01 表示访问模式 B,10 表示访问模式 C,11 表示访问模式 D,本章用到模式 A,故设置为 00。

DATAST[7:0]:数据保持时间。0 为保留设置,其他设置代表保持时间为 DATAST 个 HCLK 时钟周期,最大为 255 个 HCLK 周期。对 ILI9341 来说,其实就是 RD 低电平持续时间,一般为 355 ns。而一个 HCLK 时钟周期为 4.6 ns 左右(1/216 MHz),为了兼容其他屏,这里设置 DATAST 为 80,也就是 80 个 HCLK 周期,时间大约是 368 ns。

ADDSET[3:0]:地址建立时间。其建立时间为 ADDSET 个 HCLK 周期,最大为 15 个 HCLK 周期。对 ILI9341 来说,这里相当于 RD 高电平持续时间,为 90 ns,我们设置 ADDSET 为最大 15,即 15×4.6=69 ns(略超)。

最后看看 SRAM/NOR 闪写时序寄存器:FMC_BWTRx(x=1~4),该寄存器各位描述如图 18.1.12 所示。

该寄存器在本章用作写操作时序控制寄存器,需要用到的设置同样是 ACCMOD、DATAST 和 ADDSET 这 3 个设置。这 3 个设置的方法同 FMC_BTRx 一模一样,只是这里对应的是写操作的时序。ACCMOD 设置同 FMC_BTRx 一模一样,同样是选择模式 A;另外 DATAST 和 ADDSET 则对应低电平和高电平持续时间,对 ILI9341 来说，这两个时间只需要 15 ns 就够了，比读操作快得多。所以这里设置 DATAST 为 4，即 4 个 HCLK 周期，时间约为 18.4 ns。然后 ADDSET 设置为 4，即 4 个 HCLK 周期，时间为 18.4 ns。

31	30	29	28	27	26	25	24	23	22	21	20	19	18	17	16
Res.	Res.	ACCMOD		Res.	Res.	Res.	Res.	Res.	Res.	Res.	Res.	BUSTURN			
		rw	rw									rw	rw	rw	rw

15	14	13	12	11	10	9	8	7	6	5	4	3	2	1	0
DATAST								ADDHLD				ADDSET			
rw	rw	rw	rw	rw	rw	rw	rw	rw	rw	rw	rw	rw	rw	rw	rw

图 18.1.12　FMC_BWTRx 寄存器各位描述

至此，对 STM32F767 的 FMC 介绍就差不多了，更详细的介绍可参考《STM32F7 中文参考手册》第 13 章。接下来就可以开始写 LCD 的驱动代码了。注意，MDK 的寄存器定义里面并没有定义 FMC_BCRx、FMC_BTRx、FMC_BWTRx 等这些个单独的寄存器，而是将它们进行了一些组合。

FMC_BCRx 和 FMC_BTRx 组合成 BTCR[8]寄存器组，它们的对应关系如下：

- BTCR[0]对应 FMC_BCR1，BTCR[1]对应 FMC_BTR1；
- BTCR[2]对应 FMC_BCR2，BTCR[3]对应 FMC_BTR2；
- BTCR[4]对应 FMC_BCR3，BTCR[5]对应 FMC_BTR3；
- BTCR[6]对应 FMC_BCR4，BTCR[7]对应 FMC_BTR4。

FMC_BWTRx 则组合成 BWTR[7]，它们的对应关系如下：

- BWTR[0]对应 FMC_BWTR1，BWTR[2]对应 FMC_BWTR2；
- BWTR[4]对应 FMC_BWTR3，BWTR[6]对应 FMC_BWTR4；
- BWTR[1]、BWTR[3]和 BWTR[5]保留，没有用到。

至此，读者对 FMC 的原理有了一个初步的认识。只有理解了原理，使用库函数才可以得心应手。那么在库函数中是怎么实现 FMC 的配置的呢？FMC_BCRx、FMC_BTRx 寄存器在库函数是通过什么函数来配置的呢？下面来讲解一下使用 FMC 接口驱动 LCD(SRAM)相关的库函数的操作过程。与 SRAM 和 FMC 相关的库函数定义和声明在源文件 stm32f7xx_hal_fmc.c、stm32f7xx_hal_sram.c 以及头文件 stm32f7xx_hal_fmc.h/stm32f7xx_hal_sram.h 中。

① 使能 FMC 和 GPIO 时钟，初始化 I/O 口配置，设置映射关系。

这个步骤在前面实验已多次讲解。这里主要列出 FMC 时钟使能方法：

```
__HAL_RCC_FMC_CLK_ENABLE();                    //使能 FMC 时钟
```

对于 I/O 配置，调用函数 HAL_GPIO_Init 配置即可，具体可参考实验源码。

② 初始化 FMC 接口读/写时序参数，初始化 LCD(SRAM)控制接口。

根据前面的讲解，我们把 LCD 当 SRAM 使用，连接在 FMC 接口之上，所以要初始化 FMC 读/写时序参数以及 LCD 数据接口，也就是初始化 3 个寄存器 FMC_BCRx、

FMC_BTRx 和 FMC_BWTRx。HAL 库提供了 SRAM 初始化函数 HAL_SRAM_Init,该函数声明如下:

```
HAL_StatusTypeDef HAL_SRAM_Init(SRAM_HandleTypeDef * hsram,
                                FMC_NORSRAM_TimingTypeDef * Timing,
                                FMC_NORSRAM_TimingTypeDef * ExtTiming);
```

该函数有 3 个入口参数,首先来看看第一个入口参数 hsram,它是 SRAM_HandleTypeDef 结构体指针类型,用来初始化把 FMC 接口当 SRAM 使用时的控制接口参数。结构体 SRAM_HandleTypeDef 定义如下:

```
typedef struct
{
  FMC_NORSRAM_TypeDef                    * Instance;
  FMC_NORSRAM_EXTENDED_TypeDef           * Extended;
  FMC_NORSRAM_InitTypeDef                Init;
  HAL_LockTypeDef                        Lock;
  __IO HAL_SRAM_StateTypeDef             State;
  DMA_HandleTypeDef                      * hdma;
}SRAM_HandleTypeDef;
```

成员变量 Instance 和成员变量 Extended 用来设置指定的时序模型下寄存器基地址值和扩展模式寄存器基地址值。这个怎么理解呢?本实验使用异步模式 A(ModeA)方式来控制 TFTLCD,使用的存储块是 Bank1,所以寄存器基地址 Instance 直接写 FMC_Bank1 即可。当然,HAL 库定义好了宏定义 FMC_NORSRAM_DEVICE,也就是说,如果是 SRAM 设备,则直接填写这个宏定义标识符即可。因为要配置的读/写时序是不一样的,也就是前面讲解的 FMC_BCRx 寄存器的 EXTMOD 位配置为 1,允许读/写不同的时序,所以这里还要指定写操作时序寄存器地址,也就是通过参数 Extended 来指定的,这里设置为 FMC_Bank1E 即可。同样,MDK 定义好了宏定义标识符 FMC_NORSRAM_EXTENDED_DEVICE,所以这里填写这个宏定义标识符也是一样的。写时序参数是在函数 HAL_SRAM_Init 的第三个参数 ExtTiming 来配置的,这个后面会讲解。

成员变量 Init 是 FMC_NORSRAM_InitTypeDef 结构体指针类型,该变量才是真正用来设置 SRAM 控制接口参数的。接下来看看这个结构体定义:

```
typedef struct
{
  uint32_t NSBank;               //存储区块号
  uint32_t DataAddressMux;       //地址/数据复用使能
  uint32_t MemoryType;           //存储器类型
  uint32_t MemoryDataWidth;      //存储器数据宽度
  uint32_t BurstAccessMode;
  uint32_t WaitSignalPolarity;
  uint32_t WaitSignalActive;
  uint32_t WriteOperation;       //存储器写使能
  uint32_t WaitSignal;
  uint32_t ExtendedMode;         //是否使能扩展模式
```

```
    uint32_t AsynchronousWait;
    uint32_t WriteBurst;
    uint32_t ContinuousClock;       //启用/禁止 FMC 时钟输出到外部存储设备
    uint32_t WriteFifo;
    uint32_t PageSize;
}FMC_NORSRAM_InitTypeDef;
```

NSBank 用来指定使用到的存储块区号，如前所述，这里使用存储块区号 1，所以设置为 FMC_NORSRAM_BANK1。DataAddressMux 设置是否使能地址/数据复用，仅对 NOR、PSRAM 有效，所以这里选择不使能地址/数据复用值 FMC_DATA_ADDRESS_MUX_DISABLE 即可。MemoryType 用来设置存储器类型，这里把 LCD 当 SRAM 使用，所以设置为 FMC_MEMORY_TYPE_SRAM 即可。MemoryDataWidth 用来设置存储器数据总线宽度，可选为 8 位还是 16 位，这里选择 16 位数据宽度 FMC_NORSRAM_MEM_BUS_WIDTH_16。WriteOperation 用来设置存储器写使能，也就是是否允许写入。这里会进行存储器写操作，所以设置为 FMC_WRITE_OPERATION_ENABLE。ExtendedMode 用来设置是否使能扩展模式，也就是是否允许读/写使用不同时序，前面讲解过本实验读/写采用不同时序，所以设置值为使能值 FMC_EXTENDED_MODE_ENABLE。ContinuousClock 用来设置启用/禁止 FMC 时钟输出到外部存储设备，这里仅当使用 FMC_BCR1 寄存器的时候需要启用，启用值为 FMC_CONTINUOUS_CLOCK_SYNC_ASYNC。其他参数 WriteBurst、BurstAccessMode、WaitSignalPolarity、WaitSignalActive、WaitSignal、AsynchronousWait 等是用在突发访问和异步时序情况下，这里不做过多讲解。

成员变量 Lock 和 State 是 HAL 库处理状态标识变量，这里不做过多讲解。

成员变量 hdma 在使用 DMA 时候才使用，这里就先不讲解了。

接下来看看后面 2 个参数 Timing 和 ExtTiming，它们都是 FMC_NORSRAM_TimingTypeDef 结构体指针类型，分别用来设置 FMC 接口读和写时序，主要涉及地址建立保持时间、数据建立时间等配置。我们的实验中读/写时序不一样，读/写速度要求不一样，所以对参数 Timing 和 ExtTiming 设置了不同的值。

FMC_NORSRAM_TimingTypeDef 结构体定义如下：

```
typedef struct
{
  uint32_t AddressSetupTime;              //地址建立时间
  uint32_t AddressHoldTime;               //地址保持时间
  uint32_t DataSetupTime;                 //数据简历时间
  uint32_t BusTurnAroundDuration;         //总线周转阶段的持续时间
  uint32_t CLKDivision;                   //CLK 时钟输出信号的周期
  uint32_t DataLatency;                   //同步突发 NOR Flash 的数据延迟
  uint32_t AccessMode;                    //异步模式配置
}FMC_NORSRAM_TimingTypeDef;
```

成员变量 AddressSetupTime 用来设置地址建立时间。AddressHoldTime 用来设置地址保持时间。DataSetupTime 用来设置数据建立时间。BusTurnAroundDuration

用来配置总线周转阶段的持续时间。CLKDivision 用来配置 CLK 时钟输出信号的周期,以 HCLK 周期数表示。DataLatency 用来设置同步突发 NOR Flash 的数据延迟。AccessMode 用来设置异步模式,取值范围为 FMC_ACCESS_MODE_A、FMC_ACCESS_MODE_B、FMC_ACCESS_MODE_C 和 FMC_ACCESS_MODE_D,这里用是异步模式 A,所以取值为 FMC_ACCESS_MODE_A。

和其他外设一样,HAL 库也提供了 SRAM 的初始化 MSP 回调函数,函数声明如下:

```
void HAL_SRAM_MspInit(SRAM_HandleTypeDef * hsram);
```

关于 MSP 函数的使用方法相信读者已经非常熟悉,该函数内部一般用来使能时钟以及初始化 I/O 口这些与 MCU 相关的步骤。

前面讲解过,FMC 接口支持多种存储器,包括 SDRAM、NOR、NAND 和 PC CARD 等。HAL 库为每种支持的存储器类型都定义了一个独立的 HAL 库文件,并且在文件中定义了独立的初始化函数。这里以 SDRAM 为例,HAL 提供库支持文件 stm32f7xx_hal_sdram.c 和头文件 stm32f7xx_hal_sdram.h,同时还提供了独立的初始化函数 HAL_SDRAM_Init,这里就列出几种存储器的初始化函数:

```
HAL_SDRAM_Init();//SDRAM 初始化函数,省略入口参数
HAL_NOR_Init();//NOR 初始化函数,省略入口参数
HAL_NAND_Init();//NAND 初始化函数,省略入口参数
```

③ 存储区使能。

实际上,调用了存储器初始化函数之后,相应的使用到的存储区就已经被使能。SRAM 存储区使能方法为:

```
__FMC_NORSRAM_ENABLE(FMC_Bank1,FMC_NORSRAM_BANK1);
```

18.2 硬件设计

本实验用到的硬件资源有指示灯 DS0、TFTLCD 模块。TFTLCD 模块的电路如图 18.1.2 所示,这里介绍 TFTLCD 模块与 ALIENTEK 阿波罗 STM32F767 开发板的连接。阿波罗 STM32F767 开发板底板的 LCD 接口和 ALIENTEK TFTLCD 模块直接可以对插,连接关系如图 18.2.1 所示。图中圈出来的部分就是连接 TFTLCD 模块的接口,液晶模块直接插上去即可。在硬件上,TFTLCD 模块与阿波罗 STM32F767 开发板的 I/O 口对应关系如下:

- LCD_BL(背光控制)对应 PB5;
- LCD_CS 对应 PD7 即 FMC_NE1;
- LCD _RS 对应 PD13 即 FMC_A18;
- LCD _WR 对应 PD5 即 FMC_NWE;
- LCD _RD 对应 PD4 即 FMC_NOE;

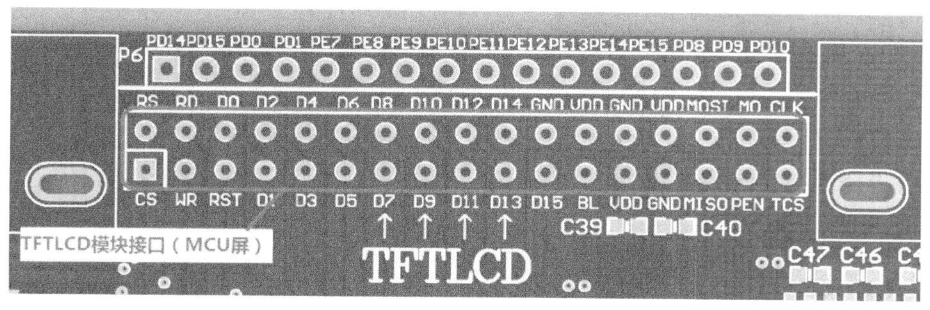

图 18.2.1　TFTLCD 与开发板连接示意图

➢ LCD _D[15:0]则直接连接在 FMC_D15～FMC_D0。

阿波罗 STM32F767 开发板的内部已经将这些线连接好了，我们只需要将 TFTLCD 模块插上去就好了。实物连接(4.3 寸 TFTLCD 模块)如图 18.2.2 所示。

图 18.2.2　TFTLCD 与开发板连接实物图

18.3　软件设计

打开配套资料的实验 13 TFTLCD(MCU 屏)工程，可以看到，添加了两个文件 lcd.c 和头文件 lcd.h。同时，FMC 和 SRAM 相关的库函数和声明定义在源文件 stm32f7xx_hal_fmc.c、stm32f7xx_hal_sdram.c 和头文件 stm32f7xx_hal_fmc.h、stm32f7xx_hal_sram.h 中。

在 lcd.c 里面要输入的代码比较多，这里就不贴出来了，只讲解几个重要的函数，完整版的代码见配套资料“4,程序源码→标准例程-寄存器版本→实验 13 TFTLCD(MCU 屏)实验的 lcd.c 文件”。

本实验用到 FMC 驱动 LCD,通过前面的介绍可知,TFTLCD 的 RS 接在 FMC 的 A18 上面,CS 接在 FMC_NE1 上,并且是 16 位数据总线,即我们使用的是 FMC 存储器 1 的第一区。我们定义如下 LCD 操作结构体(在 lcd.h 里面定义):

```
//LCD 地址结构体
typedef struct
{
    vu16 LCD_REG;
    vu16 LCD_RAM;
} LCD_TypeDef;
//使用 NOR/SRAM 的 Bank1.sector1,地址位 HADDR[27,26] = 00 A18 作为数据命令区分线
//注意设置时 STM32 内部会右移一位对其!
#define LCD_BASE            ((u32)(0x60000000 | 0x0007FFFE))
#define LCD                 ((LCD_TypeDef *) LCD_BASE)
```

其中,LCD_BASE 必须根据外部电路的连接来确定,我们使用 Bank1.sector1 就是从地址 0X60000000 开始,而 0x0007FFFE 则是 A18 的偏移量。这里很多读者不理解这个偏移量的概念,简单说明:以 A18 为例,0x0007FFFE 转换成二进制就是 0111 1111 1111 1111 1110,而 16 位数据时,地址右移一位对齐,那么实际对应到地址引脚的时候,就是 A18:A0=011 1111 1111 1111 1111,此时 A18 是 0,但是如果 16 位地址再加 1(注意,对应到 8 位地址是加 2,即 0x0007FFFE+0X02),那么,A18:A0=100 0000 0000 0000 0000,比时 A18 就是 1 了,即实现了对 RS 的 0 和 1 的控制。

将这个地址强制转换为 LCD_TypeDef 结构体地址,那么可以得到 LCD→LCD_REG 的地址就是 0X6007FFFE,对应 A18 的状态为 0(即 RS=0),而 LCD→LCD_RAM 的地址就是 0X6008,0000(结构体地址自增),对应 A18 的状态为 1(即 RS=1)。

所以,有了这个定义,要往 LCD 写命令/数据的时候,可以这样写:

```
LCD->LCD_REG = CMD;        //写命令
LCD->LCD_RAM = DATA;       //写数据
```

而读的时候反过来操作就可以了,如下所示:

```
CMD =  LCD->LCD_REG;       //读 LCD 寄存器
DATA  =  LCD->LCD_RAM;      //读 LCD 数据
```

其中,CS、WR、RD 和 I/O 口方向都是由 FMC 硬件自动控制,不需要手动设置了。接下来先介绍一下 lcd.h 里面的另一个重要结构体:

```
//LCD 重要参数集
typedef struct
{
    u16 width;              //LCD  宽度
    u16 height;             //LCD  高度
    u16 id;                 //LCD ID
    u8  dir;                //横屏还是竖屏控制:0,竖屏;1,横屏
    u16     wramcmd;        //开始写 gram 指令
```

```
    u16 setxcmd;            //设置 x 坐标指令
    u16 setycmd;            //设置 y 坐标指令
}_lcd_dev;
//LCD 参数
extern _lcd_dev lcddev;     //管理 LCD 重要参数
```

该结构体用于保存一些 LCD 重要参数信息，比如 LCD 的长宽、LCD ID(驱动 IC 型号)、LCD 横竖屏状态等。这个结构体虽然占用了十几个字节的内存，但是却可以让我们的驱动函数支持不同尺寸的 LCD，同时可以实现 LCD 横竖屏切换等重要功能，所以还是利大于弊的。有了以上了解，下面开始介绍 lcd.c 里面的一些重要函数。

先看 7 个简单，但是很重要的函数：

```
//写寄存器函数
//regval:寄存器值
void LCD_WR_REG(vu16 regval)
{
    regval = regval;                        //使用 - O2 优化的时候，必须插入的延时
    LCD ->LCD_REG = regval;                 //写入要写的寄存器序号
}
//写 LCD 数据
//data:要写入的值
void LCD_WR_DATA(vu16 data)
{
    data = data;                            //使用 - O2 优化的时候，必须插入的延时
    LCD ->LCD_RAM = data;
}
//读 LCD 数据
//返回值:读到的值
u16 LCD_RD_DATA(void)
{
    vu16 ram;                               //防止被优化
    ram = LCD ->LCD_RAM;
    return ram;
}
//写寄存器
//LCD_Reg:寄存器地址
//LCD_RegValue:要写入的数据
void LCD_WriteReg(u16 LCD_Reg, u16 LCD_RegValue)
{
    LCD ->LCD_REG  =  LCD_Reg;              //写入要写的寄存器序号
    LCD ->LCD_RAM  =  LCD_RegValue;         //写入数据
}
//读寄存器
//LCD_Reg:寄存器地址
//返回值:读到的数据
u16 LCD_ReadReg(u16 LCD_Reg)
{
    LCD_WR_REG(LCD_Reg);                    //写入要读的寄存器序号
    delay_us(5);
    return LCD_RD_DATA();                   //返回读到的值
```

```
}
//开始写 GRAM
void LCD_WriteRAM_Prepare(void)
{
    LCD->LCD_REG = lcddev.wramcmd;
}
//LCD 写 GRAM
//RGB_Code:颜色值
void LCD_WriteRAM(u16 RGB_Code)
{
    LCD->LCD_RAM = RGB_Code;//写 16 位 GRAM
}
```

因为 FMC 自动控制了 WR、RD、CS 等这些信号，所以这 7 个函数实现起来都非常简单。注意，上面有几个函数，我们添加了一些对 MDK -O2 优化的支持，去掉的话，在 -O2 优化的时候会出问题。这些函数的实现功能见函数前面的备注，通过这几个简单函数的组合，我们就可以对 LCD 进行各种操作了。

第七个要介绍的函数是坐标设置函数，该函数代码如下：

```
//设置光标位置
//Xpos:横坐标
//Ypos:纵坐标
void LCD_SetCursor(u16 Xpos, u16 Ypos)
{
    if(lcddev.id == 0X9341||lcddev.id == 0X5310)
    {
        LCD_WR_REG(lcddev.setxcmd);
        LCD_WR_DATA(Xpos>>8);LCD_WR_DATA(Xpos&0XFF);
        LCD_WR_REG(lcddev.setycmd);
        LCD_WR_DATA(Ypos>>8);LCD_WR_DATA(Ypos&0XFF);
    }else if(lcddev.id == 0X1963)
    {
        if(lcddev.dir == 0)//x 坐标需要变换
        {
            Xpos = lcddev.width - 1 - Xpos;
            LCD_WR_REG(lcddev.setxcmd);
            LCD_WR_DATA(0);LCD_WR_DATA(0);
            LCD_WR_DATA(Xpos>>8);LCD_WR_DATA(Xpos&0XFF);
        }else
        {
            LCD_WR_REG(lcddev.setxcmd);
            LCD_WR_DATA(Xpos>>8);LCD_WR_DATA(Xpos&0XFF);
            LCD_WR_DATA((lcddev.width - 1)>>8);
            LCD_WR_DATA((lcddev.width - 1)&0XFF);
        }
        LCD_WR_REG(lcddev.setycmd);
        LCD_WR_DATA(Ypos>>8);LCD_WR_DATA(Ypos&0XFF);
        LCD_WR_DATA((lcddev.height - 1)>>8);LCD_WR_DATA((lcddev.height - 1)&0XFF);
    }else if(lcddev.id == 0X5510)
    {
```

```
        LCD_WR_REG(lcddev.setxcmd);LCD_WR_DATA(Xpos>>8);
        LCD_WR_REG(lcddev.setxcmd + 1);LCD_WR_DATA(Xpos&0XFF);
        LCD_WR_REG(lcddev.setycmd);LCD_WR_DATA(Ypos>>8);
        LCD_WR_REG(lcddev.setycmd + 1);LCD_WR_DATA(Ypos&0XFF);
    }
}
```

该函数实现了将 LCD 的当前操作点设置到指定坐标(x,y)。因为 9341、5310、1963、5510 等的设置有些不太一样，所以进行了区别对待。

接下来介绍第八个函数：画点函数。该函数实现代码如下：

```
//画点
//x,y:坐标
//POINT_COLOR:此点的颜色
void LCD_DrawPoint(u16 x,u16 y)
{
    LCD_SetCursor(x,y);            //设置光标位置
    LCD_WriteRAM_Prepare();        //开始写入 GRAM
    LCD->LCD_RAM = POINT_COLOR;
}
```

该函数比较简单，就是先设置坐标，然后往坐标写颜色。其中，POINT_COLOR 是我们定义的一个全局变量，用于存放画笔颜色。顺带介绍一下另外一个全局变量：BACK_COLOR，该变量代表 LCD 的背景色。LCD_DrawPoint 函数虽然简单，但是至关重要，其他几乎所有上层函数都是通过调用这个函数实现的。

有了画点，当然还需要有读点的函数，第九个介绍的函数就是读点函数，用于读取 LCD 的 GRAM。这里说明一下，为什么 OLED 模块没做读 GRAM 的函数，而这里做了。因为 OLED 模块是单色的，全部 GRAM 也就 1 KB，而 TFTLCD 模块为彩色的，点数也比 OLED 模块多很多。以 16 位色计算，一款 320×240 的液晶，需要 320×240×2 个字节来存储颜色值，也就是也需要 150 KB，这对任何一款单片机来说都不是一个小数目了。图形叠加的时候，可以先读回原来的值，然后写入新的值，完成叠加后又恢复原来的值。这在做一些简单菜单的时候是很有用的。这里读取 TFTLCD 模块数据的函数为 LCD_ReadPoint，该函数直接返回读到的 GRAM 值。该函数使用之前要先设置读取的 GRAM 地址，这通过 LCD_SetCursor 函数来实现。LCD_ReadPoint 的代码如下：

```
//读取个某点的颜色值
//x,y:坐标
//返回值:此点的颜色
u16 LCD_ReadPoint(u16 x,u16 y)
{
    u16 r = 0,g = 0,b = 0;
    if(x>= lcddev.width||y>= lcddev.height)return 0;      //超过了范围,直接返回
    LCD_SetCursor(x,y);
    if(lcddev.id == 0X9341||lcddev.id == 0X5310||lcddev.id == 0X1963)
    LCD_WR_REG(0X2E);//9341/3510/1963  发送读 GRAM 指令
    else if(lcddev.id == 0X5510)LCD_WR_REG(0X2E00);         //5510  发送读 GRAM 指令
```

```
    r = LCD_RD_DATA();                                    //dummy Read
    if(lcddev.id == 0X1963)return r;                      //1963 直接读就可以
    opt_delay(2);
    r = LCD_RD_DATA();                                    //实际坐标颜色
    //9341/NT35310/NT35510 要分 2 次读出
    opt_delay(2);
    b = LCD_RD_DATA();
    g = r&0XFF; //对于 9341/5310/5510,第一次读取的是 RG 的值,R 在前,G 在后,各占 8 位
    g<<= 8;
    return (((r>>11)<<11)|((g>>10)<<5)|(b>>11));       //需要公式转换一下
}
```

在 LCD_ReadPoint 函数中,因为代码不止支持一种 LCD 驱动器,所以,我们根据不同的 LCD 驱动器((lcddev.id)型号执行不同的操作,以实现对各个驱动器兼容,提高函数的通用性。

第十个要介绍的是字符显示函数 LCD_ShowChar,该函数同前面 OLED 模块的字符显示函数差不多,但是这里的字符显示函数多了一个功能,就是可以以叠加方式显示或者以非叠加方式显示。叠加方式显示多用于在显示的图片上再显示字符。非叠加方式一般用于普通的显示。该函数实现代码如下:

```
//在指定位置显示一个字符
//x,y:起始坐标
//num:要显示的字符:" "--->"~"
//size:字体大小 12/16/24/32
//mode:叠加方式(1)还是非叠加方式(0)
void LCD_ShowChar(u16 x,u16 y,u8 num,u8 size,u8 mode)
{
    u8 temp,t1,t;
    u16 y0 = y;
    u8 csize = (size/8 + ((size % 8)? 1:0)) * (size/2);
                                        //得到字体一个字符对应点阵集所占的字节数
    num = num - ' ';//ASCII 字库是从空格开始取模,所以 - ' ' 就是对应字符的字库
    for(t = 0;t<csize;t ++ )
    {
        if(size == 12)temp = asc2_1206[num][t];           //调用 1206 字体
        else if(size == 16)temp = asc2_1608[num][t];      //调用 1608 字体
        else if(size == 24)temp = asc2_2412[num][t];      //调用 2412 字体
        else if(size == 32)temp = asc2_3216[num][t];      //调用 3216 字体
        else return;                                      //没有的字库
        for(t1 = 0;t1<8;t1 ++ )
        {
            if(temp&0x80)LCD_Fast_DrawPoint(x,y,POINT_COLOR);
            else if(mode == 0)LCD_Fast_DrawPoint(x,y,BACK_COLOR);
            temp<<= 1;
            y ++ ;
            if(y>= lcddev.height)return;                  //超区域了
            if((y - y0) == size)
            {
                y = y0;
                x ++ ;
```

```
                if(x>= lcddev.width)return;      //超区域了
                break;
            }
        }
    }
}
```

LCD_ShowChar 函数里面采用快速画点函数 LCD_Fast_DrawPoint 来画点显示字符，该函数同 LCD_DrawPoint 一样，只是带了颜色参数，且减少了函数调用的时间，详见本例程源码。该代码中用到了 4 个字符集点阵数据数组 asc2_3216、asc2_2412、asc2_1206 和 asc2_1608，这几个字符集的点阵数据的提取方式同 16 章介绍的提取方法一模一样，详细可参考第 16 章。

最后再介绍一下 TFTLCD 模块的初始化函数 LCD_Init，该函数先配置 FMC 控制器，然后读取 LCD 控制器的型号，根据控制 IC 的型号执行不同的初始化代码，其简化代码如下：

```
//初始化 lcd
//该初始化函数可以初始化各种型号的 LCD(详见本.c 文件最前面的描述)
void LCD_Init(void)
{
    GPIO_InitTypeDef GPIO_Initure;
    FMC_NORSRAM_TimingTypeDef FMC_ReadWriteTim;
    FMC_NORSRAM_TimingTypeDef FMC_WriteTim;
    __HAL_RCC_GPIOB_CLK_ENABLE();                           //开启 GPIOB 时钟
    GPIO_Initure.Pin = GPIO_PIN_5;                          //PB5,背光控制
    GPIO_Initure.Mode = GPIO_MODE_OUTPUT_PP;                //推挽输出
    GPIO_Initure.Pull = GPIO_PULLUP;                        //上拉
    GPIO_Initure.Speed = GPIO_SPEED_HIGH;                   //高速
    HAL_GPIO_Init(GPIOB,&GPIO_Initure);
    LCD_MPU_Config();                                       //使能 MPU 保护 LCD 区域
    SRAM_Handler.Instance = FMC_NORSRAM_DEVICE;             //SRAM BANK1
    SRAM_Handler.Extended = FMC_NORSRAM_EXTENDED_DEVICE;
    SRAM_Handler.Init.NSBank = FMC_NORSRAM_BANK1;           //使用 NE1
    SRAM_Handler.Init.DataAddressMux = FMC_DATA_ADDRESS_MUX_DISABLE;
                                                            //地址/数据线不复用
    SRAM_Handler.Init.MemoryType = FMC_MEMORY_TYPE_SRAM;        //SRAM
    SRAM_Handler.Init.MemoryDataWidth = FMC_NORSRAM_MEM_BUS_WIDTH_16;
                                                            //16 位数据宽度
    SRAM_Handler.Init.BurstAccessMode = FMC_BURST_ACCESS_MODE_DISABLE;
                                      //是否使能突发访问,仅对同步突发存储器有效,此处未用到
    SRAM_Handler.Init.WaitSignalPolarity = FMC_WAIT_SIGNAL_POLARITY_LOW;
                                                 //等待信号的极性,仅在突发模式访问下有用
    SRAM_Handler.Init.WaitSignalActive = FMC_WAIT_TIMING_BEFORE_WS;
                          //存储器是在等待周期之前的一个时钟周期还是等待周期期间使能 NWAIT
    SRAM_Handler.Init.WriteOperation = FMC_WRITE_OPERATION_ENABLE;
                                                            //存储器写使能
    SRAM_Handler.Init.WaitSignal = FMC_WAIT_SIGNAL_DISABLE;
                                                            //等待使能位,此处未用到
    SRAM_Handler.Init.ExtendedMode = FMC_EXTENDED_MODE_ENABLE;
```

```
                                                        //读/写使用不同的时序
SRAM_Handler.Init.AsynchronousWait = FMC_ASYNCHRONOUS_WAIT_DISABLE;
                                                //是否使能同步传输模式下的等待信号,此处未用到
SRAM_Handler.Init.WriteBurst = FMC_WRITE_BURST_DISABLE;  //禁止突发写
SRAM_Handler.Init.ContinuousClock = FMC_CONTINUOUS_CLOCK_SYNC_ASYNC;
//FMC 读时序控制寄存器
FMC_ReadWriteTim.AddressSetupTime = 0x011;          //地址建立时间为 17 个 HCLK
FMC_ReadWriteTim.AddressHoldTime = 0x00;
FMC_ReadWriteTim.DataSetupTime = 0x55;              //数据保存时间(DATAST)为 85 个 HCLK
FMC_ReadWriteTim.AccessMode = FMC_ACCESS_MODE_A; //模式 A
//FMC 写时序控制寄存器
FMC_WriteTim.AddressSetupTime = 0x15;               //地址建立时间(ADDSET)为 21 个 HCLK
FMC_WriteTim.AddressHoldTime = 0x00;
FMC_WriteTim.DataSetupTime = 0x015;                 //数据保存时间(DATAST)为 21 个 HCLK
FMC_WriteTim.AccessMode = FMC_ACCESS_MODE_A;        //模式 A
HAL_SRAM_Init(&SRAM_Handler,&FMC_ReadWriteTim,&FMC_WriteTim);
delay_ms(50); // delay 50 ms
//尝试 9341 ID 的读取
LCD_WR_REG(0XD3);
lcddev.id = LCD_RD_DATA();                          //dummy read
lcddev.id = LCD_RD_DATA();                          //读到 0X00
lcddev.id = LCD_RD_DATA();                          //读取 93
lcddev.id<<= 8;
lcddev.id| = LCD_RD_DATA();                         //读取 41
if(lcddev.id!= 0X9341)                              //非 9341,尝试看看是不是 NT35310
{
      LCD_WR_REG(0XD4);
      lcddev.id = LCD_RD_DATA();                    //dummy read
      lcddev.id = LCD_RD_DATA();                    //读回 0X01
      lcddev.id = LCD_RD_DATA();                    //读回 0X53
      lcddev.id<<= 8;
      lcddev.id| = LCD_RD_DATA();                   //这里读回 0X10
      if(lcddev.id!= 0X5310)                      //也不是 NT35310,尝试看看是不是 NT35510
      {
          LCD_WR_REG(0XDA00);
          lcddev.id = LCD_RD_DATA();                //读回 0X00
          LCD_WR_REG(0XDB00);
          lcddev.id = LCD_RD_DATA();                //读回 0X80
          lcddev.id<<= 8;
          LCD_WR_REG(0XDC00);
          lcddev.id| = LCD_RD_DATA();               //读回 0X00
          if(lcddev.id == 0x8000)lcddev.id = 0x5510;
          //NT35510 读回的 ID 是 8000H,为方便区分,我们强制设置为 5510
          if(lcddev.id!= 0X5510)              //也不是 NT5510,尝试看看是不是 SSD1963
          {
              LCD_WR_REG(0XA1);
              lcddev.id = LCD_RD_DATA();
              lcddev.id = LCD_RD_DATA();            //读回 0X57
              lcddev.id<<= 8;
              lcddev.id| = LCD_RD_DATA();         //读回 0X61
              if(lcddev.id == 0X5761)lcddev.id = 0X1963;
```

```
                //SSD1963 读回的 ID 是 5761H,为方便区分,我们强制设置为 1963
            }
        }
    }
    printf(" LCD ID: %x\r\n",lcddev.id);                        //打印 LCD ID
    if(lcddev.id == 0X9341)                                     //9341 初始化
    {
        ……//9341 初始化代码
    }else if(lcddev.id == 0xXXXX)                               //其他 LCD 初始化代码
    {
        ……//其他 LCD 驱动 IC,初始化代码
    }
    //初始化完成以后,提速
    if(lcddev.id == 0X9341||lcddev.id == 0X5310||lcddev.id == 0X5510||lcddev.id == 0X1963)
    {
        //重新配置写时序控制寄存器的时序
        FMC_Bank1E ->BWTR[0]&= ~(0XF<<0);      //地址建立时间(ADDSET)清零
        FMC_Bank1E ->BWTR[0]&= ~(0XF<<8);      //数据保存时间清零
        FMC_Bank1E ->BWTR[0]|= 5<<0;      //地址建立时间(ADDSET)为 5 个 HCLK  = 21 ns
        FMC_Bank1E ->BWTR[0]|= 5<<8;//数据保存时间(DATAST)为 21 ns
    }
    LCD_Display_Dir(0);                 //默认为竖屏显示
    LCD_LED(1);                         //点亮背光
    LCD_Clear(WHITE);
}
```

该函数先对 FMC 相关 I/O 进行初始化,然后是 FMC 的初始化,最后根据读到的 LCD ID 对不同的驱动器执行不同的初始化代码。从上面的代码可以看出,这个初始化函数针对多款不同的驱动 IC 执行初始化操作,提高了整个程序的通用性。读者在以后的学习中应该多使用这样的方式,以提高程序的通用性、兼容性。

注意,LCD_Init 函数中有如下一行代码:

```
LCD_MPU_Config();  //使能 MPU 保护 LCD 区域
```

这行代码的作用是调用函数 LCD_MPU_Config 使能 MPU 保护 LCD 区域,而函数 LCD_MPU_Config 定义的内容实际上是上一章讲解的使能 MPU 保护 LCD 区域。这里之所以直接在 LCD 程序中加入 MPU 保护,是因为方便读者在移植 LCD 相关代码到自己工程中时不会因为没有引入 MPU 相关配置而导致 LCD 无法正常工作。

注意,本函数使用了 printf 来打印 LCD ID,所以,如果主函数里面没有初始化串口,那么将导致程序死在 printf 里面。如果不想用 printf,须注释掉它。

SRAM 初始化 MSP 回调函数 HAL_SRAM_MspInit 的内容比较简单,主要是进行时钟使能以及 I/O 口映射配置,这里就不做过多讲解。

接下来看看主函数代码如下:

```
int main(void)
{
    u8 x = 0;
```

```
    u8 lcd_id[12];
    Cache_Enable();                     //打开 L1 - Cache
    HAL_Init();                         //初始化 HAL 库
    Stm32_Clock_Init(432,25,2,9);       //设置时钟,216 MHz
    delay_init(216);                    //延时初始化
    uart_init(115200);                  //串口初始化
    LED_Init();                         //初始化 LED
    LCD_Init();                         //初始化 LCD
    POINT_COLOR = RED;
    sprintf((char * )lcd_id,"LCD ID: % 04X",lcddev.id);//将 LCD ID 打印到 lcd_id 数组
    while(1)
    {
        switch(x)
        {
            case 0:LCD_Clear(WHITE);break;
            ……//此处省略部分代码
            case 11:LCD_Clear(BROWN);break;
        }
        POINT_COLOR = RED;
        LCD_ShowString(10,40,260,32,32,"Apollo STM32F4/F7");
        LCD_ShowString(10,80,240,24,24,"TFTLCD TEST");
        LCD_ShowString(10,110,240,16,16,"ATOM@ALIENTEK");
        LCD_ShowString(10,130,240,16,16,lcd_id);          //显示 LCD ID
        LCD_ShowString(10,150,240,12,12,"2016/7/11");
        x ++ ;
        if(x == 12)x = 0;
        LED0_Toggle;
        delay_ms(1000);
    }
}
```

该部分代码将显示一些固定的字符,字体大小包括 32×16、24×12、16×8 和 12×6 共 4 种,同时显示 LCD 驱动 IC 的型号,然后不停地切换背景颜色,每 1 s 切换一次。LED0 也会不停地闪烁,指示程序已经在运行了。其中用到一个 sprintf 函数,用法同 printf,只是 sprintf 把打印内容输出到指定的内存区间上,sprintf 的详细用法可从网上查看。

注意,uart_init 函数不能去掉,因为 LCD_Init 函数里面调用了 printf,所以一旦去掉这个初始化就会死机了。实际上,只要代码中用到 printf,就必须初始化串口,否则都会死机,即停在 usart.c 里面的 fputc 函数出不来。

编译通过之后开始下载验证代码。

18.4　下载验证

将程序下载到阿波罗 STM32 后可以看到,DS0 不停地闪烁,提示程序已经在运行了。同时,可以看到,TFTLCD 模块的显示如图 18.4.1 所示。可以看到,屏幕的背景是

不停切换的,同时 DS0 不停地闪烁,证明我们的代码被正确执行了,达到了我们预期的目的了。

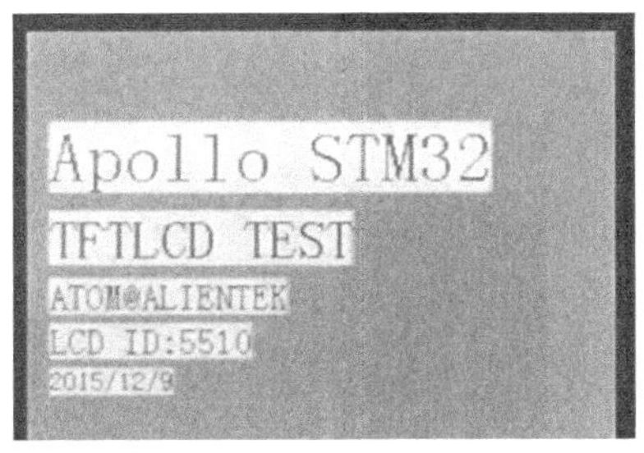

图 18.4.1　TFTLCD 显示效果图

18.5　STM32CubeMX 配置 FMC(SRAM)

了解了 FMC 的基本工作原理,那么使用 STM32CubeMX 配置 FMC 相关参数就会非常简单。这里不再详细讲解每个配置项的含义。使用 STM32CubeMX 配置 FMC 的一般步骤为:

① 进入 Pinout→FMC 配置栏,配置 FMC 基本参数。根据前面的讲解,这里使用的是 BANK 1 的第一个分区 NE1,同时把 LCD 作为 SRAM 使用,19 位地址线,16 位数据线。配置参数如图 18.5.1 所示。

图 18.5.1　FMC 配置参数

② 选择 Configuration→FMC 进入 FMC 配置界面,在 NOR/SRAM 1 选项卡之下配置相关参数。这些参数的含义详见 18.1 节。配置方法如图 18.5.2 所示。

在该配置界面选择 GPIO Settigns 选项卡,还可以配置 I/O 口的相关信息。经过上面配置就可以生成相应的初始化代码,生成后和本章实验工程对比学习。

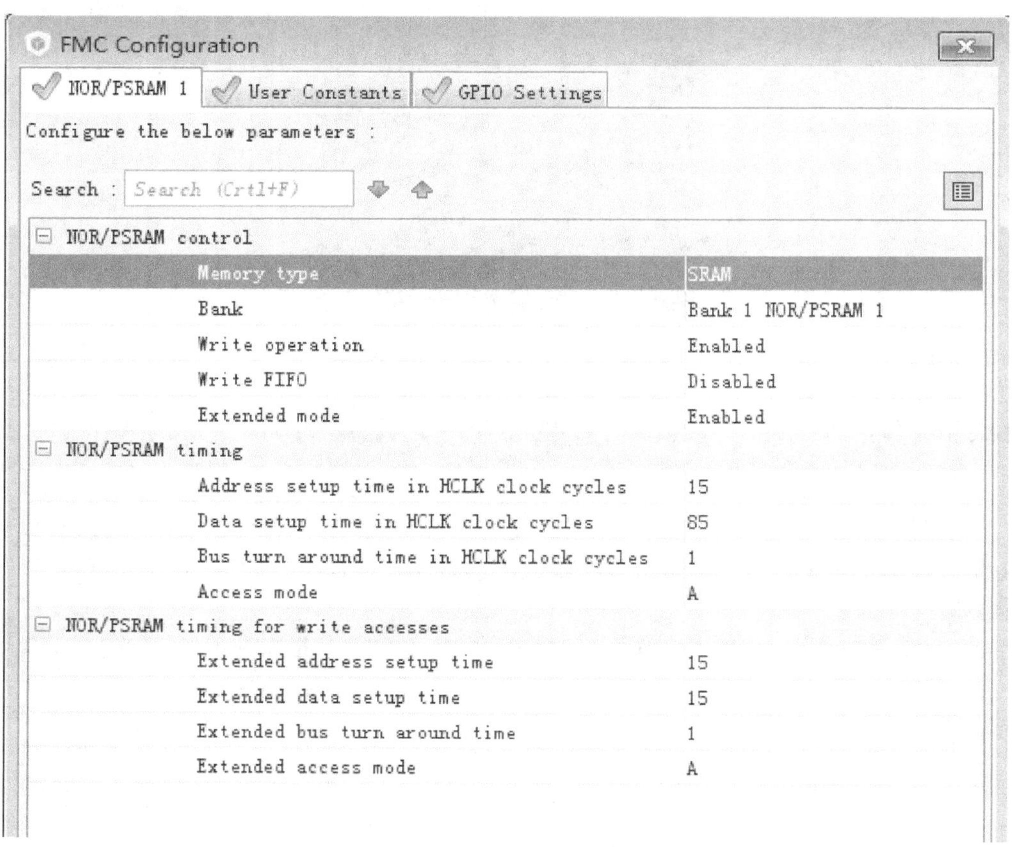

图 18.5.2 FMC Configuration 配置界面 NOR/PSRAM 1 选项卡

第 19 章

SDRAM 实验

STM32F767IGT6 自带了 512 KB 的 SRAM,对一般应用来说已经足够了,不过在一些对内存要求高的场合,比如使用 LTDC 驱动 RGB 屏、跑算法或者跑 GUI 等,STM32F767 自带的这些内存就不够用了。所以阿波罗 STM32F767 开发板板载了一颗 32 MB 容量的 SDRAM 芯片 W9825G6KH,从而满足大内存使用的需求。

本章将使用 STM32F767 来驱动 W9825G6KH,从而实现对 W9825G6KH 的访问控制,并测试其容量。

19.1 SDRAM 简介

19.1.1 SDRAM 简介

SDRAM,英文名是 Synchronous Dynamic Random Access Memory,即同步动态随机存储器,相较于 SRAM(静态存储器),SDRAM 具有容量大和价格便宜的特点。STM32F767 支持 SDRAM,因此,我们可以外挂 SDRAM,从而大大降低外扩内存的成本。

阿波罗板载的 SDRAM 型号为 W9825G6KH,其内部结构框图如图 19.1.1 所示。接下来,我们结合图 19.1.1,对 SDRAM 的几个重要知识点进行介绍。

1. SDRAM 信号线

SDRAM 的信号线如表 19.1.1 所列。

表 19.1.1 SDRAM 信号线

信号线	说　明
CLK	时钟信号,在该时钟的上升沿采集输入信号
CKE	时钟使能,禁止时钟时,SDRAM 会进入自刷新模式
CS	片选信号,低电平有效
RAS	行地址选通信号,低电平时,表示行地址
CAS	列地址选通信号,低电平时,表示列地址

续表 19.1.1

信号线	说　明
WE	写使能信号,低电平有效
A0～A12	地址线(行/列)
BS0、BS1	BANK 地址线
DQ0～15	数据线
LDQM、UDQM	数据掩码,表示 DQ 的有效部分

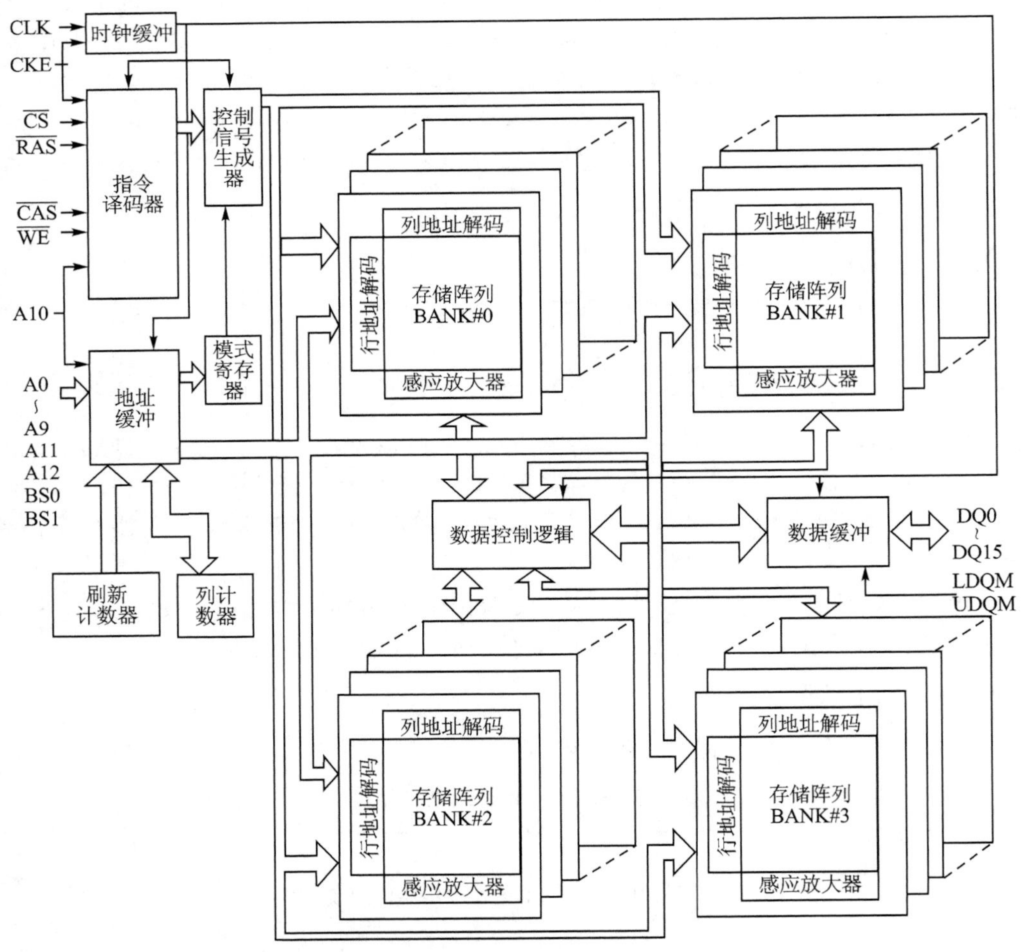

图 19.1.1　W9825G6KH 内部结构框图

2. 存储单元

SDRAM 的存储单元(称为 BANK)是以阵列的形式排列的,如图 19.1.1 所示。每个存储单元的结构示意图,如图 19.1.2 所示。

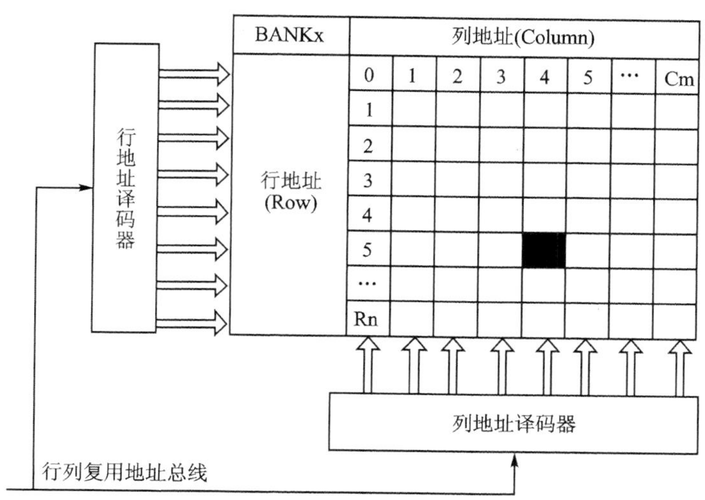

图 19.1.2 SDRAM BANK 结构示意图

可以将这个存储阵列看成一个表格，只需要给定行地址和列地址，就可以确定其唯一位置，这就是 SDRAM 寻址的基本原理。而一个 SDRAM 芯片内部一般有 4 个这样的存储单元(BANK)，所以，在 SDRAM 内部寻址的时候，先指定 BANK 号和行地址，然后再指定列地址，这样就可以查找到目标地址。

SDRAM 的存储结构示意图，如图 19.1.3 所示。寻址的时候，首先 RAS 信号为低电平，选通行地址，地址线 A0～A12 表示的地址会被传输并锁存到行地址译码器里面，作为行地址。同时，BANK 地址线上面的 BS0、BS1 所表示的 BANK 地址也会被锁存，选中对应的 BANK，然后，CAS 信号为低电平，选通列地址，地址线 A0～A12 所表示的地址会被传输并锁存到列地址译码器里面，作为列地址。这样，就完成了一次寻址。

W9825G6KH 的存储结构为：行地址 8 192 个，列地址 512 个，BANK 数 4 个，位宽 16 位，这样，整个芯片的容量为 8 192×512×4×16＝32 MB。

3. 数据传输

完成寻址以后，数据线 DQ0～DQ15 上面的数据会通过图 19.1.1 中所示的数据控制逻辑写入(或读出)存储阵列。

注意，因为 SDRAM 的位宽可以达到 32 位，也就是最多有 32 条数据线，实际使用的时候可能会以 8 位、16 位、24 位和 32 位等宽度来读/写数据。这样，并不是每条数据线，都会被使用到，未被用到的数据线上面的数据必须被忽略。这时候就需要用到数据掩码(DQM)线来控制了，每一个数据掩码线对应 8 个位的数据，低电平表示对应数据位有效，高电平表示对应数据位无效。

以 W9825G6KH 为例，假设以 8 位数据访问，我们只需要 DQ0～DQ7 的数据，而 DQ8～DQ15 的数据需要忽略，此时，只需要设置 LDQM 为低电平、UDQM 为高电平

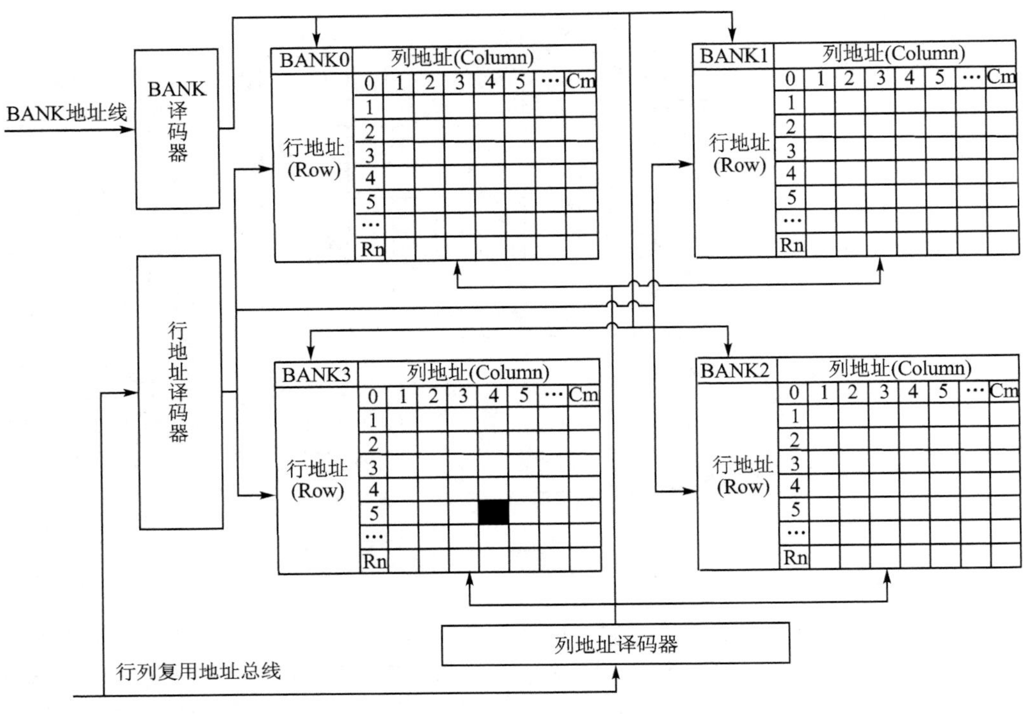

图 19.1.3 SDRAM 存储结构图

就可以了。

4. 控制命令

SDRAM 的驱动需要用到一些命令,几个常用的命令如表 19.1.2 所列。

表 19.1.2 SDRAM 控制命令

命 令	CS	RAS	CAS	WE	DQM	ADDR	DQ
NO - Operation	L	H	H	H	X	X	X
Active	L	L	H	H	X	Bank/Row	X
Read	L	H	L	H	L/H	Bank/Col	DATA
Write	L	H	L	L	L/H	Bank/Col	DATA
Precharge	L	L	H	L	X	A10=H/L	X
Refresh	L	L	L	H	X	X	X
Mode Register Set	L	L	L	L	X	MODE	X
Burst Stop	L	H	H	L	X	X	DATA

(1) NO - Operation

NO - Operation,即空操作命令,用于选中 SDRAM,以防 SDRAM 接收错误的命

令，为接下来的命令发送做准备。

(2) Active

Active，即激活命令，该命令必须在读/写操作之前被发送，用于设置所需要的 BANK 和行地址(同时设置这 2 个地址)。BANK 地址由 BS0、BS1(也写作 BA0、BA1，下同)指定，行地址由 A0～A12 指定，时序图如图 19.1.4 所示。

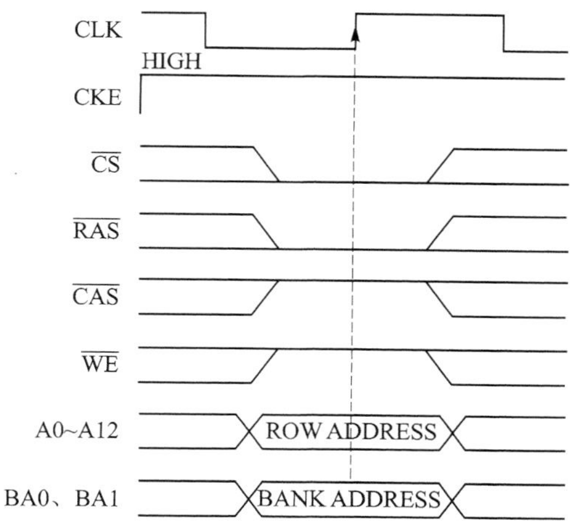

图 19.1.4　激活命令时序图

(3) Read/Write

Read/Write，即读/写命令，发送完激活命令后再发送列地址就可以完成对 SDRAM 的寻址，并进行读/写操作了。读/写命令和列地址的发送是通过一次传输完成的，如图 19.1.5 所示。

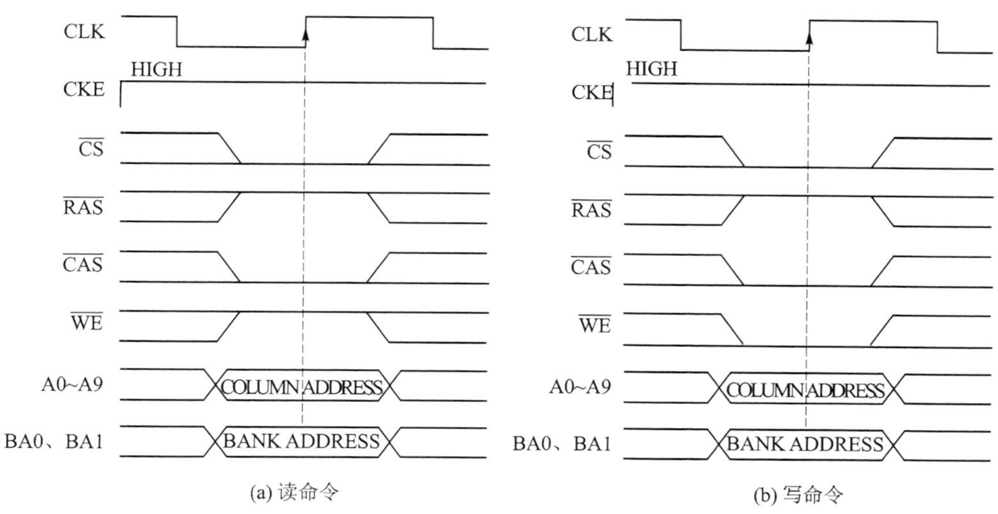

图 19.1.5　读/写命令时序图

列地址由 A0～A9 指定，WE 信号控制读/写命令，高电平表示读命令，低电平表示写命令，各条信号线的状态在 CLK 的上升沿被锁存到芯片内部。

(4) Precharge

Precharge，即预充电指令，用于关闭 BANK 中打开的行地址。由于 SDRAM 的寻址具体独占性，所以进行完读/写操作后，如果要对同一 BANK 的另一行进行寻址，则要将原来有效(打开)的行关闭，重新发送行/列地址。BANK 关闭现有行、准备打开新行的操作就叫做预充电(Precharge)。

预充电命令时序，如图 19.1.6 所示。

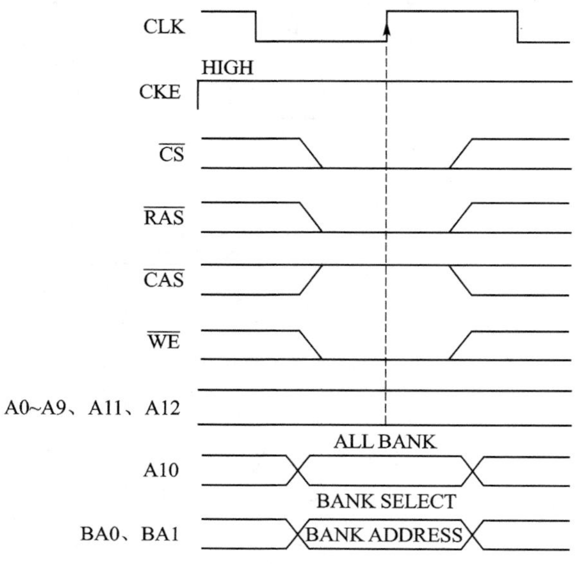

图 19.1.6 预充电命令时序图

预充电命令可以通过独立的命令发送，也可以在每次发送读/写命令的时候，使用地址线 A10 来设置自动预充电。发送读/写命令的时候，A10＝1 则使能所有 BANK 的预充电，读/写操作完成后自动进行预充电。这样，下次读/写操作之前就不需要再发预充电命令了，从而提高读/写速度。

(5) Refresh

Refresh，即刷新命令，用于刷新一行数据。SDRAM 里面存储的数据需要不断进行刷新操作才能保留住，因此，刷新命令对于 SDRAM 来说，尤为重要。预充电命令和刷新命令都可以实现对 SDRAM 数据的刷新，不过预充电仅对当前打开的行有效(仅刷新当前行)，刷新命令可以依次对所有的行进行刷新操作。

总共有两种刷新操作：自动刷新(Auto Refresh)和自我刷新(Self Refresh)。发送 Refresh 命令时，如果 CKE 有效(高电平)，则使用自动刷新模式；否则，使用自我刷新模式。不论是何种刷新方式，都不需要外部提供行地址信息，因为这是一个内部的自动操作。

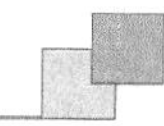

自动刷新：SDRAM 内部有一个行地址生成器（也称刷新计数器）来自动依次生成要刷新的行地址。由于刷新是针对一行中的所有存储体进行，所以无需列寻址。刷新涉及所有 BANK，因此在刷新过程中，所有 BANK 都停止工作，而每次刷新所占用的时间为 9 个时钟周期（PC133 标准），之后就可进入正常的工作状态；也就是说，在这 9 个时钟期间内，所有工作指令只能等待而无法执行。刷新操作必须不停地执行，完成一次所有行的刷新所需要的时间称为刷新周期，一般为 64 ms。显然，刷新操作肯定会对 SDRAM 的性能造成影响，但这是没办法的事情，也是 DRAM 相对于 SRAM（静态内存，无须刷新仍能保留数据）取得成本优势的同时所付出的代价。

自我刷新：主要用于休眠模式低功耗状态下的数据保存。发出自动刷新命令时，将 CKE 置于无效状态（低电平），则进入了自我刷新模式；此时不再依靠系统时钟工作，而是根据内部的时钟进行刷新操作。在自我刷新期间，除了 CKE 之外的所有外部信号都是无效的（无需外部提供刷新指令），只有重新使 CKE 有效（高电平）才能退出自刷新模式并进入正常操作状态。

(6) Mode Register Set

Mode Register Set，即设置模式寄存器。SDRAM 芯片内部有一个逻辑控制单元，控制单元的相关参数由模式寄存器提供，我们通过设置模式寄存器命令来完成对模式寄存器的设置。这个命令在每次对 SDRAM 进行初始化的时候都需要用到。

发送该命令时，通过地址线来传输模式寄存器的值。W9825G6KH 的模式寄存器描述如图 19.1.7 所示。可见，模式寄存器的配置分为几个部分：

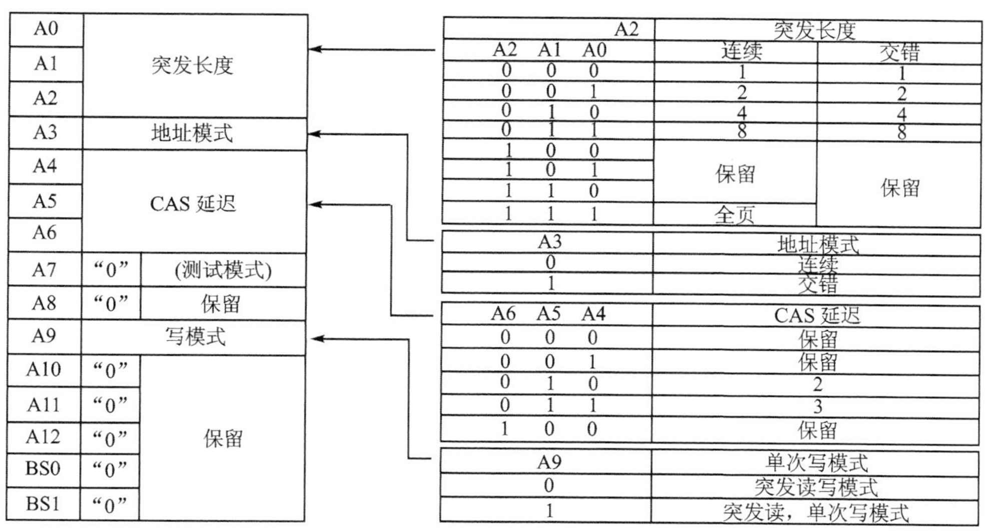

图 19.1.7　W9825G6KH 的模式寄存器

① Burst Length，即突发长度（简称 BL），通过 A0～A2 设置，是指在同一行中相邻的存储单元连续进行数据传输的方式。连续传输涉及存储单元（列）的数量就是突发长度。

前面说的读/写操作都是一次对一个存储单元进行寻址,如果要连续读/写,则还要对当前存储单元的下一个单元进行寻址,也就是要不断发送列地址与读/写命令(行地址不变,所以不用再对行寻址)。虽然读/写延迟相同可以让数据的传输在 I/O 端是连续的,但它占用了大量的内存控制资源,在进行数据连续传输时无法输入新的命令,效率很低。

因此,人们开发了突发传输技术,只要指定起始列地址与突发长度,内存就会依次自动对后面相应数量的存储单元进行读/写操作,而不再需要控制器连续地提供列地址。这样,除了第一个数据的传输需要若干个周期外,其后每个数据只需一个周期的即可获得。

② 非突发连续读取模式:不采用突发传输而是依次单独寻址,此时可等效于 BL=1。虽然可以让数据是连续的传输,但每次都要发送列地址与命令信息,控制资源占用极大。突发连续读取模式:只要指定起始列地址与突发长度,寻址与数据的读取自动进行,只要控制好两段突发读取命令的间隔周期(与 BL 相同)即可做到连续的突发传输。BL 的数值也是不能随便设或在数据进行传输前临时决定的,而是在初始化的时候,通过模式寄存器设置命令进行设置。目前可用的选项是 1、2、4、8、全页(Full Page),常见的设定是 4 和 8。若传输长度小于突发长度,则需要发送 Burst Stop(停止突发)命令,结束突发传输。

③ Addressing Mode,即突发访问的地址模式,通过 A3 设置,可以设置为 Sequential(顺序)或 Interleave(交错)。顺序方式,地址连续访问,而交错模式则地址是乱序的,一般选择连续模式。

④ CAS Latency,即列地址选通延迟(简称 CL)。读命令(同时发送列地址)发送完之后,需要等待几个时钟周期,DQ 数据线上的数据才会有效,这个延迟时间就叫 CL。一般设置为 2/3 个时钟周期,如图 19.1.8 所示。

注意,列地址选通延迟(CL)仅在读命令的时候有效果,在写命令的时候并不需要这个延迟。

Write Mode,即写模式,用于设置单次写的模式,可以选择突发写入或者单次写入。

5. 初始化

SDRAM 上电后,必须进行初始化,才可以正常使用。SDRAM 初始化时序图如图 19.1.9 所示。

初始化过程分为 5 步:

① 上电。

此步骤是给 SDRAM 供电,使能 CLK 时钟,并发送 NOP(No Operation 命令)。注意,上电后要等待最少 200 μs 再发送其他指令。

② 发送预充电命令。给所有 BANK 预充电。

③ 发送自动刷新命令。这一步是至少要发送 8 次自刷新命令,每一个自刷新命令

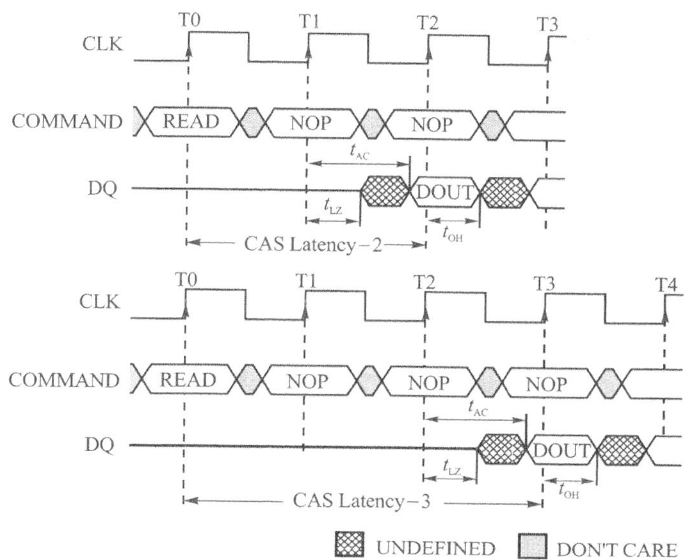

图 19.1.8　CAS 延迟(2/3)

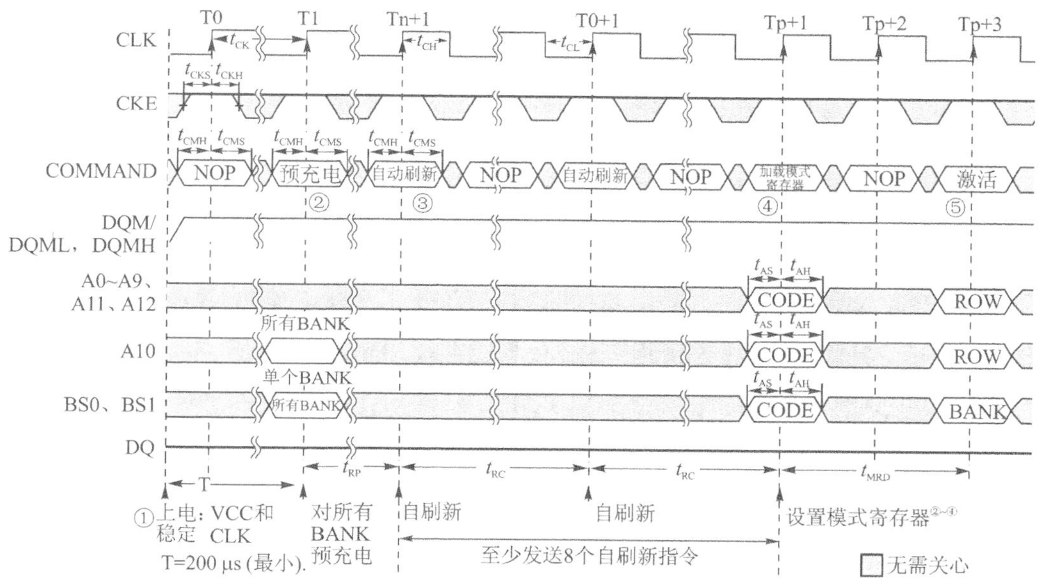

图 19.1.9　SDRAM 初始化时序图

之间的间隔时间为 t_{RC}。

④ 设置模式寄存器。这一步是发送模式寄存器的值，配置 SDRAM 的工作参数。配置完成后，需要等待 t_{MRD}（也叫 t_{RSC}），使模式寄存器的配置生效，才能发送其他命令。

⑤ 完成。经过前面 4 步的操作，SDRAM 的初始化就完成了，接下来就可以发送激活命令和读/写命令，进行数据的读/写了。

这里提到的 t_{RC}、t_{MRD} 和 t_{RSC} 见 SDRAM 的芯片数据手册。

6. 写操作

完成对 SDRAM 的初始化之后就可以对 SDRAM 进行读/写操作了，首先来看写操作，时序图如图 19.1.10 所示。

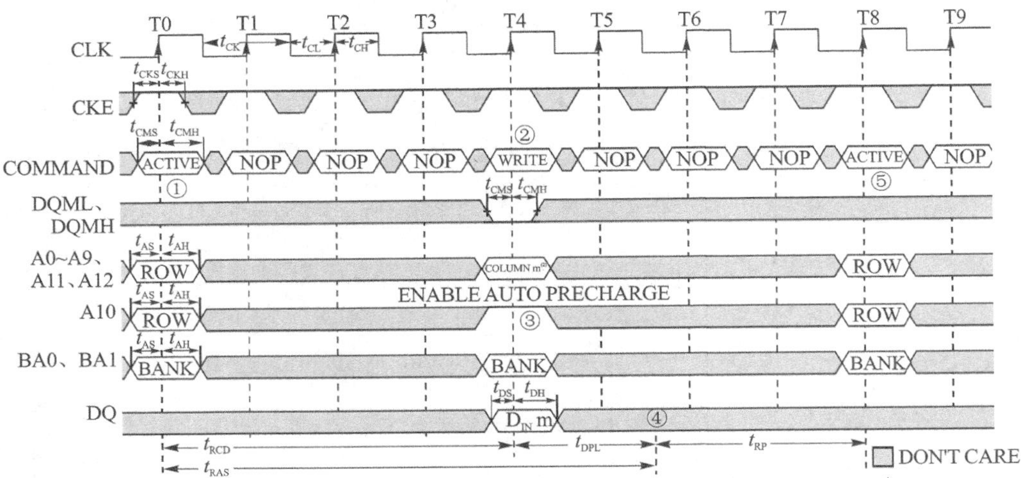

图 19.1.10 SDRAM 写时序图(自动预充电)

SDRAM 的写流程如下：

① 发送激活命令。

此命令同时设置行地址和 BANK 地址，发送后，需要等待 t_{RCD} 时间才可以发送写命令。

② 发送写命令。

在发送完激活命令并等待 t_{RCD} 后，发送写命令；该命令同时设置列地址，完成对 SDRAM 的寻址。同时，将数据通过 DQ 数据线存入 SDRAM。

③ 使能自动预充电。

在发送写命令的同时，拉高 A10 地址线，使能自动预充电，以提高读/写效率。

④ 执行预充电。

预充电在发送激活命令的 t_{RAS} 时间后启动，并且需要等待 t_{RP} 时间来完成。

⑤ 完成一次数据写入。

最后，发送第二个激活命令，启动下一次数据传输。这样，就完成了一次数据的写入。

7. 读操作

前面介绍了 SDRAM 的写操作，接下来看读操作，读操作时序图如图 19.1.11 所示。

SDRAM 的读流程如下：

① 发送激活命令。

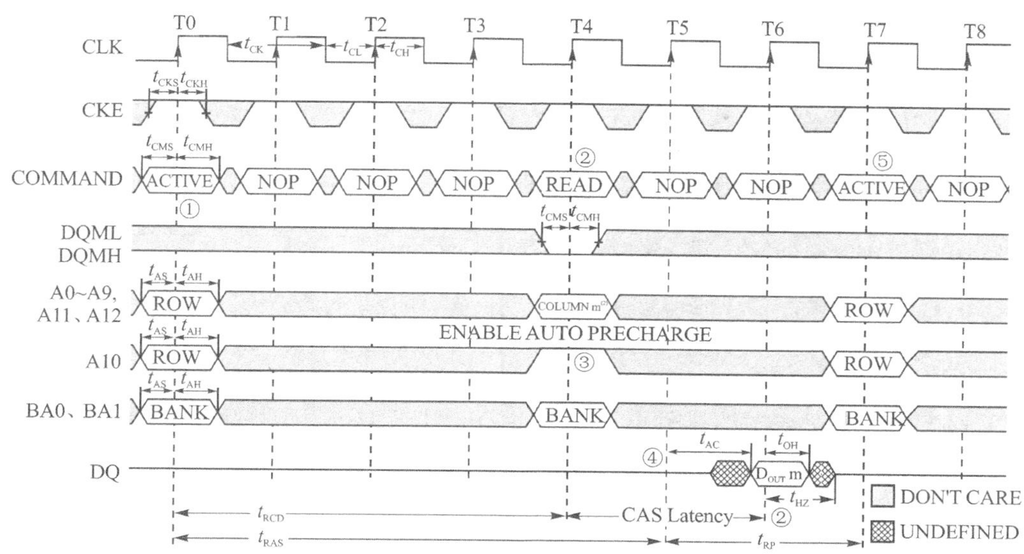

图 19.1.11　SDRAM 读时序图(自动预充电)

此命令同时设置行地址和 BANK 地址,发送该命令后,需要等待 t_{RCD}时间才可以发送读命令。

② 发送写命令。

在发送完激活命令,并等待 t_{RCD}后,发送读命令;该命令同时设置列地址,从而完成对 SDRAM 的寻址。读操作还有一个 CL 延迟(CAS Latency),所以需要等待给定的 CL 延迟(2 个或 3 个 CLK)后,再从 DQ 数据线上读取数据。

③ 使能自动预充电。

在发送读命令的同时,拉高 A10 地址线,使能自动预充电,以提高读/写效率。

④ 执行预充电。

预充电在发送激活命令的 t_{RAS}时间后启动,并且需要等待 t_{RP}时间来完成。

⑤ 完成一次数据写入。

最后,发送第二个激活命令,启动下一次数据传输。这样,就完成了一次数据的读取。

SDRAM 的简介就介绍到这里,t_{RCD}、t_{RAS}和 t_{RP}等时间参数见 SDRAM 的数据手册,且在后续配置 FMC 的时候需要用到。

19.1.2　FMC SDRAM 接口

本小节将介绍如何利用 FMC 接口驱动 SDRAM。STM32F767 FMC 接口的 SDRAM 控制器具有如下特点:

➢ 两个 SDRAM 存储区域,可独立配置;

➢ 支持 8 位、16 位和 32 位数据总线宽度;

- 支持 13 位行地址，11 位列地址，4 个内部存储区域：4×16M×32 bit (256 MB)、4×16M×16 bit(128 MB)、4×16M×8 bit (64 MB)；
- 支持字、半字和字节访问；
- 自动进行行和存储区域边界管理；
- 多存储区域乒乓访问；
- 可编程时序参数；
- 支持自动刷新操作，可编程刷新速率；
- 自刷新模式；
- 读 FIFO 可缓存，支持 6 行×32 位深度(6 x14 位地址标记)。

通过 19.1.1 小节的介绍，我们对 SDRAM 已经有了一个比较深入的了解，包括接线、命令、初始化流程和读/写流程等，接下来介绍一些配置 FMC SDRAM 控制器需要用到的几个寄存器。

首先介绍 SDRAM 的控制寄存器：FMC_SDCRx，x=1/2，该寄存器各位描述如图 19.1.12 所示。

31	30	29	28	27	26	25	24	23	22	21	20	19	18	17	16
Res.	Res.	Res.	Res.	Res.	Res.	Res.	Res.	Res.	Res.	Res.	Res.	Res.	Res.	Res.	Res.

15	14	13	12	11	10	9	8	7	6	5	4	3	2	1	0
Res.	RPIPE		RBURST	SDCLK		WP	CAS		NB	MWID		NR		NC	
	rw	rw	rw	rw	rw	rw	rw	rw	rw	rw	rw	rw	rw	rw	rw

图 19.1.12　FMC_SDCRx 寄存器各位描述

该寄存器只有低 15 位有效，且都需要进行配置：

NC：这两个位定义列地址的位数(00～11 表示 8～11 位)，W9825G6KH 有 9 位列地址，所以，这里应该设置为 01。

NR：这两个位定义行地址的位数(00～10 表示 11～13 位)，W9825G6KH 有 13 位行地址，所以，这里设置为 10。

MWID：这两个位定义存储器数据总线宽度(00～10 表示 8～32 位)，W9825G6KH 数据位宽为 16 位，所以，这里设置为 01。

NB：该位用于设置 SDRAM 内部存储区域(BANK)数量(0=2 个，1=4 个)，W9825G6KH 内部有 4 个 BANK，所以，这里设置为 1。

CAS：这两个位可设置 SDRAM 的 CAS 延迟，按存储器时钟周期计(01～11 表示 1～3 个)。W9825G6KH 可以设置为 2，也可以设置为 3，这里设置为 11。

WP：该位用于写保护设置(0=写使能，1=写保护)，这里需要用到写操作，所以设置为 1 即可。

SDCLK：这两个位用于配置 SDRAM 的时钟(10=HCLK/2，11=HCLK/3)，需要在禁止 SDRAM 时钟的前提下配置。W9825G6KH 最快可以到 200M(@CL=3)，为了较快的速度，这里设置为 10。

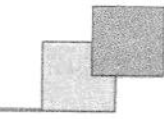

RBURST:此位用于使能突发读模式(0=禁止,1=使能)。这里设置为 1,使能突发读。

RPIPE:这两个位可定义在 CAS 延迟后延后多少个 HCLK 时钟周期读取数据(00~10,表示 0~2 个),这里设置为 00 即可。

接下来介绍 SDRAM 的时序寄存器:FMC_SDTRx,x=1/2,该寄存器各位描述如图 19.1.13 所示。

31	30	29	28	27	26	25	24	23	22	21	20	19	18	17	16
Res.	Res.	Res.	Res.	TRCD				TRP				TWR			
				rw	rw	rw	rw	rw	rw	rw	rw	rw	rw	rw	rw

15	14	13	12	11	10	9	8	7	6	5	4	3	2	1	0
TRC				TRAS				TXSR				TMRD			
rw	rw	rw	rw	rw	rw	rw	rw	rw	rw	rw	rw	rw	rw	rw	rw

图 19.1.13　FMC_SDTRx 寄存器各位描述

该寄存器用于控制 SDRAM 的时序,非常重要,接下来分别介绍各个参数:

TMRD:这 4 个位定义加载模式寄存器命令和激活或刷新命令之间的延迟,这个参数就是 SDRAM 数据手册里面的 t_{MRD} 或 t_{RSC} 参数。W9825G6KH 的 t_{RSC} 值为 2 个时钟,所以设置为 1 即可(2 个时钟周期,这里的时钟周期是指 SDRAM 的时钟周期,下同)。

TXSR:这 4 个位定义从发出自刷新命令到发出激活命令之间的延迟。W9825G6KH 的这个时间为 72 ns,我们设置 STM32F767 的时钟频率为 216 MHz,那么一个 SDRAM 的时钟频率为 108 MHz,一个周期为 9.3 ns,设置 TXSR 为 7,即 8 个时钟周期即可。

TRAS:这 4 个位用于设置自刷新周期。W9825G6KH 的自刷新周期为 60 ns,我们设置 TRAS 为 6,即 7 个时钟周期即可。

TRC:这 4 个位定义刷新命令和激活命令之间的延迟,以及两个相邻刷新命令之间的延迟。W9825G6KH 的这个时间同样是 60 ns,我们设置 TRC 为 6,即 7 个时钟周期即可。

TWR:这 4 个位定义写命令和预充电命令之间的延迟。W9825G6KH 的这个时间为 2 个时钟周期,所以,我们设置 TWR=1 即可。

TRP:这 4 个位定义预充电命令与其他命令之间的延迟。W9825G6KH 的这个时间为 15 ns,所以,我们设置 TRP=1,即 2 个时钟周期(18.6 ns)。

TRCD:这 4 个位定义激活命令与读/写命令之间的延迟。W9825G6KH 的这个时间为 15 ns,所以,我们设置 TRP=1,即 2 个时钟周期(18.6 ns)。

接下来介绍 SDRAM 的命令模式寄存器:FMC_SDCMR,该寄存器各位描述如图 19.1.14 所示。

该寄存器用于发送控制 SDRAM 的命令,以及 SDRAM 控制器的工作模式时序,非常重要,接下来分别介绍各个参数:

31	30	29	28	27	26	25	24	23	22	21	20	19	18	17	16
Res.	Res.	Res.	Res.	Res.	Res.	Res.	Res.	Res.	Res.	MRD					
										rw	rw	rw	rw	rw	rw
15	**14**	**13**	**12**	**11**	**10**	**9**	**8**	**7**	**6**	**5**	**4**	**3**	**2**	**1**	**0**
MRD							NRFS				CTB1	CTB2	MODE		
rw	rw	rw	rw	rw	rw	rw	rw	rw	rw	rw	rw	rw	rw	rw	rw

图 19.1.14　FMC_SDCMR 寄存器各位描述

MODE:这 3 个位定义发送到 SDRAM 存储器的命令。000:正常模式;**001**:时钟配置使能;**010**:预充电所有存储区;**011**:自刷新命令;**100**:配置模式寄存器;101:自刷新命令;110:掉电命令;111:保留。加粗部分的命令,我们配置的时候需要用到。

CTB2/CTB1:这两个位用于指定命令所发送的目标存储器。因为 SDRAM 控制器可以外挂 2 个 SDRAM,发送命令的时候,需要通过 CTB1/CTB2 指定命令发送给哪个存储器。我们使用的是第一个存储器(SDNE0),所以设置 CTB1 即可。

NRFS:这 4 个位定义在 MODE=011 时发出的连续自刷新命令的个数。0000~1110 表示 1~15 个自刷新命令。W9825G6KH 在初始化的时候,至少需要连续发送 8 个自刷新命令。

MRD:这 13 个位定义 SDRAM 模式寄存器的内容(通过地址线发送),在 MODE=100 的时候,需要配置。

接下来介绍 SDRAM 的刷新定时器寄存器:FMC_SDRTR,该寄存器各位描述如图 19.1.15 所示。

31	30	29	28	27	26	25	24	23	22	21	20	19	18	17	16
Res.	Res.	Res.	Res.	Res.	Res.	Res.	Res.	Res.	Res.	Res.	Res.	Res.	Res.	Res.	Res.
15	**14**	**13**	**12**	**11**	**10**	**9**	**8**	**7**	**6**	**5**	**4**	**3**	**2**	**1**	**0**
Res.	REIE	COUNT													CRE
	rw	rw	rw	rw	rw	rw	rw	rw	rw	rw	rw	rw	rw	rw	w

图 19.1.15　FMC_SDRTR 寄存器各位描述

该寄存器通过配置刷新定时器计数值来设置刷新循环之间的刷新速率,按 SDRAM 的时钟周期计数。计算公式为:

刷新速率=(COUNT+1)·SDRAM 频率时钟

COUNT=(SDRAM 刷新周期/行数)-20

这里以 W9825G6KH 为例讲解计算过程,W9825G6KH 的刷新周期为 64 ms,行数为 8 192 行,所以刷新速率为:

刷新速率=64 ms/8 192=7.81 μs

而 SDRAM 时钟频率=216 MHz/2=108 MHz(9.26 ns),所以 COUNT 的值为:

COUNT=7.81 μs/9.26 ns≈844

如果 SDRAM 在接收读请求后出现内部刷新请求,则必须将刷新速率增加 20 个

SDRAM 时钟周期，以获得充足的余量，所以，实际设计的 COUNT 值应该是 COUNT－20＝824。所以，设置 FMC_SDRTR 的 COUNT＝824 就可以完成对该寄存器的配置。

至此，FMC SDRAM 部分的寄存器就介绍完了，更详细的介绍可以参考《STM32F7 中文参考手册》13.7 节。接下来就可以开始写 SDRAM 的驱动代码了。不过，MDK 并没有将寄存器定义成 FMC_SDCR1/2 的形式，而是定义成 FMC_SDCR[0]/[1]，对应的就是 FMC_SDCR1/2，其他几个寄存器类似，使用的时候注意一下。

阿波罗 STM32F767 核心板板载的 W9825G6KH 芯片挂在 FMC SDRAM 的控制器 1 上面（SDNE0），其原理图如图 19.1.16 所示。可以看出，W9825G6KH 同 STM32F767 的连接关系：A[0:12]接 FMC_A[0:12]，BA[0:1]接 FMC_BA[0:1]，D[0:15]接 FMC_D[0:15]，CKE 接 FMC_SDCKE0，CLK 接 FMC_SDCLK，UDQM 接 FMC_NBL1，LDQM 接 FMC_NBL0，WE 接 FMC_SDNWE，CAS 接 FMC_SDNCAS，RAS 接 FMC_SDNRAS，CS 接 FMC_SDNE0。

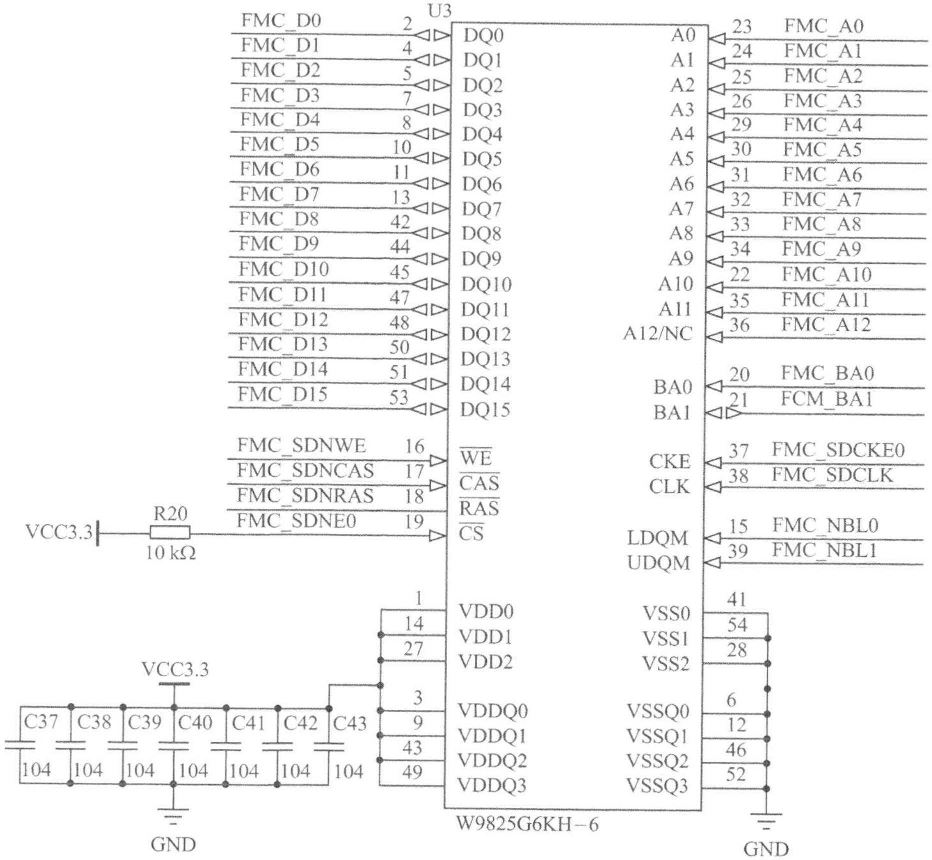

图 19.1.16　W9825G6KH 原理图

最后来看看要使用 HAL 库实现对 W9825G6KH 的驱动需要对 FMC 进行哪些配置。对于 SDRAM 配置,我们要新引入的 HAL 库文件为 stm32f7xx_hal_sdram.c 和 stm32f7xx_hal_sdram.h。具体步骤如下:

① 使能 FMC 时钟,并配置 FMC 相关的 I/O 及其时钟使能。

要使用 FMC,当然首先得开启其时钟。然后需要把 FMC_D0～15、FMCA0～12 等相关 I/O 口全部配置为复用输出,并使能各 I/O 组的时钟。

使能时钟和初始化 I/O 口方法前面已经多次讲解,这里就不累赘。

② 初始化 SDRAM 控制参数和时间参数,也就是设置寄存器 FMC_SDCR1 和 FMC_SDTR1。

寄存器 FMC_SDCR1 用来设置 SDRAM 的相关控制参数,比如地址线宽度、CAS 延迟、SDRAM 时钟等。设置该寄存器的 HAL 库函数为 FMC_SDRAM_Init,声明如下:

```
HAL_StatusTypeDef FMC_SDRAM_Init(FMC_SDRAM_TypeDef * Device,
                                 FMC_SDRAM_InitTypeDef * Init);
```

寄存器 FMC_SDTR1 用来设置 SDRAM 时间相关参数,比如自刷新时间、恢复延迟、预充电延迟等。设置该寄存器的 HAL 库函数为 FMC_SDRAM_Timing_Init 函数,声明如下:

```
HAL_StatusTypeDef FMC_SDRAM_Timing_Init(FMC_SDRAM_TypeDef * Device,
                  FMC_SDRAM_TimingTypeDef * Timing, uint32_t Bank);
```

实际上,HAL 库还提供了共同设置 SDRAM 控制参数和时间参数函数 HAL_SDRAM_Init,该函数会在内部依次调用函数 FMC_SDRAM_Init 和 FMC_SDRAM_Timing_Init 进行 SDRAM 控制参数和时间参数的初始化,所以这里着重讲解函数 FMC_SDRAM_Init,声明如下:

```
HAL_StatusTypeDef HAL_SDRAM_Init(SDRAM_HandleTypeDef * hsdram,
                                 FMC_SDRAM_TimingTypeDef * Timing);
```

讲解该函数之前首先要说明一点,和其他外设初始化一样,HAL 库同样提供了 SDRAM 的 MSP 初始化回调函数,函数为 HAL_SDRAM_MspInit,该函数声明为:

```
void HAL_SDRAM_MspInit(SDRAM_HandleTypeDef * hsdram);
```

SDRAM 初始化函数内部会调用该回调函数,从而进行 MCU 相关初始化。接下来继续讲解 SDRAM 初始化函数 HAL_SDRAM_Init,该函数有两个入口参数,一个入口参数是 hsdram,该参数是 SDRAM_HandleTypeDef 结构体指针类型,用来设置 SDRAM 的控制参数;另一个入口参数是 Timing,该参数是 FMC_SDRAM_TimingTypeDef 结构体指针类型,用来设置 SDRAM 的时间相关参数。先看看结构体 SDRAM_HandleTypeDef,定义如下:

```
typedef struct
{
  FMC_SDRAM_TypeDef              * Instance;
  FMC_SDRAM_InitTypeDef           Init;
```

```
    __IO HAL_SDRAM_StateTypeDef    State;
    HAL_LockTypeDef                Lock;
    DMA_HandleTypeDef              * hdma;
}SDRAM_HandleTypeDef;
```

该结构体有 4 个成员变量，第一个成员变量用来设置 BANK 寄存器基地址，这个根据其入口参数有效范围即可找到，这里设置为 FMC_SDRAM_DEVICE 即可。第三个和第四个成员变量是 HAL 库使用的一些状态标识参数；最后一个成员变量 hdma 是与 DMA 相关，这里暂不讲解。

接下来重点看看第二个成员变量 Init，它是真正的初始化结构体类型变量。结构体 FMC_SDRAM_InitTypeDef 定义如下：

```
typedef struct
{
  uint32_t SDBank;
  uint32_t ColumnBitsNumber;     //列地址数量,FMC_SDCRx 寄存器的 NC 位
  uint32_t RowBitsNumber;        //行地址数量,FMC_SDCRx 寄存器的 NR 位
  uint32_t MemoryDataWidth;      //存储器数据总线宽度,FMC_SDCRx 的 MWID 位
  uint32_t InternalBankNumber;   //SDRAM 内部存储区域数量,FMC_SDCRx 的 NB 位
  uint32_t CASLatency;           //SDRAM 的 CAS 延迟,FMC_SDCRx 的 CAS 位
  uint32_t WriteProtection;      //写保护,FMC_SDCRx 的 WP
  uint32_t SDClockPeriod;        //SDRAM 的时钟,FMC_SDCRx 的 SDCLK 位
  uint32_t ReadBurst;            //使能突发读模式,FMC_SDCRx 的 RBURST 位
  uint32_t ReadPipeDelay;        //读取数据延迟,也就是 FMC_SDCRx 的 RPIPE 位
}FMC_SDRAM_InitTypeDef;
```

成员变量 SDBank 用来设置使用的 SDRAM 的是第几个 BANK。前面说过，SDRAM 有两个独立的 BANK，取值为 FMC_SDRAM_BANK1 或者 FMC_SDRAM_BANK2，我们使用的是 SDRAM 的 BANK1，所以设置为 FMC_SDRAM_BANK1 即可。

其他成员变量都是用来配置 FMC_SDCRx 控制寄存器相应位的值。

ColumnBitsNumber 用来设置列地址数量，也就是 FMC_SDCRx 寄存器的 NC 位。

RowBitsNumber 用来设置行地址数量，也就 FMC_SDCRx 寄存器的 NR 位。

MemoryDataWidth 用来设置存储器数据总线宽度，也就是 FMC_SDCRx 的 MWID 位。

InternalBankNumber 用来设置 SDRAM 内部存储区域(BANK)数量，也就是 FMC_SDCRx 的 NB 位。

CASLatency 用来设置 SDRAM 的 CAS 延迟，也就是 FMC_SDCRx 的 CAS 位。

WriteProtection 用来设置写保护，也就是 FMC_SDCRx 的 WP。

SDClockPeriod 用来设置 SDRAM 的时钟，也就是 FMC_SDCRx 的 SDCLK 位。

ReadBurst 用来设置使能突发读模式，也就是 FMC_SDCRx 的 RBURST 位。

ReadPipeDelay 用来设置在 CAS 延迟后延后多少个 HCLK 时钟周期读取数据，也就是 FMC_SDCRx 的 RPIPE 位。

接下来看看 HAL_SDRAM_Init 函数的第二个入口参数 Timing，它是 FMC_SDRAM_TimingTypeDef 结构体指针类型，该结构体主要用来设置寄存器 FMC_

SDTRx 的值。该结构体定义如下：

```
typedef struct
{
  uint32_t LoadToActiveDelay;     //加载模式寄存器命令和激活或刷新命令之间的延迟
  uint32_t ExitSelfRefreshDelay; //从发出自刷新命令到发出激活命令之间的延迟
  uint32_t SelfRefreshTime;       //自刷新周期
  uint32_t RowCycleDelay;    //刷新和激活命令之间的延迟以及两个相邻刷新命令之间延迟
  uint32_t WriteRecoveryTime;     //写命令和预充电命令之间的延迟
  uint32_t RPDelay;               //预充电命令与其他命令之间的延迟
  uint32_t RCDDelay;              //激活命令与读/写命令之间的延迟
}FMC_SDRAM_TimingTypeDef;
```

该结构体一共有 7 个成员变量，这些成员变量都是时间参数，每个而参数与寄存器的 4 个位对应，取值范围均为 1～16。

成员变量 LoadToActiveDelay 用来设置加载模式寄存器命令和激活或刷新命令之间的延迟，对应寄存器 FMC_SDTRx 的 TMRD 位。ExitSelfRefreshDelay 用来设置从发出自刷新命令到发出激活命令之间的延迟，对应 TXSR 位。SelfRefreshTime 用来设置自刷新周期，对应 TRAS 位。RowCycleDelay 用来设置刷新命令和激活命令之间的延迟以及两个相邻刷新命令之间的延迟，对应 TRC 位。WriteRecoveryTime 用来设置写命令和预充电命令之间的延迟，对应 TWR 位。RPDelay 用来设置预充电命令与其他命令之间的延迟，对应位 TRP。RCDDelay 用来设置激活命令与读/写命令之间的延迟，对应位 TRCD。

函数 HAL_SDRAM_Init 的使用范例如下：

```
SDRAM_HandleTypeDef SDRAM_Handler;    //SDRAM 句柄
FMC_SDRAM_TimingTypeDef SDRAM_Timing;

SDRAM_Handler.Instance = FMC_SDRAM_DEVICE;                        //SDRAM 在 BANK5,6
SDRAM_Handler.Init.SDBank = FMC_SDRAM_BANK1;
SDRAM_Handler.Init.ColumnBitsNumber =
FMC_SDRAM_COLUMN_BITS_NUM_9;                                      //列数量
SDRAM_Handler.Init.RowBitsNumber = FMC_SDRAM_ROW_BITS_NUM_13;     //行数量
SDRAM_Handler.Init.MemoryDataWidth = FMC_SDRAM_MEM_BUS_WIDTH_16;
SDRAM_Handler.Init.InternalBankNumber = FMC_SDRAM_INTERN_BANKS_NUM_4;
SDRAM_Handler.Init.CASLatency = FMC_SDRAM_CAS_LATENCY_3;
SDRAM_Handler.Init.WriteProtection
                              = FMC_SDRAM_WRITE_PROTECTION_DISABLE;
SDRAM_Handler.Init.SDClockPeriod = FMC_SDRAM_CLOCK_PERIOD_2;
SDRAM_Handler.Init.ReadBurst = FMC_SDRAM_RBURST_ENABLE;      //使能突发
SDRAM_Handler.Init.ReadPipeDelay = FMC_SDRAM_RPIPE_DELAY_1; //读通道延时

SDRAM_Timing.LoadToActiveDelay = 2;      //加载模式到激活时间的延迟为 2 个时钟周期
SDRAM_Timing.ExitSelfRefreshDelay = 8;   //退出自刷新延迟为 8 个时钟周期
SDRAM_Timing.SelfRefreshTime = 6;        //自刷新时间为 6 个时钟周期
SDRAM_Timing.RowCycleDelay = 6;          //行循环延迟为 6 个时钟周期
SDRAM_Timing.WriteRecoveryTime = 2;      //恢复延迟为 2 个时钟周期
SDRAM_Timing.RPDelay = 2;                //行预充电延迟为 2 个时钟周期
```

```
    SDRAM_Timing.RCDDelay = 2;                //行到列延迟为 2 个时钟周期
    HAL_SDRAM_Init(&SDRAM_Handler,&SDRAM_Timing);
```

③ 发送 SDRAM 初始化序列。

这里根据前面提到的 SDRAM 初始化步骤对 SDRAM 进行初始化。首先使能时钟配置，然后等待至少 200 μs，对所有 BANK 进行预充电，执行自刷新命令等，最后配置模式寄存器，完成对 SDRAM 的初始化。发送初始化系列主要是向 SRAM 存储区发送命令，HAL 库提供了发送命令函数为：

```
HAL_StatusTypeDef HAL_SDRAM_SendCommand(SDRAM_HandleTypeDef * hsdram,
                                        FMC_SDRAM_CommandTypeDef * Command, uint32_t Timeout);
```

该函数的第一个入口参数 hsdram 是 SDRAM 句柄，第三个参数是发送命令 Timeout 时间。接下来着重讲解第二个入口参数 Command，该参数是 FMC_SDRAM_CommandTypeDef 结构体指针类型，该结构体定义如下：

```
typedef struct
{
  uint32_t CommandMode;                    //命令类型
  uint32_t CommandTarget;                  //目标 SDRAM 存储区域
  uint32_t AutoRefreshNumber;              //自刷新次数
  uint32_t ModeRegisterDefinition;         //SDRAM 模式寄存器的内容
}FMC_SDRAM_CommandTypeDef;
```

成员变量 CommandMode 用来设置命令类型，一共有 7 种命令类型，包括时钟配置使能命令 FMC_SDRAM_CMD_CLK_ENABLE、自刷新命令 FMC_SDRAM_CMD_AUTOREFRESH_MODE 等，这里不一一讲解。

CommandTarget 用来设置目标 SDRAM 存储区域，因为 SDRAM 控制器可以外挂 2 个 SDRAM，发送命令的时候，需要指定命令发送给哪个存储器取值范围为 FMC_SDRAM_CMD_TARGET_BANK1、FMC_SDRAM_CMD_TARGET_BANK2 或 FMC_SDRAM_CMD_TARGET_BANK1_2。

AutoRefreshNumber 用来设置自刷新次数，ModeRegisterDefinition 用来设置 SDRAM 模式寄存器的内容。

了解了向 SRAM 存储区发送命令方法，那么发送 SDRAM 初始化序列也就是发送命令到 SRAM 存储区，这就变得非常简单了。

④ 设置刷新频率，也就是设置寄存器 FMC_SDRTR 参数。

HAL 库提供的设置刷新频率函数为：

```
HAL_StatusTypeDef HAL_SDRAM_ProgramRefreshRate(SDRAM_HandleTypeDef * hsdram,
                                               uint32_t RefreshRate);
```

通过以上几个步骤就完成了 FMC 的配置，可以访问 W9825G6KH 了。

19.2 硬件设计

本章实验功能简介：开机后显示提示信息，然后按下 KEY0 按键，即测试外部

SDRAM 容量大小并显示在 LCD 上。按下 KEY1 按键即显示预存在外部 SDRAM 的数据。DS0 指示程序运行状态。

本实验用到的硬件资源有:指示灯 DS0、KEY0 和 KEY1 按键、串口、TFTLCD 模块、W9825G6KH。这些都已经介绍过了(W9825G6KH 与 STM32F767 的各 I/O 对应关系可参考配套资料原理图),接下来开始软件设计。

19.3 软件设计

打开本章实验工程可以看到,这里新添加了 sdram.c 到 HARDWARE 分组,用来存放我们编写的 SDRAM 相关驱动函数。

打开 sdram.c 文件,代码如下:

```
SDRAM_HandleTypeDef SDRAM_Handler;    //SDRAM 句柄
//SDRAM 初始化
void SDRAM_Init(void)
{

    FMC_SDRAM_TimingTypeDef SDRAM_Timing;
    SDRAM_Handler.Instance = FMC_SDRAM_DEVICE;      //SDRAM 在 BANK5,6
    SDRAM_Handler.Init.SDBank = FMC_SDRAM_BANK1; //SDRAM 的 BANK1
    SDRAM_Handler.Init.ColumnBitsNumber = FMC_SDRAM_COLUMN_BITS_NUM_9;
    SDRAM_Handler.Init.RowBitsNumber = FMC_SDRAM_ROW_BITS_NUM_13; //行数量
    SDRAM_Handler.Init.MemoryDataWidth = FMC_SDRAM_MEM_BUS_WIDTH_16;
    SDRAM_Handler.Init.InternalBankNumber = FMC_SDRAM_INTERN_BANKS_NUM_4;
    SDRAM_Handler.Init.CASLatency = FMC_SDRAM_CAS_LATENCY_3;      //CAS 为 3
    SDRAM_Handler.Init.WriteProtection =
                  FMC_SDRAM_WRITE_PROTECTION_DISABLE;//失能写保护
    SDRAM_Handler.Init.SDClockPeriod = FMC_SDRAM_CLOCK_PERIOD_2;
    SDRAM_Handler.Init.ReadBurst = FMC_SDRAM_RBURST_ENABLE; //使能突发
    SDRAM_Handler.Init.ReadPipeDelay = FMC_SDRAM_RPIPE_DELAY_1; //读通道延时
    SDRAM_Timing.LoadToActiveDelay = 2;/加载模式寄存器,激活时间延迟为 2 个时钟
    SDRAM_Timing.ExitSelfRefreshDelay = 8; //退出自刷新延迟为 8 个时钟周期
    SDRAM_Timing.SelfRefreshTime = 6;  //自刷新时间为 6 个时钟周期
    SDRAM_Timing.RowCycleDelay = 6; //行循环延迟为 6 个时钟周期
    SDRAM_Timing.WriteRecoveryTime = 2;  //恢复延迟为 2 个时钟周期
    SDRAM_Timing.RPDelay = 2;    //行预充电延迟为 2 个时钟周期
    SDRAM_Timing.RCDDelay = 2;   //行到列延迟为 2 个时钟周期
    HAL_SDRAM_Init(&SDRAM_Handler,&SDRAM_Timing);
    SDRAM_Initialization_Sequence(&SDRAM_Handler);//发送 SDRAM 初始化序列
    HAL_SDRAM_ProgramRefreshRate(&SDRAM_Handler,683);//设置刷新频率
}
//发送 SDRAM 初始化序列
void SDRAM_Initialization_Sequence(SDRAM_HandleTypeDef * hsdram)
{
    u32 temp = 0;
```

```
    //SDRAM 控制器初始化完成以后还需要按照如下顺序初始化 SDRAM
    SDRAM_Send_Cmd(0,FMC_SDRAM_CMD_CLK_ENABLE,1,0); //时钟配置使能
    delay_us(500);                                  //至少延时 200 us
    SDRAM_Send_Cmd(0,FMC_SDRAM_CMD_PALL,1,0);       //对所有存储区预充电
    SDRAM_Send_Cmd(0,FMC_SDRAM_CMD_AUTOREFRESH_MODE,8,0);//自刷新数
  temp = (u32)SDRAM_MODEREG_BURST_LENGTH_1 |//设置突发长度:1
              SDRAM_MODEREG_BURST_TYPE_SEQUENTIAL |     //设置突发类型
              SDRAM_MODEREG_CAS_LATENCY_3 |//设置 CAS 值:3(可以是 2/3)
              SDRAM_MODEREG_OPERATING_MODE_STANDARD | //标准模式
              SDRAM_MODEREG_WRITEBURST_MODE_SINGLE;  //单点访问
    SDRAM_Send_Cmd(0,FMC_SDRAM_CMD_LOAD_MODE,1,temp); //发送命令
}
//SDRAM 底层驱动,引脚配置,时钟使能
//此函数会被 HAL_SDRAM_Init()调用
//hsdram:SDRAM 句柄
void HAL_SDRAM_MspInit(SDRAM_HandleTypeDef * hsdram)
{
    GPIO_InitTypeDef GPIO_Initure;
    __HAL_RCC_FMC_CLK_ENABLE();                     //使能 FMC 时钟
    __HAL_RCC_GPIOC_CLK_ENABLE();                   //使能 GPIOC 时钟
…//此处省略部分 I/O 时钟使能,详情可参考实验工程
    GPIO_Initure.Pin = GPIO_PIN_0|GPIO_PIN_2|GPIO_PIN_3;
    GPIO_Initure.Mode = GPIO_MODE_AF_PP;             //推挽复用
    GPIO_Initure.Pull = GPIO_PULLUP;                 //上拉
    GPIO_Initure.Speed = GPIO_SPEED_HIGH;            //高速
    GPIO_Initure.Alternate = GPIO_AF12_FMC;          //复用为 FMC
    HAL_GPIO_Init(GPIOC,&GPIO_Initure);              //初始化 PC0,2,3
…//此处省略部分 I/O 口初始化,详情请参考实验工程
}
//向 SDRAM 发送命令
//bankx:0,向 BANK5 上面的 SDRAM 发送指令
//      1,向 BANK6 上面的 SDRAM 发送指令
//cmd:指令
//refresh:自刷新次数
//regval:模式寄存器的定义
//返回值:0,正常;1,失败
u8 SDRAM_Send_Cmd(u8 bankx,u8 cmd,u8 refresh,u16 regval)
{
    u32 target_bank = 0;
    FMC_SDRAM_CommandTypeDef Command;
    if(bankx == 0) target_bank = FMC_SDRAM_CMD_TARGET_BANK1;
    else if(bankx == 1) target_bank = FMC_SDRAM_CMD_TARGET_BANK2;
    Command.CommandMode = cmd;                       //命令
    Command.CommandTarget = target_bank;             //目标 SDRAM 存储区域
    Command.AutoRefreshNumber = refresh;             //自刷新次数
    Command.ModeRegisterDefinition = regval;         //要写入模式寄存器的值
    if(HAL_SDRAM_SendCommand(&SDRAM_Handler,&Command,0X1000) == HAL_OK)
    //向 SDRAM 发送命令
```

```
    {
        return 0;
    } else return 1;
}
//在指定地址(WriteAddr + Bank5_SDRAM_ADDR)开始,连续写入 n 个字节
//pBuffer:字节指针
//WriteAddr:要写入的地址
//n:要写入的字节数
void FMC_SDRAM_WriteBuffer(u8 *pBuffer,u32 WriteAddr,u32 n)
{
    for(;n!= 0;n--)
    {
        *(vu8 *)(Bank5_SDRAM_ADDR + WriteAddr) = *pBuffer;
        WriteAddr++;
        pBuffer++;
    }
}
//在指定地址((WriteAddr + Bank5_SDRAM_ADDR))开始,连续读出 n 个字节
//pBuffer:字节指针
//ReadAddr:要读出的起始地址
//n:要写入的字节数
void FMC_SDRAM_ReadBuffer(u8 *pBuffer,u32 ReadAddr,u32 n)
{
    for(;n!= 0;n--)
    {
        *pBuffer++ = *(vu8 *)(Bank5_SDRAM_ADDR + ReadAddr);
        ReadAddr++;
    }
}
```

此部分代码包含 6 个函数。SDRAM_Init 函数用于初始化 FMC/SDRAM 配置、发送 SDRAM 初始化序列和设置刷新时间等,完全就是根据前面所说的步骤来实现的。函数 HAL_SDRAM_MspInit 是 SDRAM 的 MSP 初始化回调函数,用来初始化 I/O 口和使能时钟。函数 SDRAM_Initialization_Sequence 单独用来发送 SRAM 初始化序列函数,初始化函数 SDRAM_Init 内部调用了该函数。SDRAM_Send_Cmd 函数用于给 SDRAM 发送命令,在初始化的时候需要用到。FMC_SDRAM_WriteBuffer 和 FMC_SDRAM_ReadBuffer 这两个函数分别用于在外部 SDRAM 的指定地址写入和读取指定长度的数据(字节数),一般用不到。

注意,当位宽为 16 位的时候,HADDR 右移一位同地址对其,但是 WriteAddr / ReadAddr 这里却没有加 2,而是加 1,是因为这里用的数据位宽是 8 位。通过 FMC_NBL1 和 FMC_NBL0 来控制高低字节位,所以地址在这里是可以只加 1 的。

最后看看 main.c 中程序,如下:

```
u16 testsram[250000] __attribute__((at(0XC0000000)));//测试用数组
//SDRAM 内存测试
```

```
void fsmc_sdram_test(u16 x,u16 y)
{
    u32 i = 0;
    u32 temp = 0;
    u32 sval = 0;    //在地址 0 读到的数据
    LCD_ShowString(x,y,180,y + 16,16,"Ex Memory Test:      0KB ");
    //每隔 16 KB,写入一个数据,总共写入 2 048 个数据,刚好是 32 MB
    for(i = 0;i<32 * 1024 * 1024;i + = 16 * 1024)
    {
        *(vu32 * )(Bank5_SDRAM_ADDR + i) = temp;
        temp ++ ;
    }
    //依次读出之前写入的数据,进行校验
    for(i = 0;i<32 * 1024 * 1024;i + = 16 * 1024)
    {
        temp = *(vu32 * )(Bank5_SDRAM_ADDR + i);
        if(i == 0)sval = temp;
        else if(temp< = sval)break;//后面读出的数据一定要比第一次读到的数据大
        LCD_ShowxNum(x + 15 * 8,y,(u16)(temp - sval + 1) * 16,5,16,0);    //显示内存容量
        printf("SDRAM Capacity: % dKB\r\n",(u16)(temp - sval + 1) * 16);//打印 SDRAM 容量
    }
}

int main(void)
{
    u8 key;
    u8 i = 0;
    u32 ts = 0;
    Cache_Enable();                        //打开 L1 - Cache
    HAL_Init();                            //初始化 HAL 库
    Stm32_Clock_Init(432,25,2,9);          //设置时钟,216 MHz
    delay_init(216);                       //延时初始化
    uart_init(115200);                     //串口初始化
    LED_Init();                            //初始化 LED
    KEY_Init();                            //初始化按键
    SDRAM_Init();                          //初始化 SDRAM
    LCD_Init();                            //初始化 LCD
    ……//此处省略部分液晶显示代码
    for(ts = 0;ts<250000;ts ++ )testsram[ts] = ts;//预存测试数据
    while(1)
    {
        key = KEY_Scan(0);//不支持连按
        if(key == KEY0_PRES)fsmc_sdram_test(30,170);//测试 SRAM 容量
        else if(key == KEY1_PRES)//打印预存测试数据
        {
            for(ts = 0;ts<250000;ts ++ )
```

```
        {
            LCD_ShowxNum(30,190,testsram[ts],6,16,0);//显示测试数据
            printf("testsram[%d]:%d\r\n",ts,testsram[ts]);
        }
        }else delay_ms(10);
        i++;
        if(i==20){i=0;LED0_Toggle;}     //DS0 闪烁
    }
}
```

此部分代码除了 main 函数，还有一个 fmc_sdram_test 函数，用于测试外部 SRAM 的容量大小，并显示其容量。

此段代码定义了一个超大数组 testsram，我们指定该数组定义在外部 SDRAM 起始地址(__attribute__((at(0XC0000000))))，该数组用来测试外部 SDRAM 数据的读/写。注意，该数组的定义方法是我们推荐的使用外部 SDRAM 的方法。如果想用 MDK 自动分配，那么需要用到分散加载，还需要添加汇编的 FMC 初始化代码，相对来说比较麻烦。而且外部 SDRAM 访问速度远不如内部 SRAM，如果将一些需要快速访问的 SRAM 定义到了外部 SDRAM，则将严重拖慢程序运行速度。而如果以我们推荐的方式来分配外部 SDRAM，那么就可以控制 SDRAM 的分配，可以针对性地选择放外部或放内部，有利于提高程序运行速度，使用起来也比较方便。

另外，fmc_sdram_test 函数和 main 函数都加入了 printf 输出结果；对于没有 MCU 屏模块的朋友来说，可以打开串口调试助手，观看实验结果。

19.4 下载验证

在代码编译成功之后，下载代码到 ALIENTEK 阿波罗 STM32 开发板上，则得到如图 19.4.1 所示界面。

此时，按下 KEY0 就可以在 LCD 上看到内存测试的画面，同样，按下 KEY1 就可以看到 LCD 显示存放在数组 testsram 里面的测试数据，如图 19.4.2 所示。

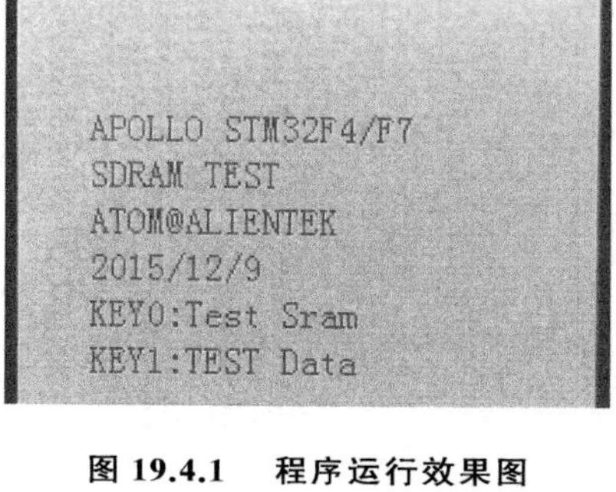

图 19.4.1　程序运行效果图

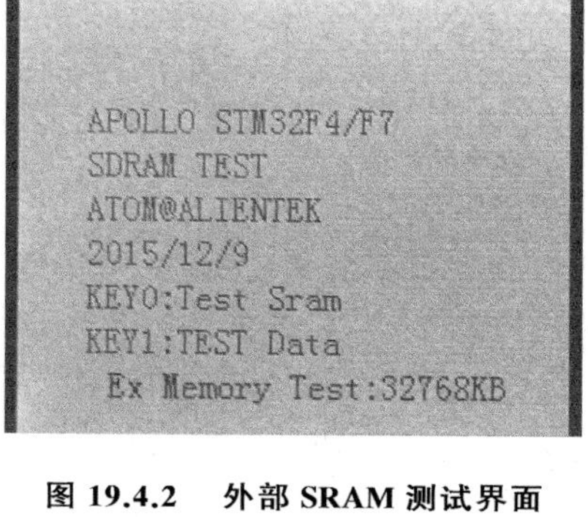

图 19.4.2　外部 SRAM 测试界面

对于没有 MCU 屏模块的读者，我们可以用串口来检查测试结果，如图 19.4.3 所示。

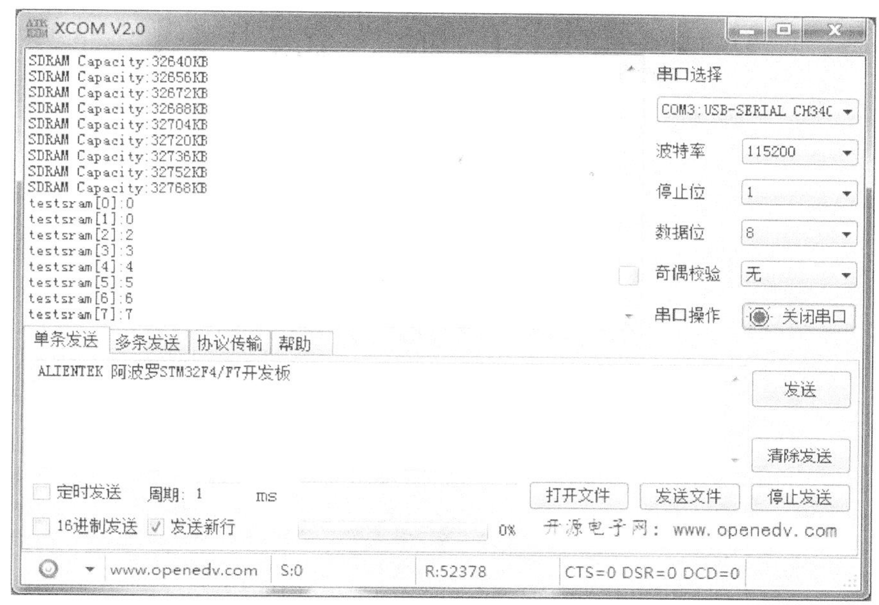

图 19.4.3　串口观看测试结果

19.5　STM32CubeMX 配置 FMC(SDRAM)

前面讲解了使用 STM32CubeMX 配置 SRAM 的方法，本节将讲解如何配置 SDRAM，一般步骤为：

① 进入 Pinout→FMC 配置栏来配置 FMC 基本参数。这里前面讲解过，STM32F7 FMC 接口的 SDRAM 控制器一共有 2 个独立的 SDRAM 存储区域，这里使用的是区域 1，所以只需要配置 SRAM1 即可。配置如图 19.5.1 所示。

其中，Clock and chip enable 用来配置时钟使能和片选引脚，这里使用的 CKE 接 FMC_SDCKE0，CS 接 FMC_SDNE0，所以选择第一个即可。参数 Internal bank number 一共是 4 个，其他参数就很好理解了，地址 13 位，数据 16 位。

② 选择 Configuration→FMC 进入 FMC 配置界面，在 SDRAM1 选项卡下配置相关参数。配置方法如图 19.5.2 所示。在该配置界面选择 GPIO Settigns 选项卡，还可以配置 I/O 口相关的信息。

经过上面配置步骤就可以生成相应的初始化代码，生成后和本章实验工程对比着学习。

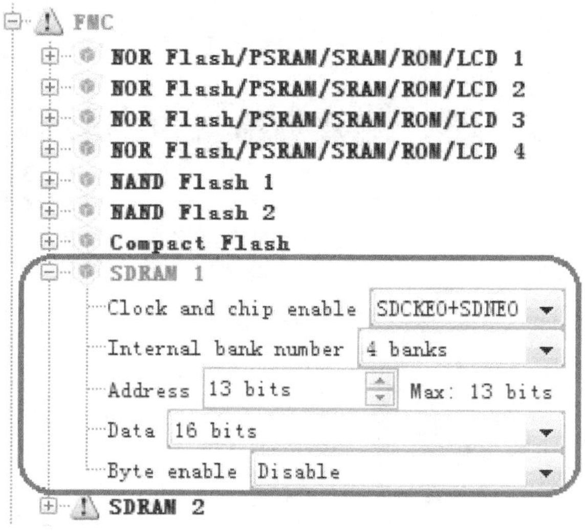

图 19.5.1　FMC 配置参数

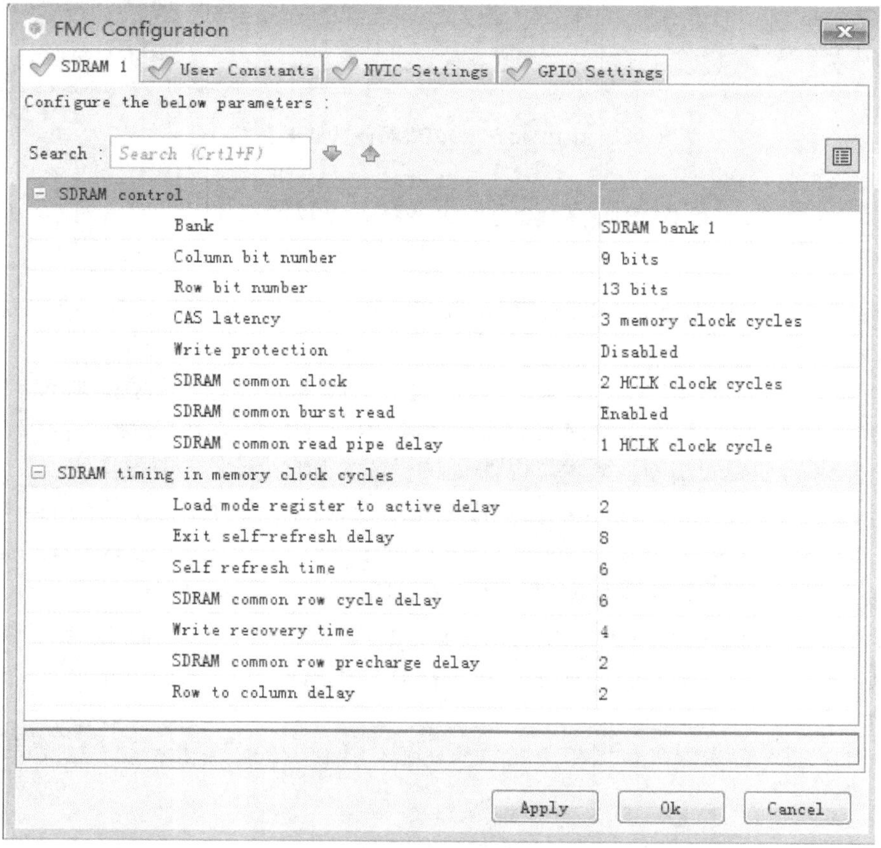

FMC Configuration

SDRAM 1 | User Constants | NVIC Settings | GPIO Settings

Configure the below parameters :

Search : Search (Crtl+F)

SDRAM control	
Bank	SDRAM bank 1
Column bit number	9 bits
Row bit number	13 bits
CAS latency	3 memory clock cycles
Write protection	Disabled
SDRAM common clock	2 HCLK clock cycles
SDRAM common burst read	Enabled
SDRAM common read pipe delay	1 HCLK clock cycle
SDRAM timing in memory clock cycles	
Load mode register to active delay	2
Exit self-refresh delay	8
Self refresh time	6
SDRAM common row cycle delay	6
Write recovery time	4
SDRAM common row precharge delay	2
Row to column delay	2

Apply　Ok　Cancel

图 19.5.2　FMC Configuration 配置界面 SDRAM1 选项卡

第 20 章

LTDC LCD(RGB 屏)实验

第 18 章介绍了 TFTLCD 模块(MCU 屏)的使用,但是高分辨率的屏(超过 800×480)一般都没有 MCU 屏接口,而是使用 RGB 接口的,这种接口的屏就需要用到 STM32F767 的 LTDC 来驱动了。本章将使用阿波罗 STM32F767 开发板核心板上的 LCD 接口(仅支持 RGB 屏)来点亮 LCD,并实现 ASCII 字符和彩色的显示等功能,并在串口打印 LCD ID,同时在 LCD 上面显示。

20.1 RGBLCD<DC 简介

本章将通过 STM32F767 的 LTDC 接口来驱动 RGBLCD 的显示,并介绍 STM32F767 的 LTDC、DMA2D 图形加速。本节分为 3 个部分,分别介绍 RGBLCD、LTDC 和 DMA2D。

20.1.1 RGBLCD 简介

第 18 章已经介绍过 TFTLCD 液晶了,实际上 RGBLCD 也是 TFTLCD,只是接口不同而已。接下来简单介绍一下 RGBLCD 的驱动。

1. RGBLCD 的信号线

RGBLCD 的信号线如表 20.1.1 所列。一般的 RGB 屏都有如表 20.1.1 所列的信号线,有 24 根颜色数据线(RGB 各占 8 根,即 RGB888 格式),这样可以表示最多 1 600 万色,DE、VS、HS 和 DCLK 用于控制数据传输。

表 20.1.1 RGBLCD 信号线

信号线	说　明
R[0:7]	红色数据线,一般为 8 位
G[0:7]	绿色数据线,一般为 8 位
B[0:7]	蓝色数据线,一般为 8 位
DE	数据使能线
VS	垂直同步信号线
HS	水平同步信号线
DCLK	像素时钟信号线

…LCD 的驱动模式

RGB 屏一般有 2 种驱动模式：DE 模式和 HV 模式。DE 模式使用 DE 信号来确定有效数据(DE 为高/低时，数据有效)，HV 模式则需要行同步和场同步来表示扫描的行和列。

DE 模式和 HV 模式的行扫描时序图(以 800×480 的 LCD 面板为例)如图 20.1.1 所示。可以看出，DE 和 HV 模式的时序基本一样，DEN 模式需要提供 DE 信号(DEN)，HV 模式则无需 DE 信号。图中的 HSD(即 HS 信号)用于行同步，注意，在 DE 模式下面是可以不用 HS 信号的，即不接 HS 信号，液晶照样可以正常工作。

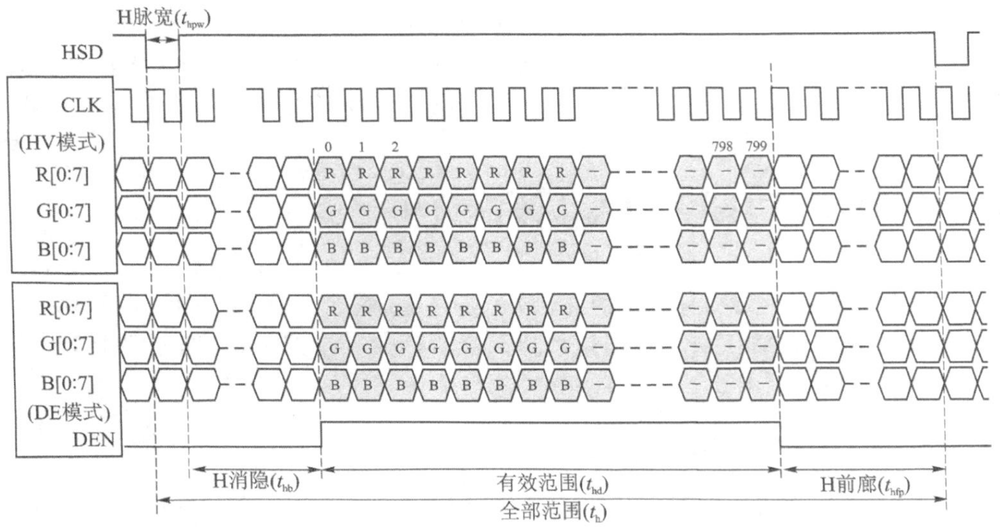

图 20.1.1　DE/HV 模式行扫描时序图

图中的 t_{hpw} 为水平同步有效信号脉宽，用于表示一行数据的开始；t_{hb} 为水平后廊，表示从水平有效信号开始，到有效数据输出之间的像素时钟个数；t_{hfp} 为水平前廊，表示一行数据结束后，到下一个水平同步信号开始之前的像素时钟个数。这几个时间非常重要，在配置 LTDC 的时候，需要根据 LCD 的数据手册进行正确的设置。

图 20.1.1 仅是一行数据的扫描，输出 800 个像素点数据，而液晶面板总共有 480 行，这就还需要一个垂直扫描时序图，如图 20.1.2 所示。图中的 VSD 就是垂直同步信号，HSD 就是水平同步信号，DE 为数据使能信号。由图可知，一个垂直扫描刚好就是 480 个有效的 DE 脉冲信号，每一个 DE 时钟周期扫描一行，总共扫描 480 行，完成一帧数据的显示。这就是 800×480 的 LCD 面板扫描时序，其他分辨率的 LCD 面板的时序类似。

图中的 t_{vpw} 为垂直同步有效信号脉宽，用于表示一帧数据的开始；t_{vb} 为垂直后廊，表示垂直同步信号以后的无效行数；t_{vfp} 为垂直前廊，表示一帧数据输出结束后，到下一个垂直同步信号开始之前的无效行数。这几个时间同样在配置 LTDC 的时候需要进行设置。

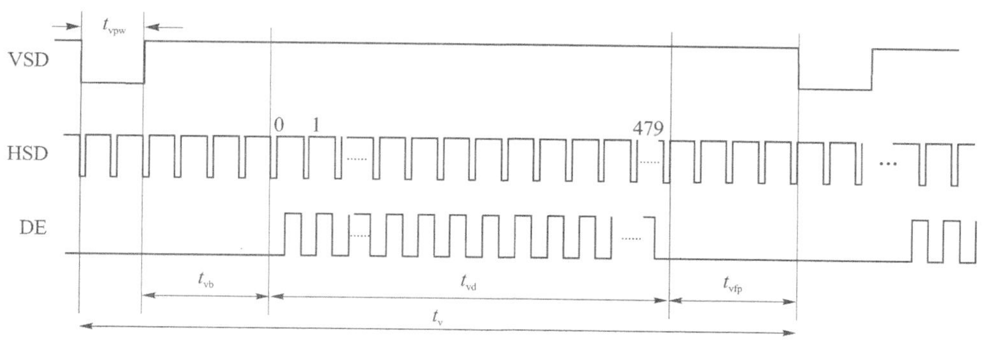

图 20.1.2　垂直扫描时序图

3. ALIENTEK RGBLCD 模块

ALIENTEK 目前提供 3 款 RGBLCD 模块：ATK－4342(4.3 寸，480×272)、ATK－7084(7 寸，800×480)和 ATK－7016(7 寸，1 024×600)，这里以 ATK－7084 为例介绍。该模块的接口原理图如图 20.1.3 所示。

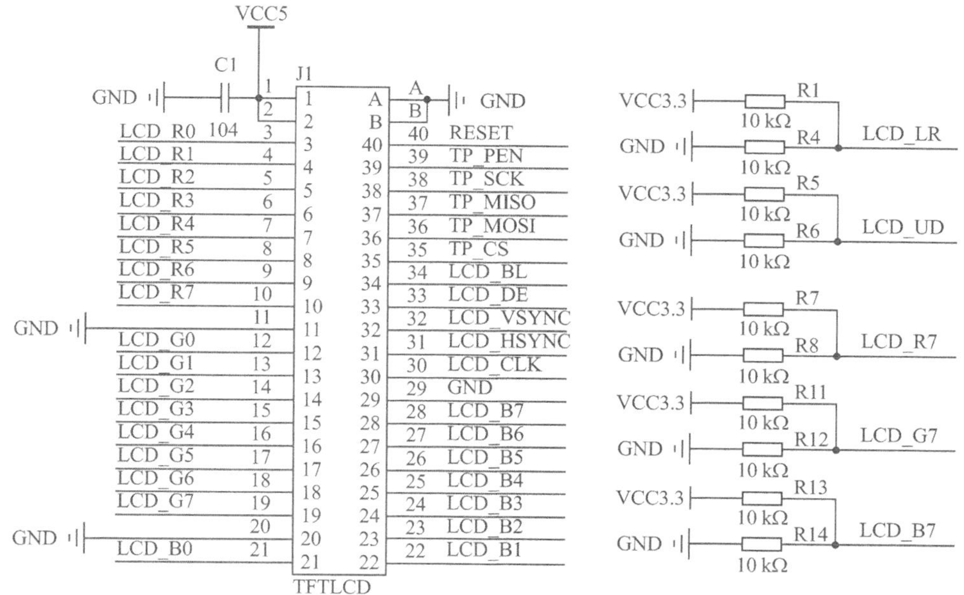

图 20.1.3　ATK－7084 模块对外接口原理图

图 20.1.3 中 J1 就是对外接口，是一个 40PIN 的 FPC 座(0.5 mm 间距)，通过 FPC 线可以连接到阿波罗 STM32F767 开发板的核心板上面，从而实现和 STM32F767 的连接。该接口十分完善，采用 RGB888 格式，并支持 DE&HV 模式，还支持触摸屏(电阻/电容)和背光控制。右侧的几个电阻并不是都焊接的，而是用户可以自己选择。默认情况，R1 和 R6 焊接，设置 LCD_LR 和 LCD_UD 控制 LCD 的扫描方向，是从左到

右、从上到下(横屏看)。LCD_R7/G7/B7 用来设置 LCD 的 ID,由于 RGBLCD 没有读/写寄存器,也就没有所谓的 ID,这里通过在模块上面控制 R7/G7/B7 的上/下拉来自定义 LCD 模块的 ID,从而帮助 MCU 判断当前 LCD 面板的分辨率和相关参数,以提高程序兼容性。这几个位的设置关系如表 20.1.2 所列。

表 20.1.2　ALIENTEK RGBLCD 模块 ID 对应关系

M2 LCD_G7	M1 LCD_G7	M0 LCD_R7	LCD ID	说　明
0	0	0	4342	ATK-4342 RGBLCD 模块,分辨率为 480×272
0	0	1	7084	ATK-7084 RGBLCD 模块,分辨率为 800×480
0	1	0	7016	ATK-7016,RGBLCD 模块,分辨率为 1 024×600
0	1	1	7018	ATK-7018,RGBLCD 模块,分辨率为 1 280×800
1	0	0	8016	ATK-8016,RGBLCD 模块,分辨率为 1 024×600
X	X	X	NC	暂时未用到

ATK-7084 模块设置 M2:M0=001 即可。这样,我们在程序里面读取 LCD_R7/G7/B7,得到 M0:M2 的值,从而判断 RGBLCD 模块的型号,并执行不同的配置,即可实现不同 LCD 模块的兼容。

20.1.2　LTDC 简介

STM32F767xx 系列芯片都带有 TFTLCD 控制器,即 LTDC,通过这个 LTDC,STM32F767 可以直接外接 RGBLCD 屏,从而实现液晶驱动。STM32F767 的 LTDC 具有如下特点:

- 24 位 RGB 并行像素输出;每像素 8 位数据(RGB888);
- 2 个带有专用 FIFO 的显示层(FIFO 深度 64×32 位);
- 支持查色表(CLUT),每层高达 256 种颜色(256×24 位);
- 可针对不同显示面板编程时序;
- 可编程背景色;
- 可编程 HSync、VSync 和数据使能(DE)信号的极性;
- 每层有 8 种颜色格式可供选择:ARGB8888、RGB888、RGB565、ARGB1555、ARGB4444、L8(8 位 Luminance 或 CLUT)、AL44(4 位 alpha+4 位 luminance)和 AL88(8 位 alpha+8 位 luminance);
- 每通道的低位采用伪随机抖动输出(红色、绿色、蓝色的抖动宽度为 2 位);
- 使用 alpha 值(每像素或常数)在两层之间灵活混合;
- 色键(透明颜色);
- 可编程窗口位置和大小;
- 支持薄膜晶体管(TFT) 彩色显示器;

➢ AHB 主接口支持 16 个字的突发；

➢ 4 个可编程中断事件。

LTDC 控制器主要包含信号线、图像处理单元、AHB 接口、配置和状态寄存器以及时钟部分，其框图如图 20.1.4 所示。

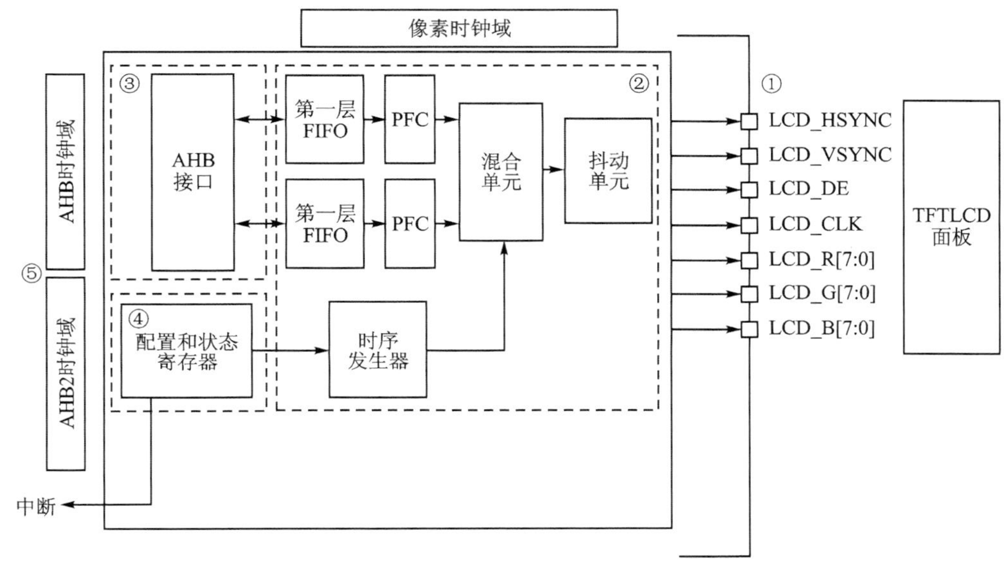

图 20.1.4　LTDC 控制器框图

1. 信号线

这里包含了前面提到的 RGBLCD 驱动所需要的所有信号线，这些信号线通过 STM32F767 核心板板载的 LCD 接口引出，其信号说明和 I/O 连接关系见表 20.1.3。

表 20.1.3　LTDC 信号线及 I/O 连接关系说明

LTDC 信号线	对应 I/O	说　明
LCD_CLK	PG7	像素时钟输出
LCD_HSYNC	PI10	水平同步
LCD_VSYNC	PI9	垂直同步
LCD_DE	PF10	数据使能
LCD_R[7:3]	PG6、PH12、PH11、PH10、PH9	红色数据线，LCD_R[2:0]未用到
LCD_G[7:2]	PI2、PI1、PI0、PH15、PH14、PH13	绿色数据线，LCD_G[1:0]未用到
LCD_B[7:3]	PI7、PI6、PI5、PI4、PG11	蓝色数据线，LCD_B[2:0]未用到

LTDC 总共有 24 位数据线，支持 RGB888 格式，但是为了节省 I/O 并提高图片显示速度，这里使用 RGB565 颜色格式，这样只需要 16 个 I/O 口。当使用 RGB565 格式的时候，LCD 面板的数据线必须连接到 LTDC 数据线的 MSB，即 LTDC 的 LCD_R[7:3]接 RGBLCD 的 R[7:3]、LTDC 的 LCD_G[7:2]接 RGBLCD 的 G[7:2]、LTDC

的 LCD_B[7:3]接 RGBLCD 的 B[7:3],这样,RGB 数据线分别是 5:6:5,即 RGB565 格式。表中对应 I/O 就是我们的 STM32F767 核心板上面,即 LCD 接口所连接的 I/O。

2. 图像处理单元

此部分先从 AHB 接口获取显存中的图像数据,再经过层 FIFO(有 2 个,对应 2 个层)缓存,每个层 FIFO 具有 64×32 位存储深度;然后经过像素格式转换器(PFC),把从层的所选输入像素格式转换为 ARGB8888 格式;再通过混合单元把两层数据合并,混合得到单层要显示的数据;最后经过抖动单元处理(可选)后输出给 LCD 显示。

这里的 ARGB8888 即带 8 位透明通道,即最高 8 位为透明通道参数,表示透明度,值越大,则约不透明,值越小,越透明。比如 A=255 时,表示完全不透明;A=0 时,表示完全透明。RGB888 就表示 R、G、B 各 8 位,可表示的颜色深度为 1 600 万色。

STM32F767 的 LTDC 总共有 3 个层:背景层、第一层和第二层。其中,背景层只可以是纯色(即单色),而第一层和第二层都可以用来显示信息,混合单元会将 3 个层混合起来进行显示,显示关系如图 20.1.5 所示。可以看出,第二层位于最顶端,背景层位于最低端,混合单元首先将第一层与背景层进行混合;随后,第二层与第一层、第二层的混合颜色结果再次混合,混合后送给 LCD 显示。

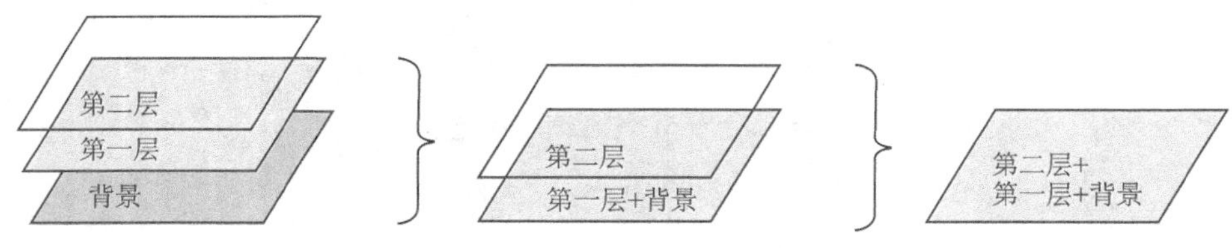

图 20.1.5　3 个层混合关系

3. AHB 接口

由于 LTDC 驱动 RGBLCD 的时候需要有很多内存来做显存,比如一个 800×480 的屏幕,按一般的 16 位 RGB565 模式,一个像素需要 2 个字节的内存,总共需要 800×480×2=768 KB。STM32 内部是没有这么多内存的,所以必须借助外部 SDRAM,而 SDRAM 是挂在 AHB 总线上的,LTDC 的 AHB 接口就是用来将显存数据的,从 SDRAM 存储器传输到 FIFO 里面。

4. 配置和状态寄存器

此部分包含了 LTDC 的各种配置寄存器以及状态寄存器,用于控制整个 LTDC 的工作参数,主要有各信号的有效电平、垂直/水平同步时间参数、像素格式、数据使能等。LTDC 的同步时序(HV 模式)控制框图如图 20.1.6 所示。

图中有效显示区域就是我们 RGBLCD 面板的显示范围(即分辨率),有效宽度×有效高度就是 LCD 的分辨率。另外,这里还有的参数包括 HSYNC 的宽度(HSW)、VSYNC 的宽度(VSW)、HBP、HFP、VBP 和 VFP 等,说明如表 20.1.4 所列。

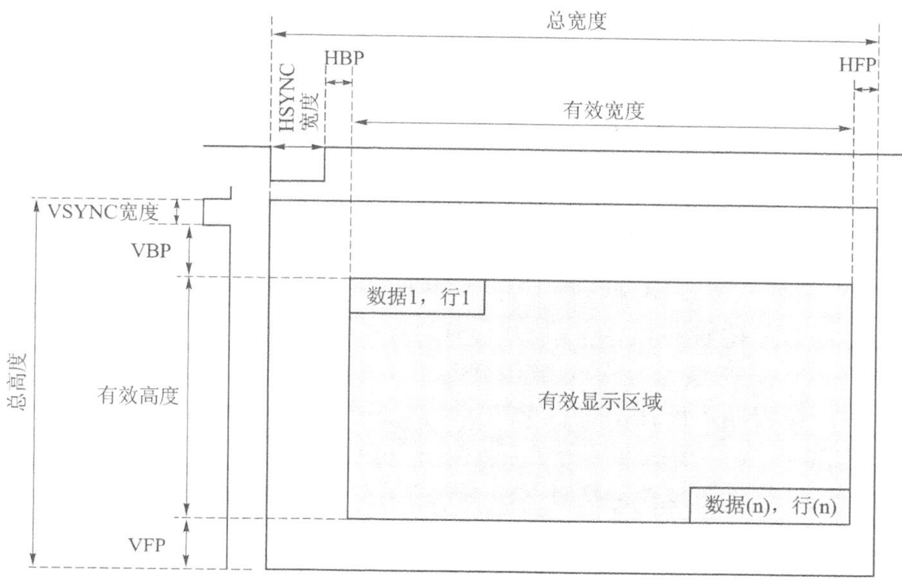

图 20.1.6　LTDC 同步时序框图

表 20.1.4　LTDC 驱动时序参数

参　数	说　明
HSW(horizontal sync width)	水平同步脉宽,单位为相素时钟(CLK)个数
VSW(vertical sync width)	垂直同步脉宽,单位为行周期个数
HBP(horizontal back porch)	水平后廊,表示水平同步信号开始到行有效数据开始之间的相素时钟(CLK)个数
HFP(horizontal front porch)	水平前廊,表示行有效数据结束到下一个水平有效信号开始之前的相素时钟(CLK)个数
VBP(vertical back porch)	垂直后廊,表示垂直同步信号后,无效行的个数
VFP(vertical front porch)	垂直前廊,表示一帧数据输出结束后,到下一个垂直同步信号开始之前的无效行数

如果 RGBLCD 使用的是 DE 模式,则 LTDC 也只需要设置表 20.1.4 所列的参数,然后 LTDC 会根据这些设置自动控制 DE 信号。这些参数通过相关寄存器来配置,接下来介绍 LTDC 的一些相关寄存器。

首先来看 LTDC 全局控制寄存器:LTDC_GCR,该寄存器各位描述如图 20.1.7 所示。该寄存器在本章用到的设置有 LTDCEN、PCPOL、DEPOL、VSPOL 和 HSPOL,这里将逐个介绍。

LTDCEN:TFT LCD 控制器使能位,也就是 LTDC 的开关,该位需要设置为 1。

PCPOL:像素时钟极性。控制像素时钟的极性,根据 LCD 面板的特性来设置,我们所用的 LCD 一般设置为 0 即可,表示低电平有效。

31	30	29	28	27	26	25	24	23	22	21	20	19	18	17	16
HSPOL	VSPOL	DEPOL	PCPOL	Reserved											DEN
rw	rw	rw	rw												rw

15	14	13	12	11	10	9	8	7	6	5	4	3	2	1	0
Reserved	DRW			Reserved	DGW			Reserved	DBW			Reserved			LTDCEN
	r	r	r		r	r	r		r	r	r				rw

图 20.1.7 LTDC_GCR 寄存器各位描述

DEPOL:数据使能极性。控制 DE 信号的极性,根据 LCD 面板的特性来设置,我们所用的 LCD 一般设置为 0 即可,表示低电平有效。

VSPOL:垂直同步极性。控制 VSYNC 信号的极性,根据 LCD 面板的特性来设置,我们所用的 LCD 一般设置为 0 即可,表示低电平有效。

HSPOL:水平同步极性。控制 HSYNC 信号的极性,根据 LCD 面板的特性来设置,我们所用的 LCD 一般设置为 0 即可,表示低电平有效。

接下来看看 LTDC 同步大小配置寄存器:LTDC_SSCR,该寄存器各位描述如图 20.1.8 所示。该寄存器用于设置垂直同步高度(VSH)和水平同步宽度(HSW),其中:

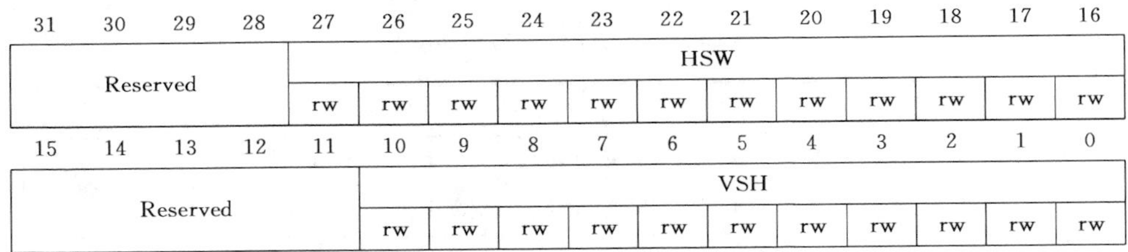

31	30	29	28	27	26	25	24	23	22	21	20	19	18	17	16
Reserved				HSW											
				rw	rw	rw	rw	rw	rw	rw	rw	rw	rw	rw	rw

15	14	13	12	11	10	9	8	7	6	5	4	3	2	1	0
Reserved					VSH										
					rw	rw	rw	rw	rw	rw	rw	rw	rw	rw	rw

图 20.1.8 LTDC_SSCR 寄存器各位描述

- VSH:表示垂直同步高度(以水平扫描行为单位),表示垂直同步脉宽减 1,即 VSW-1。
- HSW:表示水平同步宽度(以像素时钟为单位),表示水平同步脉宽减 1,即 HSW-1。

接下来看看 LTDC 后沿配置寄存器:LTDC_BPCR,该寄存器各位描述如图 20.1.9 所示。该寄存器需要配置 AVBP 和 AHBP:

31	30	29	28	27	26	25	24	23	22	21	20	19	18	17	16
Reserved				AHBP											
				rw	rw	rw	rw	rw	rw	rw	rw	rw	rw	rw	rw

15	14	13	12	11	10	9	8	7	6	5	4	3	2	1	0
Reserved					AVBP										
					rw	rw	rw	rw	rw	rw	rw	rw	rw	rw	rw

图 20.1.9 LTDC_BPCR 寄存器各位描述

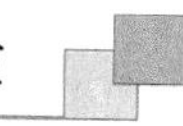

➢ AVBP：累加垂直后沿(以水平扫描行为单位)，表示 VSW + VBP − 1(见表 20.1.4)。

➢ AHBP：累加水平后沿(以像素时钟为单位)，表示 HSW+HBP−1(见表 20.1.4，下同)。

接下来看看 LTDC 有效宽度配置寄存器：LTDC_AWCR，该寄存器各位描述如图 20.1.10 所示。该寄存器我们需要配置 AAH 和 AAW：

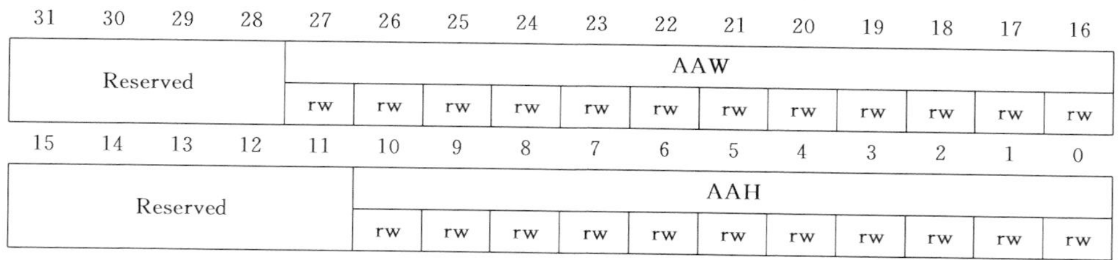

图 20.1.10　LTDC_AWCR 寄存器各位描述

➢ AAH：累加有效高度(以水平扫描行为单位)，表示 VSW+VBP+有效高度−1。

➢ AAW：累加有效宽度(以像素时钟为单位)，表示 HSW+HBP+有效宽度−1。

这里所说的有效高度和有效宽度是指 LCD 面板的宽度和高度(构成分辨率，下同)。

接下来看看 LTDC 总宽度配置寄存器：LTDC_TWCR，该寄存器各位描述如图 20.1.11 所示。该寄存器需要配置 TOTALH 和 TOTALW：

31	30	29	28	27	26	25	24	23	22	21	20	19	18	17	16
Reserved				TOTALW											
				rw	rw	rw	rw	rw	rw	rw	rw	rw	rw	rw	rw
15	**14**	**13**	**12**	**11**	**10**	**9**	**8**	**7**	**6**	**5**	**4**	**3**	**2**	**1**	**0**
Reserved					TOTALH										
					rw	rw	rw	rw	rw	rw	rw	rw	rw	rw	rw

图 20.1.11　LTDC_TWCR 寄存器各位描述

➢ TOTALH：总高度(以水平扫描行为单位)，表示 VSW + VBP + 有效高度 + VFP−1。

➢ TOTALW：总宽度(以像素时钟为单位)，表示 HSW + HBP + 有效宽度 + HFP −1。

接下来看看 LTDC 背景色配置寄存器：LTDC_BCCR，该寄存器各位描述如图 20.1.12 所示。该寄存器定义背景层的颜色(RGB888)，通过低 24 位配置，一般设置为全 0 即可。

接下来看看 LTDC 的层颜色帧缓冲区地址寄存器：LTDC_LxCFBAR(x=1/2)，该寄存器各位描述如图 20.1.13 所示。该寄存器用来定义一层显存的起始地址。STM32F767 的 LTDC 支持 2 个层，所以总共有两个寄存器，分别设置层 1 和层 2 的显存起始地址。

31	30	29	28	27	26	25	24	23	22	21	20	19	18	17	16
Reserved								BCRED							
								rw	rw	rw	rw	rw	rw	rw	rw
15	**14**	**13**	**12**	**11**	**10**	**9**	**8**	**7**	**6**	**5**	**4**	**3**	**2**	**1**	**0**
BCGREEN								BCBLUE							
rw								rw	rw	rw	rw	rw	rw	rw	rw

图 20.1.12　LTDC_BCCR 寄存器各位描述

31	30	29	28	27	26	25	24	23	22	21	20	19	18	17	16
CFBADD															
rw	rw	rw	rw	rw	rw	rw	rw	rw	rw	rw	rw	rw	rw	rw	rw
15	**14**	**13**	**12**	**11**	**10**	**9**	**8**	**7**	**6**	**5**	**4**	**3**	**2**	**1**	**0**
CFBADD															
rw	rw	rw	rw	rw	rw	rw	rw	rw	rw	rw	rw	rw	rw	rw	rw

图 20.1.13　LTDC_LxCFBAR 寄存器各位描述

接下来看看 LTDC 的层像素格式配置寄存器:LTDC_LxPFCR(x=1/2)。该寄存器只有最低 3 位有效,用于设置层颜色的像素格式:000:ARGB8888;001:RGB888;010:RGB565;011:ARGB1555;100:ARGB4444;101:L8(8 位 Luminance);110:AL44(4 位 Alpha,4 位 Luminance);111:AL88(8 位 Alpha,8 位 Luminance)。一般使用 RGB565 格式,即该寄存器设置为 010 即可。

接下来看看 LTDC 的层恒定 Alpha 配置寄存器:LTDC_LxCACR(x=1/2),该寄存器各位描述如图 20.1.15 所示。该寄存器低 8 位(CONSTA)有效,这些位配置混合时使用的恒定 Alpha。恒定 Alpha 由硬件实现 255 分频。关于这个恒定 Alpha 的使用,我们将在介绍 LTDC_LxBFCR 寄存器的时候进行讲解。

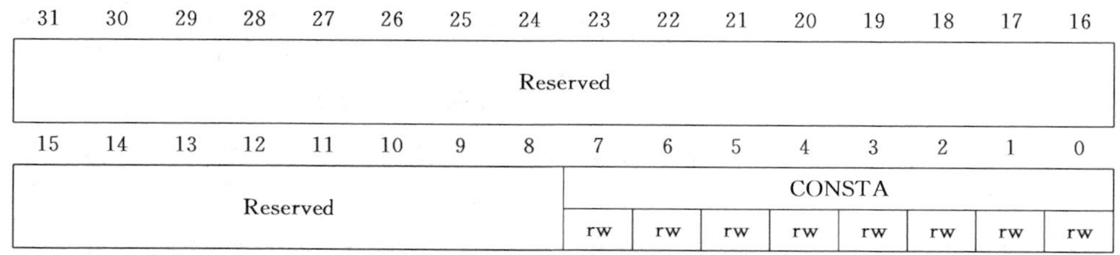

31	30	29	28	27	26	25	24	23	22	21	20	19	18	17	16
Reserved															
15	**14**	**13**	**12**	**11**	**10**	**9**	**8**	**7**	**6**	**5**	**4**	**3**	**2**	**1**	**0**
Reserved								CONSTA							
								rw	rw	rw	rw	rw	rw	rw	rw

图 20.1.14　LTDC_LxCACR 寄存器各位描述

接下来看看 LTDC 的层默认颜色配置寄存器:LTDC_LxDCCR(x=1/2),该寄存器各位描述如图 20.1.15 所示。该寄存器定义采用 ARGB8888 格式的层的默认颜色。默认颜色在定义的层窗口外使用或在层禁止时使用。一般情况下用不到,所以该寄存器一般设置为 0 即可。

接下来看看 LTDC 的层混合系数配置寄存器:LTDC_LxBFCR(x=1/2),该寄存器各位描述如图 20.1.16 所示。该寄存器用于定义混合系数:BF1 和 BF2。BF1=100 的时候,使用恒定的 Alpha 混合系数(由 LTDC_LxCACR 寄存器设置恒定 Alpha 值);

BF1＝110的时候,使用像素Alpha×恒定Alpha。像素Alpha,即ARGB格式像素的A值(Alpha值),仅限ARGB颜色格式时使用。在RGB565格式下,我们设置BF1＝100即可。BF2同BF1类似,BF2＝101的时候,使用恒定的Alpha混合系数;BF2＝111的时候,使用像素Alpha·恒定Alpha。在RGB565格式下,我们设置BF2＝101即可。

31	30	29	28	27	26	25	24	23	22	21	20	19	18	17	16
DCALPHA								DCRED							
rw								rw	rw	rw	rw	rw	rw	rw	rw
15	**14**	**13**	**12**	**11**	**10**	**9**	**8**	**7**	**6**	**5**	**4**	**3**	**2**	**1**	**0**
DCGREEN								DCBLUE							
rw								rw	rw	rw	rw	rw	rw	rw	rw

图20.1.15 LTDC_LxDCCR寄存器各位描述

31	30	29	28	27	26	25	24	23	22	21	20	19	18	17	16
Reserved															
15	**14**	**13**	**12**	**11**	**10**	**9**	**8**	**7**	**6**	**5**	**4**	**3**	**2**	**1**	**0**
Reserved					BF1			Reserved					BF2		
					rw	rw	rw						rw	rw	rw

图20.1.16 LTDC_LxBFCR寄存器各位描述

通用的混合公式为:

$$BC = BF1 \cdot C + BF2 \cdot Cs$$

其中,BC＝混合后的颜色;BF1＝混合系数1;C＝当前层颜色,即写入层显存的颜色值;BF2＝混合系数2;Cs＝底层混合后的颜色,对于层1来说,Cs＝背景层的颜色,对于层2来说,Cs＝背景层和层1混合后的颜色。

以使用恒定的Alpha值、并仅使能第一层为例,讲解混色的计算方式。恒定Alpha的值由LTDC_LxCACR寄存器设置,恒定Alpha＝LTDC_LxCACR设置值/255。假设LTDC_LxCACR＝240,C＝128,Cs(背景色)＝48,那么恒定Alpha＝240/255＝0.94,则:

$$BC = 0.94 \times 128 + (1 - 0.94) \times 48 = 123$$

混合后颜色值变成了123。注意,BF1和BF2的恒定Alpha值互补,它们之和为1,且BF1使用的是恒定Alpha值,BF2使用的是互补值。一般情况下,我们设置LTDC_LxCACR的值为255,这样,在使用恒定Alpha值的时候可以得到BC＝C,即混合后的颜色就是显存里面的颜色(不进行混色)。

LTDC的层支持窗口设置功能,通过LTDC_LxWHPCR和LTDC_LxWVPCR这两个寄存器设置可以调整显示区域的大小,如图20.1.17所示。图中,层的第一个和最后一个可见像素通过LTDC_LxWHPCR寄存器中的WHSTPOS[11:0]和WHSPPOS[11:0]进行设置。层中的第一个和最后一个可见行通过LTDC_

LxWVPCR 寄存器中的 WHSTPOS[11:0]和 WHSPPOS[11:0]进行设置，配置完成后即可确定窗口的大小。

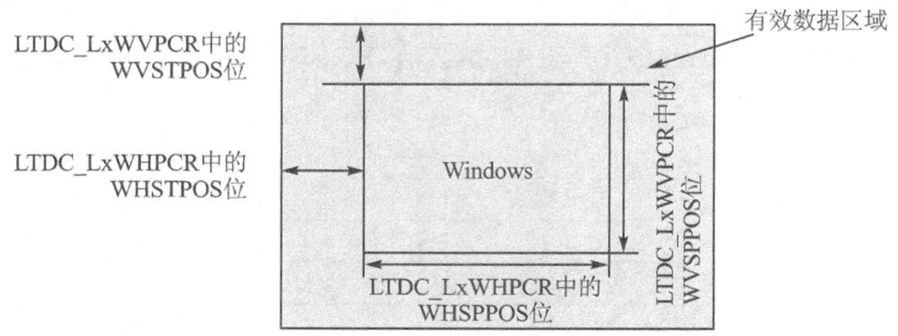

图 20.1.17　LTDC 层窗口设置关系图

接下来介绍这两个寄存器，首先是 LTDC 的层窗口水平位置配置寄存器：LTDC_LxWHPCR(x=1/2)，该寄存器各位描述如图 20.1.18 所示。该寄存器定义第一层或第 2 层窗口的水平位置(第一个和最后一个像素)，其中：

31	30	29	28	27	26	25	24	23	22	21	20	19	18	17	16
Reserved				WHSPPOS											
				rw	rw	rw	rw	rw	rw	rw	rw	rw	rw	rw	rw

15	14	13	12	11	10	9	8	7	6	5	4	3	2	1	0
Reserved				WHSTPOS											
				rw	rw	rw	rw	rw	rw	rw	rw	rw	rw	rw	rw

图 20.1.18　LTDC_LxWHPCR 寄存器各位描述

➢ WHSTPOS：窗口水平起始位置，定义层窗口的一行的第一个可见像素，如图 20.1.17 所示。

➢ WHSPPOS：窗口水平停止位置，定义层窗口的一行的最后一个可见像素，如图 20.1.18 所示。

然后介绍 LTDC 的层窗口垂直位置配置寄存器：LTDC_LxWVPCR(x=1/2)，该寄存器各位描述如图 20.1.19 所示。该寄存器定义第一层或第 2 层窗口的垂直位置(第一行或最后一行)，其中：

31	30	29	28	27	26	25	24	23	22	21	20	19	18	17	16
Reserved					WVSPPOS										
					rw	rw	rw	rw	rw	rw	rw	rw	rw	rw	rw

15	14	13	12	11	10	9	8	7	6	5	4	3	2	1	0
Reserved					WVSTPOS										
					rw	rw	rw	rw	rw	rw	rw	rw	rw	rw	rw

图 20.1.19　LTDC_LxWVPCR 寄存器各位描述

➢ WVSTPOS：窗口垂直起始位置，定义层窗口的第一个可见行，如图 20.1.17 所示。

➢ WVSPPOS:窗口垂直停止位置,定义层窗口的最后一个可见行,如图 20.1.17 所示。

接下来看看 LTDC 的层颜色帧缓冲区长度寄存器:LTDC_LxCFBLR(x=1/2),该寄存器各位描述如图 20.1.20 所示。该寄存器定义颜色帧缓冲区的行长和行间距。其中,CFBLL 是这些位定义一行像素的长度(以字节为单位)+3。行长的计算方法为:有效宽度×每像素的字节数+3。比如,LCD 面板的分辨率为 800×480,有效宽度为 800,采用 RGB565 格式,那么 CFBLL 需要设置为 800×2+3=1 603。

31	30	29	28	27	26	25	24	23	22	21	20	19	18	17	16
Reserved			CFBP												
			rw	rw	rw	rw	rw	rw	rw	rw	rw	rw	rw	rw	rw
15	**14**	**13**	**12**	**11**	**10**	**9**	**8**	**7**	**6**	**5**	**4**	**3**	**2**	**1**	**0**
Reserved			CFBLL												
			rw	rw	rw	rw	rw	rw	rw	rw	rw	rw	rw	rw	rw

图 20.1.20　LTDC_LxCFBLR 寄存器各位描述

CFBP:这些位定义从像素某行的起始处到下一行的起始处的增量(以字节为单位)。这个设置其实同样是一行像素的长度,对于 800×480 的 LCD 面板,RGB565 格式,设置 CFBP 为 800×2=1 600 即可。

最后看看 LTDC 的层颜色帧缓冲区行数寄存器:LTDC_LxCFBLNR(x=1/2),该寄存器各位描述如图 20.1.21 所示。

该寄存器定义颜色帧缓冲区中的行数。CFBLNBR 用于定义帧缓冲区行数,比如,LCD 面板的分辨率为 800×480,那么帧缓冲区的行数为 480 行,则设置 CFBLNBR=480 即可。

31	30	29	28	27	26	25	24	23	22	21	20	19	18	17	16
Reserved			CFBP												
			rw	rw	rw	rw	rw	rw	rw	rw	rw	rw	rw	rw	rw
15	**14**	**13**	**12**	**11**	**10**	**9**	**8**	**7**	**6**	**5**	**4**	**3**	**2**	**1**	**0**
Reserved			CFBLL												
			rw	rw	rw	rw	rw	rw	rw	rw	rw	rw	rw	rw	rw

图 20.1.21　LTDC_LxCFBLNR 寄存器各位描述

至此,LTDC 相关的寄存器基本就介绍完了,通过这些寄存器的配置,我们就可以完成对 LTDC 的初始化,从而控制 LCD 显示了。关于 LTDC 的详细介绍和寄存器描述参见《STM32F7 中文参考手册.pdf》第 18 章。

5. 时钟域

LTDC 有 3 个时钟域:AHB 时钟域(HCLK)、APB2 时钟域(PCLK2)和像素时钟域(LCD_CLK)。AHB 时钟域用于驱动 AHB 接口,读取存储器的数据到 FIFO 里面;APB2 时钟域用于配置寄存器;像素时钟域则用于生成 LCD 接口信号,LCD_CLK 的输出应按照 LCD 面板要求进行配置。

接下来重点介绍 LCD_CLK 的配置过程。LCD_CLK 的时钟来源如图 20.1.22 所示。由图可知,LCD_CLK 的来源为外部晶振(假定外部晶振作为系统时钟源),经过分频器分频(/M);再经过 PLLSAI 倍频器倍频(xN)后,经 R 分频因子输出分频后的时钟,得到 PLLLCDCLK;然后在经过 DIV 分频和时钟使能后,得到 LCD_CLK。接下来简单介绍配置 LCD_CLK 需要用到的一些寄存器。

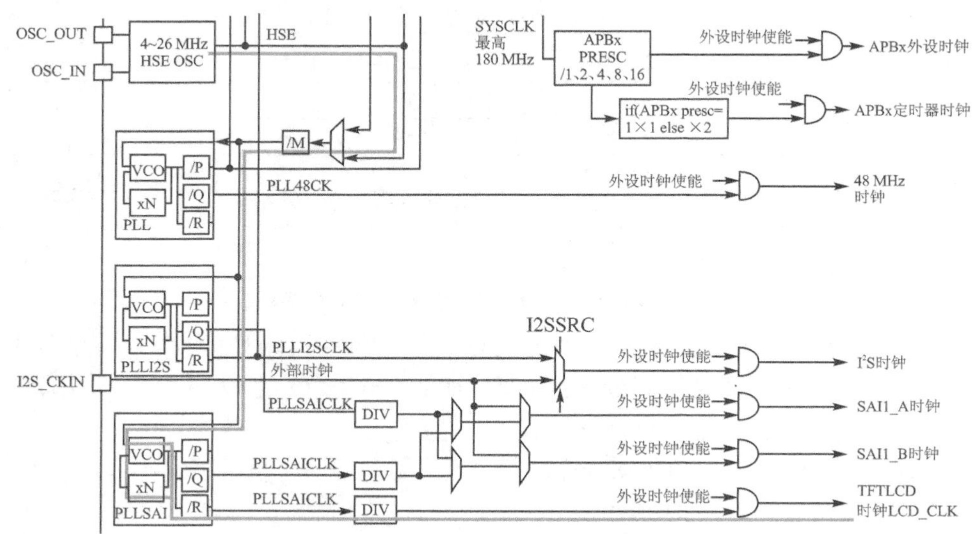

图 20.1.22 LCD_CLK 时钟图

首先是 RCC PLL SAI 配置寄存器:RCC_PLLSAICFGR,该寄存器的各位描述如图 20.1.23 所示。这个寄存器主要对 PLLSAI 倍频器的 N、Q 和 R 等参数进行配置,设置关系(假定使用外部 HSE 作为时钟源)为:

$$f(\text{VCO clock}) = f(\text{hse}) \times (\text{PLLSAIN} / \text{PLLM})$$

$$f(\text{PLLSACLK}) = f(\text{VCO clock}) / \text{PLLSAIQ}$$

$$f(\text{PLLLCDCLK}) = f(\text{VCO clock}) / \text{PLLSAIR}$$

31	30	29	28	27	26	25	24	23	22	21	20	19	18	17	16
Reserved	PLLSAIR			PLLSAIQ				Reserved							
	rw	rw	rw	rw	rw	rw	rw								
15	**14**	**13**	**12**	**11**	**10**	**9**	**8**	**7**	**6**	**5**	**4**	**3**	**2**	**1**	**0**
Reserved	PLLSAIN									Reserved					
	rw	rw	rw	rw	rw	rw	rw	rw	rw						

图 20.1.23 RCC_PLLSAICFGR 寄存器各位描述

f(hse)为外部晶振的频率,PLLM 就是 M 分频因子,PLLSAIN 为 PLLSAI 的倍频数,取值范围为 49~432;PLLSAIQ 为 PLLSAI 的 Q 分频系数,取值范围为 2~15;PLLSAIR 为 PLLSAI 的 R 分频系数,取值范围为 2~7。阿波罗 STM32F767 核心板所用的 HSE 晶振频率为 25 MHz，一般设置 PLLM 为 25，那么输入 PLLSAI 的时钟频率就是 1 MHz，然后可得：

$$f(PLLLCDCLK) = 1\ MHz \cdot PLLSAIN/PLLSAIR$$

f(PLLLCDCLK)之后还有一个分频器(DIV)，分频后得到最终的 LCD_CLK 频率。该分频由 RCC 专用时钟配置寄存器：RCC_DCKCFGR1 配置，该寄存器各位描述如图 20.1.24 所示。

31	30	29	28	27	26	25	24	23	22	21	20	19	18	17	16
Res.	Res.	Res.	Res.	Res.	Res.	Res.	TIMPRE	SAI2SEL[1:0]		SAI1SEL[1:0]		Res.	Res.	PLLSAIDIVR[1:0]	
							rw	rw	rw	rw	rw			rw	rw

15	14	13	12	11	10	9	8	7	6	5	4	3	2	1	0
Res.	Res.	Res.	PLLSAIDIVQ[4:0]					Res.	Res.	Res.	PLLI2SDIVQ[4:0]				
			rw	rw	rw	rw	rw				rw	rw	rw	rw	rw

图 20.1.24 RCC_DCKCFGR1 寄存器各位描述

在本章，该寄存器只关心 PLLSAIDIVR 的配置，这两个位用于配置 f(PLLLCD-CLK)之后的分频，设置范围为 0～2 表示 $2^{PLLSAIDIVR+1}$分频。因此，我们最终得到 LCD_CLK 的频率计算公式为(前提 HSE＝25 MHz，PLLM＝25)：

$$f(LCD\_CLK) = 1\ MHz \cdot PLLSAIN/PLLSAIR/2^{PLLSAIDIVR+1}$$

以群创 AT070TN92 面板为例，查数据手册可知，DCLK 的频率典型值为 33.3 MHz，我们需要设置 PLLSAIN＝396，PLLSAIR＝3，PLLSAIDIVR＝1，得到：

$$f(LCD\_CLK) = 1\ MHz \cdot 396/3/2^{1+1} = 33\ MHz$$

最后来看看实现 LTDC 驱动 RGBLCD 时需要对 LTDC 进行哪些配置。LTDC 相关 HAL 库操作分布在函数 stm32f7xx_hal_ltdc.c、stm32f7xx_hal_ltdc_ex.c 以及它们对应的头文件中。操作步骤如下：

① 使能 LTDC 时钟，并配置 LTDC 相关的 I/O 及其时钟使能。

要使用 LTDC，当然首先得开启其时钟。然后需要把 LCD_R/G/B 数据线、LCD_HSYNC 和 LCD_VSYNC 等相关 I/O 口全部配置为复用输出，并使能各 I/O 组的时钟。LTDC 时钟使能方法为：

```
__HAL_RCC_LTDC_CLK_ENABLE();                      //使能 LTDC 时钟
```

② 设置 LCD_CLK 时钟。

此步需要配置 LCD 的像素时钟，根据 LCD 的面板参数进行设置，LCD_CLK 由 PLLSAI 配置，配置使用到的 HAL 库函数为：

```
HAL_StatusTypeDef HAL_RCCEx_PeriphCLKConfig(
                        RCC_PeriphCLKInitTypeDef    * PeriphClkInit);
```

该函数是 HAL 库提供的用来配置扩展外设时钟通用函数。LCD_CLK 前面讲解过，它来自 PLLSAI，根据前面讲解的 LCD_CLK 计算公式：

```
f(LCD_CLK) = 1 MHz • PLLSAIN/PLLSAIR/2^(PLLSAIDIVR + 1);
```

可知，我们需要配置 PLLSAIN、PLLSAIR 和 PLLSAIDIVR 等参数，具体使用实例如下：

```
RCC_PeriphCLKInitTypeDef PeriphClkIniture;
PeriphClkIniture.PeriphClockSelection = RCC_PERIPHCLK_LTDC;      //LTDC 时钟
PeriphClkIniture.PLLSAI.PLLSAIN = 288;
PeriphClkIniture.PLLSAI.PLLSAIR = 4;
PeriphClkIniture.PLLSAIDivR = RCC_PLLSAIDIVR_8;
HAL_RCCEx_PeriphCLKConfig(&PeriphClkIniture);
```

③ 设置 RGBLCD 的相关参数，并使能 LTDC。

这一步需要完成对 LCD 面板参数的配置，包括 LTDC 使能、时钟极性、HSW、VSW、HBP、HFP、VBP 和 VFP 等（见表 19.1.2），这些通过 LTDC_GCR、LTDC_SSCR、LTDC_BPCR、LTDC_AWCR 和 LTDC_TWCR 等寄存器配置。HAL 库配置 LTDC 参数并使能 LTDC 的函数为：

```
HAL_StatusTypeDef HAL_LTDC_Init(LTDC_HandleTypeDef * hltdc);
```

该函数只有一个入口参数就是 hltdc，为 LTDC_HandleTypeDef 结构体指针类型。接下来看看 LTDC_HandleTypeDef 结构体定义如下：

```
typedef struct
{
  LTDC_TypeDef                 * Instance;
  LTDC_InitTypeDef             Init;
  LTDC_LayerCfgTypeDef         LayerCfg[MAX_LAYER];
  HAL_LockTypeDef              Lock;
  __IO HAL_LTDC_StateTypeDef   State;
  __IO uint32_t                ErrorCode;
} LTDC_HandleTypeDef;
```

该结构体有 5 个成员变量。成员变量 Lock 和 State 是 HAL 库用来标识一些状态过程的变量，这里不过多讲解。Instance 变量是 LTDC_TypeDef 结构体指针类型，和其他初始化结构体成员变量 Instance 一样，都是用来设置配置寄存器的基地址，这在 HAL 库中已经通过宏定义定好了，设置值为 LTDC 即可。成员变量 LayerCfg 是一个数组，是用来保存 LTDC 层配置参数，下一步骤会讲解。重点看看成员变量 Init，它是真正用来初始化 LTDC 的结构体变量，结构体 LTDC_InitTypeDef 定义如下：

```
typedef struct
{
  uint32_t          HSPolarity;          //水平同步极性
  uint32_t          VSPolarity;          //垂直同步极性
  uint32_t          DEPolarity;          //数据使能极性
  uint32_t          PCPolarity;          //像素时钟极性
  uint32_t          HorizontalSync;      //水平同步宽度
  uint32_t          VerticalSync;        //垂直同步高度
  uint32_t          AccumulatedHBP;      //水平同步后沿宽度
  uint32_t          AccumulatedVBP;      //垂直同步后沿高度
```

```
    uint32_t              AccumulatedActiveW;         //累加有效宽度
    uint32_t              AccumulatedActiveH;         //累加有效高度
    uint32_t              TotalWidth;                 //总宽度
    uint32_t              TotalHeigh;                 //总高度
    LTDC_ColorTypeDef     Backcolor;                  //屏幕背景层颜色
} LTDC_InitTypeDef;
```

这些参数含义在结构体成员变量之后注释了，具体含义可以参考前面第 4 点配置和状态寄存器讲解。

```
LTDC_HandleTypeDef  LTDC_Handler;                   //LTDC 句柄
LTDC_Handler.Instance = LTDC;
LTDC_Handler.Init.HSPolarity = LTDC_HSPOLARITY_AL;             //水平同步极性
LTDC_Handler.Init.VSPolarity = LTDC_VSPOLARITY_AL;             //垂直同步极性
LTDC_Handler.Init.DEPolarity = LTDC_DEPOLARITY_AL;             //数据使能极性
LTDC_Handler.Init.PCPolarity = LTDC_PCPOLARITY_IPC;            //像素时钟极性
LTDC_Handler.Init.HorizontalSync = 10 - 1;                     //水平同步宽度
LTDC_Handler.Init.VerticalSync = 2 - 1;                        //垂直同步宽度
LTDC_Handler.Init.AccumulatedHBP = 10 + 20 - 1;                //水平同步后沿宽度
LTDC_Handler.Init.AccumulatedVBP = 2 + 2 - 1;                  //垂直同步后沿高度
LTDC_Handler.Init.AccumulatedActiveW = 10 + 20 + 480 - 1;      //有效宽度
LTDC_Handler.Init.AccumulatedActiveH = 2 + 2 + 272 - 1;        //有效高度
LTDC_Handler.Init.TotalWidth = 10 + 20 + 480 + 10 - 1;         //总宽度
LTDC_Handler.Init.TotalHeigh = 2 + 2 + 272 + 4 - 1;            //总高度
LTDC_Handler.Init.Backcolor.Red = 0;                           //屏幕背景层红色部分
LTDC_Handler.Init.Backcolor.Green = 0;                         //屏幕背景层绿色部分
LTDC_Handler.Init.Backcolor.Blue = 0;                          //屏幕背景色蓝色部分
HAL_LTDC_Init(&LTDC_Handler);                   //设置 RGBLCD 的相关参数,并使能 LTDC
```

和其他外设或接口初始化一样，HAL 同样提供了 LTDC 初始化 MSP 回调函数，HAL_LTDC_MspInit；该函数一般用来使能时钟和初始化 I/O 口等与 MCU 相关操作：

```
void HAL_LTDC_MspInit(LTDC_HandleTypeDef * hltdc);
```

④ 设置 LTDC 层参数。

此步需要设置 LTDC 某一层的相关参数，包括帧缓存首地址、颜色格式、混合系数和层默认颜色等。通过 LTDC_LxCFBAR、LTDC_LxPFCR、LTDC_LxCACR、LTDC_LxDCCR 和 LTDC_LxBFCR 等寄存器配置。HAL 库提供的 LTDC 层参数配置函数为：

```
HAL_StatusTypeDef HAL_LTDC_ConfigLayer(LTDC_HandleTypeDef * hltdc,
                        LTDC_LayerCfgTypeDef * pLayerCfg, uint32_t LayerIdx);
```

基于篇幅考虑，该函数具体的入口参数定义这里就不过多讲解，具体使用方法可参考 19.3 节函数讲解以及实验工程。

⑤ 设置 LTDC 层窗口，并使能层。

这一步完成对 LTDC 某个层的显示窗口设置（一般设置为整层显示，不开窗），通过 LTDC_LxWHPCR、LTDC_LxWVPCR、LTDC_LxCFBLR 和 LTDC_LxCFBLNR

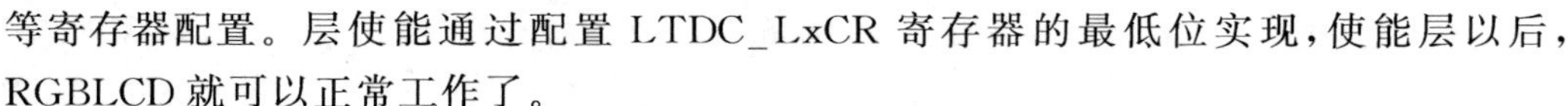

等寄存器配置。层使能通过配置 LTDC_LxCR 寄存器的最低位实现，使能层以后，RGBLCD 就可以正常工作了。

HAL 库提供的 LTDC 层窗口配置函数为：

```
HAL_StatusTypeDef HAL_LTDC_SetWindowSize(LTDC_HandleTypeDef * hltdc,
        uint32_t XSize, uint32_t YSize, uint32_t LayerIdx);//层窗口尺寸配置
HAL_StatusTypeDef HAL_LTDC_SetWindowPosition(LTDC_HandleTypeDef * hltdc,
        uint32_t X0, uint32_t Y0, uint32_t LayerIdx);//层窗口位置配置
```

通过以上几个步骤，我们就完成了 LTDC 的配置，可以控制 RGBLCD 显示了。

20.1.3 DMA2D 简介

为了提高 STM32F767 的图像处理能力，ST 公司设计了一个专用于图像处理的专业 DMA：Chrom－Art Accelerator，即 DMA2D，通过 DMA2D 对图像进行填充和搬运，可以完全不用 CPU 干预，从而提高效率，减轻 CPU 负担。它可以执行下列操作：

➢ 用特定颜色填充目标图像的一部分或全部(可用于快速单色填充)；

➢ 将源图像的一部分(或全部)复制到目标图像的一部分(或全部)中(用于快速填充)；

➢ 通过像素格式转换将源图像的一部分(或全部)复制到目标图像的一部分(或全部)；

➢ 将像素格式不同的两个源图像部分和/或全部混合，再将结果复制到颜色格式不同的部分或整个目标图像中。

DMA2D 有 4 种工作模式，通过 DMA2D_CR 寄存器的 MODE[1:0]位选择工作模式：

① 寄存器到存储器；

② 存储器到存储器；

③ 存储器到存储器并执行 PFC；

④ 存储器到存储器并执行 PFC 和混合。

本章介绍前两种工作模式，后两种可参考《STM32F7 中文参考手册.pdf》第 9 章。

1) 寄存器到存储器

寄存器到存储器模式用于以预定义颜色填充用户自定义区域，也就是可以实现快速的单色填充显示，比如清屏操作。

在该模式下，颜色格式在 DMA2D_OPFCCR 中设置，DMA2D 不从任何源获取数据，它只是将 DMA2D_OCOLR 寄存器中定义的颜色写入通过 DMA2D_OMA 寻址以及 DMA2D_NLR、DMA2D_OOR 定义的区域。

2) 存储器到存储器

该模式下，DMA2D 不执行任何图形数据转换。前景层输入 FIFO 充当缓冲区，数据从 DMA2D_FGMAR 中定义的源存储单元传输到 DMA2D_OMAR 寻址的目标存储单元，可用于快速图像填充。DMA2D_FGPFCCR 寄存器的 CM[3:0]位中编程的颜色

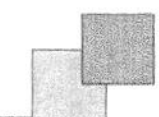

模式决定输入和输出的每像素位数。对于要传输的区域大小，源区域大小由 DMA2D_NLR 和 DMA2D_FGOR 寄存器定义，目标区域大小则由 DMA2D_NLR 和 DMA2D_OOR 寄存器定义。

以上两个工作模式中，LTDC 在层帧缓存里面的开窗关系都一样，如图 20.1.25 所示。窗口显示区域的显存首地址由 DMA2D_OMAR 寄存器指定，窗口宽度和高度由 DMA2D_NRL 寄存器的 PL 和 NL 指定，行偏移（确定下一行的起始地址）由 DMA2D_OOR 寄存器指定。经过这 3 个寄存器的配置，就可以确定窗口的显示位置和大小。

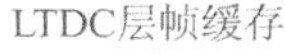

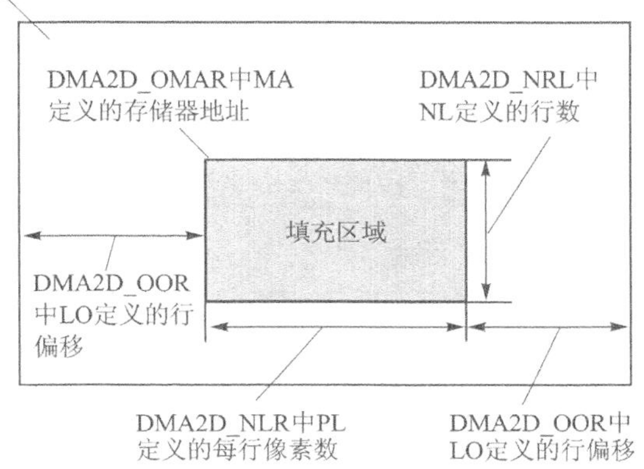

图 20.1.25 层帧缓冲开窗示意图

在寄存器到存储器模式下，开窗完成后，DMA2D 可以将 DMA2D_OCOLR 指定的颜色自动填充到开窗区域，完成单色填充。

在存储器到存储器模式下，需要完成两个开窗：前景层和显示层。完成配置后，图像数据从前景层复制到显示层（仅限窗口范围内），从而显示到 LCD 上面。显示层的开窗如图 20.1.25 所示；而前景层的开窗则和图 20.1.25 所示相似，只是 DMA2D_OMAR 寄存器变成了 DMA2D_FGMAR、DMA2D_OOR 寄存器变成了 DMA2D_FGOR；DMA2D_NRL 则两个层共用，然后就可以完成对前景层的开窗。确定好两个窗口后，DMA2D 就将前景层窗口内的数据复制到显示层窗口，完成快速图像填充。

接下来介绍一下 DMA2D 的一些相关寄存器。首先来看 DMA2D 控制寄存器 DMA2D_CR，该寄存器各位描述如图 20.1.26 所示。该寄存器主要关心 MODE 和 START 这两个设置，其中，MODE 表示 DMA2D 的工作模式，00：存储器到存储器模式；01：存储器到存储器模式并执行 PFC；10：存储器到存储器并执行混合；11，寄存器到存储器模式；本章需要用到的设置为 00 或者 11。

START：该位控制 DMA2D 的启动，在配置完成后，设置该位为 1，启动 DMA2D 传输。

接下来介绍 DMA2D 输出 PFC 控制寄存器：DMA2D_OPFCCR，该寄存器各位描述如图 20.1.27 所示。该寄存器用于设置寄存器到存储器模式下的颜色格式，只有最低 3 位有效（CM[2：0]），表示的颜色格式有：000，ARGB8888；001：RGB888；010：

RGB565;011:ARGB1555;100:ARGB1444。一般使用的是 RGB565 格式,所以设置 CM[2:0]=010 即可。

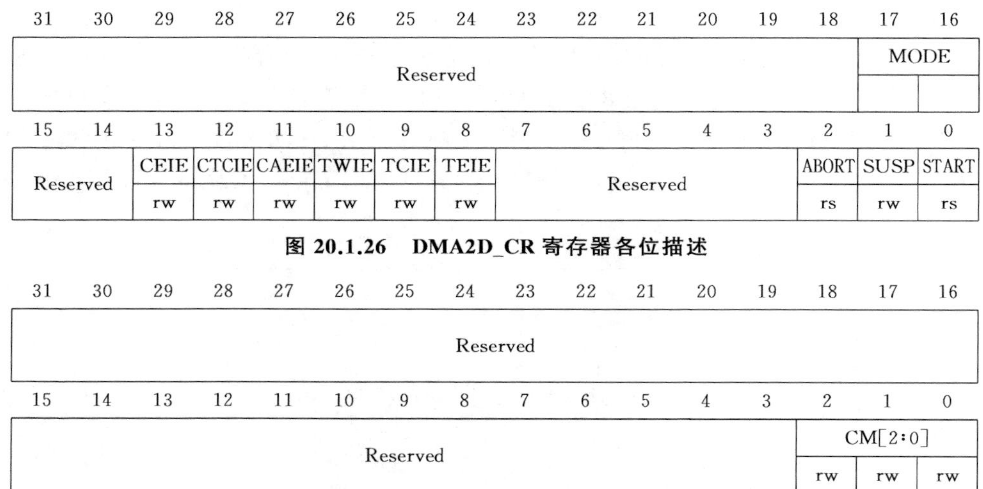

31	30	29	28	27	26	25	24	23	22	21	20	19	18	17	16
Reserved														MODE	

15	14	13	12	11	10	9	8	7	6	5	4	3	2	1	0
Reserved		CEIE	CTCIE	CAEIE	TWIE	TCIE	TEIE	Reserved					ABORT	SUSP	START
		rw	rw	rw	rw	rw	rw						rs	rw	rs

图 20.1.26 DMA2D_CR 寄存器各位描述

31	30	29	28	27	26	25	24	23	22	21	20	19	18	17	16
Reserved															

15	14	13	12	11	10	9	8	7	6	5	4	3	2	1	0
Reserved													CM[2:0]		
													rw	rw	rw

图 20.1.27 DMA2D_OPFCCR 寄存器各位描述

同样的,还有前景层 PFC 控制寄存器:DMA2D_FGPFCCR,该寄存器各位描述如图 20.1.28 所示。

31	30	29	28	27	26	25	24	23	22	21	20	19	18	17	16
ALPHA[7:0]								Reserved						AM[1:0]	
rw	rw	rw	rw	rw	rw	rw	rw							rw	rw

15	14	13	12	11	10	9	8	7	6	5	4	3	2	1	0
CS[7:0]								Reserved		START	CCM	CM[3:0]			
rw	rw	rw	rw	rw	rw	rw	rw			rc_w1	rw	rw	rw	rw	rw

图 20.1.28 DMA2D_FGPFCCR 寄存器各位描述

该寄存器只关心最低 4 位:CM[3:0]用于设置存储器到存储器模式下的颜色格式,这 4 个位表示的颜色格式为 0000:ARGB8888;0001:RGB888;0010:RGB565;0011:ARGB1555;0100:ARGB4444;0101:L8;0110:AL44;0111:AL88;1000:L4;1001:A8;1010:A4。一般使用 RGB565 格式,所以设置 CM[3:0]=0010 即可。

接下来介绍 DMA2D 输出偏移寄存器:DMA2D_OOR,其各位描述如图 20.1.29 所示。该寄存器仅最低 14 位有效(LO[13:0]),用于设置输出行偏移,作用于显示层,以像素为单位表示。此值用于生成地址。行偏移将添加到各行末尾,用于确定下一行的起始地址,参见图 20.1.25。

同样的,还有前景层偏移寄存器:DMA2D_FGOR,该寄存器同 DMA2D_OOR 一样,也是低 14 位有效,用于控制前景层的行偏移,也是用于生成地址,添加到各行末尾,从而确定下一行的起始地址。

接下来介绍 DMA2D 输出存储器地址寄存器:DMA2D_OMAR,该寄存器各位描述如图 20.1.30 所示。该寄存器由 MA[31:0]设置输出存储器地址,也就是输出 FIFO

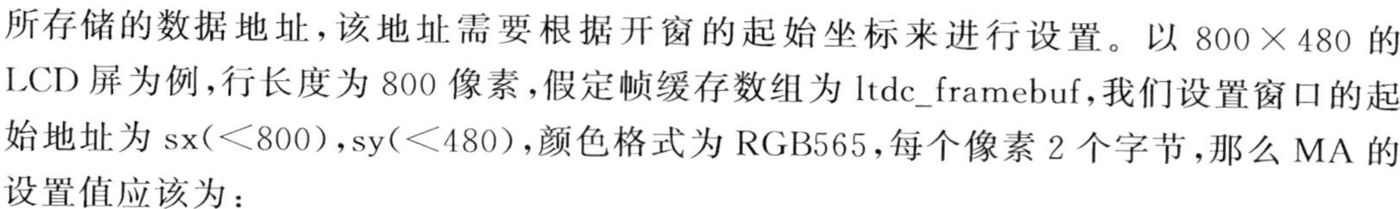

所存储的数据地址，该地址需要根据开窗的起始坐标来进行设置。以 800×480 的 LCD 屏为例，行长度为 800 像素，假定帧缓存数组为 ltdc_framebuf，我们设置窗口的起始地址为 sx(<800)，sy(<480)，颜色格式为 RGB565，每个像素 2 个字节，那么 MA 的设置值应该为：

$$MA[31:0]=framebuf+2(800\cdot sy+sx)$$

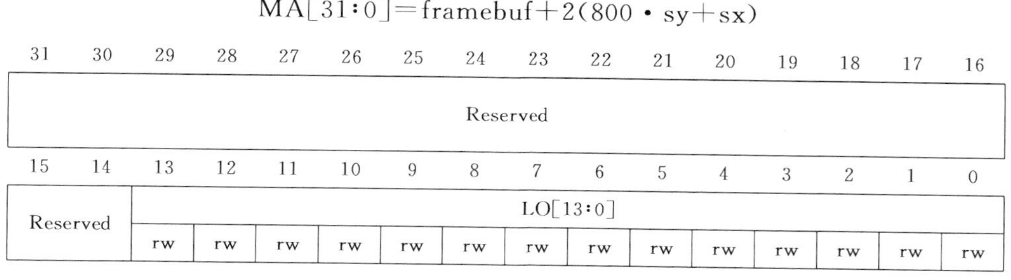

31	30	29	28	27	26	25	24	23	22	21	20	19	18	17	16
Reserved															

15	14	13	12	11	10	9	8	7	6	5	4	3	2	1	0
Reserved		LO[13:0]													
		rw	rw	rw	rw	rw	rw	rw	rw	rw	rw	rw	rw	rw	rw

图 20.1.29 DMA2D_OOR 寄存器各位描述

31	30	29	28	27	26	25	24	23	22	21	20	19	18	17	16
MA[31:16]															
rw	rw	rw	rw	rw	rw	rw	rw	rw	rw	rw	rw	rw	rw	rw	rw

15	14	13	12	11	10	9	8	7	6	5	4	3	2	1	0
MA[15:0]															
rw	rw	rw	rw	rw	rw	rw	rw	rw	rw	rw	rw	rw	rw	rw	rw

图 20.1.30 DMA2D_OMAR 寄存器各位描述

同样的，还有前景层偏移寄存器：DMA2D_FGMAR。该寄存器同 DMA2D_OMAR 一样，不过是用于控制前景层的存储器地址，计算方法同 DMA2D_OMAR。

接下来介绍 DMA2D 行数寄存器：DMA2D_NLR，其各位描述如图 20.1.31 所示。

31	30	29	28	27	26	25	24	23	22	21	20	19	18	17	16
Reserved		PL[13:0]													
		rw	rw	rw	rw	rw	rw	rw	rw	rw	rw	rw	rw	rw	rw

15	14	13	12	11	10	9	8	7	6	5	4	3	2	1	0
NL[15:0]															
rw	rw	rw	rw	rw	rw	rw	rw	rw	rw	rw	rw	rw	rw	rw	rw

图 20.1.31 DMA2D_NLR 寄存器各位描述

该寄存器用于控制每行的像素和行数，其设置对前景层和显示层均有效。通过该寄存器的配置，就可以设置开窗的大小。其中：

➢ NL[15:0]：设置待传输区域的行数，用于确定窗口的高度。

➢ PL[13:0]：设置待传输区域的每行像素数，用于确定窗口的宽度。

接下来介绍 DMA2D 输出颜色寄存器：DMA2D_OCOLR，该寄存器各位描述如图 20.1.32 所示。该寄存器用于配置在寄存器到存储器模式下，填充时所用的颜色值。

该寄存器是一个 32 位寄存器，可以支持 ARGB8888 格式，也可以支持 RGB565 格式。一般使用 RGB565 格式，比如要填充红色，那么直接设置 DMA2D_OCOLR＝0XF800 就可以了。

<table>
<tr><td>31</td><td>30</td><td>29</td><td>28</td><td>27</td><td>26</td><td>25</td><td>24</td><td>23</td><td>22</td><td>21</td><td>20</td><td>19</td><td>18</td><td>17</td><td>16</td></tr>
<tr><td colspan="8">ALPHA[7:0]</td><td colspan="8">RED[7:0]</td></tr>
<tr><td>rw</td><td>rw</td><td>rw</td><td>rw</td><td>rw</td><td>rw</td><td>rw</td><td>rw</td><td>rw</td><td>rw</td><td>rw</td><td>rw</td><td>rw</td><td>rw</td><td>rw</td><td>rw</td></tr>
<tr><td>15</td><td>14</td><td>13</td><td>12</td><td>11</td><td>10</td><td>9</td><td>8</td><td>7</td><td>6</td><td>5</td><td>4</td><td>3</td><td>2</td><td>1</td><td>0</td></tr>
<tr><td colspan="8">GREEN[7:0]</td><td colspan="8">BLUE[7:0]</td></tr>
<tr><td colspan="5">RED[4:0]</td><td colspan="6">GREEN[5:0]</td><td colspan="5">BLUE[4:0]</td></tr>
<tr><td>A</td><td colspan="5">RED[4:0]</td><td colspan="5">GREEN[4:0]</td><td colspan="5">BLUE[4:0]</td></tr>
<tr><td colspan="4">ALPHA[3:0]</td><td colspan="4">RED[3:0]</td><td colspan="4">GREEN[3:0]</td><td colspan="4">BLUE[3:0]</td></tr>
<tr><td>rw</td><td>rw</td><td>rw</td><td>rw</td><td>rw</td><td>rw</td><td>rw</td><td>rw</td><td>rw</td><td>rw</td><td>rw</td><td>rw</td><td>rw</td><td>rw</td><td>rw</td><td>rw</td></tr>
</table>

图 20.1.32　DMA2D_OCOLR 寄存器各位描述

接下来介绍 DMA2D 中断状态寄存器：DMA2D_ISR，该寄存器各位描述如图 20.1.33 所示。该寄存器表示了 DMA2D 的各种状态标识，这里只关心 TCIF 位，表示 DMA2D 的传输完成中断标志。当 DMA2D 传输操作完成(仅限数据传输)时此位置 1，表示可以开始下一次 DMA2D 传输了。

<table>
<tr><td>31</td><td>30</td><td>29</td><td>28</td><td>27</td><td>26</td><td>25</td><td>24</td><td>23</td><td>22</td><td>21</td><td>20</td><td>19</td><td>18</td><td>17</td><td>16</td></tr>
<tr><td colspan="16">Reserved</td></tr>
<tr><td>15</td><td>14</td><td>13</td><td>12</td><td>11</td><td>10</td><td>9</td><td>8</td><td>7</td><td>6</td><td>5</td><td>4</td><td>3</td><td>2</td><td>1</td><td>0</td></tr>
<tr><td colspan="10" rowspan="2">Reserved</td><td>CEIF</td><td>CTCIF</td><td>CAEIF</td><td>TWIF</td><td>TCIF</td><td>TEIF</td></tr>
<tr><td>r</td><td>r</td><td>r</td><td>r</td><td>r</td><td>r</td></tr>
</table>

图 20.1.33　DMA2D_ISR 寄存器各位描述

另外，还有一个 DMA2D 中断标志清零寄存器：DMA2D_IFCR，用于清除 DMA2D_ISR 寄存器对应位的标志。通过向该寄存器的第一位(CTCIF)写 1 来清除 DMA2D_ISR 寄存器的 TCIF 位标志。

最后来看看利用 DMA2D 完成颜色填充需要哪些步骤。这里需要说明一下，使用官方提供的 HAL 库 DMA2D 相关库函数进行颜色填充时效率极为低下，大量时间浪费在函数的入栈出栈以及过程处理，所以项目开发中一般都不会使用 DMA2D 库函数进行颜色填充，包括 ST 官方提供的 STEMWIN 实例关于 DMA2D 部分均采用的寄存器操作。具体操作步骤如下：

① 使能 DMA2D 时钟，并先停止 DMA2D。

要使用 DMA2D，须先得开启其时钟。在配置其相关参数的时候，需要先停止 DMA2D 传输。使能 DMA2D 时钟和停止 DMA2D 方法为：

```
__HAL_RCC_DMA2D_CLK_ENABLE();        //使能 DM2D 时钟
DMA2D->CR& = ~DMA2D_CR_START;        //停止 DMA2D
```

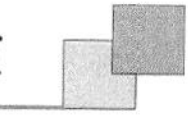

② 设置 DMA2D 工作模式。

通过 DMA2D_CR 寄存器配置 DMA2D 的工作模式。我们用了寄存器到存储器模式、存储器到存储器这两个模式。

寄存器到存储器模式设置：

```
DMA2D->CR = DMA2D_R2M;                    //寄存器到存储器模式
```

存储器到存储器模式设置：

```
DMA2D->CR =  DMA2D_M2M;                   //存储器到存储器模式
```

③ 设置 DMA2D 的相关参数。

这一步需要设置颜色格式、输出窗口、输出存储器地址、前景层地址(仅存储器到存储器模式需要设置)、颜色寄存器(仅寄存器到存储器模式需要设置)等，由 DMA2D_OPFCCR、DMA2D_FGPFCCR、DMA2D_OOR、DMA2D_FGOR 、DMA2D_OMAR、DMA2D_FGMAR 和 DMA2D_NLR 等寄存器进行配置。具体配置过程可参考实验源码。

④ 启动 DMA2D 传输。

通过 DMA2D_CR 寄存器配置开启 DMA2D 传输，从而实现图像数据的复制填充，方法为：

```
DMA2D->CR| = DMA2D_CR_START;              //启动 DMA2D
```

⑤ 等待 DMA2D 传输完成，清除相关标识。

最后，在传输过程中，不要再次设置 DMA2D，否则会打乱显示。所以一般在启动 DMA2D 后需要等待 DMA2D 传输完成(判断 DMA2D_ISR)，在传输完成后，清除传输完成标识(设置 DMA2D_IFCR)，以便启动下一次 DMA2D 传输。方法为：

```
while((DMA2D->ISR&DMA2D_FLAG_TC) == 0)     ;//等待传输完成
DMA2D->IFCR| = DMA2D_FLAG_TC;              //清除传输完成标志
```

通过以上几个步骤，我们就完成了 DMA2D 填充，更详细的介绍可参考《STM32F7xx 中文参考手册—扩展章节.pdf》第 11 章。

20.2　硬件设计

本实验用到的硬件资源有指示灯 DS0、SDRAM、LTDC、RGBLCD 接口。前 3 个在前面的介绍都已讲解完毕。这里仅介绍 RGBLCD 接口，RGBLCD 接口在 STM32F767 核心板上，原理图如图 20.2.1 所示。

图中 RGB LCD 接口的接线关系见表 20.1.3。阿波罗 STM32F767 核心板的内部已经将这些线连接好了，我们只需要将 RGBLCD 模块通过 40PIN 的 FPC 线连接这个 RGBLCD 接口即可。实物连接(7 寸 RGBLCD 模块)如图 20.2.2 所示。

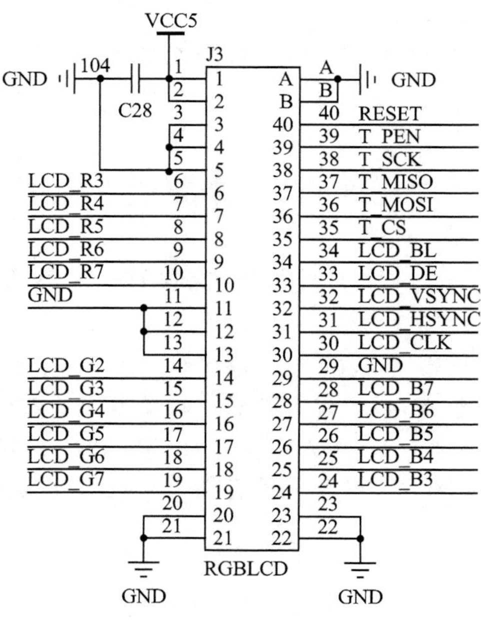

图 20.2.1　RGBLCD 接口原理图

图 20.2.2　RGBLCD 与开发板连接实物图

20.3　软件设计

打开本章实验工程可以看到，USER 分组下面添加了源文件 ltdc.c，并且包含了对应的头文件 ltdc.h，用来存放我们编写的 LTDC 相关驱动函数。

ltdc.c 代码比较多，这里就不贴一一出来了，只针对几个重要的函数进行讲解。完整版的代码见配套资料“4，程序源码→标准例程→库函数(实验 15 LTDC LCD(RGB 屏)实验的 ltdc.c”文件。

本实验用到 LTDC 驱动 RGBLCD，通过前面的介绍可知，不同 RGB 屏的驱动参数有一些差异，为了方便兼容不同的 RGBLCD，我们定义如下 LTDC 参数结构体（在 ltdc.h 里面定义）：

```
//LCD LTDC 重要参数集
typedef struct
{
    u32 pwidth;          //LCD 面板的宽度，固定参数，不随显示方向改变
                         //如果为 0，说明没有任何 RGB 屏接入
    u32 pheight;         //LCD 面板的高度，固定参数，不随显示方向改变
    u16 hsw;             //水平同步宽度
    u16 vsw;             //垂直同步宽度
    u16 hbp;             //水平后廊
    u16 vbp;             //垂直后廊
    u16 hfp;             //水平前廊
    u16 vfp;             //垂直前廊
    u8 activelayer;      //当前层编号:0/1
    u8 dir;              //0，竖屏；1，横屏
    u16 width;           //LCD 宽度
    u16 height;          //LCD 高度
    u32 pixsize;         //每个像素所占字节数
}_ltdc_dev;
extern _ltdc_dev lcdltdc;
```

该结构体用于保存一些 RGBLCD 重要参数信息，比如 LCD 面板的长宽、水平后廊和垂直后廊等参数。这个结构体虽然占用了几十个字节的内存，但是却可以让我们的驱动函数支持不同尺寸的 LCD，同时可以实现 LCD 横竖屏切换等重要功能，所以还是利大于弊的。

接下来看两个很重要的数组：

```
//根据不同的颜色格式，定义帧缓存数组
#if LCD_PIXFORMAT == LCD_PIXFORMAT_ARGB8888||
LCD_PIXFORMAT == LCD_PIXFORMAT_RGB888
    u32 ltdc_lcd_framebuf[1280][800] __attribute__((at(LCD_FRAME_BUF_ADDR)));
//定义最大屏分辨率时，LCD 所需的帧缓存数组大小
#else
    u16 ltdc_lcd_framebuf[1280][800] __attribute__((at(LCD_FRAME_BUF_ADDR)));
//定义最大屏分辨率时，LCD 所需的帧缓存数组大小
#endif
u32 * ltdc_framebuf[2];          //LTDC LCD 帧缓存数组指针，必须指向对应大小的内存区域
```

其中，ltdc_lcd_framebuf 的大小是 LTDC 一帧图像的显存大小，STM32F7 的 LTDC 最大可以支持 1 280 × 800 的 RGB 屏；该数组根据我们选择的颜色格式(ARGB8888/RGB565)，自动确定数组类型。另外，我们采用__attribute__关键字，将数组的地址定向到 LCD_FRAME_BUF_ADDR，它在 ltdc.h 里面定义，其值为 0XC0000000，也就是 SDRAM 的首地址。这样，我们就把 ltdc_lcd_framebuf 数组定义

到了 SDRAM 的首地址，大小为 800×1 280×2 字节(RGB565 格式时)。

ltdc_framebuf 是 LTDC 的帧缓存数组指针，LTDC 支持 2 个层，所以数组大小为 2。该指针为 32 位类型，必须指向对应的数组才可以正常使用。在实际使用的时候，我们编写代码：

```
ltdc_framebuf[0] = (u32 * )&ltdc_lcd_framebuf;
```

就将 LTDC 第一层的帧缓存指向了 ltdc_lcd_framebuf 数组。往 ltdc_lcd_framebuf 里面写入不同的数据，就可以修改 RGBLCD 上面显示的内容。

首先来看画点函数：LTDC_Draw_Point，该函数代码如下：

```
//画点函数
//x,y:写入坐标
//color:颜色值
void LTDC_Draw_Point(u16 x,u16 y,u32 color)
{
#if LCD_PIXFORMAT == LCD_PIXFORMAT_ARGB8888||
LCD_PIXFORMAT == LCD_PIXFORMAT_RGB888
    if(lcdltdc.dir)          //横屏
    {
        * (u32 * )((u32)ltdc_framebuf[lcdltdc.activelayer] + lcdltdc.pixsize *
(lcdltdc.pwidth * y + x)) = color;
    }else                    //竖屏
    {
* (u32 * )((u32)ltdc_framebuf[lcdltdc.activelayer] + lcdltdc.pixsize *
(lcdltdc.pwidth * (lcdltdc.pheight - x - 1) + y)) = color;
    }
#else
    if(lcdltdc.dir)      //横屏
    {
        * (u16 * )((u32)ltdc_framebuf[lcdltdc.activelayer] + lcdltdc.pixsize *
(lcdltdc.pwidth * y + x)) = color;
    }else                    //竖屏
    {
* (u16 * )((u32)ltdc_framebuf[lcdltdc.activelayer] + lcdltdc.pixsize *
(lcdltdc.pwidth * (lcdltdc.pheight - x - 1) + y)) = color;
    }
#endif
}
```

该函数实现往 RGBLCD 上面画点的功能，根据 LCD_PIXFORMAT 定义的颜色格式以及横竖屏状态来执行不同的操作。RGBLCD 的画点实际上就是往指定坐标的显存里面写数据，以 7 寸 800×480 的屏幕，RGB565 格式，竖屏模式为例，画某个点对应到屏幕上面的关系如图 20.3.1 所示。

注意，图中的 LTDC 扫描方向(LTDC 在显存 ltdc_framebuf 里面读取 GRAM 数据的顺序也是这个方向)是从上到下、从右到左；而竖屏的时候，原点在左上角，所以有一个变换过程，经过变换后的画点函数为：

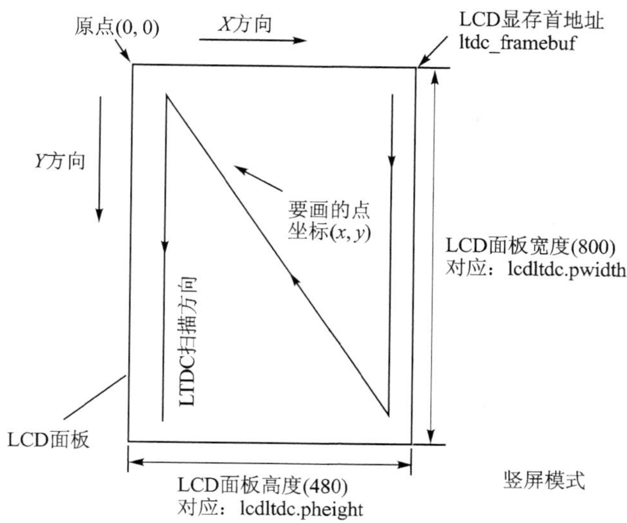

图 20.3.1　画点与 LCD 显存对应关系

```
*(u16*)((u32)ltdc_framebuf[lcdltdc.activelayer] + lcdltdc.pixsize * (lcdltdc.pwidth *
(lcdltdc.pheight - x - 1) + y)) = color;
```

其中,ltdc_framebuf,就是层帧缓冲的首地址;lcdltdc.activelayer 表示层编号:0/1 代表第 1/2 层;lcdltdc.pixsize 表示每个像素的字节数,对于 RGB565,它的值为 2;lcdltdc.pwidth 和 lcdltdc.pheight 为 LCD 面板的宽度和高度,lcdltdc.pwidth = 800,lcdltdc.pheight = 480;x,y 就是要写入显存的坐标(也就是显示在 LCD 上面的坐标);color 为要写入的颜色值。

有画点函数,就有读点函数,LTDC 的读点函数代码如下:

```
//读点函数
//x,y:读取点的坐标
//返回值:颜色值
u32 LTDC_Read_Point(u16 x,u16 y)
{
#if LCD_PIXFORMAT == LCD_PIXFORMAT_ARGB8888||
LCD_PIXFORMAT == LCD_PIXFORMAT_RGB888
    if(lcdltdc.dir)      //横屏
    {
        return *(u32*)((u32)ltdc_framebuf[lcdltdc.activelayer] + lcdltdc.pixsize *
                 (lcdltdc.pwidth * y + x));
    }else                //竖屏
    {
        return *(u32*)((u32)ltdc_framebuf[lcdltdc.activelayer] + lcdltdc.pixsize *
                 (lcdltdc.pwidth * (lcdltdc.pheight - x - 1) + y));
    }
#else
    if(lcdltdc.dir)      //横屏
    {
```

```
        return *(u16*)((u32)ltdc_framebuf[lcdltdc.activelayer] + lcdltdc.pixsize *
                (lcdltdc.pwidth * y + x));
    }else               //竖屏
    {
        return *(u16*)((u32)ltdc_framebuf[lcdltdc.activelayer] + lcdltdc.pixsize *
                (lcdltdc.pwidth * (lcdltdc.pheight - x - 1) + y));
    }
#endif
}
```

画点函数和读点函数十分类似，只是过程反过来了而已，坐标的计算也是在 ltdc_framebuf 数组内，根据坐标计算偏移量，完全和读点函数一模一样。

第三个介绍的函数是 LTDC 单色填充函数：LTDC_Fill，该函数使用了 DMA2D 操作，使得填充速度大大加快。该函数代码如下：

```
//LTDC 填充矩形,DMA2D 填充
//(sx,sy),(ex,ey):填充矩形对角坐标,区域大小为:(ex - sx + 1) * (ey - sy + 1)
//注意:sx,ex,不能大于 lcddev.width - 1;sy,ey,不能大于 lcddev.height - 1
//color:要填充的颜色
void LTDC_Fill(u16 sx,u16 sy,u16 ex,u16 ey,u32 color)
{
    u32 psx,psy,pex,pey;     //以 LCD 面板为基准的坐标系,不随横竖屏变化而变化
    u32 timeout = 0;
    u16 offline;
    u32 addr;
    //坐标系转换
    if(lcdltdc.dir)      //横屏
    {
        psx = sx;psy = sy;
        pex = ex;pey = ey;
    }else                //竖屏
    {
        psx = sy;psy = lcdltdc.pheight - ex - 1;
        pex = ey;pey = lcdltdc.pheight - sx - 1;
    }
    offline = lcdltdc.pwidth - (pex - psx + 1);
    addr = ((u32)ltdc_framebuf[lcdltdc.activelayer] + lcdltdc.pixsize * (lcdltdc.pwidth
                    * psy + psx));
    __HAL_RCC_DMA2D_CLK_ENABLE();                            //使能 DM2D 时钟
    DMA2D->CR& = ~(DMA2D_CR_START);                          //先停止 DMA2D
    DMA2D->CR = DMA2D_R2M;                                   //寄存器到存储器模式
    DMA2D->OPFCCR = LCD_PIXFORMAT;                           //设置颜色格式
    DMA2D->OOR = offline;                                    //设置行偏移
    DMA2D->OMAR = addr;                                      //输出存储器地址
    DMA2D->NLR = (pey - psy + 1)|((pex - psx + 1)<<16);      //设定行数寄存器
    DMA2D->OCOLR = color;                                    //设定输出颜色寄存器
    DMA2D->CR| = DMA2D_CR_START;                             //启动 DMA2D
    while((DMA2D->ISR&(DMA2D_FLAG_TC)) == 0)                 //等待传输完成
    {
        timeout++;
```

```
        if(timeout>0X1FFFFF)break;      //超时退出
    }
    DMA2D->IFCR|=DMA2D_FLAG_TC;//清除传输完成标志
}
```

该函数使用DMA2D完成矩形色块的填充，其操作步骤就是按19.1.3小节最后介绍的步骤进行的。另外，还有一个LTDC彩色填充函数，也是采用的DMA2D填充，函数名为LTDC_Color_Fill，该函数代码同LTDC_Fill非常接近，详细可参考本例程源码。

第四个介绍的函数是清屏函数：LTDC_Clear，该函数代码如下：

```
//LCD清屏
//color:颜色值
void LTDC_Clear(u32 color)
{
    LTDC_Fill(0,0,lcdltdc.width-1,lcdltdc.height-1,color);
}
```

该函数代码非常简单，清屏操作调用了前面介绍的LTDC_Fill函数，采用DMA2D完成对LCD的清屏，提高了清屏速度。

第五个介绍的函数是LCD_CLK频率设置函数：LTDC_Clk_Set，该函数代码如下：

```
//LTDC时钟(Fdclk)设置函数
//Fvco=Fin*pllsain;
//Fdclk=Fvco/pllsair/2*2^pllsaidivr=Fin*pllsain/pllsair/2*2^pllsaidivr;
//Fvco:VCO频率
//Fin:输入时钟频率一般为1 MHz(来自系统时钟PLLM分频后的时钟,见时钟树图)
//pllsain:SAI时钟倍频系数N,取值范围:50～432
//pllsair:SAI时钟的分频系数R,取值范围:2～7
//pllsaidivr:LCD时钟分频系数,取值范围:0～3,对应分频2^(pllsaidivr+1)
//假设:外部晶振为25 MHz,pllm=25的时候,Fin=1 MHz
//例如:要得到20 MHz的LTDC时钟,则可以设置:pllsain=400,pllsair=5,pllsaidivr=1
//Fdclk=1*396/3/2*2^1=396/12=33 MHz
//返回值:0,成功;1,失败
u8 LTDC_Clk_Set(u32 pllsain,u32 pllsair,u32 pllsaidivr)
{
    RCC_PeriphCLKInitTypeDef PeriphClkIniture;
    //LTDC输出像素时钟,需要根据自己所使用的LCD数据手册来配置
    PeriphClkIniture.PeriphClockSelection=RCC_PERIPHCLK_LTDC;     //LTDC时钟
    PeriphClkIniture.PLLSAI.PLLSAIN=pllsain;
    PeriphClkIniture.PLLSAI.PLLSAIR=pllsair;
    PeriphClkIniture.PLLSAIDivR=pllsaidivr;
    if(HAL_RCCEx_PeriphCLKConfig(&PeriphClkIniture)==HAL_OK)     //配置像素时钟
    {
        return 0;    //成功
    }
    else return 1;   //失败
}
```

该函数完成对 PLLSAI 的配置,最终控制输出 LCD_CLK 的频率。LCD_CLK 的频率设置方法参见 19.1.2 小节。

第六个介绍的函数是 LTDC 层参数设置函数:LTDC_Layer_Parameter_Config,代码如下:

```
//LTDC,基本参数设置
//注意:此函数,必须在 LTDC_Layer_Window_Config 之前设置
//layerx:层值,0/1
//bufaddr:层颜色帧缓存起始地址
//pixformat:颜色格式.0,ARGB8888;1,RGB888;2,RGB565;3,ARGB1555
//                    4,ARGB4444;5,L8;6;AL44;7;AL88
//alpha:层颜色 Alpha 值,0,全透明;255,不透明
//alpha0:默认颜色 Alpha 值,0,全透明;255,不透明
//bfac1:混合系数 1,4(100),恒定的 Alpha;6(101),像素 Alpha * 恒定 Alpha
//bfac2:混合系数 2,5(101),恒定的 Alpha;7(111),像素 Alpha * 恒定 Alpha
//bkcolor:层默认颜色,32 位,低 24 位有效,RGB888 格式
//返回值:无
void LTDC_Layer_Parameter_Config(u8 layerx,u32 bufaddr,
                u8 pixformat,u8 alpha,u8 alpha0,u8 bfac1,u8 bfac2,u32 bkcolor)
{
    LTDC_LayerCfgTypeDef pLayerCfg;
    pLayerCfg.WindowX0 = 0;                                    //窗口起始 X 坐标
    pLayerCfg.WindowY0 = 0;                                    //窗口起始 Y 坐标
    pLayerCfg.WindowX1 = lcdltdc.pwidth;                       //窗口终止 X 坐标
    pLayerCfg.WindowY1 = lcdltdc.pheight;                      //窗口终止 Y 坐标
    pLayerCfg.PixelFormat = pixformat;                         //像素格式
    pLayerCfg.Alpha = alpha;                           //Alpha 值设置,0~255,255 为完全不透明
    pLayerCfg.Alpha0 = alpha0;                                         //默认 Alpha 值
    pLayerCfg.BlendingFactor1 = (u32)bfac1<<8;                         //设置层混合系数
    pLayerCfg.BlendingFactor2 = (u32)bfac2<<8;                         //设置层混合系数
    pLayerCfg.FBStartAdress = bufaddr;                            //设置层颜色帧缓存起始地址
    pLayerCfg.ImageWidth = lcdltdc.pwidth;                         //设置颜色帧缓冲区的宽度
    pLayerCfg.ImageHeight = lcdltdc.pheight;                       //设置颜色帧缓冲区的高度
    pLayerCfg.Backcolor.Red = (u8)(bkcolor&0X00FF0000)>>16;   //背景颜色红色部分
    pLayerCfg.Backcolor.Green = (u8)(bkcolor&0X0000FF00)>>8;  //背景颜色绿色部分
    pLayerCfg.Backcolor.Blue = (u8)bkcolor&0X000000FF;        //背景颜色蓝色部分
    HAL_LTDC_ConfigLayer(&LTDC_Handler,&pLayerCfg,layerx);   //设置所选中的层
}
```

该函数中主要调用 HAL 库函数 HAL_LTDC_ConfigLayer 设置 LTDC 层的基本参数,包括层帧缓冲区首地址、颜色格式、Alpha 值、混合系数和层默认颜色等,这些参数都需要根据实际需要来进行设置。

第七个介绍的函数是 LTDC 层窗口设置函数:LTDC_Layer_Window_Config,代码如下:

```
//LTDC,层窗口设置,窗口以 LCD 面板坐标系为基准
//layerx:层值,0/1
//sx,sy:起始坐标
//width,height:宽度和高度
//LTDC,层颜窗口设置,窗口以 LCD 面板坐标系为基准
```

```
//注意:此函数必须在 LTDC_Layer_Parameter_Config 之后再设置
//layerx:层值,0/1
//sx,sy:起始坐标
//width,height:宽度和高度
void LTDC_Layer_Window_Config(u8 layerx,u16 sx,u16 sy,u16 width,u16 height)
{
    HAL_LTDC_SetWindowPosition(&LTDC_Handler,sx,sy,layerx);  //设置窗口的位置
    HAL_LTDC_SetWindowSize(&LTDC_Handler,width,height,layerx);//设置窗口大小
}
```

该函数依次调用 HAL 库 LTDC 窗口位置设置函数 HAL_LTDC_SetWindowPositio 和窗口大小设置函数 HAL_LTDC_SetWindowSizel 来控制 LTDC 在某一层(1/2)上面的开窗操作,详见 19.1.2 小节的介绍。这里一般设置层窗口为整个 LCD 的分辨率,也就是不进行开窗操作。注意,此函数必须在 LTDC_Layer_Parameter_Config 之后再设置。另外,当设置的窗口值不等于面板的尺寸时,对层 GRAM 的操作(读/写点函数)也要根据层窗口的宽高来修改,否则显示不正常(本例程就未做修改)。

第八个介绍的函数是 LTDC LCD ID 获取函数:LTDC_PanelID_Read,该函数代码如下:

```
//读取面板参数
//PG6 = R7(M0);PI2 = G7(M1);PI7 = B7(M2);
//M2:M1:M0
//0 :0 :0     //4.3 寸 480 * 272 RGB 屏,ID = 0X4342
//0 :0 :1     //7 寸 800 * 480 RGB 屏,ID = 0X7084
//0 :1 :0     //7 寸 1024 * 600 RGB 屏,ID = 0X7016
//0 :1 :1     //7 寸 1280 * 800 RGB 屏,ID = 0X7018
//1 :0 :0     //8 寸 1024 * 600 RGB 屏,ID = 0X8016
//返回值:LCD ID:0,非法;其他值,ID
u16 LTDC_PanelID_Read(void)
{
    u8 idx = 0;
    GPIO_InitTypeDef GPIO_Initure;
    __HAL_RCC_GPIOG_CLK_ENABLE();                                  //使能 GPIOG 时钟
    __HAL_RCC_GPIOI_CLK_ENABLE();                                  //使能 GPIOI 时钟
    GPIO_Initure.Pin = GPIO_PIN_6;                                 //PG6
    GPIO_Initure.Mode = GPIO_MODE_INPUT;                           //输入
    GPIO_Initure.Pull = GPIO_PULLUP;                               //上拉
    GPIO_Initure.Speed = GPIO_SPEED_HIGH;                          //高速
    HAL_GPIO_Init(GPIOG,&GPIO_Initure);                            //初始化
    GPIO_Initure.Pin = GPIO_PIN_2|GPIO_PIN_7;                      //PI2,7
    HAL_GPIO_Init(GPIOI,&GPIO_Initure);                            //初始化
    idx = (u8)HAL_GPIO_ReadPin(GPIOG,GPIO_PIN_6);                  //读取 M0
    idx| = (u8)HAL_GPIO_ReadPin(GPIOI,GPIO_PIN_2)<<1;              //读取 M1
    idx| = (u8)HAL_GPIO_ReadPin(GPIOI,GPIO_PIN_7)<<2;              //读取 M2
    if(idx == 0)return 0X4342;           //4.3 寸屏,480 * 272 分辨率
    else if(idx == 1)return 0X7084;      //7 寸屏,800 * 480 分辨率
    else if(idx == 2)return 0X7016;      //7 寸屏,1024 * 600 分辨率
    else if(idx == 3)return 0X7018;      //7 寸屏,1280 * 800 分辨率
    else if(idx == 4)return 0X8017;      //8 寸屏,1024 * 768 分辨率
    else return 0;
}
```

因为 RGBLCD 屏并没有读的功能，所以，一般情况下，外接 RGB 屏的时候，MCU 是无法获取屏幕的任何信息的。但是 ALIENTEK 在 RGBLCD 模块上面利用数据线(R7/G7/B7)做了一个巧妙的设计，可以让 MCU 读取到 RGBLCD 模块的 ID，于是执行不同的初始化，从而实现对不同分辨率 RGBLCD 模块的兼容。详细原理见 19.1.1 小节第(3)部分 ALIENTEK RGBLCD 模块的说明。

LTDC_PanelID_Read 函数就是用这样的方法来读取 M[2:0]的值，并将结果(转换成屏型号了)返回给上一层。

最后要介绍的函数是 LTDC 初始化函数：LTDC_Init，该函数的简化代码如下：

```
//LTDC 初始化函数
void LTDC_Init(void)
{
    u32 tempreg = 0;
    u16 lcdid = 0;
    lcdid = LTDC_PanelID_Read();                  //读取 LCD 面板 ID
    if(lcdid == 0X7084)
    {
        lcdltdc.pwidth = 800;                     //面板宽度,单位:像素
        lcdltdc.pheight = 480;                    //面板高度,单位:像素
        lcdltdc.hsw = 1;                          //水平同步宽度
        lcdltdc.vsw = 1;                          //垂直同步宽度
        lcdltdc.hbp = 46;                         //水平后廊
        lcdltdc.vbp = 23;                         //垂直后廊
        lcdltdc.hfp = 210;                        //水平前廊
        lcdltdc.vfp = 22;                         //垂直前廊
        LTDC_Clk_Set(396,3,1);                    //设置像素时钟 33 MHz(如果开双显需要
                                                //降低 DCLK 到:18.75 MHz 300/4/4,才会比较好)
    }else if(lcdid == 0Xxxxx)                     //其他面板
    {
        ……//省略部分代码
    }
    //LTDC 配置
    LTDC_Handler.Instance = LTDC;
    LTDC_Handler.Init.HSPolarity = LTDC_HSPOLARITY_AL;       //水平同步极性
    LTDC_Handler.Init.VSPolarity = LTDC_VSPOLARITY_AL;       //垂直同步极性
    LTDC_Handler.Init.DEPolarity = LTDC_DEPOLARITY_AL;       //数据使能极性
    LTDC_Handler.Init.PCPolarity = LTDC_PCPOLARITY_IPC;      //像素时钟极性
    LTDC_Handler.Init.HorizontalSync = lcdltdc.hsw - 1;      //水平同步宽度
    LTDC_Handler.Init.VerticalSync = lcdltdc.vsw - 1;        //垂直同步宽度
    LTDC_Handler.Init.AccumulatedHBP = lcdltdc.hsw + lcdltdc.hbp - 1; //水平同步后沿宽度
    LTDC_Handler.Init.AccumulatedVBP = lcdltdc.vsw + lcdltdc.vbp - 1; //垂直同步后沿高度
    LTDC_Handler.Init.AccumulatedActiveW = lcdltdc.hsw + lcdltdc.hbp + lcdltdc.pwidth - 1;
    LTDC_Handler.Init.AccumulatedActiveH = lcdltdc.vsw + lcdltdc.vbp + lcdltdc.pheight - 1;
    LTDC_Handler.Init.TotalWidth = lcdltdc.hsw + lcdltdc.hbp + lcdltdc.pwidth + lcdltdc.hfp - 1;
    LTDC_Handler.Init.TotalHeigh = lcdltdc.vsw + lcdltdc.vbp + lcdltdc.pheight + lcdltdc.vfp - 1;
    LTDC_Handler.Init.Backcolor.Red = 0;               //屏幕背景层红色部分
    LTDC_Handler.Init.Backcolor.Green = 0;             //屏幕背景层绿色部分
    LTDC_Handler.Init.Backcolor.Blue = 0;              //屏幕背景色蓝色部分
    HAL_LTDC_Init(&LTDC_Handler);
```

```
    LTDC_Layer_Parameter_Config(0,(u32)ltdc_framebuf[0],LCD_PIXFORMAT,255,0,6,7,
                                0X000000);//层参数配置
    LTDC_Layer_Window_Config(0,0,0,lcdltdc.pwidth,lcdltdc.pheight);
    //层窗口配置,以 LCD 面板坐标系为基准,不要随便修改
    LTDC_Display_Dir(0);                 //默认竖屏
    LTDC_Select_Layer(0);                //选择第一层
    LCD_LED = 1;                         //点亮背光
    LTDC_Clear(0XFFFFFFFF);              //清屏
```

LTDC_Init 的初始化步骤是按照 19.1.2 小节最后介绍的步骤来进行的,该函数先读取 RGBLCD 的 ID,再根据不同的 RGBLCD 型号执行不同的面板参数初始化,然后调用 HAL_LTDC_Init 函数来设置 RGBLCD 的相关参数并使能 LTDC,最后配置层参数和层窗口完成对 LTDC 的初始化。注意,代码里面的 lcdltdc.hsw、lcdltdc.vsw、lcdltdc.hbp 等参数的值均来自对应 RGBLCD 屏的数据手册,其中,lcdid=0X7084 的配置参数来自"AT070TN92.pdf"。

接下来看看头文件 ltdc.h 关键内容:

```
//LCD LTDC 重要参数集
typedef struct
{
    u32 pwidth;          //LCD 面板的宽度,固定参数,如果为 0,说明没有任何 RGB 屏接入
    u32 pheight;         //LCD 面板的高度,固定参数,不随显示方向改变
    u16 hsw;             //水平同步宽度
    u16 vsw;             //垂直同步宽度
    u16 hbp;             //水平后廊
    u16 vbp;             //垂直后廊
    u16 hfp;             //水平前廊
    u16 vfp;             //垂直前廊
    u8 activelayer;      //当前层编号:0/1
    u8 dir;              //0,竖屏;1,横屏
    u16 width;           //LCD 宽度
    u16 height;          //LCD 高度
    u32 pixsize;         //每个像素所占字节数
}_ltdc_dev;
extern _ltdc_dev lcdltdc;//管理 LCD LTDC 参数
#define LCD_PIXFORMAT_ARGB8888          0X00            //ARGB8888 格式
…//此处省略部分宏定义标识符
#define LCD_PIXFORMAT_AL88              0X07            //ARGB8888 格式
/////////////////////////////////////////////////
//用户修改配置部分:
//定义颜色像素格式,一般用 RGB565
#define LCD_PIXFORMAT                          LCD_PIXFORMAT_RGB565
#define LTDC_BACKLAYERCOLOR        0X00000000      //定义默认背景层颜色
#define LCD_FRAME_BUF_ADDR        0XC0000000      //LCD 帧缓冲区首地址,在 SDRAM 里面
void LTDC_Switch(u8 sw);                          //LTDC 开关
…//此处省略部分函数声明
void LTDC_Init(void);                            //LTDC 初始化函数
#endif
```

这段代码主要定义了_ltdc_dev 结构体,用于保存 LCD 相关参数。另外,LCD_

PIXFORMAT 定义了颜色格式，一般使用 RGB565 格式。LCD_FRAME_BUF_ADDR 定义了帧缓存的首地址，定义在 SDRAM 的首地址，其他的就不多说了。

以上就是 ltdc 驱动部分的代码，因为阿波罗 STM32F7 开发板还有 MCU 屏接口，为了可以同时兼容 MCU 屏和 RGB 屏，我们对第 17 章介绍的 lcd.c 部分代码做了小改动，添加了对 RGB 屏的支持。由于篇幅所限，这里只挑几个重点的函数介绍下。

首先读点函数，改为：

```
//读取个某点的颜色值
//x,y:坐标
//返回值:此点的颜色
u32 LCD_ReadPoint(u16 x,u16 y)
{
    u16 r = 0,g = 0,b = 0;
    if(x> = lcddev.width||y> = lcddev.height)return 0;      //超过了范围,直接返回
    if(lcdltdc.pwidth! = 0)                                  //如果是 RGB 屏
    {
        return LTDC_Read_Point(x,y);
    }
    ……//省略部分代码
}
```

当“lcdltdc.pwidth!＝0”的时候，说明接入的是 RGB 屏，所以调用 LTDC_Read_Point 函数实现读点操作；其他情况说明是 MCU 屏，于是执行 MCU 屏的读点操作(代码省略)。

然后是画点函数，改为了：

```
//画点
//x,y:坐标
//POINT_COLOR:此点的颜色
void LCD_DrawPoint(u16 x,u16 y)
{
    if(lcdltdc.pwidth! = 0)//如果是 RGB 屏
    {
        LTDC_Draw_Point(x,y,POINT_COLOR);
    }else
    ……//省略部分代码
}
```

当“lcdltdc.pwidth! ＝0”的时候，说明接入的是 RGB 屏，所以调用 LTDC_Draw_Point 函数实现画点操作；其他情况说明是 MCU 屏，于是执行 MCU 屏的画点操作(代码省略)。同样的，lcd.c 里面的快速画点函数：LCD_Fast_DrawPoint，在使用 RGB 屏的时候，也是使用 LCD_Fast_DrawPoint 来实现画点操作的。

最后，是 LCD 初始化函数，改为：

```
//初始化 lcd
//该初始化函数可以初始化各种型号的 LCD(详见本.c 文件最前面的描述)
void LCD_Init(void)
{
```

```
    lcddev.id = LTDC_PanelID_Read();      //检查是否有 RGB 屏接入
    if(lcddev.id!= 0)
    {
        LTDC_Init();                      //ID 非零,说明有 RGB 屏接入
    }else
    ……//省略部分代码
}
```

首先,通过 LTDC_PanelID_Read 函数读取 RGBLCD 模块的 ID 值,如果合法,则说明接入了 RGB 屏,调用 LTDC_Init 函数,完成对 LTDC 的初始化。否则,执行 MCU 屏的初始化。

lcd.c 里面还有一些其他函数进行了兼容 RGB 屏的修改,这里就不一一列举了,可参考本例程源码。在完成修改后,我们的例程就可以同时兼容 MCU 屏和 RGB 屏了,且 RGB 屏的优先级较高。

接下来看看主函数内容:

```
int main(void)
{
 u8 x = 0;
    u8 lcd_id[12];
    Cache_Enable();                     //打开 L1 - Cache
    HAL_Init();                         //初始化 HAL 库
    Stm32_Clock_Init(432,25,2,9);       //设置时钟,216 MHz
    delay_init(216);                    //延时初始化
    uart_init(115200);                  //串口初始化
    LED_Init();                         //初始化 LED
    KEY_Init();                         //初始化按键
    SDRAM_Init();                       //初始化 SDRAM
    LCD_Init();                         //LCD 初始化
    POINT_COLOR = RED;
    sprintf((char * )lcd_id,"LCD ID: % 04X",lcddev.id);//将 LCD ID 打印到 lcd_id 数组
    while(1)
    {
        switch(x)
        {
            case 0:LCD_Clear(WHITE);break;
            ……//此处省略部分代码
            case 11:LCD_Clear(BROWN);break;
        }
        POINT_COLOR = RED;
        LCD_ShowString(10,40,260,32,32,"Apollo STM32F4/F7");
        LCD_ShowString(10,80,240,24,24,"LTDC TEST");
        LCD_ShowString(10,110,240,16,16,"ATOM@ALIENTEK");
        LCD_ShowString(10,130,240,16,16,lcd_id);          //显示 LCD ID
        LCD_ShowString(10,150,240,12,12,"2016/1/6");
        x++;
        if(x == 12)x = 0;
        LED0_Toggle;
        delay_ms(1000);
    }
}
```

该部分代码与第 18 章几乎一模一样,显示一些固定的字符,字体大小包括 32×16、24×12、16×8 和 12×6 共 4 种;同时,显示 LCD 的型号,然后不停地切换背景颜色,每 1 s 切换一次。而 LED0 也会不停闪烁,指示程序已经在运行了。其中,我们用到一个 sprintf 的函数,用法同 printf,只是 sprintf 把打印内容输出到指定的内存区间上。

注意,uart_init 函数不能去掉,因为在 LCD_Init 函数里面调用了 printf,所以一旦去掉这个初始化就会死机了。实际上,只要代码用到了 printf,就必须初始化串口,否则都会死机,即停在 usart.c 里面的 fputc 函数出不来。

编译通过之后开始下载验证代码。

20.4 下载验证

将程序下载到阿波罗 STM32 后可以看到,DS0 不停地闪烁,提示程序已经在运行了。同时,可以看到,RGBLCD 模块的显示如图 20.4.1 所示。可以看到,屏幕的背景是不停切换的,同时 DS0 不停地闪烁,证明我们的代码被正确执行了,达到了预期的目的。注意,本例程兼容 MCU 屏,所以,当插入 MCU 屏的时候(不插 RGB 屏),也可以显示同样的结果。

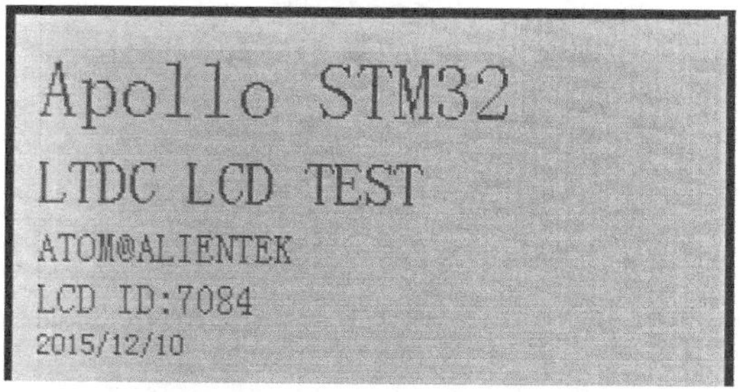

图 20.4.1 RGBLCD 显示效果图

第21章 USMART调试组件实验

本章将介绍一个十分重要的辅助调试工具：USMART调试组件。该组件由ALIENTEK开发提供，功能类似Linux的shell(RTT的finsh也属于此类)。USMART最主要的功能就是通过串口调用单片机里面的函数并执行，对我们调试代码是很有帮助的。

21.1 USMART调试组件简介

USMART是由ALIENTEK开发的一个灵巧的串口调试互交组件，通过它可以通过串口助手调用程序里面的任何函数并执行。因此，可以随意更改函数的输入参数(支持数字(10/16进制，支持负数)、字符串、函数入口地址等作为参数)，单个函数最多支持10个输入参数，并支持函数返回值显示，目前最新版本为V3.2。

USMART的特点如下：

- 可以调用绝大部分用户直接编写的函数。
- 资源占用极少(最少情况：Flash：4 KB；SRAM：72字节)。
- 支持参数类型多(数字(包含10/16进制，支持负数)、字符串、函数指针等)。
- 支持函数返回值显示。
- 支持参数及返回值格式设置。
- 支持函数执行时间计算(V3.1及以后的版本新特性)。
- 使用方便。

有了USMART就可以轻易修改函数参数、查看函数运行结果，从而快速解决问题。比如调试一个摄像头模块，需要修改其中的几个参数来得到最佳的效果，普通的做法：写函数→修改参数→下载→看结果→不满意→修改参数→下载→看结果→不满意…不停地循环，直到满意为止。这样做很麻烦，而且损耗单片机寿命。而利用USMART，则只需要在串口调试助手里面输入函数及参数，然后直接串口发送给单片机，就执行了一次参数调整，不满意则在串口调试助手修改参数再发送就可以了，直到满意为止。这样，修改参数十分方便，不需要编译，不需要下载，不会让单片机“折寿”。

USMART支持的参数类型基本满足任何调试了，支持的类型有10或者16进制数字、字符串指针(如果该参数用作参数返回，则可能会有问题)、函数指针等。因此，绝大部分函数可以直接被USMART调用。对于不能直接调用的，只需要重写一个函数，把影响调用的参数去掉即可,这个重写后的函数即可以被 USMART 调用了。

USMART 的实现流程简单概括就是:第一步,添加需要调用的函数(在 usmart_config.c 中的 usmart_nametab 数组里面添加);第二步,初始化串口;第三步,初始化 USMART(通过 usmart_init 函数实现);第四步,轮询 usmart_scan 函数,处理串口数据。

经过以上简单介绍,我们对 USMART 有了个大概了解,接下来简单介绍 USMART 组件的移植。

USMART 组件总共包含 6 个文件,如图 21.1.1 所示。其中,redeme.txt 是一个说明文件,不参与编译。其他 5 个文件中,usmart.c 负责与外部互交等,usmat_str.c 主要负责命令和参数解析,usmart_config.c 主要由用户添加需要 usmart 管理的函数。

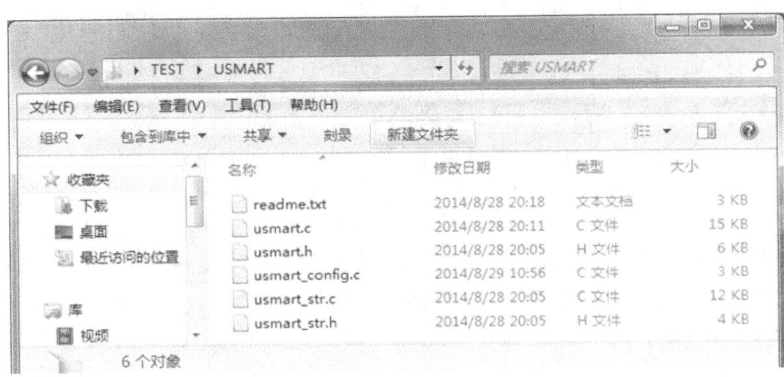

图 21.1.1 USMART 组件代码

usmart.h 和 usmart_str.h 是两个头文件,其中,usmart.h 里面含有几个用户配置宏定义,可以用来配置 usmart 的功能及总参数长度(直接和 SRAM 占用挂钩)、是否使能定时器扫描、是否使用读/写函数等。

USMART 的移植只需要实现 5 个函数。其中,4 个函数都在 usmart.c 里面,另外一个是串口接收函数,必须由用户自己实现,用于接收串口发送过来的数据。

第一个函数,串口接收函数。该函数通过 SYSTEM 文件夹默认的串口接收来实现。SYSTEM 文件夹里面的串口接收函数最大可以一次接收 200 字节,用于从串口接收函数名和参数等。如果在其他平台移植,可参考 SYSTEM 文件夹串口接收的实现方式进行移植。

第二个是 void usmart_init(void)函数,该函数的实现代码如下:

```
//初始化串口控制器
//sysclk:系统时钟(MHz)
void usmart_init(u8 sysclk)
{
#if USMART_ENTIMX_SCAN == 1
    Timer4_Init(1000,(u32)sysclk * 100 - 1);
                                        //分频,时钟为 10 kHz ,100 ms 中断一次,注意,计数频
                                        //率必须为 10 kHz,以和 runtime 单位(0.1 ms)同步
```

```
#endif
    usmart_dev.sptype = 1;      //十六进制显示参数
}
```

该函数有一个参数 sysclk,用于定时器初始化。另外,USMART_ENTIMX_SCAN 是在 usmart.h 里面定义的一个是否使能定时器中断扫描的宏定义。如果为 1,就初始化定时器中断,并在中断里面调用 usmart_scan 函数。如果为 0,那么需要用户间隔一定时间(100 ms 左右为宜)自行调用一次 usmart_scan 函数,以实现串口数据处理。注意,如果要使用函数执行时间统计功能(runtime 1),则必须设置 USMART_ENTIMX_SCAN 为 1。另外,为了让统计时间精确到 0.1 ms,定时器的计数时钟频率必须设置为 10 kHz,否则时间就不是 0.1 ms 了。

第三和第四个函数仅用于服务 USMART 的函数执行时间统计功能(串口指令:runtime 1),分别是 usmart_reset_runtime 和 usmart_get_runtime,这两个函数代码如下:

```
//复位 runtime
//需要根据所移植到的 MCU 的定时器参数进行修改
void usmart_reset_runtime(void)
{
__HAL_TIM_CLEAR_FLAG(&TIM4_Handler,TIM_FLAG_UPDATE);  //清除中断标志位
__HAL_TIM_SET_AUTORELOAD(&TIM4_Handler,0XFFFF);       //将重装载值设置到最大
    __HAL_TIM_SET_COUNTER(&TIM4_Handler,0);           //清空定时器的 CNT
    usmart_dev.runtime = 0;
}
//获得 runtime 时间
//返回值:执行时间,单位:0.1 ms,最大延时时间为定时器 CNT 值的 2 倍 * 0.1 ms
//需要根据移植到的 MCU 的定时器参数进行修改
u32 usmart_get_runtime(void)
{
    if(__HAL_TIM_GET_FLAG(&TIM4_Handler,TIM_FLAG_UPDATE) == SET)
                                                      //在运行期间,产生了定时器溢出
    {
        usmart_dev.runtime + = 0XFFFF;
    }
    usmart_dev.runtime + = __HAL_TIM_GET_COUNTER(&TIM4_Handler);
    return usmart_dev.runtime;          //返回计数值
}
```

这里利用定时器 4 来做执行时间计算,usmart_reset_runtime 函数在每次 USMART 调用函数之前执行,清除计数器,然后在函数执行完之后,调用 usmart_get_runtime 获取整个函数的运行时间。由于 USMART 调用的函数都是在中断里面执行的,所以不太方便再用定时器的中断功能来实现定时器溢出统计,因此,USMART 的函数执行时间统计功能最多可以统计定时器溢出一次的时间。STM32F7 的定时器 4 是 16 位的,最大计数是 65 535,而由于我们定时器设置的是 0.1 ms 一个计时周期(10 kHz),所以最长计时时间是 65 535×2×0.1 ms=13.1 s。也就是说,如果函数执行时间超过 13.1 s,那么计时将不准确。

最后一个是 usmart_scan 函数,用于执行 USMART 扫描。该函数需要得到两个参量,第一个是从串口接收到的数组(USART_RX_BUF),第二个是串口接收状态(USART_RX_STA)。接收状态包括接收到的数组大小以及接收是否完成。该函数代码如下:

```
//usmart 扫描函数
//通过调用该函数,实现 usmart 的各个控制.该函数需要每隔一定时间被调用一次
//以及时执行从串口发过来的各个函数
//本函数可以在中断里面调用,从而实现自动管理
//如果非 ALIENTEK 用户,则 USART_RX_STA 和 USART_RX_BUF[]需要用户自己实现
void usmart_scan(void)
{
    u8 sta,len;
    if(USART_RX_STA&0x8000)//串口接收完成了吗
    {
        len = USART_RX_STA&0x3fff;    //得到此次接收到的数据长度
        USART_RX_BUF[len] = '\0';    //在末尾加入结束符
        sta = usmart_dev.cmd_rec(USART_RX_BUF);//得到函数各个信息
        if(sta == 0)usmart_dev.exe();    //执行函数
        else
        {
            len = usmart_sys_cmd_exe(USART_RX_BUF);
            if(len! = USMART_FUNCERR)sta = len;
            if(sta)
            {
                switch(sta)
                {
                    case USMART_FUNCERR:printf("函数错误! \r\n");break;
                    case USMART_PARMERR:printf("参数错误! \r\n");break;
                    case USMART_PARMOVER:printf("参数太多! \r\n");break;
                    case USMART_NOFUNCFIND:printf("未找到匹配的函数! \r\n");
                        break;
                }
            }
        }
        USART_RX_STA = 0;//状态寄存器清空
    }
}
```

该函数的执行过程:先判断串口接收是否完成(USART_RX_STA 的最高位是否为 1),如果完成,则取得串口接收到的数据长度(USART_RX_STA 的低 14 位),并在末尾增加结束符,再执行解析,解析完之后清空接收标记(USART_RX_STA 置零)。如果没执行完成,则直接跳过,不进行任何处理。

完成这几个函数的移植后就可以使用 USMART 了。注意,USMART 同外部的交互一般是通过 usmart_dev 结构体实现的,所以,usmart_init 和 usmart_scan 的调用分别是通过 usmart_dev.init 和 usmart_dev.scan 实现的。

下面将在第 20 章实验的基础上移植 USMART,并通过 USMART 调用一些 LCD 的内部函数,让读者初步了解 USMART 的使用。

21.2　硬件设计

本实验用到的硬件资源有指示灯 DS0 和 DS1、串口、LCD 模块(MCU 屏/RGB 屏都可以,并包括 SDRAM 驱动代码,下同)。这 3 个硬件前面章节均有介绍,本章不再介绍。

21.3　软件设计

我们在上一章实验的基础上添加 USMART 组件相关的支持。打开上一章 LCD 显示实验工程,复制 USMART 文件夹(该文件夹可以在配套资料→标准例程-库函数版本→实验 16 USMART 调试组件实验里面找到)到 LCD 工程文件夹根目录下面,如图 21.3.1 所示。

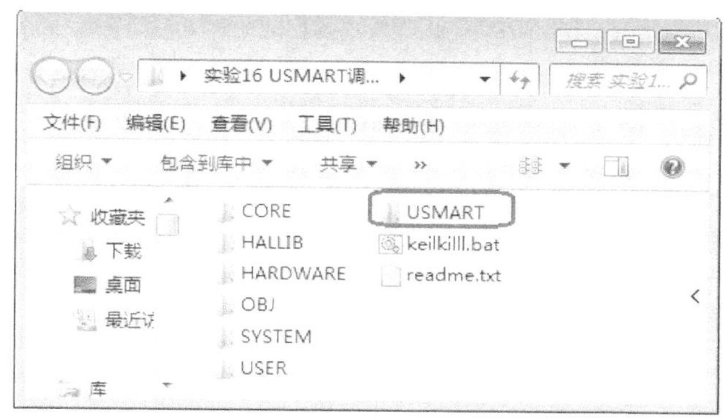

图 21.3.1　复制 USMART 文件夹到工程文件夹下

接着,打开工程,并新建 USMART 组,添加 USMART 组件代码,同时,把 USMART 文件夹添加到头文件包含路径,在主函数里面加入 include“usmart.h”,如图 21.3.2 所示。

由于 USMART 默认提供了 STM32F7 的 TIM4 中断初始化设置代码,我们只需要在 usmart.h 里面设置 USMART_ENTIMX_SCAN 为 1 即可完成 TIM4 的设置。通过 TIM4 的中断服务函数调用 usmart_dev.scan()(就是 usmart_scan 函数)可以实现 USMART 的扫描。此部分代码可参考 usmart.c。

此时,我们就可以使用 USMART 了,不过在主程序里面还得执行 USMART 的初始化,另外,还需要针对自己想要被 USMART 调用的函数在 usmart_config.c 里面进行添加。下面先介绍如何添加自己想要被 USMART 调用的函数,打开 usmart_config.c,如图 21.3.3 所示。

这里的添加函数很简单,只要把函数所在头文件添加进来,并把函数名按图 21.3.3 所示的方式增加即可。默认添加了两个函数:delay_ms 和 delay_us。另外,read_addr

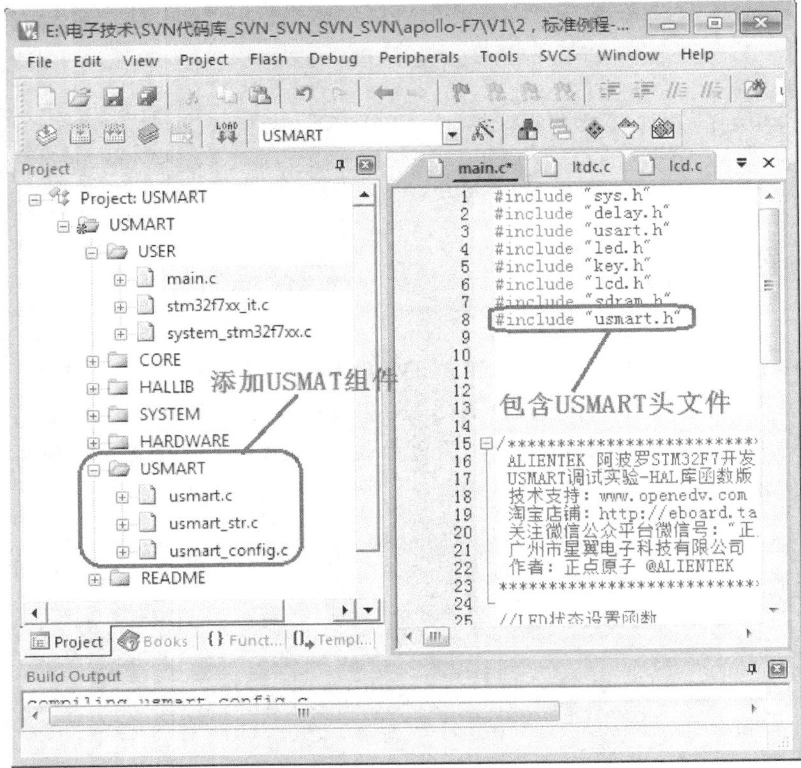

图 21.3.2　添加 USMART 组件代码

和 write_addr 属于 USMART 自带的函数，用于读/写指定地址的数据，通过配置 USMART_USE_WRFUNS 可以使能或者禁止这两个函数。

这里根据自己的需要按图 21.3.3 所示的格式添加其他函数，添加完之后如图 21.3.4 所示。

图 21.3.4 中添加了 lcd.h，并添加了很多 LCD 函数，最后还添加了 led_set 和 test_fun 两个函数，这两个函数在 main.c 里面实现，代码如下：

```
//LED 状态设置函数
void led_set(u8 sta)
{
    LED1(sta);
}
//函数参数调用测试函数
void test_fun(void( * ledset)(u8),u8 sta)
{
    ledset(sta);
}
```

led_set 函数用于设置 LED1 的状态，第二个函数 test_fun 用来测试 USMART 对函数参数的支持，test_fun 的第一个参数是函数，在 USMART 里面也是可以被调用的。

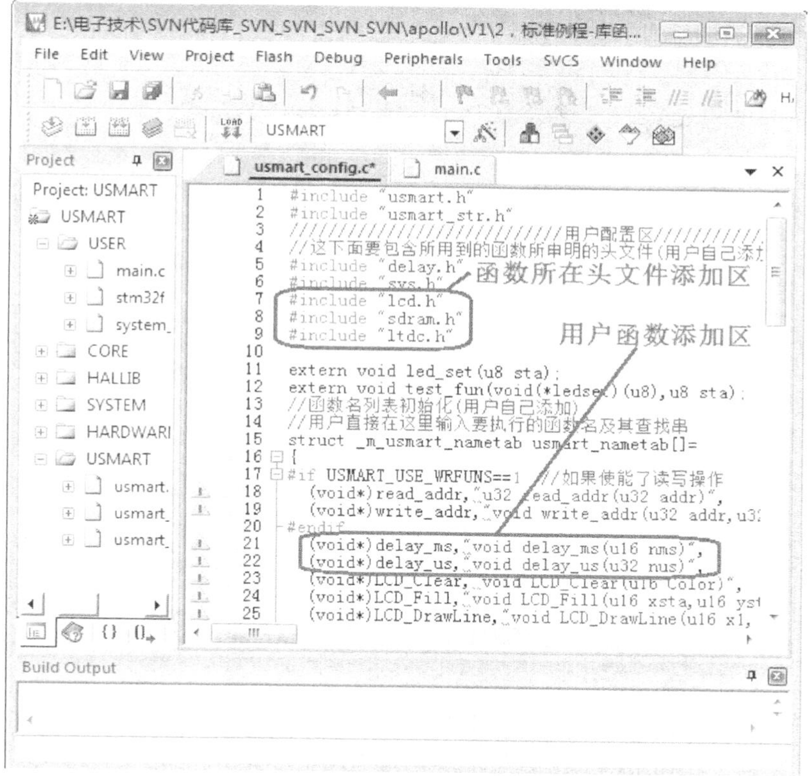

图 21.3.3　添加需要被 USMART 调用的函数

添加完函数之后，修改 main 函数，如下：

```
int main(void)
{
    Cache_Enable();                    //打开 L1 - Cache
    HAL_Init();                        //初始化 HAL 库
    Stm32_Clock_Init(432,25,2,9);      //设置时钟,216 MHz
    delay_init(216);                   //延时初始化
    uart_init(115200);                 //串口初始化
    usmart_dev.init(108);              //初始化 USMART
    LED_Init();                        //初始化 LED
    KEY_Init();                        //初始化按键
    SDRAM_Init();                      //初始化 SDRAM
    LCD_Init();                        //LCD 初始化
    ……//此处省略部分液晶显示代码
    while(1)
    {
        LED0_Toggle;
        delay_ms(500);
    }
}
```

图 21.3.4 添加函数后

此代码显示简单的信息后，就是在死循环等待串口数据。至此，整个 USMART 的移植就完成了。编译成功后就可以下载程序到开发板，开始 USMART 的体验。

注意，因为 USMART 要使用串口接收字符，为了保证接收效率和准确率，我们把中断处理过程直接编写在中断服务函数中，而没有采用 HAL 库提供的回调函数，具体代码参考 usart.c 文件即可。

21.4 下载验证

将程序下载到阿波罗 STM32 后可以看到，DS0 不停地闪烁，提示程序已经在运行了。同时，屏幕上显示了一些字符(就是主函数里面要显示的字符)。

打开串口调试助手 XCOM，选择正确的串口号，单击“多条发送”，并选中“发送新行”(即发送回车键)选项，然后发送 list 指令，即可打印所有 USMART 可调用函数。如图 21.4.1所示。图 21.4.1 中 list、id、?、help、hex、dec 和 runtime 都属于 USMART 自带的系统命令。下面我们简单介绍下这几个命令：

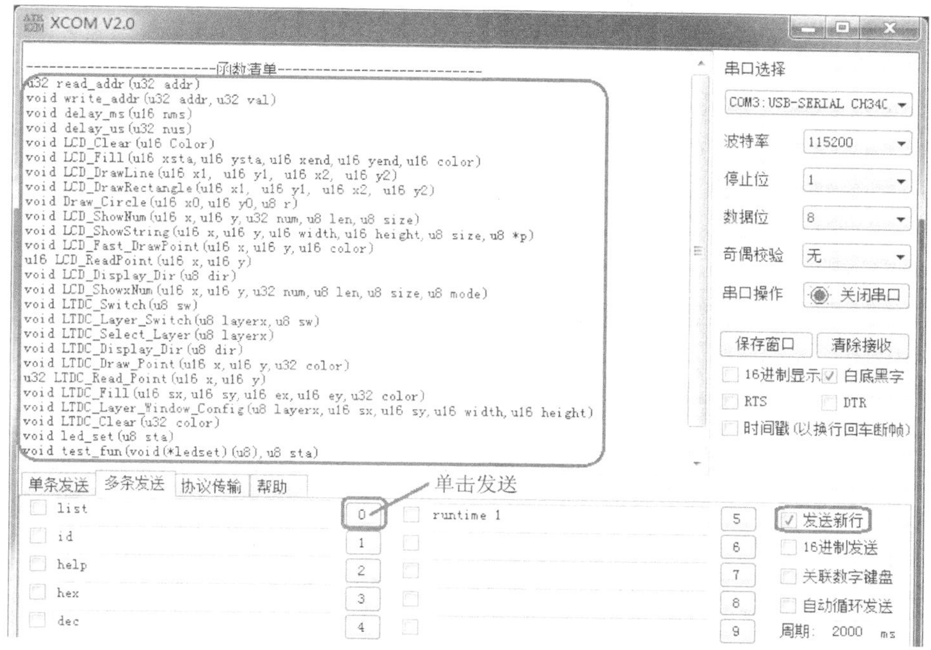

图 21.4.1　驱动串口调试助手

list、id、help、hex、dec 和 runtime 都属于 USMART 自带的系统命令，单击后方的数字按钮即可发送对应的指令。

list，该命令用于打印所有 USMART 可调用函数。发送该命令后，串口将收到所有能被 USMART 调用得到函数，如图 21.4.1 所示。

id，该指令用于获取各个函数的入口地址。比如前面写的 test_fun 函数就有一个函数参数，我们需要先通过 id 指令获取 led_set 函数的 id(即入口地址)，然后将这个 id 作为函数参数，传递给 test_fun。

help(或者‘?’也可以)，发送该指令后，串口将打印 USMART 使用的帮助信息。

hex 和 dec，这两个指令可以带参数，也可以不带参数。当不带参数的时候，hex 和 dec 分别用于设置串口显示数据格式为 16 进制/10 进制。当带参数的时候，hex 和 dec 就执行进制转换，比如输入：hex 1234，串口将打印：HEX：0X4D2，也就是将 1234 转换为 16 进制打印出来。又比如输入：dec 0X1234，串口将打印：DEC：4660，就是将 0X1234 转换为 10 进制打印出来。

runtime 指令，用于函数执行时间统计功能的开启和关闭，发送：runtime 1，开启函数执行时间统计功能；发送：runtime 0，可以关闭函数执行时间统计功能。函数执行时间统计功能，默认是关闭的。

读者可以亲自体验下这几个系统指令,注意,所有的指令都是大小写敏感的,不要写错。

接下来将介绍如何调用 list 打印的这些函数,先来看一个简单的 delay_ms 的调用,分别输入 delay_ms(1000)和 delay_ms(0x3E8),如图 21.4.2 所示。

可以看出,delay_ms(1000)和 delay_ms(0x3E8)的调用结果是一样的,都是延时 1 000 ms;因为 USMART 默认设置的是 hex 显示,所以看到串口打印的参数都是 16 进制格式的,可以通过发送 dec 指令切换为十进制显示。另外,由于 USMART 对调用函数的参数大小写不敏感,所以参数写成 0X3E8 或者 0x3e8 都是正确的。另外,发送:runtime 1,开启运行时间统计功能,从测试结果看,USMART 的函数运行时间统计功能是相当准确的。

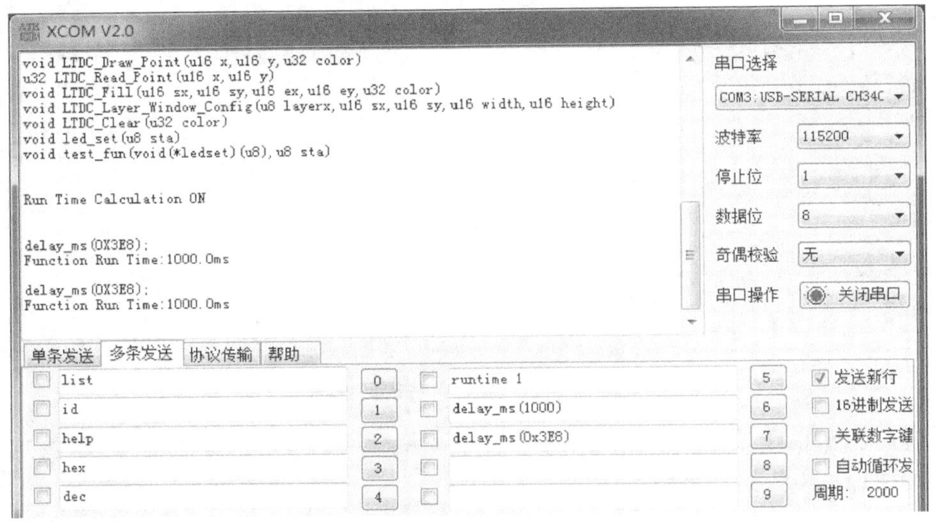

图 21.4.2　串口调用 delay_ms 函数

再看另外一个函数,LCD_ShowString 函数,用于显示字符串,通过串口输入:LCD_ShowString(20,200,200,100,16," This is a test for usmart!!")实现,如图 21.4.3 所示。

该函数用于在指定区域显示指定字符串,发送给开发板后可以看到,LCD 在我们指定的地方显示了"This is a test for usmart!!"这个字符串。

其他函数的调用也都是一样的方法,这里就不多介绍了,最后说一下带有参数的函数的调用。将 led_set 函数作为 test_fun 的参数,通过在 test_fun 里面调用 led_set 函数来实现对 DS1(LED1)的控制。前面说过,要调用带有函数参数的函数,就必须先得到函数参数的入口地址(id),通过输入 id 指令可以得到 led_set 的函数入口地址是 0X0800931D,所以,在串口输入 test_fun(0X0800931D,0)就可以控制 DS1 亮了,如图 21.4.4 所示。

在开发板上可以看到,收到串口发送的 test_fun(0X0800931D,0)后,开发板的

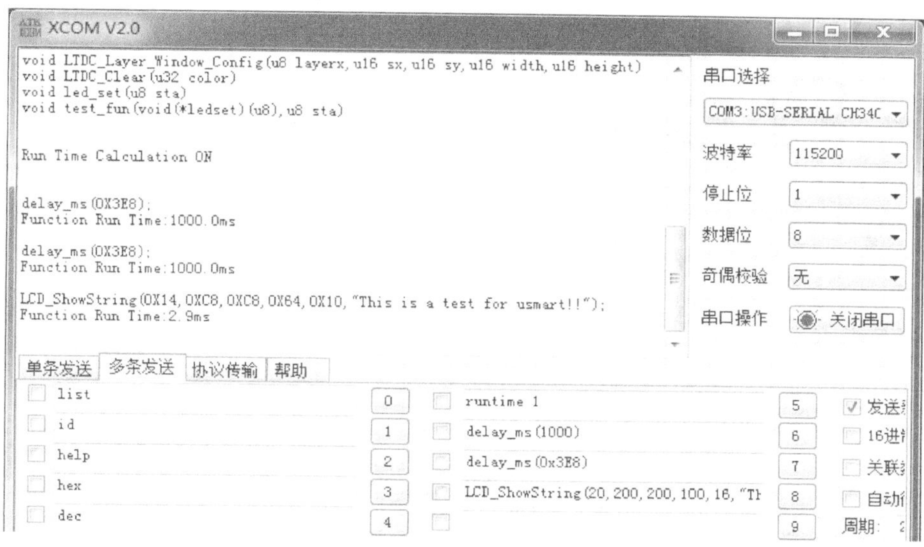

图 21.4.3　串口调用 LCD_ShowString 函数

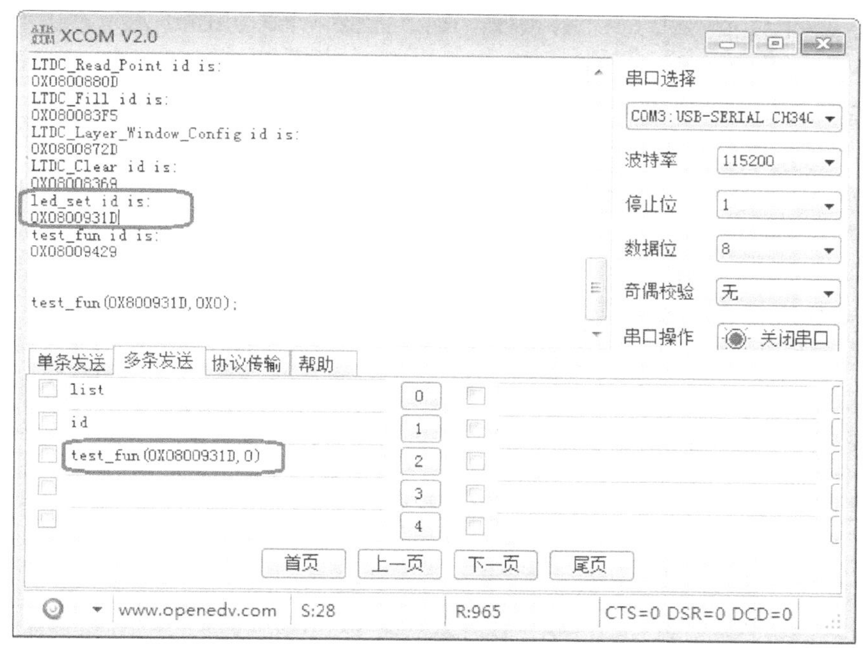

图 21.4.4　串口调用 test_fun 函数

DS1 亮了，然后可以通过发送 test_fun(0X0800931D,1)来关闭 DS1。说明我们成功地通过 test_fun 函数调用了 led_set，从而实现了对 DS1 的控制，也就验证了 USMART 对函数参数的支持。

USMART 调试组件的使用就介绍到这里。USMART 是一个非常不错的调试组件，希望读者能学会，可以达到事半功倍的效果。

第 22 章

RTC 实时时钟实验

这一章将介绍 STM32F767 的内部实时时钟(RTC)。本章使用 LCD 模块(MCU 屏或 RGB 屏都可以,下同)来显示日期和时间,实现一个简单的实时时钟,并可以设置闹铃。另外,本章也介绍了 BKP 的使用。

22.1 STM32F767 RTC 时钟简介

STM32F767 的实时时钟(RTC)相对于 STM32F1 来说,改进了不少,带了日历功能了,是一个独立的 BCD 定时/计数器。RTC 提供一个日历时钟(包含年月日时分秒信息)、两个可编程闹钟(ALARM A 和 ALARM B)中断以及一个具有中断功能的周期性可编程唤醒标志。RTC 还包含用于管理低功耗模式的自动唤醒单元。

两个 32 位寄存器(TR 和 DR)包含二进码十进数格式 (BCD)的秒、分钟、小时(12 或 24 小时制)、星期、日期、月份和年份。此外,还可提供二进制格式的亚秒值。

STM32F767 的 RTC 可以自动将月份的天数补偿为 28、29(闰年)、30 和 31 天,并且还可以进行夏令时补偿。

RTC 模块和时钟配置是在后备区域,即在系统复位或从待机模式唤醒后 RTC 的设置和时间维持不变,只要后备区域供电正常,那么 RTC 将可以一直运行。但是在系统复位后,会自动禁止访问后备寄存器和 RTC,以防止对后备区域(BKP)的意外写操作。所以在要设置时间之前,先要取消备份区域(BKP)写保护。

RTC 的简化框图如图 22.1.1 所示。本章用到 RTC 时钟和日历,并且用到闹钟功能。接下来简单介绍下 STM32F767 RTC 时钟的使用。

1. 时钟和分频

首先看 STM32F767 的 RTC 时钟分频。STM32F767 的 RTC 时钟源(RTCCLK)通过时钟控制器,可以从 LSE 时钟、LSI 时钟以及 HSE 时钟三者中选择(通过 RCC_BDCR 寄存器选择)。一般选择 LSE,即外部 32.768 kHz 晶振作为时钟源(RTCCLK),而 RTC 时钟核心要求提供 1 Hz 的时钟,所以,要设置 RTC 的可编程预分配器。STM32F767 的可编程预分配器(RTC_PRER)分为 2 个部分:

- 一个通过 RTC_PRER 寄存器的 PREDIV_A 位配置的 7 位异步预分频器。
- 一个通过 RTC_PRER 寄存器的 PREDIV_S 位配置的 15 位同步预分频器。

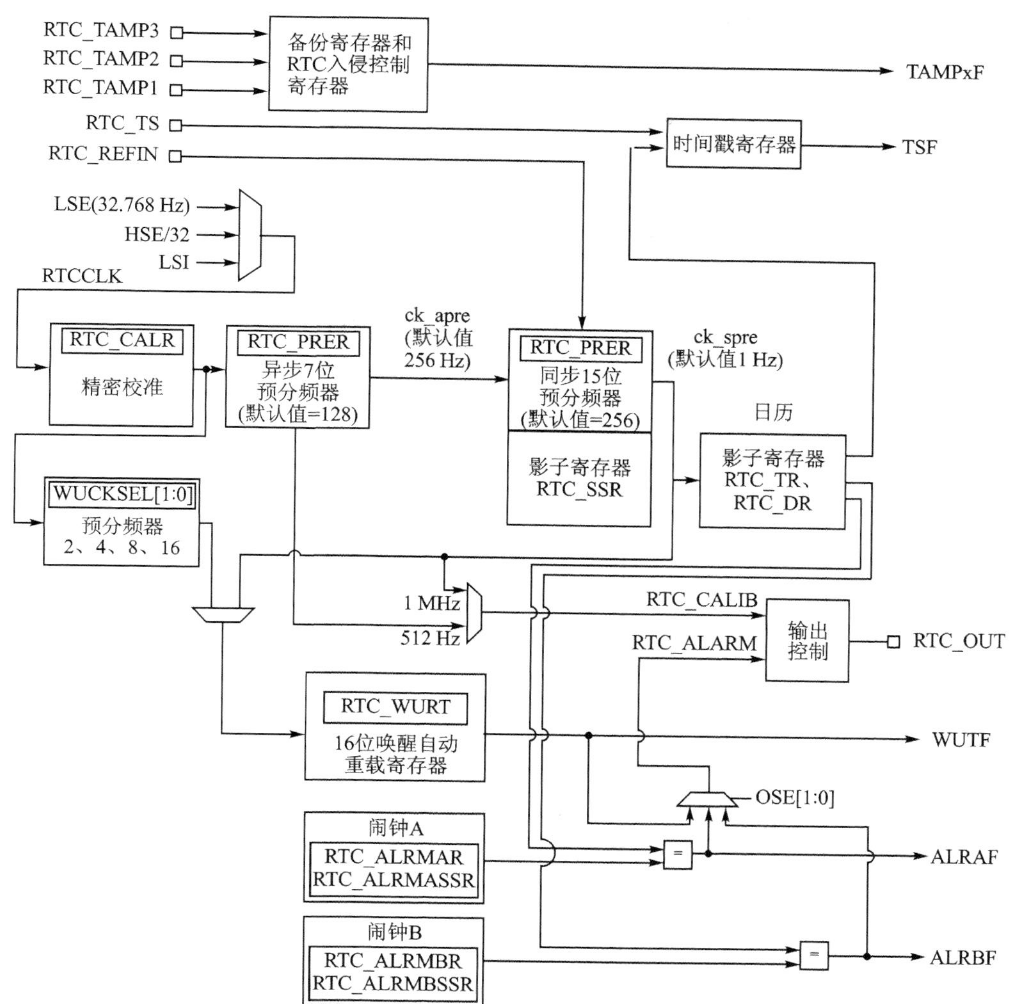

图 22.1.1 RTC框图

图22.1.1中的ck_spre的时钟可由如下计算公式计算：

Fck_spre=Frtcclk/[(PREDIV_S+1)(PREDIV_A+1)]

其中，Fck_spre可用于更新日历时间等信息。PREDIV_A和PREDIV_S为RTC的异步和同步分频器。推荐设置7位异步预分频器(PREDIV_A)的值较大，以最大程度降低功耗。要设置为32 768分频，则只需要设置PREDIV_A=0X7F，即128分频；PREDIV_S=0XFF，即256分频，即可得到1 Hz的Fck_spre。

另外，图22.1.1中，ck_apre可作为RTC亚秒递减计数器(RTC_SSR)的时钟。Fck_apre的计算公式如下：

Fck_apre=Frtcclk/(PREDIV_A+1)

当RTC_SSR寄存器递减到0的时候，会使用PREDIV_S的值重新装载PREDIV_S。

而 PREDIV_S 一般为 255,这样得到亚秒时间的精度是 1/256 s,即 3.9 ms 左右。有了这个亚秒寄存器 RTC_SSR,就可以得到更加精确的时间数据。

2. 日历时间(RTC_TR)和日期(RTC_DR)寄存器

STM32F767 的 RTC 日历时间(RTC_TR)和日期(RTC_DR)寄存器用于存储时间和日期(也可以用于设置时间和日期),可以通过与 PCLK1(APB1 时钟)同步的影子寄存器来访问。这些时间和日期寄存器也可以直接访问,从而避免等待同步的持续时间。

每隔 2 个 RTCCLK 周期,当前日历值便会复制到影子寄存器,并置位 RTC_ISR 寄存器的 RSF 位。可以读取 RTC_TR 和 RTC_DR 来得到当前时间和日期信息,注意,时间和日期都是以 BCD 码的格式存储的,读出来要转换一下才可以得到十进制的数据。

3. 可编程闹钟

STM32F767 提供两个可编程闹钟:闹钟 A(ALARM_A)和闹钟 B(ALARM_B)。通过 RTC_CR 寄存器的 ALRAE 和 ALRBE 位置 1 来使能闹钟。当日历的亚秒、秒、分、小时、日期分别与闹钟寄存器 RTC_ALRMASSR/RTC_ALRMAR 和 RTC_ALRMBSSR/RTC_ALRMBR 中的值匹配时,则可以产生闹钟(需要适当配置)。本章利用闹钟 A 产生闹铃,即设置 RTC_ALRMASSR 和 RTC_ALRMAR 即可。

4. 周期性自动唤醒

STM32F767 的 RTC 不带秒钟中断了,但是多了一个周期性自动唤醒功能。周期性唤醒功能由一个 16 位可编程自动重载递减计数器(RTC_WUTR)生成,可用于周期性中断/唤醒。可以通过 RTC_CR 寄存器中的 WUTE 位设置使能此唤醒功能。唤醒定时器的时钟输入可以是 2、4、8 或 16 分频的 RTC 时钟(RTCCLK),也可以是 ck_spre 时钟(一般为 1 Hz)。

当选择 RTCCLK(假定 LSE 是 32.768 kHz)作为输入时钟时,可配置的唤醒中断周期介于 122 μs(因为 RTCCLK/2 时,RTC_WUTR 不能设置为 0)和 32 s 之间,分辨率最低为 61 μs。

当选择 ck_spre(1Hz)作为输入时钟时,可得到的唤醒时间为 1 s~36 h,分辨率为 1 s。并且这个 1 s~36 h 的可编程时间范围分为两部分:

- 当 WUCKSEL[2:1]=10 时为 1 s~18 h。
- 当 WUCKSEL[2:1]=11 时为 18 h~36 h。

在后一种情况下,会将 2^{16} 添加到 16 位计数器当前值(即扩展到 17 位,相当于最高位用 WUCKSEL [1]代替)。

初始化完成后,定时器开始递减计数。在低功耗模式下使能唤醒功能时,递减计数保持有效。此外,当计数器计数到 0 时,RTC_ISR 寄存器的 WUTF 标志会置 1,并且唤醒寄存器会使用其重载值(RTC_WUTR 寄存器值)重载,之后必须用软件清零 WUTF 标志。

通过将 RTC_CR 寄存器中的 WUTIE 位置 1 来使能周期性唤醒中断时,可以使

STM32F767 退出低功耗模式。系统复位以及低功耗模式(睡眠、停机和待机)对唤醒定时器没有任何影响,它仍然可以正常工作,故唤醒定时器可以用于周期性唤醒 STM32F767。

接下来看看本章要用到的 RTC 部分寄存器,首先是 RTC 时间寄存器:RTC_TR,各位描述如图 22.1.2 所示。

31	30	29	28	27	26	25	24	23	22	21	20	19	18	17	16
Reserved									PM	HT[1:0]		HU[3:0]			
									rw	rw	rw	rw	rw	rw	rw

15	14	13	12	11	10	9	8	7	6	5	4	3	2	1	0
Reserved	MNT[2:0]			MNU[3:0]				Reserved	ST[2:0]			SU[3:0]			
	rw	rw	rw	rw	rw	rw	rw		rw	rw	rw	rw	rw	rw	rw

位 31:24　保留

位 23　保留,必须保持复位值。

位 22　PM:AM/PM 符号

0:AM 或 24 小时制;1:PM

位 21:20　HT[1:0]:小时的十位(BCD 格式)

位 16:16　HU[3:0]:小时的个位(BCD 格式)

位 15　保留,必须保持复位值。

位 14:12　MNT[2:0]:分钟的十位(BCD 格式)

位 11:8　MNU[3:0]:分钟的个位(BCD 格式)

位 7　保留,必须保持复位值。

位 6:4　ST[2:0]:秒的十位(BCD 格式)

位 3:0　SU[3:0]:秒的个位(BCD 格式)

图 22.1.2　RTC_TR 寄存器各位描述

这个寄存器比较简单。注意,数据保存时是 BCD 格式的,读取之后需要稍加转换,才是十进制的时分秒等数据。在初始化模式下,对该寄存器进行写操作,可以设置时间。

然后看 RTC 日期寄存器:RTC_DR,该寄存器各位描述如图 22.1.3 所示。同样,该寄存器的的数据采用 BCD 码格式,其他的就比较简单了。同样,在初始化模式下,对该寄存器进行写操作,可以设置日期。

接下来看 RTC 亚秒寄存器:RTC_SSR,该寄存器各位描述如图 22.1.4 所示。该寄存器可用于获取更加精确的 RTC 时间。不过,本章没有用到,如果需要精确时间,则可以使用该寄存器。

接下来看 RTC 控制寄存器:RTC_CR,该寄存器各位描述如图 22.1.5 所示。该寄存器不详细介绍每个位了,重点介绍几个要用到的。WUTIE、ALRAIE 是唤醒定时器中断和闹钟 A 中断使能位,本章要用到,设置为 1 即可。WUTE 和 ALRAE 是唤醒定时器和闹钟 A 定时器使能位,同样设置为 1,开启。FMT 为小时格式选择位,这里设置为 0,选择 24 小时制。最后,WUCKSEL[2:0]用于唤醒时钟选择。RTC_CR 寄存器的详细介绍参见《STM32F7 中文参考手册》第 29.6.3 小节。

31	30	29	28	27	26	25	24	23	22	21	20	19	18	17	16
Reserved								YT[3:0]				YU[3:0]			
								rw	rw	rw	rw	rw	rw	rw	rw

15	14	13	12	11	10	9	8	7	6	5	4	3	2	1	0
WDU[2:0]			MT	MU[3:0]				Reserved		DT[1:0]		DU[3:0]			
rw	rw	rw	rw	rw	rw	rw	rw			rw	rw	rw	rw	rw	rw

位 31:24　保留

位 23:20　YT[3:0]:年份的十位(BCD 格式)

位 19:16　YU[3:0]:年份的个位(BCD 格式)

位 15:13　WDU[2:0]:星期几的个位

000:禁止

001:星期一

…

111:星期日

位 12　MT:月份的十位(BCD 格式)

位 11:8　MU:月份的个位(BCD 格式)

位 7:6　保留,必须保持复位值。

位 5:4　DT[1:0]:日期的十位(BCD 格式)

位 3:0　DU[3:0]:日期的个位(BCD 格式)

图 22.1.3　RTC_DR 寄存器各位描述

31	30	29	28	27	26	25	24	23	22	21	20	19	18	17	16
Reserved															
r	r	r	r	r	r	r	r	r	r	r	r	r	r	r	r

15	14	13	12	11	10	9	8	7	6	5	4	3	2	1	0
SS[15:0]															
r	r	r	r	r	r	r	r	r	r	r	r	r	r	r	r

位 15:0　SS:亚秒值

SS[15:0]是同步预分频器计数器的值。比亚秒值可根据以下公式得出:

亚秒值=(PREDIV_S−SS)/(PREDIV_S+1)

注意:仅当执行平移操作之后,SS 才能大于 PREDIV_S。在这种情况下,正确的时间/日期比 RTC_TR/RTC_DR 所指示的时间/日期慢一秒钟

图 22.1.4　RTC_SSR 寄存器各位描述

31	30	29	28	27	26	25	24	23	22	21	20	19	18	17	16
Res.	Res.	Res.	Res.	Res.	Res.	Res.	ITSE	COE	OSEL[1:0]		POL	COSEL	BKP	SUB1H	ADD1H
							rw	rw	rw	rw	rw	rw	rw	w	w

15	14	13	12	11	10	9	8	7	6	5	4	3	2	1	0
TSIE	WUTIE	ALRBIE	ALRAIE	TSE	WUTE	ALRBE	ALRAE	Res.	FMT	BYPSHAD	REFCKON	TSEDGE	WUCKSEL[2:0]		
rw	rw	rw	rw	rw	rw	rw	rw		rw	rw	rw	rw	rw	rw	rw

图 22.1.5　RTC_CR 寄存器各位描述

接下来看 RTC 初始化和状态寄存器:RTC_ISR,该寄存器各位描述如图 22.1.6 所示。

31	30	29	28	27	26	25	24	23	22	21	20	19	18	17	16
Reserved															RECALPF
															r

15	14	13	12	11	10	9	8	7	6	5	4	3	2	1	0
Res.	TAMP2F	TAMP1F	TSOVF	TSF	WUTF	ALRBF	ALRAF	INIT	INITF	RSF	INITS	SHPF	WUTWF	ALRBWF	ALRAWF
	rc_w0	rc_w0	rc_w0	rc_w0	rc_w0	rc_w0	rc_w0	rw	r	rc_w0	r	rc_w0	r	r	r

图 22.1.6 RTC_ISR 寄存器各位描述

该寄存器中,WUTF、ALRBF 和 ALRAF 分别是唤醒定时器闹钟 B 和闹钟 A 的中断标志位。当对应事件产生时,这些标志位被置 1,如果设置了中断,则会进入中断服务函数,这些位通过软件写 0 清除。INIT 为初始化模式控制位,要初始化 RTC 时,必须先设置 INIT=1。INITF 为初始化标志位,当设置 INIT 为 1 以后,要等待 INITF 为 1,才可以更新时间、日期和预分频寄存器等。RSF 位为寄存器同步标志,仅在该位为 1 时,表示日历影子寄存器已同步,可以正确读取 RTC_TR/RTC_TR 寄存器的值了。WUTWF、ALRBWF 和 ALRAWF 分别是唤醒定时器、闹钟 B 和闹钟 A 的写标志,只有在这些位为 1 的时候,才可以更新对应的内容,比如要设置闹钟 A 的 ALRMAR 和 ALRMASSR,则必须先等待 ALRAWF 为 1,才可以设置。

接下来看 RTC 预分频寄存器:RTC_PRER,该寄存器各位描述如图 22.1.7 所示。该寄存器用于 RTC 的分频。该寄存器的配置必须在初始化模式(INITF=1)下,才可以进行。

31	30	29	28	27	26	25	24	23	22	21	20	19	18	17	16
Reserved									PREDIV_A[6:0]						
									rw	rw	rw	rw	rw	rw	rw

15	14	13	12	11	10	9	8	7	6	5	4	3	2	1	0
Res.	PREDIV_S[14:0]														
	rw	rw	rw	rw	rw	rw	rw	rw	rw	rw	rw	rw	rw	rw	rw

位 31:24 保留

位 23 保留,必须保持复位值。

位 22:16 PREDIV_A[6:0]:异步预分频系数

下面是异步分频系数的公式:

ck_apre 频率=RTCCLK 频率/(PREDIV_A+1)

注意:PREDIV_A[6:0]=000000 为禁用值。

位 15 保留,必须保持复位值。

位 14:0 PREDIV_S[14:0]:同步预分频系数

下面是同步分频系数的公式:

ck_spre 频率=ck_apre 频率/(PREDIV_S+1)

图 22.1.7 RTC_PRER 寄存器各位描述

接下来看 RTC 唤醒定时器寄存器:RTC_WUTR,该寄存器各位描述如图 22.1.8 所示。该寄存器用于设置自动唤醒重装载值,可用于设置唤醒周期。该寄存器的配置必须等待 RTC_ISR 的 WUTWF 为 1 才可以进行。

31	30	29	28	27	26	25	24	23	22	21	20	19	18	17	16
Reserved															
15	14	13	12	11	10	9	8	7	6	5	4	3	2	1	0
WUT[15:0]															
rw	rw	rw	rw	rw	rw	rw	rw	rw	rw	rw	rw	rw	rw	rw	rw

位 31:16　保留

位 15:0　WUT[15:0]:唤醒自动重载值位

当使能唤醒定时器时(WUTE 置 1),每(WUT[15:0]+1)个 ck_wut 周期将 WUTF 标志置 1 一次。ck_wut 周期通过 RTC_CR 寄存器的 WUCKSEL[2:0]位进行选择。

当 WUCKSEL[2]=1 时,唤醒定时器变为 17 位,WUCKSEL[1]等效为 WUT[16],即要重载到定时器的最高有效位。

注意:WUTF 第一次置 1 发生在 WUTE 置 1 之后(WUT+1)个 ck_wut 周期。禁止在 WUCKSEL[2:0]=011(RTCCLK/2)时将 WUT[15:0]设置为 0x0000

图 22.1.8　RTC_WUTR 寄存器各位描述

接下来看 RTC 闹钟 A 器寄存器 RTC_ALRMAR,该寄存器各位描述如图 22.1.9 所示。该寄存器用于设置闹铃 A,当 WDSEL 选择 1 时,使用星期制闹铃,本章选择星

31	30	29	28	27	26	25	24	23	22	21	20	19	18	17	16
MSK4	WDSEL	DT[1:0]		DU[3:0]				MSK3	PM	HT[1:0]		HU[3:0]			
rw	rw	rw	rw	rw	rw	rw	rw	rw	rw	rw	rw	rw	rw	rw	rw
15	14	13	12	11	10	9	8	7	6	5	4	3	2	1	0
MSK2	MNT[2:0]			MNU[3:0]				MSK1	ST[2:0]			SU[3:0]			
rw	rw	rw	rw	rw	rw	rw	rw	rw	rw	rw	rw	rw	rw	rw	rw

位 31　MSK4:闹钟 A 日期掩码

0:如果日期/日匹配,则闹钟 A 置 1;1:在闹钟 A 比较中,日期/日无关

位 30　WDSEL:星期几选择

0:DU[3:0]代表日期的个位;1:DU[3:0]代表星期几。DT[1:0]为无关位

位 29:28　DT[1:0]:日期的十位(BCD 格式)

位 27:24　DU[3:0]:日期的个位或日(BCD 格式)

位 23　MSK3:闹钟 A 小时掩码(Alarm A hours mask)

0:如果小时匹配,则闹钟 A 置 1;1:在闹钟 A 比较中,小时无关

位 22　PM:AM/PM 符号

0:AM 或 24 小时制;1: PM

位 21:20　HT[1:0]:小时的十位(BCD 格式)

位 19:16　HU[3:0]:小时的个位(BCD 格式)

位 15　MSK2:闹钟 A 分钟掩码

0:如果分钟匹配,则闹钟 A 置 1;1:在闹钟 A 比较中,分钟无关

位 14:12　MNT[2:0]:分钟的十位(BCD 格式)

位 11:8　MNU[3:0]:分钟的个位(BCD 格式)

7 位　MSK1:闹钟 A 秒掩码

0:如果秒匹配,则闹钟 A 置 1;1:在闹钟 A 比较中,秒无关

位 6:4　ST[2:0]:秒的十位(BCD 格式)

位 3:0　SU[3:0]:秒的个位(BCD 格式)

图 22.1.9　RTC_ALRMAR 寄存器各位描述

期制闹铃。该寄存器的配置必须等待 RTC_ISR 的 ALRAWF 为 1 才可以进行。RTC_ALRMASSR 寄存器这里就不再介绍了，可参考《STM32F7 中文参考手册》第 29.6.17 小节。

接下来看 RTC 写保护寄存器：RTC_WPR，该寄存器比较简单，低 8 位有效。上电后，所有 RTC 寄存器都受到写保护（RTC_ISR[13:8]、RTC_TAFCR 和 RTC_BKPxR 除外），必须依次写入 0XCA、0X53 两个关键字到 RTC_WPR 寄存器才可以解锁。写一个错误的关键字将再次激活 RTC 的寄存器写保护。

接下来介绍 RTC 备份寄存器：RTC_BKPxR，该寄存器组总共有 32 个，每个寄存器是 32 位的，可以存储 128 个字节的用户数据，这些寄存器在备份域中实现，可在 VDD 电源关闭时通过 VBAT 保持上电状态。备份寄存器不会在系统复位或电源复位时复位，也不会在 MCU 从待机模式唤醒时复位。

复位后，对 RTC 和 RTC 备份寄存器的写访问被禁止，执行以下操作可以使能对 RTC、RTC 备份寄存器的写访问：

① 通过设置寄存器 RCC_APB1ENR 的 PWREN 位来打开电源接口时钟；

② 电源控制寄存器（PWR_CR）的 DBP 位来使能对 RTC 及 RTC 备份寄存器的访问。

可以用 BKP 来存储一些重要的数据，相当于一个 EEPROM；不过这个 EEPROM 并不是真正的 EEPROM，而是需要电池来维持它的数据。

最后还要介绍一下备份区域控制寄存器 RCC_BDCR。该寄存器的各位描述如图 22.1.10 所示。RTC 的时钟源选择及使能设置都是通过这个寄存器来实现的，所以在 RTC 操作之前先要通过这个寄存器选择 RTC 的时钟源，然后才能开始其他的操作。

RTC 寄存器介绍就介绍到这里了，下面来看看要经过哪几个步骤的配置才能使 RTC 正常工作（RTC 相关的 HAL 库文件在 stm32f7xx_hal_rtc.c 以及头文件 stm32f7xx_hal_rtc.h）：

① 使能电源时钟，并使能 RTC 及 RTC 后备寄存器写访问。

前面已经介绍了，要访问 RTC 和 RTC 备份区域就必须先使能电源时钟，然后使能 RTC 即后备区域访问。电源时钟使能通过 RCC_APB1ENR 寄存器来设置，RTC 及 RTC 备份寄存器的写访问通过 PWR_CR 寄存器的 DBP 位设置。HAL 库设置方法为：

```
__HAL_RCC_PWR_CLK_ENABLE();//使能电源时钟 PWR
HAL_PWR_EnableBkUpAccess();//取消备份区域写保护
```

② 开启外部低速振荡器 LSE，选择 RTC 时钟，并使能。

配置开启 LSE 的函数为 HAL_RCC_OscConfig，使用方法为：

```
RCC_OscInitStruct.OscillatorType = RCC_OSCILLATORTYPE_LSE;//LSE 配置
RCC_OscInitStruct.PLL.PLLState = RCC_PLL_NONE;
RCC_OscInitStruct.LSEState = RCC_LSE_ON;                    //RTC 使用 LSE
HAL_RCC_OscConfig(&RCC_OscInitStruct);
```

31	30	29	28	27	26	25	24	23	22	21	20	19	18	17	16
Res.	Res.	Res.	Res.	Res.	Res.	Res.	Res.	Res.	Res.	Res.	Res.	Res.	Res.	Res.	BDRST
															rw

15	14	13	12	11	10	9	8	7	6	5	4	3	2	1	0
RTC EN	Res.	Res.	Res.	Res.	Res.	RTCSEL [1:0]		Res.	Res.	Res.	LSEDRV [1:0]		LSE BYP	LSE RDY	LSE ON
rw						rw	rw				rw	rw	rw	r	rw

位 16　BDRST:备份域软件复位

此位由软件置 1 和清零。

0:复位未激活;1:复位整个备份域

注:BKPSRAM 不受此复位影响,只能在 Flash 保护级别从级别 1 更改为级别 0 时复位 BKPSRAM。

位 15　RTCEN:RTC 时钟使能

此位由软件置 1 和清零。

0:禁止 RTC 时钟;1:使能 RTC 时钟

位 9:8　RTCSEL[1:0]:RTC 时钟源选择

这些位由软件置 1,用于选择 RTC 的时钟源。选择 RTC 时钟源后,除非备份域复位,否则不可再将其更改。可使用 BDRST 位对其进行复位。

00:无时钟

01:LSE 振荡器时钟用作 RTC 时钟

10:LSI 振荡器时钟用作 RTC 时钟

11:由可编程预分频器分破洞的 HSE 振荡器时钟(通过 RCC 时钟配置寄存器(RCC_CFGR)中的 RTCPRE[4:0]位选择)用作 RTC 时钟

位 4:3　LSEDRV[1:0]:LSE 振荡器驱动能力

由软件置 1,用于调整 LSE 振荡器的驱动能力。

00:低驱动能力;01:中高驱动能力;10:中低驱动能力;11:高驱动能力

位 2　LSEBYP:外部低速振荡器旁路

由软件置 1 和清零,用于旁路振荡器。只有在禁止 LSE 时钟后才能写入该位。

0:不旁路 LSE 振荡器;1:旁路 LSE 振荡器

位 1　LSERDY:外部低速振荡器就绪

此位由硬件置 1 和清零,用于指示外部 32 kHz 振荡器已稳定。在 LSEON 位被清零后,LSERDY 将在 6 个外部低速振荡器时钟周期后转为低电平。

0:LSE 时钟未就绪;1:LSE 时钟就绪

位 0　LSEON:外部低速振荡器使能

此位由软件置 1 和清零。

0:LSE 时钟关闭;1:LSE 时钟开启

图 22.1.10　RCC_BDCR 寄存器各位描述

选择 RTC 时钟源为函数为 HAL_RCCEx_PeriphCLKConfig,使用方法为:

```
PeriphClkInitStruct.PeriphClockSelection = RCC_PERIPHCLK_RTC;//外设为 RTC
PeriphClkInitStruct.RTCClockSelection = RCC_RTCCLKSOURCE_LSE;//RTC 时钟源为 LSE
HAL_RCCEx_PeriphCLKConfig(&PeriphClkInitStruct);
```

使能 RTC 时钟方法为:

```
__HAL_RCC_RTC_ENABLE();//RTC 时钟使能
```

③ 初始化 RTC,设置 RTC 的分频以及配置 RTC 参数。

在 HAL 中,初始化 RTC 是通过函数 HAL_RTC_Init 实现的,该函数声明为:

```
HAL_StatusTypeDef HAL_RTC_Init(RTC_HandleTypeDef * hrtc);
```

同样,按照以前的方式,我们来看看 RTC 初始化参数结构体 RTC_HandleTypeDef 定义:

```
typedef struct
{
  RTC_TypeDef                  * Instance;
  RTC_InitTypeDef              Init;
  HAL_LockTypeDef              Lock;
  __IO HAL_RTCStateTypeDef     State;
}RTC_HandleTypeDef;
```

这里着重讲解成员变量 Init 含义,因为它是真正的 RTC 初始化变量,是 RTC_InitTypeDef 结构体类型。结构体 RTC_InitTypeDef 定义为:

```
typedef struct
{
  uint32_t HourFormat;          //小时格式
  uint32_t AsynchPrediv;        //异步预分频系数
  uint32_t SynchPrediv;         //同步预分频系数
  uint32_t OutPut;              //选择连接到 RTC_ALARM 输出的标志
  uint32_t OutPutPolarity;      //设置 RTC_ALARM 的输出极性
  uint32_t OutPutType;          //设置 RTC_ALARM 的输出类型为开漏输出还是推挽输出
}RTC_InitTypeDef;
```

该结构体有 6 个成员变量。成员变量 HourFormat 用来设置小时格式,为 12 小时制或者 24 小时制,取值为 RTC_HOURFORMAT_12 或者 RTC_HOURFORMAT_24。

AsynchPrediv 用来设置 RTC 的异步预分频系数,也就是设置 RTC_PRER 寄存器的 PREDIV_A 相关位。因为异步预分频系数是 7 位,所以最大值为 0x7F,不能超过这个值。

SynchPrediv 用来设置 RTC 的同步预分频系数,也就是设置 RTC_PRER 寄存器的 PREDIV_S 相关位。因为同步预分频系数也是 15 位,所以最大值为 0x7FFF,不能超过这个值。

OutPut 用来选择要连接到 RTC_ALARM 输出的标志,取值为 RTC_OUTPUT_DISABLE(禁止输出)、RTC_OUTPUT_ALARMA(使能闹钟 A 输出)、RTC_OUTPUT_ALARMB(使能闹钟 B 输出)或 RTC_OUTPUT_WAKEUP(使能唤醒输出)。

OutPutPolarity 用来设置 RTC_ALARM 的输出极性,与 Output 成员变量配合使用,取值为 RTC_OUTPUT_POLARITY_HIGH(高电平)或 RTC_OUTPUT_POLARITY_LOW(低电平)。

OutPutType 用来设置 RTC_ALARM 的输出类型为开漏输出(RTC_OUTPUT_TYPE_OPENDRAIN)还是推挽输出(RTC_OUTPUT_TYPE_PUSHPULL),与成员

变量 OutPut 和 OutPutPolarity 配合使用。

接下来看看 RTC 初始化的一般格式：

```
RTC_Handler.Instance = RTC;
RTC_Handler.Init.HourFormat = RTC_HOURFORMAT_24;//RTC 设置为 24 小时格式
RTC_Handler.Init.AsynchPrediv = 0X7F;            //RTC 异步分频系数(1～0X7F)
RTC_Handler.Init.SynchPrediv = 0XFF;             //RTC 同步分频系数(0～7FFF)
RTC_Handler.Init.OutPut = RTC_OUTPUT_DISABLE;
RTC_Handler.Init.OutPutPolarity = RTC_OUTPUT_POLARITY_HIGH;
RTC_Handler.Init.OutPutType = RTC_OUTPUT_TYPE_OPENDRAIN;
HAL_RTC_Init(&RTC_Handler);
```

同样，HAL 库也提供了 RTC 初始化 MSP 函数。函数声明为：

```
void HAL_RTC_MspInit(RTC_HandleTypeDef * hrtc);
```

该函数内部一般存放时钟使能，时钟源选择等操作程序。

④ 设置 RTC 的时间。

HAL 库中，设置 RTC 时间的函数为：

```
HAL_StatusTypeDef HAL_RTC_SetTime (RTC_HandleTypeDef * hrtc,
                                   RTC_TimeTypeDef * sTime, uint32_t Format);
```

实际上，根据前面寄存器的讲解，RTC_SetTime 函数用来设置时间寄存器 RTC_TR 的相关位的值。

RTC_SetTime 函数的第三个参数 Format 用来设置输入的时间格式为 BIN 格式还是 BCD 格式，可选值为 RTC_FORMAT_BIN 和 RTC_FORMAT_BCD。

接下来看看第二个初始化参数结构体 RTC_TimeTypeDef 的定义：

```
typedef struct
{
  uint8_t Hours;
  uint8_t Minutes;
  uint8_t Seconds;
  uint8_t TimeFormat;
  uint32_t SubSeconds;
  uint32_t SecondFraction;
  uint32_t DayLightSaving;
  uint32_t StoreOperation;
}RTC_TimeTypeDef;
```

前面 4 个成员变量比较好理解，分别用来设置 RTC 时间参数的小时、分钟、秒钟以及 AM/PM 符号，参考前面讲解的 RTC_TR 的位描述即可。SubSeconds 用来读取保存亚秒寄存器 RTC_SSR 的值；SecondFraction 用来读取保存同步预分频系数的值，也就是 RTC_PRER 的位 0～14；DayLightSaving 用来设置日历时间增加 1 小时、减少 1 小时，还是不变。StoreOperation 用户可对此变量设置是否已对夏令时进行更改。HAL_RTC_SetTime 函数参考实例如下：

```
RTC_TimeTypeDef RTC_TimeStructure;
RTC_TimeStructure.Hours = 1;
RTC_TimeStructure.Minutes = 1;
```

```
    RTC_TimeStructure.Seconds = 1;
    RTC_TimeStructure.TimeFormat = RTC_HOURFORMAT12_PM;
    RTC_TimeStructure.DayLightSaving = RTC_DAYLIGHTSAVING_NONE;
    RTC_TimeStructure.StoreOperation = RTC_STOREOPERATION_RESET;
    HAL_RTC_SetTime(&RTC_Handler,&RTC_TimeStructure,RTC_FORMAT_BIN);
```

⑤ 设置 RTC 的日期。

设置 RTC 的日期函数为：

```
HAL_StatusTypeDef HAL_RTC_SetDate (RTC_HandleTypeDef * hrtc,
                                   RTC_DateTypeDef * sDate, uint32_t Format);
```

实际上，根据前面寄存器的讲解，HAL_RTC_SetDate 设置日期函数是用来设置日期寄存器 RTC_DR 的相关位的值。

该函数有 3 个入口参数，着重讲解第二个入口参数 sData，它是结构体 RTC_DateTypeDef 指针类型变量，结构体 RTC_DateTypeDef 定义如下：

```
typedef struct
{
  uint8_t WeekDay;          //星期几
  uint8_t Month;            //月份
  uint8_t Date;             //日期
  uint8_t Year;             //年份
}RTC_DateTypeDef;
```

结构体一共 4 个成员变量，对应的是 RTC_DR 寄存器相关设置位，这里就不做过多讲解。

⑥ 获取 RTC 当前日期和时间。

获取当前 RTC 时间的函数为：

```
HAL_StatusTypeDef HAL_RTC_GetTime(RTC_HandleTypeDef * hrtc,
                                  RTC_TimeTypeDef * sTime, uint32_t Format);
```

获取当前 RTC 日期的函数为：

```
HAL_StatusTypeDef HAL_RTC_GetDate(RTC_HandleTypeDef * hrtc,
                                  RTC_DateTypeDef * sDate, uint32_t Format);
```

这两个函数非常简单，实际就是读取 RTC_TR 寄存器和 RTC_DR 寄存器的时间和日期的值，然后将值存放到相应的结构体中。

通过以上 6 个步骤就完成了对 RTC 的配置，RTC 即可正常工作；而且这些操作不是每次上电都必须执行的，可以视情况而定。当然，还需要设置时间、日期、唤醒中断、闹钟等，这些将在后面介绍。

22.2　硬件设计

本实验用到的硬件资源有指示灯 DS0、串口、LCD 模块（MCU 屏/RGB 屏都可以，下同）、RTC。前面 3 个都介绍过了，而 RTC 属于 STM32F767 内部资源，其配置也是通过软件设置好就可以了。不过 RTC 不能断电，否则数据就丢失了；如果想让时间在断电后还可以继续走，那么必须确保开发板的电池有电（ALIENTEK 阿波罗 STM32F767 开发板标配是有电池的)。

22.3 软件设计

打开本章实验工程可以看到，我们先在 HALLIB 下面引入了 RTC 支持的库函数文件 stm32f7xx_hal_rtc.c 和 stm32f7xx_hal_rtc_ex.c。然后在 HARDWARE 文件夹下新建了一个 rtc.c 文件和 rtc.h 头文件，同时将这两个文件引入我们的工程 HARDWARE 分组下。

由于篇幅所限，rtc.c 中的代码不全部贴出了，这里针对几个重要的函数进行简要说明。首先是 RTC_Init，其代码如下：

```
//RTC 初始化
//返回值:0,初始化成功; 2,进入初始化模式失败
u8 RTC_Init(void)
{
    RTC_Handler.Instance = RTC;
    RTC_Handler.Init.HourFormat = RTC_HOURFORMAT_24;    //RTC 设置为 24 小时格式
    RTC_Handler.Init.AsynchPrediv = 0X7F;               //RTC 异步分频系数(1~0X7F)
    RTC_Handler.Init.SynchPrediv = 0XFF;                //RTC 同步分频系数(0~7FFF)
    RTC_Handler.Init.OutPut = RTC_OUTPUT_DISABLE;
    RTC_Handler.Init.OutPutPolarity = RTC_OUTPUT_POLARITY_HIGH;
    RTC_Handler.Init.OutPutType = RTC_OUTPUT_TYPE_OPENDRAIN;
    if(HAL_RTC_Init(&RTC_Handler)! = HAL_OK) return 2;
    if(HAL_RTCEx_BKUPRead(&RTC_Handler,RTC_BKP_DR0)! = 0X5050)
    //是否第一次配置
    {
        RTC_Set_Time(16,13,0,RTC_HOURFORMAT12_PM);           //设置时间
        RTC_Set_Date(16,1,13,3);                             //设置日期
        HAL_RTCEx_BKUPWrite(&RTC_Handler,RTC_BKP_DR0,0X5050);//标记初始化
    }
    return 0;
}
```

该函数用来初始化 RTC 配置以及日期、时钟，但是只在第一次的时候设置时间，以后如果重新上电/复位都不会再进行时间设置了(前提是备份电池有电)。在第一次配置的时候，我们是按照上面介绍的 RTC 初始化步骤调用函数 HAL_RTC_Init 来实现的，这里就不多说了。

这里设置时间和日期分别是通过 RTC_Set_Time 和 RTC_Set_Date 函数来实现的，这两个函数实际就是调用库函数里面的 HAL_RTC_SetTime 函数和 HAL_RTC_SetDate 函数来实现的。这里之所以要写两个这样的函数，目的是使 USMART 调用，方便直接通过 USMART 来设置时间和日期。

这里默认将时间设置为 15 年 12 月 27 日星期天，23 点 59 分 56 秒。设置好时间之后，调用函数 HAL_RTCEx_BKUPWrite 向 RTC 的 BKR 寄存器(地址 0)写入标志字

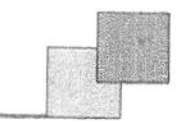

0X5050,用于标记时间已经被设置了。这样,再次发生复位的时候,该函数通过调用函数 HAL_RTCEx_BKUPRead 判断 RTC 对应 BKR 地址的值,从而决定是不是需要重新设置时间。如果不需要设置,则跳过时间设置,这样不会重复设置时间,使得我们设置的时间不会因复位或者断电而丢失。

读备份区域和写备份区域寄存器的两个函数为:

```
uint32_t HAL_RTCEx_BKUPRead(RTC_HandleTypeDef * hrtc, uint32_t BackupRegister);
void HAL_RTCEx_BKUPWrite(RTC_HandleTypeDef * hrtc, uint32_t BackupRegister,
                                                        uint32_t Data);
```

这两个函数分别用来读和写 BKR 寄存器的值。

接着介绍一下 RTC_Set_AlarmA 函数,该函数代码如下:

```
//设置闹钟时间(按星期闹铃,24 小时制)
//week:星期几(1~7) @ref  RTC_WeekDay_Definitions
//hour,min,sec:小时,分钟,秒钟
void RTC_Set_AlarmA(u8 week,u8 hour,u8 min,u8 sec)
{
    RTC_AlarmTypeDef RTC_AlarmSturuct;
    RTC_AlarmSturuct.AlarmTime.Hours = hour;        //小时
    RTC_AlarmSturuct.AlarmTime.Minutes = min;      //分钟
    RTC_AlarmSturuct.AlarmTime.Seconds = sec;      //秒
    RTC_AlarmSturuct.AlarmTime.SubSeconds = 0;
    RTC_AlarmSturuct.AlarmTime.TimeFormat = RTC_HOURFORMAT12_AM;
    RTC_AlarmSturuct.AlarmMask = RTC_ALARMMASK_NONE;//精确匹配星期,时分秒
    RTC_AlarmSturuct.AlarmSubSecondMask = RTC_ALARMSUBSECONDMASK_NONE;
    RTC_AlarmSturuct.AlarmDateWeekDaySel =
                    RTC_ALARMDATEWEEKDAYSEL_WEEKDAY;//按星期
    RTC_AlarmSturuct.AlarmDateWeekDay = week; //星期
    RTC_AlarmSturuct.Alarm = RTC_ALARM_A;       //闹钟 A
    HAL_RTC_SetAlarm_IT(&RTC_Handler,&RTC_AlarmSturuct,RTC_FORMAT_BIN);
    HAL_NVIC_SetPriority(RTC_Alarm_IRQn,0x01,0x02); //抢占优先级 1,子优先级 2
    HAL_NVIC_EnableIRQ(RTC_Alarm_IRQn);
}
```

该函数用于设置闹钟 A,也就是设置 ALRMAR 和 ALRMASSR 寄存器的值来设置闹钟时间。HAL 库中用来设置闹钟并开启闹钟中断的函数为:

```
HAL_StatusTypeDef HAL_RTC_SetAlarm_IT(RTC_HandleTypeDef * hrtc,
                        RTC_AlarmTypeDef * sAlarm, uint32_t Format);
```

第三个参数 RTC_Format 用来设置格式。

接下来着重看看第二个参数 sAlarm,该入口参数是 RTC_AlarmTypeDef 结构体指针类型,结构体定义如下:

```
typedef struct
{
  RTC_TimeTypeDef AlarmTime;
  uint32_t AlarmMask;
  uint32_t AlarmSubSecondMask;
  uint32_t AlarmDateWeekDaySel;
  uint8_t AlarmDateWeekDay;
```

```
    uint32_t Alarm;
}RTC_AlarmTypeDef;
```

该结构体有 6 个成员变量,第一个成员变量 AlarmTime 用来设置闹钟时间,是 RTC_TimeTypeDef 结构体类型。

AlarmMask 用来设置闹钟时间掩码,也就是在第一个参数设置的时间中(包括后面参数 RTC_AlarmDateWeekDay 设置的星期几/哪一天)哪些是无关的。比如设置闹钟时间为每天的 10 点 10 分 10 秒,那么可以选择值 RTC_AlarmMask_DateWeekDay,也就是不关心是星期几/每月哪一天。这里选择为 RTC_AlarmMask_None,也就是精确匹配时间,所有的时分秒以及星期几/(或者每月哪一天)都要精确匹配。

AlarmSubSecondMask 和 AlarmMask 作用类似,只不过该变量是用来设置亚秒的。

AlarmDateWeekDaySel 用来选择闹钟是按日期还是按星期。比如选择 RTC_AlarmDateWeekDaySel_WeekDay,那么闹钟就是按星期。如果选择 RTC_AlarmDateWeekDaySel_Date,那么闹钟就是按日期。这与后面第四个参数是有关联的,我们在后面第四个参数讲解。

AlarmDateWeekDay 用来设置闹钟的日期或者星期几。比如第三个参数 RTC_AlarmDateWeekDaySel 设置了值为 RTC_AlarmDateWeekDaySel_WeekDay,也就是按星期,那么参数 RTC_AlarmDateWeekDay 的取值范围就为星期一～星期天,也就是 RTC_Weekday_Monday～RTC_Weekday_Sunday。如果第三个参数 RTC_AlarmDateWeekDaySel 设置值为 RTC_AlarmDateWeekDaySel_Date,那么它的取值范围就为日期值,0～31。

Alarm 用来设置是闹钟 A 还是闹钟 B,这个很好理解。

调用函数 RTC_SetAlarm 设置闹钟 A 的参数之后,开启闹钟 A 中断(连接在外部中断线 17),并设置中断分组。当 RTC 的时间和闹钟 A 设置的时间完全匹配时,将产生闹钟中断。

接着介绍一下 RTC_Set_WakeUp 函数,该函数代码如下:

```
void RTC_Set_WakeUp(u32 wksel,u16 cnt)
{
__HAL_RTC_WAKEUPTIMER_CLEAR_FLAG(&RTC_Handler,RTC_FLAG_WUTF);
    HAL_RTCEx_SetWakeUpTimer_IT(&RTC_Handler,cnt,wksel); //设置重装载值和时钟
    HAL_NVIC_SetPriority(RTC_WKUP_IRQn,0x02,0x02); //抢占优先级 1,子优先级 2
    HAL_NVIC_EnableIRQ(RTC_WKUP_IRQn);
}
```

该函数用于设置 RTC 周期性唤醒定时器,从而实现周期性唤醒中断,连接在外部中断线 22。该函数是调用 HAL 库函数 HAL_RTCEx_SetWakeUpTimer_IT 实现的,使用方法比较简单,这里就不过多讲解。

有了中断设置函数,就必定有中断服务函数,同时因为 HAL 库会开放中断处理回调函数,接下来看这两个中断的中断服务函数和中断处理回调函数,代码如下:

```
//RTC 闹钟中断服务函数
void RTC_Alarm_IRQHandler(void)
{
    HAL_RTC_AlarmIRQHandler(&RTC_Handler);
}
//RTC WAKE UP 中断服务函数
void RTC_WKUP_IRQHandler(void)
{
    HAL_RTCEx_WakeUpTimerIRQHandler(&RTC_Handler);
}
//RTC 闹钟 A 中断处理回调函数
void HAL_RTC_AlarmAEventCallback(RTC_HandleTypeDef * hrtc)
{
    printf("ALARM A! \r\n");
}
//RTC WAKE UP 中断处理回调函数
void HAL_RTCEx_WakeUpTimerEventCallback(RTC_HandleTypeDef * hrtc)
{
LED1_Toggle;
}
```

其中,RTC_Alarm_IRQHandler 函数用于闹钟中断,其中断控制逻辑写在中断回调函数 HAL_RTC_AlarmAEventCallback 中,每当闹钟 A 闹铃时,则会从串口打印一个字符串“ALARM A!”。RTC_WKUP_IRQHandler 函数用于 RTC 自动唤醒定时器中断,其中断控制逻辑写在中断回调函数 HAL_RTCEx_WakeUpTimerEventCallback 中,可以通过观察 LED1 的状态来查看 RTC 自动唤醒中断的情况。

rtc.c 的其他程序就不再介绍了,可直接看配套资料的源码。rtc.h 头文件中主要是一些函数声明,有些函数在这里没有介绍,可参考本例程源码。

最后看看 main 函数源码如下:

```
int main(void)
{
    RTC_TimeTypeDef RTC_TimeStruct;
    RTC_DateTypeDef RTC_DateStruct;
    u8 tbuf[40];
    u8 t = 0;
    Cache_Enable();                     //打开 L1 - Cache
    HAL_Init();                         //初始化 HAL 库
    Stm32_Clock_Init(432,25,2,9);       //设置时钟,216 MHz
    delay_init(216);                    //延时初始化
    uart_init(115200);                  //串口初始化
    usmart_dev.init(108);               //初始化 USMART
    LED_Init();                         //初始化 LED
    KEY_Init();                         //初始化按键
    SDRAM_Init();                       //初始化 SDRAM
    LCD_Init();                         //LCD 初始化
    RTC_Init();                         //初始化 RTC
    RTC_Set_WakeUp(RTC_WAKEUPCLOCK_CK_SPRE_16BITS,0);
                                        //配置 WAKE UP 中断,1 秒钟中断一次
```

```
    POINT_COLOR = RED;
    LCD_ShowString(30,50,200,16,16,"Apollo STM32F4/F7");
    LCD_ShowString(30,70,200,16,16,"RTC TEST");
    LCD_ShowString(30,90,200,16,16,"ATOM@ALIENTEK");
    LCD_ShowString(30,110,200,16,16,"2016/7/12");
    while(1)    {
        t++;
        if((t%10)==0)    //每 100 ms 更新一次显示数据
        {
            HAL_RTC_GetTime(&RTC_Handler,&RTC_TimeStruct,RTC_FORMAT_BIN);
            sprintf((char*)tbuf,"Time:%02d:%02d:%02d",RTC_TimeStruct.Hours,
                        RTC_TimeStruct.Minutes,RTC_TimeStruct.Seconds);
            LCD_ShowString(30,140,210,16,16,tbuf);
            HAL_RTC_GetDate(&RTC_Handler,&RTC_DateStruct,RTC_FORMAT_BIN);
            sprintf((char*)tbuf,"Date:20%02d-%02d-%02d",RTC_DateStruct.Year,
                        RTC_DateStruct.Month,RTC_DateStruct.Date);
            LCD_ShowString(30,160,210,16,16,tbuf);
            sprintf((char*)tbuf,"Week:%d",RTC_DateStruct.WeekDay);
            LCD_ShowString(30,180,210,16,16,tbuf);
        }
        if((t%20)==0)LED0_Toggle;        //每 200 ms,翻转一次 LED0
        delay_ms(10);
    }
}
```

这部分代码也比较简单,注意,我们通过 RTC_Set_WakeUp(RTC_WAKEUPCLOCK_CK_SPRE_16BITS,0)设置 RTC 周期性自动唤醒周期为 1 s、类似于 STM32F1 的秒钟中断。然后,在 main 函数不断读取 RTC 的时间和日期(每 100 ms 一次),并显示在 LCD 上面。

为了方便设置时间,我们在 usmart_config.c 里面修改 usmart_nametab 如下:

```
struct _m_usmart_nametab usmart_nametab[] =
{
#if USMART_USE_WRFUNS == 1    //如果使能了读/写操作
    (void*)read_addr,"u32 read_addr(u32 addr)",
    (void*)write_addr,"void write_addr(u32 addr,u32 val)",
#endif
    (void*)RTC_Set_Time,"u8 RTC_Set_Time(u8 hour,u8 min,u8 sec,u8 ampm)",
    (void*)RTC_Set_Date,"u8 RTC_Set_Date(u8 year,u8 month,u8 date,u8 week)",
    (void*)RTC_Set_AlarmA,"void RTC_Set_AlarmA(u8 week,u8 hour,u8 min,u8 sec)",
    (void*)RTC_Set_WakeUp,"void RTC_Set_WakeUp(u8 wksel,u16 cnt)",
};
```

将 RTC 的一些相关函数加入 USMART,这样通过串口就可以直接设置 RTC 时间、日期、闹钟 A 和周期性唤醒等操作。

至此,RTC 实时时钟的软件设计就完成了,接下来检验一下程序是否正确。

22.4 下载验证

将程序下载到阿波罗 STM32F7 后可以看到,DS0 不停地闪烁,提示程序已经在运行了，同时 DS1 每隔一秒钟亮一次，说明周期性唤醒中断工作正常。然后，可以看到，LCD 模块开始显示时间，实际显示效果如图 22.4.1 所示。

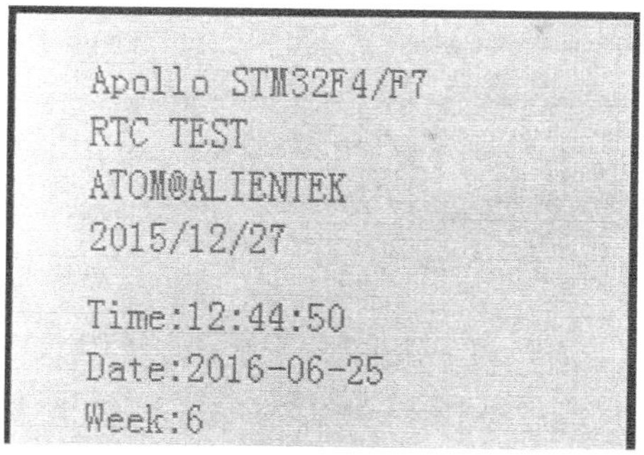

Apollo STM32F4/F7
RTC TEST
ATOM@ALIENTEK
2015/12/27
Time:12:44:50
Date:2016-06-25
Week:6

图 22.4.1　RTC 实验测试图

如果时间和日期不正确，则可以利用上一章介绍的 USMART 工具，通过串口来设置，并且可以设置闹钟时间等，如图 22.4.2 所示。可以看到，设置闹钟 A 后，串口返回了“ALARM A!”字符串，说明我们的闹钟 A 代码正常运行了。

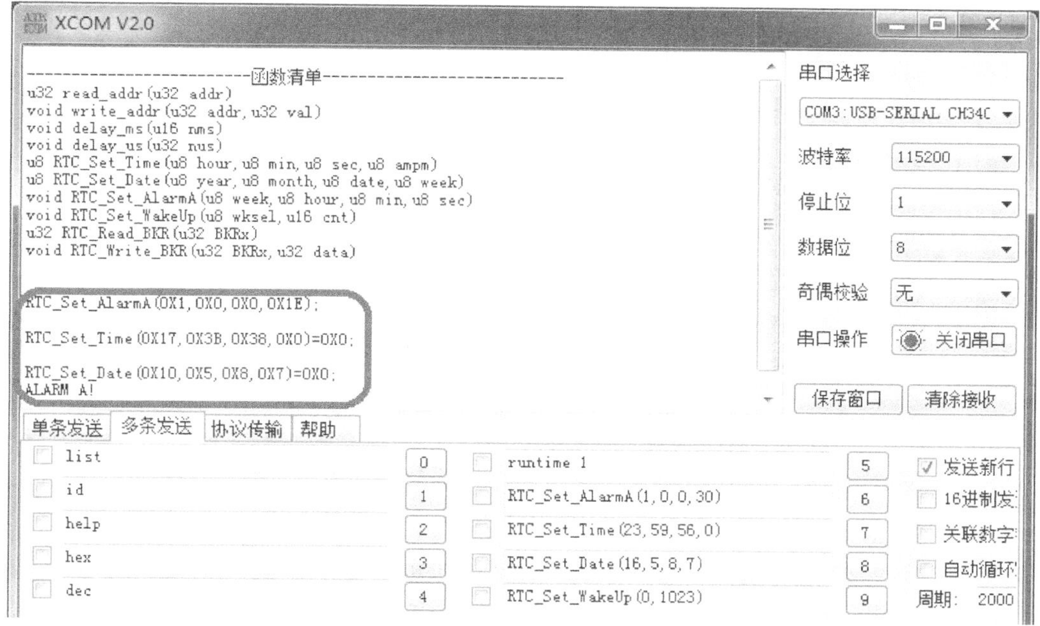

图 22.4.2　通过 USMART 设置时间和日期并测试闹钟 A

第23章 硬件随机数实验

本章将介绍 STM32F767 的硬件随机数发生器，使用 KEY0 按键来获取硬件随机数，并且将获取到的随机数值显示在 LCD 上面，同时，使用 DS0 指示程序运行状态。

23.1 STM32F767 随机数发生器简介

STM32F767 自带了硬件随机数发生器(RNG)，RNG 处理器是一个以连续模拟噪声为基础的随机数发生器，在主机读数时提供一个 32 位的随机数。STM32F767 的随机数发生器框图如图 23.1.1 所示。

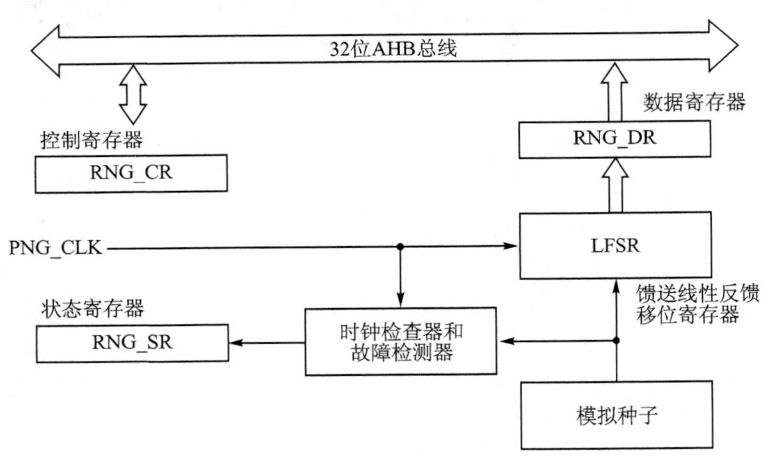

图 23.1.1 随机数发生器(RNG)框图

STM32F767 的随机数发生器(RNG)采用模拟电路实现。此电路产生馈入线性反馈移位寄存器(RNG_LFSR)的种子，用于生成 32 位随机数。

该模拟电路由几个环形振荡器组成，振荡器的输出进行异或运算以产生种子。RNG_LFSR 由专用时钟(PLL48CLK，即 RNG_CLK)按恒定频率提供时钟信息，因此，随机数质量与 HCLK 频率无关。将大量种子引入 RNG_LFSR 后，RNG_LFSR 的内容会传入数据寄存器 (RNG_DR)。

同时，系统会监视模拟种子和专用时钟 PLL48CLK，当种子上出现异常序列，或 PLL48CLK 时钟频率过低时，可以由 RNG_SR 寄存器的对应位读取到；如果设置了中

断，则在检测到错误时，还可以产生中断。

接下来介绍 STM32F767 随机数发生器(RNG)的几个寄存器。首先是 RNG 控制寄存器 RNG_CR，该寄存器各位描述如图 23.1.2 所示。

31	30	29	28	27	26	25	24	23	22	21	20	19	18	17	16
Reserved															
15	**14**	**13**	**12**	**11**	**10**	**9**	**8**	**7**	**6**	**5**	**4**	**3**	**2**	**1**	**0**
Reserved												IE	RNGEN	Reserved	
												rw	rw		

位 31:4　保留，必须保持复位值

位 3　IE：中断使能

0：禁止 RNG 中断。

1：使能 RNG 中断。只要 RNG_SR 寄存器中 DRDY=1 或 SEIS=1 或 CEIS=1，就会挂起中断。

位 2　RNGEN：随机数发生器使能

0：禁止随机数发生器。

1：使能随机数发生器。

位 1:0　保留，必须保持复位值

图 23.1.2　RNG_CR 寄存器各位描述

该寄存器只有 bit2 和 bit3 有效，用于使能随机数发生器和中断。一般不用中断，所以只需要设置 bit2 为 1，使能随机数发生器即可。

然后看 RNG 状态寄存器 RNG_SR，该寄存器各位描述如图 23.1.3 所示。该寄存器仅关心最低位(DRDY 位)，该位用于表示 RNG_DR 寄存器包含的随机数数据是否有效；如果该位为 1，则说明 RNG_DR 的数据是有效的，可以读取出来了。读 RNG_DR 后，该位自动清零。

31	30	29	28	27	26	25	24	23	22	21	20	19	18	17	16
Reserved															
15	**14**	**13**	**12**	**11**	**10**	**9**	**8**	**7**	**6**	**5**	**4**	**3**	**2**	**1**	**0**
Reserved									SEIS	CEIS	Reserved		SECS	CECS	DRDY
									rc_w0	rc_w0			r	r	r

图 23.1.3　RNG_SR 寄存器各位描述

最后看看 RNG 数据寄存器 RNG_DR，该寄存器各位描述如图 23.1.4 所示。RNG_SR 的 DRDY 位置位后，我们就可以读取该寄存器获得 32 位随机数值。此寄存器在最多 40 个 PLL48CK 时钟周期后，又可以提供新的随机数值。

至此，随机数发生器的寄存器就介绍完了。接下来看看要使用 HAL 库操作随机数发生器，应该如何设置。

首先要说明的是，库函数中随机数发生器相关的操作在文件 stm32f7xx_hal_rng.c 和对应的头文件 stm32f7xx_hal_rng.h 中。所以实验工程中必须引入这两个文件。

随机数发生器操作步骤如下：

① 使能随机数发生器时钟。

31	30	29	28	27	26	25	24	23	22	21	20	19	18	17	16
RNDATA															
r	r	r	r	r	r	r	r	r	r	r	r	r	r	r	r

15	14	13	12	11	10	9	8	7	6	5	4	3	2	1	0
RNDATA															
r	r	r	r	r	r	r	r	r	r	r	r	r	r	r	r

位 31:0　RNDATA:随机数据

32 位随机数据

图 23.1.4　RNG_SR 寄存器各位描述

要使用随机数发生器,则必须先使能其时钟。随机数发生器时钟来自 PLL48CK,通过 AHB2ENR 寄存器使能。HAL 库使能随机数发生器时钟方法为:

```
__HAL_RCC_RNG_CLK_ENABLE();//使能 RNG 时钟
```

② 初始化(使能)随机数发生器。

HAL 库提供了 HAL_RNG_Init 函数,该函数非常简单,主要作用是引导调用 RNG 的 MSP 回调函数,然后使能随机数发生器。该函数声明如下:

HAL_StatusTypeDef HAL_RNG_Init(RNG_HandleTypeDef *hrng);

该函数非常简单,使用方法如下:

```
RNG_HandleTypeDef RNG_Handler;   //RNG 句柄
RNG_Handler.Instance = RNG;
HAL_RNG_Init(&RNG_Handler);//初始化 RNG
```

使用 HAL_RNG_Init 之后,在该函数内部会调用 RNG 的 MSP 回调函数。回调函数声明如下:

```
void HAL_RNG_MspInit(RNG_HandleTypeDef *hrng);
```

回调函数中一般编写与 MCU 相关的外设时钟初始化以及 NVIC 配置。

同时,HAL 库也提供了单独使能随机数发生器的方法为:

```
__HAL_RNG_ENABLE(hrng);      //使能 RNG
```

③ 判断 DRDY 位,读取随机数值。

经过前面两个步骤,我们就可以读取随机数值了。不过每次读取之前,必须先判断 RNG_SR 寄存器的 DRDY 位,如果该位为 1,则可以读取 RNG_DR 得到随机数值;如果不为 1,则需要等待。

在 HAL 库中,判断 DRDY 位并读取随机数值的函数为:

```
uint32_t HAL_RNG_GetRandomNumber(RNG_HandleTypeDef *hrng);
```

通过以上几个步骤的设置,就可以使用 STM32F7 的随机数发生器(RNG)了。本章将实现如下功能:通过 KEY0 获取随机数,并将获取到的随机数显示在 LCD 上面,通过 DS0 指示程序运行状态。

23.2　硬件设计

本实验用到的硬件资源有指示灯 DS0、串口、KEY0 按键、随机数发生器(RNG)、LCD 模块。这些资源都已经介绍过了，硬件连接上面也不需要任何变动，插上 LCD 模块即可。

23.3　软件设计

打开本章的实验工程可以看到，我们在 HALLIB 下面添加了随机数发生器支持库函数 stm32f7xx_hal_rng.c 和对应的头文件 stm32f7xx_hal_rng.h。同时，编写的随机数发生器相关的函数在新增的文件 rng.c 中。

接下来看看 rng.c 源文件内容：

```
RNG_HandleTypeDef RNG_Handler;   //RNG 句柄
//初始化 RNG
u8 RNG_Init(void)
{
    u16 retry = 0;
    RNG_Handler.Instance = RNG;
    HAL_RNG_Init(&RNG_Handler);//初始化 RNG
    while(__HAL_RNG_GET_FLAG(&RNG_Handler,RNG_FLAG_DRDY) == RESET
                                    &&retry<10000)//等待 RNG 准备就绪
    {
        retry ++ ;delay_us(10);
    }
    if(retry> = 10000) return 1;//随机数产生器工作不正常
    return 0;
}
void HAL_RNG_MspInit(RNG_HandleTypeDef * hrng)
{
     __HAL_RCC_RNG_CLK_ENABLE();//使能 RNG 时钟
}
//得到随机数
//返回值:获取到的随机数
u32 RNG_Get_RandomNum(void)
{
    return HAL_RNG_GetRandomNumber(&RNG_Handler);
}
//生成[min,max]范围的随机数
int RNG_Get_RandomRange(int min,int max)
{
   return HAL_RNG_GetRandomNumber(&RNG_Handler) % (max - min + 1)  + min;
}
```

该部分总共 4 个函数，其中，RNG_Init 用于初始化随机数发生器；HAL_RNG_MspInit 函数是随机数发生器 MSP 回调函数，该函数下面只有一行代码，就是使能

RNG 时钟。RNG_Get_RandomNum 用于读取随机数值;RNG_Get_RandomRange 用于读取一个特定范围内的随机数,实际上也是调用函数 HAL_RNG_GetRandomNumber 来实现的。这些函数的实现方法都比较好理解。

最后看看 main.c 文件内容:

```
int main(void)
{
    u32 random;
    u8 t = 0,key;
    Cache_Enable();                    //打开 L1 - Cache
    HAL_Init();                        //初始化 HAL 库
    Stm32_Clock_Init(432,25,2,9);      //设置时钟,216 MHz
    delay_init(216);                   //延时初始化
    uart_init(115200);                 //串口初始化
    LED_Init();                        //初始化 LED
    KEY_Init();                        //初始化按键
    SDRAM_Init();                      //初始化 SDRAM
    LCD_Init();                        //LCD 初始化
    POINT_COLOR = RED;
    LCD_ShowString(30,50,200,16,16,"Apollo STM32F4/F7");
    LCD_ShowString(30,70,200,16,16,"RNG TEST");
    LCD_ShowString(30,90,200,16,16,"ATOM@ALIENTEK");
    LCD_ShowString(30,110,200,16,16,"2016/7/12");
    while(RNG_Init())                   //初始化随机数发生器
    {
        LCD_ShowString(30,130,200,16,16,"  RNG Error! ");delay_ms(200);
        LCD_ShowString(30,130,200,16,16,"RNG Trying...");
    }
    ……//此处省略部分液晶显示代码
    while(1)
    {
        delay_ms(10);
        key = KEY_Scan(0);
        if(key == KEY0_PRES)
        {
            random = RNG_Get_RandomNum(); //获得随机数
            LCD_ShowNum(30 + 8 * 11,180,random,10,16); //显示随机数
        }
        if((t % 20) == 0)
        {
            LED0_Toggle;                 //每 200ms,翻转一次 LED0
            random = RNG_Get_RandomRange(0,9);//获取[0,9]区间的随机数
            LCD_ShowNum(30 + 8 * 16,210,random,1,16); //显示随机数
        }
        delay_ms(10);
        t ++ ;
    }
}
```

该部分代码也比较简单,在所有外设初始化成功后进入死循环,等待按键按下;如

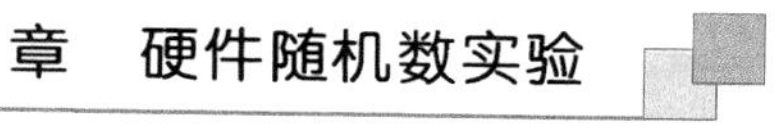

果 KEY0 按下，则调用 RNG_Get_RandomNum 函数读取随机数值，并将读到的随机数显示在 LCD 上面。每隔 200 ms 获取一次区间[0,9]的随机数，并实时显示在液晶上。同时 DS0 周期性闪烁，400 ms 闪烁一次，这就实现了前面所说的功能。

至此，本实验的软件设计就完成了，接下来检验一下我们的程序是否正确了。

23.4　下载验证

将程序下载到阿波罗 STM32F767 后可以看到，DS0 不停地闪烁，提示程序已经在运行了。然后，按下 KEY0 就可以在屏幕上看到获取到的随机数。同时，就算不按 KEY0，程序也会自动获取 0～9 区间的随机数显示在 LCD 上面。实验结果如图 23.4.1 所示。

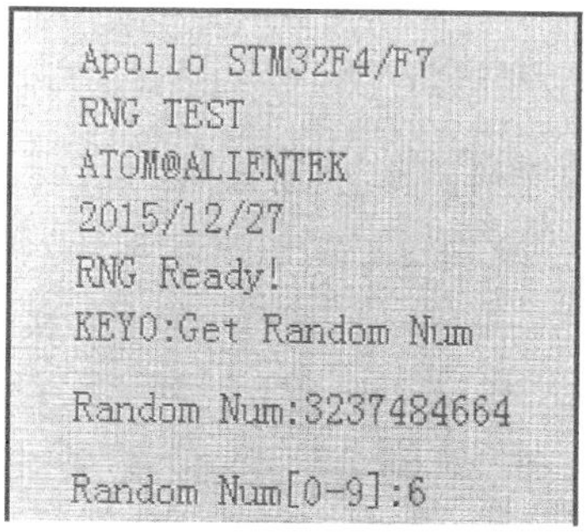

Apollo STM32F4/F7
RNG TEST
ATOM@ALIENTEK
2015/12/27
RNG Ready!
KEY0:Get Random Num
Random Num:3237484664
Random Num[0-9]:6

图 23.4.1　获取随机数成功

第 24 章 待机唤醒实验

本章将介绍 STM32F767 的待机唤醒功能，使用 KEY_UP 按键来实现唤醒和进入待机模式的功能，然后使用 DS0 指示状态。

24.1 STM32F767 待机模式简介

很多单片机都有低功耗模式，STM32F767 也不例外。在系统或电源复位以后，微控制器处于运行状态。运行状态下的 HCLK 为 CPU 提供时钟，内核执行程序代码。当 CPU 不须继续运行时，可以利用多个低功耗模式来节省功耗，如等待某个外部事件时。用户需要根据最低电源消耗、最快速启动时间和可用的唤醒源等条件，选定一个最佳的低功耗模式。STM32F767 的 3 种低功耗模式在 5.2.4 小节有粗略介绍，这里再回顾一下。

STM32F767 提供了 3 种低功耗模式，以达到不同层次的降低功耗的目的，这 3 种模式如下：

- 睡眠模式(Cortex - M7 内核停止工作，外设仍在运行)；
- 停止模式(所有的时钟都停止)；
- 待机模式；

在运行模式下，也可以通过降低系统时钟、关闭 APB 和 AHB 总线上未被使用的外设的时钟来降低功耗。3 种低功耗模式一览表如表 24.1.1 所列。

表 24.1.1 STM32F767 低功耗一览表

模型名称	进　入	唤　醒	对 1.2 V 域时钟的影响	对 V_{DD}域时钟的影响	调压器
睡眠 (立即休眠或退出时休眠)	WFI	任意中断	CPU CLK 关闭 对其他时钟或模拟时钟源无影响	无	开启
	WFE	唤醒事件			

续表 24.1.1

<table>
<tr><th>模型名称</th><th>进 入</th><th>唤 醒</th><th>对 1.2 V 域时钟的影响</th><th>对 V_{DD} 域时钟的影响</th><th>调压器</th></tr>
<tr><td>停止</td><td>SLEEPDEEP 位＋WFI 或 WFE</td><td>任意 EXTI 线（在 EXTI 寄存器中配置，内部线和外部线）</td><td rowspan="2">所有 1.2 V 域时钟都关闭</td><td rowspan="2">HSI 和 HSE 振荡器关闭</td><td>主调压器或低功耗调压器（取决于 PWR 电源控制寄存器(PWR_CR1)）</td></tr>
<tr><td>待机</td><td>PDDS 位＋SLEEPDEEP 位＋WFI 或 WFE</td><td>WKUP 引脚上升沿或下降沿、RTC 闹钟（闹钟 A 或闹钟 B）、RTC 唤醒事件、RTC 入侵事件、RTC 时间戳事件、NRST 引脚外部复位、IWDG 复位</td><td></td></tr>
</table>

在这 3 种低功耗模式中，最低功耗的是待机模式，在此模式下，最低只需要 2.4 μA 左右的电流。停机模式是次低功耗的，其典型的电流消耗在 130 μA 左右。最后就是睡眠模式了。用户可以根据自己的需求来决定使用哪种低功耗模式。

本章仅对 STM32F767 的最低功耗模式-待机模式来做介绍。待机模式可实现 STM32F767 的最低功耗。该模式是在 Cortex－M7 深睡眠模式时关闭电压调节器。整个 1.2 V 供电区域被断电。PLL、HSI 和 HSE 振荡器也被断电。SRAM 和寄存器内容丢失。除备份域（RTC 寄存器、RTC 备份寄存器和备份 SRAM）和待机电路中的寄存器外，SRAM 和寄存器内容都将丢失。

那么如何进入待机模式呢？其实很简单，只要按图 24.1.1 所示的步骤执行就可以了。图 24.1.1 还列出了退出待机模式的操作，从图 24.1.1 可知，有多种方式可以退出待机模式，包括 WKUP 引脚的上升沿/下降沿、RTC 闹钟、RTC 唤醒事件、RTC 入侵事件、RTC 时间戳事件、外部复位（NRST 引脚）、IWDG 复位等。

从待机模式唤醒后的代码执行等同于复位后的执行（采样启动模式引脚、读取复位向量等）。电源控制/状态寄存器（PWR_CSR）将会指示内核由待机状态退出。

进入待机模式后，除了复位引脚、RTC_AF1 引脚（PC13）（如果针对入侵、时间戳、RTC 闹钟输出或 RTC 时钟校准输出进行了配置）和 WK_UP（PA0、PA2、PC1、PC13、PI8、PI11）（如果使能了）等引脚外，其他所有 I/O 引脚都将处于高阻态。

图 24.1.1 已经清楚地说明了进入待机模式的通用步骤，其中涉及多个寄存器：电源控制寄存器 1/2（PWR_CR1/PWR_CR2）和电源控制/状态寄存器 2（PWR_CSR2）。下面分别介绍这几个寄存器。

电源控制寄存器 1（PWR_CR1），该寄存器的各位描述如图 24.1.2 所示。该寄存器只关心 LPDS 和 PDDS 这两个位，通过设置 PWR_CR1 的 PDDS 位来使 CPU 进入深度睡眠时进入待机模式，同时设置 LPDS 位使调压器进入低功耗模式。

待机模式	说　明
进入模式	WFI(等待中断)或 WFE(等待事件),且: - Cortex - M7 系统控制寄存器中的 SLEEPDEEP 置 1; - 电源控制寄存器(PWR_CR)中的 PDDS 位置 1; - 没有中断(针对 WFI)和事件(针对 WFE)挂起; - 电源控制寄存器(PWR_CR)中的 WUF 位清零; - 将与所选唤醒源(RTC 闹钟 A、RTC 闹钟 B、RTC 唤醒、RTC 入侵或 RTC 时间戳标志)对应的 RTC 标志清零
	从 ISR 恢复,条件为: - Cortex - M7 系统控制寄存器中的 SLEEPDEEP 位置 1; - SLEEPONEXIT=1; - 电源控制寄存器(PWR_CR)中的 PDDS 位置 1; - 没有中断挂起; - 电源控制/状态寄存器(PWR_SR)中的 WUF 位清零; - 将与所选唤醒源(RTC 闹钟 A、RTC 闹钟 B、RTC 唤醒、RTC 入侵或 RTC 时间戳标志)对应的 RTC 标志清零
退出模式	WKUP 引脚上升沿或下降沿、RTC 闹钟(闹钟 A 和闹钟 B)、RTC 唤醒事件、入侵事件、时间戳事件、NRST 引脚外部复位和 IWDG 复位
唤醒延迟	复位阶段

图 24.1.1　STM32F767 进入及退出待机模式的条件

31	30	29	28	27	26	25	24	23	22	21	20	19	18	17	16
Res.	Res.	Res.	Res.	Res.	Res.	Res.	Res.	Res.	Res.	Res.	Res.	UDEN[1:0]		ODSWEN	ODEN
												rw	rw	rw	rw
15	**14**	**13**	**12**	**11**	**10**	**9**	**8**	**7**	**6**	**5**	**4**	**3**	**2**	**1**	**0**
VOS[1:0]		ADCDC1	Res.	MRUDS	LPUDS	FPDS	DBP	PLS[2:0]			PVDE	CSBF	Res.	PDDS	LPDS
rw	rw	rw		rw	rw	rw	rw	rw	rw	rw	rw	rc_w1		rw	rw

图 24.1.2　PWR_CR1 寄存器各位描述

接下来看电源控制寄存器 2(PWR_CR2),该寄存器的各位描述如图 24.1.3 所示。该寄存器只关心 CPUPF1 和 WUPP1 这两个位,设置 CWUPF1 为 1,清除 PA0 的唤醒标志位;设置 WUPP1 为 0,设置 PA0 的唤醒极性为上升沿唤醒。

31	30	29	28	27	26	25	24	23	22	21	20	19	18	17	16
Res.	Res.	Res.	Res.	Res.	Res.	Res.	Res.	Res.	Res.	Res.	Res.	Res.	Res.	Res.	Res.
15	**14**	**13**	**12**	**11**	**10**	**9**	**8**	**7**	**6**	**5**	**4**	**3**	**2**	**1**	**0**
Res.	Res.	WUPP6	WUPP5	WUPP4	WUPP3	WUPP2	WUPP1	Res.	Res.	CWUPF6	CWUPF5	CWUPF4	CWUPF3	CWUPF2	CWUPF1
		rw	rw	rw	rw	rw	rw			r	r	r	r	r	r

图 24.1.3　PWR_CR2 寄存器各位描述

最后看电源控制/状态寄存器 2(PWR_CSR2),该寄存器的各位描述如图 24.1.4 所示。该寄存器只关心 EWUP1 位,设置 EWUP1 为 1,选择 PA0(即 WKUP 引脚)作为唤醒引脚。关于这 3 个寄存器的详细描述参见《STM32F7 中文参考手册》第 4.4 节。

31	30	29	28	27	26	25	24	23	22	21	20	19	18	17	16
Res.	Res.	Res.	Res.	Res.	Res.	Res.	Res.	Res.	Res.	Res.	Res.	Res.	Res.	Res.	Res.

15	14	13	12	11	10	9	8	7	6	5	4	3	2	1	0
Res.	Res.	EWUP6	EWUP5	EWUP4	EWUP3	EWUP2	EWUP1	Res.	Res.	WUPF6	WUPF5	WUPF4	WUPF3	WUPF2	WUPF1
		rw	rw	rw	rw	rw	rw			r	r	r	r	r	r

图 24.1.4 PWR_CSR2 寄存器各位描述

使能了 RTC 闹钟中断或 RTC 周期性唤醒等中断的时候,进入待机模式前,必须按如下操作处理:

① 禁止 RTC 中断(ALRAIE、ALRBIE、WUTIE、TAMPIE 和 TSIE 等)。

② 清零对应中断标志位。

③ 清除 PWR 唤醒(WUF)标志(通过设置 PWR_CR 的 CWUF 位实现)。

④ 重新使能 RTC 对应中断。

⑤ 进入低功耗模式。

用到 RTC 相关中断的时候,必须按以上步骤执行,之后才可以进入待机模式,这个一定要注意,否则可能无法唤醒,详情可参考《STM32F7 中文参考手册》第 4.3.7 小节。

通过以上介绍,我们了解了进入待机模式的方法,以及设置 KEY_UP 引脚来把 STM32F7 从待机模式唤醒的方法。低功耗相关操作函数、定义在 HAL 库文件 stm32f7xx_hal_pwr.c 和头文件 stm32f7xx_hal_pwr.h 中。具体步骤如下:

① 使能 PWR 时钟。

因为要配置 PWR 寄存器,所以必须先使能 PWR 时钟。

在 HAL 库中,使能 PWR 时钟的方法是:

```
__HAL_RCC_PWR_CLK_ENABLE();                //使能 PWR 时钟
```

② 设置 WK_UP 引脚作为唤醒源。

使能时钟之后再设置 PWR_CSR 的 EWUP 位,使能 WK_UP 用于将 CPU 从待机模式唤醒。在 HAL 库中,设置使能 WK_UP 用于唤醒 CPU 待机模式的函数是:

```
HAL_PWR_EnableWakeUpPin(PWR_WAKEUP_PIN1); //设置 WKUP 用于唤醒
```

③ 设置 SLEEPDEEP 位,设置 PDDS 位,执行 WFI 指令,进入待机模式。

进入待机模式,首先要设置 SLEEPDEEP 位(详见《STM32F3 与 F7 系列 Cortex - M4 内核编程手册》第 214 页 4.4.6 小节),接着通过 PWR_CR 设置 PDDS 位,使得 CPU 进入深度睡眠时进入待机模式,最后执行 WFI 指令开始进入待机模式,并等待 WK_UP 中断的到来。在库函数中,进行上面 3 个功能并进入待机模式是在函数 HAL_PWR_EnterSTANDBYMode 中实现的:

```
void HAL_PWR_EnterSTANDBYMode(void);
```

④ 编写 WK_UP 中断服务函数。

因为通过 WK_UP 中断(PA0 中断)来唤醒 CPU,所以有必要设置一下该中断函数,同时也通过该函数进入待机模式。外部中断服务函数以及中断服务回调函数的使用方法可参考外部中断实验,这里就不做过多讲解。

通过以上几个步骤的设置就可以使用 STM32F7 的待机模式了,并且可以通过 KEY_UP 来唤醒 CPU。我们最终要实现这样一个功能:通过长按(3 s)KEY_UP 按键开机,并且通过 DS0 的闪烁指示程序已经开始运行,再次长按该键则进入待机模式,DS0 关闭,程序停止运行。类似于手机的开关机。

24.2 硬件设计

本实验用到的硬件资源有指示灯 DS0、KEY_UP 按键、LCD 模块。本章使用 KEY_UP 按键来唤醒和进入待机模式,然后通过 DS0 和 LCD 模块来指示程序是否在运行。这几个硬件的连接前面均有介绍。

24.3 软件设计

打开待机唤醒实验工程,可以发现,工程中多了一个 wkup.c 和 wkup.h 文件,相关的用户代码写在这两个文件中。同时,对于待机唤醒功能,我们需要引入 stm32f7xx_hal_pwr.c 和 stm32f7xx_hal_pwr.h 文件。

打开 wkup.c,可以看到如下关键代码:

```
//系统进入待机模式
void Sys_Enter_Standby(void)
{
__HAL_RCC_AHB1_FORCE_RESET();     //复位所有 I/O 口
    while(WKUP_KD);  //等待 WK_UP 按键松开(在有 RTC 中断时
                     //必须等 WK_UP 松开再进入待机)
    __HAL_RCC_PWR_CLK_ENABLE();           //使能 PWR 时钟
    __HAL_RCC_BACKUPRESET_FORCE();        //复位备份区域
    HAL_PWR_EnableBkUpAccess();           //后备区域访问使能
    __HAL_PWR_CLEAR_FLAG(PWR_FLAG_SB);
    __HAL_RTC_WRITEPROTECTION_DISABLE(&RTC_Handler);//关闭 RTC 写保护
    //关闭 RTC 相关中断,可能在 RTC 实验打开了
    __HAL_RTC_WAKEUPTIMER_DISABLE_IT(&RTC_Handler,RTC_IT_WUT);
    __HAL_RTC_TIMESTAMP_DISABLE_IT(&RTC_Handler,RTC_IT_TS);
    __HAL_RTC_ALARM_DISABLE_IT(&RTC_Handler,RTC_IT_ALRA|RTC_IT_ALRB);
    //清除 RTC 相关中断标志位
    __HAL_RTC_ALARM_CLEAR_FLAG(&RTC_Handler,RTC_FLAG_ALRAF|
                                          RTC_FLAG_ALRBF);
    __HAL_RTC_TIMESTAMP_CLEAR_FLAG(&RTC_Handler,RTC_FLAG_TSF);
    __HAL_RTC_WAKEUPTIMER_CLEAR_FLAG(&RTC_Handler,RTC_FLAG_WUTF);
```

```
    __HAL_RCC_BACKUPRESET_RELEASE();                        //备份区域复位结束
    __HAL_RTC_WRITEPROTECTION_ENABLE(&RTC_Handler);         //使能 RTC 写保护
    __HAL_PWR_CLEAR_FLAG(PWR_FLAG_WU);                      //清除 Wake_UP 标志
    HAL_PWR_EnableWakeUpPin(PWR_WAKEUP_PIN1);               //设置 WKUP 用于唤醒
    HAL_PWR_EnterSTANDBYMode();                             //进入待机模式
}

//检测 WKUP 脚的信号
//返回值 1:连续按下 3s 以上          0:错误的触发
u8 Check_WKUP(void)
{
    u8 t = 0;
    u8 tx = 0;//记录松开的次数
    LED0(0); //亮灯 DS0
    while(1)
    {
        if(WKUP_KD)//已经按下了
        {
            t ++ ;tx = 0;
        }else
        {
            tx ++ ;
            if(tx>3)//超过 90ms 内没有 WKUP 信号
            {
                LED0(1);  return 0;     //错误的按键,按下次数不够
            }
        }
        delay_ms(30);
        if(t> = 100)//按下超过 3 s
        {
            LED0(0);                    //点亮 DS0
            return 1;                   //按下 3 s 以上了
        }
    }
}
//外部中断线 0 中断服务函数
void EXTI0_IRQHandler(void)
{
    HAL_GPIO_EXTI_IRQHandler(GPIO_PIN_0);
}
//中断线 0 中断处理过程
//此函数会被 HAL_GPIO_EXTI_IRQHandler()调用
//GPIO_Pin:引脚
void HAL_GPIO_EXTI_Callback(uint16_t GPIO_Pin)
{
    if(GPIO_Pin == GPIO_PIN_0)//PA0
    {
        if(Check_WKUP())Sys_Enter_Standby();          //关机,进入待机模式
    }
}
//PA0 WKUP 唤醒初始化
```

```
void WKUP_Init(void)
{
    GPIO_InitTypeDef GPIO_Initure;
    __HAL_RCC_GPIOA_CLK_ENABLE();                    //开启 GPIOA 时钟
    GPIO_Initure.Pin = GPIO_PIN_0;                   //PA0
    GPIO_Initure.Mode = GPIO_MODE_IT_RISING;         //中断,上升沿
    GPIO_Initure.Pull = GPIO_PULLDOWN;               //下拉
    GPIO_Initure.Speed = GPIO_SPEED_FAST;            //快速
    HAL_GPIO_Init(GPIOA,&GPIO_Initure);
    //检查是否是正常开机
    if(Check_WKUP() == 0) Sys_Enter_Standby();       //不是开机,进入待机模式
    HAL_NVIC_SetPriority(EXTI0_IRQn,0x02,0x02);      //抢占优先级 2,子优先级 2
    HAL_NVIC_EnableIRQ(EXTI0_IRQn);
}
```

该部分代码比较简单,这里说明 3 点:

① 在 void Sys_Enter_Standby(void)函数里面,要在进入待机模式前把所有开启的外设全部关闭,这里仅仅复位了所有的 I/O 口,使得 I/O 口全部为浮空输入。其他外设(比如 ADC 等)须根据自己的开启情况一一关闭就可,这样才能达到最低功耗。然后调用__HAL_RCC_PWR_CLK_ENABLE()来使能 PWR 时钟,调用函数 HAL_PWR_EnableWakeUpPin()来设置 WK_UP 引脚作为唤醒源。最后,调用 HAL_PWR_EnterSTANDBYMode()函数进入待机模式。

② 在 void WKUP_Init(void)函数里面,首先要使能 GPIOA 时钟,然后将 GPIOA 初始化为下拉输入,上升沿触发中断,同时初始化 NVIC 中断优先级。上面的步骤实际上跟之前的外部中断实验知识是一样的。接下来程序通过判断 WK_UP 是否按下 3 s 来决定要不要开机,如果没有按下 3 s,则程序直接进入了待机模式。所以在下载完代码的时候是看不到任何反应的,必须先按 WK_UP 按键 3 s 开机,才能看到 DS0 闪烁。

③ 外部中断回调函数 HAL_GPIO_EXTI_Callback 内,通过调用函数 Check_WKUP()来判断 WK_UP 按下的时间长短,从而决定是否进入待机模式。如果按下时间超过 3 s,则进入待机,否则退出中断。

wkup.h 部分代码比较简单,这里就不多说了。最后看看 main 函数内容如下:

```
int main(void)
{
    Cache_Enable();                         //打开 L1 - Cache
    HAL_Init();                             //初始化 HAL 库
    Stm32_Clock_Init(432,25,2,9);           //设置时钟,216 MHz
    delay_init(216);                        //延时初始化
    uart_init(115200);                      //串口初始化
    LED_Init();                             //初始化 LED
    KEY_Init();                             //初始化按键
    WKUP_Init();                            //待机唤醒初始化
    SDRAM_Init();                           //初始化 SDRAM
    LCD_Init();                             //LCD 初始化
    ……//此处省略部分液晶显示代码
    LCD_ShowString(30,130,200,16,16,"WK_UP:Stanby/WK_UP");
```

```
    while(1)
    {
        LED0_Toggle;
        delay_ms(250);//延时 250 ms
    }
}
```

这里先初始化 LED 和 WK_UP 按键(通过 WKUP_Init()函数初始化),如果检测到有长按 WK_UP 按键 3 s 以上,则开机,并执行 LCD 初始化,在 LCD 上面显示一些内容;如果没有长按,则在 WKUP_Init 里面调用 Sys_Enter_Standby 函数,直接进入待机模式了。

开机后,在死循环里面等待 WK_UP 中断的到来,得到中断后,在中断函数里面判断 WK_UP 按下的时间长短,从而决定是否进入待机模式。如果按下时间超过 3 s,则进入待机;否则,退出中断,继续执行 main 函数的死循环等待,同时不停地取反 LED0,让红灯闪烁。

代码部分就介绍到这里。注意,下载代码后,一定要长按 WK_UP 按键来开机,否则将直接进入待机模式,无任何现象。

24.4　下载与测试

代码编译成功之后,下载代码到阿波罗 STM32 开发板上,此时,可以看到,开发板 DS0 亮了一下(Check_WKUP 函数执行了 LED0(0)的操作)就没有反应了。其实这是正常的,在程序下载完之后,开发板检测不到 WK_UP 的持续按下(3 s 以上),所以直接进入待机模式,看起来和没有下载代码一样。此时,长按 WK_UP 按键 3 s 左右,可以看到,DS0 开始闪烁,液晶也会显示一些内容。然后再长按 WK_UP,DS0 灭掉,液晶灭掉,程序再次进入待机模式。

注意,如果之前开启了 RTC 周期性唤醒中断(比如下载了 RTC 实验),那么会看到 DS0 周期性地闪烁(周期性唤醒 MCU 了)。如果想去掉这种情况,须关闭 RTC 的周期性唤醒中断。简单的办法:将 CR1220 电池去掉,然后给板子断电,等待 10 s 左右,让 RTC 配置全部丢失,然后再装上 CR1220 电池,之后再给开发板供电,就不会看到 DS0 周期性闪烁了。

第 25 章

ADC 实验

本章将介绍 STM32F767 的 ADC 功能。使用 STM32F767 的 ADC1 通道 5 来采样外部电压值，并在 LCD 模块上显示出来。

25.1 STM32F767 ADC 简介

STM32F767xx 系列有 3 个 ADC，这些 ADC 可以独立使用，也可以使用双重/三重模式（提高采样率）。STM32F767 的 ADC 是 12 位逐次逼近型的模拟数字转换器，有 19 个通道，可测量 16 个外部源、2 个内部源和 Vbat 通道的信号。这些通道的 A/D 转换可以单次、连续、扫描或间断模式执行。ADC 的结果可以以左对齐或右对齐方式存储在 16 位数据寄存器中。模拟看门狗特性允许应用程序检测输入电压是否超出用户定义的高/低阈值。

STM32F767IGT6 包含有 3 个 ADC。STM32F767 的 ADC 最大的转换速率为 2.4 MHz，也就是转换时间为 0.41 μs（在 ADCCLK＝36 MHz，采样周期为 3 个 ADC 时钟下得到），不要让 ADC 的时钟超过 36 MHz，否则将导致结果准确度下降。

STM32F767 将 ADC 的转换分为 2 个通道组：规则通道组和注入通道组。规则通道相当于正常运行的程序，注入通道就相当于中断。在程序正常执行的时候，中断是可以打断你的执行的。同这个类似，注入通道的转换可以打断规则通道的转换，在注入通道被转换完成之后，规则通道才得以继续转换。

通过一个形象的例子可以说明：假如在家里的院子内放了 5 个温度探头，室内放了 3 个温度探头，只需要时刻监视室外温度即可，但偶尔想看看室内的温度，因此可以使用规则通道组循环扫描室外的 5 个探头并显示 A/D 转换结果。当想看室内温度时，通过一个按钮启动注入转换组（3 个室内探头）并暂时显示室内温度；当放开这个按钮后，系统又会回到规则通道组继续检测室外温度。从系统设计上，测量并显示室内温度的过程中断了测量并显示室外温度的过程，但程序设计上可以在初始化阶段分别设置好不同的转换组，系统运行中不必再变更循环转换的配置，从而达到两个任务互不干扰和快速切换的结果。可以设想一下，如果没有规则组和注入组的划分，按下按钮后，就需要重新配置 A/D 循环扫描的通道，释放按钮后须再次配置 A/D 循环扫描的通道。

上面的例子因为速度较慢，不能完全体现这样区分（规则通道组和注入通道组）的好处，但在工业应用领域中有很多检测和监视探头需要较快地处理，这样对 A/D 转换的分组将简化事件处理的程序，并提高事件处理的速度。

STM32F767 的 ADC 规则通道组最多包含 16 个转换，而注入通道组最多包含 4 个通道。这两个通道组的详细介绍可参考《STM32F7 中文参考手册》第 394 页 15.3.4 小节。

STM32F767 的 ADC 可以进行很多种不同的转换模式，这些模式在《STM32F7 中文参考手册》的第 15 章也都有详细介绍，这里就不一一列举了。本章仅介绍如何使用规则通道的单次转换模式。

STM32F767 的 ADC 在单次转换模式下只执行一次转换，该模式可以通过 ADC_CR2 寄存器的 ADON 位（只适用于规则通道）启动，也可以通过外部触发启动（适用于规则通道和注入通道），这时 CONT 位为 0。

以规则通道为例，一旦所选择的通道转换完成，转换结果将被存在 ADC_DR 寄存器中，EOC（转换结束）标志将被置位；如果设置了 EOCIE，则会产生中断。然后 ADC 将停止，直到下次启动。

接下来介绍执行规则通道的单次转换，需要用到的 ADC 寄存器。第一个要介绍的是 ADC 控制寄存器（ADC_CR1 和 ADC_CR2）。ADC_CR1 的各位描述如图 25.1.1 所示。这里不再详细介绍每个位，而是抽出几个本章要用到的位进行针对性介绍，详细的说明及介绍可参考《STM32F7 中文参考手册》第 15.13.2 小节。

31	30	29	28	27	26	25	24	23	22	21	20	19	18	17	16
Reserved					OVRIE	RES		AWDEN	JAWDEN	Reserved					
					rw	rw	rw	rw	rw						

15	14	13	12	11	10	9	8	7	6	5	4	3	2	1	0
DISCNUM[2:0]			JDISCEN	DISCEN	JAUTO	AWDSGL	SCAN	JEOCIE	AWDIE	EOCIE	AWDCH[4:0]				
rw	rw	rw	rw	rw	rw	rw	rw	rw	rw	rw	rw	rw	rw	rw	rw

图 25.1.1　ADC_CR1 寄存器各位描述

ADC_CR1 的 SCAN 位用于设置扫描模式，由软件设置和清除，如果设置为 1，则使用扫描模式；如果为 0，则关闭扫描模式。在扫描模式下，由 ADC_SQRx 或 ADC_JSQRx 寄存器选中的通道被转换。如果设置了 EOCIE 或 JEOCIE，则只在最后一个通道转换完毕后才会产生 EOC 或 JEOC 中断。

ADC_CR1[25:24]用于设置 ADC 的分辨率，详细的对应关系如图 25.1.2 所示。

位 25:24　RES[1:0]：分辨率

通过软件写入这些位可选择转换的分辨率。

00：12 位（15 ADCCLK 周期）；01：10 位（13 ADCCLK 周期）

10：8 位（11 ADCCLK 周期）；11：6 位（9 ADCCLK 周期）

图 25.1.2　ADC 分辨率选择

本章使用 12 位分辨率，所以设置这两个位为 0 就可以了。接着介绍 ADC_CR2，该寄存器的各位描述如图 25.1.3 所示。该寄存器也只针对性地介绍一些位。ADON 位用于开关 A/D 转换器。CONT 位用于设置是否进行连续转换，我们使用单次转换，所以 CONT 位必须为 0。ALIGN 用于设置数据对齐，我们使用右对齐，该位设置为 0。

31	30	29	28	27	26	25	24	23	22	21	20	19	18	17	16
Reserved	SWSTART	EXTEN		EXTSEL[3:0]				Reserved	JSWSTART	JEXTEN		JEXTSEL[3:0]			
	rw	rw	rw	rw	rw	rw	rw		rw	rw	rw	rw	rw	rw	rw

15	14	13	12	11	10	9	8	7	6	5	4	3	2	1	0
Reserved				ALIGN	EOCS	DDS	DMA	Reserved						CONT	ADON
				rw	rw	rw	rw							rw	rw

图 25.1.3　ADC_CR2 寄存器各位描述

EXTEN[1:0]用于规则通道的外部触发使能设置，详细的设置关系如图 25.1.4 所示。

位 29:28　EXTEN：规则通道的外部触发使能

通过软件将这些位置 1 和清零可选择外部触发极性和使能规则组的触发。

00：禁止触发检测；01：上升沿上的触发检测

10：下降沿上的触发检测；11：上升沿和下降沿上的触发检测

图 25.1.4　ADC 规则通道外部触发使能设置

这里使用的是软件触发，即不使用外部触发，所以设置这 2 个位为 0 即可。ADC_CR2 的 SWSTART 位用于开始规则通道的转换，每次转换(单次转换模式下)都需要向该位写 1。

第二个要介绍的是 ADC 通用控制寄存器(ADC_CCR)，该寄存器各位描述如图 25.1.5 所示。

31	30	29	28	27	26	25	24	23	22	21	20	19	18	17	16
Reserved								TSVREFE	VBATE	Reserved				ADCPRE	
								rw	rw					rw	rw

15	14	13	12	11	10	9	8	7	6	5	4	3	2	1	0
DMA[1:0]		DDS	Res.	DELAY[3:0]				Reserved			MULTI[4:0]				
rw	rw	rw		rw	rw	rw	rw				rw	rw	rw	rw	rw

图 25.1.5　ADC_CCR 寄存器各位描述

该寄存器也只针对性地介绍一些位。TSVREFE 位是内部温度传感器和 Vrefint 通道使能位，内部温度传感器将在下一章介绍，这里直接设置为 0。ADCPRE[1:0]用于设置 ADC 输入时钟分频，00～11 分别对应 2、4、6、8 分频。STM32F767 的 ADC 最大工作频率是 36 MHz，而 ADC 时钟(ADCCLK)来自 APB2，APB2 频率一般是 108 MHz，我们设置 ADCPRE＝01 即 4 分频，这样得到 ADCCLK 频率为 27 MHz。MULTI[4:0]用于多重 ADC 模式选择，详细的设置关系如图 25.1.6 所示。

本章仅用了 ADC1(独立模式)，并没用到多重 ADC 模式，所以设置这 5 个位为 0 即可。

位 4:0　MULTI[4:0]:多重 ADC 模式选择

通过软件写入这些位可选择操作模式。

所有 ADC 均独立:

00000:独立模式

00001～01001:双重模式,ADC1 和 ADC2 一起工作,ADC3 独立

00001:规则同时+注入同时组合模式

00010:规则同时+交替触发组合模式

00011:Reserved

00101:仅注入同时模式

00110:仅规则同时模式

仅交错模式

01001:仅交替触发模式

10001～11001:三重模式:ADC1、ADC2 和 ADC3 一起工作

10001:规则同时+注入同时组合模式

10010:规则同时+交替触发组合模式

10011:Reserved

10101:仅注入同时模式

10111:仅规则同时模式

仅交错模式

11001:仅交替触发模式

其他所有组合均需保留且不允许编程

图 25.1.6　多重 ADC 模式选择设置

第三个要介绍的是 ADC 采样时间寄存器(ADC_SMPR1 和 ADC_SMPR2),这两个寄存器用于设置通道 0～18 的采样时间,每个通道占用 3 个位。ADC_SMPR1 的各位描述如图 25.1.7 所示。

31	30	29	28	27	26	25	24	23	22	21	20	19	18	17	16
Reserved					SMP18[2:0]			SMP17[2:0]			SMP16[2:0]			SMP15[2:1]	
					rw	rw	rw	rw	rw	rw	rw	rw	rw	rw	rw

15	14	13	12	11	10	9	8	7	6	5	4	3	2	1	0
SMP15_0	SMP14[2:0]			SMP13[2:0]			SMP12[2:0]			SMP11[2:0]			SMP10[2:0]		
rw	rw	rw	rw	rw	rw	rw	rw	rw	rw	rw	rw	rw	rw	rw	rw

位 31:27　保留,必须保持复位值。

位 26:0　SMPx[2:0]:通道 X 采样时间选择

通过软件写入这些位可分别为各个通道选择采样时间。在采样周期期间,通道选择位必须保持不变。

注意:000:3 个周期　001:15 个周期　010:28 个周期　011:56 个周期
100:84 个周期　101:112 个周期　110:144 个周期　111:480 个周期

图 25.1.7　ADC_SMPR1 寄存器各位描述

ADC_SMPR2 的各位描述如图 25.1.8 所示。

31	30	29	28	27	26	25	24	23	22	21	20	19	18	17	16
Reserved		SMP9[2:0]			SMP8[2:0]			SMP7[2:0]			SMP6[2:0]			SMP5[2:1]	
		rw	rw	rw	rw	rw	rw	rw	rw	rw	rw	rw	rw	rw	rw

15	14	13	12	11	10	9	8	7	6	5	4	3	2	1	0
SMP 5_0	SMP4[2:0]			SMP3[2:0]			SMP2[2:0]			SMP1[2:0]			SMP0[2:0]		
rw	rw	rw	rw	rw	rw	rw	rw	rw	rw	rw	rw	rw	rw	rw	rw

位 31:30　保留,必须保持复位值。

位 29:0　SMPx[2:0]:通道 X 采样时间选择

通过软件写入这些位可分别为各个通道选择采样时间。在采样周期期间,通道选择位必须保持不变。

注意:000:3 个周期　001:15 个周期　010:28 个周期　011:56 个周期

100:84 个周期　101:112 个周期　110:144 个周期　111:480 个周期

图 25.1.8　ADC_SMPR2 寄存器各位描述

对于每个要转换的通道,采样时间建议尽量长一点,以获得较高的准确度,但是这样会降低 ADC 的转换速率。ADC 的转换时间可以由以下公式计算:

$$T_{covn} = 采样时间 + 12 个周期$$

其中,T_{covn} 为总转换时间,采样时间是根据每个通道的 SMP 位的设置来决定的。例如,当 ADCCLK=27 MHz 的时候,并设置 3 个周期的采样时间,则得到 $T_{covn}=3+12=15$ 个周期 $=0.55\ \mu s$。

第四个要介绍的是 ADC 规则序列寄存器(ADC_SQR1～3),该寄存器总共有 3 个,这几个寄存器的功能都差不多,这里仅介绍一下 ADC_SQR1,该寄存器的各位描述如图 25.1.9 所示。

31	30	29	28	27	26	25	24	23	22	21	20	19	18	17	16
Reserved								L[3:0]				SQ16[4:1]			
								rw	rw	rw	rw	rw	rw	rw	rw

15	14	13	12	11	10	9	8	7	6	5	4	3	2	1	0
SQ 16_0	SQ15[4:0]					SQ14[4:0]					SQ13[4:0]				
rw	rw	rw	rw	rw	rw	rw	rw				rw	rw	rw	rw	rw

位 31:24　保留,必须保持复位值。

位 23:20　L[3:0]:规则通道序列长度

通过软件写入这些位可定义规则通道转换序列中的转换总数。

0000:1 次转换

0001:2 次转换

……

1111:16 次转换

位 19:15　SQ16[4:0]:规则序列中的第十六次转换

通过软件写入这些位,并将通道编号(0～18)分配为转换序列中的第十六次转换。

位 14:10　SQ15[4:0]:规则序列中的第十五次转换

位 9:5　SQ14[4:0]:规则序列中的第十四次转换

位 4:0　SQ13[4:0]:规则序列中的第十三次转换

图 25.1.9　ADC_SQR1 寄存器各位描述

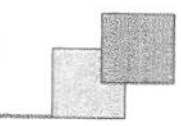

L[3:0]用于存储规则序列的长度，这里只用了一个，所以设置这几个位的值为0。其他的SQ13～16则存储了规则序列中第13～16个通道的编号(0～18)。另外两个规则序列寄存器同ADC_SQR1大同小异，这里就不再介绍了。要说明一点的是：我们选择的是单次转换，所以只有一个通道在规则序列里面，这个序列就是SQ1。至于SQ1里面哪个通道完全由用户自己设置，通过ADC_SQR3的最低5位(也就是SQ1)设置。

第五个要介绍的是ADC规则数据寄存器(ADC_DR)。规则序列中的A/D转化结果都将被存在这个寄存器里面，而注入通道的转换结果被保存在ADC_JDRx里面。ADC_DR的各位描述如图25.1.10所示。

31	30	29	28	27	26	25	24	23	22	21	20	19	18	17	16
Reserved															
15	14	13	12	11	10	9	8	7	6	5	4	3	2	1	0
DATA[15:0]															
r	r	r	r	r	r	r	r	r	r	r	r	r	r	r	r

位31:16　保留，必须保持复位值。

位15:0　DATA[15:0]：规则数据

这些位为只读，包括来自规则通道的转换结果。数据有左对齐和右对齐两种方式

图 25.1.10　ADC_JDRx 寄存器各位描述

注意，该寄存器的数据可以通过ADC_CR2的ALIGN位设置左对齐还是右对齐，在读取数据的时候要注意。

最后一个要介绍的ADC寄存器为ADC状态寄存器(ADC_SR)，该寄存器保存了ADC转换时的各种状态。该寄存器的各位描述如图25.1.11所示。

31	30	29	28	27	26	25	24	23	22	21	20	19	18	17	16
Reserved															
15	14	13	12	11	10	9	8	7	6	5	4	3	2	1	0
Reserved										OVR	STRT	JSTRT	JEOC	EOC	AWD
										rc_w0	rc_w0	rc_w0	rc_w0	rc_w0	rc_w0

图 25.1.11　ADC_SR 寄存器各位描述

这里仅介绍将要用到的是EOC位，我们通过判断该位来决定是否此次规则通道的A/D转换已经完成。如果该位为1，则表示转换完成了，就可以从ADC_DR中读取转换结果，否则等待转换完成。

至此，本章要用到的ADC相关寄存器全部介绍完毕了，未介绍的部分可参考《STM32F7xx中文参考手册》第15章。通过以上介绍，我们了解了STM32F7的单次转换模式下的相关设置，接下来介绍使用库函数来设置ADC1的通道5来进行A/D转换的步骤。注意，使用到的库函数分布在stm32f7xx_hal_adc.c、stm32f7xx_hal_adc_ex.c文件和stm32f7xx_hal_adc.h、stm32f7xx_hal_adc_ex.h文件中。下面讲解其详细设置步骤：

① 开启PA口时钟和ADC1时钟，设置PA5为模拟输入。

STM32F7IGT6 的 ADC1 通道 5 在 PA5 上，所以，先要使能 PORTA 的时钟，然后设置 PA5 为模拟输入。同时要把 PA5 复用为 ADC，所以要使能 ADC1 时钟。

这里特别要提醒，对于 I/O 口复用为 ADC，则我们要设置模式为模拟输入，而不是复用功能。

使能 GPIOA 时钟和 ADC1 时钟都很简单，具体方法为：

```
__HAL_RCC_ADC1_CLK_ENABLE();                //使能 ADC1 时钟
__HAL_RCC_GPIOA_CLK_ENABLE();               //开启 GPIOA 时钟
```

初始化 GPIOA5 为模拟输入，方法也多次讲解，关键代码为：

```
GPIO_InitTypeDef GPIO_Initure;
GPIO_Initure.Pin = GPIO_PIN_5;                   //PA5
GPIO_Initure.Mode = GPIO_MODE_ANALOG;   //模拟输入
GPIO_Initure.Pull = GPIO_NOPULL;                  //不带上下拉
HAL_GPIO_Init(GPIOA,&GPIO_Initure);
```

这里需要说明一下，ADC 的通道与引脚的对应关系在 STM32F7 的数据手册可以查到，这里使用 ADC1 的通道 5，在数据手册中的表格如下：

PA5	I/O	TT a	(4)	TIM2_CH1/TIM2_ETR, TIM8_CH1N, SPI1_SCK/I2S1_CK, OTG_HS_ULPI_CK, LCD_R4, EVENTOUT	ADC12_IN5, DAC_OUT2

这里把 ADC1～ADC3 的引脚与通道对应关系列出来，16 个外部源的对应关系如表 25.1.1 所列。

表 25.1.1　ADC1～ADC3 引脚对应关系表

通道号	ADC1	ADC2	ADC3
通道 0	PA0	PA0	PA0
通道 1	PA1	PA1	PA1
通道 2	PA2	PA2	PA2
通道 3	PA3	PA3	PA3
通道 4	PA4	PA4	PF6
通道 5	PA5	PA5	PF7
通道 6	PA6	PA6	PF8
通道 7	PA7	PA7	PF9
通道 8	PB0	PB0	PF10
通道 9	PB1	PB1	PF3
通道 10	PC0	PC0	PC0
通道 11	PC1	PC1	PC1
通道 12	PC2	PC2	PC2
通道 13	PC3	PC3	PC3
通道 14	PC4	PC4	PF4
通道 15	PC5	PC5	PF5

② 初始化 ADC，设置 ADC 时钟分频系数、分辨率、模式、扫描方式、对齐方式等信息。

在 HAL 库中，初始化 ADC 是通过函数 HAL_ADC_Init 来实现的，该函数声明为：

```
HAL_StatusTypeDef HAL_ADC_Init(ADC_HandleTypeDef * hadc);
```

该函数只有一个入口参数 hadc，为 ADC_HandleTypeDef 结构体指针类型，结构体定义为：

```
typedef struct
{
  ADC_TypeDef                  * Instance;     //ADC1/ADC2/ADC3
  ADC_InitTypeDef              Init;     //初始化结构体变量
  __IO uint32_t                NbrOfCurrentConversionRank; //当前转换序列
  DMA_HandleTypeDef            * DMA_Handle; //DMA 方式使用
  HAL_LockTypeDef              Lock;
  __IO HAL_ADC_StateTypeDef    State;
  __IO uint32_t                ErrorCode;
}ADC_HandleTypeDef;
```

该结构体定义和其他外设比较类似，我们着重看第二个成员变量 Init 含义，它是结构体 ADC_InitTypeDef 类型，结构体 ADC_InitTypeDef 定义为：

```
typedef struct
{
  uint32_t ClockPrescaler;           //分频系数 2/4/6/8 分频 ADC_CLOCK_SYNC_PCLK_DIV4
  uint32_t Resolution;               //分辨率 12/10/8/6 位:ADC_RESOLUTION_12B
  uint32_t DataAlign;                //对齐方式:左对齐还是右对齐:ADC_DATAALIGN_RIGHT
  uint32_t ScanConvMode;             //扫描模式 DISABLE
  uint32_t EOCSelection;             //EOC 标志是否设置 DISABLE
  uint32_t ContinuousConvMode;       //开启连续转换模式或者单次转换模式 DISABLE
  uint32_t DMAContinuousRequests;    //开启 DMA 请求连续模式或者单独模式 DISABLE
  uint32_t NbrOfConversion;          //规则序列中有多少个转换
  uint32_t DiscontinuousConvMode;    //不连续采样模式 DISABLE
  uint32_t NbrOfDiscConversion;      //不连续采样通道数 0
  uint32_t ExternalTrigConv;         //外部触发方式 ADC_SOFTWARE_START
  uint32_t ExternalTrigConvEdge;     //外部触发边沿
}ADC_InitTypeDef;
```

我们直接把每个成员变量的含义注释在结构体定义的后面，读者可仔细阅读上面注释。

这里需要说明一下，和其他外设一样，HAL 库同样提供了 ADC 的 MSP 初始化函数，一般情况下，时钟使能和 GPIO 初始化都会放在 MSP 初始化函数中。函数声明为：

```
void HAL_ADC_MspInit(ADC_HandleTypeDef * hadc);
```

④ 开启 A/D 转换器。

设置完以上信息后，我们就开启 AD 转换器了(通过 ADC_CR2 寄存器控制)：

```
HAL_ADC_Start(&ADC1_Handler); //开启 ADC
```

⑤ 配置通道,读取通道 ADC 值。

上面的步骤完成后,ADC 就算准备好了。接下来要做的就是设置规则序列 1 里面的通道,然后启动 ADC 转换。在转换结束后,读取转换结果值就可以了。

设置规则序列通道以及采样周期的函数是:

```
HAL_StatusTypeDef HAL_ADC_ConfigChannel(ADC_HandleTypeDef * hadc,
                                        ADC_ChannelConfTypeDef * sConfig);
```

该函数有两个入口参数,第一个就不用多说了,接下来看第二个入口参数 sConfig,它是 ADC_ChannelConfTypeDef 结构体指针类型,结构体定义如下:

```
typedef struct
{
  uint32_t Channel;               //ADC 通道
  uint32_t Rank;                  //规则通道中的第几个转换
  uint32_t SamplingTime;          //采样时间
  uint32_t Offset;                //备用,暂未用到
}ADC_ChannelConfTypeDef;
```

该结构体有 4 个成员变量,STM32F7 只用到前面 3 个。Channel 用来设置 ADC 通道,Rank 用来设置要配置的通道是规则序列中的第几个转换,SamplingTime 用来设置采样时间。使用实例为:

```
    ADC1_ChanConf.Channel =  ADC_CHANNEL_5;  //通道 5
    ADC1_ChanConf.Rank = 1;    //第一个序列,序列 1
    ADC1_ChanConf.SamplingTime = ADC_SAMPLETIME_480CYCLES; //采样时间
    ADC1_ChanConf.Offset = 0;
    HAL_ADC_ConfigChannel(&ADC1_Handler,&ADC1_ChanConf); //通道配置
```

配置好通道并且使能 ADC 后,接下来就是读取 ADC 值。这里采取的是查询方式读取,所以还要等待上一次转换结束。此过程中 HAL 库提供了专用函数 HAL_ADC_PollForConversion,函数定义为:

```
HAL_StatusTypeDef HAL_ADC_PollForConversion(ADC_HandleTypeDef * hadc,
                                            uint32_t Timeout);
```

等待上一次转换结束之后,接下来就是读取 ADC 值,函数为:

```
uint32_t HAL_ADC_GetValue(ADC_HandleTypeDef * hadc);
```

这两个函数的使用方法都比较简单,这里就不再介绍了。

这里还需要说明一下 ADC 的参考电压,阿波罗 STM32F7 开发板使用的是 STM32F7IGT6,该芯片只有 Vref+参考电压引脚,Vref+的输入范围为 1.8 V~VDDA。阿波罗 STM32F7 开发板通过 P5 端口来设置 Vref+的参考电压,默认通过跳线帽将 ref+接到 3.3 V,参考电压就是 3.3 V。如果想自己设置其他参考电压,则将参考电压接在 Vref+上就可以了(注意,要共地)。本章的参考电压设置的是 3.3 V。

通过以上几个步骤的设置,我们就能正常使用 STM32F7 的 ADC1 来执行 A/D 转换操作了。

25.2 硬件设计

本实验用到的硬件资源有指示灯 DS0、LCD 模块、ADC、杜邦线。前面 2 个均已介绍过，而 ADC 属于 STM32F767 内部资源，实际上我们只需要软件设置就可以正常工作，不过需要在外部将其端口连接到被测电压上面。本章通过 ADC1 的通道 5(PA5)来读取外部电压值，阿波罗 STM32F767 开发板上面没有设计参考电压源，但是板上有几个可以提供测试的地方：①3.3 V 电源。②GND。③后备电池。注意，这里不能接到板上 5 V 电源去测试，这可能会烧坏 ADC。

因为要连接到其他地方测试电压，所以需要一根杜邦线，或者自备的连接线也可以，一头插在多功能端口 P11 的 ADC 插针上(与 PA5 连接)，另外一头就接要测试的电压点(确保该电压不大于 3.3 V 即可)。

25.3 软件设计

打开实验工程可以发现，我们在 HALLIB 分组下面新增了 stm32f7xx_hal_adc.c 和 stm32f7xx_hal_adc_ex.c 源文件，同时会引入对应的头文件。ADC 的相关库函数和宏定义都分布在这两个文件中。同时，在 HARDWARE 分组下面新建了 adc.c，也引入了对应的头文件 adc.h。这两个文件是我们编写的 ADC 相关的初始化函数和操作函数。

打开 adc.c，代码如下：

```
ADC_HandleTypeDef ADC1_Handler;//ADC 句柄

//初始化 ADC
//ch: ADC_channels
//通道值 0～16 取值范围为:ADC_CHANNEL_0～ADC_CHANNEL_16
void MY_ADC_Init(void)
{
    ADC1_Handler.Instance = ADC1;
    ADC1_Handler.Init.ClockPrescaler = ADC_CLOCK_SYNC_PCLK_DIV4;
                                        //4 分频，ADCCLK = PCLK2/4 = 90/4 = 22.5 MHz
    ADC1_Handler.Init.Resolution = ADC_RESOLUTION_12B;          //12 位模式
    ADC1_Handler.Init.DataAlign = ADC_DATAALIGN_RIGHT;          //右对齐
    ADC1_Handler.Init.ScanConvMode = DISABLE;                   //非扫描模式
    ADC1_Handler.Init.EOCSelection = DISABLE;                   //关闭 EOC 中断
    ADC1_Handler.Init.ContinuousConvMode = DISABLE;             //关闭连续转换
    ADC1_Handler.Init.NbrOfConversion = 1; //1 个转换在规则序列中
    ADC1_Handler.Init.DiscontinuousConvMode = DISABLE;   //禁止不连续采样模式
    ADC1_Handler.Init.NbrOfDiscConversion = 0;          //不连续采样通道数为 0
    ADC1_Handler.Init.ExternalTrigConv = ADC_SOFTWARE_START;     //软件触发
    ADC1_Handler.Init.ExternalTrigConvEdge =
```

```
    ADC_EXTERNALTRIGCONVEDGE_NONE;                              //使用软件触发
    ADC1_Handler.Init.DMAContinuousRequests = DISABLE;   //关闭 DMA 请求
    HAL_ADC_Init(&ADC1_Handler);                                //初始化
}
//ADC 底层驱动,引脚配置,时钟使能
//此函数会被 HAL_ADC_Init()调用
//hadc:ADC 句柄
void HAL_ADC_MspInit(ADC_HandleTypeDef * hadc)
{
    GPIO_InitTypeDef GPIO_Initure;
    __HAL_RCC_ADC1_CLK_ENABLE();      //使能 ADC1 时钟
    __HAL_RCC_GPIOA_CLK_ENABLE();      //开启 GPIOA 时钟

    GPIO_Initure.Pin = GPIO_PIN_5;                    //PA5
    GPIO_Initure.Mode = GPIO_MODE_ANALOG;      //模拟
    GPIO_Initure.Pull = GPIO_NOPULL;                //不带上下拉
    HAL_GPIO_Init(GPIOA,&GPIO_Initure);
}
//获得 ADC 值
//ch: 通道值 0～16,取值范围为:ADC_CHANNEL_0～ADC_CHANNEL_16
//返回值:转换结果
u16 Get_Adc(u32 ch)
{
    ADC_ChannelConfTypeDef ADC1_ChanConf;
    ADC1_ChanConf.Channel = ch;                                  //通道
    ADC1_ChanConf.Rank = 1;                                      //第一个序列,序列 1
    ADC1_ChanConf.SamplingTime = ADC_SAMPLETIME_480CYCLES; //采样时间
    ADC1_ChanConf.Offset = 0;
    HAL_ADC_ConfigChannel(&ADC1_Handler,&ADC1_ChanConf); //通道配置
    HAL_ADC_Start(&ADC1_Handler);                                //开启 AD
    HAL_ADC_PollForConversion(&ADC1_Handler,10);                 //轮询转换
    return (u16)HAL_ADC_GetValue(&ADC1_Handler);                 //返回最近转换结果
}
//获取指定通道的转换值,取 times 次,然后平均
//times:获取次数
//返回值:通道 ch 的 times 次转换结果平均值
u16 Get_Adc_Average(u32 ch,u8 times)
{
    u32 temp_val = 0;
    u8 t;
    for(t = 0;t<times;t ++ )
    {
        temp_val + = Get_Adc(ch);
        delay_ms(5);
    }
    return temp_val/times;
}
```

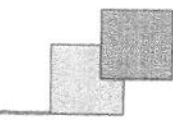

此部分代码就 4 个函数。MY_Adc_Init 函数调用函数 HAL_ADC_Init 初始化 ADC1 相关参数。第二个函数 HAL_ADC_MspInit 是 MSP 初始化回调函数,用来使能时钟和初始化 I/O 口。第三个函数 Get_Adc,用于读取某个通道的 ADC 值,例如,读取通道 5 上的 ADC 值,则可以通过 Get_Adc(ADC_CHANNEL_5)得到。最后一个函数 Get_Adc_Average,用于多次获取 ADC 值,取平均,用来提高准确度。

头文件 adc.h 代码比较简单,主要是函数申明。接下来看看 main 函数内容:

```
int main(void)
{
    u16 adcx;
    float temp;
    Cache_Enable();                          //打开 L1 - Cache
    HAL_Init();                              //初始化 HAL 库
    Stm32_Clock_Init(432,25,2,9);            //设置时钟,216 MHz
    delay_init(216);                         //延时初始化
    uart_init(115200);                       //串口初始化
    LED_Init();                              //初始化 LED
    KEY_Init();                              //初始化按键
    SDRAM_Init();                            //初始化 SDRAM
    LCD_Init();                              //LCD 初始化
    MY_ADC_Init();                           //初始化 ADC1 通道 5
    ……//此处省略部分液晶显示代码
    LCD_ShowString(30,130,200,16,16,"ADC1_CH5_VAL:");
    LCD_ShowString(30,150,200,16,16,"ADC1_CH5_VOL:0.000V");     //先显示小数点
    while(1)
    {
        adcx = Get_Adc_Average(ADC_CHANNEL_5,20);//获取通道 5 的 20 次取平均值
        LCD_ShowxNum(134,130,adcx,4,16,0);  //显示 ADCC 采样后的原始值
        temp = (float)adcx * (3.3/4096); //获取计算后的带小数的实际电压值,比如 3.1111
        adcx = temp;    //赋值整数部分给 adcx 变量,因为 adcx 为 u16 整型
        LCD_ShowxNum(134,150,adcx,1,16,0); //显示整数部分,3.1111 的话显示 3
        temp - = adcx;//把已经显示的整数部分去掉,留下小数部分,比如 3.1111 - 3 = 0.1111
        temp * = 1000;   //小数部分 * 1000,例如 0.1111 就转换为 111.1,相当保留 3 位小数
        LCD_ShowxNum(150,150,temp,3,16,0X80); //显示小数部分
        LED0_Toggle;
        delay_ms(250);
    }
}
```

此部分代码运行后,我们将先在 TFTLCD 模块上显示一些提示信息,再每隔 250 ms 读取一次 ADC 通道 5 的值,并显示读到的 ADC 值(数字量),以及其转换成模拟量后的电压值。同时,控制 LED0 闪烁,以提示程序正在运行。这里说明一下最后的 ADC 值的显示,首先在液晶固定位置显示了小数点,然后在后面计算步骤中,先计算出整数部分在小数点前面显示,然后计算出小数部分,在小数点后面显示,这样就在液晶上面显示转换结果的整数和小数部分。

25.4　下载验证

在代码编译成功之后，下载代码到 ALIENTEK 阿波罗 STM32 开发板上，可以看到，LCD 显示如图 25.4.1 所示。

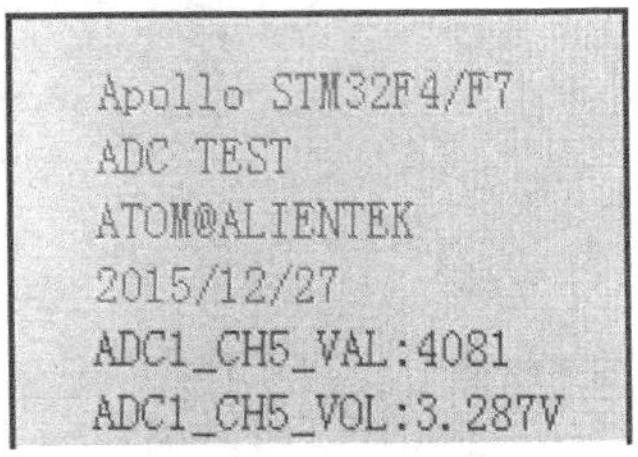

```
Apollo STM32F4/F7
ADC TEST
ATOM@ALIENTEK
2015/12/27
ADC1_CH5_VAL:4081
ADC1_CH5_VOL:3.287V
```

图 25.4.1　ADC 实验测试图

图中将 ADC 和 TPAD 连接在一起(通过 P11 排针)，可以看到，TPAD 信号电平为 3.3 V 左右，这是因为存在上拉电阻 R60。

同时伴随 DS0 的不停闪烁，提示程序在运行。读者可以试试把杜邦线接到其他地方，看看电压值是否准确；但是一定别接到 5 V 上面去，否则可能烧坏 ADC。

通过这一章的学习，我们了解了 STM32F767 ADC 的使用，但这仅仅是 STM32F767 强大 ADC 功能的一小点应用。STM32F767 的 ADC 在很多地方都可以用到，其 ADC 的 DMA 功能很不错，建议有兴趣的读者深入研究下 STM32F767，相信会给以后的开发带来方便。

第 26 章 内部温度传感器实验

本章将介绍 STM32F767 的内部温度传感器，并使用 STM32F767 的内部温度传感器来读取温度值，再在 LCD 模块上显示出来。

26.1 STM32F767 内部温度传感器简介

STM32F7 有一个内部的温度传感器，可以用来测量 CPU 及周围的温度（TA）。对于 STM32F7/439 系列来说，该温度传感器在内部和 ADC1_IN18 输入通道相连接，此通道把传感器输出的电压转换成数字值。STM32F7 的内部温度传感器支持的温度范围为 −40～125℃，精度为±1.5℃左右。

STM32F7 内部温度传感器的使用很简单，只要设置一下内部 ADC，并激活其内部温度，传感器通道就差不多了。ADC 的设置参见上一章，接下来介绍和温度传感器设置相关的 2 个地方。

第一个地方，要使用 STM32F7 的内部温度传感器，必须先激活 ADC 的内部通道，这里通过 ADC_CCR 的 TSVREFE 位（bit23）设置。设置该位为 1 则启用内部温度传感器。

第二个地方，STM32F7IGT6 的内部温度传感器固定连接在 ADC1 的通道 18 上，所以，设置好 ADC1 之后只要读取通道 18 的值，就是温度传感器返回来的电压值了。根据这个值就可以计算出当前温度。计算公式如下：

$$T(℃)=\{(Vsense - V25)/Avg\_Slope\}+25$$

式中：

V25＝Vsense 在 25 度时的数值（典型值为 0.76）。

Avg_Slope＝温度与 Vsense 曲线的平均斜率（单位为 mV/℃或 μV/℃）（典型值为 2.5 mV/℃）。

利用以上公式就可以方便地计算出当前温度传感器的温度了。

现在总结一下 STM32F7 内部温度传感器使用的步骤了，如下：

① 设置 ADC1，开启内部温度传感器。

关于如何设置 ADC1，我们采用与上一章一样的设置。在 HAL 库中开启内部温度传感器，只需要将 ADC 通道改为 ADC_CHANNEL_TEMPSENSOR 即可。调用 HAL_ADC_ConfigChannel() 函数配置通道的时候会自动检测，如果是温度传感器通道,则在函数中设置 TSVREFE 位。

② 读取通道 16 的 A/D 值,计算结果。

在设置完之后,我们就可以读取温度传感器的电压值了,得到该值就可以用上面的公式计算温度值了。具体方法跟上一讲是一样的。

26.2 硬件设计

本实验用到的硬件资源有指示灯 DS0、LCD 模块、ADC、内部温度传感器。前 3 个之前均有介绍,而内部温度传感器也是在 STM32F767 内部,不需要外部设置,我们只需要软件设置就可以了。

26.3 软件设计

打开本章实验工程中可以看到,我们并没有增加任何文件,而是在 adc.c 文件修改和添加了一个函数 Get_Temprate,该函数内容如下:

```
//得到温度值
//返回值:温度值(扩大了 100 倍,单位:℃.)
short Get_Temprate(void)
{
    u32 adcx;
    short result;
    double temperate;
    adcx = Get_Adc_Average(ADC_CHANNEL_TEMPSENSOR,10);
    //读取内部温度传感器通道,10 次取平均
    temperate = (float)adcx * (3.3/4096);                //电压值
    temperate = (temperate - 0.76)/0.0025 + 25;          //转换为温度值
    result = temperate * = 100;                          //扩大 100 倍
    return result;
}
```

该函数非常简单,实际就是调用上一章实验讲解的 Get_Adc_Average 函数来读取 ADC 的值,而 ADC 连接的是内部温度传感器通道 ADC_CHANNEL_TEMPSENSOR。

adc.h 代码比较简单,这里就不多说了。接下来看看 main 函数如下:

```
int main(void)
{
    short temp;
    Cache_Enable();                    //打开 L1 - Cache
    HAL_Init();                        //初始化 HAL 库
    Stm32_Clock_Init(432,25,2,9);      //设置时钟,216 MHz
    delay_init(216);                   //延时初始化
    uart_init(115200);                 //串口初始化
    LED_Init();                        //初始化 LED
    KEY_Init();                        //初始化按键
```

```
    SDRAM_Init();                          //初始化 SDRAM
    LCD_Init();                            //LCD 初始化
    MY_ADC_Init();                         //初始化 ADC1 通道 5
    ……//此处省略部分液晶显示代码
    LCD_ShowString(30,140,200,16,16,"TEMPERATE: 00.00C");
                                           //先在固定位置显示小数点
    while(1)
    {
        temp = Get_Temprate();             //得到温度值
        if(temp<0)
        {
            temp = - temp;
            LCD_ShowString(30 + 10 * 8,140,16,16,16,"-");    //显示负号
        }else LCD_ShowString(30 + 10 * 8,140,16,16,16," ");  //无符号
        LCD_ShowxNum(30 + 11 * 8,140,temp/100,2,16,0);       //显示整数部分
        LCD_ShowxNum(30 + 14 * 8,140,temp % 100,2,16,0);     //显示小数部分
        LED0_Toggle;
        delay_ms(250);
    }
}
```

这同上一章的主函数也大同小异，这里通过 Get_Temprate 函数读取温度值，并通过 TFTLCD 模块显示出来。

代码设计部分就讲解到这里，下面开始下载验证。

26.4　下载验证

编译成功之后，下载代码到 ALIENTEK 阿波罗 STM32 开发板上，可以看到，LCD 显示如图 26.4.1 所示。伴随 DS0 的不停闪烁，提示程序在运行。读者可以看看温度值与实际是否相符合（因为芯片会发热，所以一般会比实际温度偏高）。

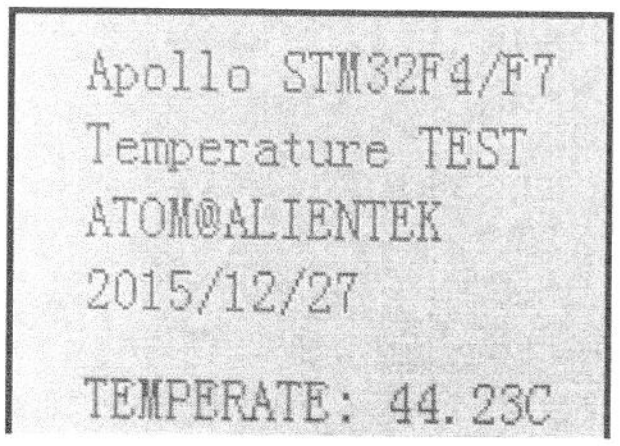

Apollo STM32F4/F7
Temperature TEST
ATOM@ALIENTEK
2015/12/27
TEMPERATE: 44.23C

图 26.4.1　内部温度传感器实验测试图

第 27 章

DAC 实验

上几章介绍了 STM32F767 的 ADC 使用，本章将介绍 STM32F767 的 DAC 功能。本章将利用按键(或 USMART)控制 STM32F767 内部 DAC1 来输出电压，通过 ADC1 的通道 5 采集 DAC 的输出电压，并在 LCD 模块上面显示 ADC 获取到的电压值以及 DAC 的设定输出电压值等信息。

27.1 STM32F767 DAC 简介

STM32F767 的 DAC 模块(数字/模拟转换模块)是 12 位数字输入、电压输出型的 DAC，配置为 8 位或 12 位模式，也可以与 DMA 控制器配合使用。DAC 工作在 12 位模式时，数据可以设置成左对齐或右对齐。DAC 模块有 2 个输出通道，每个通道都有单独的转换器。在双 DAC 模式下，2 个通道可以独立进行转换，也可以同时进行转换并同步更新 2 个通道的输出。DAC 可以通过引脚输入参考电压 Vref+(通 ADC 共用)，以获得更精确的转换结果。

STM32F767 的 DAC 模块主要特点有：

- 2 个 DAC 转换器：每个转换器对应一个输出通道；
- 8 位或者 12 位单调输出；
- 12 位模式下数据左对齐或者右对齐；
- 同步更新功能；
- 噪声波形生成；
- 三角波形生成；
- 双 DAC 通道同时或者分别转换；
- 每个通道都有 DMA 功能。

单个 DAC 通道的框图如图 27.1.1 所示。

图中，V_{DDA} 和 V_{SSA} 为 DAC 模块模拟部分的供电，而 V_{ref+} 则是 DAC 模块的参考电压。DAC_OUTx 就是 DAC 的输出通道了(对应 PA4 或者 PA5 引脚)。

从图 27.1.1 可以看出，DAC 输出是受 DORx 寄存器直接控制的，但是不能直接往 DORx 寄存器写入数据，而是通过 DHRx 间接地传给 DORx 寄存器，从而实现对 DAC 输出的控制。前面我们提到，STM32F767 的 DAC 支持 8/12 位模式，8 位模式时是固定的右对齐的，而 12 位模式又可以设置左对齐、右对齐。单 DAC 通道 x 总共有 3 种

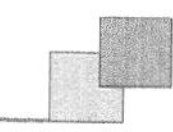

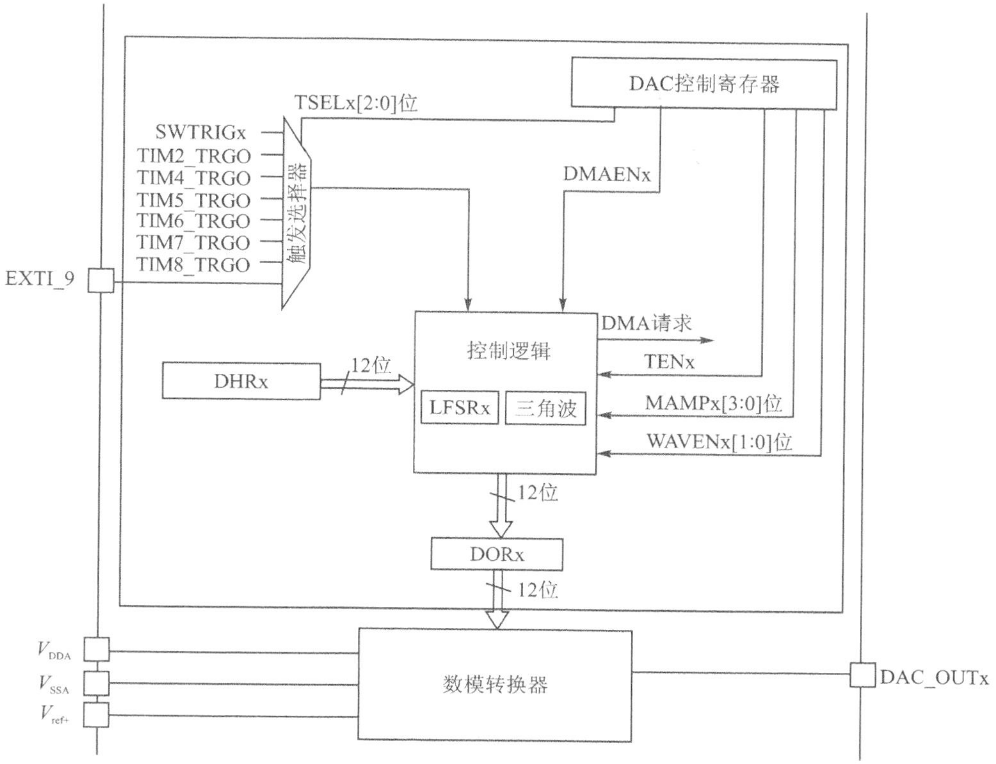

图 27.1.1　DAC 通道模块框图

情况：

① 8 位数据右对齐：用户将数据写入 DAC_DHR8Rx[7:0]位（实际存入 DHRx[11:4]位）。

② 12 位数据左对齐：用户将数据写入 DAC_DHR12Lx[15:4]位（实际存入 DHRx[11:0]位）。

③ 12 位数据右对齐：用户将数据写入 DAC_DHR12Rx[11:0]位（实际存入 DHRx[11:0]位）。

本章使用的就是单 DAC 通道 1，采用 12 位右对齐格式，所以采用第③种情况。

如果没有选中硬件触发（寄存器 DAC_CR1 的 TENx 位置 0），则存入寄存器 DAC_DHRx 的数据会在一个 APB1 时钟周期后自动传至寄存器 DAC_DORx。如果选中硬件触发（寄存器 DAC_CR1 的 TENx 位置 1），则数据传输在触发发生以后 3 个 APB1 时钟周期后完成。一旦数据从 DAC_DHRx 寄存器装入 DAC_DORx 寄存器，在经过时间 $t_{SETTLING}$ 之后，输出即有效，这段时间的长短依电源电压和模拟输出负载的不同会有所变化。可以从 STM32F767IGT6 的数据手册查到 $t_{SETTLING}$ 的典型值为 3 μs，最大是 6 μs。所以 DAC 的转换速度最快是 333 kHz 左右。

本章不使用硬件触发（TEN=0），其转换的时间框图如图 27.1.2 所示。

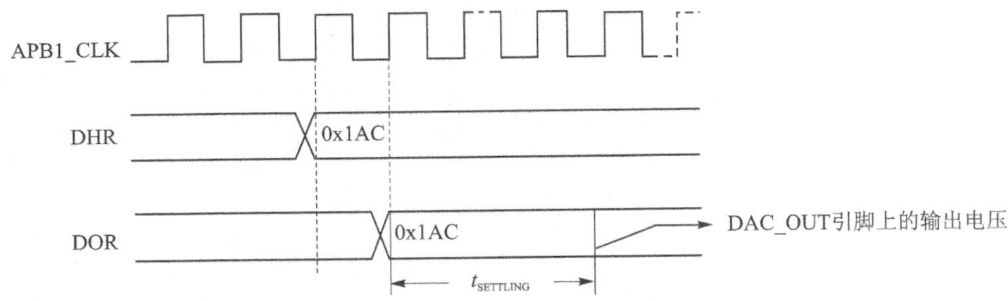

图 27.1.2　TEN=0 时 DAC 模块转换时间框图

当 DAC 的参考电压为 V_{ref+} 的时候，DAC 的输出电压是线性的从 0～V_{ref+}，12 位模式下 DAC 输出电压与 V_{ref+} 以及 DORx 的计算公式如下：

$$\text{DACx 输出电压} = V_{ref}(\text{DORx}/4\ 096)$$

接下来介绍一下要实现 DAC 的通道 1 输出时需要用到的一些寄存器。首先是 DAC 控制寄存器 DAC_CR，该寄存器的各位描述如图 27.1.3 所示。

31	30	29	28	27	26	25	24	23	22	21	20	19	18	17	16
Reserved		DMAUDRIE2	DMAEN2	MAMP2[3:0]				WAVE2[1:0]		TSEL2[2:0]			TEN2	BOFF2	EN2
		rw	rw	rw	rw	rw	rw	rw	rw	rw	rw	rw	rw	rw	rw
15	14	13	12	11	10	9	8	7	6	5	4	3	2	1	0
Reserved		DMAUDRIE1	DMAEN1	MAMP1[3:0]				WAVE1[1:0]		TSEL1[2:0]			TEN1	BOFF1	EN1
		rw	rw	rw	rw	rw	rw	rw	rw	rw	rw	rw	rw	rw	rw

图 27.1.3　寄存器 DAC_CR 各位描述

DAC_CR 的低 16 位用于控制通道 1，高 16 位用于控制通道 2，这里仅列出比较重要的最低 8 位的详细描述，如图 27.1.4 所示。

首先看 DAC 通道 1 使能位(EN1)，该位用来控制 DAC 通道 1 使能，本章就是用的 DAC 通道 1，所以该位设置为 1。

再看关闭 DAC 通道 1 输出缓存控制位(BOFF1)，这里 STM32F767 的 DAC 输出缓存做得有些不好，如果使能，虽然输出能力强一点，但是输出没法到 0，这是个很严重的问题。所以本章不使用输出缓存，即设置该位为 1。

DAC 通道 1 触发使能位(TEN1)，该位用来控制是否使用触发，这里不使用触发，所以设置该位为 0。

DAC 通道 1 触发选择位(TSEL1[2:0])，这里没用到外部触发，所以设置这几个位为 0 就行了。

DAC 通道 1 噪声/三角波生成使能位(WAVE1[1:0])，这里同样没用到波形发生器，也设置为 0 即可。

DAC 通道 1 屏蔽/复制选择器(MAMP[3:0])，这些位仅在使用了波形发生器的时候有用，本章没有用到波形发生器，故设置为 0 就可以了。

位 7:6　WAVE1[1:0]：DAC 1 通道噪声/三角波生成使能
　　这些位将由软件置 1 和清零。
　　00：禁止生成波；01：使能生成噪声波；1x：使能生成三角波
　　注意：只在位 TEN1＝1(使能 DAC 1 通道触发)时使用。

位 5:3　TSEL1[2:0]：DAC 1 通道触发器选择
　　这些位用于选择 DAC 1 通道的外部触发事件。
　　000：定时器 6 TRGO 事件　　100：定时器 2 TRGO 事件
　　001：定时器 8 TRGO 事件　　101：定时器 4 TRGO 事件
　　010：定时器 7 TRGO 事件　　110：外部中断线 9
　　011：定时器 5 TRGO 事件　　111：软件触发
　　注意：只在位 TEN1＝1(使能 DAC 1 通道触发)时使用。

位 2　TEN1：DAC 1 通道触发使能
　　此位由软件置 1 和清零，以使能/禁止 DAC 1 通道触发。
　　0：禁止 DAC 1 通道触发，写入 DAC_DHRx 寄存器的数据在一个 APB1 时钟周期之后转移到 DAC_DOR1 寄存器
　　1：使能 DAC 1 通道触发，DAC_DHRx 寄存器的数据在 3 个 APB1 时钟周期之后转移到 DAC_DOR1 寄存器
　　注意：如果选择软件触发，DAC_DHRx 寄存器的内容只需一个 APB1 时钟周期即可转移到 DAC_DOR1 寄存器。

位 1　BOFF1：DAC 1 通道输出缓冲器禁止
　　此位由软件置 1 和清零，以使能/禁止 DAC 1 通道输出缓冲器。
　　0：使能 DAC 1 通道输出缓冲器；1：禁止 DAC 1 通道输出缓冲器

位 0　EN1：DAC 1 通道使能
　　此位由软件置 1 和清零，以使能/禁止 DAC 1 通道。
　　0：禁止 DAC 1 通道；1：使能 DAC 1 通道

图 27.1.4　寄存器 DAC_CR 低 8 位详细描述

最后是 DAC 通道 1 DMA 使能位(DMAEN1)，本章没有用到 DMA 功能，故还是设置为 0。

通道 2 的情况和通道 1 一模一样，这里就不细说了。设置好 DAC_CR 之后，DAC 就可以正常工作了，我们仅需要再设置 DAC 的数据保持寄存器的值，就可以在 DAC 输出通道得到想要的电压了(对应 I/O 口设置为模拟输入)。本章用的是 DAC 通道 1 的 12 位右对齐数据保持寄存器：DAC_DHR12R1，该寄存器各位描述如图 27.1.5 所示。

该寄存器用来设置 DAC 输出，通过写入 12 位数据到该寄存器，就可以在 DAC 输出通道 1(PA4)得到所要的结果。

通过以上介绍了解了 STM32F7 实现 DAC 输出的相关设置，本章将使用 DAC 模块的通道 1 来输出模拟电压。这里用到的库函数以及相关定义分布在文件 stm32f7xx_hal_dac.c 以及头文件 stm32f7xx_hal_dac.h 中。实现上面功能的详细设置步骤如下：

① 开启 DAC 和 PA 口时钟，设置 PA4 为模拟输入。

31	30	29	28	27	26	25	24	23	22	21	20	19	18	17	16
Reserved															

15	14	13	12	11	10	9	8	7	6	5	4	3	2	1	0
Reserved				DACC1DHR[11:0]											
				rw	rw	rw	rw	rw	rw	rw	rw	rw	rw	rw	rw

位 31:12　保留,必须保持复位值。

位 11:0　DACC1DHR[11:0]:DAC 1 通道 12 位右对齐数据

这些位由软件写入,用于为 DAC 1 通道指定 12 位数据

图 27.1.5　寄存器 DAC_DHR12R1 各位描述

STM32F7 的 DAC 通道 1 是接在 PA4 上的,所以要先使能 GPIOA 的时钟,然后设置 PA4 为模拟输入。

这里需要特别说明一下,虽然 DAC 引脚设置为输入,但是 STM32F7 内部会连接在 DAC 模拟输出上,这在引脚复用映射章节有讲解。程序如下:

```
__HAL_RCC_DAC_CLK_ENABLE();              //使能 DAC 时钟
__HAL_RCC_GPIOA_CLK_ENABLE();            //开启 GPIOA 时钟

GPIO_Initure.Pin = GPIO_PIN_4;           //PA4
GPIO_Initure.Mode = GPIO_MODE_ANALOG;//模拟
GPIO_Initure.Pull = GPIO_NOPULL;         //不带上下拉
HAL_GPIO_Init(GPIOA,&GPIO_Initure);
```

对于 DAC 通道与引脚对应关系,这在 STM32F7 的数据手册引脚表上已经列出了,如图 27.1.6 所示。

PA4	I/O	TTa	(4)	SPI1_NSS/I2S1_WS, SPI3_NSS/I2S3_WS, USART2_CK, OTG_HS_SOF, DCMI_HSYNC, LCD_VSYNC, EVENTOUT	ADC12_IN4, DAC_OUT1
PA5	I/O	TTa	(4)	TIM2_CH1/TIM2_ETR, TIM8_CH1N, SPI1_SCK/I2S1_CK, OTG_HS_ULPI_CK, LCD_R4,EVENTOUT	ADC12_IN5, DAC_OUT2

图 27.1.6　DAC 通道引脚对应关系

② 初始化 DAC,设置 DAC 的工作模式。

HAL 库中提供了一个 DAC 初始化函数 HAL_DAC_Init,该函数声明如下:

```
HAL_StatusTypeDef HAL_DAC_Init(DAC_HandleTypeDef * hdac);
```

该函数并没有设置任何 DAC 相关寄存器,也就是说,没有对 DAC 进行任何配置,它只是 HAL 库提供用来在软件上初始化 DAC,为后面 HAL 库操作 DAC 做好准备。它有一个很重要的作用就是在函数内部会调用 DAC 的 MSP 初始化函数 HAL_DAC_MspInit,该函数声明如下:

```
void HAL_DAC_MspInit(DAC_HandleTypeDef * hdac);
```

一般情况下，步骤①中的与 MCU 相关的时钟使能和 I/O 口配置都放在该函数中实现。

HAL 库提供了一个很重要的 DAC 配置函数 HAL_DAC_ConfigChannel，该函数用来配置 DAC 通道的触发类型以及输出缓冲。该函数声明如下：

```
HAL_StatusTypeDef HAL_DAC_ConfigChannel(DAC_HandleTypeDef * hdac,
                                        DAC_ChannelConfTypeDef * sConfig, uint32_t Channel);
```

第一个入口参数非常简单，为 DAC 初始化句柄，和 HAL_DAC_Init 保存一致即可。

第三个入口参数 Channel 用来配置 DAC 通道，比如使用 PA4，也就是 DAC 通道 1，所以配置值为 DAC_CHANNEL_1 即可。

接下来看看第二个入口参数 sConfig，该参数是 DAC_ChannelConfTypeDef 结构体指针类型，结构体 DAC_ChannelConfTypeDef 定义如下：

```
typedef struct
{
  uint32_t DAC_Trigger;          //DAC 触发类型
  uint32_t DAC_OutputBuffer;     //输出缓冲
}DAC_ChannelConfTypeDef;
```

成员变量 DAC_Trigger 用来设置 DAC 触发类型，DAC_OutputBuffer 用来设置输出缓冲。DAC 初始化配置实例代码如下：

```
DAC_HandleTypeDef DAC1_Handler;
DAC_ChannelConfTypeDef DACCH1_Config;
DAC1_Handler.Instance = DAC;
HAL_DAC_Init(&DAC1_Handler); //初始化 DAC
DACCH1_Config.DAC_Trigger = DAC_TRIGGER_NONE;    //不使用触发功能
DACCH1_Config.DAC_OutputBuffer = DAC_OUTPUTBUFFER_DISABLE;
HAL_DAC_ConfigChannel(&DAC1_Handler,&DACCH1_Config,DAC_CHANNEL_1);
```

③ 使能 DAC 转换通道。

初始化 DAC 之后，理所当然要使能 DAC 转换通道，HAL 库函数是：

```
HAL_StatusTypeDef HAL_DAC_Start(DAC_HandleTypeDef * hdac, uint32_t Channel);
```

该函数非常简单，第一个参数是 DAC 句柄，第二个用来设置 DAC 通道。

④ 设置 DAC 的输出值。

通过前面 3 个步骤的设置，DAC 就可以开始工作了，我们使用 12 位右对齐数据格式，就可以在 DAC 输出引脚(PA4)得到不同的电压值了，HAL 库函数为：

```
HAL_StatusTypeDef HAL_DAC_SetValue(DAC_HandleTypeDef * hdac,
                                   uint32_t Channel, uint32_t Alignment, uint32_t Data);
```

该函数从入口参数可以看出，它是配置 DAC 的通道输出值，同时通过第三个入口参数设置对齐方式。

注意,本例程使用的是 3.3 V 的参考电压,即 V_{ref+} 连接 V_{DDA}。

通过以上几个步骤的设置就能正常使用 STM32F7 的 DAC 通道 1 来输出不同的模拟电压了。

27.2 硬件设计

本章用到的硬件资源有指示灯 DS0、KEY_UP 和 KEY1 按键、串口、LCD 模块、ADC、DAC。本章使用 DAC 通道 1 输出模拟电压,然后通过 ADC1 的通道 5 对该输出电压进行读取,并显示在 LCD 模块上面。DAC 的输出电压通过按键(或 USMART)进行设置。

我们需要用到 ADC 采集 DAC 的输出电压,所以需要在硬件上把它们短接起来。ADC 和 DAC 的连接原理图如图 27.2.1 所示。

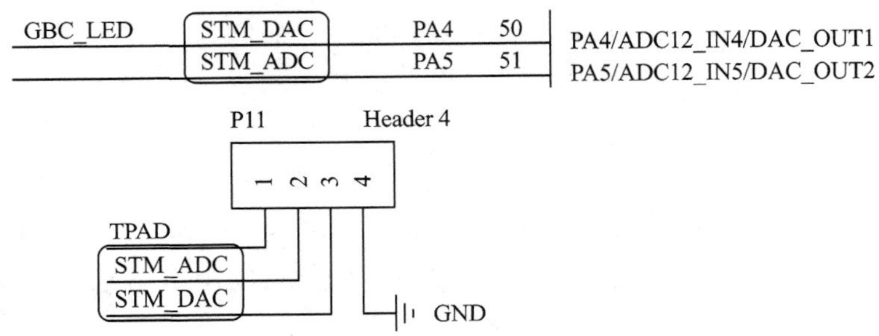

图 27.2.1 ADC、DAC 与 STM32F767 连接原理图

P11 是多功能端口,只需要通过跳线帽短接 P11 的 ADC 和 DAC,就可以开始做本章实验了,如图 27.2.2 所示。

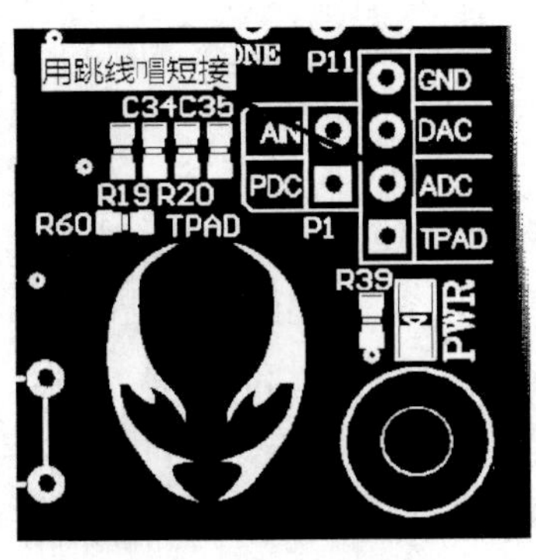

图 27.2.2 硬件连接示意图

27.3　软件设计

打开本章实验工程可以发现，相比 ADC 实验，在库函数中主要是添加了 DAC 支持的相关文件 stm32f7xx_hal_dac.c 以及包含头文件 stm32f7xx_hal_dac.h。同时，在 HARDWARE 分组下面新建了 dac.c 源文件以及包含对应的头文件 dac.h，这两个文件用来存放我们编写的 ADC 相关函数和定义。打开 dac.c，代码如下：

```
DAC_HandleTypeDef DAC1_Handler;//DAC 句柄
//初始化 DAC
void DAC1_Init(void)
{
    DAC_ChannelConfTypeDef DACCH1_Config;
    DAC1_Handler.Instance = DAC;
    HAL_DAC_Init(&DAC1_Handler);        //初始化 DAC
    DACCH1_Config.DAC_Trigger = DAC_TRIGGER_NONE; //不使用触发功能
    DACCH1_Config.DAC_OutputBuffer = DAC_OUTPUTBUFFER_DISABLE;
                                                              //DAC1 输出缓冲关闭
    HAL_DAC_ConfigChannel(&DAC1_Handler,&DACCH1_Config,
                                  DAC_CHANNEL_1);//DAC 通道 1 配置
    HAL_DAC_Start(&DAC1_Handler,DAC_CHANNEL_1);   //开启 DAC 通道 1
}
//DAC 底层驱动,时钟配置,引脚配置
//此函数会被 HAL_DAC_Init()调用
//hdac:DAC 句柄
void HAL_DAC_MspInit(DAC_HandleTypeDef * hdac)
{
    GPIO_InitTypeDef GPIO_Initure;
    __HAL_RCC_DAC_CLK_ENABLE();            //使能 DAC 时钟
    __HAL_RCC_GPIOA_CLK_ENABLE();          //开启 GPIOA 时钟
    GPIO_Initure.Pin = GPIO_PIN_4;         //PA4
    GPIO_Initure.Mode = GPIO_MODE_ANALOG;//模拟
    GPIO_Initure.Pull = GPIO_NOPULL;       //不带上下拉
    HAL_GPIO_Init(GPIOA,&GPIO_Initure);
}
//设置通道 1 输出电压
//vol:0～3300,代表 0～3.3V
void DAC1_Set_Vol(u16 vol)
{
    double temp = vol;
    temp/ = 1000;
    temp = temp * 4096/3.3;
HAL_DAC_SetValue (&DAC1_Handler,DAC_CHANNEL_1,
            DAC_ALIGN_12B_R,temp);//12 位右对齐数据格式设置 DAC 值
}
```

此部分代码就 3 个函数。Dac1_Init 函数用于初始化 DAC 通道 1，并开启 DAC 通道。这里基本上是按上面的步骤②和步骤③来实现的。函数 HAL_DAC_MspInit 是 DAC 的 MSP 初始化回调函数，内部实现的是时钟使能和 I/O 口配置，它和 Dac1_Init

配合使用来初始化整个 DAC 通道。经过初始化之后就可以正常使用 DAC 通道 1 了。第三个函数 Dac1_Set_Vol 用于设置 DAC 通道 1 的输出电压,实际就是将电压值转换为 DAC 输入值。

其他头文件代码就比较简单,这里不做过多讲解,接下来看看主函数代码:

```
int main(void)
{
    u16 adcx;
    float temp;
    u8 t = 0;
    u16 dacval = 0;
    u8 key;
    Cache_Enable();                    //打开 L1 - Cache
    Stm32_Clock_Init(432,25,2,9);      //设置时钟,216 MHz
    delay_init(216);                   //初始化延时函数
    …//此处省略部分初始化代码
    MY_ADC_Init();                     //初始化 ADC1
    DAC1_Init();                       //初始化 DAC1
    ……//此处省略部分液晶显示代码
    HAL_DAC_SetValue(&DAC1_Handler,DAC_CHANNEL_1,DAC_ALIGN_12B_R,0);
    while(1)
    {
        t ++ ;
        key = KEY_Scan(0);
        if(key == WKUP_PRES)
        {
            if(dacval<4000)dacval + = 200;
              HAL_DAC_SetValue(&DAC1_Handler,DAC_CHANNEL_1,
              DAC_ALIGN_12B_R,dacval);//设置 DAC 值
        }else if(key == 2)
        {
            if(dacval>200)dacval - = 200;
            else dacval = 0;

            HAL_DAC_SetValue (&DAC1_Handler,DAC_CHANNEL_1,
                             DAC_ALIGN_12B_R,dacval);//设置 DAC 值
        }
        if(t == 10||key == KEY1_PRES||key == WKUP_PRES)
                             //WKUP/KEY1 按下了,或者定时时间到了
        {
            adcx = HAL_DAC_GetValue(&DAC1_Handler,DAC_CHANNEL_1);
                                                   //读取前面设置 DAC 的值
            LCD_ShowxNum(94,150,adcx,4,16,0);      //显示 DAC 寄存器值
            temp = (float)adcx * (3.3/4096);       //得到 DAC 电压值
            adcx = temp;
            LCD_ShowxNum(94,170,temp,1,16,0);      //显示电压值整数部分
            temp - = adcx;
            temp * = 1000;
            LCD_ShowxNum(110,170,temp,3,16,0X80);  //显示电压值的小数部分
            adcx = Get_Adc_Average(ADC_CHANNEL_5,10); //得到 ADC 转换值
```

```
            temp = (float)adcx * (3.3/4096);                   //得到 ADC 电压值
            adcx = temp;
            LCD_ShowxNum(94,190,temp,1,16,0);                  //显示电压值整数部分
            temp - = adcx;
            temp * = 1000;
            LCD_ShowxNum(110,190,temp,3,16,0X80);              //显示电压值的小数部分
            LED0_Toggle;
            t = 0;
        }
        delay_ms(10);
    }
}
```

此部分代码中先对需要用到的模块进行初始化，然后显示一些提示信息，本章通过 KEY_UP(WKUP 按键)和 KEY1(也就是上下键)来实现对 DAC 输出的幅值控制。按下 KEY_UP 增加，按 KEY1 减小。同时，在 LCD 上面显示 DHR12R1 寄存器的值、DAC 设计输出电压以及 ADC 采集到的 DAC 输出电压。

27.4 下载验证

代码编译成功之后，下载代码到 ALIENTEK 阿波罗 STM32 开发板上，可以看到，LCD 显示如图 27.4.1 所示。

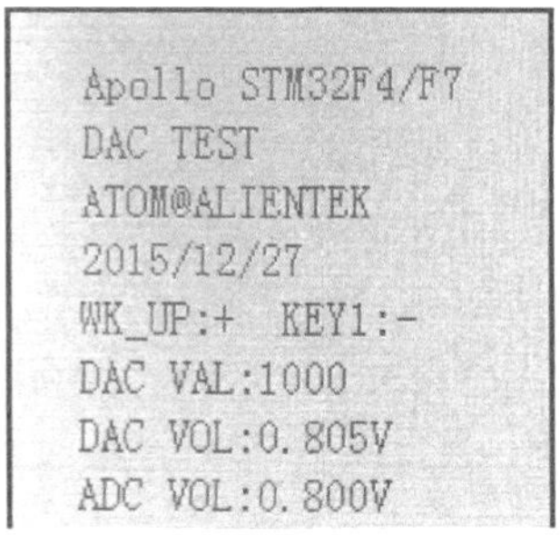

Apollo STM32F4/F7
DAC TEST
ATOM@ALIENTEK
2015/12/27
WK_UP:+ KEY1:-
DAC VAL:1000
DAC VOL:0.805V
ADC VOL:0.800V

图 27.4.1 DAC 实验测试图

同时，伴随 DS0 的不停闪烁，提示程序在运行。此时，按 KEY_UP 按键可以看到输出电压增大，按 KEY1 则变小。

第 28 章

PWM DAC 实验

上一章介绍了 STM32F767 自带 DAC 模块的使用，但有时候可能两个 DAC 不够用，此时可以通过 PWM＋RC 滤波来实一个 PWM DAC。本章将介绍如何使用 STM32F767 的 PWM 来设计一个 DAC。我们将使用按键（或 USMART）控制 STM32F767 的 PWM 输出，从而控制 PWM DAC 的输出电压；通过 ADC1 的通道 5 采集 PWM DAC 的输出电压，并在 LCD 模块上面显示 ADC 获取到的电压值、PWM DAC 的设定输出电压值等信息。

28.1 PWM DAC 简介

有时候，STM32F767 自带的 2 路 DAC 可能不够用，需要多路 DAC，而外扩 DAC 成本又会高不少，此时可以利用 STM32F767 的 PWM＋简单的 RC 滤波来实现 DAC 输出，从而节省成本。在精度要求不是很高的时候，PWM＋RC 滤波的 DAC 输出方式是一种非常廉价的解决方案。

PWM 本质上就是一种周期一定、高低电平占空比可调的方波。实际电路的典型 PWM 波形，如图 28.1.1 所示。

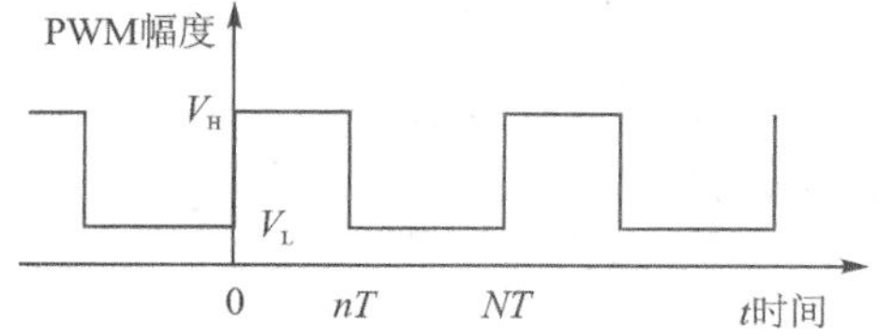

图 28.1.1　实际电路典型 PWM 波形

图 28.1.1 的 PWM 波形可以用分段函数表示为下式：

$$f(t)=\begin{cases}V_H & kNT \leqslant t \leqslant nT+kNT \\ V_L & kNT+nT \leqslant t \leqslant NT+kNT\end{cases} \tag{28.1}$$

其中，T 是单片机中计数脉冲的基本周期，也就是 STM32F767 定时器的计数频率

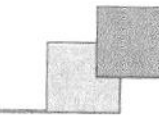

的倒数。N 是 PWM 波一个周期的计数脉冲个数，也就是 STM32F767 的 ARR－1 的值。n 是 PWM 波一个周期中高电平的计数脉冲个数，也就是 STM32F767 的 CCRx 的值。V_H 和 V_L 分别是 PWM 波的高低电平电压值，k 为谐波次数，t 为时间。将式(28.1)展开成傅里叶级数，得到下式：

$$f(t)=\left[\frac{n}{N}(V_H+V_L)+V_L\right]+ 2\,\frac{V_H-V_L}{\pi}\sin\left(\frac{n}{N}\pi\right)\cos\left(\frac{2\pi}{NT}t-\frac{n\pi}{N}k\right)+ \sum_{k=2}^{\infty}2\,\frac{V_H-V_L}{k\pi}\left|\sin\left(\frac{n\pi}{N}k\right)\right|\cos\left(\frac{2\pi}{NT}kt-\frac{n\pi}{N}k\right) \tag{28.2}$$

从式(28.2)可以看出，式中第一个方括弧为直流分量，第二项为一次谐波分量，第三项为大于一次的高次谐波分量。式(28.2)中的直流分量与 n 成线性关系，并随着 n 从 0 到 N，直流分量从 V_L 到 V_L+V_H 之间变化。这正是电压输出的 DAC 所需要的。因此，如果能把式(28.2)中除直流分量外的谐波过滤掉，则可以得到从 PWM 波到电压输出 DAC 的转换，即 PWM 波可以通过一个低通滤波器进行解调。式(28.2)中第二项的幅度、相角与 n 有关，频率为 $1/(NT)$，其实就是 PWM 的输出频率。该频率是设计低通滤波器的依据。如果能把一次谐波很好过滤掉，则高次谐波就应该基本不存在了。

通过上面的了解可以得到 PWM DAC 的分辨率，计算公式如下：

$$分辨率=\log_2 N$$

这里假设 n 的最小变化为 1，当 $N=256$ 的时候，分辨率就是 8 位。而 STM32F767 的定时器大部分都是 16 位的(TIM2 和 TIM5 是 32 位)，可以很容易得到更高的分辨率，分辨率越高，速度就越慢。本章要设计的 DAC 分辨率为 8 位。

在 8 位分辨条件下，一般要求一次谐波对输出电压的影响不要超过一个位的精度，也就是 3.3/256＝0.012 89 V。假设 V_H 为 3.3 V，V_L 为 0 V，那么一次谐波的最大值是 $2\times3.3\ \text{V}/\pi=2.1\ \text{V}$，这就要求我们的 RC 滤波电路提供至少 $-20\lg(2.1/0.012\,89)=-44$ dB 的衰减。

STM32F767 的定时器最快的计数频率是 216 MHz，某些定时器只能到 108 MHz，所以以 108 MHz 频率为例介绍，8 位分辨率的时候，PWM 频率为 108 MHz/256＝421.875 kHz。如果是一阶 RC 滤波，则要求截止频率 2.66 kHz；如果为二阶 RC 滤波，则要求截止频率为 33.62 kHz。

阿波罗 STM32F767 开发板的 PWM DAC 输出采用二阶 RC 滤波，该部分原理图如图 28.1.2 所示。

二阶 RC 滤波截止频率计算公式为：

$$f=1/2\pi RC$$

以上公式要求 R19 · C34＝R20 · C35＝RC。根据这个公式可以计算出图 28.1.2 的截止频率为 33.8 kHz，和 33.62 kHz 非常接近，满足设计要求。

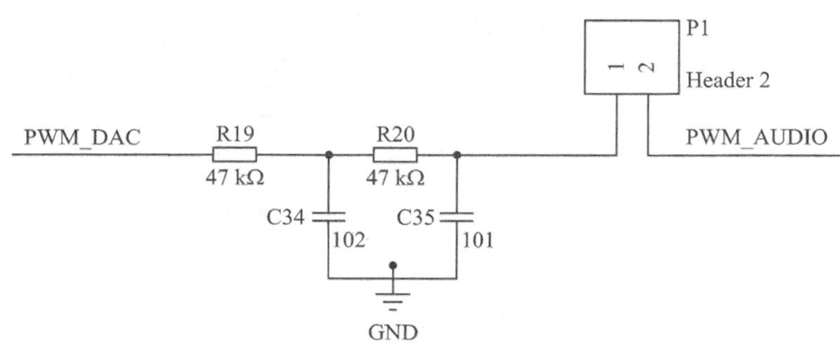

图 28.1.2　PWM DAC 二阶 RC 滤波原理图

28.2　硬件设计

本章用到的硬件资源有指示灯 DS0、KEY_UP 和 KEY1 按键、串口、LCD 模块、ADC、PWM DAC。本章使用 STM32F767 的 TIM9_CH2(PA3)输出 PWM,经过二阶 RC 滤波后转换为直流输出,从而实现 PWM DAC。同上一章一样,我们通过 ADC1 的通道 5(PA5)读取 PWM DAC 的输出,并在 LCD 模块上显示相关数值,通过按键和 USMART 控制 PWM DAC 的输出值。我们需要用到 ADC 采集 DAC 的输出电压,所以需要在硬件上将 PWM DAC 和 ADC 短接起来。PWM DAC 部分原理图如图 28.2.1 所示。

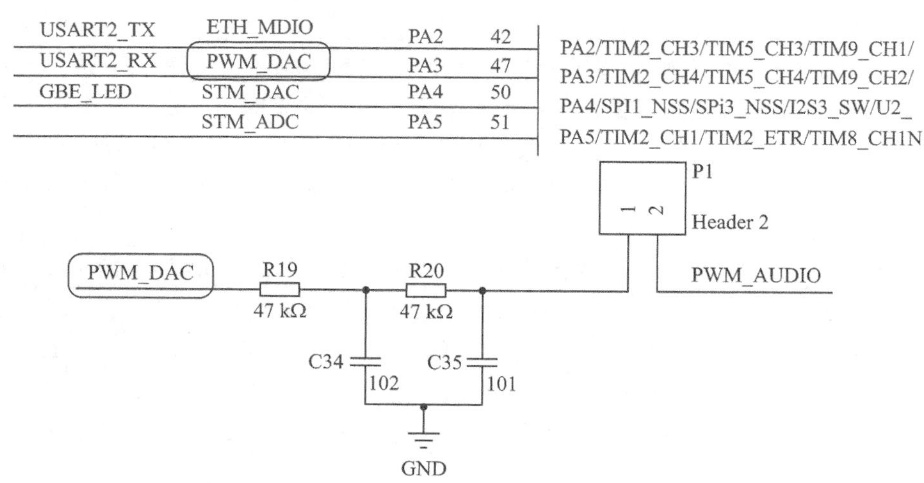

图 28.2.1　PWM DAC 原理图

从图 28.2.1 可知 PWM_DAC 的连接关系,但是这里有个特别需要注意的地方,因为 PWM_DAC 和 USART2_RX 共用了 PA3 引脚,所以在做本例程的时候必须拔了 P8 上面 PA3(RX)的跳线帽(左侧跳线帽),否则会影响 PWM 转换结果。

在硬件上还需要用跳线帽短接多功能端口的 PDC 和 ADC,如图 28.2.2 所示。

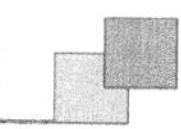

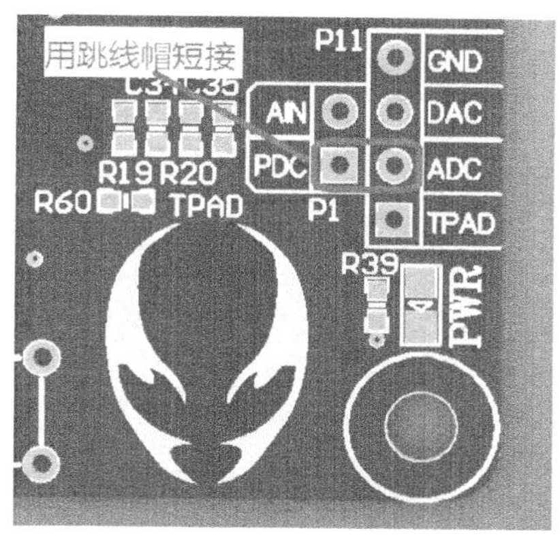

图 28.2.2　硬件连接示意图

28.3　软件设计

打开本章的实验工程可以看到，本章并没有增加其他新的库函数文件支持，主要是使用了 ADC 和定时器相关的库函数支持。因为我们是使用定时器产生 PWM 信号作为 PWM DAC 的输入信号，所以需要添加定时器相关的库函数支持。在 HARDWARE 分组下，我们新建了 pwmdac.c 源文件和对应的头文件来初始化定时器 9 的 PWM。接下来看看 pwmdac.c 源文件内容：

```
TIM_HandleTypeDef TIM9_Handler;             //定时器 9 PWM 句柄
TIM_OC_InitTypeDef TIM9_CH2Handler;         //定时器 9 通道 2 句柄
//PWM DAC 初始化(也就是 TIM9 通道 2 初始化)
//PWM 输出初始化
//arr:自动重装值
//psc:时钟预分频数
void TIM9_CH2_PWM_Init(u16 arr,u16 psc)
{
    TIM9_Handler.Instance = TIM9;                  //定时器 9
    TIM9_Handler.Init.Prescaler = psc;                  //定时器分频系数
    TIM9_Handler.Init.CounterMode = TIM_COUNTERMODE_UP;//向上计数模式
    TIM9_Handler.Init.Period = arr;                     //自动重装载值
    TIM9_Handler.Init.ClockDivision = TIM_CLOCKDIVISION_DIV1;
    HAL_TIM_PWM_Init(&TIM9_Handler);       //初始化 PWM
    TIM9_CH2Handler.OCMode = TIM_OCMODE_PWM1; //模式选择 PWM1
    TIM9_CH2Handler.Pulse = arr/2;            //设置比较值用来确定占空比为 50 %
    TIM9_CH2Handler.OCPolarity = TIM_OCPOLARITY_HIGH; //输出比较极性为高
  HAL_TIM_PWM_ConfigChannel(&TIM9_Handler,&TIM9_CH2Handler,
                            TIM_CHANNEL_2);//配置 TIM9 通道 2
    HAL_TIM_PWM_Start(&TIM9_Handler,TIM_CHANNEL_2);//开启 PWM 通道 2
}
//定时器底层驱动，时钟使能，引脚配置
//此函数会被 HAL_TIM_PWM_Init()调用
//htim:定时器句柄
```

```
void HAL_TIM_PWM_MspInit(TIM_HandleTypeDef * htim)
{
if(hadc ->Instance == ADC1)
    {
    GPIO_InitTypeDef GPIO_Initure;
    __HAL_RCC_TIM9_CLK_ENABLE();                        //使能定时器 9
    __HAL_RCC_GPIOA_CLK_ENABLE();                       //开启 GPIOA 时钟
    GPIO_Initure.Pin = GPIO_PIN_3;                      //PA3
    GPIO_Initure.Mode = GPIO_MODE_AF_PP;                //复用推完输出
    GPIO_Initure.Pull = GPIO_PULLUP;                    //上拉
    GPIO_Initure.Speed = GPIO_SPEED_HIGH;               //高速
    GPIO_Initure.Alternate =  GPIO_AF3_TIM9;            //PA3 复用为 TIM9_CH2
    HAL_GPIO_Init(GPIOA,&GPIO_Initure);
    if(hadc ->Instance == ADC1)
    {
}
//设置 TIM 通道 2 的占空比
//TIM_TypeDef:定时器
//compare:比较值
void TIM_SetTIM9Compare2(u32 compare)
{
    TIM9 ->CCR2 = compare;
}
```

该文件有 3 个函数,和 PWM 输出实验几乎是一模一样的,只不过定时器由 TIM3 换成了 TIM9,这里就不细说了。

接下来看看主函数内容:

```
//设置输出电压
//vol:0~330,代表 0~3.3V
void PWM_DAC_Set(u16 vol)
{
    double temp = vol;
    temp/ = 100;
    temp = temp * 256/3.3;
    TIM_SetTIM9Compare2(temp);
}
int main(void)
{
    u16 adcx;
    float temp;
    u8 t = 0;
    u16 pwmval = 0;
    u8 key;
    Cache_Enable();                         //打开 L1 - Cache
    HAL_Init();                             //初始化 HAL 库
    Stm32_Clock_Init(432,25,2,9);           //设置时钟,216 MHz
    delay_init(216);                        //延时初始化
    uart_init(115200);                      //串口初始化
    usmart_dev.init(108);                   //初始化 USMART
    LED_Init();                             //初始化 LED
```

```
    KEY_Init();                              //初始化按键
    SDRAM_Init();                            //初始化 SDRAM
    LCD_Init();                              //LCD 初始化
    MY_ADC_Init();                           //初始化 ADC1
    TIM9_CH2_PWM_Init(255,1); /TIM9 PWM 初始化，Fpwm = 90 MHz/256 = 351.562 kHz.
    POINT_COLOR = RED;
    LCD_ShowString(30,50,200,16,16,"Apollo STM32F4/F7");
    LCD_ShowString(30,70,200,16,16,"PWM DAC TEST");
    LCD_ShowString(30,90,200,16,16,"ATOM@ALIENTEK");
    LCD_ShowString(30,110,200,16,16,"2016/1/13");
    LCD_ShowString(30,130,200,16,16,"WK_UP: +    KEY1: - ");
    POINT_COLOR = BLUE;//设置字体为蓝色
    LCD_ShowString(30,150,200,16,16,"DAC VAL:");
    LCD_ShowString(30,170,200,16,16,"DAC VOL:0.000V");
    LCD_ShowString(30,190,200,16,16,"ADC VOL:0.000V");
    TIM_SetTIM9Compare2(pwmval);      //初始值为 0
    while(1)
    {
        t++;
        key = KEY_Scan(0);
        if(key == WKUP_PRES)
        {
            if(pwmval<250)pwmval + = 10;
                TIM_SetTIM9Compare2(pwmval);      //输出
        }else if(key == KEY1_PRES)
        {
            if(pwmval>10)pwmval - = 10;
            else pwmval = 0;
              TIM_SetTIM9Compare2(pwmval);      //输出
        }
        if(t == 10||key == KEY1_PRES||key == WKUP_PRES) //WKUP/KEY1 按下/时间到
        {
            adcx = HAL_TIM_ReadCapturedValue(&TIM9_Handler,TIM_CHANNEL_2);
            LCD_ShowxNum(94,150,adcx,3,16,0);              //显示 DAC 寄存器值
            temp = (float)adcx * (3.3/256);;               //得到 DAC 电压值
            adcx = temp;
            LCD_ShowxNum(94,170,temp,1,16,0);              //显示电压值整数部分
            temp - = adcx;
            temp * = 1000;
            LCD_ShowxNum(110,170,temp,3,16,0x80);          //显示小数部分
            adcx = Get_Adc_Average(ADC_CHANNEL_5,20);      //得到转换值
            temp = (float)adcx * (3.3/4096);               //得到 ADC 电压值
            adcx = temp;
            LCD_ShowxNum(94,190,temp,1,16,0);              //显示电压值整数部分
            temp - = adcx;
            temp * = 1000;
            LCD_ShowxNum(110,190,temp,3,16,0x80);          //显示小数部分
            t = 0;
            LED0_Toggle;
         }
        delay_ms(10);
```

```
    }
}
```

此部分代码同上一章的基本一样,先对需要用到的模块进行初始化,然后显示一些提示信息。本章通过 KEY_UP 和 KEY1(也就是上下键)来实现对 PWM 脉宽的控制,经过 RC 滤波,最终实现对 DAC 输出幅值的控制。按 KEY_UP 增加,按 KEY1 减小。同时,在 LCD 上面显示 TIM4_CCR1 寄存器的值、PWM DAC 设计输出电压以及 ADC 采集到的实际输出电压。同时,DS0 闪烁,提示程序运行状况。

28.4 下载验证

编译成功之后,下载代码到 ALIENTEK 阿波罗 STM32 开发板上,可以看到,LCD 显示如图 28.4.1 所示。

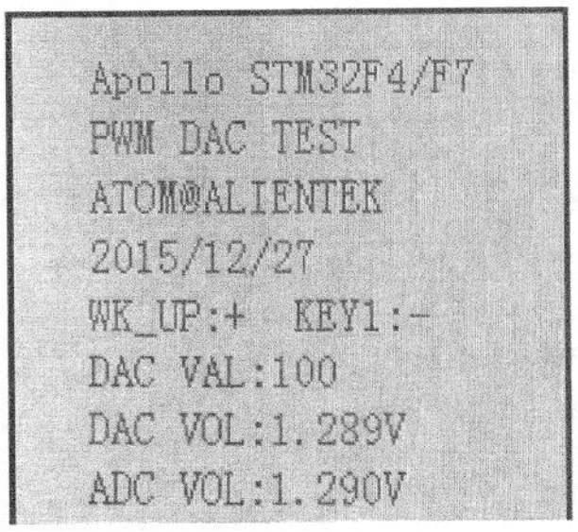

```
Apollo STM32F4/F7
PWM DAC TEST
ATOM@ALIENTEK
2015/12/27
WK_UP:+  KEY1:-
DAC VAL:100
DAC VOL:1.289V
ADC VOL:1.290V
```

图 28.4.1 PWM DAC 实验测试图

同时,伴随 DS0 的不停闪烁,提示程序在运行。此时,按 KEY_UP 按键可以看到输出电压增大,按 KEY1 则变小。注意,此时 PA3 不能接其他任何外设,如果没有拔 P8 排针上面 PA3 的跳线帽,那么 PWM DAC 将有很大误差。

第 29 章 DMA 实验

本章将介绍 STM32F767 的 DMA，并利用 STM32F767 的 DMA 来实现串口数据传送，同时在 LCD 模块上显示当前的传送进度。

29.1 STM32F767 DMA 简介

DMA，全称为 Direct Memory Access，即直接存储器访问。DMA 传输方式无需 CPU 直接控制传输，也没有中断处理方式那样保留现场和恢复现场的过程，通过硬件为 RAM 与 I/O 设备开辟一条直接传送数据的通路，能使 CPU 的效率大为提高。

STM32F767 最多有 2 个 DMA 控制器（DMA1 和 DMA2），共 16 个数据流（每个控制器 8 个），每一个 DMA 控制器都用于管理一个或多个外设的存储器访问请求。每个数据流总共可以有 8 个通道（或称请求）。每个数据流通道都有一个仲裁器，用于处理 DMA 请求间的优先级。

STM32F767 的 DMA 有以下一些特性：

- 双 AHB 主总线架构，一个用于存储器访问，另一个用于外设访问；
- 仅支持 32 位访问的 AHB 从编程接口；
- 每个 DMA 控制器有 8 个数据流，每个数据流有 8 个通道（或称请求）；
- 每个数据流有单独的 4 级 32 位先进先出缓冲区（FIFO），可用于 FIFO 模式或直接模式；
- 通过硬件可以将每个数据流配置为：

① 支持外设到存储器、存储器到外设和存储器到存储器传输的常规通道；

② 支持在存储器方双缓冲的双缓冲区通道；

- 8 个数据流中的每一个都连接到专用硬件 DMA 通道（请求）；
- DMA 数据流请求之间的优先级可用软件编程（4 个级别：非常高、高、中、低），在软件优先级相同的情况下可以通过硬件决定优先级（例如，请求 0 的优先级高于请求 1）；
- 每个数据流也支持通过软件触发存储器到存储器的传输（仅限 DMA2 控制器）；
- 每个数据流选择的通道请求有 8 个，可由软件配置，允许几个外设启动 DMA 请求；
- 要传输的数据项的数目可以由 DMA 控制器或外设管理：

① DMA 流控制器:要传输的数据项的数目是 1～65 535,可用软件编程;

② 外设流控制器:要传输的数据项的数目未知并由源或目标外设控制,这些外设通过硬件发出传输结束的信号;

➢ 独立的源和目标传输宽度(字节、半字、字):源和目标的数据宽度不相等时,DMA 自动封装/解封必要的传输数据来优化带宽,这个特性仅在 FIFO 模式下可用;

➢ 对源和目标的增量或非增量寻址;

➢ 支持 4 个、8 个和 16 个节拍的增量突发传输,突发增量的大小可由软件配置,通常等于外设 FIFO 大小的一半;

➢ 每个数据流都支持循环缓冲区管理;

➢ 5 个事件标志(DMA 半传输、DMA 传输完成、DMA 传输错误、DMA FIFO 错误、直接模式错误)进行逻辑或运算,从而产生每个数据流的单个中断请求。

STM32F767 有两个 DMA 控制器,DMA1 和 DMA2,本章仅针对 DMA2 进行介绍。STM32F767 的 DMA 控制器框图如图 29.1.1 所示。

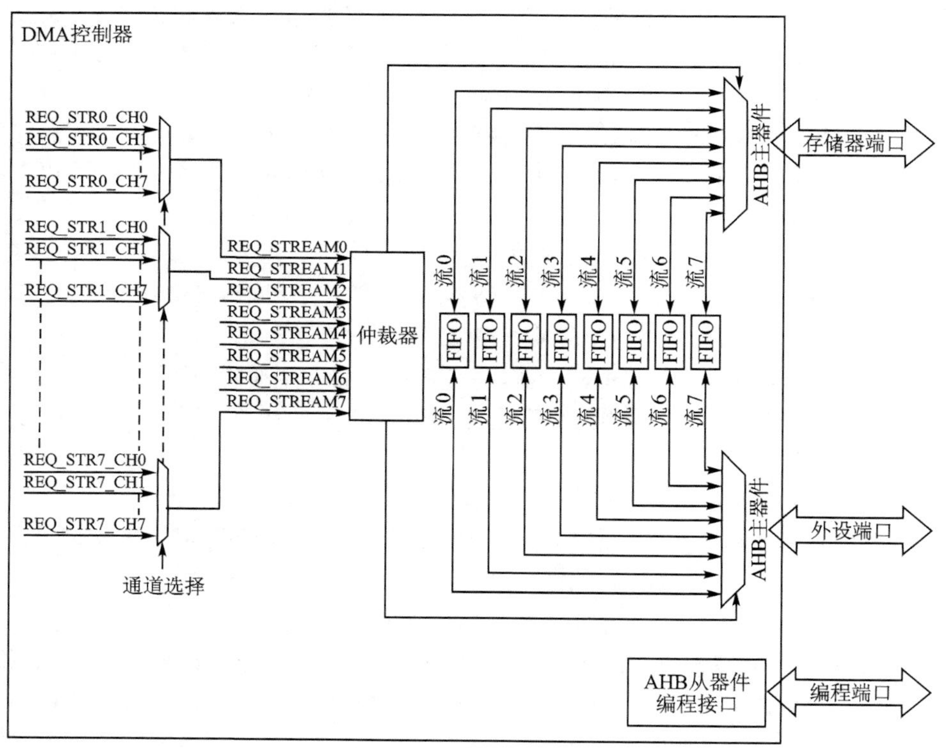

图 29.1.1 DMA 控制器框图

DMA 控制器执行直接存储器传输,因为采用 AHB 主总线,它可以控制 AHB 总线矩阵来启动 AHB 事务。它可以执行下列事务:

➢ 外设到存储器的传输；
➢ 存储器到外设的传输；
➢ 存储器到存储器的传输。

注意，存储器到存储器需要外设接口来访问存储器，而仅 DMA2 的外设接口来访问存储器，所以仅 DMA2 控制器支持存储器到存储器的传输，DMA1 不支持。

图 29.1.1 中数据流的多通道选择是通过 DMA_SxCR 寄存器控制的，如图 29.1.2 所示。可以看出，DMA_SxCR 控制数据流到底使用哪一个通道。每个数据流有 8 个通道可供选择，每次只能选择其中一个通道进行 DMA 传输。接下来看看 DMA2 的各数据流通道映射表，如表 29.1.1 所列。

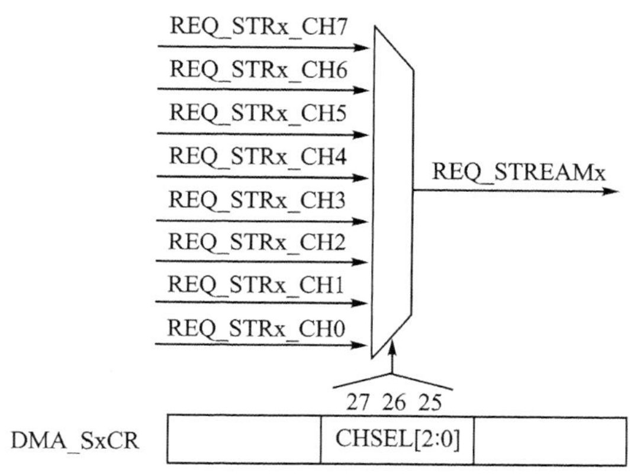

图 29.1.2　DMA 数据流通道选择

表 29.1.1　DMA2 各数据流通道映射表

外设请求	数据流 0	数据流 1	数据流 2	数据流 3	数据流 4	数据流 5	数据流 6	数据流 7
通道 0	ADC1	SAI1_A	TIM8_CH1 TIM8_CH2 TIM8_CH3	SAI1_A	ADC1	SAI1_B	TIM1_CH1 TIM1_CH2 TIM1_CH3	SAI2_B
通道 1	—	DCMI	ADC2	ADC2	SAI1_B	SPI6_TX	SPI6_RX	DCMI
通道 2	ADC3	ADC3	—	SPI5_RX	SPI5_TX	CRYP_OUT	CRYP_IN	HASH_IN
通道 3	SPI1_RX	—	SPI1_RX	SPI1_TX	SAI2_A	SPI1_TX	SAI2_B	QUADSPI
通道 4	SPI4_RX	SPI4_TX	USART1_RX	SDMMC1	—	USART1_RX	SDMMC1	USART1_TX
通道 5	—	USART6_RX	USART6_RX	SPI4_RX	SPI4_TX	—	USART6_TX	USART6_TX
通道 6	TIM1_TRIG	TIM1_CH1	TIM1_CH2	TIM1_CH1	TIM1_CH4 TIM1_TRIG TIM1_COM	TIM1_UP	TIM1_CH3	—
通道 7	—	TIM8_UP	TIM8_CH1	TIM8_CH2	TIM8_CH3	SPI5_RX	SPI5_TX	TIM8_CH4 TIM8_TRIG TIM8_COM

表 29.1.1 列出了 DMA2 所有可能的选择情况，总共 64 种组合。比如本章要实现串口 1 的 DMA 发送，即 USART1_TX，则必须选择 DMA2 的数据流 7、通道 4 来进行 DMA 传输。注意，有的外设(比如 USART1_RX)可能有多个通道可以选择，随意选择一个就可以了。

接下来介绍一下 DMA 设置相关的几个寄存器。

第一个是 DMA 中断状态寄存器，该寄存器总共有 2 个：DMA_LISR 和 DMA_HISR。每个寄存器管理 4 数据流(总共 8 个)，DMA_LISR 寄存器用于管理数据流 0～3，而 DMA_HISR 用于管理数据流 4～7。这两个寄存器各位描述一模一样，只是管理的数据流不一样。

这里仅以 DMA_LISR 寄存器为例进行介绍，DMA_LISR 各位描述如图 29.1.3 所示。

31	30	29	28	27	26	25	24	23	22	21	20	19	18	17	16
Reserved				TCIF3	HTIF3	TEIF3	DMEIF3	Reserved	FEIF3	TCIF2	HTIF2	TEIF2	DMEIF2	Reserved	FEIF2
r	r	r	r	r	r	r	r		r	r	r	r	r		r

15	14	13	12	11	10	9	8	7	6	5	4	3	2	1	0
Reserved				TCIF1	HTIF1	TEIF1	DMEIF1	Reserved	FEIF1	TCIF0	HTIF0	TEIF0	DMEIF0	Reserved	FEIF0
r	r	r	r	r	r	r	r		r	r	r	r	r		r

位 31:28、15:12　保留，必须保持复位值。

位 27、21、11、5　TCIFx：数据流 x 传输完成中断标志(x=3:0)
此位将由硬件置 1，由软件清零，软件只须将 1 写入 DMA_LIFCR 寄存器的相应位。
0：数据流 x 上无传输完成事件　1：数据流 x 上发生传输完成事件

位 26、20、10、4　HTIFx：数据流 x 半传输中断标志(x=3:0)
此位将由硬件置 1，由软件清零，软件只须将 1 写入 DMA_LIFCR 寄存器的相应位。
0：数据流 x 上无半传输事件　1：数据流 x 上发生半传输事件

位 25、19、9、3　TEIFx：数据流 x 传输错误中断标志(x=3:0)
此位将由硬件置 1，由软件清零，软件只须将 1 写入 DMA_LIFCR 寄存器的相应位。
0：数据流 x 上无传输错误　1：数据流 x 上发生传输错误

位 24、18、8、2　DMEIFx：数据流 x 直接模式错误中断标志(x=3:0)
此位将由硬件置 1，由软件清零，软件只须将 1 写入 DMA_LIFCR 寄存器的相应位。
0：数据流 x 上无直接模式错误　1：数据流 x 上发生直接模式错误

位 23、17、7、1　保留，必须保持复位值。

位 22、16、6、0　FEIFx=数据流 x FIFO 错误中断标志(x=3:0)
此位将由硬件置 1，由软件清零，软件只须将 1 写入 DMA_LIFCR 寄存器的相应位。
0：数据流 x 上无 FIFo 错误事件　1：数据流 x 上发生 FIFO 错误事件

图 29.1.3　DMA_LISR 寄存器各位描述

如果开启了 DMA_LISR 中这些位对应的中断，则达到条件后就会跳到中断服务函数里面去，即使没开启，我们也可以通过查询这些位来获得当前 DMA 传输的状态。这里常用的是 TCIFx 位，即数据流 x 的 DMA 传输完成与否标志。注意，此寄存器为只读寄存器，所以在这些位被置位之后，只能通过其他的操作来清除。DMA_HISR 寄存器各位描述同 DMA_LISR 寄存器各位描述完全一样，只是对应数据流 4～7，这里就不列出来了。

第二个是 DMA 中断标志清除寄存器，该寄存器同样有 2 个：DMA_LIFCR 和 DMA_HIFCR，同样是每个寄存器控制 4 个数据流，DMA_LIFCR 寄存器用于管理数据流 0～3，而 DMA_HIFCR 用于管理数据流 4～7。这两个寄存器各位描述都完全一模一样，只是管理的数据流不一样。

这里仅以 DMA_LIFCR 寄存器为例进行介绍，DMA_LIFCR 各位描述如图 29.1.4 所示。

31	30	29	28	27	26	25	24	23	22	21	20	19	18	17	16
Reserved				CTCIF3	CHTIF3	CTEIF3	CDMEIF3	Reserved	CFEIF3	CTCIF2	CHTIF2	CTEIF2	CDMEIF2	Reserved	CFEIF2
				w	w	w	w		w	w	w	w	w		w

15	14	13	12	11	10	9	8	7	6	5	4	3	2	1	0
Reserved				CTCIF1	CHTIF1	CTEIF1	CDMEIF1	Reserved	CFEIF1	CTCIF0	CHTIF0	CTEIF0	CDMEIF0	Reserved	CFEIF0
				w	w	w	w		w	w	w	w	w		w

位 31:28、15:12　保留，必须保持复位值。

位 27、21、11、5　CTCIFx：数据流 x 传输完成中断标志清零

将 1 写入此位时，DMA_LISR 寄存器中相应的 TCI Fx 标志将清零

位 26、20、1 0、4　CHTIFx：数据流 x 半传输中断标志清零

将 1 写入此位时，DMA_LISR 寄存器中相应的 HTIFx 标志将清零

位 25、1 9、9、3　CTEIFx：数据流 x 传输错误中断标志清零

将 1 写入此位时，DMA_LISR 寄存器中相应的 TEIFx 标志将清零

位 24、1 8、8、2　CDMEIFx：数据流 x 直接模式错误中断标志清零

将 1 写入此位时，DMA_LISR 寄存器中相应的 DMEIFx 标志将清零

位 23、1 7、7、1　保留，必须保持复位值。

位 22、1 6、6、0　CFEIFx：数据流 x FIFO 错误中断标志清零

将 1 写入此位时，DMA_LISR 寄存器中相应的 CFEIFx 标志将清零

图 29.1.4　DMA_LIFCR 寄存器各位描述

DMA_LIFCR 的各位就是用来清除 DMA_LISR 的对应位的，通过写 1 清除。DMA_LISR 被置位后，我们必须通过向该位寄存器对应的位写入 1 来清除。DMA_HIFCR 的使用同 DMA_LIFCR 类似，这里就不做介绍了。

第三个是 DMA 数据流 x 配置寄存器(DMA_SxCR)(x＝0～7，下同)。该寄存器这里就不贴出来了，见《STM32F7 中文参考手册》第 229 页 8.5.5 小节。该寄存器控制着 DMA 的很多相关信息，包括数据宽度、外设及存储器的宽度、优先级、增量模式、传输方向、中断允许、使能等。所以，DMA_SxCR 是 DMA 传输的核心控制寄存器。

第四个是 DMA 数据流 x 数据项数寄存器(DMA_SxNDTR)。这个寄存器控制 DMA 数据流 x 的每次传输所要传输的数据量，设置范围为 0～655 35。并且该寄存器的值会随着传输的进行而减少，当该寄存器的值为 0 的时候就代表此次数据传输已经全部发送完成了，所以可以通过这个寄存器的值来知道当前 DMA 传输的进度。注意，这里是数据项数目，而不是指的字节数。比如设置数据位宽为 16 位，那么传输一次(一

个项)就是 2 字节。

第五个是 DMA 数据流 x 的外设地址寄存器(DMA_SxPAR)。该寄存器用来存储 STM32F767 外设的地址,比如使用串口 1,那么该寄存器必须写入 0x40011028(其实就是 &USART1_TDR)。如果使用其他外设,就修改成相应外设的地址就行了。

最后一个是 DMA 数据流 x 的存储器地址寄存器。由于 STM32F767 的 DMA 支持双缓存,所以存储器地址寄存器有两个:DMA_SxM0AR 和 DMA_SxM1AR,其中,DMA_SxM1AR 仅在双缓冲模式下才有效。本章没用到双缓冲模式,所以存储器地址寄存器就是 DMA_SxM0AR,该寄存器和 DMA_CPARx 差不多,但是是用来放存储器的地址的。比如使用 SendBuf[7800]数组来做存储器,那么在 DMA_SxM0AR 中写入 &SendBuff 就可以了。

DMA 相关寄存器就介绍到这里,关于这些寄存器的详细描述可参考《STM32F7xx 中文参考手册》第 8.5 节。本章要用到串口 1 的发送,属于 DMA2 的数据流 7、通道 4,接下来就介绍使用 HAL 库的配置步骤和方法。首先需要指出的是,DMA 相关的库函数支持在文件 stm32f7xx_hal_dma.c、stm32f7xx_hal_dma_ex.c 以及对应的头文件中,同时因为我们是用串口的 DMA 功能,所以还要加入串口相关的文件 stm32f7xx_hal_uart.c。具体步骤如下:

① 使能 DMA2 时钟。

DMA 的时钟使能是通过 AHB1ENR 寄存器来控制的,这里要先使能时钟,才可以配置 DMA 相关寄存器。HAL 库方法为:

```
__HAL_RCC_DMA2_CLK_ENABLE();//DMA2 时钟使能
__HAL_RCC_DMA1_CLK_ENABLE();//DMA1 时钟使能
```

② 初始化 DMA2 数据流 7,包括配置通道、外设地址、存储器地址、传输数据量等。

DMA 的某个数据流各种配置参数初始化是通过 HAL_DMA_Init 函数实现的,该函数声明为:

```
HAL_StatusTypeDef HAL_DMA_Init(DMA_HandleTypeDef * hdma);
```

该函数只有一个 DMA_HandleTypeDef 结构体指针类型入口参数,结构体定义为:

```
typedef struct __DMA_HandleTypeDef
{
 DMA_Stream_TypeDef          * Instance;
 DMA_InitTypeDef             Init;
HAL_LockTypeDef              Lock;
__IO HAL_DMA_StateTypeDef    State;
void                         * Parent;
 void                        ( * XferCpltCallback)(
                                      struct __DMA_HandleTypeDef * hdma);
void                         ( * XferHalfCpltCallback)(
                                      struct __DMA_HandleTypeDef * hdma);
void                         ( * XferM1CpltCallback)(
                                      struct __DMA_HandleTypeDef * hdma);
```

```
void                        ( * XferM1HalfCpltCallback)(
                                       struct __DMA_HandleTypeDef * hdma);
 void                       ( * XferErrorCallback)(
                                       struct __DMA_HandleTypeDef * hdma);
void                        ( * XferAbortCallback)(
                                       struct __DMA_HandleTypeDef * hdma);
__IO uint32_t               ErrorCode;
 uint32_t                   StreamBaseAddress;
uint32_t                    StreamIndex;
}DMA_HandleTypeDef;
```

成员变量 Instance 用来设置寄存器基地址，比如要设置为 DMA2 的数据流 7，那么取值为 DMA2_Stream7。

成员变量 Parent 是 HAL 库处理中间变量，用来指向 DMA 通道外设句柄。

成员变量 XferCpltCallback（传输完成回调函数）、XferHalfCpltCallback（半传输完成回调函数）、XferM1CpltCallback（Memory1 传输完成回调函数）、XferM1HalfCpltCallback（Memory1 半传输完成回调函数）、XferErrorCallback（传输错误回调函数）和 XferAbortCallback（传输中断回调函数）是 6 个函数指针，用来指向回调函数入口地址。

成员变量 StreamBaseAddress 和 StreamIndex 是数据流基地址和索引号，这个是 HAL 库处理的时候会自动计算，用户无须设置。

其他成员变量是 HAL 库处理过程状态标识变量，这里就不做过多讲解。接下来着重看成员变量 Init，它是 DMA_InitTypeDef 结构体类型，该结构体定义为：

```
typedef struct
{
  uint32_t Channel;               //通道，例如：DMA_CHANNEL_4
  uint32_t Direction;             //传输方向，例如存储器到外设 DMA_MEMORY_TO_PERIPH
  uint32_t PeriphInc;             //外设（非）增量模式，非增量模式 DMA_PINC_DISABLE
  uint32_t MemInc;                //存储器（非）增量模式，增量模式 DMA_MINC_ENABLE
  uint32_t PeriphDataAlignment;   //外设数据大小：8/16/32 位
  uint32_t MemDataAlignment;      //存储器数据大小：8/16/32 位
  uint32_t Mode;                  //模式：外设流控模式/循环模式/普通模式
  uint32_t Priority;              //DMA 优先级：低/中/高/非常高
  uint32_t FIFOMode;              //FIFO 模式开启或者禁止
  uint32_t FIFOThreshold;         //FIFO 阈值选择
  uint32_t MemBurst;              //存储器突发模式：单次/4 个节拍/8 个节拍/16 个节拍
  uint32_t PeriphBurst;           //外设突发模式：单次/4 个节拍/8 个节拍/16 个节拍
}DMA_InitTypeDef;
```

该结构体成员变量非常多，但是每个成员变量配置的基本都是 DMA_SxCR 寄存器和 DMA_SxFCR 寄存器的相应位。我们把结构体各个成员变量的含义都通过注释的方式列出来了。例如，本实验要用到 DMA2_Stream7 的 DMA_CHANNEL_4，把内存中数组的值发送到串口外设发送寄存器 DR，所以方向为存储器到外设 DMA_MEMORY_TO_PERIPH，一个一个字节发送，需要数字索引自动增加，所以是存储器增量模式 DMA_MINC_ENABLE，存储器和外设的字宽都是字节 8 位。具体配置如下：

```
DMA_HandleTypeDef  UART1TxDMA_Handler;                                   //DMA 句柄
UART1TxDMA_Handler.Instance = DMA2_Stream7;                              //数据流选择
UART1TxDMA_Handler.Init.Channel = DMA_CHANNEL_4;                         //通道选择
UART1TxDMA_Handler.Init.Direction = DMA_MEMORY_TO_PERIPH;                //存储器到外设
UART1TxDMA_Handler.Init.PeriphInc = DMA_PINC_DISABLE;                    //外设非增量模式
UART1TxDMA_Handler.Init.MemInc = DMA_MINC_ENABLE;                        //存储器增量模式
UART1TxDMA_Handler.Init.PeriphDataAlignment = DMA_PDATAALIGN_BYTE;  //外设:8 位
UART1TxDMA_Handler.Init.MemDataAlignment = DMA_MDATAALIGN_BYTE;          //存储器:8 位
UART1TxDMA_Handler.Init.Mode = DMA_NORMAL;                               //普通模式
UART1TxDMA_Handler.Init.Priority = DMA_PRIORITY_MEDIUM;                  //中等优先级
UART1TxDMA_Handler.Init.FIFOMode = DMA_FIFOMODE_DISABLE;
UART1TxDMA_Handler.Init.FIFOThreshold = DMA_FIFO_THRESHOLD_FULL;
UART1TxDMA_Handler.Init.MemBurst = DMA_MBURST_SINGLE;       //存储器突发单次传输
UART1TxDMA_Handler.Init.PeriphBurst = DMA_PBURST_SINGLE; //外设突发单次传输
```

注意,HAL 库为了处理各类外设的 DMA 请求,在调用相关函数之前,需要调用一个宏定义标识符来连接 DMA 和外设句柄。例如,要使用串口 DMA 发送,所以方式为:

```
__HAL_LINKDMA(&UART1_Handler,hdmatx,UART1TxDMA_Handler);
```

其中,UART1_Handler 是串口初始化句柄,我们在 usart.c 中定义过了。UART1TxDMA_Handler 是 DMA 初始化句柄。hdmatx 是外设句柄结构体的成员变量,这里实际就是 UART1_Handler 的成员变量。在 HAL 库中,任何一个可以使用 DMA 的外设的初始化结构体句柄都会有一个 DMA_HandleTypeDef 指针类型的成员变量,是 HAL 库用来做相关指向的。Hdmatx 就是 DMA_HandleTypeDef 结构体指针类型。

这句话的含义就是把 UART1_Handler 句柄的成员变量 hdmatx 和 DMA 句柄 UART1TxDMA_Handler 连接起来,是纯软件处理,没有任何硬件操作。

如果要详细了解 HAL 库指向关系,则可以查看本实验宏定义标识符__HAL_LINKDMA 的定义和调用方法。

③ 使能串口 1(DMA2_Stream7)的 DMA 发送,启动传输。

串口 1 的 DMA 发送实际是串口控制寄存器 CR3 的位 7 来控制的。在 HAL 库中操作该寄存器来使能串口 DMA 发送的函数为 HAL_UART_Transmit_DMA,该函数声明如下:

```
HAL_StatusTypeDef HAL_UART_Transmit_DMA(UART_HandleTypeDef * huart,
                                         uint8_t * pData, uint16_t Size);
```

注意,调用该函数后会开启相应的 DMA 中断,本章实验是通过查询的方法获取数据传输状态,所以并没有做中断相关处理,也没有编写中断服务函数。

HAL 库还提供了对串口的 DMA 发送的停止、暂停、继续等操作函数:

```
HAL_StatusTypeDef HAL_UART_DMAStop(UART_HandleTypeDef * huart);      //停止
HAL_StatusTypeDef HAL_UART_DMAPause(UART_HandleTypeDef * huart);      //暂停
HAL_StatusTypeDef HAL_UART_DMAResume(UART_HandleTypeDef * huart);//恢复
```

这些函数使用方法这里就不累赘了。

④ 查询 DMA 传输状态。

在 DMA 传输过程中，要查询 DMA 传输通道的状态，使用的方法是：

```
__HAL_DMA_GET_FLAG(&UART1TxDMA_Handler,DMA_FLAG_TCIF3_7);
```

获取当前传输剩余数据量：

```
__HAL_DMA_GET_COUNTER(&UART1TxDMA_Handler);
```

同样，也可以设置对应 DMA 数据流传输的数据量大小，函数为：

```
__HAL_DMA_SET_COUNTER(&UART1TxDMA_Handler,1000);
```

DMA 相关的库函数就讲解到这里，更详细的内容可以查看固件库中文手册。

⑤ DMA 中断使用方法。

DMA 中断对于每个流都有一个中断服务函数，比如 DMA2_Stream7 的中断服务函数为 DMA2_Stream7_IRQHandler。同样，HAL 库也提供了一个通用的 DMA 中断处理函数 HAL_DMA_IRQHandler，在该函数内部会对 DMA 传输状态进行分析，然后调用相应的中断处理回调函数：

```
void HAL_UART_TxCpltCallback(UART_HandleTypeDef * huart);//发送完成回调函数
void HAL_UART_TxHalfCpltCallback(UART_HandleTypeDef * huart);/发送一半回调函数
void HAL_UART_RxCpltCallback(UART_HandleTypeDef * huart);//接收完成回调函数
void HAL_UART_RxHalfCpltCallback(UART_HandleTypeDef * huart);//接收一半回调函数
void HAL_UART_ErrorCallback(UART_HandleTypeDef * huart);//传输出错回调函数
```

29.2　硬件设计

本章用到的硬件资源有指示灯 DS0、KEY0 按键、串口、LCD 模块、DMA。本章将利用外部按键 KEY0 来控制 DMA 的传送，每按一次 KEY0，DMA 就传送一次数据到 USART1，然后在 LCD 模块上显示进度等信息。DS0 还是用来作为程序运行的指示灯。

注意，先查看 P4 口的 RXD、TXD 是否和 PA9、PA10 连接上，如果没有，须先连接。

29.3　软件设计

打开本章的实验工程可以看到，HALLIB 分组下面增加了 DMA 支持文件 stm32f7xx_dma.c，同时引入了 stm32f7xx_hal_dma.h 头文件支持。HARDWARE 分组下面新增了 dma.c 以及对应头文件 dma.h，用来存放 dma 相关的函数和定义。

打开 dma.c 文件，代码如下：

```
DMA_HandleTypeDef   UART1TxDMA_Handler;          //DMA 句柄
//DMAx 的各通道配置
//这里的传输形式是固定的，这点要根据不同的情况来修改
//从存储器 ->外设模式/8 位数据宽度/存储器增量模式
```

```
//DMA_Streamx:DMA 数据流,DMA1_Stream0~7/DMA2_Stream0~7
//chx:DMA 通道选择,@ref DMA_channel DMA_CHANNEL_0~DMA_CHANNEL_7
void MYDMA_Config(DMA_Stream_TypeDef * DMA_Streamx,u32 chx)
{
    if((u32)DMA_Streamx>(u32)DMA2)//得到当前 stream 是属于 DMA2 还是 DMA1
    {
        __HAL_RCC_DMA2_CLK_ENABLE();//DMA2 时钟使能
    }else
    {
        __HAL_RCC_DMA1_CLK_ENABLE();//DMA1 时钟使能
    }
    __HAL_LINKDMA(&UART1_Handler,hdmatx,UART1TxDMA_Handler);
    //将 DMA 与 USART1 联系起来(发送 DMA)
    //Tx DMA 配置
    UART1TxDMA_Handler.Instance = DMA_Streamx;      //数据流选择
    UART1TxDMA_Handler.Init.Channel = chx;      //通道选择
    UART1TxDMA_Handler.Init.Direction = DMA_MEMORY_TO_PERIPH;      //存储器到外设
    UART1TxDMA_Handler.Init.PeriphInc = DMA_PINC_DISABLE;      //外设非增量模式
    UART1TxDMA_Handler.Init.MemInc = DMA_MINC_ENABLE;      //存储器增量模式
    UART1TxDMA_Handler.Init.PeriphDataAlignment = DMA_PDATAALIGN_BYTE;//外设 8 位
    UART1TxDMA_Handler.Init.MemDataAlignment = DMA_MDATAALIGN_BYTE; //存储器:8 位
    UART1TxDMA_Handler.Init.Mode = DMA_NORMAL;      //外设普通模式
    UART1TxDMA_Handler.Init.Priority = DMA_PRIORITY_MEDIUM;      //中等优先级
    UART1TxDMA_Handler.Init.FIFOMode = DMA_FIFOMODE_DISABLE;
    UART1TxDMA_Handler.Init.FIFOThreshold = DMA_FIFO_THRESHOLD_FULL;
    UART1TxDMA_Handler.Init.MemBurst = DMA_MBURST_SINGLE; //存储器突发单次传输
    UART1TxDMA_Handler.Init.PeriphBurst = DMA_PBURST_SINGLE; //外设突发单次传输
    HAL_DMA_DeInit(&UART1TxDMA_Handler);  //把 DMA 寄存器设置为缺省值
    HAL_DMA_Init(&UART1TxDMA_Handler);     //初始化 DMA
}
```

该部分代码仅仅一个函数,MYDMA_Config 函数,基本上就是按照 29.1 节介绍的步骤①和步骤②来使能 DMA 时钟和初始化 DMA 的;该函数是一个通用的 DMA 配置函数,DMA1、DMA2 的所有通道都可以利用该函数配置,不过有些固定参数可能要适当修改(比如位宽、传输方向等)。该函数在外部只能修改 DMA 数据流编号和通道号,更多的其他设置只能在该函数内部修改。

dma.h 头文件内容比较简单,主要是函数申明,这里不细说。

main 函数如下:

```
#define SEND_BUF_SIZE 7800//发送数据长度最好等于 sizeof(TEXT_TO_SEND) + 2 的整数倍
u8 SendBuff[SEND_BUF_SIZE]; //发送数据缓冲区
const u8 TEXT_TO_SEND[] = {"ALIENTEK Apollo STM32F4 DMA  串口实验"};
int main(void)
{
    u16 i;
    u8 t = 0;
    u8 j,mask = 0;
    float pro = 0;                                    //进度
    Cache_Enable();                                   //打开 L1 - Cache
    HAL_Init();                                       //初始化 HAL 库
```

```
Stm32_Clock_Init(432,25,2,9);                       //设置时钟,216 MHz
delay_init(216);                                    //延时初始化
uart_init(115200);                                  //串口初始化
LED_Init();                                         //初始化 LED
KEY_Init();                                         //初始化按键
SDRAM_Init();                                       //初始化 SDRAM
LCD_Init();                                         //LCD 初始化
MYDMA_Config(DMA2_Stream7,DMA_CHANNEL_4);           //初始化 DMA
POINT_COLOR = RED;
LCD_ShowString(30,50,200,16,16,"Apollo STM32F4/F7");
LCD_ShowString(30,70,200,16,16,"DMA TEST");
LCD_ShowString(30,90,200,16,16,"ATOM@ALIENTEK");
LCD_ShowString(30,110,200,16,16,"2016/1/24");
LCD_ShowString(30,130,200,16,16,"KEY0:Start");
POINT_COLOR = BLUE;//设置字体为蓝色
//显示提示信息
j = sizeof(TEXT_TO_SEND);
for(i = 0;i<SEND_BUF_SIZE;i ++ )//填充 ASCII 字符集数据
{
    if(t>= j)//加入换行符
    {
        if(mask)
        {
            SendBuff[i] = 0x0a;
            t = 0;
        }else
        {
            SendBuff[i] = 0x0d;
            mask ++ ;
        }
    }else//复制 TEXT_TO_SEND 语句
    {
        mask = 0;
        SendBuff[i] = TEXT_TO_SEND[t];
        t ++ ;
    }
}
POINT_COLOR = BLUE;//设置字体为蓝色
i = 0;
   while(1)
{
    t = KEY_Scan(0);
    if(t == KEY0_PRES)  //KEY0 按下
    {
        printf("\r\nDMA DATA:\r\n");
        LCD_ShowString(30,150,200,16,16,"Start Transimit....");
        LCD_ShowString(30,170,200,16,16,"    %") ;      //显示百分号
        HAL_UART_Transmit_DMA(&UART1_Handler,SendBuff,
        SEND_BUF_SIZE);//开启 DMA 传输
        while(1)
        {
```

```
                if(__HAL_DMA_GET_FLAG(&UART1TxDMA_Handler,DMA_FLAG_TCIF3_7))
                                                    //等待 DMA2_Steam7 传输完成
                {
                __HAL_DMA_CLEAR_FLAG(&UART1TxDMA_Handler,DMA_FLAG_TCIF3_7);
                                                    //清除 DMA2_Steam7 传输完成标志
                HAL_UART_DMAStop(&UART1_Handler)//传输完成以后关闭串口 DMA
                break;
                }
                pro = __HAL_DMA_GET_COUNTER(&UART1TxDMA_Handler);
                                                    //得到当前还剩余多少个数据
                pro = 1 - pro/SEND_BUF_SIZE;     //得到百分比
                pro * = 100;                        //扩大 100 倍
                LCD_ShowNum(30,170,pro,3,16);
            }
            LCD_ShowNum(30,170,100,3,16);//显示 100 %
            LCD_ShowString(30,150,200,16,16,"Transimit Finished!");//提示完成
        }
        i ++ ;
        delay_ms(10);
        if(i == 20)
        {
            LED0_Toggle;//提示系统正在运行
            i = 0;
        }
    }
}
```

main 函数的流程大致是：先初始化内存 SendBuff 的值，然后通过 KEY0 开启串口 DMA 发送；在发送过程中，通过__HAL_DMA_GET_COUNTER(&UART1TxDMA_Handler)获取当前还剩余的数据量来计算传输百分比；最后，传输结束之后清除相应标志位，提示已经传输完成。

至此，DMA 串口传输的软件设计就完成了。

29.4 下载验证

编译成功之后，下载代码到 ALIENTEK 阿波罗 STM32 开发板上，可以看到，LCD 显示如图 29.4.1 所示。

```
Apollo STM32F4/F7
DMA TEST
ATOM@ALIENTEK
2015/12/27
KEY0:Start
```

图 29.4.1 DMA 实验测试图

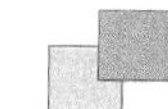

伴随 DS0 的不停闪烁，提示程序在运行。打开串口调试助手，按 KEY0 可以看到，串口显示如图 29.4.2 所示的内容。

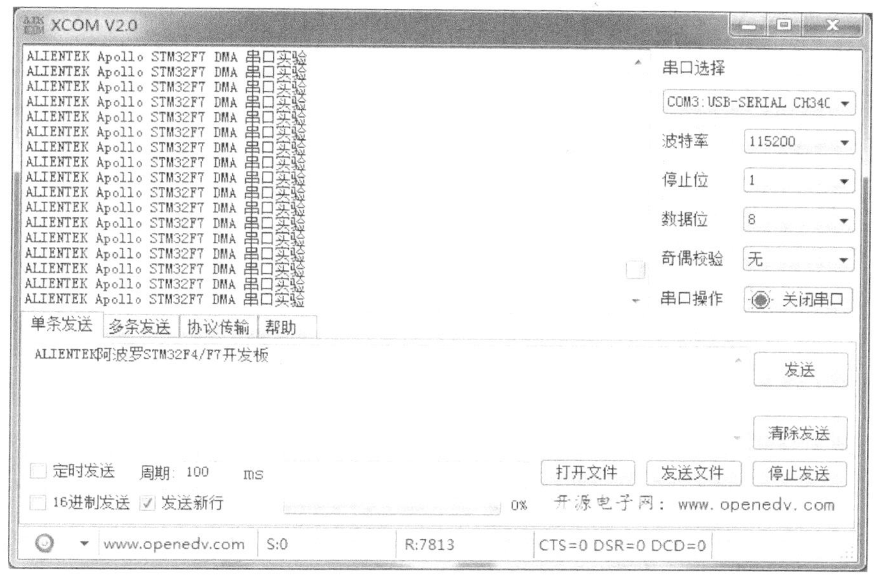

图 29.4.2 串口收到的数据内容

可以看到，串口收到了阿波罗 STM32F767 开发板发送过来的数据，同时可以看到 TFTLCD 上显示了进度等信息，如图 29.4.3 所示。

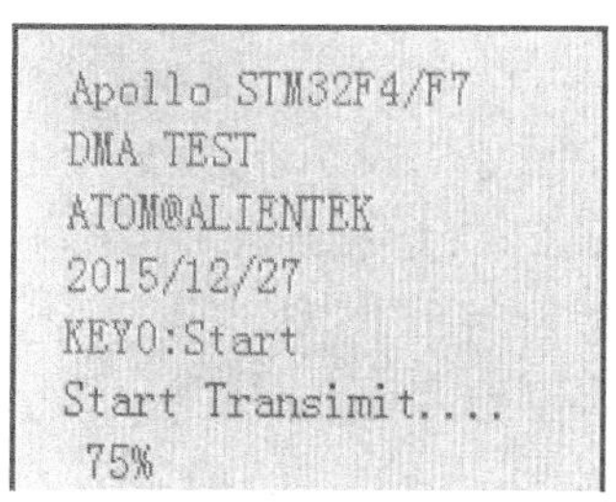

29.4.3 DMA 串口数据传输中

至此，整个 DMA 实验就结束了。DMA 是个非常好的功能，不但能减轻 CPU 负担，还能提高数据传输速度、合理地应用 DMA，往往能让程序设计变得简单。

第 30 章

I^2C 实验

本章将介绍如何使用 STM32F767 的普通 I/O 口模拟 I^2C 时序，并实现和 24C02 之间的读/写，然后结果显示在 LCD 模块上。

30.1 I^2C 简介

I^2C(Inter－Integrated Circuit)总线是一种由 PHILIPS 公司开发的两线式串行总线，用于连接微控制器及其外围设备。它是由数据线 SDA 和时钟 SCL 构成的串行总线，可发送和接收数据。在 CPU 与被控 IC 之间、IC 与 IC 之间进行双向传送，高速 I^2C 总线一般可达 400 kbps 以上。

I^2C 总线在传送数据过程中共有 3 种类型信号，分别是开始信号、结束信号和应答信号。

开始信号：SCL 为高电平时，SDA 由高电平向低电平跳变，开始传送数据。

结束信号：SCL 为高电平时，SDA 由低电平向高电平跳变，结束传送数据。

应答信号：接收数据的 IC 在接收到 8 bit 数据后，向发送数据的 IC 发出特定的低电平脉冲，表示已收到数据。CPU 向受控单元发出一个信号后，等待受控单元发出一个应答信号，CPU 接收到应答信号后，根据实际情况做出是否继续传递信号的判断。若未收到应答信号，则判断为受控单元出现故障。

这些信号中，起始信号是必需的，结束信号和应答信号都可以不要。I^2C 总线时序图如图 30.1.1 所示。

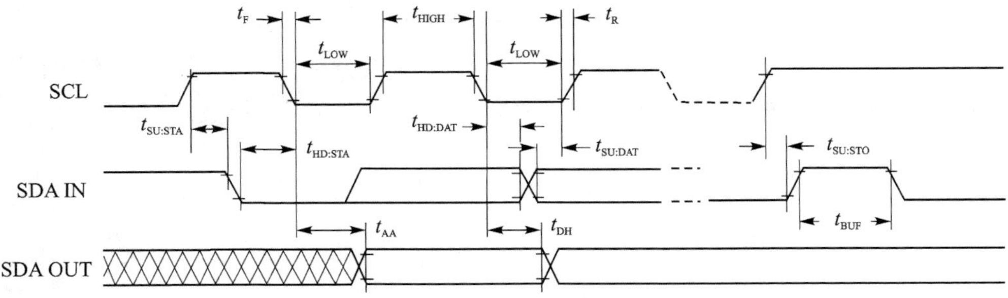

图 30.1.1 I^2C 总线时序图

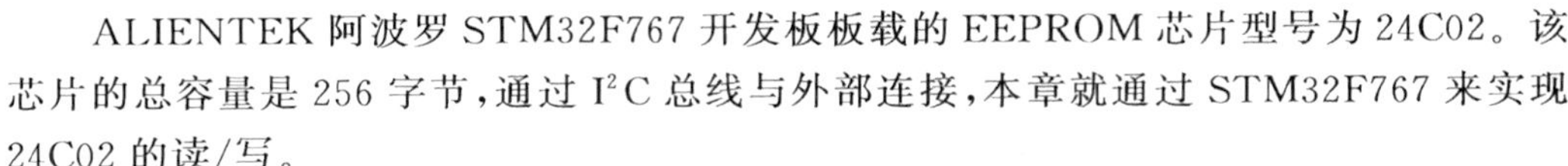

ALIENTEK 阿波罗 STM32F767 开发板板载的 EEPROM 芯片型号为 24C02。该芯片的总容量是 256 字节，通过 I²C 总线与外部连接，本章就通过 STM32F767 来实现 24C02 的读/写。

目前大部分 MCU 都带有 I²C 总线接口，STM32F767 也不例外。但是这里不使用 STM32F767 的硬件 I²C 来读/写 24C02，而是通过软件模拟。ST 为了规避飞利浦 I²C 专利问题，将 STM32 的硬件 I²C 设计得比较复杂，而且稳定性不怎么好，所以这里不推荐使用。有兴趣的读者可以研究一下 STM32F767 的硬件 I²C。

用软件模拟 I²C 最大的好处就是方便移植，同一个代码兼容所有 MCU，任何一个单片机只要有 I/O 口，就可以很快移植过去，而且不需要特定的 I/O 口。而对于硬件 I²C，则换一款 MCU，基本上就得重新搞一次，移植是比较麻烦的。

本章实验功能简介：开机的时候先检测 24C02 是否存在，然后在主循环里面检测两个按键，其中一个按键(KEY1)用来执行写入 24C02 的操作，另外一个按键(KEY0)用来执行读出操作，在 LCD 模块上显示相关信息。同时，用 DS0 提示程序正在运行。

30.2　硬件设计

本章需要用到的硬件资源有：指示灯 DS0、KEY0 和 KEY1 按键、串口(USMART 使用)、LCD 模块、24C02。前 4 部分的资源已经介绍过了，这里只介绍 24C02 与 STM32F767 的连接。24C02 的 SCL 和 SDA 分别连在 STM32F767 的 PH4 和 PH5 上的，连接关系如图 30.2.1 所示。

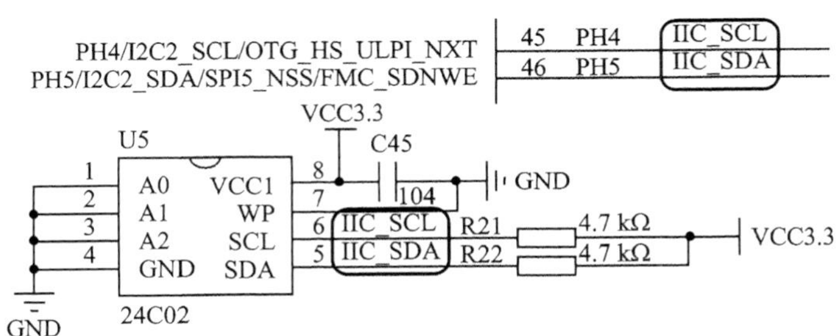

图 30.2.1　STM32F767 与 24C02 连接图

30.3　软件设计

打开本章的实验工程可以看到，我们并没有在 HALLIB 分组之下添加新的固件库文件支持，因为这里是通过 GPIO 来模拟 I²C。这里新增了 myiic.c 文件来存放 I²C 底层驱动。新增了 24cxx.c 文件来存放 24C02 的底层驱动。

打开 myiic.c 文件，代码如下：

```
//IIC初始化
void IIC_Init(void)
{
    GPIO_InitTypeDef GPIO_Initure;
    __HAL_RCC_GPIOH_CLK_ENABLE();   //使能GPIOH时钟
    //PH4,5初始化设置
    GPIO_Initure.Pin = GPIO_PIN_4|GPIO_PIN_5;
    GPIO_Initure.Mode = GPIO_MODE_OUTPUT_PP;  //推挽输出
    GPIO_Initure.Pull = GPIO_PULLUP;          //上拉
    GPIO_Initure.Speed = GPIO_SPEED_FAST;     //快速
    HAL_GPIO_Init(GPIOH,&GPIO_Initure);
    IIC_SDA(1);
    IIC_SCL(1);
}
//产生IIC起始信号
void IIC_Start(void)
{
    SDA_OUT();      //sda线输出
    IIC_SDA(1);
    IIC_SCL(1);
    delay_us(4);
    IIC_SDA(0);//START:when CLK is high,DATA change form high to low
    delay_us(4);
    IIC_SCL(0);//钳住IIC总线,准备发送或接收数据
}
//产生IIC停止信号
void IIC_Stop(void)
{
    SDA_OUT();//sda线输出
    IIC_SCL(0);
    IIC_SDA(0);//STOP:when CLK is high DATA change form low to high
    delay_us(4);
    IIC_SCL(1);
    IIC_SDA(1);//发送IIC总线结束信号
    delay_us(4);
}
//等待应答信号到来
//返回值:1,接收应答失败
//       0,接收应答成功
u8 IIC_Wait_Ack(void)
{
    u8 ucErrTime = 0;
    SDA_IN();       //SDA设置为输入
    IIC_SDA(1);delay_us(1);
    IIC_SCL(1);delay_us(1);
    while(READ_SDA)
    {
        ucErrTime++;
        if(ucErrTime>250)
        {
            IIC_Stop();
```

```
            return 1;
        }
    }
    IIC_SCL(0);//时钟输出 0
    return 0;
}
//产生 ACK 应答
void IIC_Ack(void)
{
    IIC_SCL(0);
    SDA_OUT();
    IIC_SDA(0);
    delay_us(2);
    IIC_SCL(1);
    delay_us(2);
    IIC_SCL(0);
}
//不产生 ACK 应答
void IIC_NAck(void)
{
    IIC_SCL(0);
    SDA_OUT();
    IIC_SDA(1);
    delay_us(2);
    IIC_SCL(1);
    delay_us(2);
    IIC_SCL(0);
}
//IIC 发送一个字节
//返回从机有无应答
//1,有应答
//0,无应答
void IIC_Send_Byte(u8 txd)
{
    u8 t;
    SDA_OUT();
    IIC_SCL(0);//拉低时钟开始数据传输
    for(t = 0;t<8;t++)
    {
        IIC_SDA((txd&0x80)>>7);
        txd<<= 1;
        delay_us(2);    //对 TEA5767 这 3 个延时都是必须的
        IIC_SCL(1);
        delay_us(2);
        IIC_SCL(0);
        delay_us(2);
    }
}
//读一个字节,ack = 1 时,发送 ACK,ack = 0,发送 nACK
u8 IIC_Read_Byte(unsigned char ack)
{
```

```
    unsigned char i,receive = 0;
    SDA_IN();//SDA 设置为输入
    for(i = 0;i<8;i++ )
    {
        IIC_SCL(0);
        delay_us(2);
        IIC_SCL(1);
        receive<<= 1;
        if(READ_SDA)receive++;
        delay_us(1);
    }
    if (! ack)
        IIC_NAck();//发送 nACK
    else
        IIC_Ack(); //发送 ACK
    return receive;
}
```

该部分为 I²C 驱动代码,可以实现 I²C 的初始化(I/O 口)、I²C 开始、I²C 结束、ACK、I²C 读/写等功能。在其他函数里面,只需要调用相关的 I²C 函数就可以和外部 I²C 器件通信了。这里并不局限于 24C02,该段代码可以用在任何 I²C 设备上。

打开 myiic.h 头文件可以看到,除了函数申明之外,还定义了几个宏定义标识符:

```
//I/O 方向设置
#define SDA_IN()  {GPIOH->MODER&= ~(3<<(5*2));GPIOH->MODER|= 0<<5*2;}
                                                          //PH5 输入模式
#define SDA_OUT() {GPIOH->MODER&= ~(3<<(5*2));GPIOH->MODER|= 1<<5*2;}
                                                          //PH5 输出模式
//I/O 操作
#define IIC_SCL(n)  (n? HAL_GPIO_WritePin(GPIOH,GPIO_PIN_4,GPIO_PIN_SET): \
              HAL_GPIO_WritePin(GPIOH,GPIO_PIN_4,GPIO_PIN_RESET)) //SCL
#define IIC_SDA(n)  (n? HAL_GPIO_WritePin(GPIOH,GPIO_PIN_5,GPIO_PIN_SET): \
              HAL_GPIO_WritePin(GPIOH,GPIO_PIN_5,GPIO_PIN_RESET)) //SDA
#define READ_SDA    HAL_GPIO_ReadPin(GPIOH,GPIO_PIN_5)  //输入 SDA
```

该部分代码的 SDA_IN()和 SDA_OUT()分别用于设置 IIC_SDA 接口为输入和输出,IIC_SCL(n)、IC_SDA(n)和 READ_SDA 分别用来设置 I²C 通信引脚的电平设置和状态读取。

接下来看看 24cxx.c 源文件代码代码:

```
//初始化 IIC 接口
void AT24CXX_Init(void)
{
    IIC_Init();//IIC 初始化
}
//在 AT24CXX 指定地址读出一个数据
//ReadAddr:开始读数的地址
//返回值  :读到的数据
u8 AT24CXX_ReadOneByte(u16 ReadAddr)
{
```

```
    u8 temp = 0;
    IIC_Start();
    if(EE_TYPE>AT24C16)
    {
        IIC_Send_Byte(0XA0);        //发送写命令
        IIC_Wait_Ack();
        IIC_Send_Byte(ReadAddr>>8);//发送高地址
    }else IIC_Send_Byte(0XA0 + ((ReadAddr/256)<<1));   //发送器件地址 0XA0,写数据
    IIC_Wait_Ack();
    IIC_Send_Byte(ReadAddr % 256);   //发送低地址
    IIC_Wait_Ack();
    IIC_Start();
    IIC_Send_Byte(0XA1);            //进入接收模式
    IIC_Wait_Ack();
    temp = IIC_Read_Byte(0);
    IIC_Stop();//产生一个停止条件
    return temp;
}
//在 AT24CXX 指定地址写入一个数据
//WriteAddr   :写入数据的目的地址
//DataToWrite:要写入的数据
void AT24CXX_WriteOneByte(u16 WriteAddr,u8 DataToWrite)
{
    IIC_Start();
    if(EE_TYPE>AT24C16)
    {
        IIC_Send_Byte(0XA0);        //发送写命令
        IIC_Wait_Ack();
        IIC_Send_Byte(WriteAddr>>8);//发送高地址
    }else IIC_Send_Byte(0XA0 + ((WriteAddr/256)<<1));   //发送器件地址 0XA0,写数据
    IIC_Wait_Ack();
    IIC_Send_Byte(WriteAddr % 256);   //发送低地址
    IIC_Wait_Ack();
    IIC_Send_Byte(DataToWrite);     //发送字节
    IIC_Wait_Ack();
    IIC_Stop();//产生一个停止条件
    delay_ms(10);
}
//在 AT24CXX 里面的指定地址开始写入长度为 Len 的数据
//该函数用于写入 16 bit 或者 32 bit 的数据.
//WriteAddr   :开始写入的地址
//DataToWrite:数据数组首地址
//Len         :要写入数据的长度 2,4
void AT24CXX_WriteLenByte(u16 WriteAddr,u32 DataToWrite,u8 Len)
{
    u8 t;
    for(t = 0;t<Len;t ++ )
    {
        AT24CXX_WriteOneByte(WriteAddr + t,(DataToWrite>>(8 * t))&0xff);
    }
}
```

```
//在 AT24CXX 里面的指定地址开始读出长度为 Len 的数据
//该函数用于读出 16bit 或者 32bit 的数据
//ReadAddr   :开始读出的地址
//返回值     :数据
//Len        :要读出数据的长度 2,4
u32 AT24CXX_ReadLenByte(u16 ReadAddr,u8 Len)
{
    u8 t;
    u32 temp = 0;
    for(t = 0;t<Len;t ++ )
    {
        temp<< = 8;
        temp + = AT24CXX_ReadOneByte(ReadAddr + Len - t - 1);
    }
    return temp;
}
//检查 AT24CXX 是否正常
//这里用了 24XX 的最后一个地址(255)来存储标志字
//如果用其他 24C 系列,这个地址要修改
//返回 1:检测失败
//返回 0:检测成功
u8 AT24CXX_Check(void)
{
    u8 temp;
    temp = AT24CXX_ReadOneByte(255);//避免每次开机都写 AT24CXX
    if(temp == 0X55)return 0;
    else//排除第一次初始化的情况
    {
        AT24CXX_WriteOneByte(255,0X55);
        temp = AT24CXX_ReadOneByte(255);
        if(temp == 0X55)return 0;
    }
    return 1;
}
//在 AT24CXX 里面的指定地址开始读出指定个数的数据
//ReadAddr :开始读出的地址对 24c02 为 0~255
//pBuffer   :数据数组首地址
//NumToRead:要读出数据的个数
void AT24CXX_Read(u16 ReadAddr,u8 * pBuffer,u16 NumToRead)
{
    while(NumToRead)
    {
        * pBuffer ++ = AT24CXX_ReadOneByte(ReadAddr ++ );
        NumToRead -- ;
    }
}
//在 AT24CXX 里面的指定地址开始写入指定个数的数据
//WriteAddr :开始写入的地址对 24c02 为 0~255
//pBuffer    :数据数组首地址
//NumToWrite:要写入数据的个数
void AT24CXX_Write(u16 WriteAddr,u8 * pBuffer,u16 NumToWrite)
```

```
{
    while(NumToWrite--)
    {
        AT24CXX_WriteOneByte(WriteAddr, * pBuffer);
        WriteAddr++;
        pBuffer++;
    }
}
```

这部分代码理论上是可以支持 24Cxx 所有系列芯片的(地址引脚必须都设置为 0),但是我们只测试了 24C02,其他器件有待测试。读者也可以验证一下,24CXX 的型号定义在 24cxx.h 文件里面,通过 EE_TYPE 设置。

最后看看 main 函数代码:

```
//要写入到 24c02 的字符串数组
const u8 TEXT_Buffer[] = {"Apollo STM32F7 IIC TEST"};
#define SIZE sizeof(TEXT_Buffer)
int main(void)
{
    u8 key;
    u16 i=0;
    u8 datatemp[SIZE];
    Cache_Enable();                    //打开 L1-Cache
    HAL_Init();                        //初始化 HAL 库
    Stm32_Clock_Init(432,25,2,9);      //设置时钟,216 MHz
    delay_init(216);                   //延时初始化
    uart_init(115200);                 //串口初始化
    LED_Init();                        //初始化 LED
    KEY_Init();                        //初始化按键
    SDRAM_Init();                      //初始化 SDRAM
    LCD_Init();                        //LCD 初始化
    AT24CXX_Init();                    //初始化 24C02
    POINT_COLOR=RED;
    LCD_ShowString(30,50,200,16,16,"Apollo STM32F4/F7");
    LCD_ShowString(30,70,200,16,16,"IIC TEST");
    LCD_ShowString(30,90,200,16,16,"ATOM@ALIENTEK");
    LCD_ShowString(30,110,200,16,16,"2016/7/12");
    LCD_ShowString(30,130,200,16,16,"KEY1:Write  KEY0:Read");     //显示提示信息
    while(AT24CXX_Check())//检测不到 24c02
    {
        LCD_ShowString(30,150,200,16,16,"24C02 Check Failed!");
        delay_ms(500);
        LCD_ShowString(30,150,200,16,16,"Please Check!        ");
        delay_ms(500);
        LED0_Toggle;//DS0 闪烁
    }
    LCD_ShowString(30,150,200,16,16,"24C02 Ready!");
    POINT_COLOR=BLUE;//设置字体为蓝色
    while(1)
    {
        key=KEY_Scan(0);
```

```
        if(key == KEY1_PRES)//KEY1 按下,写入 24C02
        {
            LCD_Fill(0,170,239,319,WHITE);//清除半屏
            LCD_ShowString(30,170,200,16,16,"Start Write 24C02....");
            AT24CXX_Write(0,(u8 * )TEXT_Buffer,SIZE);
            LCD_ShowString(30,170,200,16,16,"24C02 Write Finished!");//提示传送完成
        }
        if(key == KEY0_PRES)//KEY0 按下,读取字符串并显示
        {
            LCD_ShowString(30,170,200,16,16,"Start Read 24C02.... ");
            AT24CXX_Read(0,datatemp,SIZE);
            LCD_ShowString(30,170,200,16,16,"The Data Readed Is:  ");//提示传送完成
            LCD_ShowString(30,190,200,16,16,datatemp);//显示读到的字符串
        }
        i++;
        delay_ms(10);
        if(i == 20)
        {
            LED0_Toggle;//提示系统正在运行
            i = 0;
        }
    }
}
```

该段代码通过 KEY1 按键来控制 24C02 的写入,通过另外一个按键 KEY0 来控制 24C02 的读取,并在 LCD 模块上面显示相关信息。

至此,软件设计部分就结束了。

30.4 下载验证

编译成功之后,下载代码到 ALIENTEK 阿波罗 STM32 开发板上,先按 KEY1 按键写入数据,然后按 KEY0 读取数据,得到如图 30.4.1 所示内容。

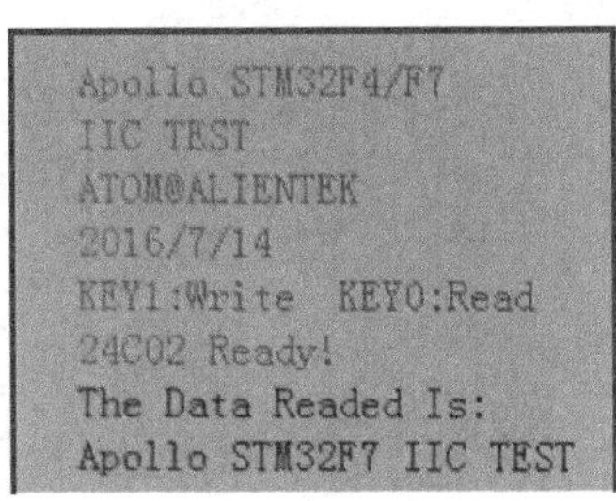

图 30.4.1　I^2C 实验程序运行效果图

同时,DS0 会不停地闪烁,提示程序正在运行。程序开机的时候会检测 24C02 是否存在,如果不存在,则会在 LCD 模块上显示错误信息,同时 DS0 慢闪。读者可以通过跳线帽把 PH4 和 PH5 短接就可以看到报错了。

第 31 章

I/O 扩展实验

本章将使用 STM32F767 的普通 I/O 口模拟 I^2C 时序，从而驱动 PCF8574、AT8574，达到扩展 I/O 口的目的。

31.1 PCF8574、AT8574 简介

PCF8574 是飞利浦公司推出的一款 I^2C 接口的远程 I/O 扩展芯片，AT8574 是芯景科技的产品，二者完全兼容，可以互相替换使用，接下来的介绍和说明仅以 PCF8754 为例，AT8574 参考学习即可。

PCF8574 包含一个 8 位准双向口和一个 I^2C 总线接口。PCF8574 电流消耗很低，并且输出锁存具有大电流驱动能力，可直接驱动 LED。它还带有一条中断接线（INT），可与 MCU 的中断逻辑相连，通过 INT 发送中断信号，远端 I/O 口不必经过 I^2C 总线通信就可通知 MCU 是否有数据从端口输入。

PCF8574 有如下特性：

- ➢ 支持 2.5～6.0 V 操作电压；
- ➢ 低备用电流（≤10 μA）；
- ➢ 支持开漏中断输出；
- ➢ 支持 I^2C 总线扩展 8 路 I/O 口；
- ➢ 输出锁存具有大电流驱动能力，可直接驱动 LED；
- ➢ 通过 3 个硬件地址引脚可寻址 8 个器件。

1. 引脚说明

PCF8574 的引脚说明如表 31.1.1 所列。

PCF8574T 采用 SO16 封装，总共 16 个脚，其中包括 8 个准双向 I/O 口（P0～P7）、3 个地址线（A0～A2）、SCL、SDA、INT、VDD 和 VSS。每个 PCF8574T 只需要最少 2 个 I/O 口就可以扩展 8 路 I/O，且支持一个 I^2C 总线上挂最多 8 个 PCF8574T。这样通过 2 个 I/O 最多可以扩展 64 个 I/O 口，在 MCU 的 I/O 不够用的时候，PCF8574T 是一个非常不错的 I/O 扩展方案。

表 31.1.1　PCF8574 引脚说明

标　号	引　脚 S016	描　述	标　号	引　脚 S016	描　述
A0	1	地址输入 0	P4	9	准双向 I/O 口 4
A1	2	地址输入 1	P5	10	准双向 I/O 口 5
A2	3	地址输入 2	P6	11	准双向 I/O 口 6
P0	4	准双向 I/O 口 0	P7	12	准双向 I/O 口 7
P1	5	准双向 I/O 口 1	$\overline{\text{INT}}$	13	中断输出(低电平有效)
P2	6	准双向 I/O 口 2	SCL	14	串行时钟线
P3	7	准双向 I/O 口 3	SDA	15	串行数据线
VSS	8	地	VDD	16	电源

2. 寻　址

一个 I²C 总线上最多可以挂 8 个 PCF8574T(通过 A0～A2 寻址),PCF8574T 的从机地址格式如图 31.1.1 所示。图中的 S 代表 I²C 的 Start 信号(启动信号);A 代表 PCF8574T 发出的应答信号;A0～A2 为 PCF8574T 的寻址信息,我们开发板上 A0～A2 都是接 GND 的,所以,PCF8574T 的地址为 0X40(左移了一位);R/W 为读/写控制位,R/W=0 的时候,表示写数据到 PCF8574T,输出到 P0～P7 口,R/W=1 的时候,表示读取 PCF8574T 的数据,获取 P0～P7 的 I/O 口状态。

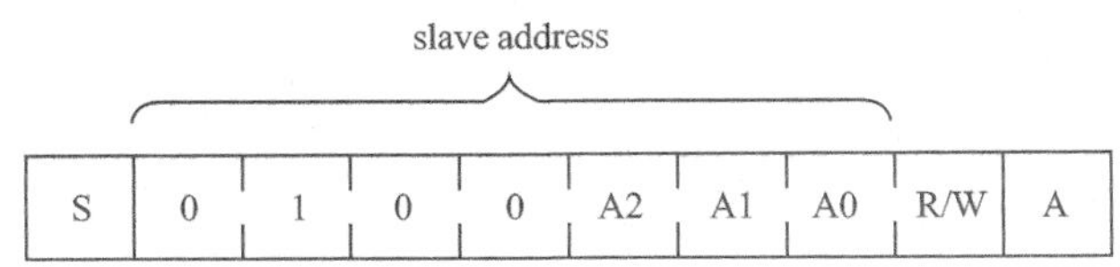

图 31.1.1　PCF8574T 从机地址格式

3. 写数据(输出)

PCF8574T 的写数据时序如图 31.1.2 所示。由图可知,PCF8574T 的数据写入非常简单。首先发送 PCF8574T 的从机地址+写信号(R/W=0),然后等待 PCF8574T 的应答信号;应答成功后,发送数据(DATA1)给 PCF8574T 就可以了。发送完数据会收到 PCF8574T 的应答信号,在发送应答信号的同时,PCF8574T 会将接收到的数据(DATA1)输出到 P0～P7 上面(对应关系见图 31.1.2)。注意,图中的 WRITE TO PORT 信号是 PCF8574T 内部自己产生的,它在每次发送应答的同时产生,用于将刚刚接收到的数据输出到 P0～P7 上,此信号不需要 MCU 发送。

4. 读数据(输入)

PCF8574T 的读数据时序如图 31.1.3 所示。

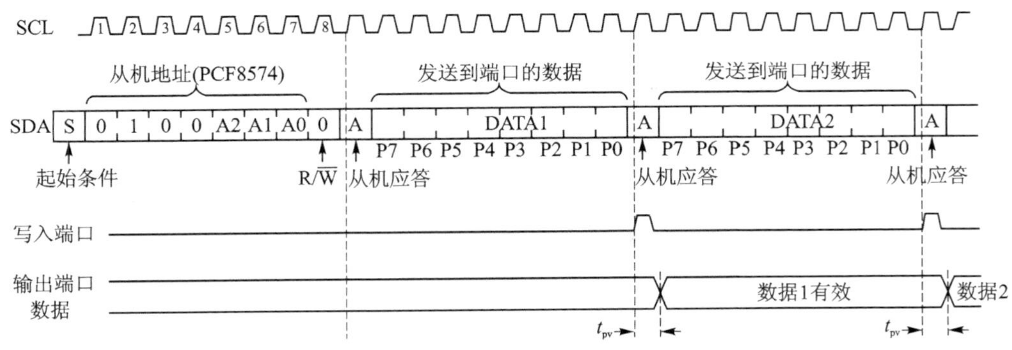

图 31.1.2　PCF8574T 写数据时序

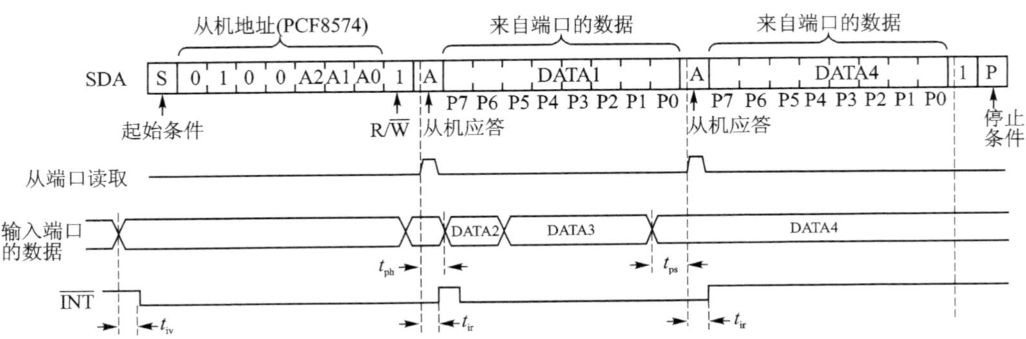

图 31.1.3　PCF8574T 读数据时序

PCF8574T 的读数据流程：首先发送 PCF8574T 的从机地址＋读信号(R/W＝1)，等待 PCF8574T 应答(注意，PCF8574T 在发送应答的同时会锁存 P0～P7 的数据)，然后读取 P0～P7 的数据。数据读取支持连续读取，在最后的时候发送 STOP 信号即可完成读数据操作。

注意，PCF8574T 的数据锁存(READ FROM PORT)发生在发送应答信号之后，P0～P7 发送的数据变化(比如图中的 DATA2 和 DATA3)将不会读取进来，直到下一个应答信号进行锁存。

5. 中　断

PCF8574T 带有中断输出脚，它可以连接到 MCU 的中断输入引脚上。在输入模式中(I/O 口输出高电平，即可做输入使用)，输入信的上升或下降沿都可以产生中断，在 tiv 时间之后 INT 有效。注意，一旦中断有效，则必须对 PCF8574T 进行一次读取/写入操作，复位中断后才可以输出下一次中断，否则中断将一直保持(无法输出下一次输入信号变化所产生的中断)。

本章实验功能简介：开机的时候先检测 PCF8574T 是否存在，然后在主循环里面检测 KEY0 按键和 PCF8574T 的中断信号。当 KEY0 按下时，控制 PCF8574T 的 P0 口输出，从而控制蜂鸣器(连接在 P0 口)的开关。当检测到 PCF8574T 的中断信号时，读取 EXIO(连接在 PCF8574T 的 P4 口)的状态,当 EXIO=0(即 P4=0)的时候,控制 LED1 的翻转;同时,LCD 模块上显示相关信息,并用 DS0 提示程序正在运行。另外,本例程将 PCF8574T 的相关控制函数加入 USMART 控制,我们也可以通过 USMART 控制/读取 PCF8574T。

31.2 硬件设计

本章需要用到的硬件资源有:指示灯 DS0、KEY0 按键、串口(USMART 使用)、LCD 模块、PCF8574T、蜂鸣器。前 4 个已经介绍了,这里介绍 PCF8574T 与 STM32F767 和蜂鸣器的连接。PCF8574T 同 24C02 等共用一个 I^2C 接口,SCL、SDA 分别连在 STM32F767 的 PH4、PH5 上的,另外 INT 脚连接在 STM32F767 的 PB12 上面,连接关系如图 31.2.1 所示。

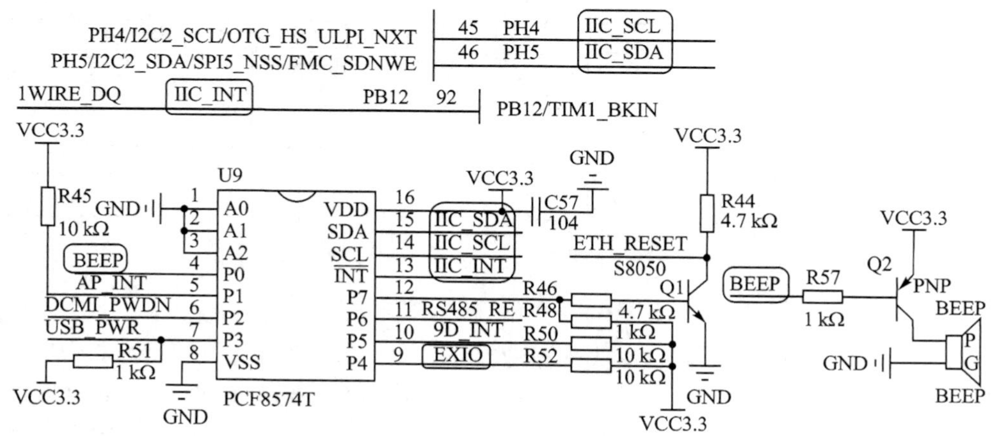

图 31.2.1 PCF8574T 与 STM32F767 和蜂鸣器的连接图

由图可知,蜂鸣器控制信号 BEEP 连接在 PCF8574T 的 P0 脚上,EXIO 连接在 P4 脚上,其他还连接了一些外设(比如网络复位脚、摄像头、USB、RS485 等)。注意,IIC_INT 脚同 1WIRE_DQ 共用了 PB12,使用的时候只能分时复用,不能同时使用。

31.3 软件设计

打开本章实验工程可以看到,由于 PCF8574 要使用到 I^2C 接口,所以这里保留了上一章相关源码。同时,还新建了 pcf8574.c 源文件和 pcf8574.h 头文件,PCF8574 相关的驱动代码就存放在这两个文件中。

打开 pcf8574.c 文件,代码如下:

```
//初始化 PCF8574
u8 PCF8574_Init(void)
```

```
{
    u8 temp = 0;
    GPIO_InitTypeDef GPIO_Initure;
    __HAL_RCC_GPIOB_CLK_ENABLE();              //使能 GPIOB 时钟
    GPIO_Initure.Pin = GPIO_PIN_12;            //PB12
    GPIO_Initure.Mode = GPIO_MODE_INPUT;       //输入
    GPIO_Initure.Pull = GPIO_PULLUP;           //上拉
    GPIO_Initure.Speed = GPIO_SPEED_HIGH;      //高速
    HAL_GPIO_Init(GPIOB,&GPIO_Initure);        //初始化
    IIC_Init();                                //IIC 初始化
    //检查 PCF8574 是否在位
    IIC_Start();
    IIC_Send_Byte(PCF8574_ADDR);               //写地址
    temp = IIC_Wait_Ack(); //等待应答,通过判断是否有 ACK,来判断 PCF8574 的状态
    IIC_Stop();                                //产生一个停止条件
    PCF8574_WriteOneByte(0XFF);                //默认情况下所有 IO 输出高电平
    return temp;
}
//读取 PCF8574 的 8 位 I/O 值
//返回值:读到的数据
u8 PCF8574_ReadOneByte(void)
{
    u8 temp = 0;
    IIC_Start();
    IIC_Send_Byte(PCF8574_ADDR|0X01);          //进入接收模式
    IIC_Wait_Ack();
    temp = IIC_Read_Byte(0);
    IIC_Stop();                                //产生一个停止条件
    return temp;
}
//向 PCF8574 写入 8 位 I/O 值
//DataToWrite:要写入的数据
void PCF8574_WriteOneByte(u8 DataToWrite)
{
    IIC_Start();
    IIC_Send_Byte(PCF8574_ADDR|0X00);          //发送器件地址 0X40,写数据
    IIC_Wait_Ack();
    IIC_Send_Byte(DataToWrite);                //发送字节
    IIC_Wait_Ack();
    IIC_Stop();                                //产生一个停止条件
    delay_ms(10);
}
//设置 PCF8574 某个 I/O 的高低电平
//bit:要设置的 I/O 编号,0~7
//sta:I/O 的状态;0 或 1
void PCF8574_WriteBit(u8 bit,u8 sta)
{
    u8 data;
    data = PCF8574_ReadOneByte();              //先读出原来的设置
    if(sta == 0)data& = ~(1<<bit);
    else data| = 1<<bit;
```

```
    PCF8574_WriteOneByte(data);          //写入新的数据
}
//读取 PCF8574 的某个 I/O 的值
//bit:要读取的 I/O 编号,0~7
//返回值:此 I/O 的值,0 或 1
u8 PCF8574_ReadBit(u8 bit)
{
    u8 data;
    data = PCF8574_ReadOneByte();          //先读取这个 8 位 I/O 的值
    if(data&(1<<bit))return 1;
    else return 0;
}
```

该部分为 PCF8574 的驱动代码,其中的 I²C 相关函数直接使用的是上一章 myiic.c 里面提供的相关函数,这里不做介绍。

这里总共有 5 个函数:PCF8574_Init 函数用于初始化并检测 PCF8574,这里初始化 PB12 为上拉输入,用来检测 PCF8574T 的中断输出信号,另外,该函数里通过检查 PCF8574 的应答信号来确认 PCF8574 是否正常(在位);PCF8574_ReadOneByte 和 PCF8574_WriteOneByte 函数用于读取/写入 PCF8574,从而读取/控制 P0~P7;PCF8574_WriteBit 和 PCF8574_ReadBit 函数用于控制或者读取 PCF8574 的单个 I/O。

pcf8547.h 头文件定义了 PCF8574 的中断检测脚、地址、每个 I/O 连接的外设宏定义和相关操作函数声明。这里不列出该头文件内容,可自行打开实验工程查看。

最后看看 main 函数,程序如下:

```
intmain(void)
{
    u8 key;
    u16 i = 0;
    u8 beepsta = 1;
    Cache_Enable();                          //打开 L1 - Cache
    HAL_Init();                              //初始化 HAL 库
    Stm32_Clock_Init(432,25,2,9);            //设置时钟,216 MHz
    …//此处省略部分代码
    LCD_ShowString(30,130,200,16,16,"KEY0:BEEP ON/OFF");      //显示提示信息
    LCD_ShowString(30,150,200,16,16,"EXIO:DS1 ON/OFF");      //显示提示信息
    while(PCF8574_Init())                    //检测不到 PCF8574
    {
        LCD_ShowString(30,170,200,16,16,"PCF8574 Check Failed!");
        delay_ms(500);
        LCD_ShowString(30,170,200,16,16,"Please Check!         ");
        delay_ms(500);
        LED0_Toggle;     //DS0 闪烁
    }
    LCD_ShowString(30,170,200,16,16,"PCF8574 Ready!");
    POINT_COLOR = BLUE;//设置字体为蓝色
    while(1)
    {
```

```
        key = KEY_Scan(0);
        if(key == KEY0_PRES)//KEY0 按下,读取字符串并显示
        {
            beepsta = ! beepsta;                    //蜂鸣器状态取反
            PCF8574_WriteBit(BEEP_IO,beepsta);      //控制蜂鸣器
        }
        if(PCF8574_INT == 0)                        //PCF8574 的中断低电平有效
        {
            key = PCF8574_ReadBit(EX_IO);
                    //读取 EXIO 状态,同时清除 PCF8574 的中断输出(INT 恢复高电平)
            if(key == 0)LED1_Toggle;                //LED1 状态取反
        }
        i ++ ;
        delay_ms(10);
        if(i == 20)
        {
            LED0_Toggle;                            //提示系统正在运行
            i = 0;
        }
    }
}
```

该段代码通过 KEY0 按键来控制蜂鸣器的开关，另外，while 循环里面会不停地检测 PCF8574 的中断引脚是否有输出中断，如果有，则读取 EXIO 的状态(读操作会复位中断，以便检测下一个中断)，EXIO＝0 时控制 DS1 开关。同时，在 LCD 模块上面显示相关信息，并用 DS0 指示程序运行状态。

最后，将 PCF8574_ReadOneByte、PCF8574_WriteOneByte、PCF8574_ReadBit 和 PCF8574_WriteBit 这 4 个函数加入 USMART 控制，这样就可以通过串口调试助手控制 PCF8574，方便测试。

至此，软件设计部分就结束了。

31.4　下载验证

编译成功之后，下载代码到 ALIENTEK 阿波罗 STM32 开发板上，得到如图 31.4.1 所示的界面。屏幕提示“PCF8574 Ready!”，表示 PCF8574 已经准备好；同时 DS0 会不停地闪烁，提示程序正在运行。此时，按键 KEY0 就可以控制蜂鸣器的开和关。也可以用一根杜邦线连接 EXIO(在 P3 排针的最左下角)和 GND(短接一次 GND，改变一次 DS1 的状态)，从而控制 DS1 的开和关。

```
Apollo STM32F4/F7
PCF8574 TEST
ATOM@ALIENTEK
2015/12/28
KEY0:BEEP ON/OFF
EXIO:DS1 ON/OFF
PCF8574 Ready!
```

图 31.4.1　程序运行界面

另外，本例程还可以用 USMART 调用 PCF8574 相关函数进行控制，读者可以自行测试下，这里就不演示了。

第 32 章 光环境传感器实验

本章将使用 STM32F767 的普通 I/O 口模拟 I^2C 时序，再驱动 AP3216C，从而检测环境光强度(ALS)、接近距离(PS)和红外线强度(IR)等环境参数。

32.1 AP3216C 简介

AP3216C 是敦南科技推出的一款三合一环境传感器，包含了数字环境光传感器(ALS)、接近传感器(PS)和一个红外 LED(IR)。该芯片通过 I^2C 接口和 MCU 连接，并支持中断(INT)输出。AP3216C 的特点如下：

- ➢ I^2C 接口，支持高达 400 kHz 通信速率；
- ➢ 支持多种工作模式(ALS、PS+IR、ALS+PS+IR 等)；
- ➢ 内置温度补偿电路；
- ➢ 工作温度支持－30～80 ℃；
- ➢ 环境光传感器具有 16 位分辨率；
- ➢ 接近传感器具有 10 位分辨率；
- ➢ 红外传感器具有 10 位分辨率；
- ➢ 超小封装(4.1 mm×2.4 mm×1.35 mm)。

因为以上一些特性，AP3216C 被广泛应用于智能手机，用来检测光强度(自动背光控制)和接近开关控制(听筒靠近耳朵，手机自动灭屏功能)。AP3216C 的框图如图 32.1.1 所示。

1. 引脚说明

AP3216C 的引脚说明如表 32.1.1 所列。

表 32.1.1 AP3216C 引脚说明

引脚编号	标 号	说 明
1	VDD	电源，接 3.3 V
2	SCL	I^2C 时钟信号，开漏
3	GND	地线
4	LEDA	LED 阳极，接 3.3 V

续表 32.1.1

引脚编号	标　号	说　明
5	LEDC	LED 阴极，一般连接 LDR
6	LDR	LED 驱动输出脚，一般接 LEDC
7	INT	中断输出脚
8	SDA	I^2C 数据信号，开漏

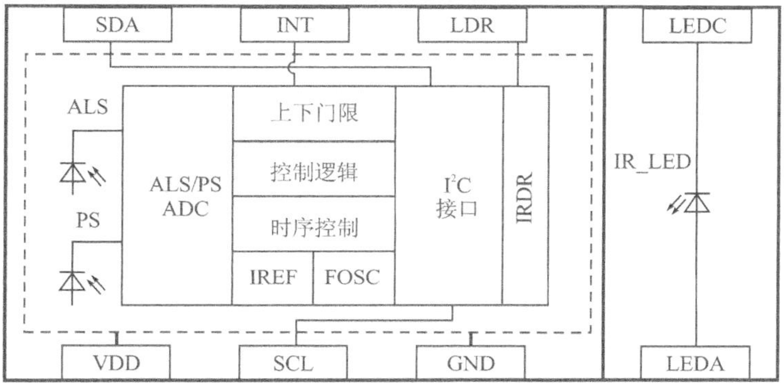

图 32.1.1　AP3216C 框图

AP3216C 和我们的 MCU 只需要连接 SCL、SDA 和 INT，就可以实现驱动；其 SCL、SDA 同 24C02 共用，连接在 PH4 和 PH5 上；INT 脚连接在 PCF8574 的 P1 上。

2. 写寄存器

AP3216C 的写寄存器时序如图 32.1.2 所示。图中，先发送 AP3216C 的地址（7 位，0X1E，左移一位后为 0X3C），最低位 W=0 表示写数据，随后发送 8 位寄存器地址，最后发送 8 位寄存器值。其中，S 表示 I^2C 起始信号，W 表示读/写标志位（W=0 表示写，W=1 表示读），A 表示应答信号，P 表示 I^2C 停止信号。

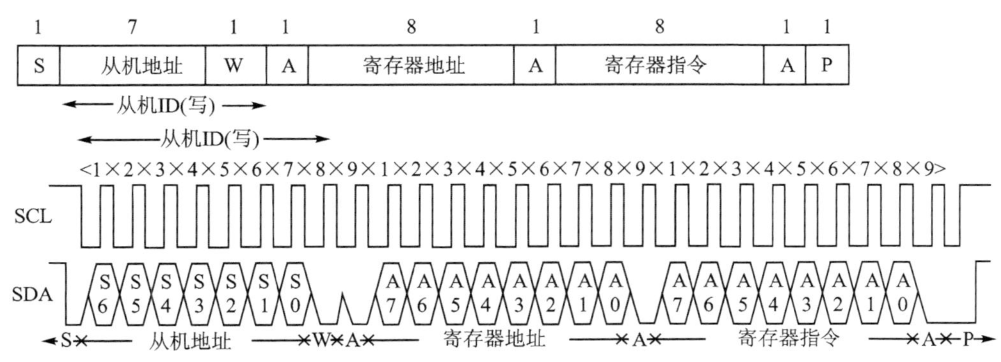

图 32.1.2　AP3216C 写寄存器时序

3. 读寄存器

AP3216C 的读寄存器时序如图 32.1.3 所示。图中,同样是先发送 7 位地址+写操作,再发送寄存器地址,随后重新发送起始信号(Sr),再次发送 7 位地址+读操作,然后读取寄存器值。其中,Sr 表示重新发送 I^2C 起始信号,N 表示不对 AP3216C 进行应答,其他简写同上。

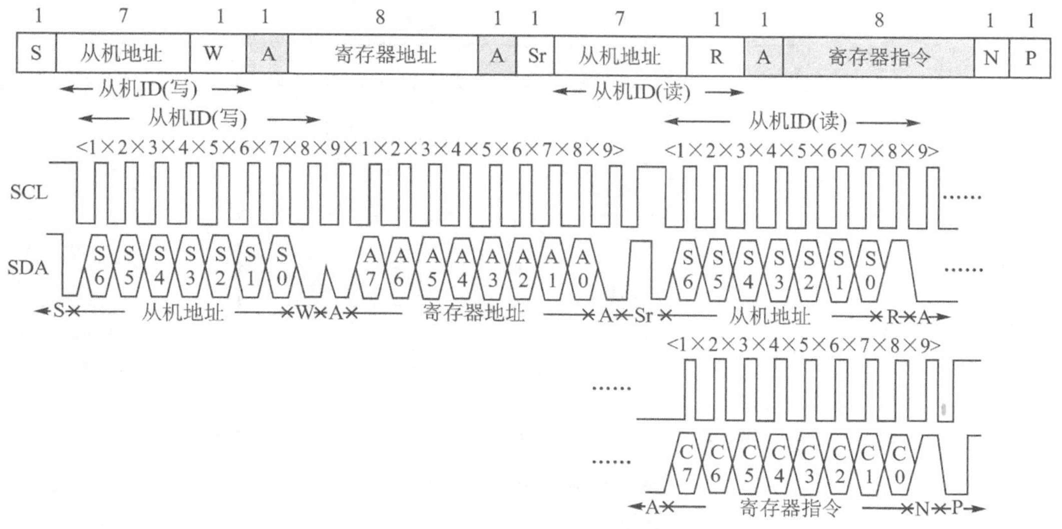

图 32.1.3　AP3216C 读寄存器时序

4. 寄存器描述

AP3216C 有一系列寄存器,由这些寄存器来控制 AP3216C 的工作模式以及中断配置、数据输出等。这里仅介绍本章需要用到的一些寄存器,其他寄存器的描述可参考 AP3216C 的数据手册。

本章需要用到 AP3216C 的寄存器如表 32.1.2 所列。其中,0X00 是一个系统模式控制寄存器,主要在初始化的时候配置;初始化的时候,先设置其值为 100,实行软复位,随后设置其值为 011,开启 ALS+PS+IR 检测功能。

表 32.1.2　AP3216C 相关寄存器及其说明

地　址	有效位	指　令	说　明
0X00	2:0	系统模式	000:掉电模式(默认) 001:ALS 功能激活 010:PS+IR 功能激活 011:ALS+PS+IR 功能激活 100:软复位 101:ALS 单次模式 110:PS+IR 单次模式 111:ALS+PS+IR 单次模式

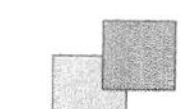

续表 32.1.2

地　址	有效位	指　令	说　明
0X0A	7	IR 低位数据	0:IR&PS 数据有效;1:无效
	1:0		IR 最低 2 位数据
0X0B	7:0	IR 高位数据	IR 高 8 位数据
0X0C	7:0	ALS 低位数据	ALS 低 8 位数据
0X0D	7:0	ALS 高位数据	ALS 高 8 位数据
0X0E	7	PS 低位数据	0,物体在远离;1,物体在靠近
	6		0,IR 数据有效;1,IR 数据无效
	3:0		PS 最低 4 位数据
0X0F	7	PS 高位数据	0,物体在远离;1,物体在靠近
	6		0,IR 数据有效;1,IR 数据无效
	5:0		PS 高 6 位数据

剩下的 6 个寄存器为数据寄存器,输出 AP3216C 内部 3 个传感器检测到的数据(ADC 值)。注意,读取间隔至少要大于 112.5 ms,因为 AP3216C 内部完成一次 ALS+PS+IR 的数据转换需要 112.5 ms 的时间。

AP3216C 就介绍到这里,详细说明可参考其数据手册。

本章实验功能简介:开机的时候先检测 AP3216C 是否存在,如检测不到 AP3216C,则在 LCD 屏幕上面显示报错信息。如果检测到 AP3216C,则显示正常,并在主循环里面循环读取 ALS+PS+IR 的传感器数据,同时显示在 LCD 屏幕上面。同时,DS0 闪烁,提示程序正在运行。另外,本例程将 AP3216C 的读/写操作函数加入 USMART 控制,也可以通过 USMART 对 AP3216C 进行控制。

32.2　硬件设计

本章需要用到的硬件资源有指示灯 DS0、串口(USMART 使用)、LCD 模块、AP3216C。前面 3 个已经介过了,这里介绍 AP3216C 与 STM32F767 和的连接。AP3216C 同 24C02 等共用一个 I^2C 接口,SCL 和 SDA 分别连在 STM32F767 的 PH4 和 PH5 上的,INT 脚连接在 PCF8574T 的 P1 口上,如图 32.2.1 所示。

这里需要说明一下,AP3216C 的 AP_INT 脚是连接在 PCF8574T 的 P1 脚上的,如果想用 AP3216C 的中断输出功能,则必须初始化 PCF8574T,并监控 PCF8574T 的中断引脚;然后在发现有中断输入的时候,读取 PCF8574T,判断 P1 脚是否有低电平出现,从而检测 AP3216C 的中断。本章并没有用到 AP3216C 的中断功能,所以不需要配置 PCF8574T。

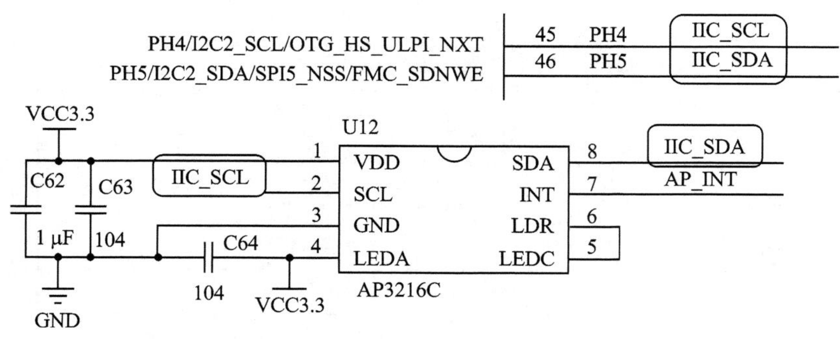

图 32.2.1 AP3216C 与 STM32F767 的连接图

32.3 软件设计

打开本章实验工程可以看到，我们在 HARDWARE 分组下面添加了源文件 ap3216c.c，并且包含了其对应的头文件 ap3216c.h，AP3126C 相关驱动代码就放在这两个文件中。

打开 ap3216c.c 文件，代码如下：

```
//初始化 AP3216C
//返回值:0,初始化成功
//        1,初始化失败
u8 AP3216C_Init(void)
{
    u8 temp = 0;
    IIC_Init();                              //初始化 IIC
    AP3216C_WriteOneByte(0x00,0X04);         //复位 AP3216C
    delay_ms(50);                            //AP33216C 复位至少 10 ms
    AP3216C_WriteOneByte(0x00,0X03);         //开启 ALS、PS + IR
    temp = AP3216C_ReadOneByte(0X00);        //读取刚刚写进去的 0X03
    if(temp == 0X03)return 0;                //AP3216C 正常
    else return 1;                           //AP3216C 失败
}
//读取 AP3216C 的数据
//读取原始数据,包括 ALS,PS 和 IR
//注意,如果同时打开 ALS,IR + PS,则两次数据读取的时间间隔要大于 112.5 ms
void AP3216C_ReadData(u16 * ir,u16 * ps,u16 * als)
{
    u8 buf[6];
    u8 i;
    for(i = 0;i<6;i ++ )
    {
        buf[i] = AP3216C_ReadOneByte(0X0A + i);           //循环读取所有传感器数据
    }
    if(buf[0]&0X80) * ir = 0;                             //IR_OF 位为 1,则数据无效
    else * ir = ((u16)buf[1]<<2)|(buf[0]&0X03);           //读取 IR 传感器的数据
```

```
    *als = ((u16)buf[3]<<8)|buf[2];                    //读取 ALS 传感器的数据
    if(buf[4]&0x40) *ps = 0;                           //IR_OF 位为 1,则数据无效
    else *ps = ((u16)(buf[5]&0X3F)<<4)|(buf[4]&0X0F); //读取 PS 传感器的数据
}
//IIC 写一个字节
//reg:寄存器地址
//data:要写入的数据
//返回值:0,正常
//      其他,错误代码
u8 AP3216C_WriteOneByte(u8 reg,u8 data)
{
    IIC_Start();
    IIC_Send_Byte(AP3216C_ADDR|0X00);  //发送器件地址 + 写命令
    if(IIC_Wait_Ack())                 //等待应答
    {
        IIC_Stop();
        return 1;
    }
    IIC_Send_Byte(reg);                //写寄存器地址
    IIC_Wait_Ack();                    //等待应答
    IIC_Send_Byte(data);               //发送数据
    if(IIC_Wait_Ack())                 //等待 ACK
    {
        IIC_Stop();
        return 1;
    }
    IIC_Stop();
    return 0;
}
//IIC 读一个字节
//reg:寄存器地址
//返回值:读到的数据
u8 AP3216C_ReadOneByte(u8 reg)
{
    u8 res;
    IIC_Start();
    IIC_Send_Byte(AP3216C_ADDR|0X00); //发送器件地址 + 写命令
    IIC_Wait_Ack();             //等待应答
    IIC_Send_Byte(reg);         //写寄存器地址
    IIC_Wait_Ack();             //等待应答
    IIC_Start();
    IIC_Send_Byte(AP3216C_ADDR|0X01); //发送器件地址 + 读命令
    IIC_Wait_Ack();             //等待应答
    res = IIC_Read_Byte(0);     //读数据,发送 nACK
    IIC_Stop();                 //产生一个停止条件
    return res;
}
```

该部分为 AP3216C 的驱动代码,其中的 I^2C 相关函数直接使用第 29 章 myiic.c 里面提供的相关函数,这里不做介绍。

这里总共有 4 个函数:AP3216C_Init 函数用于初始化并检测 AP3216C,先设置

AP3216C 软复位，随后设置其工作在 ALS+PS+IR 模式，通过对系统模式寄存器的读/写操作来判断 AP3216C 是否正常(在位)；AP3216C_WriteOneByte 和 AP3216C_ReadOneByte 函数实现 AP3216C 的寄存器写入和读取功能；AP3216C_ReadData 函数用于读取 ALS+PS+IR 传感器的数据，一般只需要调用该函数获取数据即可。

ap3216c.h 头文件代码非常简单，主要是函数声明以及宏定义标识符。注意，宏定义标识符 AP3216C_ADDR 配置的是器件 AP3216C 的 I^2C 地址。

最后看看主函数内容，程序如下：

```
int main(void)
{
    u16 ir,als,ps;
    Cache_Enable();                          //打开 L1 - Cache
    HAL_Init();                              //初始化 HAL 库
    Stm32_Clock_Init(432,25,2,9);            //设置时钟,216 MHz
    delay_init(216);                         //延时初始化
    uart_init(115200);                       //串口初始化
    LED_Init();                              //初始化 LED
    KEY_Init();                              //初始化按键
    SDRAM_Init();                            //初始化 SDRAM
    LCD_Init();                              //LCD 初始化
    POINT_COLOR = RED;
    LCD_ShowString(30,50,200,16,16,"Apollo STM32F4/F7");
    LCD_ShowString(30,70,200,16,16,"AP3216C TEST");
    LCD_ShowString(30,90,200,16,16,"ATOM@ALIENTEK");
    LCD_ShowString(30,110,200,16,16,"2016/7/12");
    while(AP3216C_Init())                    //检测不到 AP3216C
    {
        LCD_ShowString(30,130,200,16,16,"AP3216C Check Failed!");delay_ms(500);
        LCD_ShowString(30,130,200,16,16,"Please Check!         ");delay_ms(500);
        LED0_Toggle;                         //DS0 闪烁
    }
    LCD_ShowString(30,130,200,16,16,"AP3216C Ready!");
    LCD_ShowString(30,160,200,16,16," IR:");
    LCD_ShowString(30,180,200,16,16," PS:");
    LCD_ShowString(30,200,200,16,16,"ALS:");
    POINT_COLOR = BLUE;                      //设置字体为蓝色
    while(1)
    {
        AP3216C_ReadData(&ir,&ps,&als);      //读取数据
        LCD_ShowNum(30 + 32,160,ir,5,16);    //显示 IR 数据
        LCD_ShowNum(30 + 32,180,ps,5,16);    //显示 PS 数据
        LCD_ShowNum(30 + 32,200,als,5,16);   //显示 ALS 数据
        LED0_Toggle;                         //提示系统正在运行
        delay_ms(120);
    }
}
```

该段代码就是根据 31.1 节最后的功能简介来编写的，初始化完成以后，main 函数死循环里面调用 AP3216C_ReadData 函数来读取 ALS+PS+IR 的数据，并显示在

LCD 上面。同时，DS0 闪烁，提示程序正在运行。这里延时 120 ms 读取一次，确保 ALS＋PS＋IR 的转换全部完成，以保证数据正常。

至此，软件设计部分就结束了。

32.4　下载验证

编译成功之后，下载代码到 ALIENTEK 阿波罗 STM32 开发板上，得到如图 32.4.1 所示的界面。此时，可以用手遮挡、靠近 AP3216C 传感器，可以看到，3 个传感器的数据变化，说明我们的代码是工作正常的。

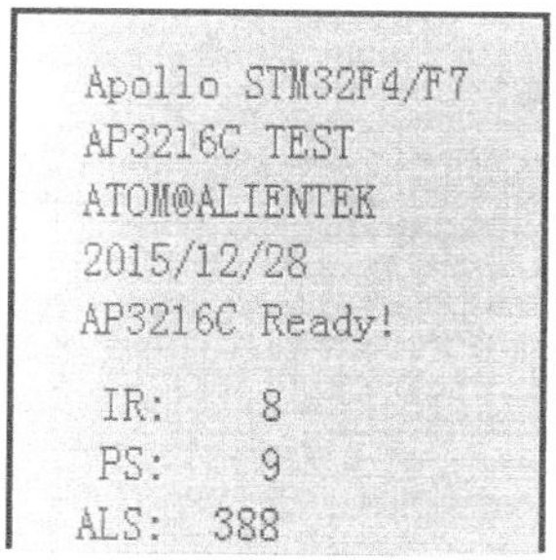

Apollo STM32F4/F7
AP3216C TEST
ATOM@ALIENTEK
2015/12/28
AP3216C Ready!
IR:　8
PS:　9
ALS:　388

图 32.4.1　程序运行界面

第 33 章 QSPI 实验

本章将使用 STM32F767 自带的 QSPI 来实现对外部 Flash(W25Q256)的读/写，并将结果显示在 LCD 模块上。

33.1 QSPI 简介

本章将通过 STM32F767 的 QSPI 接口来驱动 W25Q256 这颗 SPI Flash 芯片，本节将介绍 QSPI 相关知识点。

33.1.1 QSPI 接口简介

QSPI 即 Quad SPI，是一种专用的通信接口，可以用来连接单线、双线或 4 线 SPI Flash 存储器。STM32F7 具有 QSPI 接口，支持如下 3 种工作模式：

- 间接模式：使用 QSPI 寄存器执行全部操作；
- 状态轮询模式：周期性读取外部 Flash 状态寄存器，标志位置 1 时会产生中断(如擦除或烧写完成，产生中断)；
- 内存映射模式：外部 Flash 映射到微控制器地址空间，于是系统将其视作内部存储器。

STM32F7 的 QSPI 接口具有如下特点：

- 支持 3 种工作模式，分别是间接模式、状态轮询模式和内存映射模式；
- 支持双闪存模式，可以并行访问两个 Flash，可同时发送、接收 8 位数据；
- 支持 SDR(单倍率速率)和 DDR(双倍率速率)模式；
- 针对间接模式和内存映射模式，完全可编程操作码；
- 针对间接模式和内存映射模式，完全可编程帧格式；
- 集成 FIFO，用于发送和接收；
- 允许 8、16 和 32 位数据访问；
- 具有适用于间接模式操作的 DMA 通道；
- 在达到 FIFO 阈值、超时、操作完成以及发生访问错误时产生中断。

STM32F7 的 QSPI 接口框图如图 33.1.1 所示。该图为 QSPI 单闪存模式的功能框图，可见，QSPI 接口通过 6 根线与 SPI 芯片连接，包括 4 根数据线(IO0～3)、一根时钟线(CLK)和一根片选线(nCS)。我们知道，普通的 SPI 通信一般只有一根数据线

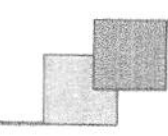

(MOSI),而 QSPI 具有 4 根数据线,所以 QSPI 的速率至少是普通 SPI 的 4 倍,可以大大提高通信速率。接下来简单介绍 STM32F7 QSPI 接口的的几个重要知识点。

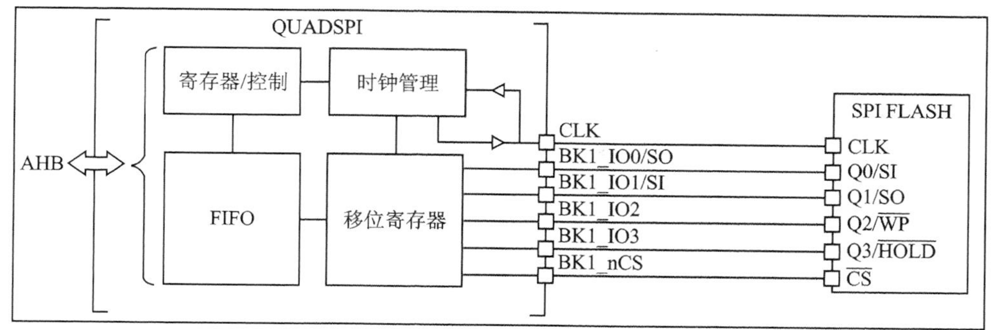

图 33.1.1　STM32F7 QSPI 框图

1. QSPI 命令序列

QSPI 通过命令与 Flash 通信,每条命令包括指令、地址、交替字节、空指令和数据这 5 个阶段,任一阶段均可跳过,但至少要包含指令、地址、交替字节或数据阶段之一。

nCS 在每条指令开始前下降,在每条指令完成后再次上升。QSPI 的 4 线模式下的读命令示例如图 33.1.2 所示。可以看出,一次 QSPI 传输的 5 个阶段,接下来分别介绍。

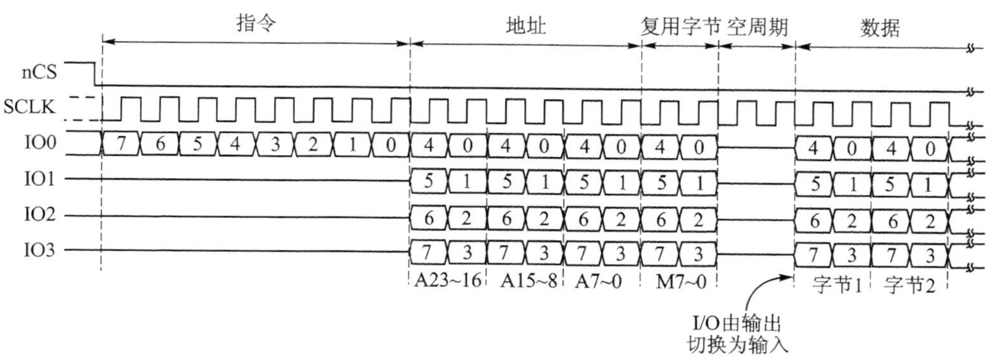

图 33.1.2　4 线模式 QSPI 读命令示例

(1) 指令阶段

此阶段通过 QUADSPI_CCR[7:0]寄存器的 INSTRUCTION 字段指定一个 8 位指令发送到 Flash。注意,指令阶段一般通过 IO0 单线发送,但是也可以配置为双线或 4 线发送指令,可以通过 QUADSPI_CCR[9:8]寄存器的 IMODE[1:0]这两个位进行配置;如 IMODE[1:0]=00,则表示无须发送指令。

(2) 地址阶段

此阶段可以发送 1～4 字节地址给 Flash 芯片,指示要操作的地址。地址字节长度由 QUADSPI_CCR[13:12]寄存器的 ADSIZE[1:0]字段指定,0～3 表示 1～4 字节地址长度。在间接模式和轮询模式下,待发送的地址由 QUADSPI_AR 寄存器指定。地址阶段同样可以以单线、双线、4 线模式发送,通过 QUADSPI_CCR[11:10]寄存器的 ADMODE[1:0]这两个位进行配置,如 ADMODE [1:0]=00,则表示无须发送地址。

(3) 交替字节(复用字节)阶段

此阶段可以发送 1~4 字节数据给 Flash 芯片,一般用于控制操作模式。待发送的交替字节数由 QUADSPI_CCR[17:16]寄存器的 ABSIZE[1:0]位配置。待发送的数据由 QUADSPI_ABR 寄存器指定。交替字节同样可以以单线、双线、4 线模式发送,通过 QUADSPI_CCR[15:14]寄存器的 ABMODE[1:0]这两个位配置,ABMODE[1:0]=00 则跳过交替字节阶段。

(4) 空指令周期阶段

在空指令周期阶段,在给定的 1~31 个周期内不发送或接收任何数据,目的是采用更高的时钟频率时给 Flash 芯片留出准备数据阶段的时间。这一阶段中给定的周期数由 QUADSPI_CCR[22:18]寄存器的 DCYC[4:0]位配置。若 DCYC 为零,则跳过空指令周期阶段,命令序列直接进入下一个阶段。

(5) 数据阶段

此阶段可以从 Flash 读取/写入任意字节数量的数据。在间接模式和自动轮询模式下,待发送、接收的字节数由 QUADSPI_DLR 寄存器指定。在间接写入模式下,发送到 Flash 的数据必须写入 QUADSPI_DR 寄存器。在间接读取模式下,通过读取 QUADSPI_DR 寄存器获得从 Flash 接收的数据。数据阶段同样可以以单线、双线、4 线模式发送,通过 QUADSPI_CCR[25:24]寄存器的 DMODE [1:0]这两个位进行配置,如 DMODE [1:0]=00,则表示无数据。

以上就是 QSPI 数据传输的 5 个阶段,其中交替字节阶段一般用不到,可以省略(通过设置 ABMODE[1:0]=00)。另外,本章是通过间接模式来访问 QSPI 的,接下来介绍间接模式。

2. 间接模式

在间接模式下,通过写入 QUADSPI 寄存器来触发命令,通过读/写数据寄存器来传输数据。

当 FMODE=00 (QUADSPI_CCR[27:26])时,QUADSPI 处于间接写入模式。在数据阶段,将数据写入数据寄存器(QUADSPI_DR),即可写入数据到 Flash。

当 FMODE=01 时,QUADSPI 处于间接读取模式。在数据阶段,读取 QUADSPI_DR 寄存器,即可读取 Flash 里面的数据。

读/写字节数由数据长度寄存器(QUADSPI_DLR)指定。当 QUADSPI_DLR=0xFFFFFFFF 时,则数据长度视为未定义,QUADSPI 持续传输数据,直到到达 Flash 结尾(Flash 容量由 QUADSPI_DCR[20:16]寄存器的 FSIZE[4:0]位定义)。如果不传输任何数据,则 DMODE[1:0] (QUADSPI_CCR[25:24])应设置为 00。

当发送或接收的字节数(数据量)达到编程设定值时,如果 TCIE=1,则 TCF 置 1

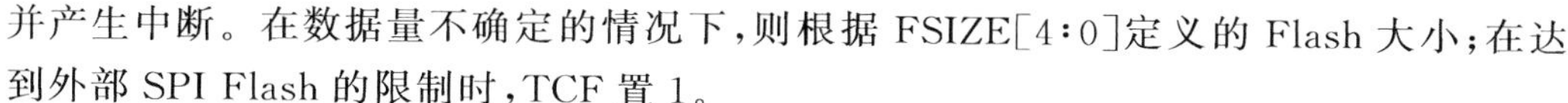

并产生中断。在数据量不确定的情况下，则根据 FSIZE[4:0]定义的 Flash 大小；在达到外部 SPI Flash 的限制时，TCF 置 1。

在间接模式下有 3 种触发命令启动的方式，即：

① 当不需要发送地址(ADMODE[1:0]==00)和数据(DMODE[1:0]==00)时，对 INSTRUCTION[7:0](QUADSPI_CCR[7:0])执行写入操作。

② 当需要发送地址(ADMODE[1:0]!=00)，但不需要发送数据(DMODE[1:0]==00)，对ADDRESS[31:0](QUADSPI_AR)执行写入操作。

③ 当需要发送地址(ADMODE[1:0]!=00)和数据(DMODE[1:0]!=00)时，对DATA[31:0](QUADSPI_DR)执行写入操作。

如果命令启动，BUSY 位(QUADSPI_SR 的第 5 位)将自动置 1。

3. QSPI Flash 配置

外部 SPI Flash 芯片的相关参数可以通过器件配置寄存器(QUADSPI_DCR)来进行设置。寄存器 QUADSPI_DCR[20:16]的 FSIZE[4:0]这 5 个位用于指定外部存储器的大小，计算公式为：

$$Fcap = 2^{FSIZE+1}$$

Fcap 表示 Flash 的容量，单位为字节，在间接模式下，最高支持 4 GB 容量的 Flash 芯片，但是在内存映射模式下的可寻址空间限制为 256 MB。

QSPI 连续执行两条命令时，它在两条命令之间将片选信号(nCS)置为高电平，默认仅一个 CLK 周期。某些 Flash 需要命令之间的时间更长，可以通过寄存器 QUADSPI_DCR[10:8]的 CSHT[2:0](选高电平时间)这 3 个位设置高电平时长：0～7 表示 1～8 个时钟周期(最大为 8)。

时钟模式用于指定在 nCS 为高电平时 CLK 的时钟极性，通过寄存器 QUADSPI_DCR[0]的 CKMODE 位指定：当 CKMODE=0 时，CLK 在 nCS 为高电平期间保持低电平，称之为模式 0；当 CKMODE=1 时，CLK 在 nCS 为高电平期间保持高电平，称之为模式 3。

接下来介绍本章需要用到的一些寄存器。

首先是 QSPI 控制寄存器：QUADSPI_CR，该寄存器各位描述如图 33.1.3 所示。该寄存器只关心需要用到的一些位(下同)，首先是 PRESCALER[7:0]，用于设置 AHB 时钟预分频器，取值范围是 0～255，表示 0～256 分频。这里使用的 W25Q256 最大支持 104 MHz 的时钟，这里设置 PRESCALER=2，即 3 分频，则得到 QSPI 时钟为 72 MHz(216/3)。

FTHRES[4:0]，用于设置 FIFO 阈值，范围为 0～31，表示 FIFO 的阈值为 1～32 字节。

FSEL 位，用于选择 Flash，这里 W25Q256 连接在 STM32F7 的 QSPI BK1 上面，所以设置此位为 0 即可。

DFM 位，用于设置双闪存模式，这里用的是单闪存模式，所以设置此位为 0 即可。

31	30	29	28	27	26	25	24	23	22	21	20	19	18	17	16
PRESCALER								PMM	APMS	Res.	TOIE	SMIE	FTIE	TCIE	TEIE
rw	rw	rw	rw	rw	rw	rw	rw	rw	rw		rw	rw	rw	rw	rw
15	**14**	**13**	**12**	**11**	**10**	**9**	**8**	**7**	**6**	**5**	**4**	**3**	**2**	**1**	**0**
Res.	Res.	Res.	FTHRES					FSEL	DFM	Res.	SSHIFT	TCEN	DMAEN	ABORT	EN
			rw	rw	rw	rw	rw	rw	rw		rw	rw	w/s	rw	wls

图 33.1.3 QUADSPI_CR 寄存器各位描述

SSHIFT 位,用于设置采样移位。默认情况下,QSPI 接口在 Flash 驱动数据后过半个 CLK 周期开始采集数据。使用该位时可考虑外部信号延迟,推迟数据采集。一般设置此位为 1,移位半个周期采集,确保数据稳定。

ABORT 位,用于终止 QSPI 的当前传输,设置为 1 即可终止当前传输,在读/写 Flash 数据的时候可能会用到。

EN 位,用于控制 QSPI 的使能,这里需要用到 QSPI 接口,所以必须设置此位为 1。

接下来看 QSPI 器件配置寄存器:QUADSPI_DCR,该寄存器各位描述如图 33.1.4 所示。该寄存器可以设置 Flash 芯片的容量(FSIZE)、片选高电平时间(CSHT)和时钟模式(CKMODE)等。

31	30	29	28	27	26	25	24	23	22	21	20	19	18	17	16
Res.	Res.	Res.	Res.	Res.	Res.	Res.	Res.	Res.	Res.	Res.	FSIZE				
											rw	rw	rw	rw	rw
15	**14**	**13**	**12**	**11**	**10**	**9**	**8**	**7**	**6**	**5**	**4**	**3**	**2**	**1**	**0**
Res.	Res.	Res.	Res.	Res.	CSHT			Res.	Res.	Res.	Res.	Res.	Res.	Res.	CK-MODE
					rw	rw	rw								rw

图 33.1.4 QUADSPI_DCR 寄存器各位描述

接下来看 QSPI 通信配置寄存器:QUADSPI_CCR,该寄存器各位描述如图 33.1.5 所示。

31	30	29	28	27	26	25	24	23	22	21	20	19	18	17	16
DDRM	DHHC	Res.	SIOO	FMODE[1:0]		DMODE		Res.	DCYC[4:0]					ABSIZE	
rw	rw		rw	rw	rw	rw	rw		rw	rw	rw	rw	rw	rw	rw
15	**14**	**13**	**12**	**11**	**10**	**9**	**8**	**7**	**6**	**5**	**4**	**3**	**2**	**1**	**0**
ABMODE		ADSIZE		ADMODE		IMODE		INSTRUCTION[7:0]							
rw	rw	rw	rw	rw	rw	rw	rw	rw	rw	rw	rw	rw	rw	rw	rw

图 33.1.5 QUADSPI_CCR 寄存器各位描述

DDRM 位,用于设置双倍率模式(DDR),这里没用到双倍率模式,所以设置此位为 0。

SIOO 位,用于设置指令是否只发送一次,这里需要每次都发送指令,所以设置此位为 0。

FMODE[1:0]，这两个位用于设置功能模式：00，间接写入模式；01，间接读取模式；10，自动轮询模式；11，内存映射模式。这里使用间接模式，所以此位根据需要设置为 00/01。

DMODE[1:0]，这两个位用于设置数据模式：00，无数据；01，单线传输数据；10，双线传输数据；11，4 线传输数据这里一般设置为 00/11。

DCYC[4:0]，这 5 个位用于设置空指令周期数，可以控制空指令阶段的持续时间，设置范围为 0～31。设置为 0 表示没有空指令周期。

ABMODE[1:0]，这两个位用于设置交替字节模式，一般设置为 0，表示无交替字节。

ADMODE[1:0]，这两个位用于设置地址模式：00，无地址；01，单线传输地址；10，双线传输地址；11，4 线传输地址；一般设置为 00/11。

IMODE[1:0]，这两个位用于设置指令模式：00，无指令；01，单线传输指令；10，双线传输指令；11，四线传输指令；一般设置为 00/11。

INSTRUCTION[7:0]，这 8 个位用于设置将要发送给 Flash 的指令。

注意，以上这些位的配置都必须在 QUADSPI_SR 寄存器的 BUSY 位为 0 时才可配置。

接下来看 QSPI 数据长度寄存器：QUADSPI_DLR，该寄存器为一个 32 位寄存器，可以设置的数据长度范围为 0～0XFFFFFFFF。当 QUADSPI_DLR！＝0XFFFFFFFF 时，表示传输的字节长度（＋1）；当 QUADSPI_DLR＝＝0XFFFFFFFF 时，表示不限传输长度，直到到达由 FSIZE 定义的 Flash 结尾。

接下来看 QSPI 地址寄存器：QUADSPI_AR，该寄存器为一个 32 位寄存器，用于指定发送到 Flash 的地址。

接下来看 QSPI 数据寄存器：QUADSPI_DR，该寄存器为一个 32 位寄存器，用于指定与外部 SPI Flash 设备交换的数据。该寄存器支持字、半字和字节访问。

在间接写入模式下，写入该寄存器的数据在数据阶段发送到 Flash，在此之前则存储于 FIFO；如果 FIFO 满了，则暂停写入，直到 FIFO 具有足够的空间接收要写入的数据才继续。

在间接模式下，读取该寄存器可获得（通过 FIFO）已从 Flash 接收的数据。如果 FIFO 所含字节数比读取操作要求的字节数少，且 BUSY＝1，则暂停读取，直到足够的数据出现或传输完成才继续。

接下来看 QSPI 状态寄存器：QUADSPI_SR，该寄存器各位描述如图 33.1.6 所示。

BUSY 位，指示操作是否忙。当该位为 1 时，表示 QSPI 正在执行操作。操作完成或者 FIFO 为空的时候，该位自动清零。

FTF 位，表示 FIFO 是否到达阈值。在间接模式下，若达到 FIFO 阈值，或从 Flash 读取完成后，FIFO 中留有数据时，该位置 1。只要阈值条件不再为“真”，该位就自动清零。

TCF 位，表示传输是否完成。在间接模式下，当传输的数据数量达到编程设定值，或在任何模式下传输中止时，该位置 1。向 QUADSPI_FCR 寄存器的 CTCF 位写 1，可以清零此位。

31	30	29	28	27	26	25	24	23	22	21	20	19	18	17	16
Res.	Res.	Res.	Res.	Res.	Res.	Res.	Res.	Res.	Res.	Res.	Res.	Res.	Res.	Res.	Res.
15	**14**	**13**	**12**	**11**	**10**	**9**	**8**	**7**	**6**	**5**	**4**	**3**	**2**	**1**	**0**
Res.	Res.	FLEVEL[5:0]						Res.	Res.	BUSY	TOF	SMF	FTF	TCF	TEF
		r	r	r	r	r	r			r	r	r	r	r	r

图 33.1.6 QUADSPI_SR 寄存器各位描述

最后看 QSPI 标志清零寄存器:QUADSPI_FCR,该寄存器各位描述如图 33.1.7 所示。该寄存器一般只用到 CTCF 位,用于清除 QSPI 的传输完成标志。

31	30	29	28	27	26	25	24	23	22	21	20	19	18	17	16
Res.	Res.	Res.	Res.	Res.	Res.	Res.	Res.	Res.	Res.	Res.	Res.	Res.	Res.	Res.	Res.
15	**14**	**13**	**12**	**11**	**10**	**9**	**8**	**7**	**6**	**5**	**4**	**3**	**2**	**1**	**0**
Res.	Res.	Res.	Res.	Res.	Res.	Res.	Res.	Res.	Res.	Res.	CTOF	CSMF	Res.	CTCF	CTEF
											w1o	w1o		w1o	w1o

图 33.1.7 QUADSPI_FCR 寄存器各位描述

至此,本章 QSPI 实验所需要用到的 QSPI 相关寄存器就全部介绍完了,更详细的介绍可参考《STM32F7 中文参考手册》14.5 节。接下来看间接模式下 QSPI 的 4 个常见操作的简要步骤:初始化、发送命令、读数据和写数据。在 HAL 库中,QSPI 相关操作函数和定义在头文件 stm32f7xx_hal_qspi.c 和头文件 stm32f7xx_hal_qspi.h 中。

(1) QSPI 初始化步骤

① 开启 QSPI 接口和相关 I/O 的时钟,设置 I/O 口的复用功能。

要使用 QSPI,肯定要先开启其时钟(由 AHB3ENR 控制),然后根据使用的 QSPI I/O 口来开启对应 I/O 口的时钟,并初始化相关 I/O 口的复用功能(选择 QSPI 复用功能)。

QSPI 时钟使能方法为:

```
__HAL_RCC_QSPI_CLK_ENABLE();            //使能 QSPI 时钟
```

注意,和其他外设处理方法一样,HAL 库提供了 QSPI 的初始化回调函数 HAL_QSPI_MspInit,一般用来编写与 MCU 相关的初始化操作。时钟使能和 I/O 口初始化一般在回调函数中编写。

② 设置 QSPI 相关参数。

此部分需要设置两个寄存器:QUADSPI_CR 和 QUADSPI_DCR,控制 QSPI 的时钟、片选参数、Flash 容量和时钟模式等参数,设定 SPI Flash 的工作条件。最后,使能 QSPI,完成对 QSPI 的初始化。HAL 库中设置 QSPI 相关参数函数为 HAL_QSPI_Init,该函数声明为:

```
HAL_StatusTypeDef HAL_QSPI_Init(QSPI_HandleTypeDef * hqspi);
```

该函数只有一个 QSPI_HandleTypeDef 结构体指针类型入口参数 hqspi，该结构体定义为：

```
typedef struct
{
  QUADSPI_TypeDef                * Instance;
  QSPI_InitTypeDef               Init;
  uint8_t                        * pTxBuffPtr;
  __IO uint16_t                  TxXferSize;
  __IO uint16_t                  TxXferCount;
  uint8_t                        * pRxBuffPtr;
  __IO uint16_t                  RxXferSize;
  __IO uint16_t                  RxXferCount;
  DMA_HandleTypeDef              * hdma;
  __IO HAL_LockTypeDef           Lock;
  __IO HAL_QSPI_StateTypeDef     State;
  __IO uint32_t                  ErrorCode;
  uint32_t                       Timeout;
}QSPI_HandleTypeDef;
```

该结构体成员变量较多，接下来解释。成员变量 Instance 用来设置 QSPI 寄存器基地址，这在 HAL 库中已经定义，直接设置为标识符 QUADSPI 即可。成员变量 Init 是 QSPI_InitTypeDef 结构体类型，用来设置 QSPI 参数，这也是 QSPI 初始化最主要设置的变量，讲完其他成员变量后将着重讲解 Init 成员变量的设置方法。成员变量 pTxBuffPtr、TxXferSize 和 TxXferCount 分别用来设置 QSPI 发送缓冲指针、发送数据量以及发送剩余数据量。成员变量 * pRxBuffPtr、RxXferSize 和 RxXferCount 分别用来设置 QSPI 接收缓冲指针、接收数据量和接收剩余数据量。Hdma 是 QSPI 的 DMA 处理相关，其他成员变量则是 HAL 库处理过程中的一些状态和错误标志。

接下来着重讲解 Init 成员变量，该成员变量是 QSPI_InitTypeDef 结构体类型，QSPI_InitTypeDef 结构体定义如下：

```
typedef struct
{
  uint32_t ClockPrescaler;          //时钟分频系数
  uint32_t FifoThreshold;           //设置 FIFO 阈值
  uint32_t SampleShifting;          //设置采样移位
  uint32_t FlashSize;               //设置 Flash 大小
  uint32_t ChipSelectHighTime;      //设置片选高电平时间
  uint32_t ClockMode;               //设置时钟模式
  uint32_t FlashID;                 //闪存 ID,第一片还是第二片
  uint32_t DualFlash;               //双闪存模式设置
}QSPI_InitTypeDef;
```

该结构体各个成员变量含义已在程序中注释，实际上这些成员变量是用来配置 QUADSPI_CR 寄存器和 QUADSPI_DCR 寄存器相应位的，这在前面已经讲解，读者可以结合这两个寄存器的位定义和结构体定义来理解。

HAL_QSPI_Init 函数使用范例可参考后面 33.3 节软件设置部分程序源码。

(2) QSPI 发送命令步骤

1) 等待 QSPI 空闲

在 QSPI 发送命令前,必须先等待 QSPI 空闲,通过判断 QUADSPI_SR 寄存器的 BUSY 位为 0 来确定。

2) 设置命令参数。

此部分主要是通过通信配置寄存器(QUADSPI_CCR)设置,将 QSPI 配置为:每次都发送指令、间接写模式,根据具体需要设置指令、地址、空周期和数据等的传输位宽等信息。如果需要发送地址,则配置地址寄存器(QUADSPI_AR)。

配置完成以后即可启动发送。如果不需要传输数据,则需要等待命令发送完成(等待 QUADSPI_SR 寄存器的 TCF 位为 1)。

在 HAL 库中,上述两个步骤是通过函数 HAL_QSPI_Command 来实现,该函数声明为:

```
HAL_StatusTypeDef HAL_QSPI_Command (QSPI_HandleTypeDef * hqspi,
                                    QSPI_CommandTypeDef * cmd, uint32_t Timeout);
```

该函数有 3 个入口参数,第一个入口参数 hqspi 和第三个入口参数 Timeout 都比较好理解,这里着重讲解第二个入口参数 cmd。该参数是 QSPI_CommandTypeDef 结构体指针类型,该结构体定义如下:

```
typedef struct
{
  uint32_t Instruction;               //指令
  uint32_t Address;                   //地址
  uint32_t AlternateBytes;            //交替字节
  uint32_t AddressSize;               //地址长度
  uint32_t AlternateBytesSize;        //交替字节大小
  uint32_t DummyCycles;               //控指令周期数
  uint32_t InstructionMode;           //指令模式
  uint32_t AddressMode;               //地址模式
  uint32_t AlternateByteMode;         //交替字节模式
  uint32_t DataMode;                  //数据模式
  uint32_t NbData;                    //数据长度
  uint32_t DdrMode;
  uint32_t DdrHoldHalfCycle;
  uint32_t SIOOMode;
}QSPI_CommandTypeDef;
```

这些成员变量主要用来配置对应的 CCR 寄存器,不理解的地方可对照前面讲解的 CCR 寄存器定义来理解。

(3) QSPI 读数据步骤

1) 设置数据传输长度

通过设置数据长度寄存器(QUADSPI_DLR)来配置需要传输的字节数。

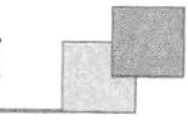

2）设置QSPI工作模式并设置地址

因为要读取数据，所以，设置QUADSPI_CCR寄存器的FMODE[1:0]位为01，工作在间接读取模式。然后，通过地址寄存器（QUADSPI_AR）设置将要读取的数据的首地址。

3）读取数据

发送完地址以后就可以读取数据了，不过要等待数据准备好，通过判断QUADSPI_SR寄存器的FTF和TCF位，当这两个位中任意一个位为1的时候，我们就可以读取QUADSPI_DR寄存器来获取从Flash读到的数据。

最后，在所有数据接收完成以后，终止传输（ABORT），清除传输完成标志位（TCF）。

HAL库中，读取数据是通过函数HAL_QSPI_Receive来实现的，该函数声明为：

```
HAL_StatusTypeDef HAL_QSPI_Receive(QSPI_HandleTypeDef * hqspi,
                                   uint8_t * pData, uint32_t Timeout);
```

调用该函数读取数据之前，先调用上个步骤讲解的函数HAL_QSPI_Command来指定读取数据的存放空间。

（4）QSPI写数据步骤

1）设置数据传输长度

通过设置数据长度寄存器（QUADSPI_DLR）来配置需要传输的字节数。

2）设置QSPI工作模式并设置地址

因为要读取数据，所以，设置QUADSPI_CCR寄存器的FMODE[1:0]位为00，工作在间接写入模式。然后，通过地址寄存器（QUADSPI_AR）设置将要写入的数据的首地址。

3）写入数据

发送完地址以后就可以写入数据了，不过要等待FIFO不满，当QUADSPI_SR寄存器的FTF位为1的时候，表示FIFO非满，可以写入数据；此时往QUADSPI_DR写入需要发送的数据，就可以实现写入数据到Flash。

最后，在所有数据写入完成以后终止传输（ABORT），清除传输完成标志位（TCF）。

在HAL库中，QSPI发送数据是通过函数HAL_QSPI_Transmit来实现的，该函数声明为：

```
HAL_StatusTypeDef HAL_QSPI_Transmit(QSPI_HandleTypeDef * hqspi,
                                    uint8_t * pData, uint32_t Timeout);
```

同理，在调用该函数发送数据之前，我们会先调用上个步骤讲解的函数HAL_QSPI_Command来指定要写入数据的存储地址信息。

33.1.2 W25Q256简介

W25Q256是华邦公司生产的一颗容量为32 MB的串行Flash芯片，它将32 MB的容量分为512个块（Block），每个块大小为64 KB，每个块又分为16个扇区（Sector），每个扇区4 KB。W25Q256的最小擦除单位为一个扇区，也就是每次必须擦除4 KB，这样我们需要给 W25Q256 开辟一个至少 4 KB 的缓存区,这对 SRAM 要求比较高,要求芯片必须有 4 KB 以上 SRAM 才能很好地操作。

W25Q256 的擦写周期多达 10 万次,具有 20 年的数据保存期限,支持电压为 2.7～3.6 V。W25Q256 支持标准的 SPI,还支持双输出/四输出 SPI 和 QPI(QPI 即 QSPI,下同),最高时钟频率可达 104 MHz(双输出时相当于 208 MHz,四输出时相当于 416 MHz),本章将利用 STM32F7 的 QSPI 接口来实现对 W25Q256 的驱动。

接下来介绍一下本章驱动 W25Q256 需要用到的一些指令,如表 33.1.1 所列。注意 SPI 模式和 QPI 模式下时钟数的区别,QPI 模式比 SPI 模式所需要的时钟数少得多,所以速度也快得多。接下来简单介绍一下这些指令。

表 33.1.1　W25Q256 指令

输入/输出数据		字节 1	字节 2	字节 3	字节 4	字节 5	字节 6	字节 7
时钟数	SPI 模式	0～7	8～15	16～23	24～31	32～39	40～47	48～55
	QPI 模式	0、1	2、3	4、5	6、7	8、9	10、11	12、13
W25X_ReadStatusReg1		0X05	S7～S0					
W25X_ReadStatusReg2		0X35	S15～S8					
W25X_ReadStatusReg3		0X15	S23～S16					
W25X_WriteStatusReg1		0X01	S7～S0					
W25X_WriteStatusReg2		0X31	S15～S8					
W25X_WriteStatusReg3		0X11	S23～S16					
W25X_ManufactDeviceID		0X90	Dummy	Dummy	0X00	MF7～MF0	ID7～ID0	
W25X_EnterQPIMode		0X38						
W25X_Enable4ByteAddr		0XB7						
W25X_SetReadParam		0XC0	P7～P0					
W25X_WriteEnable		0X06						
W25X_FastReadData		0X0B	A31～A24	A23～A16	A15～A8	A7～A0	Dummy[1]	D7～D0[2]
W25X_PageProgram		0X02	A31～A24	A23～A16	A15～A8	A7～A0	D7～D0[2]	D7～D0[2]
W25X_SectorErase		0X20	A31～A24	A23～A16	A15～A8	A7～A0		
W25X_ChipErase		0XC7						

1. QPI 模式下 dummy 时钟的个数,由读参数控制位 P[5:4]位控制。
2. 传输的数据量,只要不停地给时钟就可以持续传输。对于 W25X_PageProgram 指令,则单次传输最多不超过 256 字节,否则将覆盖之前写入的数据。

首先,前面 6 个指令是用来读取/写入状态寄存器 1～3 的。在读取的时候,读取 S23～S0 的数据,在写入的时候写入 S23～S0。S23～S0 则由 3 部分组成:S23～S16、S15～S8、S7～S0 即状态寄存器 3、2、1,如表 33.1.2 所列。这 3 个状态寄存器只关心需要用到的一些位:ADS、QE 和 BUSY 位。其他位的说明参见 W25Q256 的数据手册。

表 33.1.2　W25Q256 状态寄存器

状态寄存器 3	S23	S22	S21	S20	S19	S18	S17	S16
位说明	HOLD/RST	DRV1	DRV0			WPS	ADP	ADS
状态寄存器 2	S15	S14	S13	S12	S11	S10	S9	S8
位说明	SUS	CMP	LB3	LB2	LB1		QE	SRP1
状态寄存器 1	S7	S6	S5	S4	S3	S2	S1	S0
位说明	SRP0	TB	BP3	BP2	BP1	BP0		BUSY

ADS 位，表示 W25Q256 当前的地址模式，是一个只读位，当 ADS=0 的时候，表示当前是 3 字节地址模式；当 ADS=1 的时候，表示当前是 4 字节地址模式。我们需要使用 4 字节地址模式，所以在读取到该位为 0 的时候，必须通过 W25X_Enable4ByteAddr 指令设置为 4 字节地址模式。

QE 位，用于使能 4 线模式（Quad），此位可读可写，并且是可以保存的（掉电后可以继续保持上一次的值）。本章需要用到 4 线模式，所以在读到该位为 0 的时候必须通过 W25X_WriteStatusReg2 指令设置此位为 1，表示使能 4 线模式。

BUSY 位，用于表示擦除/编程操作是否正在进行。当擦除/编程操作正在进行时，此位为 1，此时 W25Q256 不接受任何指令；当擦除/编程操作完成时，此位为 0，此位为只读位、在执行某些操作的时候，必须等待此位为 0。

W25X_ManufactDeviceID 指令，用于读取 W25Q256 的 ID，可以用于判断 W25Q256 是否正常。对于 W25Q256 来说，MF[7:0]=0XEF，ID[7:0]=0X18。

W25X_EnterQPIMode 指令，用于设置 W25Q256 进入 QPI 模式。上电时，W25Q256 默认是 SPI 模式，我们需要通过该指令设置其进入 QPI 模式。注意，在发送该指令之前、必须先设置状态寄存器 2 的 QE 位为 1。

W25X_Enable4ByteAddr 指令，用于设置 W25Q256 进入 4 字节地址模式。当读取到 ADS 位为 0 的时候，我们必须通过此指令将 W25Q256 设置为 4 字节地址模式，否则只能访问 16 MB 的地址空间。

W25X_SetReadParam 指令，可以用于设置读参数控制位 P[5:4]，这两个位的描述如表 33.1.3 所列。

表 33.1.3　W25Q256 读参数控制位

P5～P4	DUMMY 时钟	最高读取频率/MHz	最高读取频率/MHz (A[1:0]=0)	最高读取频率/MHz (A[1:0]=0,0 VCC=3.0～3.6 V)
0　0	2	33	33	40
0　1	4	55	80	80
1　0	6	80	80	104
1　1	8	80	80	104

为了让 W25Q256 可以工作在最大频率下，这里设置 P[5:4]=11，即可工作在 104 MHz 的时钟频率下。此时，读取数据时的 dummy 时钟为 8 个(参见 W25X_FastReadData 指令)。

W25X_WriteEnable 指令，用于设置 W25Q256 写使能。在执行擦除、编程、写状态寄存器等操作之前，都必须通过该指令设置 W25Q256 写使能，否则无法写入。

W25X_FastReadData 指令，用于读取 Flash 数据。在发送完该指令以后，就可以读取 W25Q256 的数据了。该指令发送完成后，我们可以持续读取 Flash 里面的数据，只要不停地给时钟，就可以不停地读取数据。

W25X_PageProgram 指令，用于编程 Flash(写入数据到 Flash)。该指令发送完成后，最多可以一次写入 256 字节到 W25Q256，超过 256 字节则需要多次发送该指令。

W25X_SectorErase 指令，用于擦除一个扇区(4 KB)的数据。因为 Flash 具有只可以写 0、不可以写 1 的特性，所以在写入数据的时候，一般需要先擦除(归 1)再写。W25Q256 的最小擦除单位为一个扇区(4 KB)。该指令在写入数据的时候经常要有用。

W25X_ChipErase 指令，用于全片擦除 W25Q256。

最后看看 W25Q256 的初始化流程(QPI 模式)：

① 使能 QPI 模式。

因为我们是通过 QSPI 访问 W25Q256 的，所以先设置 W25Q256 工作在 QPI 模式下，通过 W25X_EnterQPIMode 指令控制。注意，在该指令发送之前，必须先使能 W25Q256 的 QE 位。

② 设置 4 字节地址模式。

W25Q256 上电后，一般默认是 3 字节地址模式，需要通 W25X_Enable4ByteAddr 指令设置其为 4 字节地址模式，否则只能访问 16 MB 的地址空间。

③ 设置读参数。

这一步通过 W25X_SetReadParam 指令将 P[5:4]设置为 11，以支持最高速度访问 W25Q256(8 个 dummy，104 MHz 时钟频率)。至此，W25Q256 的初始化流程就完成了，接下来便可以通过 QSPI 读/写数据了。

33.2 硬件设计

本章实验功能简介：开机的时候先检测 W25Q256 是否存在，然后在主循环里面检测两个按键，其中一个按键(KEY1)用来执行写入 W25Q256 的操作，另外一个按键(KEY0)用来执行读出操作，并在 LCD 模块上显示相关信息。同时，用 DS0 提示程序正在运行。

所要用到的硬件资源如下：指示灯 DS0、KEY0 和 KEY1 按键、LCD 模块、QSPI、W25Q256。这里只介绍 W25Q256 与 STM32F767 的连接。板上的 W25Q256 是连接在 STM32F767 的 QSPI BK1 上的，连接关系如图 33.2.1 所示。

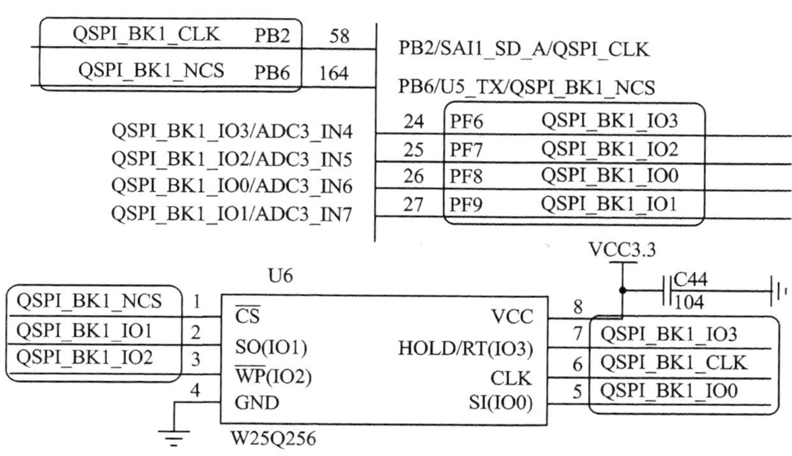

图 33.2.1 STM32F767 与 W25Q256 连接电路图

33.3 软件设计

打开配套资料的 SPI 实验工程可以看到，我们加入了 qspi.c、w25qxx.c 文件以及头文件 qspi.h 和 w25qxx.h，同时引入了库函数文件 stm32f7xx_hal_spi.c 文件以及头文件 stm32f7xx_hal_spi.h。

打开 qspi.c 文件，看到如下代码：

```
QSPI_HandleTypeDef QSPI_Handler;      //QSPI 句柄
//QSPI 初始化
u8 QSPI_Init(void)
{
    QSPI_Handler.Instance = QUADSPI;   //QSPI
    QSPI_Handler.Init.ClockPrescaler = 2;   //QPSI 分频比,W25Q256 最大频率为 104 MHz
                            //所以此处应该为 2,QSPI 频率就为 216/(2 + 1) = 72 MHz
    QSPI_Handler.Init.FifoThreshold = 4;     //FIFO 阈值为 4 个字节
    QSPI_Handler.Init.SampleShifting = QSPI_SAMPLE_SHIFTING_HALFCYCLE;
                            //采样移位半个周期(DDR 模式下,必须设置为 0)
    QSPI_Handler.Init.FlashSize = POSITION_VAL(0X2000000) - 1;
    //SPI Flash 大小,W25Q256 大小为 32 MB
    QSPI_Handler.Init.ChipSelectHighTime = QSPI_CS_HIGH_TIME_4_CYCLE;
                //片选高电平时间为 4 个时钟(13.8 * 4 = 55.2ns),即手册里面的 tSHSL 参数
    QSPI_Handler.Init.ClockMode = QSPI_CLOCK_MODE_0;      //模式 0
    QSPI_Handler.Init.FlashID = QSPI_Flash_ID_1;          //第一片 Flash
    QSPI_Handler.Init.DualFlash = QSPI_DUALFlash_DISABLE; //禁止双闪存模式
    if(HAL_QSPI_Init(&QSPI_Handler) == HAL_OK) return 0; //QSPI 初始化成功
    else return 1;
}
//QSPI 底层驱动,引脚配置,时钟使能
//此函数会被 HAL_QSPI_Init()调用
//hqspi:QSPI 句柄
```

```
void HAL_QSPI_MspInit(QSPI_HandleTypeDef * hqspi)
{
    GPIO_InitTypeDef GPIO_Initure;
    __HAL_RCC_QSPI_CLK_ENABLE();                        //使能 QSPI 时钟
    __HAL_RCC_GPIOB_CLK_ENABLE();                       //使能 GPIOB 时钟
    __HAL_RCC_GPIOF_CLK_ENABLE();                       //使能 GPIOF 时钟
    //初始化 PB6  片选信号
    GPIO_Initure.Pin = GPIO_PIN_6;
    GPIO_Initure.Mode = GPIO_MODE_AF_PP;                //复用
    GPIO_Initure.Pull = GPIO_PULLUP;
    GPIO_Initure.Speed = GPIO_SPEED_HIGH;               //高速
    GPIO_Initure.Alternate = GPIO_AF10_QUADSPI;         //复用为 QSPI
    HAL_GPIO_Init(GPIOB,&GPIO_Initure);
    //PF8,9
    GPIO_Initure.Pin = GPIO_PIN_8|GPIO_PIN_9;
    GPIO_Initure.Pull = GPIO_NOPULL;
    GPIO_Initure.Speed = GPIO_SPEED_HIGH;               //高速
    HAL_GPIO_Init(GPIOF,&GPIO_Initure);
    //PB2
    GPIO_Initure.Pin = GPIO_PIN_2;
    GPIO_Initure.Alternate = GPIO_AF9_QUADSPI;          //复用为 QSPI
    HAL_GPIO_Init(GPIOB,&GPIO_Initure);
    //PF6,7
    GPIO_Initure.Pin = GPIO_PIN_6|GPIO_PIN_7;
    HAL_GPIO_Init(GPIOF,&GPIO_Initure);
}
//QSPI 发送命令
//instruction:要发送的指令
//address:发送到的目的地址
//dummyCycles:空指令周期数
//instructionMode:指令模式
//addressMode:地址模式
//addressSize:地址长度
//dataMode:数据模式
void QSPI_Send_CMD (u32 instruction,u32 address,u32 dummyCycles,u32 instructionMode,u32
                addressMode,u32 addressSize,u32 dataMode)
{
    QSPI_CommandTypeDef Cmdhandler;
    Cmdhandler.Instruction = instruction;                            //指令
    Cmdhandler.Address = address;                                    //地址
    Cmdhandler.DummyCycles = dummyCycles;                            //设置空指令周期数
    Cmdhandler.InstructionMode = instructionMode;                    //指令模式
    Cmdhandler.AddressMode = addressMode;                            //地址模式
    Cmdhandler.AddressSize = addressSize;                            //地址长度
    Cmdhandler.DataMode = dataMode;                                  //数据模式
    Cmdhandler.SIOOMode = QSPI_SIOO_INST_EVERY_CMD;                  //每次都发送指令
    Cmdhandler.AlternateByteMode = QSPI_ALTERNATE_BYTES_NONE;        //无交替字节
    Cmdhandler.DdrMode = QSPI_DDR_MODE_DISABLE;                      //关闭 DDR 模式
    Cmdhandler.DdrHoldHalfCycle = QSPI_DDR_HHC_ANALOG_DELAY;
    HAL_QSPI_Command(&QSPI_Handler,&Cmdhandler,5000);
}
```

```
//QSPI 接收指定长度的数据
//buf:接收数据缓冲区首地址
//datalen:要传输的数据长度
//返回值:0,正常
//     其他,错误代码
u8 QSPI_Receive(u8 * buf,u32 datalen)
{
    QSPI_Handler.Instance->DLR = datalen - 1;                          //配置数据长度
    if(HAL_QSPI_Receive(&QSPI_Handler,buf,5000) == HAL_OK) return 0;    //接收数据
    else return 1;
}
//QSPI 发送指定长度的数据
//buf:发送数据缓冲区首地址
//datalen:要传输的数据长度
//返回值:0,正常
//     其他,错误代码
u8 QSPI_Transmit(u8 * buf,u32 datalen)
{
    QSPI_Handler.Instance->DLR = datalen - 1;                          //配置数据长度
    if(HAL_QSPI_Transmit(&QSPI_Handler,buf,5000) == HAL_OK) return 0;   //发送数据
    else return 1;
}
```

此部分代码实现了 QSPI 的初始化、发送命令、读数据和写数据共 4 个关键函数,详见 33.1.1 小节的介绍。

接下来看看 w25qxx.c 文件内容。由于篇幅所限,详细代码这里就不贴出了。这里仅介绍几个重要的函数,首先是 W25QXX_Qspi_Enable 函数,该函数代码如下:

```
//W25QXX 进入 QSPI 模式
void W25QXX_Qspi_Enable(void)
{
    u8 stareg2;
    stareg2 = W25QXX_ReadSR(2);             //先读出状态寄存器 2 的原始值
    if((stareg2&0X02) == 0)                 //QE 位未使能
    {
        W25QXX_Write_Enable();              //写使能
        stareg2| = 1<<1;                    //使能 QE 位
        W25QXX_Write_SR(2,stareg2);         //写状态寄存器 2
    }
    QSPI_Send_CMD(W25X_EnterQPIMode,0,0,QSPI_INSTRUCTION_1_LINE,
QSPI_ADDRESS_NONE,QSPI_ADDRESS_8_BITS,QSPI_DATA_NONE);
//写 command 指令,地址为 0,无数据_8 位地址_无地址_单线传输指令
//无空周期,0 个字节数据
    W25QXX_QPI_MODE = 1;                    //标记 QSPI 模式
}
```

该函数用于设置 W25Q256 进入 QPI 模式,在 W25Q256 初始化的时候被调用。该函数末尾有“W25QXX_QPI_MODE = 1,”,表示 W25Q256 当前为 QPI 模式。W25QXX_QPI_MODE 是 w25qxx.c 里面定义的一个全局变量,用于表示 W25Q256 的当前模式(0,SPI 模式;1,QPI 模式)。

然后介绍 W25QXX_Init 函数,该函数代码如下:

```
//初始化 SPI Flash 的 IO 口
void W25QXX_Init(void)
{
    u8 temp;
    QSPI_Init();                                    //初始化 QSPI
    W25QXX_Qspi_Enable();                           //使能 QSPI 模式
    W25QXX_TYPE = W25QXX_ReadID();                  //读取 Flash ID.
    if(W25QXX_TYPE == W25Q256)                      //SPI Flash 为 W25Q256
    {
        temp = W25QXX_ReadSR(3);        //读取状态寄存器 3,判断地址模式
        if((temp&0X01) == 0)            //如果不是 4 字节地址模式,则进入 4 字节地址模式
        {
            W25QXX_Write_Enable();                  //写使能
            QSPI_Send_CMD(W25X_Enable4ByteAddr,0,0,QSPI_INSTRUCTION_4_L
                    INES,QSPI_ADDRESS_NONE,QSPI_ADDRESS_8_BITS,
            QSPI_DATA_NONE);//QPI,使能 4 字节地址指令,地址为
            //0,无数据_8 位地址_无地址_4 线传输指令,无空周期,0 个字节数据
        }
        W25QXX_Write_Enable();                      //写使能
        QSPI_Send_CMD(W25X_SetReadParam,0,0,QSPI_INSTRUCTION_4_LINES,
                QSPI_ADDRESS_NONE,QSPI_ADDRESS_8_BITS,QSPI_DATA_4_LINES);
    //QPI,设置读参数指令,地址为 0,4 线传数据_8 位地址_无地址_4 线传输指令
    //无空周期,1 个字节数据
        temp = 3<<4;                                //设置 P4&P5 = 11,8 个 dummy clocks,104M
        QSPI_Transmit(&temp,1);                     //发送一个字节
    }
}
```

该函数用于初始化 W25Q256。首先调用 QSPI_Init 函数,初始化 STM32F7 的 QSPI 接口,然后依据 33.1.2 小节末尾介绍的初始化流程来初始化 W25Q256。初始化完成以后便可以通过 QSPI 接口读/写 W25Q256 的数据了。

接下来介绍 W25QXX_Read 函数,该函数代码如下:

```
//读取 SPI Flash,仅支持 QPI 模式
//在指定地址开始读取指定长度的数据
//pBuffer:数据存储区
//ReadAddr:开始读取的地址(最大 32 bit)
//NumByteToRead:要读取的字节数(最大 65 535)
void W25QXX_Read(u8 * pBuffer,u32 ReadAddr,u16 NumByteToRead)
{
    QSPI_Send_CMD(W25X_FastReadData,ReadAddr,8,QSPI_INSTRUCTION_4_LINES
            ,QSPI_ADDRESS_4_LINES,QSPI_ADDRESS_32_BITS,QSPI_DATA_4_LINES);
    //QPI 快速读,地址为 ReadAddr,4 线传输数据_32 位地址_4 线传输地址_4 线传输
    //指令,8 空周期,NumByteToRead 个数据
    QSPI_Receive(pBuffer,NumByteToRead);
}
```

该函数用于从 W25Q256 的指定地址读出指定长度的数据。由于 W25Q256 支持以任意地址(但是不能超过 W25Q256 的地址范围)开始读取数据,所以,这个代码相对

来说就比较简单了，通过 QSPI_Send_CMD 函数发送 W25X_FastReadData 指令，并发送读数据首地址(ReadAddr)，然后通过 QSPI_Receive 函数循环读取数据，并存放在 pBuffer 里面。

有读的函数，当然就有写的函数了，接下来介绍 W25QXX_Write 函数。该函数的作用与 W25QXX_Read 的作用类似，不过是用来写数据到 W25Q256 里面的，代码如下：

```
//写 SPI Flash
//在指定地址开始写入指定长度的数据
//该函数带擦除操作
//pBuffer:数据存储区
//WriteAddr:开始写入的地址(最大 32 bit)
//NumByteToWrite:要写入的字节数(最大 65 535)
u8 W25QXX_BUFFER[4096];
void W25QXX_Write(u8 * pBuffer,u32 WriteAddr,u16 NumByteToWrite)
{
    u32 secpos;
    u16 secoff;
    u16 secremain;
    u16 i;
    u8 * W25QXX_BUF;
    W25QXX_BUF = W25QXX_BUFFER;
    secpos = WriteAddr/4096;//扇区地址
    secoff = WriteAddr % 4096;//在扇区内的偏移
    secremain = 4096 - secoff;//扇区剩余空间大小
    //printf("ad: % X,nb: % X\r\n",WriteAddr,NumByteToWrite);//测试用
    if(NumByteToWrite< = secremain)secremain = NumByteToWrite;//不大于 4 096 个字节
    while(1)
    {
        W25QXX_Read(W25QXX_BUF,secpos * 4096,4096);      //读出整个扇区的内容
        for(i = 0;i<secremain;i ++ )//校验数据
        {
            if(W25QXX_BUF[secoff + i]! = 0XFF)break;          //需要擦除
        }
        if(i<secremain)//需要擦除
        {
            W25QXX_Erase_Sector(secpos);                        //擦除这个扇区
            for(i = 0;i<secremain;i ++ )W25QXX_BUF[i + secoff] = pBuffer[i]; //复制
            W25QXX_Write_NoCheck(W25QXX_BUF,secpos * 4096,4096);//写入扇区
        }else W25QXX_Write_NoCheck(pBuffer,WriteAddr,secremain);//写擦除,直接写
    if(NumByteToWrite == secremain)break;//写入结束了
        else//写入未结束
        {
            secpos ++ ;//扇区地址增 1
            secoff = 0;//偏移位置为 0
            pBuffer + = secremain;  //指针偏移
            WriteAddr + = secremain;//写地址偏移
            NumByteToWrite - = secremain;                   //字节数递减
            if(NumByteToWrite>4096)secremain = 4096;       //下一个扇区还是写不完
            else secremain = NumByteToWrite;                //下一个扇区可以写完了
```

```
        }
    }
}
```

该函数可以在 W25Q256 的任意地址开始写入任意长度(必须不超过 W25Q256 的容量)的数据。这里简单介绍一下思路:先获得首地址(WriteAddr)所在的扇区,并计算在扇区内的偏移,然后判断要写入的数据长度是否超过本扇区所剩下的长度,如果不超过,再先看看是否要擦除,如果不要,则直接写入数据即可;如果要,则读出整个扇区,在偏移处开始写入指定长度的数据,然后擦除这个扇区,再一次性写入。当需要写入的数据长度超过一个扇区的长度的时候,我们先按照前面的步骤把扇区剩余部分写完,再在新扇区内执行同样的操作,如此循环,直到写入结束。这里还定义了一个 W25QXX_BUFFER 的全局变量,用于擦除时缓存扇区内的数据。

最后看看 main.c 源文件内容:

```
//要写入到 W25Q16 的字符串数组
const u8 TEXT_Buffer[] = {"Apollo STM32F7 QSPI TEST"};
#define SIZE sizeof(TEXT_Buffer)
int main(void)
{
    u8 key;
    u16 i = 0;
    u8 datatemp[SIZE];
    u32 Flash_SIZE;
    HAL_Init();                         //初始化 HAL 库
    Stm32_Clock_Init(432,25,2,9);       //设置时钟,216 MHz
    delay_init(216);                    //延时初始化
    uart_init(115200);                  //串口初始化
    usmart_dev.init(108);               //初始化 USMART
    LED_Init();                         //初始化 LED
    KEY_Init();                         //初始化按键
    SDRAM_Init();                       //初始化 SDRAM
    LCD_Init();                         //LCD 初始化
    W25QXX_Init();                      //初始化 W25QXX
    POINT_COLOR = RED;
    LCD_ShowString(30,50,200,16,16,"Apollo STM32F4/F7");
    LCD_ShowString(30,70,200,16,16,"QSPI TEST");
    LCD_ShowString(30,90,200,16,16,"ATOM@ALIENTEK");
    LCD_ShowString(30,110,200,16,16,"2016/7/12");
    LCD_ShowString(30,130,200,16,16,"KEY1:Write  KEY0:Read");    //显示提示信息
    while(W25QXX_ReadID() != W25Q256)   //检测不到 W25Q256
    {
        LCD_ShowString(30,150,200,16,16,"QSPI Check Failed!");
        delay_ms(500);
        LCD_ShowString(30,150,200,16,16,"Please Check!        ");
        delay_ms(500);
        LED0_Toggle;                    //DS0 闪烁
    }
    LCD_ShowString(30,150,200,16,16,"QSPI Ready!");
    Flash_SIZE = 32 * 1024 * 1024;      //Flash 大小为 32 MB
```

```
    POINT_COLOR = BLUE;                    //设置字体为蓝色
    while(1)
    {
        key = KEY_Scan(0);
        if(key == KEY1_PRES)//KEY1 按下,写入 W25Q128
        {
            LCD_Fill(0,170,239,319,WHITE);//清除半屏
            LCD_ShowString(30,170,200,16,16,"Start Write QSPI....");
            W25QXX_Write((u8 * )TEXT_Buffer,Flash_SIZE - 100,SIZE);
            //从倒数第 100 个地址处开始,写入 SIZE 长度的数据
            LCD_ShowString(30,170,200,16,16,"QSPI Write Finished!");    //提示完成
        }
        if(key == KEY0_PRES)//KEY0 按下,读取字符串并显示
        {
            LCD_ShowString(30,170,200,16,16,"Start Read QSPI.... ");
            W25QXX_Read(datatemp,Flash_SIZE - 100,SIZE);
            //从倒数第 100 个地址处开始,读出 SIZE 个字节
            LCD_ShowString(30,170,200,16,16,"The Data Readed Is:   ");    //提示完成
            LCD_ShowString(30,190,200,16,16,datatemp);    //显示读到的字符串
        }
        i ++ ;
        delay_ms(10);
        if(i == 20)
        {
            LED0_Toggle;//提示系统正在运行
            i = 0;
        }
    }
}
```

这部分代码和 I^2C 实验那部分代码大同小异,实现的功能也差不多,不过此次写入和读出的是 SPI Flash,而不是 EEPROM。最后,将 W25QXX_ReadSR、W25QXX_Write_SR、W25QXX_ReadID 和 W25QXX_Erase_Chip 等函数加入 USMART 控制,这样就可以通过串口调试助手操作 W25Q256,方便测试。

33.4　下载验证

编译成功之后,下载代码到 ALIENTEK 阿波罗 STM32 开发板上,通过先按 KEY1 按键写入数据,按 KEY0 读取数据,得到如图 33.4.1 所示界面。

伴随 DS0 的不停闪烁,提示程序在运行。程序在开机的时候会检测 W25Q256 是否存在,如果不存在则会在 LCD 模块上显示错误信息,同时 DS0 慢闪。

Apollo STM32F4/F7
QSPI TEST
ATOM@ALIENTEK
2016/7/18
KEY1:Write　KEY0:Read
W25Q256 Ready!
The Data Readed Is:
Apollo STM32F7 QSPI TEST

图 33.4.1　SPI 实验程序运行效果图

第 34 章

RS485 实验

本章将使用 STM32F767 的串口 2 来实现两块开发板之间的 RS485 通信，并将结果显示在 LCD 模块上。

34.1 RS485 简介

RS485（一般称作 485/EIA－485），是隶属于 OSI 模型物理层的电气特性，规定为 2 线、半双工、多点通信的标准。它的电气特性和 RS232 大不一样。用缆线两端的电压差值来表示传递信号，RS485 仅仅规定了接收端和发送端的电气特性，没有规定或推荐任何数据协议。

RS485 的特点包括：

- 接口电平低，不易损坏芯片。RS485 的电气特性：逻辑“1”以两线间的电压差为＋(2～6)V 表示，逻辑“0”以两线间的电压差为－(2～6)V 表示。接口信号电平比 RS232 降低了，不易损坏接口电路的芯片，且该电平与 TTL 电平兼容，可方便与 TTL 电路连接。
- 传输速率高。10 m 时，RS485 的数据最高传输速率可达 35 Mbps；1 200 m 时，传输速度可达 100 kbps。
- 抗干扰能力强。RS485 接口是采用平衡驱动器和差分接收器的组合，抗共模干扰能力增强，即抗噪声干扰性好。传输距离远，支持节点多。RS485 总线最长可以传输 1 200 m 以上（速率≤100 kbps）
- 一般最大支持 32 个节点；如果使用特制的 RS485 芯片，则可以达到 128 个或者 256 个节点，最大的可以支持到 400 个节点。

RS485 推荐使用在点对点网络中，使用线型、总线型网络，不能是星型、环型网络。理想情况下 RS485 需要 2 个终端匹配电阻，其阻值要求等于传输电缆的特性阻抗（一般为 120 Ω）。没有特性阻抗的话，当所有的设备都静止或者没有能量的时候就会产生噪声，而且线移需要双端的电压差。没有终接电阻的话，会使得较快速的发送端产生多个数据信号的边缘，从而导致数据传输出错。RS485 推荐的连接方式如图 34.1.1 所示。这个连接中，如果需要添加匹配电阻，则一般在总线的起止端加入，也就是主机和设备 4 上面各加一个 120 Ω 的匹配电阻。

由于 RS485 具有传输距离远、传输速度快、支持节点多和抗干扰能力更强等特点，所以 RS485 有很广泛的应用。

阿波罗 STM32F767 开发板采用 SP3485 作为收发器，该芯片支持 3.3 V 供电，最大传输速度可达 10 Mbps，支持 32 个节点，并且有输出短路保护。该芯片的框图如图 34.1.2 所示。图中，A、B 总线接口用于连接 RS485 总线。RO 是接收输出端，DI 是发送数据收入端，RE 是接收使能信号（低电平有效），DE 是发送使能信号（高电平有效）。

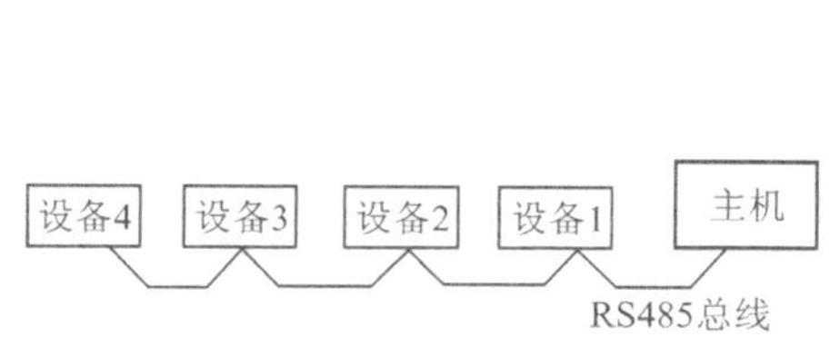

图 34.1.1　RS485 连接

图 34.1.2　SP3485 框图

本章通过该芯片连接 STM32F767 的串口 2，从而实现两个开发板之间的 RS485 通信。本章将实现这样的功能：通过连接两个阿波罗 STM32F767 开发板的 RS485 接口，然后由 KEY0 控制发送；当按下一个开发板的 KEY0 的时候，则发送 5 个数据给另外一个开发板，并在两个开发板上分别显示发送的值和接收到的值。

本章只需要配置好串口 2 就可以实现正常的 RS485 通信了，串口 2 的配置和串口 1 基本类似，只是串口的时钟来自 APB1，最大频率为 54 MHz。

34.2　硬件设计

本章要用到的硬件资源如下：指示灯 DS0、KEY0 按键、LCD 模块、PCF8574T、串口 2、RS485 收发芯片 SP3485。前面 4 个之前都已经详细介绍过了，这里介绍 SP3485 和串口 2 的连接关系，如图 34.2.1 所示。

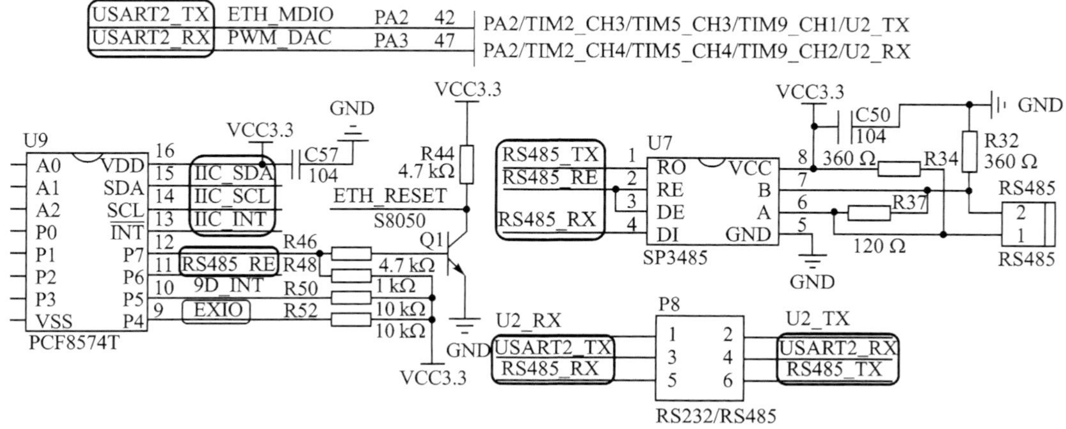

图 34.2.1　STM32F767 与 SP3485 连接电路图

可以看出,STM32F767 的串口 2 通过 P8 端口设置,连接到 SP3485。注意,RS485_RE 信号是连接在 PCF8574T 的 P6 脚上的,并没有直接连接到 MCU,需要通过 I^2C 总线控制 PCF8574T,从而实现对 RS485_RE 的控制。RS485_RE 控制 SP3485 的收发,当 RS485_RE=0 的时候,为接收模式;当 RS485_RE=1 的时候,为发送模式。

另外,PA2、PA3 和 ETH_MDIO、PWM_DAC 有共用 I/O,所以使用的时候注意分时复用,不能同时使用。

图中的 R34 和 R32 是两个偏置电阻,用来保证总线空闲时 A、B 之间的电压差都会大于 200 mV(逻辑 1),从而避免因总线空闲时 A、B 压差不定而引起逻辑错乱,进而可能出现的乱码。

然后要设置好开发板上 P8 排针的连接,通过跳线帽将 PA2、PA3 分别连接到 485_TX、485_RX 上面,如图 34.2.2 所示。

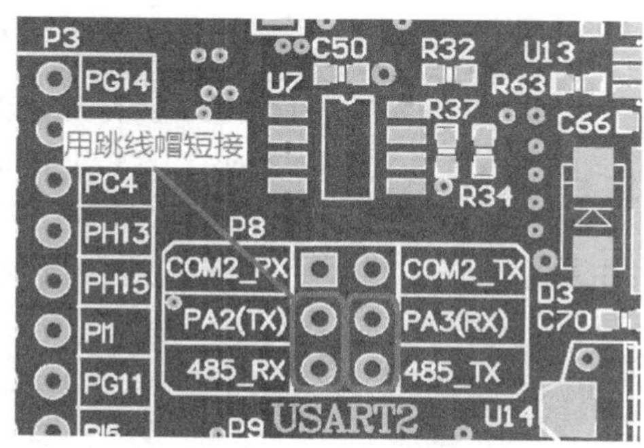

图 34.2.2　硬件连接示意图

最后,用 2 根导线将两个开发板 RS485 端子的 A 和 A、B 和 B 连接起来。注意,不要接反了(A 接 B),否则导致通信异常。

34.3　软件设计

打开 RS485 实验例程可以发现,项目中加入了一个 rs485.c 文件以及其头文件 rs485 文件,同时因为 RS485 通信底层用的是串口 2,所以需要引入库函数 stm32f7xx_hal_uart.c 文件和对应的头文件 stm32f7xx_hal_uart.h。

打开 rs485.c 文件,代码如下:

```
UART_HandleTypeDef USART2_RS485Handler;  //USART2 句柄(用于 RS485)
#if EN_USART2_RX                //如果使能了接收
//接收缓存区
u8 RS485_RX_BUF[64];        //接收缓冲,最大 64 个字节
//接收到的数据长度
u8 RS485_RX_CNT = 0;
void USART2_IRQHandler(void)
{
    u8 res;
```

```
if((__HAL_UART_GET_FLAG(&USART2_RS485Handler,
UART_FLAG_RXNE)!=RESET))  //接收中断
    {
        HAL_UART_Receive(&USART2_RS485Handler,&res,1,1000);
            if(RS485_RX_CNT<64)
            {
                RS485_RX_BUF[RS485_RX_CNT]=res;          //记录接收到的值
                    RS485_RX_CNT++;                      //接收数据增加 1
            }
    }
}
#endif
//初始化 I/O 串口 2
//bound:波特率
void RS485_Init(u32 bound)
{
    //GPIO 端口设置
    GPIO_InitTypeDef GPIO_Initure;
    PCF8574_Init();                                   //初始化 PCF8574,用于控制 RE 脚
    __HAL_RCC_GPIOA_CLK_ENABLE();                     //使能 GPIOA 时钟
    __HAL_RCC_USART2_CLK_ENABLE();                    //使能 USART2 时钟
    GPIO_Initure.Pin=GPIO_PIN_2|GPIO_PIN_3;               //PA2,3
    GPIO_Initure.Mode=GPIO_MODE_AF_PP;                    //复用推挽输出
    GPIO_Initure.Pull=GPIO_PULLUP;                        //上拉
    GPIO_Initure.Speed=GPIO_SPEED_HIGH;                   //高速
    GPIO_Initure.Alternate=GPIO_AF7_USART2;               //复用为 USART2
    HAL_GPIO_Init(GPIOA,&GPIO_Initure);                   //初始化 PA2,3
    //USART  初始化设置
    USART2_RS485Handler.Instance=USART2;                  //USART2
    USART2_RS485Handler.Init.BaudRate=bound;              //波特率
    USART2_RS485Handler.Init.WordLength=UART_WORDLENGTH_8B;        //字长 8 位
    USART2_RS485Handler.Init.StopBits=UART_STOPBITS_1;             //一个停止位
    USART2_RS485Handler.Init.Parity=UART_PARITY_NONE;              //无奇偶校验位
    USART2_RS485Handler.Init.HwFlowCtl=UART_HWCONTROL_NONE;        //无流控
    USART2_RS485Handler.Init.Mode=UART_MODE_TX_RX;                 //收发模式
    HAL_UART_Init(&USART2_RS485Handler); //HAL_UART_Init()会使能 USART2
    __HAL_UART_DISABLE_IT(&USART2_RS485Handler,UART_IT_TC);
#if EN_USART2_RX
    __HAL_UART_ENABLE_IT(&USART2_RS485Handler,UART_IT_RXNE);//开中断
    HAL_NVIC_EnableIRQ(USART2_IRQn);                  //使能 USART1 中断
    HAL_NVIC_SetPriority(USART2_IRQn,3,3);              //抢占优先级 3,子优先级 3
#endif
  RS485_TX_Set(0);                                      //设置为接收模式
}
//RS485 发送 len 个字节
//buf:发送区首地址
//len:发送的字节数(为了和本代码的接收匹配,这里建议不要超过 64 字节)
void RS485_Send_Data(u8 *buf,u8 len)
{
    RS485_TX_Set(1);                                             //设置为发送模式
    HAL_UART_Transmit(&USART2_RS485Handler,buf,len,1000);        //串口 2 发送数据
```

```
    RS485_RX_CNT = 0;
    RS485_TX_Set(0);                //设置为接收模式
}
//RS485 查询接收到的数据
//buf:接收缓存首地址
//len:读到的数据长度
void RS485_Receive_Data(u8 *buf,u8 *len)
{
    u8 rxlen = RS485_RX_CNT;
    u8 i = 0;
    *len = 0;                   //默认为 0
    delay_ms(10);               //等待 10 ms,连续超过 10 ms 没有接收到数据,则认为接收结束
    if(rxlen == RS485_RX_CNT&&rxlen)//接收到了数据,且接收完成了
    {
        for(i = 0;i<rxlen;i++)
        {
            buf[i] = RS485_RX_BUF[i];
        }
        *len = RS485_RX_CNT;        //记录本次数据长度
        RS485_RX_CNT = 0;           //清零
    }
}
//RS485 模式控制
//en:0,接收;1,发送
void RS485_TX_Set(u8 en)
{
    PCF8574_WriteBit(RS485_RE_IO,en);
}
```

此部分代码总共 5 个函数。其中,RS485_Init 函数为 RS485 通信初始化函数,完成对串口 2 的配置,另外,对 PCF8574 也进行了初始化,方便控制 SP3485 的收发;同时,如果使能中断接收,则会执行串口 2 的中断接收配置。USART2_IRQHandler 函数用于中断接收来自 RS485 总线的数据,将其存放在 RS485_RX_BUF 里面。RS485_Send_Data 和 RS485_Receive_Data 函数用来发送数据到 RS485 总线和读取从 RS485 总线收到的数据。这里重点介绍一下接收数据的流程(超时法):首先令 rxlen=RS485_RX_CNT,记录当前接收到的字节数,随后,等待 10 ms,如果在这个 10 ms 里面没有接收到任何数据(RS485_RX_CNT 的值未增加),那么就说明接收完成了;如果有接收到其他数据(RS485_RX_CNT 变大了),那么说明还在继续接收数据,须等到下一个循环再处理。最后,RS485_TX_Set 函数用于通过 PCF8574 控制 RS485_RE 脚。

对于串口 2 程序编写方式需要说明一下。在串口实验章节已经讲过,一般情况下,我们在串口的中断服务函数中会调用中断共用处理 HAL 库函数 HAL_UART_IRQHandler,然后在函数 HAL_UART_IRQHandler 中会对中断进行判断,再调用想用的回调处理函数。但是本章实验源码中并没有在中断服务函数中调用 HAL_UART_IRQHandler,也没有修改中断接收回调函数 HAL_UART_RxCpltCallback,这是因为我们为了保持 RS485 串口部分代码的独立性,所以直接在中断服务函数中编写中断控

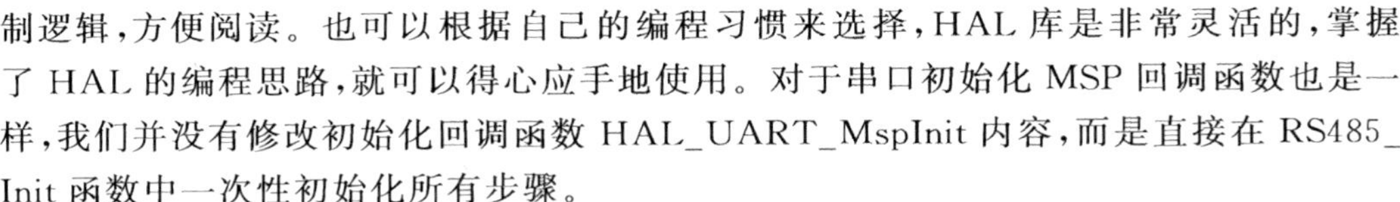

制逻辑，方便阅读。也可以根据自己的编程习惯来选择，HAL 库是非常灵活的，掌握了 HAL 的编程思路，就可以得心应手地使用。对于串口初始化 MSP 回调函数也是一样，我们并没有修改初始化回调函数 HAL_UART_MspInit 内容，而是直接在 RS485_Init 函数中一次性初始化所有步骤。

头文件 rs485.h 文件通过下面一行代码打开了接收中断：

```
#define EN_USART2_RX        1           //0,不接收;1,接收
```

接下来看看主函数代码：

```
int main(void)
{
    u8 key;
    u8 i = 0,t = 0;
    u8 cnt = 0;
    u8 rs485buf[5];
    Cache_Enable();                         //打开 L1 - Cache
    HAL_Init();                             //初始化 HAL 库
    Stm32_Clock_Init(432,25,2,9);           //设置时钟,216 MHz
    delay_init(216);                        //延时初始化
    uart_init(115200);                      //串口初始化
    usmart_dev.init(108);                   //初始化 USMART
    LED_Init();                             //初始化 LED
    KEY_Init();                             //初始化按键
    SDRAM_Init();                           //初始化 SDRAM
    LCD_Init();                             //LCD 初始化
    RS485_Init(9600);                       //初始化 RS485
    POINT_COLOR = RED;
    LCD_ShowString(30,50,200,16,16,"Apollo STM32F4/F7");
    LCD_ShowString(30,70,200,16,16,"RS485 TEST");
    LCD_ShowString(30,90,200,16,16,"ATOM@ALIENTEK");
    LCD_ShowString(30,110,200,16,16,"2016/7/12");
    LCD_ShowString(30,130,200,16,16,"KEY0:Send");          //显示提示信息
    POINT_COLOR = BLUE;//设置字体为蓝色
    LCD_ShowString(30,150,200,16,16,"Count:");             //显示当前计数值
    LCD_ShowString(30,170,200,16,16,"Send Data:");         //提示发送的数据
    LCD_ShowString(30,210,200,16,16,"Receive Data:");      //提示接收到的数据
    while(1)
    {
        key = KEY_Scan(0);
        if(key == KEY0_PRES)//KEY0 按下,发送一次数据
        {
            for(i = 0;i<5;i++)
            {
                rs485buf[i] = cnt + i;//填充发送缓冲区
                LCD_ShowxNum(30 + i * 32,190,rs485buf[i],3,16,0X80);     //显示数据
            }
            RS485_Send_Data(rs485buf,5);//发送 5 个字节
        }
        RS485_Receive_Data(rs485buf,&key);
        if(key)//接收到有数据
```

```
            {
                if(key>5)key = 5;//最大是 5 个数据
            for(i = 0;i<key;i++)LCD_ShowxNum(30 + i * 32,230,rs485buf[i],3,16,0X80);
            }
            t++;
            delay_ms(10);
            if(t == 20)
            {
                LED0_Toggle;//提示系统正在运行
                t = 0;
                cnt++;
                LCD_ShowxNum(30 + 48,150,cnt,3,16,0X80);      //显示数据
            }
        }
    }
```

此部分代码主要关注下 RS485_Init(54,9600),这里用的是 54,而不是 108,是因为 APB1 的时钟是 54 MHz,故是 54;而串口 1 的时钟来自 APB2,是 108 MHz 的时钟,所以这里和串口 1 的设置是有点区别的。cnt 是一个累加数,一旦 KEY0 按下,就以这个数位基准连续发送 5 个数据。当 RS485 总线收到数据的时候,就将收到的数据直接显示在 LCD 屏幕上。

34.4 下载验证

编译成功之后,下载代码到 ALIENTEK 阿波罗 STM32 开发板上(注意,要 2 个开发板都下载这个代码),得到如图 34.4.1 所示界面。

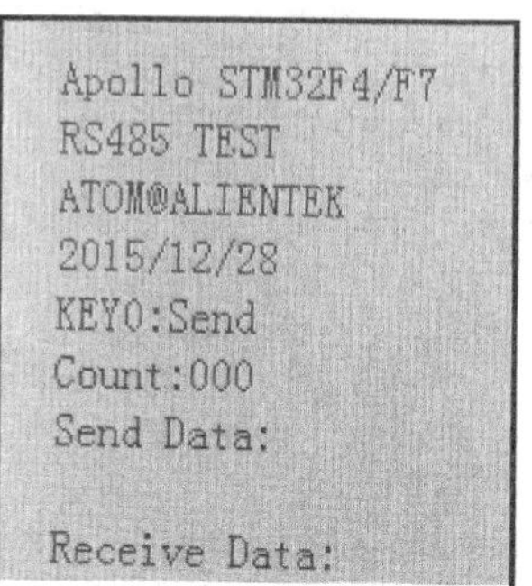

图 34.4.1　程序运行效果图

伴随 DS0 的不停闪烁,提示程序在运行。此时,按下 KEY0 就可以在另外一个开发板上面收到这个开发板发送的数据了,如图 34.4.2 和图 34.4.3 所示。

图 34.4.2 来自开发板 A,发送了 5 个数据;图 34.4.3 来自开发板 B,接收到了来自开发板 A 的 5 个数据。

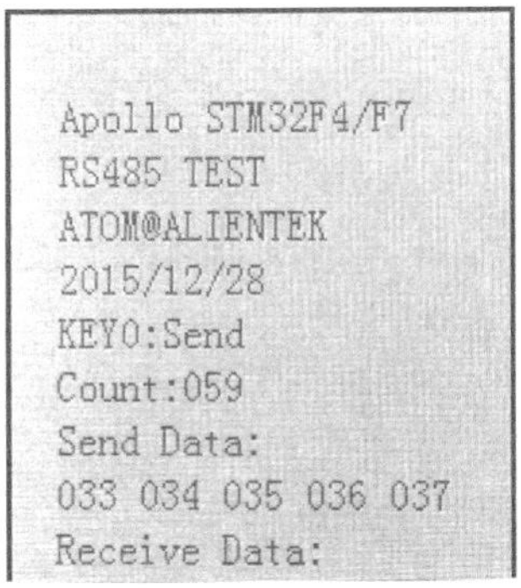

```
Apollo STM32F4/F7
RS485 TEST
ATOM@ALIENTEK
2015/12/28
KEY0:Send
Count:059
Send Data:
033 034 035 036 037
Receive Data:
```

图 34.4.2　RS485 发送数据

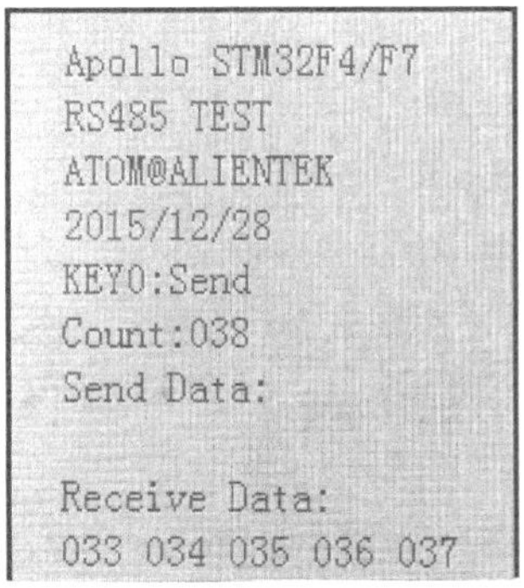

```
Apollo STM32F4/F7
RS485 TEST
ATOM@ALIENTEK
2015/12/28
KEY0:Send
Count:038
Send Data:

Receive Data:
033 034 035 036 037
```

图 34.4.3　RS485 接收数据

本章介绍的 RS485 总线是通过串口控制收发的，我们只需要将 P8 的跳线帽稍做改变，该实验就变成了一个 RS232 串口通信实验了，通过对接两个开发板的 RS232 接口即可得到同样的实验现象，有兴趣的读者可以实验一下。

另外，利用 USMART 测试的部分这里就不做介绍了，读者可自行验证下。

第 35 章

CAN 通信实验

本章将介绍如何使用 STM32F767 自带的 CAN 控制器来实现两个开发板之间的 CAN 通信，并将结果显示在 LCD 模块上。

35.1 CAN 简介

CAN 是 Controller Area Network 的缩写(以下称为 CAN)，是 ISO 国际标准化的串行通信协议。在当前的汽车产业中，出于对安全性、舒适性、方便性、低公害、低成本的要求，各种各样的电子控制系统被开发了出来。由于这些系统之间通信所用的数据类型及对可靠性的要求不尽相同，由多条总线构成的情况很多，线束的数量也随之增加。为适应"减少线束的数量"、"通过多个 LAN 进行大量数据的高速通信"的需要，1986 年德国电气商博世公司开发出面向汽车的 CAN 通信协议。此后，CAN 通过 ISO11898 及 ISO11519 进行了标准化，现在在欧洲已是汽车网络的标准协议。

现在，CAN 的高性能和可靠性已被认同，并广泛应用于工业自动化、船舶、医疗设备、工业设备等方面。现场总线是当今自动化领域技术发展的热点之一，被誉为自动化领域的计算机局域网，它的出现为分布式控制系统实现各节点之间实时、可靠的数据通信提供了强有力的技术支持。

CAN 控制器通过两根线上的电位差来判断总线电平。总线电平分为显性电平和隐性电平，二者必居其一。发送方通过使总线电平发生变化来将消息发送给接收方。

CAN 协议具有一下特点：

- 多主控制。在总线空闲时，所有单元都可以发送消息(多主控制)，而两个以上的单元同时开始发送消息时，根据标识符(Identifier 以下称为 ID)决定优先级。ID 并不是表示发送的目的地址，而是表示访问总线的消息的优先级。两个以上的单元同时开始发送消息时，对各消息 ID 的每个位进行逐个仲裁比较。仲裁获胜(被判定为优先级最高)的单元可继续发送消息，仲裁失利的单元则立刻停止发送而进行接收工作。
- 系统的柔软性。与总线相连的单元没有类似于"地址"的信息。因此，在总线上增加单元时，连接在总线上的其他单元的软硬件及应用层都不需要改变。
- 通信速度较快，通信距离远。最高 1 Mbps(距离小于 40 m)，最远可达 10 km(速率低于 5 kbps)。

➢ 具有错误检测、错误通知和错误恢复功能。所有单元都可以检测错误(错误检测功能),检测出错误的单元会立即同时通知其他所有单元(错误通知功能),正在发送消息的单元一旦检测出错误,则强制结束当前的发送。强制结束发送的单元会不断反复地重新发送此消息,直到成功发送为止(错误恢复功能)。

➢ 故障封闭功能。CAN 可以判断出错误的类型是总线上暂时的数据错误(如外部噪声等)还是持续的数据错误(如单元内部故障、驱动器故障、断线等)。由此功能,当总线上发生持续数据错误时,可将引起此故障的单元从总线上隔离出去。

➢ 连接节点多。CAN 总线是可同时连接多个单元的总线,可连接的单元总数理论上是没有限制的,但实际上可连接的单元数受总线上的时间延迟及电气负载的限制。降低通信速度,可连接的单元数增加;提高通信速度,则可连接的单元数减少。

CAN 协议的这些特点,使得 CAN 特别适合工业过程监控设备的互连,因此,越来越受到工业界的重视,并已公认为最有前途的现场总线之一。

CAN 协议经过 ISO 标准化后有两个标准:ISO11898 标准和 ISO11519—2 标准。其中,ISO11898 是针对通信速率为 125 kbps～1 Mbps 的高速通信标准,而 ISO11519—2 是针对通信速率为 125 kbps 以下的低速通信标准。

本章使用 500 kbps 的通信速率,使用的是 ISO11898 标准,该标准的物理层特征如图 35.1.1 所示。可以看出,显性电平对应逻辑 0,CAN_H 和 CAN_L 之差为 2.5 V 左右。而隐性电平对应逻辑 1,CAN_H 和 CAN_L 之差为 0 V。在总线上显性电平具有优先权,只要有一个单元输出显性电平,总线上即为显性电平。而隐形电平则具有包容的意味,只有所有的单元都输出隐性电平,总线上才为隐性电平(显性电平比隐性电平更强)。另外,CAN 总线的起止端都有一个 120 Ω 的终端电阻来做阻抗匹配,以减少回波反射。

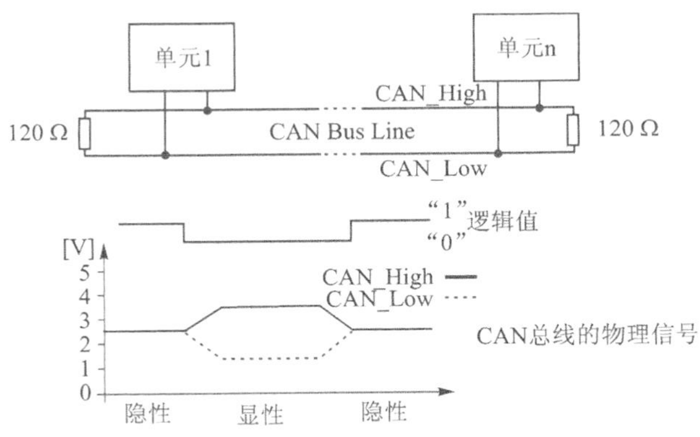

图 35.1.1　ISO11898 物理层特性

CAN 协议是通过以下 5 种类型的帧进行的:数据帧、遥控帧、错误帧、过载帧、间隔帧。另外,数据帧和遥控帧有标准格式和扩展格式两种格式。标准格式有 11 个位的标识符(ID),扩展格式有 29 个位的 ID。各种帧的用途如表 35.1.1 所列。

表 35.1.1　CAN 协议各种帧及其用途

帧类型	帧用途
数据帧	用于发送单元向接收单元传送数据的帧
遥控帧	用于接收单元向具有相同 ID 的发送单元请求数据的帧
错误帧	用于当检测出错误时向其他单元通知错误的帧
过载帧	用于接收单元通知其尚未做好接收准备的帧
间隔帧	用于将数据帧及遥控帧与前面的帧分离开来的帧

由于篇幅所限，这里仅对数据帧进行详细介绍。数据帧一般由 7 个段构成，即：

① 帧起始，表示数据帧开始的段。

② 仲裁段，表示该帧优先级的段。

③ 控制段，表示数据的字节数及保留位的段。

④ 数据段，表示数据的内容，一帧可发送 0～8 个字节的数据。

⑤ CRC 段，用来检查帧的传输错误的段。

⑥ ACK 段，表示确认正常接收的段。

⑦ 帧结束，表示数据帧结束的段。

数据帧的构成如图 35.1.2 所示。图中 D 表示显性电平，R 表示隐形电平(下同)。

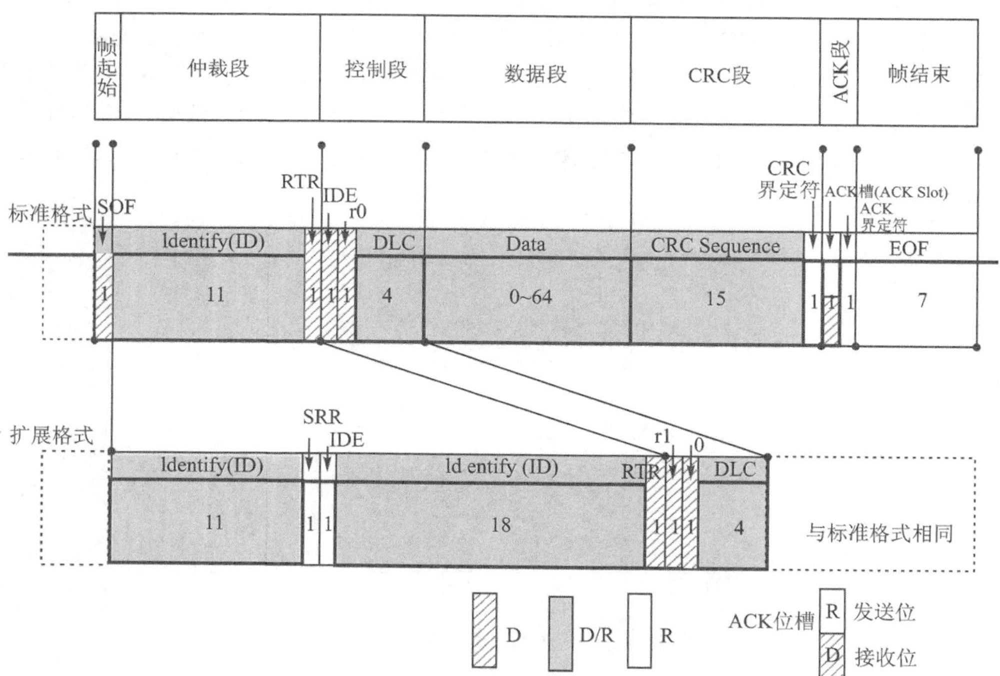

图 35.1.2　数据帧的构成

帧起始，这个比较简单，标准帧和扩展帧都是由一个位的显性电平表示帧起始。

仲裁段，表示数据优先级的段。标准帧和扩展帧格式在本段有所区别，如图 35.1.3 所示。

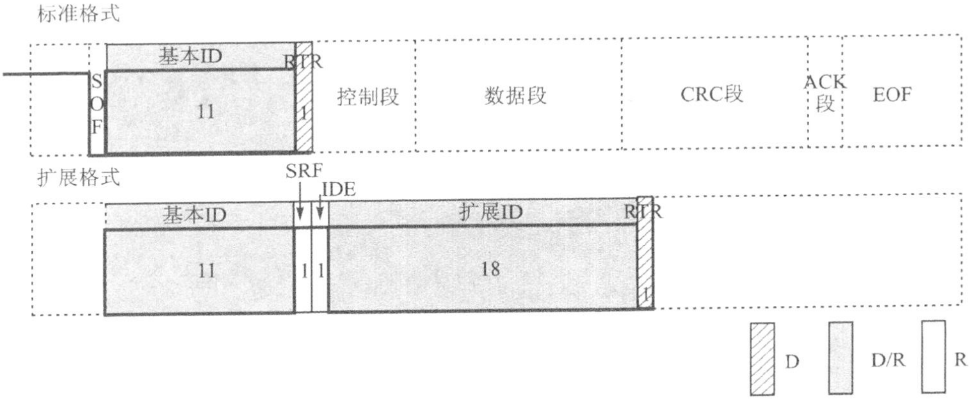

图 35.1.3　数据帧仲裁段构成

标准格式的 ID 有 11 个位，从 ID28～ID18 被依次发送。禁止高 7 位都为隐性（禁止设定：ID＝1111111XXXX）。扩展格式的 ID 有 29 个位。基本 ID 从 ID28～ID18，扩展 ID 由 ID17～ID0 表示。基本 ID 和标准格式的 ID 相同。禁止高 7 位都为隐性（禁止设定：基本 ID＝1111111XXXX）。

其中，RTR 位用于标识是否是远程帧（0，数据帧；1，远程帧），IDE 位为标识符选择位（0，使用标准标识符；1，使用扩展标识符），SRR 位为代替远程请求位，为隐性位，它代替了标准帧中的 RTR 位。

控制段由 6 个位构成，表示数据段的字节数。标准帧和扩展帧的控制段稍有不同，如图 35.1.4 所示。图中，r0 和 r1 为保留位，必须全部以显性电平发送，但是接收端可以接收显性、隐性及任意组合的电平。DLC 段为数据长度表示段，高位在前，DLC 段有效值为 0～8，但是接收方接收到 9～15 的时候并不认为是错误。

数据段，可包含 0～8 个字节的数据。从最高位（MSB）开始输出，标准帧和扩展帧在这个段的定义都是一样的，如图 35.1.5 所示。

CRC 段，用于检查帧传输错误。由 15 个位的 CRC 顺序和一个位的 CRC 界定符（用于分隔的位）组成。标准帧和扩展帧在这个段的格式也是相同的，如图 35.1.6 所示。

此段 CRC 的值计算范围包括帧起始、仲裁段、控制段、数据段。接收方以同样的算法计算 CRC 值并进行比较，不一致时会通报错误。

ACK 段，用来确认是否正常接收，由 ACK 槽（ACK Slot）和 ACK 界定符 2 个位组成。标准帧和扩展帧在这个段的格式也是相同的，如图 35.1.7 所示。

发送单元的 ACK 发送 2 个位的隐性位，而接收到正确消息的单元在 ACK 槽（ACK Slot）发送显性位，通知发送单元正常接收结束，这个过程叫发送 ACK、返回

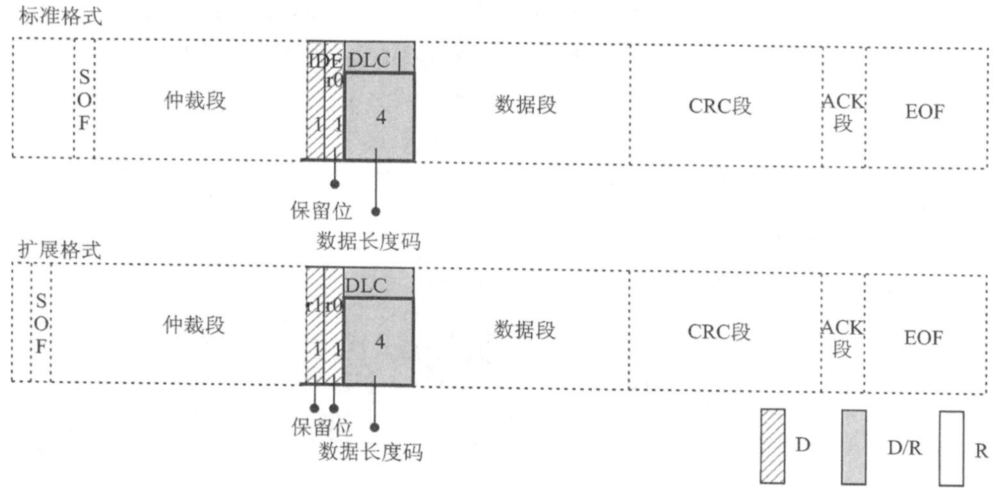

图 35.1.4　数据帧控制段构成

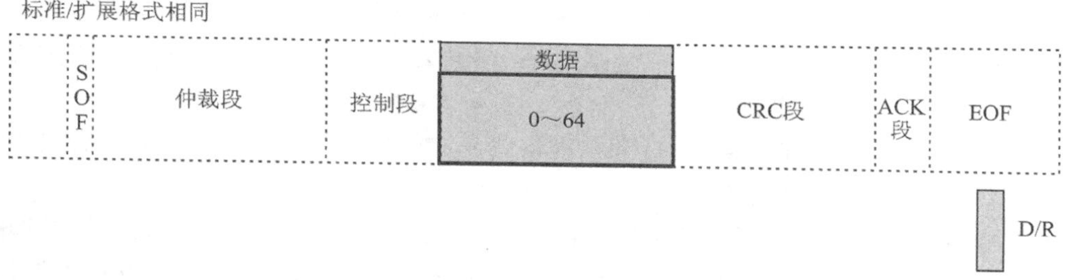

图 35.1.5　数据帧数据段构成

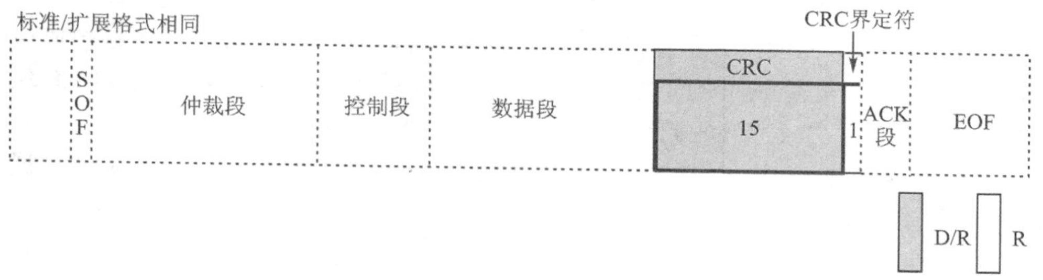

图 35.1.6　数据帧 CRC 段构成

ACK。发送 ACK 的是在既不处于总线关闭态也不处于休眠态的所有接收单元中接收到正常消息的单元(发送单元不发送 ACK)。所谓正常消息是指不含填充错误、格式错误、CRC 错误的消息。

帧结束,这个段也比较简单,标准帧和扩展帧在这个段格式一样,由 7 个位的隐性位组成。

至此,数据帧的 7 个段就介绍完了,其他帧的介绍可参考配套资料的“CAN 入门

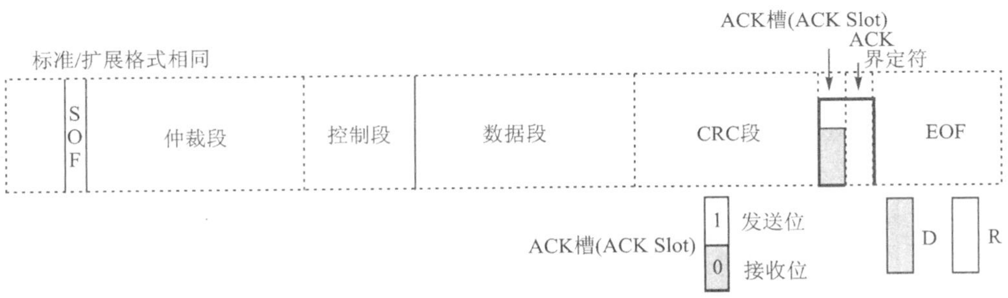

图 35.1.7　数据帧 CRC 段构成

书.pdf”相关章节。接下来再来看看 CAN 的位时序。

由发送单元在非同步的情况下发送的每秒钟的位数称为位速率。一个位可分为 4 段，分别为同步段(SS)、传播时间段(PTS)、相位缓冲段 1(PBS1)、相位缓冲段 2(PBS2)。

这些段又由可称为 Time Quantum(以下称为 T_q)的最小时间单位构成。

一位分为 4 个段，每个段又由若干个 T_q 构成，这称为位时序。

一位由多少个 T_q 构成、每个段又由多少个 T_q 构成等，可以任意设定位时序。通过设定位时序，多个单元可同时采样，也可任意设定采样点。各段的作用和 T_q 数如表 35.1.2 所列。

表 35.1.2　一个位各段及其作用

段名称	段的作用	T_q 数	
同步段 (SS:Synchronization Segment)	多个连接在总线上的单元通过此段实现时序调整，同步进行接收和发送的工作。由隐性到显性电平的边沿或由显性电平到隐性电平边沿最好出现在段中	$1T_q$	$8\sim25T_q$
传播时间段 (PTS:Propagation Time Segment)	用于吸收网络上的物理延迟的段。 网络和物理延迟指发送单元的输出延迟、总线上信号的传播延迟、接收单元的输入延迟。 这个段的时间为以上各延迟时间的和的两倍	$1\sim8T_q$	
相位缓冲段 1 (PBS1:Phase Buffer Segment 1)	当信号边沿不能被包含于 SS 段中时，可在此段进行补偿。 由于各单元以各自独立的时钟工作，细微的时钟误差会累积起来，PBS 段可用于吸收此误差。 通过对相位缓冲段加减 SJW 来吸收误差。SJW 加大后允许误差加大，但通信速度下降	$1\sim8T_q$	
相位缓冲段 2 (PBS2:Phase Buffer Segment 2)		$2\sim8T_q$	
再同步补偿宽度 (SJW:reSynchronization Jump Width)	因时钟频率偏差、传送延迟等，各单元有同步误差。SJW 为补偿此误差的最大值	$1\sim4T_q$	

一个位的构成如图 35.1.8 所示。图中的采样点是指读取总线电平，并将读到的电平作为位值的点，位置在 PBS1 结束处。根据这个位时序就可以计算 CAN 通信的波特率了，具体计算方法稍后再介绍。前面提到的 CAN 协议具有仲裁功能，下面来看看是如何实现的。

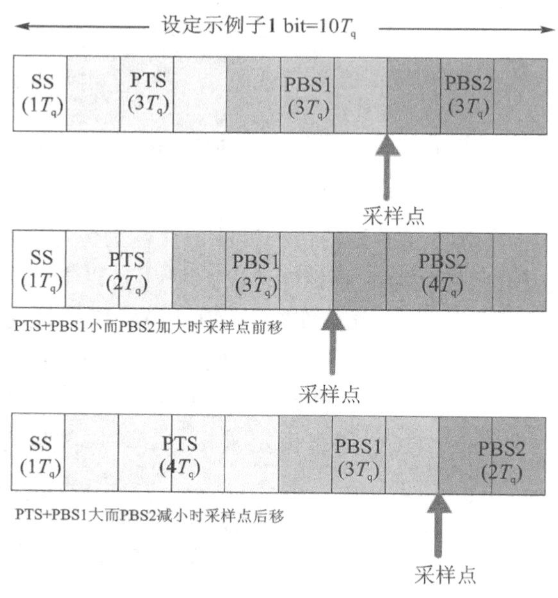

图 35.1.8　一个位的构成

在总线空闲态，最先开始发送消息的单元获得发送权。当多个单元开始同时发送时，各发送单元从仲裁段的第一位开始进行仲裁。连续输出显性电平最多的单元可继续发送。实现过程如图 35.1.9 所示。图中，单元 1 和单元 2 开始同时向总线发送数据，开始部分它们的数据格式是一样的，故无法区分优先级，直到 T 时刻，单元 1 输出隐性电平，而单元 2 输出显性电平，此时单元 1 仲裁失利，立刻转入接收状态工作，不再与单元 2 竞争，而单元 2 则顺利获得总线使用权，继续发送自己的数据。这就实现了仲裁，让连续发送显性电平多的单元获得总线使用权。

通过以上介绍，我们对 CAN 总线有了个大概了解(详细介绍参考配套资料的"CAN 入门书.pdf")，接下来介绍 STM32F767 的 CAN 控制器。

STM32F767 自带的是 bxCAN，即基本扩展 CAN，它支持 CAN 协议 2.0A 和2.0B。它的设计目标是，以最小的 CPU 负荷来高效处理大量收到的报文，它也支持报文发送的优先级要求(优先级特性可软件配置)。对于安全紧要的应用，bxCAN 提供所有支持时间触发通信模式所需的硬件功能。

STM32F767 的 bxCAN 的主要特点有：

➢ 支持 CAN 协议 2.0A 和 2.0B 主动模式；

➢ 波特率最高达 1 Mbps；

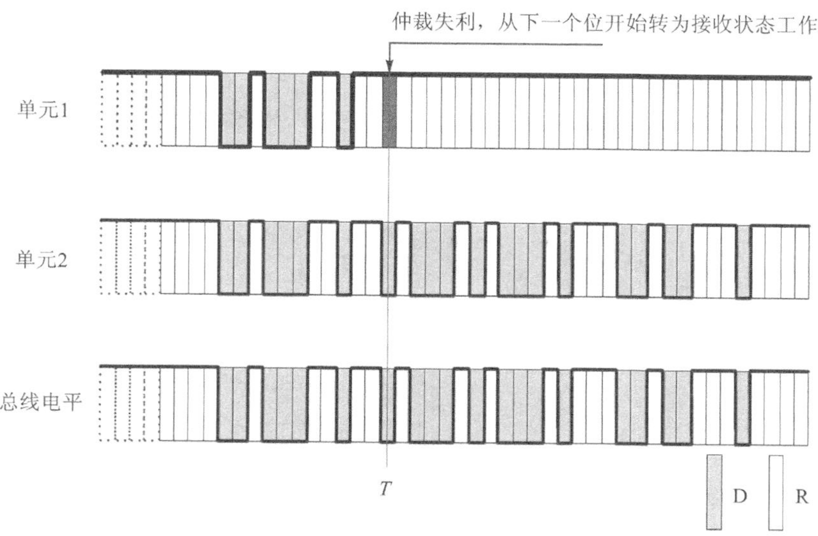

图 35.1.9 CAN 总线仲裁过程

➢ 支持时间触发通信；
➢ 具有 3 个发送邮箱；
➢ 具有 3 级深度的 2 个接收 FIFO；
➢ 可变的过滤器组(28 个,CAN1 和 CAN2 共享)。

在 STM32F767IGT6 中,带有 2 个 CAN 控制器,而本章只用了一个 CAN,即 CAN1。双 CAN 的框图如图 35.1.10 所示。可以看出,两个 CAN 都分别拥有自己的发送邮箱和接收 FIFO,但是它们共用 28 个滤波器。通过 CAN_FMR 寄存器可以设置滤波器的分配方式。

STM32F767 的标识符过滤比较复杂,它的存在减少了 CPU 处理 CAN 通信的开销。STM32F767 的过滤器(也称筛选器)组最多有 28 个,每个滤波器组 x 由 2 个 32 位寄存器(CAN_FxR1 和 CAN_FxR2)组成。

STM32F767 每个过滤器组的位宽都可以独立配置,以满足应用程序的不同需求。根据位宽的不同,每个过滤器组可提供:

➢ 一个 32 位过滤器,包括 STDID[10:0]、EXTID[17:0]、IDE 和 RTR 位;
➢ 2 个 16 位过滤器,包括 STDID[10:0]、IDE、RTR 和 EXTID[17:15]位。

此外过滤器可配置为屏蔽位模式和标识符列表模式。

在屏蔽位模式下,标识符寄存器和屏蔽寄存器一起指定报文标识符的任何一位,应该按照“必须匹配”或“不用关心”处理。

而在标识符列表模式下,屏蔽寄存器也被当作标识符寄存器用。因此,不是采用一个标识符加一个屏蔽位的方式,而是使用 2 个标识符寄存器。接收报文标识符的每一位都必须跟过滤器标识符相同。

通过 CAN_FMR 寄存器可以配置过滤器组的位宽和工作模式,如图 35.1.11 所示。

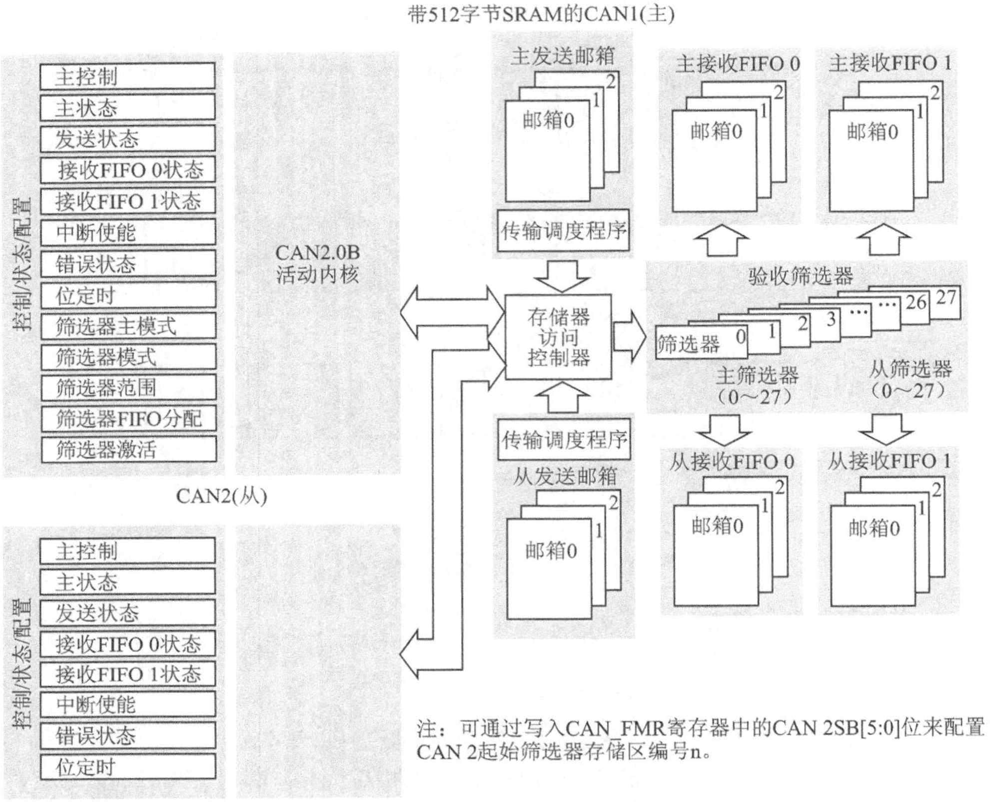

带512字节SRAM的CAN1(主)

主控制
主状态
发送状态
接收FIFO 0状态
接收FIFO 1状态
中断使能
错误状态
位定时
筛选器主模式
筛选器模式
筛选器范围
筛选器FIFO分配
筛选器激活
控制/状态/配置

CAN2.0B
活动内核

主发送邮箱
邮箱0 1 2
传输调度程序

主接收FIFO 0
邮箱0 1 2
主接收FIFO 1
邮箱0 1 2

存储器
访问
控制器

验收筛选器
筛选器 0 1 2 3 … … 26 27
主筛选器
(0～27)
从筛选器
(0～27)

传输调度程序
从发送邮箱
邮箱0 1 2

从接收FIFO 0
邮箱0 1 2
从接收FIFO 1
邮箱0 1 2

CAN2(从)

主控制
主状态
发送状态
接收FIFO 0状态
接收FIFO 1状态
中断使能
错误状态
位定时
控制/状态/配置

注：可通过写入CAN_FMR寄存器中的CAN 2SB[5:0]位来配置CAN 2起始筛选器存储区编号n。

图 35.1.10　双 CAN 框图

为了过滤出一组标识符,应该设置过滤器组工作在屏蔽位模式。为了过滤出一个标识符,应该设置过滤器组工作在标识符列表模式。应用程序不用的过滤器组应该保持在禁用状态。过滤器组中的每个过滤器都被编号为(叫做过滤器号,图 35.1.11 中的 n)从 0 开始,到某个最大数值(取决于过滤器组的模式和位宽的设置)。

举个简单的例子,我们设置过滤器组 0 工作在一个 32 位过滤器-标识符屏蔽模式,然后设置 CAN_F0R1＝0XFFFF0000,CAN_F0R2＝0XFF00FF00。其中,存放到 CAN_F0R1 的值就是期望收到的 ID,即我们希望收到的 ID(STID＋EXTID＋IDE＋RTR)最好是 0XFFFF0000。而 0XFF00FF00 就是设置我们需要必须关心的 ID,表示收到的 ID,位[31:24]和位[15:8]这 16 个位必须和 CAN_F0R1 中对应的位一模一样,而另外的 16 个位则不关心,可以一样,也可以不一样,都认为是正确的 ID,即收到的 ID 必须是 0XFFxx00xx 才算是正确的(x 表示不关心)。

关于标识符过滤的详细介绍可参考《STM32F7 中文参考手册》的 36.7.4 小节(1152 页)。接下来看看 STM32F767 的 CAN 发送和接收的流程。

1. CAN 发送流程

CAN 发送流程为:程序选择一个空置的邮箱(TME＝1)→设置标识符(ID),数据

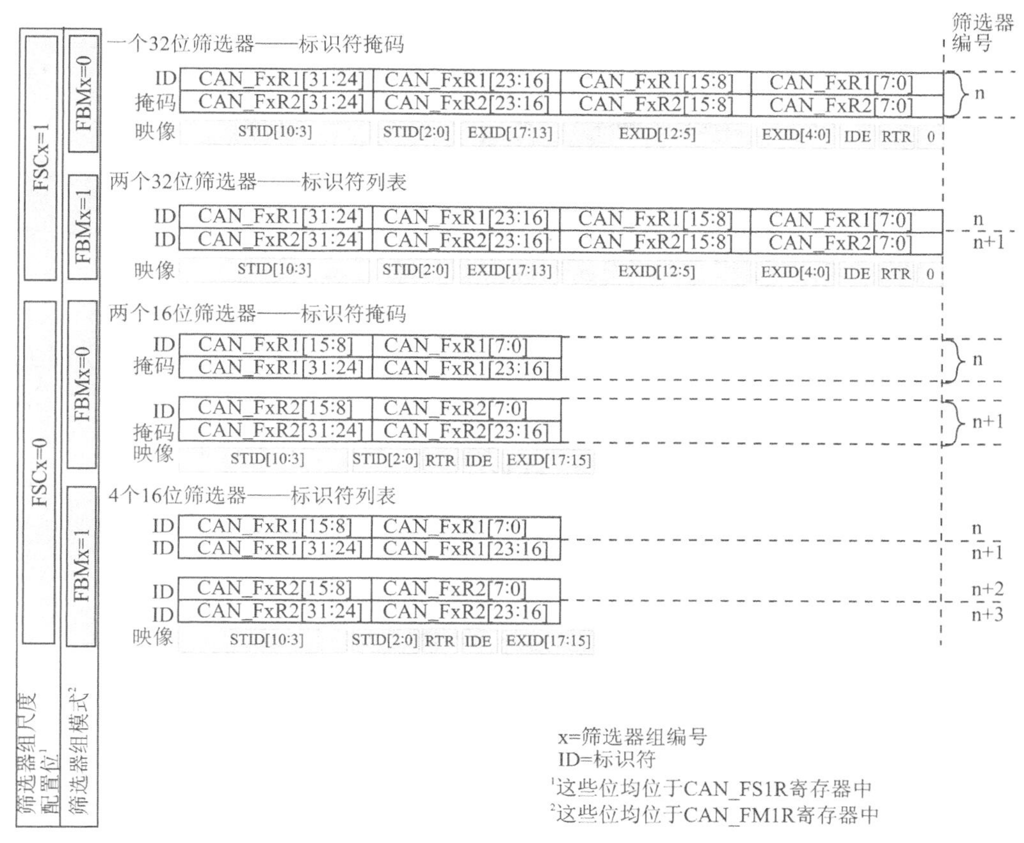

图 35.1.11 过滤器组位宽模式设置

长度和发送数据→设置 CAN_TIxR 的 TXRQ 位为 1，请求发送→邮箱挂号（等待成为最高优先级）→预定发送（等待总线空闲）→发送→邮箱空置，如图 35.1.12 所示。图中还包含了很多其他处理，如终止发送（ABRQ=1）和发送失败处理等。通过这个流程图可以大致了解 CAN 的发送流程，后面的数据发送基本就是按照此流程来走。

2. CAN 接收流程

CAN 接收到的有效报文被存储在 3 级邮箱深度的 FIFO 中。FIFO 完全由硬件来管理，从而节省了 CPU 的处理负荷，简化了软件，并保证了数据的一致性。应用程序只能通过读取 FIFO 输出邮箱来读取 FIFO 中最先收到的报文。这里的有效报文是指那些被正确接收（直到 EOF 都没有错误）且通过了标识符过滤的报文。前面我们知道 CAN 的接收有 2 个 FIFO，每个滤波器组都可以设置其关联的 FIFO，通过 CAN_FFA1R 的设置可以将滤波器组关联到 FIFO0、FIFO1。

CAN 接收流程为：FIFO 空→收到有效报文→挂号_1（存入 FIFO 的一个邮箱，这个由硬件控制，我们不需要理会）→收到有效报文→挂号_2→收到有效报文→挂号_3→收到有效报文→溢出。

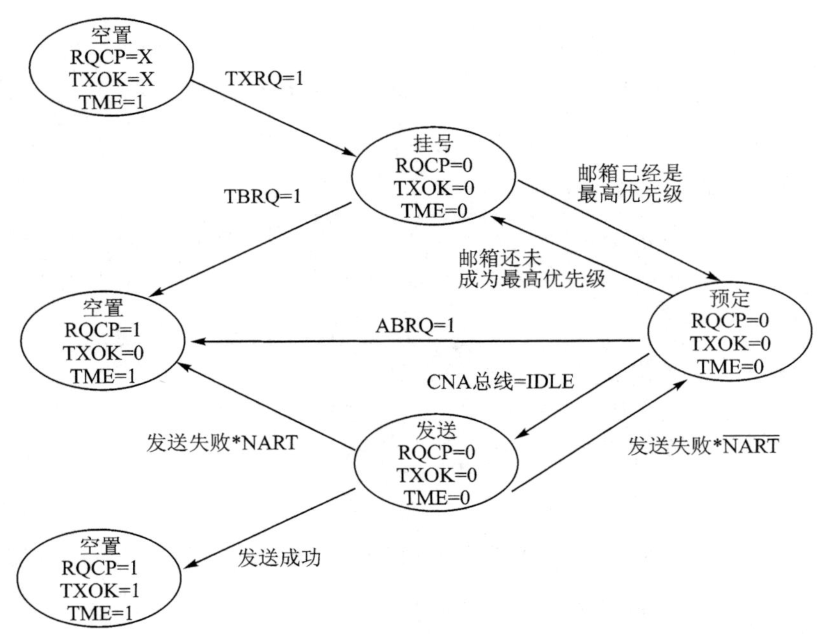

图 35.1.12　发送邮箱

这个流程里面没有考虑从 FIFO 读出报文的情况，实际情况是必须在 FIFO 溢出之前读出至少一个报文，否则下个报文到来将导致 FIFO 溢出，从而出现报文丢失。每读出一个报文，相应的挂号就减 1，直到 FIFO 空。CAN 接收流程如图 35.1.13 所示。

FIFO 接收到的报文数可以通过查询 CAN_RFxR 的 FMP 寄存器来得到，只要 FMP 不为 0，我们就可以从 FIFO 读出收到的报文。

接下来简单看看 STM32F767 的 CAN 位时间特性。STM32F767 的 CAN 位时间特性和之前介绍的稍有点区别。STM32F767 把传播时间段和相位缓冲段 1 (STM32F767 称之为时间段 1)合并了，所以 STM32F767 的 CAN 一个位只有 3 段：同步段(SYNC_SEG)、时间段 1(BS1)和时间段 2(BS2)。STM32F767 的 BS1 段可以设置为 1～16 个时间单元，刚好等于上面介绍的传播时间段和相位缓冲段 1 之和。STM32F767 的 CAN 位时序如图 35.1.14 所示。

图中还给出了 CAN 波特率的计算公式，我们只需要知道 BS1、BS2 的设置以及 APB1 的时钟频率(一般为 54 MHz)，就可以方便地计算出波特率。比如设置 TS1＝10、TS2＝7 和 BRP＝6，在 APB1 频率为 54 MHz 的条件下，即可得到 CAN 通信的波特率＝54 000/[(7＋10＋1)×6]＝500 kbps。

接下来介绍一下本章需要用到的一些比较重要的寄存器。首先来看 CAN 的主控制寄存器(CAN_MCR)，该寄存器各位描述如图 35.1.15 所示。该寄存器的详细描述可参考《STM32F7 中文参考手册》36.9.2 小节，这里仅介绍 INRQ 位，该位用来控制初始化请求。

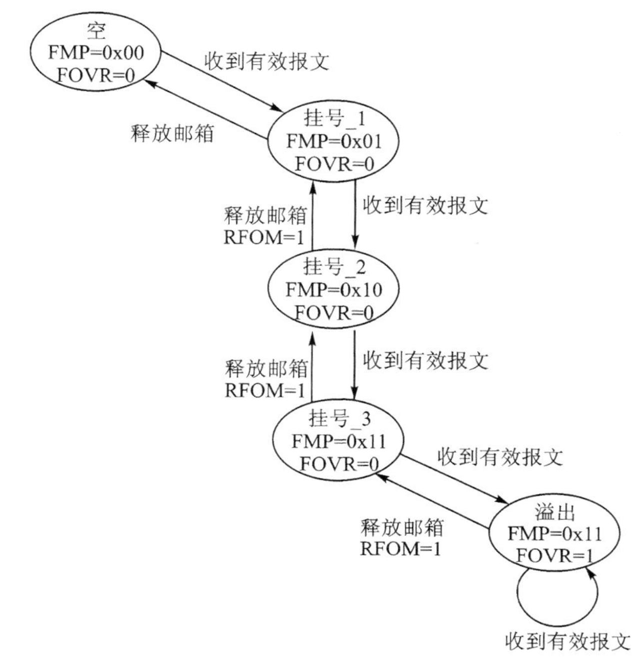

图 35.1.13　FIFO 接收报文

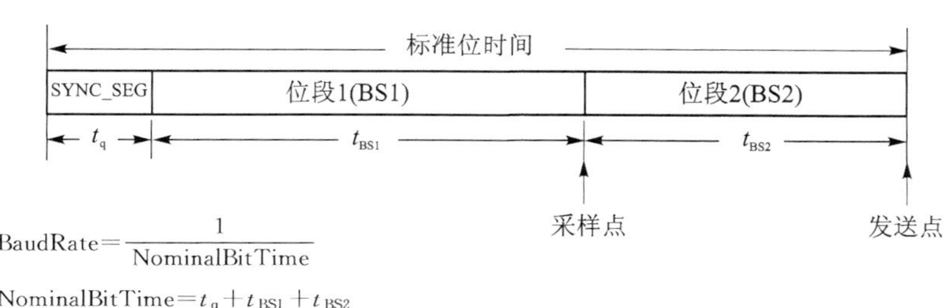

$$\text{BaudRate}=\frac{1}{\text{NominalBitTime}}$$

$$\text{NominalBitTime}=t_q+t_{BS1}+t_{BS2}$$

其中：

$t_{BS1}=t_q\times(\text{TS1}[3:0]+1)$，

$t_{BS2}=t_q\times(\text{TS2}[2:0]+1)$，

$t_q=(\text{BRP}[9:0]+1)\times t_{PCLK}$

其中，t_q 为时间片，t_{PCLK}＝APB 时钟的时间周期，BRP[9:0]、TS1[3:0]和 TS2[2:0]在 CAN_BTR 寄存器中定义

图 35.1.14　STM32F767 CAN 位时序

软件对该位清零，则可使 CAN 从初始化模式进入正常工作模式：CAN 接收引脚检测到连续的 11 个隐性位后，CAN 就达到同步，并为接收和发送数据做好准备。为此，硬件相应地对 CAN_MSR 寄存器的 INAK 位清零。

软件对该位置 1 可使 CAN 从正常工作模式进入初始化模式，一旦当前的 CAN 活动（发送或接收）结束，CAN 就进入初始化模式。相应地，硬件对 CAN_MSR 寄存器的

INAK 位置 1。

31	30	29	28	27	26	25	24	23	22	21	20	19	18	17	16
Reserved															DBF
															rw
15	**14**	**13**	**12**	**11**	**10**	**9**	**8**	**7**	**6**	**5**	**4**	**3**	**2**	**1**	**0**
RESET	Reserved							TTCM	ABOM	AWUM	NART	RFLM	TXFP	SLEEP	INRQ
rs								rw	rw	rw	rw	rw	rw	rw	rw

图 35.1.15 寄存器 CAN_MCR 各位描述

所以,在 CAN 初始化的时候,先要设置该位为 1,然后进行初始化(尤其是 CAN_BTR 的设置,该寄存器必须在 CAN 正常工作之前设置),之后再设置该位为 0,让 CAN 进入正常工作模式。

第二个介绍 CAN 位时序寄存器(CAN_BTR),该寄存器用于设置分频、T_{bs1}、T_{bs2} 以及 T_{sjw} 等非常重要的参数,直接决定了 CAN 的波特率。另外,该寄存器还可以设置 CAN 的工作模式,各位描述如图 35.1.16 所示。

31	30	29	28	27	26	25	24	23	22	21	20	19	18	17	16
SILM	LBKM	Reserved				SJW[1:0]		Res.	TS2[2:0]			TS1[3:0]			
rw	rw					rw	rw		rw	rw	rw	rw	rw	rw	rw
15	**14**	**13**	**12**	**11**	**10**	**9**	**8**	**7**	**6**	**5**	**4**	**3**	**2**	**1**	**0**
Reserved						BRP[9:0]									
						rw	rw	rw	rw	rw	rw	rw	rw	rw	rw

位 31　　SILM:静默模式(调试)

0:正常工作;1:静默模式

位 30　　LBKM:环回模式(调试)

0:禁止环回模式;1:使能环回模式

位 29:26　　保留,必须保持复位值。

位 25:24　　SJW[1:0]:再同步跳转宽度

这些域定义 CAN 硬件在执行再同步时最多可以将位加长或缩短的时间片数目。

$t_{RJW}=t_{CAN}\times(SJW[1:0]+1)$

位 23　　保留,必须保持复位值。

位 22:20　　TS2[2:0]:时间段 2

这些位定义时间段 2 中的时间片数目。

$t_{BS2}=t_{CAN}\times(TS2[2:0]+1)$

位 19:16　　TS1[3:0]:时间段 1

这些位定义时间段 1 中的时间片数目。

$t_{BS1}=t_{CAN}\times(TS1[3:0]+1)$

位 15:10　　保留,必须保持复位值。

位 9:0　　BRP[9:0]:波特率预分频器

这些位定义一个时间片的长度。

$t_q=(BRP[9:0]+1)\times t_{PCLK}$

图 35.1.16 寄存器 CAN_BTR 各位描述

STM32F767 提供了两种测试模式,环回模式和静默模式,当然还可以组合成环回静默模式。这里简单介绍下环回模式。

在环回模式下，bxCAN 把发送的报文当作接收的报文并保存（如果可以通过接收过滤）在接收邮箱里，也就是环回模式是一个自发自收的模式，如图 35.1.17 所示。

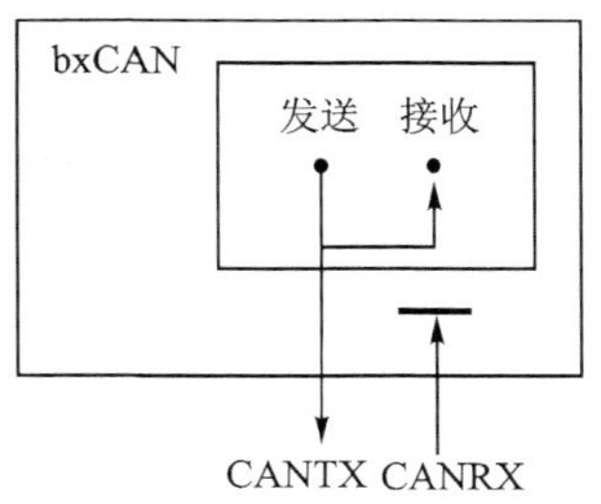

图 35.1.17　CAN 环回模式

环回模式可用于自测试。为了避免外部的影响，在环回模式下，CAN 内核忽略确认错误（在数据、远程帧的确认位时刻，不检测是否有显性位）。在环回模式下，bxCAN 在内部把 Tx 输出回馈到 Rx 输入上，而完全忽略 CANRX 引脚的实际状态。发送的报文可以在 CANTX 引脚上检测到。

第三个介绍 CAN 发送邮箱标识符寄存器（CAN_TIxR）（x＝0～3），该寄存器各位描述如图 35.1.18 所示。该寄存器主要用来设置标识符（包括扩展标识符），另外还可以设置帧类型，通过 TXRQ 值 1 来请求邮箱发送。因为有 3 个发送邮箱，所以寄存器 CAN_TIxR 有 3 个。

31	30	29	28	27	26	25	24	23	22	21	20	19	18	17	16
STID[10:0]/EXID[28:18]											EXID[17:13]				
rw	rw	rw	rw	rw	rw	rw	rw	rw	rw	rw	rw	rw	rw	rw	rw

15	14	13	12	11	10	9	8	7	6	5	4	3	2	1	0
EXID[12:0]													IDE	RTR	TXRQ
rw	rw	rw	rw	rw	rw	rw	rw	rw	rw	rw	rw	rw	rw	rw	rw

位 31:21　STID[10:0]/EXID[28:18]：标准标识符或扩展标识符
标准标识符或扩展标识符的 MSB（取决于 IDE 位的值）。

位 20:3　EXID[17:0]：扩展标识符
扩展标识的 LSB。

位 2　IDE：标识符扩展
此位用于定义邮箱中消息的标识符类型。
0：标准标识符；1：扩展标识符

位 1　RTR：远程发送请求
0：数据帧；1：遥控帧

位 0　TXRQ：发送邮箱请求
由软件置 1，用于请求发送相应邮箱的内容。
邮箱变为空后，此位由硬件清零

图 35.1.18　寄存器 CAN_TIxR 各位描述

第四个介绍 CAN 发送邮箱数据长度和时间戳寄存器（CAN_TDTxR）（x＝0～2），本章仅用该寄存器来设置数据长度，即最低 4 个位。

第五个介绍的是 CAN 发送邮箱低字节数据寄存器（CAN_TDLxR）（x＝0～2），该寄存器各位描述如图 35.1.19 所示。该寄存器用来存储将要发送的数据，这里只能存储低 4 个字节;另外还有一个寄存器 CAN_TDHxR,该寄存器用来存储高 4 个字节,这样总共就可以存储 8 个字节。CAN_TDHxR 的各位描述同 CAN_TDLxR 类似。

31	30	29	28	27	26	25	24	23	22	21	20	19	18	17	16
DATA3[7:0]								DATA2[7:0]							
rw	rw	rw	rw	rw	rw	rw	rw	rw	rw	rw	rw	rw	rw	rw	rw
15	14	13	12	11	10	9	8	7	6	5	4	3	2	1	0
DATA1[7:0]								DATA0[7:0]							
rw	rw	rw	rw	rw	rw	rw	rw	rw	rw	rw	rw	rw	rw	rw	rw

位 31:24　DATA3[7:0]:数据字节 3

消息的数据字节 3。

位 23:16　DATA2[7:0]:数据字节 2

消息的数据字节 2。

位 15:8　DATA1[7:0]:数据字节 1

消息的数据字节 1。

位 7:0　DATA0[7:0]:数据字节 0

消息的数据字节 0。

一条消息可以包含 0～8 字节的数据字节,从字节 0 开始

图 35.1.19　寄存器 CAN_TDLxR 各位描述

第六个介绍 CAN 接收 FIFO 邮箱标识符寄存器 (CAN_RIxR) (x=0/1),该寄存器各位描述同 CAN_TIxR 寄存器几乎一模一样,只是最低位为保留位。该寄存器用于保存接收到的报文标识符等信息,我们可以通过读该寄存器获取相关信息。

同样的,CAN 接收 FIFO 邮箱数据长度和时间戳寄存器 (CAN_RDTxR)、CAN 接收 FIFO 邮箱低字节数据寄存器 (CAN_RDLxR)和 CAN 接收 FIFO 邮箱高字节数据寄存器 (CAN_RDHxR)分别和发送邮箱的 CAN_TDTxR、CAN_TDLxR 以及 CAN_TDHxR 类似,详细介绍可参考《STM32F7 中文参考手册》36.9 节。

第七个介绍 CAN 过滤器模式寄存器(CAN_FM1R),该寄存器各位描述如图 35.1.20 所示。该寄存器用于设置各滤波器组的工作模式,对 28 个滤波器组的工作

31	30	29	28	27	26	25	24	23	22	21	20	19	18	17	16
Reserved				FBM27	FBM26	FBM25	FBM24	FBM23	FBM22	FBM21	FBM20	FBM19	FBM18	FBM17	FBM16
				rw	rw	rw	rw	rw	rw	rw	rw	rw	rw	rw	rw
15	14	13	12	11	10	9	8	7	6	5	4	3	2	1	0
FBM15	FBM14	FBM13	FBM12	FBM11	FBM10	FBM9	FBM8	FBM7	FBM6	FBM5	FBM4	FBM3	FBM2	FBM1	FBM0
rw	rw	rw	rw	rw	rw	rw	rw	rw	rw	rw	rw	rw	rw	rw	rw

位 31:28　保留,必须保持复位值。

位 27:0　FBMx:筛选器模式

筛选器 x 的寄存器的模式

0:筛选器存储区 x 的两个 32 位寄存器处于标识符屏蔽模式。

1:筛选器存储区 x 的两个 32 位寄存器处于标识符列表模式

图 35.1.20　寄存器 CAN_FM1R 各位描述

模式都可以通过该寄存器设置;不过该寄存器必须在过滤器处于初始化模式下

(CAN_FMR 的 FINIT 位=1)才可以进行设置。

第八个介绍 CAN 过滤器位宽寄存器(CAN_FS1R),该寄存器各位描述如图 35.1.21 所示。该寄存器用于设置各滤波器组的位宽,对 28 个滤波器组的位宽设置都可以通过该寄存器实现。该寄存器也只能在过滤器处于初始化模式下进行设置。

31	30	29	28	27	26	25	24	23	22	21	20	19	18	17	16
Reserved				FSC27	FSC26	FSC25	FSC24	FSC23	FSC22	FSC21	FSC20	FSC19	FSC18	FSC17	FSC16
				rw	rw	rw	rw	rw	rw	rw	rw	rw	rw	rw	rw
15	14	13	12	11	10	9	8	7	6	5	4	3	2	1	0
FSC15	FSC14	FSC13	FSC12	FSC11	FSC10	FSC9	FSC8	FSC7	FSC6	FSC5	FSC4	FSC3	FSC2	FSC1	FSC0
rw	rw	rw	rw	rw	rw	rw	rw	rw	rw	rw	rw	rw	rw	rw	rw

位 31:28　保留,必须保持复位值。

位 27:0　FSCx:筛选器尺度配置

这些位定义了筛选器 13～0 的尺度配置。

0:双 16 位尺度配置;1:单 32 位尺度配置

图 35.1.21　寄存器 CAN_FS1R 各位描述

第九个介绍 CAN 过滤器 FIFO 关联寄存器(CAN_FFA1R),该寄存器各位描述如图 35.1.22 所示。该寄存器设置报文通过滤波器组之后被存入的 FIFO,如果对应位为 0,则存放到 FIFO0;如果为 1,则存放到 FIFO1。该寄存器也只能在过滤器处于初始化模式下配置。

31	30	29	28	27	26	25	24	23	22	21	20	19	18	17	16
Reserved				FFA27	FFA26	FFA25	FFA24	FFA23	FFA22	FFA21	FFA20	FFA19	FFA18	FFA17	FFA16
				rw	rw	rw	rw	rw	rw	rw	rw	rw	rw	rw	rw
15	14	13	12	11	10	9	8	7	6	5	4	3	2	1	0
FFA15	FFA14	FFA13	FFA12	FFA11	FFA10	FFA9	FFA8	FFA7	FFA6	FFA5	FFA4	FFA3	FFA2	FFA1	FFA0
rw	rw	rw	rw	rw	rw	rw	rw	rw	rw	rw	rw	rw	rw	rw	rw

位 31:28　保留,必须保持复位值。

位 27:0　FFAx:筛选器 x 的筛选器 FIFO 分配

通过此筛选器的消息将存储在指定的 FIFO 中。

0:筛选器分配到 FIFO0;1:筛选器分配到 FIFO1

图 35.1.22　寄存器 CAN_FFA1R 各位描述

第十个介绍 CAN 过滤器激活寄存器(CAN_FA1R)。该寄存器各位对应滤波器组和前面的几个寄存器类似,这里就不列出了,对应位置 1,即开启对应的滤波器组;置 0,则关闭该滤波器组。

最后介绍 CAN 的过滤器组 i 的寄存器 x(CAN_FiRx)(i=0～27;x=1/2),该寄存器各位描述如图 35.1.23 所示。每个滤波器组的 CAN_FiRx 都由 2 个 32 位寄存器构成,即 CAN_FiR1 和 CAN_FiR2。根据过滤器位宽和模式的不同设置,这两个寄存器的功能也不尽相同。关于过滤器的映射、功能描述和屏蔽寄存器的关联参见

图 35.1.11。

31	30	29	28	27	26	25	24	23	22	21	20	19	18	17	16
FB31	FB30	FB29	FB28	FB27	FB26	FB25	FB24	FB23	FB22	FB21	FB20	FB19	FB18	FB17	FB16
rw	rw	rw	rw	rw	rw	rw	rw	rw	rw	rw	rw	rw	rw	rw	rw

15	14	13	12	11	10	9	8	7	6	5	4	3	2	1	0
FB15	FB14	FB13	FB12	FB11	FB10	FB9	FB8	FB7	FB6	FB5	FB4	FB3	FB2	FB1	FB0
rw	rw	rw	rw	rw	rw	rw	rw	rw	rw	rw	rw	rw	rw	rw	rw

位 31:0　FB[31:0]:筛选器位

标识符

寄存器的每一位用于指定预期标识符相应位的级别。

0:需要显性位;1:需要隐性位

掩码

寄存器的每一位用于指定相关标识符寄存器的位是否必须与预期标识符的相应位匹配。

0:无关,不使用此位进行比较。

1:必须匹配,传入标识符的此位必须与筛选器相应标识符寄存器中指定的级别相同

图 35.1.23　寄存器 CAN_FiRx 各位描述

接下来看看本章将实现的功能及 CAN 的配置步骤。本章通过 KEY_UP 按键选择 CAN 的工作模式(正常模式、环回模式),然后通过 KEY0 控制数据发送,并通过查询的办法将接收到的数据显示在 LCD 模块上。如果是环回模式,则用一个开发板即可测试。如果是正常模式,则需要 2 个阿波罗开发板,并且将它们的 CAN 接口对接起来,然后一个开发板发送数据,另外一个开发板将接收到的数据显示在 LCD 模块上。

HAL 库中 CAN 相关的函数在文件 stm32f7xx_hal_can.c 和对应的头文件 stm32f7xx_hal_can.h 中。

本章的 CAN 的初始化配置步骤如下:

① 配置相关引脚的复用功能(AF9),使能 CAN 时钟。

要用 CAN,第一步就要使能 CAN 的时钟,CAN 的时钟通过 APB1ENR 的第 25 位来设置。其次,设置 CAN 的相关引脚为复用输出,这里需要设置 PA11(CAN1_RX)和 PA12(CAN1_TX)为复用功能(AF9),并使能 PA 口的时钟。具体配置过程如下:

```
GPIO_InitTypeDef GPIO_Initure;
__HAL_RCC_CAN1_CLK_ENABLE();                         //使能 CAN1 时钟
__HAL_RCC_GPIOA_CLK_ENABLE();                        //开启 GPIOA 时钟
GPIO_Initure.Pin = GPIO_PIN_11|GPIO_PIN_12;          //PA11,12
GPIO_Initure.Mode = GPIO_MODE_AF_PP;                 //推挽复用
GPIO_Initure.Pull = GPIO_PULLUP;                     //上拉
GPIO_Initure.Speed = GPIO_SPEED_FAST;                //快速
GPIO_Initure.Alternate = GPIO_AF9_CAN1;              //复用为 CAN1
HAL_GPIO_Init(GPIOA,&GPIO_Initure);                  //初始化
```

提示:CAN 发送、接收引脚是哪些口,可以在中文参考手册引脚表里面查找。

② 设置 CAN 工作模式及波特率等。

这一步通过先设置 CAN_MCR 寄存器的 INRQ 位让 CAN 进入初始化模式,然后

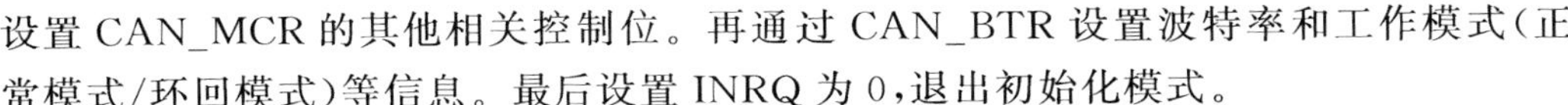

设置 CAN_MCR 的其他相关控制位。再通过 CAN_BTR 设置波特率和工作模式(正常模式/环回模式)等信息。最后设置 INRQ 为 0,退出初始化模式。

这一步通过先设置 CAN_MCR 寄存器的 INRQ 位让 CAN 进入初始化模式,然后设置 CAN_MCR 的其他相关控制位。再通过 CAN_BTR 设置波特率和工作模式(正常模式/环回模式)等信息。最后设置 INRQ 为 0,退出初始化模式。

库函数中提供了函数 HAL_CAN_Init 来初始化 CAN 的工作模式以及波特率,HAL_CAN_Init 函数体中,初始化之前会设置 CAN_MCR 寄存器的 INRQ 为 1,从而让其进入初始化模式;然后初始化 CAN_MCR 寄存器和 CRN_BTR 寄存器,之后设置 CAN_MCR 寄存器的 INRQ 为 0,让其退出初始化模式。所以,调用这个函数的前后不需要再进行初始化模式设置。下面来看看 HAL_CAN_Init 函数的声明:

```
HAL_StatusTypeDef HAL_CAN_Init(CAN_HandleTypeDef * hcan);
```

该函数入口参数只有 hcan 一个,为 CAN_HandleTypeDef 结构体指针类型,接下来看看结构体 CAN_HandleTypeDef 定义:

```
typedef struct
{
  CAN_TypeDef                    * Instance;
  CAN_InitTypeDef                Init;
  CanTxMsgTypeDef *              pTxMsg;
  CanRxMsgTypeDef *              pRxMsg;
  __IO HAL_CAN_StateTypeDef      State;
  HAL_LockTypeDef                Lock;
  __IO uint32_t                  ErrorCode;
}CAN_HandleTypeDef;
```

该结构体除了 State、Lock 和 ErrorCode 这 3 个 HAL 库处理状态过程变量之外,只有 4 个成员变量需要我们外部设置。

第一个成员变量 Instance 为寄存器基地址,这里使用 CAN1,设置为 CAN1 即可。

第三个成员变量 pTxMsg 和第四个成员变量 pRxMsg 是发送和接收消息结构体指针,在初始化 CAN 的时候要指定其指向,那么后面调用发送函数 HAL_CAN_Transmit 之前,就可以初始化 pTxMsg 来指定发送数据和参数,在调用接收函数 HAL_CAN_Receive 之后就可以通过 pRxMsg 获取接收数据和参数。

接下来着重看看第二个成员变量 Init,它是 CAN_InitTypeDef 结构体类型,该结构体定义为:

```
typedef struct
{
  uint32_t Prescaler;
  uint32_t Mode;
  uint32_t SJW;
  uint32_t BS1;
  uint32_t BS2;
  uint32_t TTCM;
  uint32_t ABOM;
```

```
    uint32_t AWUM;
    uint32_t NART;
    uint32_t RFLM;
    uint32_t TXFP;
}CAN_InitTypeDef;
```

这个结构体看起来成员变量比较多,实际上参数可以分为两类。前面 5 个参数用来设置寄存器 CAN_BTR、模式以及波特率相关的参数,这在前面有讲解过,设置模式的参数是 Mode,我们实验中用到回环模式 CAN_MODE_LOOPBACKk 和常规模式 CAN_MODE_NORMAL,还可以选择静默模式以及静默回环模式测试。其他设置波特率相关的参数 Prescaler、SJW、BS1 和 BS2 分别用来设置波特率分频器、重新同步跳跃宽度以及时间段 1、时间段 2 占用的时间单元数。后面 6 个成员变量用来设置寄存器 CAN_MCR,也就是设置 CAN 通信相关的控制位。中文参考手册中对这两个寄存器的描述非常详细,前面也讲解过。初始化实例为:

```
CAN_HandleTypeDef    CAN1_Handler;                    //CAN1 句柄
CanTxMsgTypeDef      TxMessage;                       //发送消息
CanRxMsgTypeDef      RxMessage;                       //接收消息
CAN1_Handler.Instance = CAN1;
CAN1_Handler.pTxMsg = &TxMessage;                     //发送消息
CAN1_Handler.pRxMsg = &RxMessage;                     //接收消息
CAN1_Handler.Init.Prescaler = 6;                      //分频系数(Fdiv)为 brp + 1
CAN1_Handler.Init.Mode =  CAN_MODE_LOOPBACK;          //模式设置:普通模式
CAN1_Handler.Init.SJW =  CAN_SJW_1TQ;                 //重新同步跳跃宽度为 tsjw + 1 个时间单位
CAN1_Handler.Init.BS1 =  CAN_BS1_8TQ;                 //范围 CAN_BS1_1TQ~CAN_BS1_16TQ
CAN1_Handler.Init.BS2 =  CAN_BS2_6TQ;                 //范围 CAN_BS2_1TQ~CAN_BS2_8TQ
CAN1_Handler.Init.TTCM = DISABLE;                     //非时间触发通信模式
CAN1_Handler.Init.ABOM = DISABLE;                     //软件自动离线管理
CAN1_Handler.Init.AWUM = DISABLE;                     //睡眠模式通过软件唤醒
CAN1_Handler.Init.NART = ENABLE;                      //禁止报文自动传送
CAN1_Handler.Init.RFLM = DISABLE;                     //报文不锁定,新的覆盖旧的
CAN1_Handler.Init.TXFP = DISABLE;                     //优先级由报文标识符决定
HAL_CAN_Init(&CAN1_Handler);
```

HAL 库通用提供了 MSP 初始化回调函数,CAN 回调函数为:

```
void HAL_CAN_MspInit(CAN_HandleTypeDef * hcan);
```

该回调函数一般用来编写时钟使能、I/O 初始化以及 NVIC 等配置。

③ 设置滤波器。

本章将使用滤波器组 0,并工作在 32 位标识符屏蔽位模式下。先设置 CAN_FMR 的 FINIT 位,让过滤器组工作在初始化模式下,然后设置滤波器组 0 的工作模式、标识符 ID 和屏蔽位。最后激活滤波器,并退出滤波器初始化模式。

HAL 库中提供了函数 HAL_CAN_ConfigFilter 来初始化 CAN 的滤波器相关参数。HAL_CAN_ConfigFilter 函数体中,在初始化滤波器之前会设置 CAN_FMR 寄存

器的 FINIT 位为 1,让其进入初始化模式;初始化 CAN 滤波器相关的寄存器之后,会设置 CAN_FMR 寄存器的 FINIT 位为 0,让其退出初始化模式。所以,调用这个函数的前后不需要再进行初始化模式设置。下面来看看 HAL_CAN_ConfigFilter 函数的声明:

```
HAL_StatusTypeDef HAL_CAN_ConfigFilter(CAN_HandleTypeDef * hcan,
                                       CAN_FilterConfTypeDef * sFilterConfig);
```

该函数有 2 个入口参数,第一个入口参数 hcan 这里就不多讲了。接下来看看第二个入口参数 sFilterConfig,它是 CAN_FilterConfTypeDef 结构体指针类型,用来设置滤波器相关参数。结构体 CAN_FilterConfTypeDef 定义为:

```
typedef struct
{
  uint32_t FilterIdHigh;
  uint32_t FilterIdLow;
  uint32_t FilterMaskIdHigh;
  uint32_t FilterMaskIdLow;
  uint32_t FilterFIFOAssignment;
  uint32_t FilterNumber;
  uint32_t FilterMode;
  uint32_t FilterScale;
  uint32_t FilterActivation;
  uint32_t BankNumber;
}CAN_FilterConfTypeDef;
```

结构体一共有 10 个成员变量,第 1～4 个用来设置过滤器的 32 位 id 以及 32 位 mask id,分别通过 2 个 16 位来组合。第 5 个成员变量 FilterFIFOAssignment 用来设置 FIFO 和过滤器的关联关系,我们的实验是关联的过滤器 0～FIFO0,值为 CAN_FILTER_FIFO0。第 6 个成员变量 FilterNumber 用来设置初始化的过滤器组,取值范围为 0～13。第 7 个成员变量 FilterMode 用来设置过滤器组的模式,取值为标识符列表模式 CAN_FILTERMODE_IDLIST 和标识符屏蔽位模式 CAN_FILTERMODE_IDMASK。第 8 个成员变量 FilterScale 用来设置过滤器的位宽为 2 个 16 位 CAN_FILTERSCALE_16BIT 还是一个 32 位 CAN_FILTERSCALE_32BIT。第 9 个成员变量 FilterActivation 用来激活该过滤器。第 10 个成员变量用来设置 CAN2 起始存储区。

过滤器初始化参考实例代码:

```
CAN_FilterConfTypeDef   CAN1_FilerConf;
CAN1_FilerConf.FilterIdHigh = 0X0000;         //32 位 ID
CAN1_FilerConf.FilterIdLow = 0X0000;
CAN1_FilerConf.FilterMaskIdHigh = 0X0000; //32 位 MASK
CAN1_FilerConf.FilterMaskIdLow = 0X0000;
CAN1_FilerConf.FilterFIFOAssignment = CAN_FILTER_FIFO0;//过滤器 0 关联到 FIFO0
CAN1_FilerConf.FilterNumber = 0;   //过滤器 0
CAN1_FilerConf.FilterMode = CAN_FILTERMODE_IDMASK;
CAN1_FilerConf.FilterScale = CAN_FILTERSCALE_32BIT;
```

```
CAN1_FilerConf.FilterActivation = ENABLE; //激活滤波器 0
CAN1_FilerConf.BankNumber = 14;
HAL_CAN_ConfigFilter(&CAN1_Handler,&CAN1_FilerConf);//初始化过滤器
```

④ 发送接收消息。

初始化 CAN 相关参数以及过滤器之后,接下来就是发送和接收消息了。HAL 库中提供了发送和接收消息的函数。发送消息的函数是:

```
HAL_StatusTypeDef HAL_CAN_Transmit(CAN_HandleTypeDef * hcan, uint32_t Timeout);
```

这个函数比较好理解,只有一个入口参数 hcan,为 CAN_HandleTypeDef 结构体指针类型。发送消息之前,一般只需要再设置 hcan 的成员变量 pTxMsg 相关信息。接收消息的函数是:

```
HAL_StatusTypeDef HAL_CAN_Receive(CAN_HandleTypeDef * hcan,
                                  uint8_t FIFONumber, uint32_t Timeout);
```

第一个入口参数为 CAN 句柄,第二个为 FIFO 号。接收之后,只需要读取 hcan 的成员变量 pRxMsg 便可获取接收数据和相关信息。

至此,CAN 就可以开始正常工作了。如果用到中断,则还需要进行中断相关的配置,本章没用到中断,所以就不介绍了。

35.2 硬件设计

本章要用到的硬件资源如下:指示灯 DS0、KEY0 和 KEY_UP 按键、LCD 模块、CAN、CAN 收发芯片 JTA1050。前面 3 个之前都已经详细介绍过了,这里介绍 STM32F767 与 TJA1050 连接关系,如图 35.2.1 所示。

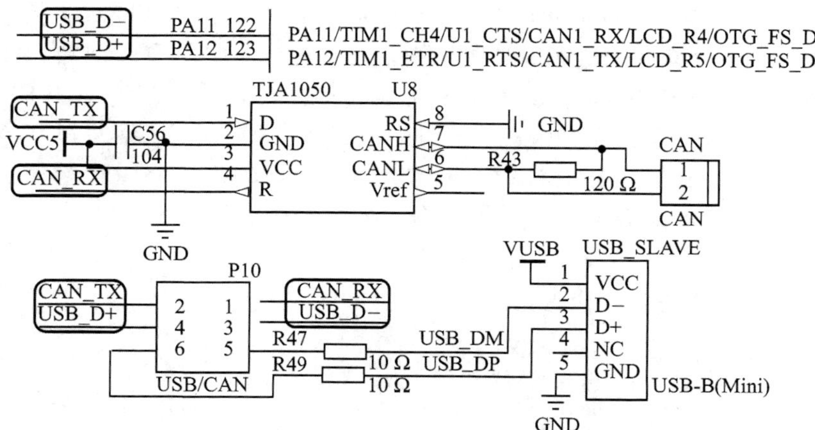

图 35.2.1 STM32F767 与 TJA1050 连接电路图

可以看出,STM32F767 的 CAN 通过 P10 的设置连接到 TJA1050 收发芯片,然后通过接线端子(CAN)同外部的 CAN 总线连接。在阿波罗 STM32 开发板上面是带有

120 Ω 终端电阻的，如果我们的开发板不是作为 CAN 的终端，则需要把这个电阻去掉，以免影响通信。注意，CAN1 和 USB 共用了 PA11 和 PA12，所以它们不能同时使用。

注意，要设置好开发板上 P10 排针的连接，通过跳线帽将 PA11、PA12 分别连接到 CAN_RX、CAN_TX 上面，如图 35.2.2 所示。

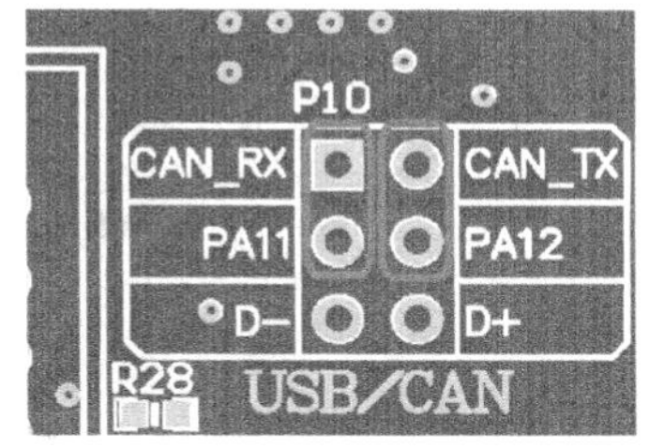

图 35.2.2 硬件连接示意图

最后，用 2 根导线将两个开发板 CAN 端子的 CAN_L 和 CAN_L、CAN_H 和 CAN_H 连接起来。注意不要接反了（CAN_L 接 CAN_H），接反了会导致通信异常。

35.3 软件设计

打开 CAN 通信实验的工程可以看到，我们增加了文件 can.c 以及头文件 can.h，同时 CAN 相关的 HAL 库函数和定义分布在文件 stm32f7xx_hal_can.c 和头文件 stm32f7xx_hal_can.h 中。

打开 can.c 文件，代码如下：

```
CAN_HandleTypeDef    CAN1_Handler;     //CAN1 句柄
CanTxMsgTypeDef      TxMessage;        //发送消息
CanRxMsgTypeDef      RxMessage;        //接收消息
////CAN 初始化
//tsjw:重新同步跳跃时间单元.范围:CAN_SJW_1TQ~CAN_SJW_4TQ
//tbs2:时间段 2 的时间单元.   范围:CAN_BS2_1TQ~CAN_BS2_8TQ;
//tbs1:时间段 1 的时间单元.   范围:CAN_BS1_1TQ~CAN_BS1_16TQ
//brp :波特率分频器.范围:1~1024; tq = (brp) * tpclk1
//波特率 = Fpclk1/((tbs1 + tbs2 + 1) * brp); 其中 tbs1 和 tbs2 用关于注标识符上标志的序号
//例如 CAN_BS2_1TQ,我们就认为 tbs2 = 1 来计算即可
//mode:CAN_MODE_NORMAL,普通模式;CAN_MODE_LOOPBACK,回环模式
//Fpclk1 的时钟在初始化的时候设置为 54M,如果设置 CAN1_Mode_Init(
//CAN_SJW_1tq,CAN_BS2_6tq,CAN_BS1_11tq,6,CAN_MODE_LOOPBACK)
//则波特率为:54M/((6 + 11 + 1) * 6) = 500 kbps
//返回值:0,初始化 OK
//     其他,初始化失败
u8 CAN1_Mode_Init(u32 tsjw,u32 tbs2,u32 tbs1,u16 brp,u32 mode)
{
    CAN_FilterConfTypeDef   CAN1_FilerConf;
    CAN1_Handler.Instance = CAN1;
    CAN1_Handler.pTxMsg = &TxMessage;              //发送消息
    CAN1_Handler.pRxMsg = &RxMessage;              //接收消息
    CAN1_Handler.Init.Prescaler = brp;             //分频系数(Fdiv)为 brp + 1
    CAN1_Handler.Init.Mode = mode;                 //模式设置
    CAN1_Handler.Init.SJW = tsjw;                  //重新同步跳跃宽度
    CAN1_Handler.Init.BS1 = tbs1;                  //tbs1 范围 CAN_BS1_1TQ~CAN_BS1_16TQ
    CAN1_Handler.Init.BS2 = tbs2;                  //tbs2 范围 CAN_BS2_1TQ~CAN_BS2_8TQ
```

```
    CAN1_Handler.Init.TTCM = DISABLE;                  //非时间触发通信模式
    CAN1_Handler.Init.ABOM = DISABLE;                  //软件自动离线管理
    CAN1_Handler.Init.AWUM = DISABLE;                  //睡眠模式通过软件唤醒
    CAN1_Handler.Init.NART = ENABLE;                   //禁止报文自动传送
    CAN1_Handler.Init.RFLM = DISABLE;                  //报文不锁定,新的覆盖旧的
    CAN1_Handler.Init.TXFP = DISABLE;                  //优先级由报文标识符决定
    if(HAL_CAN_Init(&CAN1_Handler)! = HAL_OK) return 1;    //初始化 CAN1
    CAN1_FilerConf.FilterIdHigh = 0X0000;              //32 位 ID
    CAN1_FilerConf.FilterIdLow = 0X0000;
    CAN1_FilerConf.FilterMaskIdHigh = 0X0000;          //32 位 MASK
    CAN1_FilerConf.FilterMaskIdLow = 0X0000;
    CAN1_FilerConf.FilterFIFOAssignment = CAN_FILTER_FIFO0;
                                                       //过滤器 0 关联到 FIFO0
    CAN1_FilerConf.FilterNumber = 0;                   //过滤器 0
    CAN1_FilerConf.FilterMode = CAN_FILTERMODE_IDMASK;
    CAN1_FilerConf.FilterScale = CAN_FILTERSCALE_32BIT;
    CAN1_FilerConf.FilterActivation = ENABLE;          //激活滤波器 0
    CAN1_FilerConf.BankNumber = 14;
    if(HAL_CAN_ConfigFilter(&CAN1_Handler,&CAN1_FilerConf)! = HAL_OK)return 2;
                                                       //滤波器初始化
    return 0;
}
//CAN 底层驱动,引脚配置,时钟配置,中断配置
//此函数会被 HAL_CAN_Init()调用
//hcan:CAN 句柄
void HAL_CAN_MspInit(CAN_HandleTypeDef * hcan)
{
    GPIO_InitTypeDef GPIO_Initure;
    if(hcan ->Instance == CAN1)
    {
    __HAL_RCC_CAN1_CLK_ENABLE();                       //使能 CAN1 时钟
    __HAL_RCC_GPIOA_CLK_ENABLE();                      //开启 GPIOA 时钟
    GPIO_Initure.Pin = GPIO_PIN_11|GPIO_PIN_12;        //PA11,12
    GPIO_Initure.Mode = GPIO_MODE_AF_PP;               //推挽复用
    GPIO_Initure.Pull = GPIO_PULLUP;                   //上拉
    GPIO_Initure.Speed = GPIO_SPEED_FAST;              //快速
    GPIO_Initure.Alternate = GPIO_AF9_CAN1;            //复用为 CAN1
    HAL_GPIO_Init(GPIOA,&GPIO_Initure);                //初始化
#if CAN1_RX0_INT_ENABLE
     __HAL_CAN_ENABLE_IT(&CAN1_Handler,CAN_IT_FMP0); //FIFO0 挂起中断允许
    HAL_NVIC_SetPriority(CAN1_RX0_IRQn,1,2);          //抢占优先级 1,子优先级 2
    HAL_NVIC_EnableIRQ(CAN1_RX0_IRQn);                 //使能中断
#endif
    }
}
#if CAN1_RX0_INT_ENABLE                                //使能 RX0 中断
//CAN 中断服务函数
void CAN1_RX0_IRQHandler(void)
{
    HAL_CAN_IRQHandler(&CAN1_Handler);//函数调用 CAN_Receive_IT()接收数据
}
```

```
//CAN 中断处理过程
//此函数会被 CAN_Receive_IT()调用
//hcan:CAN 句柄
void HAL_CAN_RxCpltCallback(CAN_HandleTypeDef * hcan)
{
    int i = 0;
    //CAN_Receive_IT()函数会关闭 FIFO0 消息挂号中断,因此需要重新打开
    if(hcan->Instance == CAN1)
    {
    __HAL_CAN_ENABLE_IT(&CAN1_Handler,CAN_IT_FMP0);
//重新开启 FIFO0 消息挂号中断
    printf("id:%d\r\n",CAN1_Handler.pRxMsg->StdId);
    printf("ide:%d\r\n",CAN1_Handler.pRxMsg->IDE);
    printf("rtr:%d\r\n",CAN1_Handler.pRxMsg->RTR);
    printf("len:%d\r\n",CAN1_Handler.pRxMsg->DLC);
    for(i = 0;i<8;i++)
    printf("rxbuf[%d]:%d\r\n",i,CAN1_Handler.pRxMsg->Data[i]);
    }
}
#endif
//can 发送一组数据(固定格式:ID 为 0X12,标准帧,数据帧)
//len:数据长度(最大为 8)
//msg:数据指针,最大为 8 个字节
//返回值:0,成功
//        其他,失败
u8 CAN1_Send_Msg(u8 * msg,u8 len)
{
    u16 i = 0;
    CAN1_Handler.pTxMsg->StdId = 0X12;              //标准标识符
    CAN1_Handler.pTxMsg->ExtId = 0x12;              //扩展标识符(29 位)
    CAN1_Handler.pTxMsg->IDE = CAN_ID_STD;          //使用标准帧
    CAN1_Handler.pTxMsg->RTR = CAN_RTR_DATA;        //数据帧
    CAN1_Handler.pTxMsg->DLC = len;
    for(i = 0;i<len;i++)
    CAN1_Handler.pTxMsg->Data[i] = msg[i];
    if(HAL_CAN_Transmit(&CAN1_Handler,10)!= HAL_OK) return 1;    //发送
    return 0;
}
//can 口接收数据查询
//buf:数据缓存区
//返回值:0,无数据被收到
//        其他,接收的数据长度
u8 CAN1_Receive_Msg(u8 *buf)
{
    u32 i;
    if(HAL_CAN_Receive(&CAN1_Handler,CAN_FIFO0,0)!= HAL_OK) return 0;
    //接收数据,超时时间设置为 0
    for(i = 0;i<CAN1_Handler.pRxMsg->DLC;i++)
    buf[i] = CAN1_Handler.pRxMsg->Data[i];
    return CAN1_Handler.pRxMsg->DLC;
}
```

此部分代码总共 5 个函数，首先是 CAN_Mode_Init 函数，用于 CAN 的初始化。该函数带有 5 个参数，可以设置 CAN 通信的波特率和工作模式等。在该函数中，我们就是按 34.1 节末尾的介绍来初始化的，本章设计滤波器组 0 工作在 32 位标识符屏蔽模式。从设计值可以看出，该滤波器是不会对任何标识符进行过滤的，因为所有的标识符位都被设置成不需要关心，这样设计主要是方便实验。

第二个函数，HAL_CAN_MspInit 函数，为 CAN 的 MSP 初始化回调函数。

第三个函数，Can_Send_Msg 函数用于 CAN 报文的发送，主要是设置标识符 ID 等信息，写入数据长度和数据，并请求发送，实现一次报文的发送。

第四个函数，Can_Receive_Msg 函数，用来接收数据并且将接收到的数据存放到 buf 中。

can.c 里面还包含了中断接收的配置，通过 can.h 的 CAN1_RX0_INT_ENABLE 宏定义来配置是否使能中断接收，本章不开启中断接收。

can.h 头文件中，CAN1_RX0_INT_ENABLE 用于设置是否使能中断接收，本章不用中断接收，故设置为 0。最后看看主函数，代码如下：

```
int main(void)
{
    u8 key,i = 0,t = 0,cnt = 0,canbuf[8],res;
    u8 mode = 1;
    Cache_Enable();                       //打开 L1 - Cache
    HAL_Init();                           //初始化 HAL 库
    Stm32_Clock_Init(432,25,2,9);   //设置时钟,216 MHz
    …//此处省略部分初始化代码
    CAN1_Mode_Init(CAN_SJW_1TQ,CAN_BS2_6TQ,CAN_BS1_8TQ,6,
                    CAN_MODE_LOOPBACK); //CAN 初始化,波特率 500 kbps
    …//此处省略部分代码
    LCD_ShowString(30,130,200,16,16,"LoopBack Mode");
    LCD_ShowString(30,150,200,16,16,"KEY0:Send WK_UP:Mode");//显示提示信息
    POINT_COLOR = BLUE;//设置字体为蓝色
    LCD_ShowString(30,170,200,16,16,"Count:");                //显示当前计数值
    LCD_ShowString(30,190,200,16,16,"Send Data:");           //提示发送的数据
    LCD_ShowString(30,250,200,16,16,"Receive Data:");        //提示接收到的数据
    while(1)
    {
        key = KEY_Scan(0);
        if(key == KEY0_PRES)//KEY0 按下,发送一次数据
        {
            for(i = 0;i<8;i++)
            {
                canbuf[i] = cnt + i;//填充发送缓冲区
                if(i<4)LCD_ShowxNum(30 + i * 32,210,canbuf[i],3,16,0X80);  //显示
                else LCD_ShowxNum(30 + (i - 4) * 32,230,canbuf[i],3,16,0X80); //显示
            }
            res = CAN1_Send_Msg(canbuf,8);//发送 8 个字节
```

```
        if(res)LCD_ShowString(30 + 80,190,200,16,16,"Failed");//提示发送失败
        else LCD_ShowString(30 + 80,190,200,16,16,"OK      ");    //提示发送成功
    }else if(key == WKUP_PRES)//WK_UP 按下,改变 CAN 的工作模式
    {
        mode = ! mode;
        if (mode == 0)
                CAN1_Mode_Init (CAN_SJW_1TQ,CAN_BS2_6TQ,CAN_BS1_8TQ,6,CAN_MODE_
                            NORMAL);
                                                        //回环模式,波特率 500 kbps
        elseif (mode == 1)
              CAN1_Mode_Init(CAN_SJW_1TQ,CAN_BS2_6TQ,CAN_BS1_8TQ,6,CAN_MODE_
              LOOPBACK);
                                                        //回环模式,波特率 500 kbps
        POINT_COLOR = RED;//设置字体为红色
        if(mode == 0)//普通模式,需要 2 个开发板
        {
            LCD_ShowString(30,130,200,16,16,"Nnormal Mode ");
        }else //回环模式,一个开发板就可以测试了
        {
            LCD_ShowString(30,130,200,16,16,"LoopBack Mode");
        }
        POINT_COLOR = BLUE;//设置字体为蓝色
    }
    key = CAN1_Receive_Msg(canbuf);
    if(key)//接收到有数据
    {
        LCD_Fill(30,270,160,310,WHITE);//清除之前的显示
        for(i = 0;i<key;i ++ )
        {
            if(i<4)LCD_ShowxNum(30 + i * 32,270,canbuf[i],3,16,0X80);    //显示
            else LCD_ShowxNum(30 + (i - 4) * 32,290,canbuf[i],3,16,0X80);  //显示
        }
    }
    t ++ ;
    delay_ms(10);
    if(t == 20)
    {
        LED0_Toggle;     //提示系统正在运行
        t = 0;
        cnt ++ ;
        LCD_ShowxNum(30 + 48,170,cnt,3,16,0X80);     //显示数据
    }
  }
}
```

此部分代码中主要关注下 CAN1_Mode_Init 初始化代码：

```
CAN1_Mode_Init(CAN_SJW_1TQ,CAN_BS2_6TQ,CAN_BS1_11TQ,6,
CAN_MODE_LOOPBACK);//CAN 初始化环回模式,波特率 500 kbps
```

该函数用于设置波特率和 CAN 的模式，根据前面的波特率计算公式可知，这里的波特率被初始化为 500 kbps，计算方式参考 CAN1_Mode_Init 函数注释。通过 KEY_UP 按键可以随时切换 CAN 工作模式。cnt 是一个累加数，一旦 KEY0 按下，就以这个数位基准连续发送 8 个数据。当 CAN 总线收到数据的时候，则将收到的数据直接显示在 LCD 屏幕上。

35.4 下载验证

编译成功之后，下载代码到 ALIENTEK 阿波罗 STM32 开发板上，得到如图 35.4.1 所示界面。DS0 不停地闪烁提示程序在运行。默认是设置的环回模式，此时，按下 KEY0 就可以在 LCD 模块上面看到自发自收的数据(如图 35.4.1 所示)。如果选择普通模式(通过 KEY_UP 按键切换)，则必须连接两个开发板的 CAN 接口，然后就可以互发数据了，如图 35.4.2 和图 35.4.3 所示。

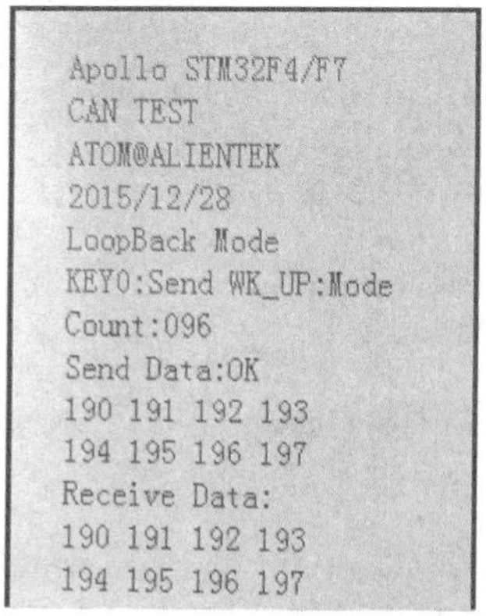

```
Apollo STM32F4/F7
CAN TEST
ATOM@ALIENTEK
2015/12/28
LoopBack Mode
KEY0:Send WK_UP:Mode
Count:096
Send Data:OK
190 191 192 193
194 195 196 197
Receive Data:
190 191 192 193
194 195 196 197
```

图 35.4.1　程序运行效果图

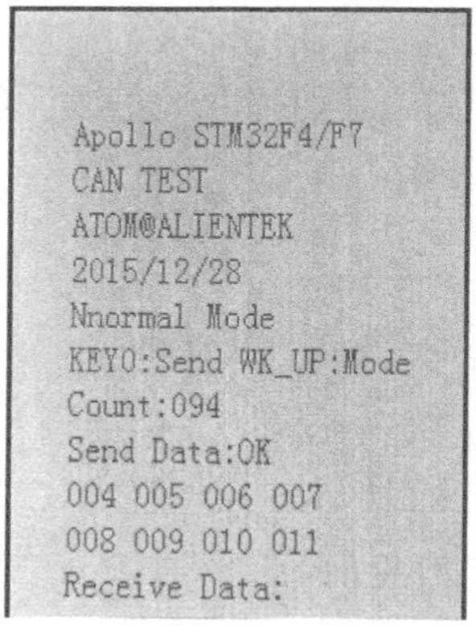

```
Apollo STM32F4/F7
CAN TEST
ATOM@ALIENTEK
2015/12/28
Nnormal Mode
KEY0:Send WK_UP:Mode
Count:094
Send Data:OK
004 005 006 007
008 009 010 011
Receive Data:
```

图 35.4.2　CAN 普通模式发送数据

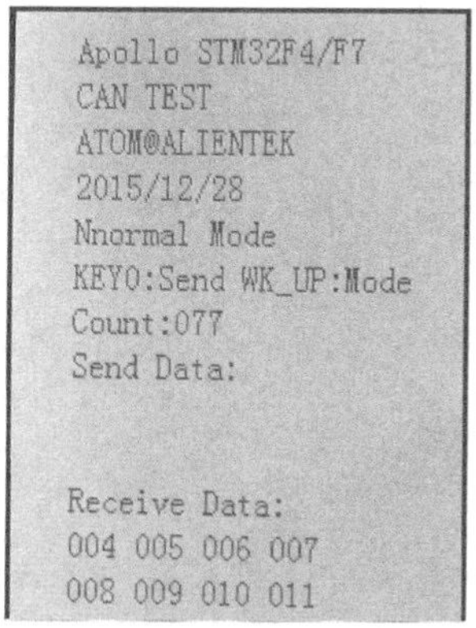

```
Apollo STM32F4/F7
CAN TEST
ATOM@ALIENTEK
2015/12/28
Nnormal Mode
KEY0:Send WK_UP:Mode
Count:077
Send Data:


Receive Data:
004 005 006 007
008 009 010 011
```

图 35.4.3　CAN 普通模式接收数据

图 35.4.2 来自开发板 A，发送了 8 个数据；图 35.4.3 来自开发板 B，收到了来自开发板 A 的 8 个数据。

利用 USMART 测试的部分这里就不做介绍了，读者可自行验证下。

至此，30 个基础例程就全部讲解完了，另外 34 个高级例程的讲解详见下册，即《STM32F7 原理与应用——HAL 库版(下)》。

参考文献

[1] 刘军,张洋.精通 STM32F4[M].北京:北京航空航天大学出版社,2013.
[2] 刘军,张洋.原子教你玩 STM32[M].2 版.北京:北京航空航天大学出版社,2015.
[3] 意法半导体.STM32F7 中文参考手册(第 2 版).2015.
[4] 意法半导体.STM32F7xx 参考手册(英文版)(第 2 版).2016.
[5] 意法半导体.STM32F7 编程手册(英文版)(第 2 版).2016.
[6] Joseph Yiu.ARM Cortex-M3 权威指南[M].宋岩,译.北京:北京航空航天大学出版社,2009.
[7] 刘荣.圈圈教你玩 USB[M].北京:北京航空航天大学出版社,2009.
[8] ARM. Cortex M7 Generic User Guide. 2015.
[9] ARM. Cortex M7 Technical Reference Manual. 2015.
[10] Microsoft. FAT32 白皮书. 夏新,译.2000.